《21 世纪理论物理及其交叉学科前沿丛书》

编 委 会

21世纪理论物理及其交叉学科前沿丛书

相对论与引力理论导论

Introduction to Relativity and Gravitation

赵 柳 编著

科学出版社

北京

内 容 简 介

本书是关于相对论及引力理论的基础理论性著作，以尽量短小的篇幅向读者介绍现代相对论引力理论的基本知识和部分前沿方向，内容包括狭义相对论回顾、等效原理与黎曼几何初步、弯曲时空中的场方程(爱因斯坦方程、引力变分原理以及弱场极限)、球对称的引力场、黑洞理论、标架形式与旋量场、高维及带宇宙学常数的时空、引力场的能量与哈密顿表述、宇宙学简介、扩展的引力理论以及额外维与时空紧化等。

本书适合作为高等学校理论物理学、天文学及相关专业研究生、高年级本科生作为学习相对论引力理论的参考书，也可供上述专业的科研人员作为参考。

图书在版编目(CIP)数据

相对论与引力理论导论/赵柳编著. —北京：科学出版社, 2016.11

(21 世纪理论物理及其交叉学科前沿丛书)

ISBN 978-7-03-050791-4

Ⅰ.①相…　Ⅱ.①赵…　Ⅲ.①相对论②引力理论　Ⅳ.①O412.1②O314

中国版本图书馆 CIP 数据核字(2016) 第 280493 号

责任编辑: 鲁永芳　赵彦超　刘凤娟 / 责任校对: 张凤琴

责任印制: 吴兆东 / 封面设计: 无极书装设计公司

科学出版社 出版

北京东黄城根北街 16 号

邮政编码：100717

http://www.sciencep.com

北京厚诚则铭印刷科技有限公司印刷

科学出版社发行　各地新华书店经销

*

2017 年 1 月第　一　版　开本: 720 × 1000 1/16

2025 年 1 月第六次印刷　印张: 25 3/4

字数: 494 000

定价: 149.00 元

(如有印装质量问题, 我社负责调换)

《21 世纪理论物理及其交叉学科前沿丛书》出版前言

物理学的研究范畴很广，涉及从夸克到宇宙多层次的物质结构及其运动规律. 物质结构从层次上讲，夸克、轻子-强子-原子核-原子-分子-团簇-凝聚态-生命物质-恒星-星系-宇宙，每个层次上都有自己的基本规律需要研究，而这些规律又是互相联系的. 其分支学科涉及原子物理、分子物理、核物理、声、光、电、磁及其与物理学相关的跨学科的诸多方面内容. 物理学又是许多学科 (如化学、生物学、地球科学和工程学) 的基础. 因此，物理学是研究物质、能量、时间和空间以及其相互作用和运动规律的科学，也是最具基础性、前沿性、交叉性和综合性的学科. 20 世纪科学发展历史证明，理论物理学的一些重大突破 (如量子力学和相对论) 不仅常会带来新方向，产生新领域，推动新的学科交叉及技术革命，甚至能导致人类时空观、自然观的革命性变革. 物理学的研究结果深入到社会发展和人们日常生活中，社会财富的增长、经济的全球化、生命的质量和生活的标准在很大程度上依赖于技术，技术进步又在很大程度上依赖于物理学的创新研究. 因此，各国政府非常重视物理学的发展，在新世纪纷纷制订物理学的发展计划，并采取一系列创新举措.

理论物理学是对自然界各个层次的物质结构和运动基本规律进行理论探索和研究的学科. 由此建立的基本理论不仅成为描述和解释自然界已知的各种物理现象和运动规律的理论基础，而且还是预言和发现自然界未知的物理现象和基本规律的理论依据. 理论物理学乃至整个物理学的发展是一个在概念、思想方式上不断变革的历史. 历史上，当牛顿力学在 19 世纪取得了辉煌的成果之际，那种认为物理学甚至整个自然界的运动都可以而且应当归结为力学运动的机械自然观应运而生. 1900 年，普朗克在对黑体辐射能谱分布规律的研究中提出了“作用量子”的概念，这是从经典物理学迈进量子物理学的第一步. 1905 年，爱因斯坦又在对光电效应等问题的研究中，把普朗克的量子化关系推广到光，认为光在与物质相互作用时，每次交换一个能量为频率乘以普朗克常数的“光量子”. 1913 年，玻尔提出了原子的量子论，又称原子的玻尔模型. 这项工作开创了微观物质系统量子理论的先河，并且为后来量子力学这门新的学科的兴起起到了不可缺少的桥梁作用. 以后由于海森伯、玻恩、薛定谔、泡利、狄拉克等物理学家的奠基性工作，量子力学趋于成熟，得到了完善. 戴森在评论量子力学发展历史时说：“在任何一门科学分支里，新概念难以掌握的原因常常是相同的；当时的科学家总要用先前已经存在的观念去描绘新的概念. 发现者本人更是由于这一困难而受尽折磨; 他同旧的观念搏斗以得出新的概念, 而在以后的一段长时间内, 他思维的语言内仍然保留着旧的观念.” 只是在放弃了旧观念之后, 新的概念才变成 “某种基本的和不可约简的东西. 一种以它自己的权利存在着的物理客体, 它不再需要用什么别的东西来解释了”.

按照费曼的意见, 发现新的科学规律的过程是从猜想开始的, 其中使用的是尝试和纠错的方法. 他说: “猜想从何而来是完全不要紧的, 重要的是要同实验相符合.” 费曼还强调, 理论是不可能由经验直接推出来的, 因为 “物理学定律常常同经验没有直接的关系, 现实经验的细节常常同基本定律相距甚远”.

恩格斯说过: “随着自然科学领域中每一个划时代的发现, 唯物主义必定要改变自己的形式.” 在 20 世纪物理学革命中, 相对论和量子力学的新理论运用了一些比以前更加不合乎常规经验的抽象思考方式, 这充分证明了科学实验是检验科学理论正确与否的唯一标准, 又充分发挥了人类精神的主观能动性, 宣告同以往的经验主义彻底决裂.

新世纪开始, 物理学面临了一次又一次新的挑战. 巨大的 “哈勃” 太空望远镜观测到了迄今所发现的银河系中最古老的白矮星. 这为确定宇宙年龄提供了一种全新的途径. WMAP 对微波背景辐射观测的结果告诉我们, 宇宙中普通物质只占 4%, 23%的物质为非重子暗物质, 73%是暗能量, 占宇宙成分的 95% 以上的暗物质和暗能量究竟是什么目前还不清楚. 中微子是一种暗物质粒子, 但它的质量非常小, 在暗物质中只能占微小的比例, 绝大部分应是所谓的冷或温的暗物质. 对基本粒子标准模型的研究取得了很大的成功, 然而它却无法解释暗物质和暗能量的本质, 不能解答宇宙中正、反物质不对称的疑难.

天文学上的发现总是让物理学家激动不已. 天文学家宣称可能已经发现两颗宇宙中最奇怪的星体——由夸克的亚原子粒子 “浓汤” 组成的星体, 称为奇异星, 又称夸克星. 此类星体将给物理学家提供一个弄清中子的组成成分 —— 夸克和奇异夸克的机会.

新年伊始又传来了振奋人心的消息, 2016 年 2 月 11 日美国科学家宣布人类首次直接探测到引力波. 引力波是爱因斯坦广义相对论所预言的一种以光速传播的时空波动. 这次探测到的引力波是由 13 亿光年之外的两颗黑洞在合并的最后阶段产生的. 两颗黑洞的初始质量分别为 29 倍太阳和 36 倍太阳, 合并成了一颗 62 倍太阳质量高速旋转的黑洞, 亏损的质量以强大引力波的形式释放到宇宙空间, 被 “激光干涉引力波天文台 (LIGO)” 的两台孪生引力波探测器探测到. 引力波的探测, 不仅验证了广义相对论的预言, 其意义远远超出了检验广义相对论本身. LIGO 打开了一扇探索宇宙的新窗口, 人们将在未来探测到更多的未知的引力波源和原初引力波. 引力波的发现是科学史上的里程碑, 它将开创一个崭新的引力波天文学研究领域, 揭示宇宙奥秘.

此外，在近二三十年间物理学的其他领域也发展迅速，特别是与其他学科 (如数学、化学、生物、信息、材料等) 交叉的领域发展方兴未艾，具有巨大的发展前景. 在凝聚态物理方面，有高温超导、量子和分数量子霍尔效应、自旋量子霍尔效应、电子隧道扫描显微镜、石墨烯和半导体微结构、巨磁阻效应和自旋电子学等. 在原子、分子物理学方面有激光冷却和陷阱、原子玻色 - 爱因斯坦凝聚、超短光脉冲源以及量子光学、量子信息和量子计算机等. 这些研究不仅具有重要的理论意义，而且具有重要的应用前景. 量子信息技术是光学、原子物理、固体物理与计算机科学密切结合的交叉学科研究的极好例子.

当前国内正处于基础研究发展的最好时机，在国家自然科学基金委员会数理学部 "理论物理专款" 项目的支持下，我们编辑出版这套《21 世纪理论物理及其交叉学科前沿丛书》, 目的是介绍现代理论物理及其交叉学科前沿领域的基本内容、最新进展和发展前景，以及中国科学家在这些领域中所取得的重大进展. 希望本丛书能帮助大学生、研究生、博士后、青年教师和研究人员全面了解理论物理学研究进展，培养对物理学研究的兴趣，迅速进入有关的研究领域，同时吸引更多的年轻人投入和献身到理论物理学的研究中来，为发展我国的物理学研究并使之在国际上占有一席之地作出自己的贡献.

前　言

在自然界存在的四种基本相互作用中，引力是我们接触最早然而却最不熟悉的一种力。虽然早在三百多年前牛顿就建立了万有引力定律，但是这个定律仅仅告诉我们引力如何发挥作用，而完全没有提供关于引力的本性的任何信息。在狭义相对论诞生以后，人们很快意识到万有引力定律的瞬时、长程作用与时空的因果结构是互相冲突的。爱因斯坦以他惊人的洞察力首先在 1915 年提出了与时空因果结构相融洽的广义相对论引力理论。在这个理论中，引力被描述成由动力学决定的时空几何，这是继狭义相对论之后人类时空观的又一次重大变化。由于几何性质天然地与参考系的选择无关，因此在广义相对论中，任何物理规律的表述都必须具有广义协变性，也就是说，物理规律的数学表述在形式上不依赖于参考系的选择。

引力是自然界最弱的一种力。桌面上的一只大头针可以很容易地被一小块磁铁吸引，尽管整个地球的引力都在抵抗磁铁的磁力。然而，由于引力的“荷”——质量——只有一种符号，而电磁力的荷——电荷——有正负之分，在比较大的时空尺度上，电磁力基本上被屏蔽掉，而引力才是起决定作用的力。自爱因斯坦以来，广义相对论理论引力理论得到了长足的发展，人们已经用这一理论研究了自然界各种有引力参与的物理过程，特别是关于宇宙结构和演化、关于黑洞的热力学性质等理论是近几十年来人们对引力现象进行深入探讨的典型范例，也是现代引力理论中引人注目的亮点。由于宇宙的演化由引力主导，在早期宇宙问题中我们将不可避免地要涉及引力的量子化的问题。然而迄今为止，还没有一个成熟的、有预言力的量子引力理论。关于引力的探索还远未结束，在有关领域更为深入并且也许是更为精彩的篇章还有待未来进一步探索。

本书的目的是向读者介绍目前人们已经掌握的关于引力的部分理论成果。它是基于编者为西北大学和南开大学的研究生开设“广义相对论与宇宙学”课程的讲稿经扩展后撰写而成，内容涉及狭义相对论、黎曼几何，特别是相对论引力理论的构造、求解、弯曲时空基本性质的分析、黑洞理论、宇宙学、额外维以及时空紧化等方面的理论知识。在撰写过程中，参考了大量有关的书籍和原始文献，其中最主要的部分会以脚注的形式予以说明，还有一部分参考书籍和文献单列在书末的参考文献中，原因是这些图书和文献在本人学习相对论引力理论的过程中产生过重要影响，已不足以在某个单独的脚注中列举其对本书形成所发挥的作用。当然，疏忽和遗漏往往难以避免，如有文献未能正确引用，欢迎原作者予以指正。在此对所有参考文献的原著者谨表示由衷的感谢。对书中可能出现的错误，是编者的水平有限所致，而绝非所涉及的参考文献原作者的过失。

在准备本书第 8 章、第 10 章的过程中，天津工业大学理学院的孟坤博士提供了不少帮助，在此表示感谢。同时，对书稿中许多细节，在多年来的教学过程中有不少同行和学生给予了有益的讨论和订正，涉及的同行和学生名单太长，在此恐难以一一列出，但对他们的帮助本人感念在心。

本书的大部分工作是在国家自然科学基金的资助下得以持续并完成的。期间所获资助主要是通过国家自然科学基金理论物理重大研究计划项目 (项目编号 90403014) 以及面上项目 (项目编号 10875059、11575088) 实现的。在此谨向国家自然科学基金的长期资助表示感谢。最后，在本书写作过程中，科学出版社的鲁永芳编辑提供了重要的帮助，不仅寄来相当有用的参考书籍，还一直对我的低效和拖延予以耐心和鼓励，对此我表示最真诚的谢意。

赵 柳

2016 年 8 月于南开大学

目　录

插 图 目 录

第1章　狭义相对论回顾

1.1　伽利略相对论与惯性参考系

我们知道，在宏观、低速运动的系统中，支配物理运动的是牛顿力学定律。其中，第二定律告诉我们：在 N 个质点通过万有引力相互作用构成的孤立系统中，每个质点的运动方程是

$$m_i \frac{\mathrm{d}^2 \boldsymbol{x}_i}{\mathrm{d}t^2} = -G \sum_j \frac{m_i m_j (\boldsymbol{x}_i - \boldsymbol{x}_j)}{|\boldsymbol{x}_i - \boldsymbol{x}_j|^3}, \tag{1.1}$$

其中，$G = 6.67 \times 10^{-11} \mathrm{m}^3 \cdot \mathrm{kg}^{-1} \cdot \mathrm{s}^{-2}$ 是牛顿引力常数。上述运动方程成立的条件是：$\boldsymbol{x}_i$、$\boldsymbol{x}_j$ 等是在**惯性系**中测得的质点位置矢量。

那么，什么是惯性系呢？牛顿的解释是：存在一个绝对空间和一个绝对时间，其中绝对空间是宇宙间所有物质运动的绝对背景，而它自身却不以任何方式运动；而绝对时间则独立于任何物理因素存在并且均匀地流逝。在牛顿看来，绝对空间和绝对时间是不可直接观测的，但是物理运动的方程需要在相对于绝对空间静止或者做匀速运动的参考系中写出才能具有最简单的形式，这就是惯性系。所谓最简单的形式，指的是当运动客体没有受到有明确来源的作用时，加速度等于零。

显然，能够使运动方程取得最简形式的惯性参考系并不是唯一的。如果存在某个惯性系 (坐标为 $(\boldsymbol{x}, t)$)，那么很容易验证，式 (1.1) 在如下变换下保持不变：

$$\begin{aligned} \boldsymbol{x}' &= R\boldsymbol{x} + \boldsymbol{v}\,t + \boldsymbol{d}, \\ t' &= t + \tau. \end{aligned} \tag{1.2}$$

其中，R 表示对坐标系进行的整体转动，$\boldsymbol{v}$ 是一个常速度，$\boldsymbol{d}$ 是常位移，τ 是常数时间平移。因此，由坐标 $(\boldsymbol{x}', t')$ 决定的参考系也是一个惯性系。在这个意义上说，牛顿力学所说的运动其实是相对的，在某个惯性系中某一时刻运动着的客体有可能相对于另一个惯性系却是静止的。而方程 (1.2) 则给出了任意两个惯性系之间可能的数学联系的最一般的表达式。

为了能准确地刻画全部允许的惯性系，让我们仔细分析一下方程 (1.2) 所隐含的各种惯性参考系间的变换。显然，这些变换都是可逆的，并且在连续多次变换累加的意义上是封闭的。这样的性质在数学上构成一个群。方程 (1.2) 所对应的群称为**伽利略群**，它是由 10 个连续参数 (3 个空间坐标转动参数、3 个速度分量、3 个

空间坐标平移参数和 1 个时间平移参数) 决定的、含有无穷多元素的群。因此我们把方程 (1.2) 所对应的变换称为伽利略变换。在伽利略变换下，时间可以被混入空间 (参见方程 (1.2) 第一行中等号右边的 $\boldsymbol{v}t$ 项，这一项对应的变换称为**伽利略步进**(boost))，但是空间不能混入时间。在伽利略群作用下互相等价的、使牛顿定律成立的空间和时间可以记为 $\mathbb{E}^3\times\mathbb{R}^1$，其中，$\mathbb{E}^3$ 标记一个 3 维的欧几里得空间，而 $\mathbb{R}^1$ 表示牛顿力学中的绝对时间。

在很长一个时期内，伽利略群被认为是物理学运动规律必须遵从的基本对称法则。这一基本对称法则被称为**伽利略相对性原理**。由于地球或太阳系附近在足够好的近似下已经使得牛顿定律可以被放心使用，建立在伽利略相对性基础之上的**惯性系**这个本身存在疑问的概念得以在严肃的物理学理论中一直生存了下来。这个状况一直持续到麦克斯韦的电动力学理论的诞生。

1.2 麦克斯韦电磁理论与 Lorentz 变换

麦克斯韦① 在对电磁现象做了大量研究后，总结出描述电磁相互作用规律的 8 个基本方程。用比较紧凑的方式，这些方程可以写为

$$\begin{aligned}\nabla\cdot\boldsymbol{E}&=\frac{\rho_e}{\varepsilon_0},\qquad \nabla\cdot\boldsymbol{B}=0,\\ \nabla\times\boldsymbol{E}&=-\frac{\partial\boldsymbol{B}}{\partial t},\quad \nabla\times\boldsymbol{B}=\mu_0\left(\boldsymbol{J}+\varepsilon_0\frac{\partial\boldsymbol{E}}{\partial t}\right),\end{aligned}\tag{1.3}$$

其中，$\boldsymbol{E}$、$\boldsymbol{B}$ 分别是电场、磁场强度，ρ_e、$\boldsymbol{J}$ 分别为电荷、电流密度，ε_0、μ_0 分别为真空的介电常数和磁导率。作为基本相互作用规律的数学表述，人们很自然地希望麦克斯韦方程组与人为选择的惯性参考系无关。然而，事实证明，方程组 (1.3) 在方程 (1.2) 定义的坐标变换下并不能保持不变。换言之，麦克斯韦方程组并不能在所有通过伽利略群互相联系的“惯性系”下都保持最简单的形式。因此，在伽利略对称性和麦克斯韦方程组之间必然有一者是不严格成立的。

通过对麦克斯韦方程组的进一步研究, 引入矢量势 $\boldsymbol{A}$ 和标量势 φ,

$$\boldsymbol{B}=\nabla\times\boldsymbol{A},\qquad \boldsymbol{E}=-\nabla\varphi-\frac{\partial\boldsymbol{A}}{\partial t},\tag{1.4}$$

则麦克斯韦方程组中的 $\nabla\cdot\boldsymbol{B}=0$ 和 $\nabla\times\boldsymbol{E}=-\dfrac{\partial\boldsymbol{B}}{\partial t}$ 两式自然得到满足。需要注意的是: 对于给定的 $\boldsymbol{B}$ 和 $\boldsymbol{E}$，式 (1.4) 中的 $\boldsymbol{A}$ 和 φ 并不是唯一的，我们可以任意选择一个函数 $\chi(t,\boldsymbol{x})$，令 $\boldsymbol{A}$ 和 φ 作如下的改变:

$$\boldsymbol{A}\to\boldsymbol{A}'=\boldsymbol{A}+\nabla\chi,\qquad \varphi\to\varphi'=\varphi-\frac{\partial}{\partial t}\chi,$$

①麦克斯韦 (James Clerk Maxwell) (1831-06-13~1879-11-05)，苏格兰物理学家。其最著名的成果是在 1865 年建立了电动力学的数学理论，并断言光是电磁波。他在统计物理等领域也有很重要的贡献。

这样所得的 $\boldsymbol{A}'$ 和 φ' 对应着同样的 $\boldsymbol{B}$ 和 $\boldsymbol{E}$。电场强度和磁场强度在上述变换下的不变性称为**规范不变性**。规范不变性的物理本质是矢量势 $\boldsymbol{A}$ 与标量势 φ 作为描写电磁场的物理参数含有冗余自由度，当我们用 $\boldsymbol{A}$ 和 φ 来表达电磁场的基本方程时，需要引入额外的限制条件 (又称规范固定条件或者规范条件) 来去除这种冗余自由度。另一方面，用 $\boldsymbol{B}$ 和 $\boldsymbol{E}$ 来作为描写电磁场的物理参数，则存在缺失自由度的问题，这一点可以通过 Aharomov-Bohm 效应来证实。

在实践中最常使用的规范固定条件是所谓的 Lorentz 规范条件，也称**协变规范条件**：

$$\nabla\cdot\boldsymbol{A}+\frac{1}{c^2}\frac{\partial\varphi}{\partial t}=0,\qquad c^2=\frac{1}{\mu_0\varepsilon_0}. \tag{1.5}$$

如果采用这个规范条件，麦克斯韦方程组中剩余的两式可以写为

$$\Box\boldsymbol{A}=-\mu_0\boldsymbol{J},\qquad \Box\varphi=-\frac{\rho_e}{\varepsilon_0}, \tag{1.6}$$

其中，

$$\Box\equiv-\frac{1}{c^2}\frac{\partial^2}{\partial t^2}+\nabla^2$$

称为达朗贝尔算符。方程组 (1.6) 是典型的波动方程，它们的解称为电磁波。在真空中，电磁波的速度恒等于 $c=(\mu_0\varepsilon_0)^{-1/2}$。由于当时实验支持光速是一恒定常数，麦克斯韦断言，光是一种电磁波。真空中光速的数值为① $c=2.99792458\times10^8\text{m/s}$。

电磁波、真空中光速恒定等预言均获得了实验的支持。所以，人们很自然地需要寻找保持麦克斯韦方程组形式不变的时间和空间坐标变换。这种变换的一个子集称为 Lorentz 变换。在时间和空间坐标 (t,x) 张成的 2 维子空间中，Lorentz 变换 的形式为

$$\begin{aligned} t'&=\gamma\left(t-xv/c^2\right),\\ x'&=\gamma\left(x-vt\right), \end{aligned} \tag{1.7}$$

其中，

$$\gamma=1/\sqrt{1-v^2/c^2}.$$

容易证明，在变换式 (1.7) 下，式 (1.3) 给出的方程组保持不变。

①1983 年以前，真空中的光速是需要根据标准时间和标准长度的单位来测定的实验数据。1983 年国际计量大会修改了国际计量标准。根据新的标准，光速被定义为一个常数，而长度单位米则被定义真空中的光在 1/299792458s 所走过的距离。

Lorentz 变换式 (1.7) 可以用矩阵写成更紧凑的形式:

$$\begin{pmatrix} ct' \\ x' \\ y' \\ z' \end{pmatrix} = \begin{pmatrix} \gamma & -v\gamma/c & 0 & 0 \\ -v\gamma/c & \gamma & 0 & 0 \\ 0 & 0 & 1 & 0 \\ 0 & 0 & 0 & 1 \end{pmatrix} \begin{pmatrix} ct \\ x \\ y \\ z \end{pmatrix}.$$

这里为了完整，我们将不发生变换的坐标 y, z 也写了进来。若令 $\tanh\psi = v/c$, 则 $\gamma = \cosh\psi$, 进而式 (1.7) 可以重写为

$$\begin{pmatrix} ct' \\ x' \\ y' \\ z' \end{pmatrix} = \begin{pmatrix} \cosh\psi & -\sinh\psi & 0 & 0 \\ -\sinh\psi & \cosh\psi & 0 & 0 \\ 0 & 0 & 1 & 0 \\ 0 & 0 & 0 & 1 \end{pmatrix} \begin{pmatrix} ct \\ x \\ y \\ z \end{pmatrix}. \tag{1.8}$$

这个变换形式上非常像是 (ct, x) 平面上的转动，唯一不同的是: 通常的空间坐标转动变换所对应的转动矩阵是反对称矩阵，矩阵元是三角函数；而此处的转动矩阵是对称矩阵，矩阵元是双曲函数。参数 ψ 称为快度，它取代了普通空间转动中转角的地位。这个参数与速度 v 一样可用来表达参考系相对运动的快慢，但是快度本身是无量纲的纯数。由式 (1.8) 所定义的双曲转动又称为 Lorentz 转动或 Lorentz 步进。由于存在 3 个彼此独立的时间－空间平面 (ct, x)、(ct, y)、(ct, z)，因此最多可以有 3 个不同的快度参数。

在 Lorentz 步进变换下，新参考系的时间含有旧参考系的空间坐标的贡献，而新参考系的空间坐标中也含有旧参考系中的时间的贡献。这样，时间和空间得以实质性地混合，不再具有绝对的区别，因此我们称之为时空。Lorentz 步进与通常的空间坐标转动以及坐标平移合在一起，构成一个由 10 个连续参数决定的群，称为 Poincaré群①。这个群取代了伽利略群成为在电磁理论确立后关于运动相对性的数学表述。这种相对性被称为爱因斯坦的狭义相对性。

引入 4 维时空坐标 $x^\mu = (ct, x, y, z)$ (这里 $\mu = 0, 1, 2, 3$) 或 $x_\mu = (-ct, x, y, z)$, Poincaré群对时空坐标的作用可以统一地表达为

$$x'^\mu = \Lambda^\mu{}_\nu x^\nu + d^\mu, \tag{1.9}$$

其中的 4×4 矩阵 Λ 的矩阵元不依赖于时空坐标，因此式 (1.9) 是时空坐标的线性变换。在式 (1.9) 中，d^μ 对应时空坐标的平移，矩阵 Λ 对应空间坐标转动以及 Lorentz 步进。具体地说，矩阵 Λ 的矩阵元 $\Lambda^i{}_j$ 对应着普通的空间转动，$\Lambda^0{}_0$ 以及

①严格地说，这里所谈到的群是 Poincaré群的一个子群。我们会在 1.8 节中介绍 Poincaré群和下文中将谈到的 Lorentz 群的进一步知识。

$\Lambda^0{}_i$ 则与 Lorentz 步进有关①。在本书中，我们采用爱因斯坦的求和约定，凡遇到一对重复的上、下指标，均认为这一对指标是包含求和的，例如，当写下形如 $A^\mu B_\mu$ 的表达式时，其真实含义是 $A^0B_0+A^1B_1+A^2B_2+A^3B_3$。这样做的好处不仅是使得数学公式书写简化，而且也容易判断公式中可能出现的错误。比如说，如果一个公式中出现了一对重复的指标但它们同时是上指标，那么这对指标便不符合爱因斯坦求和约定，因此可以断定是非法的表达式。如果遇到求和规则不适用的个别例外情况，我们会特别加以说明。

在多数情况下我们并不需要关注时空坐标平移变换，这时只需考虑由 Lorentz 步进以及空间转动构成的子群，又称为 Lorentz 群。通常我们并不区分 Lorentz 步进与空间转动，而是统一地称它们为 Lorentz 变换。当作用在时空坐标矢量上时，Lorentz 群的群元就是式 (1.9) 中的 $\Lambda^\mu{}_\nu$。

1.3 狭义相对论的基本假定

从上面的讨论我们已经看到，用 Lorentz 变换取代伽利略变换的根本原因是电磁理论和实验均支持真空的光速是一个恒定的常数，与参考系本身的惯性运动无关。基于这一认识，爱因斯坦总结出相对论的两条基本假定：

(1) 真空中的光速在任何惯性系中均恒为 c；

(2) 物理规律在所有惯性系中均相同。

假定存在两个惯性系 K 和 K'。在这两个惯性系中光速分别表达为

$$c=\frac{\mathrm{d}r}{\mathrm{d}t}=\frac{\mathrm{d}r'}{\mathrm{d}t'}\qquad(\mathrm{d}r^2=\mathrm{d}x^2+\mathrm{d}y^2+\mathrm{d}z^2).$$

由于光速不变, 有

$$-c^2\mathrm{d}t^2+\mathrm{d}x^2+\mathrm{d}y^2+\mathrm{d}z^2=-c^2\mathrm{d}t'^2+\mathrm{d}x'^2+\mathrm{d}y'^2+\mathrm{d}z'^2=0.$$

上式表明，沿着真空中光的径迹，无论是在哪一个惯性系中，$-c^2\mathrm{d}t^2+\mathrm{d}x^2+\mathrm{d}y^2+\mathrm{d}z^2$ 这个量都取值为零。

把时空中任一点 $x^\mu=(ct,x,y,z)$ 称为一个**事件**。对于相邻的两个事件，引入所谓的**事件距离**$\mathrm{d}s$:

$$\mathrm{d}s^2=\eta_{\mu\nu}\mathrm{d}x^\mu\mathrm{d}x^\nu=-c^2\mathrm{d}t^2+\mathrm{d}x^2+\mathrm{d}y^2+\mathrm{d}z^2,\qquad(1.10)$$

①在本书中，我们约定如下的指标体系：希腊字母指标 $\mu,\nu\cdots$ 对应完整的时空指标，取值为 $0,1,\cdots$；小写拉丁字母指标 $i,j\cdots$ 对应除时间维以外的空间指标，取值为 $1,2,\cdots$。

其中 $(\eta_{\mu\nu}) = \mathrm{diag}(-1,+1,+1,+1)$ 称为时空中的度规 (metric)①。配备了度规方程 (1.10) 的狭义相对论时空又被称作 4 维 Minkowski 时空，记为 $\mathbb{M}^4$ 或者 $\mathbb{M}^{3,1}$。容易看出，式 (1.9) 给出的变换就是保持 $\mathrm{d}s^2$ 不变的全部允许的连续坐标变换。用这些变换相互联系起来的参考系通通都是狭义相对论意义下的惯性参考系。

由于在 Lorentz 变换下时间不再具有绝对性, 从不同的参考系看来，同一事件发生的时间以及事件间的时间间距都可能不同。然而, 对每个运动质点, 我们仍然有可能定义一个不变的时间 τ, 称为**固有时间**, 其微元 $\mathrm{d}\tau$ 满足

$$-c^2\mathrm{d}\tau^2 = \mathrm{d}s^2 = \eta_{\mu\nu}\mathrm{d}x^\mu\mathrm{d}x^\nu, \tag{1.11}$$

亦即

$$\mathrm{d}\tau = (1-v^2/c^2)^{1/2}\mathrm{d}t, \tag{1.12}$$

其中 v 为运动质点的**坐标速度**。显然, 若 $v=0$, 则 $\mathrm{d}\tau = \mathrm{d}t$。所以固有时间实际上是固定在质点上的时钟测得的时间。

1.4　狭义相对论的数学工具: 矢量和张量

1.4.1　张量的变换规则

在前面的讨论中, 我们已经遇到一些 4 维时空中定义的对象, 例如事件距离 $\mathrm{d}s^2$、时空坐标变元 $\mathrm{d}x^\mu$、时空度规 $\eta_{\mu\nu}$ 等。在 Lorentz 群的作用下, 这些对象的变换规则是不同的。根据它们的变换方式, 可以将这些对象进行归类, 分为标量、矢量、张量等。

假设在两个惯性系之间作如下 Lorentz 变换:

$$x^\mu \to x'^\mu = \Lambda^\mu{}_\nu x^\nu. \tag{1.13}$$

若一个对象 V^μ 按如下方式变换:

$$V^\mu \to V'^\mu = \Lambda^\mu{}_\nu V^\nu,$$

则称 V^μ 是一个逆变 4- 矢量，简称**逆变矢量**或者矢量。假若存在 U_μ 按如下方式变换：

$$U_\mu \to U'_\mu = \Lambda_\mu{}^\nu U_\nu,$$

①习惯上对时空度规的符号有两种不同的约定，我们在本书中总是采用 $\mathrm{d}t^2$ 的系数为负，亦即度规符号为 $(-,+,+,+)$ 的约定。另一种符号 $(+,-,-,-)$ 同样可以应用于相对论的表述，但在具体的公式中会引起一些符号差异，我们将在相关的地方用脚注的方式加以说明。

其中，$\Lambda_\mu{}^\rho \Lambda^\mu{}_\sigma = \delta^\rho{}_\sigma$ (即 $\Lambda_\mu{}^\rho$ 和 $\Lambda^\mu{}_\sigma$ 互为逆矩阵)，则称 U_μ 称为一个协变 4- 矢量，简称**协变矢量**。我们已经知道 $\mathrm{d}s^2$ 是 Lorentz 不变量，这样的对象称为 Lorentz **标量**。

根据式 (1.13)，$\mathrm{d}x^\mu$ 是一个逆变矢量。与之对照的 $\mathrm{d}x_\mu$ 则是一个协变矢量:

$$\begin{aligned}\mathrm{d}x^\mu &\to \mathrm{d}x'^\mu = \Lambda^\mu{}_\nu \mathrm{d}x^\nu,\\ \mathrm{d}x_\mu &\to \mathrm{d}x'_\mu = \Lambda_\mu{}^\nu \mathrm{d}x_\nu.\end{aligned}$$

在 Lorentz 变换下,

$$\mathrm{d}s^2 = \eta_{\mu\nu}\mathrm{d}x^\mu \mathrm{d}x^\nu \to \eta'_{\mu\nu}\Lambda^\mu{}_\rho \mathrm{d}x^\rho \Lambda^\nu{}_\sigma \mathrm{d}x^\sigma.$$

若 $\mathrm{d}s^2$ 保持不变, 则需要求

$$\eta'_{\mu\nu}\Lambda^\mu{}_\rho \Lambda^\nu{}_\sigma = \eta_{\rho\sigma},$$

或者

$$\eta'_{\mu\nu} = \Lambda_\mu{}^\rho \Lambda_\nu{}^\sigma \eta_{\rho\sigma}. \tag{1.14}$$

我们称按式 (1.14) 方式变换的对象为 2 秩 Lorentz **协变张量**。类似地可以定义 2 秩 Lorentz 逆变张量。一个具体的例子是度规 $\eta_{\mu\nu}$ 的逆 $\eta^{\mu\nu}$：

$$\begin{aligned}&\eta^{\mu\nu}\eta_{\nu\rho} = \delta^\mu{}_\rho,\\ &\eta^{\mu\nu} \to \eta'^{\mu\nu} = \Lambda^\mu{}_\rho \Lambda^\nu{}_\sigma \eta^{\rho\sigma}.\end{aligned} \tag{1.15}$$

式 (1.14) 和式 (1.15) 同样表明, $\Lambda^\mu{}_\rho$ 和 $\Lambda_\mu{}^\rho$ 应该是互逆的。

一般地，时空中定义的一个对象 $T^{\mu_1\mu_2\cdots\mu_k}{}_{\nu_1\nu_2\cdots\nu_l}$ 如果在 Lorentz 群的作用下按如下方式变换，则称其为一个 (k,l) 型张量，也称为 (k,l) 秩张量:

$$T'^{\mu_1\mu_2\cdots\mu_k}{}_{\nu_1\nu_2\cdots\nu_l} = \Lambda^{\mu_1}{}_{\rho_1}\Lambda^{\mu_2}{}_{\rho_2}\cdots\Lambda^{\mu_k}{}_{\rho_k}\Lambda_{\nu_1}{}^{\sigma_1}\Lambda_{\nu_2}{}^{\sigma_2}\cdots\Lambda_{\nu_l}{}^{\sigma_l}T^{\rho_1\rho_2\cdots\rho_k}{}_{\sigma_1\sigma_2\cdots\sigma_l}. \tag{1.16}$$

若 $l=0$，对应的张量称为逆变张量；若 $k=0$，对应的张量称为协变张量。特别地，标量就是 $(0,0)$ 型的张量，逆变、协变矢量分别就是 $(1,0)$ 型和 $(0,1)$ 型的张量，而度规 $\eta_{\mu\nu}$ 及其逆 $\eta^{\mu\nu}$ 则分别是 $(0,2)$ 型和 $(2,0)$ 型的张量。容易验证， Kronecker 符号 $\delta^\mu{}_\nu$ 是一个 $(1,1)$ 型张量。

如果在时空中每个点都定义一个同一类型的张量，我们就把这些张量的全体称为一个张量场。如果我们考虑的张量是标量或者矢量，对应的张量场也称为标量场及矢量场。在物理应用中，很多场合下当我们谈论张量时，其实是在谈论张量场。换句话说，我们将不特别强调张量和张量场的区别，在具体场合下，这种区别或者并不重要，或者根据上下文是显然的。

1.4.2 张量的代数和微分运算

张量作为一种全新的数学对象有其自身满足的特殊运算规则。根据这些运算的特征，我们将其分为两大类：代数运算和微分运算。下面我们分别来介绍这些运算规则。

1. 代数运算

首先看张量的代数运算。同一类型的张量在加法和数乘运算下可以构成一个矢量空间。例如，当 $\alpha,\beta\in\mathbb{R}$，$U^{\mu_1\mu_2\cdots\mu_k}{}_{\nu_1\nu_2\cdots\nu_l}$ 和 $V^{\mu_1\mu_2\cdots\mu_k}{}_{\nu_1\nu_2\cdots\nu_l}$ 分别是两个 (k,l) 型张量时，

$$\alpha\, U^{\mu_1\mu_2\cdots\mu_k}{}_{\nu_1\nu_2\cdots\nu_l}+\beta\, V^{\mu_1\mu_2\cdots\mu_k}{}_{\nu_1\nu_2\cdots\nu_l}$$

也是一个 (k,l) 型张量。这种张量代数运算不改变张量的类型。对于任意类型的两个张量，可以定义它们的*张量乘积*，例如

$$U^{\mu_1\mu_2\cdots\mu_k}{}_{\nu_1\nu_2\cdots\nu_l}V^{\mu_{k+1}\mu_{k+2}\cdots\mu_{k+m}}{}_{\nu_{l+1}\nu_{l+2}\cdots\nu_{l+n}}=W^{\mu_1\mu_2\cdots\mu_{k+m}}{}_{\nu_1\nu_2\cdots\nu_{l+n}}$$

给出了一个 $(k+m,l+n)$ 型的张量。张量乘积通常会使得参与运算的张量的秩增加，因此是*升秩运算*。与此对应，张量还具有一种降秩运算，称为*缩并*：

$$U^{\mu_1\cdots\rho\cdots\mu_k}{}_{\nu_1\cdots\rho\cdots\nu_l}=\tilde{U}^{\mu_1\cdots\hat{\rho}\cdots\mu_k}{}_{\nu_1\cdots\hat{\rho}\cdots\nu_l},$$

式中等号右边的指标 $\hat{\rho}$ 表示原本指标 ρ 出现的那个位置现在为空，即指标 ρ 不再出现，因此等号右边是一个 $(k-1,l-1)$ 型的张量。

作为张量缩并运算的特例，度规张量 $\eta^{\mu\nu}$ 或者 $\eta_{\mu\nu}$ 可以和其他张量缩并，将后者的一个协 (逆) 变指标更换为一个逆 (协) 变指标。例如，

$$\begin{aligned}\eta_{\mu_k\nu_0}\,U^{\mu_1\cdots\mu_{k-1}\mu_k}{}_{\nu_1\cdots\nu_l}&=U^{\mu_1\cdots\mu_{k-1}}{}_{\nu_0\nu_1\cdots\nu_l},\\ \eta^{\mu_{k+1}\nu_l}\,U^{\mu_1\cdots\mu_k}{}_{\nu_1\cdots\nu_{l-1}\nu_l}&=U^{\mu_1\cdots\mu_k}{}_{\nu_1\cdots\nu_{l-1}}{}^{\mu_{k+1}}.\end{aligned}$$

需要指出的是，若无明确的对称性，张量指标通过与度规缩并进行升降后，对应的新指标在全部指标中的排位不可随意移动。通过指标升降获得的新张量与原来的张量包含的信息是一样的，因此，指标升降的结果一般不被认为是新的张量。在这一意义下，张量的类型仅具有相对的意义。

作为张量乘积和张量缩并的具体例子，我们来重新认识一下前文中出现过的几个对象：

$$\begin{aligned}&\eta^{\mu\nu}\mathrm{d}x_\nu=\mathrm{d}x^\mu,\qquad \eta_{\mu\nu}\mathrm{d}x^\nu=\mathrm{d}x_\mu,\\ &\mathrm{d}s^2=\eta_{\mu\nu}\mathrm{d}x^\mu\mathrm{d}x^\nu=\mathrm{d}x^\mu\mathrm{d}x_\mu.\end{aligned}$$

2. 微分运算

除了张量的加法、张量乘积和缩并运算外, 也可以对张量定义微分运算。注意到

$$x'^{\mu} = \Lambda^{\mu}{}_{\nu} x^{\nu}, \qquad x'_{\mu} = \Lambda_{\mu}{}^{\nu} x_{\nu},$$

我们有

$$\frac{\partial x'^{\mu}}{\partial x^{\nu}} = \Lambda^{\mu}{}_{\nu}, \qquad \frac{\partial x'_{\mu}}{\partial x_{\nu}} = \Lambda_{\mu}{}^{\nu}.$$

上述二式可以求逆得到

$$\frac{\partial x^{\nu}}{\partial x'^{\mu}} = \Lambda_{\mu}{}^{\nu}, \qquad \frac{\partial x_{\nu}}{\partial x'_{\mu}} = \Lambda^{\mu}{}_{\nu}.$$

由于微分法则满足链式法则,

$$\frac{\partial}{\partial x^{\mu}} \to \frac{\partial}{\partial x'^{\mu}} = \frac{\partial x^{\nu}}{\partial x'^{\mu}} \frac{\partial}{\partial x^{\nu}} = \Lambda_{\mu}{}^{\nu} \frac{\partial}{\partial x^{\nu}},$$

我们发现 $\dfrac{\partial}{\partial x^{\mu}}$ 在 Lorentz 变换下像一个协变矢量一样变换。同理, $\dfrac{\partial}{\partial x_{\mu}}$ 在 Lorentz 变换下像一个逆变矢量一样变换。为了显示这一对微分算符的变换行为, 通常将它们简写为

$$\partial_{\mu} = \frac{\partial}{\partial x^{\mu}}, \qquad \partial^{\mu} = \frac{\partial}{\partial x_{\mu}}. \tag{1.17}$$

张量场是定义在时空上的对象。如果张量场的每一个分量都是时空上的光滑函数, 就称该张量场是光滑可微的。将 ∂_{μ} 作用在一个光滑张量场上的结果, 就定义为一个以该张量场各个分量关于 x^{μ} 的微商作为对应分量的新的张量场。这样定义的新张量场要比原来的张量场多出一个协变指标。例如,

$$S_{\mu\rho\sigma} = \partial_{\mu} T_{\rho\sigma}.$$

容易验证, 这样定义的新张量场确实是张量:

$$S'_{\mu\rho\sigma} = \Lambda_{\mu}{}^{\tau} \Lambda_{\rho}{}^{\alpha} \Lambda_{\sigma}{}^{\beta} S_{\tau\alpha\beta}.$$

同样, ∂^{μ} 作用在任一光滑张量场上也可以得到一个新的张量场, 而且这个新张量场比原来的张量场多出一个逆变指标。

1.4.3 切矢量与方向导数

在狭义相对论时空中定义的各种矢量中, ∂_{μ} 以及 ∂^{μ} 具有特殊重要的意义: 它们规定了时空沿坐标轴方向的*切矢量*的自然单位。

考虑时空中一条光滑的曲线 C。我们可以将曲线 C 理解为 1 维实线性空间 $\mathbb{R}$ 中的一个连续的子集 I 到 $\mathbb{M}^{3,1}$ 中的一个光滑映射 $C\colon I \to \mathbb{M}^{3,1}$，

$$C\colon\ \lambda \mapsto x^\mu(\lambda),$$

其中，$\lambda \in I$ 称为**曲线参数**。如果 I 是一个闭子集：$I=[a,b]$ 且 $x^\mu(a)=x^\mu(b)$，则 C 是一条**封闭曲线**。在曲线 C 上任意一点 p (坐标为 x^μ)，可以定义沿曲线的**方向导数**

$$t \equiv \frac{\mathrm{d}}{\mathrm{d}\lambda}.$$

根据求导的链式法则，容易写出

$$t = \frac{\mathrm{d}x^\mu}{\mathrm{d}\lambda}\partial_\mu \equiv t^\mu \partial_\mu.$$

容易验证，上式中的 $t^\mu = \dfrac{\mathrm{d}x^\mu}{\mathrm{d}\lambda}$ 在时空坐标的 Lorentz 变换下具有矢量变换行为，称为曲线 C 在点 x 处的切矢量。

一般地，通过时空中给定一点 x 的所有曲线在点 p 处的切矢量的全体张成一个矢量空间，称为时空的**切空间**。容易证明，切空间与时空本身具有相同的维数，而且，对于 Minkowski 时空，切空间的几何结构与时空本身完全相同，因此不必区分切空间与时空本身。对于更为一般的时空，例如我们将重点学习的广义相对论时空，切空间与时空的几何将会是不同的，这一点我们将在下一章进行仔细的分析。

1.5　狭义相对论时空因果结构及狭义相对性

1.5.1　速度的合成

在牛顿力学中, 假如有三个惯性系 K、K' 和 K''，其中 K' 相对于 K 运动的速度为 $\boldsymbol{v}$，K'' 相对于 K' 的运动速度为 $\boldsymbol{w}$，那么根据伽利略相对性原理，K'' 相对于 K 运动的速度为

$$\boldsymbol{u} = \boldsymbol{v} + \boldsymbol{w}.$$

为了讨论的方便，我们假定几个参考系之间的相对运动方向均是沿着 x 轴的方向的，那么上式可以简单写为

$$u = v + w.$$

对足够大的 v 和 w，上式给出的 u 有可能大于光速 c。这是牛顿力学在迈克耳孙一莫雷实验证实光速恒定后遇到的一个严重问题。

在狭义相对论中，上述问题的答案是完全不同的："K' 相对于 K 以速度 v 运动" 的实际含义是 K' 系与 K 系之间通过一个 Lorentz 步进联系:

$$ct' = ct\cosh\varphi - x\sinh\varphi,$$
$$x' = -ct\sinh\varphi + x\cosh\varphi,$$

其中，$\tanh\varphi = v/c$。K'' 系与 K' 系之间的联系也是通过一个 Lorentz 步进建立的，唯一不同的是快度由 φ 变成了 ψ：$\tanh\psi \equiv w/c$。由于 Lorentz 变换构成一个群，K'' 和 K 系之间的两次步进可以等价地写成一个步进:

$$ct'' = ct\cosh(\varphi+\psi) - x\sinh(\varphi+\psi),$$
$$x'' = -ct\sinh(\varphi+\psi) + x\cosh(\varphi+\psi).$$

这里，K'' 和 K 系的相对速度 u 仍可以从快度得出：$\tanh(\varphi+\psi) = u/c$。由于

$$\tanh(\varphi+\psi) = \frac{\tanh\varphi + \tanh\psi}{1+\tanh\varphi\tanh\psi},$$

我们有

$$u = \frac{v+w}{1+vw/c^2}. \tag{1.18}$$

当 $vw \ll c^2$ 时，式 (1.18) 可以近似为 $u = v + w$。因此，牛顿力学的速度合成公式的确是狭义相对论的低速近似。当 v 和 w 均接近于 c 时，u 显著地小于 $v+w$。特别地，若 $v = w = c$，则 $u = c$。可见光速不变与狭义相对论的速度合成公式是相洽的。

1.5.2 时空因果结构与同时性的相对性

狭义相对论的速度合成公式表明，任何低于光速的速度经过叠加将永远不可能得到超越光速的结果。换言之，光速是一切物质运动速度的上限。这一点也可以从粒子的固有时间公式看出。由于

$$\mathrm{d}\tau = (1-v^2/c^2)^{1/2}\mathrm{d}t,$$

若我们在惯性系 K 中测的时间为 t，则在与粒子随动的坐标系中测得的时间将为 $(1-v^2/c^2)^{1/2}t + t_0$ (t_0 为常数)。若 $v > c$，则固有时间成为虚数，因而变得没有意义。

既然光速是一切速度的上限，在时空中通过某点 O 的光的世界线自然地将时空分割成两部分，其界面 (光的径迹) 是一个固有时间为零的超曲面，其方程为

$$x^2 + y^2 + z^2 = c^2t^2, \tag{1.19}$$

我们称之为事件 O 的**事件光锥**。时空点 O 处切空间中的某个矢量 λ^μ 若满足

$$\eta_{\mu\nu}\lambda^\mu\lambda^\nu < 0,$$

称之为类时的；若 λ^μ 满足

$$\eta_{\mu\nu}\lambda^\mu\lambda^\nu > 0,$$

则称之为类空的；若 λ^μ 满足

$$\eta_{\mu\nu}\lambda^\mu\lambda^\nu = 0,$$

则称之为类光的①。一个类时 (类空、类光) 矢量的始、末两个端点对应的事件互相称为类时 (类空、类光) 事件。显然，对于一个给定的事件 O，与其类时的事件均落在其事件光锥面以内，与其类光的事件均落在其事件光锥面上，而与其类空的事件均落在其事件光锥以外。类似地，从事件 O 出发的类时矢量全部落在光锥内，类光矢量落在光锥面上，而类空矢量均指向光锥外 (参考图 1.1)。

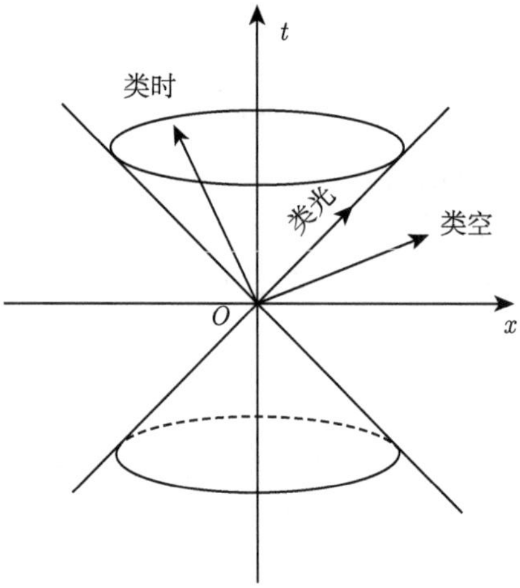

图 1.1　狭义相对论中事件的光锥

类时矢量的首、末端之间允许有粒子的世界线相连。这是因为可以找到这样的曲线段使其上每点的斜率的倒数均小于光速。反之，对类空矢量的首、末端点，不可能找到处处斜率倒数均小于光速的曲线段使之相连。在物理上，上述陈述的含义是：光锥内的事件与事件 O 有可能建立因果联系，光锥外的事件与事件 O 无因果联系。

①类时 (类空) 矢量的数学定义和度规的符号约定有关。如果我们采用相反的度规符号，那么类时、类空矢量的定义应分别改写为 $\eta_{\mu\nu}\lambda^\mu\lambda^\nu > 0$ 和 $\eta_{\mu\nu}\lambda^\mu\lambda^\nu < 0$。

对类时区域 (即光锥内全部事件的集合) 内的每一个事件，其发生的时刻在任何参考系内相对于事件 O 均有时间上的先后差异 (事件 O 自身除外)，并且这种时序差异在所有的惯性参考系中均保持不变。我们把时刻晚于 O 的事件称为 O 的未来事件，而时刻早于 O 的事件称为过去事件。

对类空区域 (光锥外) 而言，每一事件发生的时刻在不同参考系中看既有可能早于 O，也有可能晚于 O。换言之，在类空区域，事件的先后顺序是不确定的。为了解释这一陈述，我们首先来看在狭义相对论中同时性的相对性。在参考系 K 中事件 A 与 B 同时，可表示为 $t_A = t_B = t_0$。在以速度 v 沿 x 方向相对于 K 运动的惯性系 K' 中,

$$t'_A = \gamma(t_0 - x_A v/c^2),$$
$$t'_B = \gamma(t_0 - x_B v/c^2).$$

因此，随着空间位置的不同，在 K' 系中事件发生的时刻也变得不同。**同时性在狭义相对论中不再具有绝对的含义。**

让我们以图示的方法更好地描述同时性的相对性的含义。在图 1.2 中，K' 系的时间轴 (t' 轴) 表示为 $x' = 0$，即 $x = vt$；空间轴 (x' 轴) 表示为 $t' = 0$，即 $t = xv/c^2$。在 K 系中，事件 Q 晚于事件 P，但在 K' 系中，事件 Q 却早于事件 P。对于事件 P 的事件光锥而言，事件 Q 落在类空区域。而对 P 的事件光锥中类时区域内任一未来 (过去) 事件，在任何惯性系中均不会变为过去 (未来) 事件。这就是狭义相对论中的因果律。

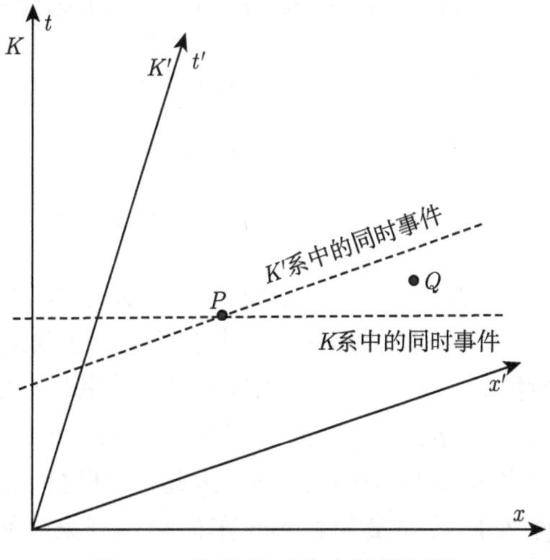

图 1.2 狭义相对论中的等时性

注意：图 1.2 中的 x'、t' 看起来是互相不垂直的，这其实是一个假象。因为在画图时使用的是一个欧几里得平面，而图中表示的对象其实是一个 Minkowski 平面。如果在原点分别取一个沿 x' 轴方向的矢量 $\lambda^\mu = (0, a, 0, 0)$ 和一个沿 t' 轴的矢量 $\rho^\mu = (b, 0, 0, 0)$，那么，在 Minkowski 度规下，恒有 $\eta_{\mu\nu}\lambda^\mu\rho^\nu = 0$，因此，$x'$ 轴和 t' 轴实际上总是正交的。

1.5.3 时间膨胀与空间压缩

假设一粒子携带自己的时钟以速度 v 相对于 K 系运动。经过一段固有时段 $\Delta\tau$ 后，K 系的时钟行进了 Δt，其中，

$$\Delta\tau = \gamma^{-1}\Delta t = \left(1 - v^2/c^2\right)^{1/2}\Delta t. \tag{1.20}$$

由于 $\gamma^{-1} = \left(1 - v^2/c^2\right)^{1/2} < 1$，上式成立时必然有 $\Delta t > \Delta\tau$。因此，在参考系 K 看来，粒子自身携带的时钟运行得慢了一些。

在狭义相对论诞生初期，这个时间膨胀或者*运动的时钟变慢*的结论看起来是非常难以理解的。所以人们提出了一个双生子实验，假想一对双生子中的一个坐上宇宙飞船去旅行，而另一个留在地球上。对这对兄弟的任何一人而言，他的兄弟都在作远离自己而去的运动，而他自己则留在原地未动。因此，根据方程 (1.20) 所示的运动时钟变慢的原则，这对双生子都应感觉到对方年龄增长得比自己缓慢 (因为对方的时钟走得慢)。这就是著名的双生子佯谬。

与运动时钟变慢相应的另一结论是*运动的尺子变短*。假设有一长度为 l'(在其自身携带的参考系 K' 看) 的刚性杆，其首、尾坐标分别为 x_1' 和 x_2'。在以速度 v 相对于这个刚性杆运动的惯性系 K 看来，杆的首、尾坐标分别是 x_1、x_2:

$$x_1' = (x_1 - vt)\,\gamma, \qquad x_2' = (x_2 - vt)\gamma. \tag{1.21}$$

因此，在时刻 t 从 K 系看到的杆长为 $l = x_2 - x_1$，且

$$l' = x_2' - x_1' = \gamma\,(x_2 - x_1) = \gamma l. \tag{1.22}$$

由于 $\gamma > 1$，因此，$l < l'$。因此，从相对于刚性杆运动的参考系 K 中看来，杆的长度要小于在相对于刚性杆静止的参考系 K' 中的长度。这就是所谓的*尺缩效应*。

有一个有趣的佯谬可以很好地阐释尺缩效应。设想有一辆静止长度为 l 的汽车和一个同样长的车库。当汽车以速度 $\boldsymbol{v}$ 开向车库时，司机看到车库以速度 $-\boldsymbol{v}$ 相对自己运动，因而车库的长度变小为 l/γ。因此，司机会认为车库不能容得下长度为 l 的汽车。相反，车库看守员却看到汽车向自己开来，车长为 l/γ，因此认为完全可以开进长度为 l 的车库。这就是所谓的车库佯谬。这个佯谬其实完全是由于同时性的相对性造成的: 当司机测量汽车和车库的长度时，他要采用他自己的时钟

同时测量汽车和车库的首尾坐标，而车库看守员则采用了相对地面静止 (因而相对汽车运动) 的参考系来同时测量上述坐标。因此这两人对同一问题给出不同答案是完全可以理解的。

1.6　狭义相对论质点力学与场论

1.6.1　质点力学

考察狭义相对论背景下的质点力学问题。

以带电质点在电磁场中的运动为例，将牛顿力学与经典电磁学结合起来，可以写出质点的运动方程：

$$\frac{\mathrm{d}\boldsymbol{p}}{\mathrm{d}t} = q\left(\boldsymbol{E} + \boldsymbol{v} \times \boldsymbol{B}\right). \tag{1.23}$$

虽然这个运动方程看起来很熟悉，但是它在参考系变换下的行为却是非常糟糕的：方程左边在伽利略变换下有比较好的行为，而方程右边除了质点的速度 $\boldsymbol{v}$ 以外完全来自电磁场，因此我们会倾向于用 Lorentz 变换去变换它们。方程的左右两端放在一起，无论是伽利略变换还是 Lorentz 变换，均不能保证其具有协变性质。

为了使质点运动的力学定律与狭义相对论相符，必须将力 $\boldsymbol{F}$、速度 $\boldsymbol{v}$、动量 $\boldsymbol{p}$ 等 3 维欧几里得矢量对象更换为按 Lorentz 群变换的 4 维矢量 f^μ, u^μ, p^μ。

我们首先考察速度的概念。在惯性参考系的坐标时间下，可以定义所谓的惯性坐标速度 v^μ：

$$v^\mu = \frac{\mathrm{d}x^\mu}{\mathrm{d}t} = (c, \boldsymbol{v}). \tag{1.24}$$

但是由于坐标时间 t 不是 Lorentz 标量，v^μ 在 Lorentz 变换下也就不是一个矢量。在物理上更适用的速度概念应该是*固有速度* u^μ：

$$u^\mu \equiv \frac{\mathrm{d}x^\mu}{\mathrm{d}\tau} = \frac{\mathrm{d}t}{\mathrm{d}\tau} v^\mu = (\gamma c, \gamma \boldsymbol{v}). \tag{1.25}$$

显然，

$$\eta_{\mu\nu} u^\mu u^\nu = -c^2 < 0.$$

因此 u^μ 是一个类时矢量。上式表明，一切物质在*时空中的速度*其实都是光速。这个陈述和我们前文提到的有质量物体不可能通过加速达到光速并不矛盾：“有质量物体不可达到光速” 说的是物体在空间中的运动，而现在我们谈的是物体在时空中的运动。由于 c^2 是 Lorentz 不变量，如果物体在空间中的运动增加了，那么它在时间中的运动就会减少。换句话说，运动物体的时钟变慢了。最为极端的两种运动一是光的运动，二是在空间中静止物体的运动。前者的运动完全在空间中进行，因而其时间根本不运行；后者则完全在时间中运动，因而时钟跑得最快。我们常说“生命在于运动”，这句话在相对论中是可以找到理论根据的。

设质点的静止质量为 m_0。我们将动量定义为

$$p^\mu = m_0 u^\mu = (\gamma m_0 c, \gamma m_0 \boldsymbol{v}) \equiv (E/c, \boldsymbol{p}), \tag{1.26}$$

其中，

$$E = \gamma m_0 c^2 = m_0 c^2 + \frac{1}{2} m_0 v^2 + O\left((v/c)^4\right), \tag{1.27}$$

$$\boldsymbol{p} = \gamma m_0 \boldsymbol{v} = m_0 \boldsymbol{v} + O\left((v/c)^3\right) \qquad (\text{当} v \ll c). \tag{1.28}$$

从式 (1.27) 可以看出，E 相当于质点的能量。在非相对论极限下，E 与质点的动能相差一项 m_0c^2，表明质点静止质量本质上也是一种能量的反映。这一结论提示：或许存在一种物理机制使得全部物质质量转化为纯粹的能量形式。原子能的应用以及现代粒子物理均表明这一猜测是正确的。式 (1.27) 是狭义相对论带来的质能观的一次重要革命。

另一方面，式 (1.28) 表明，运动质点的空间动量与非相对论情形的定义相差一个因子 γ。通常引入运动质点有效质量的概念以消除这一差异。质点的有效质量定义为

$$m = m_0 \gamma = m_0 / \sqrt{1 - v^2/c^2}. \tag{1.29}$$

质点速度 v 越大，γ 越大，有效质量 m 也越大，进而动量

$$\boldsymbol{p} = \gamma m_0 \boldsymbol{v} = m \boldsymbol{v}$$

以及能量

$$E = \gamma m_0 c^2 = m c^2 \tag{1.30}$$

也越大。当 v 接近光速 c 时，E 和 $|\boldsymbol{p}|$ 将趋于无穷大，因此，要进一步提高质点的速度，所需耗费的能量也将趋于无穷大。这从另一角度论证了光速的不可逾越性。由于 p^μ 的分量中即包含质点的能量，又包含质点的空间动量，经常把它称为能动量矢量。

根据前文对矢量变换性质的讨论，我们知道，$p^\mu p_\mu$ 是一个 Lorentz 不变量。将该不变量分别在一个相对于质点运动和静止的参考系写出，有：

$$p^\mu p_\mu = -m_0^2 c^2 = -(E/c)^2 + |\boldsymbol{p}|^2. \tag{1.31}$$

因此，任意一个有质量的质点的能动量矢量均为类时的，且满足

$$E^2 = |\boldsymbol{p}|^2 c^2 + m_0^2 c^4. \tag{1.32}$$

这个方程是狭义相对论著名的质能关系，也称质壳方程。

在以上讨论中，我们看到，质点的能量 E 在 Lorentz 群作用下不是一个标量，而是 4 维矢量 p^μ 的一个分量。这虽然客观地反映了质点能量的数值与参考系选择有关这个事实，但对于将能量作为一个可观测物理量来定义却产生了一定的不利影响。为了克服这个问题，我们需要引入时空中观测者的概念并构建一个恰当的标量表达式来定义观测者对质点能量的观测值。

所谓时空中的**观测者**，指的是一系列事件的集合，这些事件在时空中描绘出一条光滑的类时曲线，称为观测者的世界线。观测者的固有速度 v^μ 就是其世界线的切矢量①。在狭义相对论中，允许的观测者都是**惯性观测者**，也就是相对于惯性参考系做惯性运动的观测者。在所有的观测者中，最重要的一类观测者是所谓的**静态观测者**，其定义是空间坐标保持恒定的观测者。在使 Minkowski 度规取 $\mathrm{diag}(-1,1,1,1)$ 形式的惯性参考系中，静态观测者的固有速度只有时间方向的分量非零，即

$$v^\mu = (c, 0, 0, 0).$$

一个以固有速度 v^μ 运动、且处在被观测质点所在的空间位置的惯性观测者所测得的质点能量定义为

$$E = -p_\mu v^\mu. \tag{1.33}$$

远离质点的观测者测得的质点能量定义为处在被观测质点所在的空间位置，且固有速度与已知观测者的固有速度平行的另一个观测者测得的质点能量。在狭义相对论中，矢量平移具有良好的定义，因此质点能量具有唯一的定义。

当观测者与质点相对静止时，$v^\mu = u^\mu$，因此，质点能量的观测值为

$$E = -p_\mu v^\mu = -p_\mu u^\mu = mc^2. \tag{1.34}$$

这个结果与式 (1.30) 是一致的，但是从定义式 (1.33) 看，它又是 Lorentz 标量。这就很好地解释了将质点能量当做物理量的合理性问题。

为了和牛顿第二定律类比，定义 4 维 Lorentz 矢量

$$f^\mu = \frac{\mathrm{d}p^\mu}{\mathrm{d}\tau}. \tag{1.35}$$

若在某一时刻质点相对于参考系是静止的，即 $\mathrm{d}\tau = \mathrm{d}t$ 且 $\gamma = 1$，那么，根据 p^μ 的定义式 (1.26)，有

$$f^\mu = (0, \boldsymbol{F}), \tag{1.36}$$

①这里的 v^μ 与式 (1.24) 所定义的 v^μ 毫无关系，后者在 Lorentz 群作用下不是矢量。

其中 $\boldsymbol{F}$ 即质点依牛顿力学所受的合外力。对上述情形作 Lorentz 步进，有

$$p^{\mu} \to p'^{\mu} = \Lambda^{\mu}{}_{\nu} p^{\nu},$$

因而 Lorentz 协变性要求

$$f^{\mu} \to f'^{\mu} = \Lambda^{\mu}{}_{\nu} f^{\nu}.$$

将式 (1.36) 代入上式，结果为

$$f^{\mu} = \gamma \left(\boldsymbol{F} \cdot \boldsymbol{v}/c, \boldsymbol{F} \right). \tag{1.37}$$

在低速极限下 ($v \ll c$)，式 (1.35) 和式 (1.37) 中的空间分量 ($\mu = 1, 2, 3$) 给出 3 维空间中的牛顿第二定律：

$$\boldsymbol{F} = \frac{\mathrm{d}\boldsymbol{p}}{\mathrm{d}t},$$

而时间分量 ($\mu = 0$)

$$\frac{\mathrm{d}E}{\mathrm{d}\tau} = \gamma \boldsymbol{F} \cdot \boldsymbol{v}$$

则退化为牛顿力学中的功能原理：

$$\mathrm{d}E = \boldsymbol{F} \cdot \mathrm{d}\boldsymbol{r} = \boldsymbol{F} \cdot \boldsymbol{v} \mathrm{d}t.$$

在狭义相对论意义下，动量、能量守恒合并成一个方程：

$$\frac{\mathrm{d}p^{\mu}}{\mathrm{d}\tau} = 0 \qquad (当 f^{\mu} = 0). \tag{1.38}$$

应该特别指出，尽管式 (1.36) 从形式上看好像是质点力学的牛顿第二定律的相对论推广，但在物理本质上，相对论质点力学是有内在矛盾的。这是因为力学系统从定义上就包含了自由度数不变这样一个前提，否则力学系统的状态空间就没有一个确定的维数；而狭义相对论的质能关系则暗示相对论质点的质量有可能完全转换为能量，比如以势能的形式作用于系统中的其他质点上。如果这样，系统中自由度的个数就发生了变化，这样的物理系统就不再能够被当做质点力学系统来分析了。实际上，力学自由度数不固定正是场论的典型特点。狭义相对论的诞生是关于场的物理理论发展和完善的前提，这既是历史事实，也具有逻辑上的必然性。

1.6.2　麦克斯韦方程组的协变形式

历史上，寻找麦克斯韦方程组在惯性参考系间的坐标变换下的不变性是促使以 Lorentz 群为基本对称性的狭义相对论诞生的最重要的理由。虽然经过相对复杂的验算可以证明，写成式 (1.3) 形式的麦克斯韦方程组的确具有在 Lorentz 群作用下保持形式不变的性质，但是这一性质远非是显然的。为了能更好地落实狭义相对

论的第二条基本假定，即“自然界的物理规律在所有惯性系中均相同”，描写物理规律的演化方程最好用具有明确的变换规则的时空张量来表达。为了做到这一点，我们引入下面的张量对象：

$$A^\mu = (\varphi/c, \boldsymbol{A}), \qquad A_\mu = (-\varphi/c, \boldsymbol{A}),$$
$$F_{\mu\nu} \equiv \partial_\mu A_\nu - \partial_\nu A_\mu. \tag{1.39}$$

张量 $F_{\mu\nu}$ 的分量可以用如下的矩阵形式给出：

$$(F_{\mu\nu}) = \begin{pmatrix} 0 & -E_1/c & -E_2/c & -E_3/c \\ E_1/c & 0 & B_3 & -B_2 \\ E_2/c & -B_3 & 0 & B_1 \\ E_3/c & B_2 & -B_1 & 0 \end{pmatrix},$$

这个张量称为电磁场的场强张量。应该强调的是原来 3 维欧几里得空间中的矢量 $\boldsymbol{E}$ 和 $\boldsymbol{B}$ 在 4 维时空中不再能被看作是某些矢量的一部分，而是合在一起构成了场强张量 $F_{\mu\nu}$。利用度规 $\eta^{\mu\nu}$ 和缩并运算，容易写出逆变形式的场强张量 $F^{\mu\nu}$。而麦克斯韦方程组将表达为

$$\partial_\nu F^{\mu\nu} = \mu_0 J^\mu, \qquad J^\mu = (\rho_e\, c,\, \boldsymbol{J}), \tag{1.40}$$
$$\partial_\mu F_{\nu\sigma} + \partial_\nu F_{\sigma\mu} + \partial_\sigma F_{\mu\nu} = 0. \tag{1.41}$$

方程 (1.41) 又称为 Bianchi 恒等式，它反映的是时空的性质，而与电磁场的物理关系不大 (在初等矢量分析中，Bianchi 等式的意义就是：梯度的旋度等于零，旋度的散度等于零)。

应该指出的是，由于场强张量 $F_{\mu\nu}$ 对指标的反对称性，矢量场 A_μ 在发生如下改变时不会引起场强的变化：

$$A_\mu \to A'_\mu = A_\mu + \partial_\mu \chi. \tag{1.42}$$

这个变换就是在 Lorentz 协变的形式下写出的规范变换的表达式。

利用 A^μ 和 J^μ 的定义，也可以将式 (1.6) 和式 (1.5) 改写为

$$\Box A^\mu = \partial^\nu \partial_\nu A^\mu = -\mu_0 J^\mu, \tag{1.43}$$
$$\partial_\mu A^\mu = 0. \tag{1.44}$$

容易看出，在规范条件式 (1.44) 下，方程 (1.40) 与方程 (1.43) 是等价的。

当麦克斯韦方程组用式 (1.40)~ 式 (1.41) 这样的张量形式表达时，其在 Lorentz 变换下的行为是一目了然的：方程中每出现一个张量指标，在 Lorentz 群作用下变

换时会多出一个因子 Λ (其指标随变换对象的指标变动)。因为方程中每一项均具有相同的张量性质，变换后方程各项多出来的 Λ 因子也必须完全一样，因此可以作为公共的因子消去。物理方程的这种变换性质称作 Lorentz 协变性。

利用张量形式，我们可以将电磁场作用下质点运动的牛顿运动方程 (1.23) 与功能原理

$$\frac{\mathrm{d}E}{\mathrm{d}t} = \boldsymbol{F} \cdot \boldsymbol{v} = q\boldsymbol{E} \cdot \boldsymbol{v}$$

合在一起，在 Lorentz 惯性参考系中重新写出来，最后得到

$$\frac{\mathrm{d}p^\mu}{\mathrm{d}\tau} = -qF^\mu{}_\nu u^\nu. \tag{1.45}$$

方程 (1.45) 的形式也是明显地 Lorentz 协变的。

1.6.3　标量场

如果我们不把目光局限在能产生长程影响的经典相互作用上，时空中还允许存在其他类型的场，例如传递弱相互作用以及强相互作用的规范场、描述普通费米物质的 Dirac 场等。所有这些场论的场方程都需要在 Lorentz 群的作用下保持协变性。作为最简单的例子，我们先在这里给出自由标量场的场方程，也叫做 Klein-Gordon 方程[①]：

$$\left(\partial^\mu \partial_\mu - \frac{m_0^2 c^2}{\hbar^2}\right)\varPhi = 0. \tag{1.46}$$

历史上，Klein-Gordon 方程是被作为量子力学中薛定谔方程的相对论推广提出来的。其基本思路是：将质壳方程 (1.31) 中的能量 E、动量分量 p_i 分别用量子力学中的算符 $\mathrm{i}\hbar\dfrac{\partial}{\partial t}$ 和 $-\mathrm{i}\hbar\dfrac{\partial}{\partial x^i}$ 替换，并将结果作用于“波函数” $\varPhi$ 即可得到式 (1.46)。但是，如果把方程 (1.46) 当做单粒子量子力学的波函数满足的方程，将会遇到负能量、多粒子态等问题。而如果把这个方程看作场方程，则一切问题均立刻得以化解。

1.7　相对论流体

场论是对时空中连续分布的物质及其相互作用的微观描述。在有些场合下，例如在考虑物质在相对较大的尺度上的分布和演化时，采用宏观、粗粒化的方式来描述连续分布的物质更为方便，这就是建立流体概念的物理原因。

---

①Klein-Gordon 方程的形式随度规符号的约定不同而不同：当度规符号选为 $(+,-,-,-)$ 时，质量平方项之前的符号应改为正号。另外，文献中的 Klein-Gordon 方程通常是在 $\hbar = 1, c = 1$ 的自然单位制中写出的。

描述流体的最佳手段是观察其中的一个微元。假定流体的质量密度为 ρ，流体内部的压强为 P，流体微元的固有速度为 u^μ。这些数据可以组合成一个关于指标交换对称的 Lorentz 张量

$$T^{\mu\nu} = (\rho + P/c^2)u^\mu u^\nu + P\eta^{\mu\nu}. \tag{1.47}$$

这个张量称为流体的能动量张量。

给定流体的能动量张量，我们把

$$\varepsilon \equiv \rho_m c^2 = T_{\mu\nu}v^\mu v^\nu/c^2 \tag{1.48}$$

定义为以固有速度 v^μ 运动的观测者测得的流体的*能量密度*，其中 ρ_m 是观测者测得的*质量密度*。特别地，当观测者的固有速度 v^μ 与流体单元的固有速度 u^μ 相同时，我们有 $\rho_m = \rho$。对普通物质，一般要满足 $T_{\mu\nu}v^\mu v^\nu/c^2 > 0$。如果 x^μ 与 v^μ 正交，即 $x^\mu v_\mu = 0$，定义

$$j = -T_{\mu\nu}x^\mu v^\nu/c^2 \tag{1.49}$$

为流体在 x^μ 方向的 (*角*)*动量密度*。如果 y^μ 也与 v^μ 正交，则

$$S = T_{\mu\nu}x^\mu y^\nu/c^2 \tag{1.50}$$

为流体在 x^μ 和 y^ν 张成的 2 维面内的应力密度。可见，能动量张量中包含了很多描述流体的宏观性质的物理参量。不过，式 (1.47) 并没有考虑到流体内的热传导以及黏滞性。这样的流体称为*完美流体*。无压强的完美流体又称为*尘埃*。

对于不受外力的完美流体，其运动方程由能动量张量的守恒方程给出：

$$\partial_\mu T^{\mu\nu} = 0. \tag{1.51}$$

如果引入一族*平行观测者*，其固有速度满足 $\partial_\mu v^\nu = 0$，那么，方程 (1.51) 可以给出流体的能流守恒条件

$$\partial_\mu J^\mu = 0, \qquad J^\mu \equiv -T^{\mu\nu}v_\nu/c.$$

为了了解完美流体运动方程的物理内涵，我们将式 (1.47) 代入式 (1.51)，结果为

$$u^\nu u^\mu \partial_\mu \rho + u^\nu u^\mu \partial_\mu P/c^2 + u^\nu(\rho + P/c^2)\partial_\mu u^\mu + (\rho + P/c^2)u^\mu \partial_\mu u^\nu + \partial_\mu P \eta^{\mu\nu} = 0. \tag{1.52}$$

用 u^ν 去缩并方程各项，得

$$u^\mu \partial_\mu \rho + \left(\rho + P/c^2\right)\partial_\mu u^\mu = 0. \tag{1.53}$$

因此，方程 (1.52) 可以简化为

$$(\rho + P/c^2)u^\mu \partial_\mu u^\nu + (\eta^{\mu\nu} + u^\mu u^\nu/c^2)\partial_\mu P = 0. \tag{1.54}$$

在非相对论极限下，$P/c^2 \ll \rho, u^\mu \simeq (c, \boldsymbol{v}), c^{-1}\mathrm{d}P/\mathrm{d}t \ll |\nabla P|$，方程 (1.53) 和方程 (1.54) 分别退化为

$$\frac{\partial \rho}{\partial t} + \nabla \cdot (\rho \boldsymbol{v}) = 0, \quad \rho \left\{ \frac{\partial \boldsymbol{v}}{\partial t} + (\boldsymbol{v} \cdot \nabla)\boldsymbol{v} \right\} = -\nabla P. \tag{1.55}$$

这一组方程正是非相对论可压缩流体满足的连续性方程和 Euler 方程。

非相对论完美流体的运动方程 (1.55) 有一组显然的解，即 $\rho = \rho_0, \boldsymbol{v} = 0, P = P_0$，其中 ρ_0 和 P_0 都是常数。这样的流体称为**静态流体**。对这样的流体而言，平衡态热力学是适用的，因此，压强与其他的状态参量并不独立，存在所谓的热物态方程

$$P = P(\rho, S, N),$$

其中，S, N 分别表示流体的熵和粒子数。让我们考虑在熵和粒子数均保持不变的前提下对静态流体作一个小扰动，即

$$\rho \to \rho_0 + \delta\rho,$$
$$P \to P_0 + \delta P,$$
$$\boldsymbol{v} \to \delta\boldsymbol{v}.$$

这时，准确至一阶扰动项，方程 (1.55) 变为

$$\frac{\partial \delta\rho}{\partial t} + \rho_0 \nabla \cdot (\delta\boldsymbol{v}) = 0, \tag{1.56}$$

$$\rho_0 \frac{\partial \delta\boldsymbol{v}}{\partial t} = -\nabla(\delta P). \tag{1.57}$$

利用

$$\delta P = \left(\frac{\partial P}{\partial \rho}\right)_{S,N} \delta\rho,$$

可将式 (1.57) 改写为

$$\rho_0 \frac{\partial \delta\boldsymbol{v}}{\partial t} = -\left(\frac{\partial P}{\partial \rho}\right)_{S,N} \nabla(\delta\rho). \tag{1.58}$$

最后，对式 (1.56) 关于时间 t 求导，并以式 (1.58) 代入，可得

$$\frac{\partial^2}{\partial t^2}(\delta\rho) - c_s^2 \nabla^2(\delta\rho) = 0, \tag{1.59}$$

其中，

$$c_s^2 = \left(\frac{\partial P}{\partial \rho}\right)_{S,N}. \tag{1.60}$$

方程 (1.59) 是一个波动方程，描写的是流体中的密度波，其实也就是声波。其中的声速 c_s 由式 (1.60) 给出。

1.8 Lorentz 群和 Poincaré群的李代数的表示

尽管我们已经介绍了一些狭义相对论的数学表述，但是仍有必要对相关的数学结构作更进一步的认识。在本节中，我们将介绍狭义相对论中的时空对称群——Poincaré 群及其子群 Lorentz 群的定义及其李代数的表示。这些知识对于定义具有狭义相对论对称性的各类场论，特别是旋量场论是绝对必需的知识。

Poincaré群的定义为保持 Minkowski 度规 $\eta_{\mu\nu}$ 不变的线性变换的集合。其中，由时空坐标平移变换生成的子群是一个不变子群，其结构同构于 $\mathbb{R}^4$(这里将 $\mathbb{R}^4$ 看作一个加法群)。Poincaré群中除坐标平移以外的部分构成 Lorentz 群，这实际上是一个李群 $O(1,3)$，即保持度规 $\eta^{\mu\nu}$ 不变的全部正交变换的集合。应该注意的是，根据上述定义，时间反演 (T)、空间反演 (又称宇称变换，P) 以及它们的联合操作 PT 都属于 Lorentz 群 (因此也属于 Poincaré群)。这几个离散的变换与单位变换 I 合在一起，构成了 Lorentz 群的一个离散子群 $G=\{I,T,P,PT\}$。在许多情况下，我们只需关心 Lorentz 群中保持空间坐标定向和时间方向的变换构成的子集，这个子集称为特殊 Lorentz 群，它实际上就是 $SO^+(1,3)=\{\Lambda\in O(1,3)|\det\Lambda=1,\Lambda^0{}_0\geqslant 0\}$。

在相对论物理中，Lorentz 群和 Poincaré群不仅作用在时空坐标上，也会作用在相对论物理系统的状态空间以及描写各类物质的场所取值的空间上，因此，它们的元素不仅仅表现为 4×4 矩阵，也可能会以更抽象更复杂的方式来表现。我们可以将相对论物理系统的状态空间或者某种特定类型的场所取值的空间想象为一个矢量空间，而 Lorentz 群和 Poincaré群在这些矢量空间上的作用将表现为以状态空间或场空间中的最大线性无关组为基底的线性变换矩阵，这就是这些群的表示。

1.8.1 Lorentz 群的李代数及其表示

特殊 Lorentz 群的任一典型群元可以表达为

$$\Lambda = \exp\left(-\frac{\mathrm{i}}{2}\theta_{\mu\nu}s^{\mu\nu}\right), \tag{1.61}$$

其中，$\theta_{\mu\nu}$ 是连续的群参数，$s^{\mu\nu}$ 是无穷小生成元，它们满足如下的对易关系：

$$\left[s^{\mu\nu}, s^{\rho\sigma}\right] = -\mathrm{i}\left(\eta^{\nu\rho}s^{\mu\sigma} - \eta^{\nu\sigma}s^{\mu\rho} - \eta^{\sigma\mu}s^{\rho\nu} + \eta^{\rho\mu}s^{\sigma\nu}\right). \tag{1.62}$$

这组对易关系构成的李代数称为 $\mathfrak{o}(1,3)$ 李代数。在具体的物理问题中，$s^{\mu\nu}$ 对应着与时空对称性相关联的守恒量。

由于 Lorentz 群实是离散子群 $G=\{I,T,P,PT\}$ 与特殊 Lorentz 群的直积，任一无穷小 Lorentz 变换都可以用生成元 $s^{\mu\nu}$ 完全刻画。我们又将由 $s^{\mu\nu}$ 生成的李代数 $\mathfrak{o}(1,3)$ 称为 Lorentz 群的李代数。

定义

$$J_i=\frac{1}{2}\varepsilon_{ijk}s^{jk},\quad K_i=s^{0i},$$

其中，ε_{ijk} 是 Levi-Civita 全反对称符号①，则容易验证如下的对易关系：

$$\begin{aligned}
[J_i,J_j]&=\mathrm{i}\varepsilon_{ijk}J_k,\\
[J_i,K_j]&=\mathrm{i}\varepsilon_{ijk}K_k,\\
[K_i,K_j]&=-\mathrm{i}\varepsilon_{ijk}J_k.
\end{aligned}$$

J_i 和 K_i 分别对应着空间坐标转动和 Lorentz 步进生成元。上述最后一个对易括号表明，以不同的顺序连续在两个不同的时空平面上作步进变换所得的结果相差一个空间转动。这种转动叫做 Wigner **转动**。进一步引入

$$\boldsymbol{J}_+=\frac{1}{2}(\boldsymbol{J}+\mathrm{i}\boldsymbol{K}),\quad \boldsymbol{J}_-=\frac{1}{2}(\boldsymbol{J}-\mathrm{i}\boldsymbol{K}),$$

其中，$\boldsymbol{J}=(J_1,J_2,J_3),\boldsymbol{K}=(K_1,K_2,K_3)$，我们有

$$[J_{\pm i},J_{\pm j}]=\mathrm{i}\varepsilon_{ijk}J_{\pm k},\quad [J_{+i},J_{-j}]=0.$$

可见，$\boldsymbol{J}_+$ 和 $\boldsymbol{J}_-$ 就好像两个彼此独立的角动量算符，它们分别构成一个李代数 $\mathfrak{sl}_2$。因此我们说李代数 $\mathfrak{o}(1,3)$ 同构于 $\mathfrak{sl}(2,\mathbb{C})$②。

基于上述同构关系，我们可以用 $\mathfrak{sl}(2,\mathbb{C})$ 的表示来取代 $\mathfrak{o}(1,3)$ 的表示。由于 $\boldsymbol{J}_+$ 和 $\boldsymbol{J}_-$ 分别生成一个 $\mathfrak{sl}_2$ 李代数，它们各自的表示的**最高权** j_+ 和 j_-——分别对应 $|\boldsymbol{J}_+|^2$ 的本征值 $j_+(j_++1)$ 和 $|\boldsymbol{J}_-|^2$ 的本征值 $j_-(j_-+1)$——放在一起，就可以标记 $\mathfrak{o}(1,3)$ 的一个不可约表示 (j_+,j_-)，对应的表示维数为 $(2j_++1)(2j_-+1)$。根据熟知的角动量表示理论，$j_\pm$ 分别只能取非负整数或者正的半奇数值。因此，我们能够构建的 $\mathfrak{o}(1,3)$ 的几个最简单的不可约表示分别是：$(0,0)$，$\left(\frac{1}{2},0\right)$，$\left(0,\frac{1}{2}\right)$ 和 $\left(\frac{1}{2},\frac{1}{2}\right)$。

①Lev-Civita 全反对称符号 $\varepsilon_{a_1\cdots a_n}$ 对其 n 个指标是全反对称的。本书中对 Levi-Civita 全反对称符号的约定及其性质的描述请参考附录 A。

②通常用 $\mathfrak{sl}_2$ 表示 2 维实线性空间上的特殊线性变换群的李代数，而 $\mathfrak{sl}(2,\mathbb{C})$ 则表示 2 维复线性空间上的特殊线性变换群的李代数。两者的关系为 $\mathfrak{sl}(2,\mathbb{C})=\mathfrak{sl}_2\oplus\mathfrak{sl}_2$。

首先看表示$(0,0)$。这是一个 1 维表示，称为标量表示，对应的表示矩阵$(s^{\mu\nu})_S=0$，相应的群元表示为 $\Lambda_S = 1$。在标量表示下变换的对象称为标量，它们其实是不变量：

$$\phi \to \phi.$$

表示 $\left(\frac{1}{2},0\right)$ 和 $\left(0,\frac{1}{2}\right)$ 都是 2 维表示，分别称为左手和右手旋量表示。左手旋量表示中的表示矩阵为

$$\begin{cases} J_{+i} = \frac{1}{2}\sigma_i \\ J_{-i} = 0 \end{cases} \Rightarrow \begin{cases} J_i = \frac{1}{2}\sigma_i \\ K_i = -\frac{\mathrm{i}}{2}\sigma_i \end{cases} \Rightarrow \begin{cases} (s^{ij})_L = \frac{1}{2}\varepsilon^{ijk}\sigma_k \\ (s^{0i})_L = -\frac{\mathrm{i}}{2}\sigma_i \end{cases}, \tag{1.63}$$

其中 σ_i 为 Pauli 矩阵，

$$\sigma_1 = \sigma^1 = \begin{pmatrix} 0 & 1 \\ 1 & 0 \end{pmatrix}, \quad \sigma_2 = \sigma^2 = \begin{pmatrix} 0 & -\mathrm{i} \\ \mathrm{i} & 0 \end{pmatrix}, \quad \sigma_3 = \sigma^3 = \begin{pmatrix} 1 & 0 \\ 0 & -1 \end{pmatrix}.$$

相应的群元表示矩阵记为 Λ_L。在左手旋量表示中变换的对象叫做左手 Weyl 旋量，记为 ξ_α，其变换规则为

$$\xi_\alpha \to (\Lambda_L)_\alpha{}^\beta \xi_\beta. \tag{1.64}$$

这里的 $(\Lambda_L)_\alpha{}^\beta$ 是 Lorentz 群的群元在左手 Weyl 旋量表示下的表示矩阵，旋量指标 α,β 取值为 $1,2$。这里请注意 $(\Lambda_L)_\alpha{}^\beta$ 的旋量指标的位置，我们将不定义 $(\Lambda_L)^\alpha{}_\beta$ 这样的对象。右手旋量表示中的表示矩阵为

$$\begin{cases} J_{+i} = 0 \\ J_{-i} = \frac{1}{2}\sigma_i \end{cases} \Rightarrow \begin{cases} J_i = \frac{1}{2}\sigma_i \\ K_i = \frac{\mathrm{i}}{2}\sigma_i \end{cases} \Rightarrow \begin{cases} (s^{ij})_R = \frac{1}{2}\varepsilon^{ijk}\sigma_k \\ (s^{0i})_R = \frac{\mathrm{i}}{2}\sigma_i \end{cases}. \tag{1.65}$$

相应的群元表示矩阵记为 Λ_R。在右手旋量表示中变换的对象叫做右手 Weyl 旋量，记为 $\bar{\eta}^{\dot{\alpha}}$, 其变换规则为

$$\bar{\eta}^{\dot{\alpha}} \to (\Lambda_R)^{\dot{\alpha}}{}_{\dot{\beta}}\bar{\eta}^{\dot{\beta}}.$$

同样请注意表示矩阵 $(\Lambda_R)^{\dot{\alpha}}{}_{\dot{\beta}}$ 的旋量指标的位置，因为我们也不会定义指标位置不同的 $(\Lambda_R)_{\dot{\alpha}}{}^{\dot{\beta}}$。

由于左手和右手 Weyl 旋量表示同为 Lorentz 群李代数的 2 维表示，因此存在两个表示是否等价的问题。数学上，如果一个李代数的两个相同维数的表示的表示矩阵之间存在一个相似变换，则称这两个表示是等价表示。在复半单李代数的表示理论中有如下结论：

若 M 是 $\mathfrak{sl}(n,\mathbb{C})$ 的有限维矩阵表示，则 $M^*,(M^{-1})^T$ 和 $(M^{-1})^\dagger$ 均为 $\mathfrak{sl}(n,\mathbb{C})$ 的矩阵表示。当 $n>2$ 时，这 4 个表示彼此独立；而当 $n=2$ 时，至多仅存在两个彼此独立的表示 (j_+,j_-) 和 (j_-,j_+)（两者彼此独立，当且仅当 $j_+\neq j_-$）。

因此，$\mathfrak{sl}(2,\mathbb{C})$ 的左手旋量表示 $\left(\dfrac{1}{2},0\right)$ 和右手旋量表示 $\left(0,\dfrac{1}{2}\right)$ 是不等价的表示。为了方便以下讨论，我们将无穷小 Lorentz 变换的群元表达为

$$\Lambda=\exp\left(-\frac{\mathrm{i}}{2}\theta_{\mu\nu}s^{\mu\nu}\right)=I-\mathrm{i}\boldsymbol{\theta}\cdot\boldsymbol{J}-\mathrm{i}\boldsymbol{\beta}\cdot\boldsymbol{K}.$$

在左手 Weyl 旋量表示中，Λ 表示为

$$\Lambda_L=I-\frac{\mathrm{i}}{2}\boldsymbol{\theta}\cdot\boldsymbol{\sigma}-\frac{1}{2}\boldsymbol{\beta}\cdot\boldsymbol{\sigma}.$$

在右手 Weyl 旋量表示中，Λ 表示为

$$\Lambda_R=I-\frac{\mathrm{i}}{2}\boldsymbol{\theta}\cdot\boldsymbol{\sigma}+\frac{1}{2}\boldsymbol{\beta}\cdot\boldsymbol{\sigma}.$$

显然，表示矩阵 Λ_L 和 Λ_R 之间有关系 $\Lambda_R=(\Lambda_L^{-1})^\dagger$。注意到

$$\sigma^2\boldsymbol{\sigma}(\sigma^2)^T=\boldsymbol{\sigma}^T,$$

可以证明

$$(\Lambda_L^{-1})^T=(\mathrm{i}\sigma^2)\Lambda_L(\mathrm{i}\sigma^2)^T,$$

因此，$(\Lambda_L^{-1})^T$ 与 Λ_L 是同一个群元在两个彼此等价的表示中的表示矩阵。我们将按表示 $(\Lambda_L^{-1})^T$ 变换的对象记为 ξ^α。这样，在 Lorentz 群作用下，

$$\begin{aligned}\xi^\alpha\to(\Lambda_L^{-1})^{T\alpha}{}_\beta\xi^\beta&=[(\mathrm{i}\sigma^2)\Lambda_L(\mathrm{i}\sigma^2)^T]^\alpha{}_\beta\xi^\beta\\&=(\mathrm{i}\sigma^2)^{\alpha\gamma}(\Lambda_L)_\gamma{}^\delta\left((\mathrm{i}\sigma^2)^T\right)_{\delta\beta}\xi^\beta.\end{aligned}$$

可见，$\left((\mathrm{i}\sigma^2)^T\right)_{\alpha\beta}\xi^\beta$ 与 ξ_α 按同样的方式变换，可以将它们等同起来。

定义

$$\varepsilon_{\alpha\beta}=\left((\mathrm{i}\sigma^2)^T\right)_{\alpha\beta},\quad\varepsilon^{\alpha\beta}=(\mathrm{i}\sigma^2)^{\alpha\beta}.$$

它们对其指标的交换都是反对称的：

$$\varepsilon_{\alpha\beta}=-\varepsilon_{\beta\alpha},\quad\varepsilon^{\alpha\beta}=-\varepsilon^{\beta\alpha}.$$

这两个反对称的对象所起的作用是升降左手 Weyl 旋量的旋量指标：

$$\xi_\alpha=\varepsilon_{\alpha\beta}\xi^\beta,\quad\xi^\alpha=\varepsilon^{\alpha\beta}\xi_\beta.$$

容易验证

$$\varepsilon^{\alpha\beta}\varepsilon_{\beta\gamma} = \delta^{\alpha}{}_{\gamma}.$$

类似地，将按照表示 Λ_L^* 变换的对象记为 $\bar{\eta}_{\dot{\alpha}}$:

$$\bar{\eta}_{\dot{\alpha}} \to (\Lambda_L^*)_{\dot{\alpha}}{}^{\dot{\beta}}\bar{\eta}_{\dot{\beta}}. \tag{1.66}$$

引入

$$\varepsilon^{\dot{\alpha}\dot{\beta}} = (\mathrm{i}\sigma^2)^{\dot{\alpha}\dot{\beta}}, \quad \varepsilon_{\dot{\alpha}\dot{\beta}} = \big((\mathrm{i}\sigma^2)^T\big)_{\dot{\alpha}\dot{\beta}},$$

我们可以将 $\bar{\eta}_{\dot{\alpha}}$ 与 $\bar{\eta}^{\dot{\alpha}}$ 等同起来：

$$\bar{\eta}_{\dot{\alpha}} = \varepsilon_{\dot{\alpha}\dot{\beta}}\bar{\eta}^{\dot{\beta}}, \quad \bar{\eta}^{\dot{\alpha}} = \varepsilon^{\dot{\alpha}\dot{\beta}}\bar{\eta}_{\dot{\beta}}.$$

对式 (1.64) 两边同时取复共轭，可以发现 ξ_α^* 与 $\bar{\eta}_{\dot{\alpha}}$ 按相同方式变换，因此我们有

$$\bar{\eta}_{\dot{\alpha}} = \eta_\alpha^*.$$

同理有

$$\bar{\eta}^{\dot{\alpha}} = (\eta^\alpha)^*.$$

因此，在所有按 Lorentz 群的 2 维表示变换的对象中，仅有两组对象可以构成彼此独立的基底，它们就是左手 Weyl 旋量 ξ_α 和右手 Weyl 旋量 $\bar{\eta}^{\dot{\alpha}}$。

左手 Weyl 旋量表示和右手 Weyl 旋量表示的直接和 $\left(\frac{1}{2},0\right)\oplus\left(0,\frac{1}{2}\right)$ 也是 $\mathfrak{o}(1,3)$ 的一个表示，这是一个可约表示，对应的李代数元的表示矩阵为式 (1.63) 和式 (1.65) 中给出的 $s^{\mu\nu}$ 的表示矩阵的直接和，即

$$(s^{\mu\nu})_D = (s^{\mu\nu})_L \oplus (s^{\mu\nu})_R. \tag{1.67}$$

在这个表示中变换的对象称为 Dirac 旋量，记为 ψ，

$$\psi = \begin{pmatrix} \xi_\alpha \\ \bar{\eta}^{\dot{\alpha}} \end{pmatrix}.$$

Dirac 旋量的变换规则为

$$\psi_A \to (\Lambda_D)_{AB}\psi_B, \quad \Lambda_D = \exp\left(-\frac{\mathrm{i}}{2}\theta_{\mu\nu}(s^{\mu\nu})_D\right), \tag{1.68}$$

式中，$A, B = 1, 2, \dot{1}, \dot{2}$ 是 Dirac 旋量指标。

Lorentz 群李代数的另一个 4 维表示 $\left(\frac{1}{2},\frac{1}{2}\right)$ 又称为矢量表示或者基本表示，其代数元 $s^{\mu\nu}$ 的表示矩阵为

$$(s^{\mu\nu})^{\rho}{}_{\sigma}=-\mathrm{i}(\eta^{\mu\rho}\delta^{\nu}{}_{\sigma}-\eta^{\nu\rho}\delta^{\mu}{}_{\sigma}). \tag{1.69}$$

对应的群元的表示矩阵

$$\Lambda^{\rho}{}_{\sigma}=\exp\left(-\frac{\mathrm{i}}{2}\theta_{\mu\nu}s^{\mu\nu}\right)^{\rho}{}_{\sigma}$$

即为前文中式 (1.9) 中首次出现的 Lorentz 变换的矩阵。因此，在矢量表示中变换的对象刚好就是按式 (1.16) 所定义的规则变换的 (1,0) 型张量。

矢量表示的直乘积构成*张量表示*，表示矩阵为

$$\Lambda^{\mu_1\cdots\mu_k}{}_{\nu_1\cdots\nu_k}=\Lambda^{\mu_1}{}_{\nu_1}\cdots\Lambda^{\mu_k}{}_{\nu_k}.$$

前文中方程 (1.16) 所定义的 $(k,0)$ 型张量实际上就是在表示 $\left(\frac{1}{2},\frac{1}{2}\right)$ 的 k 重直积中变换的对象：

$$T^{\mu_1\cdots\mu_k}\to\Lambda^{\mu_1\cdots\mu_k}{}_{\nu_1\cdots\nu_k}T^{\nu_1\cdots\nu_k}=\Lambda^{\mu_1}{}_{\nu_1}\cdots\Lambda^{\mu_k}{}_{\nu_k}T^{\nu_1\cdots\nu_k}.$$

除以上介绍的各类表示外，在物理学中还有一种比较有名的表示，即 $\left(1,\frac{1}{2}\right)\oplus\left(\frac{1}{2},1\right)$ 表示。这种表示其实是表示 $\left(\frac{1}{2},\frac{1}{2}\right)$ 以及 $\left(\frac{1}{2},0\right)\oplus\left(0,\frac{1}{2}\right)$ 的直积中分解出来的一个子表示，

$$\left(\frac{1}{2},\frac{1}{2}\right)\otimes\left(\left(\frac{1}{2},0\right)\oplus\left(0,\frac{1}{2}\right)\right)\to\left(1,\frac{1}{2}\right)\oplus\left(\frac{1}{2},1\right).$$

在这个表示中变换的对象具有一个矢量指标，同时这个矢量的每一个分量都好像是一个 Dirac 旋量。这种带有 Lorentz 矢量指标的旋量称为 Rarita-Schwinger *旋量*。在 Lorentz 变换下，Rarita-Schwinger 旋量 Ψ_μ 的变换规则是：

$$\Psi_{\mu A}\to\Psi'_{\mu A}=\Lambda_{\mu}{}^{\nu}(\Lambda_D)_{AB}\Psi_{\nu B}, \tag{1.70}$$

式中的指标 A,B 对应 Dirac 旋量指标，$(\Lambda_D)_{AB}$ 就是由式 (1.68) 给出的、Lorentz 群元在表示 $\left(\frac{1}{2},0\right)\oplus\left(0,\frac{1}{2}\right)$ 下的表示矩阵。上面这个变换规则突出了 $\Psi_{\mu A}$ 属于 Lorentz 群的 $\left(\frac{1}{2},\frac{1}{2}\right)\otimes\left(\left(\frac{1}{2},0\right)\oplus\left(0,\frac{1}{2}\right)\right)$ 表示这个性质。不过，通常我们并不明显写出 Dirac 旋量指标而只是简单地将 Rarita-Schwinger 旋量标记为 Ψ_μ。

1.8.2 Poincaré群的李代数及其表示

除了 $s^{\mu\nu}$ 以外，Poincaré群的生成元还包括时空平移的生成元 p^μ，其中 p^μ 可以看做是与式 (1.26) 中定义的 4 维动量对应的算符。其完整的李代数结构为

$$\begin{aligned}&\left[s^{\mu\nu},s^{\rho\sigma}\right]=-\mathrm{i}\left(\eta^{\nu\rho}s^{\mu\sigma}-\eta^{\nu\sigma}s^{\mu\rho}-\eta^{\sigma\mu}s^{\rho\nu}+\eta^{\rho\mu}s^{\sigma\nu}\right),\\&\left[p^\mu,p^\nu\right]=0,\\&\left[p^\mu,s^{\rho\sigma}\right]=\mathrm{i}(\eta^{\mu\rho}p^\sigma-\eta^{\mu\sigma}p^\rho).\end{aligned}$$

由于 p^μ 与 $s^{\rho\sigma}$ 并不对易，因此，Lorentz 群李代数的不变量 $|\boldsymbol{J}_\pm|^2$ 不再是 Poincaré群李代数的不变量，因此不能用对应的本征值 $j_\pm$ 来刻画 Poincaré群李代数的不可约表示。取而代之的是以下不变量 (又称 Casimir 元)

$$p^2=p^\mu p_\mu,\quad W^2=W^\mu W_\mu,$$

其中，

$$W^\mu=\frac{1}{2}\varepsilon^{\mu\nu\rho\sigma}s_{\nu\rho}p_\sigma$$

称为 Pauli-Lubanski 赝矢量①，它满足如下的关系式：

$$\begin{aligned}&W^\mu p_\mu=0,\\&[p^\mu,W^\nu]=0,\\&[s^{\mu\nu},W^\rho]=\mathrm{i}(\eta^{\rho\nu}W^\mu-\eta^{\rho\mu}W^\nu).\end{aligned}$$

依据 p^2 的本征值，可以将 Poincaré群李代数的表示分为两类：有质量表示和无质量表示。对于有质量表示而言，p^2 的本征值为 $-m_0^2c^2$，因此可以选择参照系使得 $p^\mu=(m_0c,\mathbf{0})$。对应的 W^2 的本征值为 $-m_0^2c^2s(s+1)$，因此这类表示可以用本征值组合 (m_0c,s) 来标记，表示的维数为 $s(s+1)$。保持 $p^\mu=(m_0c,\mathbf{0})$ 形式不变的子群称为 Wigner **小群**，它其实是空间转动群 $SO(3)$。考虑到旋量表示，可以将这个群扩充到 $SO(3)$ 的双重覆盖 $SU(2)$。这个群的李代数的 Casimir 元的本征值 s 定义了粒子的自旋。

对于无质量表示，可以将 p^μ 表达为 $p^\mu=(\omega,0,0,\omega)$。保持这个矢量形式不变的 Wigner 小群仅为 (x,y) 平面上的转动群 $SO(2)$，或者扩充为其双重覆盖 $U(1)$。这个 $U(1)$ 群的群元表示为 $\mathrm{e}^{\mathrm{i}\theta h}$，其中 h 称为**螺度**。对于无质量的矢量粒子，螺度 $h=1$，对于无质量的二秩对称张量粒子，螺度 $h=2$。应该注意的是螺度与空间反演操作 P 不对易，因此在**宇称变换下螺度不守恒**。通常需要将给定的螺度为 h 的

①赝矢量在特殊 Lorentz 群作用下像矢量一样变换，但是在空间坐标反演下比普通的矢量多变出一个负号。

态与其空间反演变换后的像、即螺度为 $-h$ 的态合在一起来构成在一个宇称变换下不变的表示。从以上讨论中我们应该清楚一件事：**对于无质量矢量和张量粒子来说，自旋不是一个好量子数。**

1.8.3　旋量场

1. Weyl 旋量场

在量子场论中，旋量场是非常重要的一个种类，它们构成了现实世界中一切有形的物质。

为了构造旋量场的拉格朗日密度，需要从基本的旋量出发，构造出 Lorentz 不变的标量表达式。由旋量构成的最简单的标量表达式是旋量场的二次型。以左手 Weyl 旋量为例。所需的标量表达式可以定义为

$$\chi\xi \equiv \chi^{\alpha}\xi_{\alpha} = \varepsilon^{\alpha\beta}\chi_{\beta}\xi_{\alpha}.$$

这一表达式的 Lorentz 不变性可以利用关系式

$$\varepsilon^{\alpha\beta}(\Lambda_L)_{\alpha}{}^{\rho}(\Lambda_L)_{\beta}{}^{\sigma} = \varepsilon^{\rho\sigma}$$

来验证，而后者可以直接利用 Pauli 矩阵证明。同样地，用右手 Weyl 旋量构造的 Lorentz 不变量可以写为

$$\bar{\chi}\bar{\xi} \equiv \bar{\chi}_{\dot{\alpha}}\bar{\xi}^{\dot{\alpha}} = \varepsilon_{\dot{\alpha}\dot{\beta}}\bar{\chi}^{\dot{\beta}}\bar{\xi}^{\dot{\alpha}}.$$

由于 $\varepsilon^{\alpha\beta}$ 和 $\varepsilon_{\dot{\alpha}\dot{\beta}}$ 均关于其指标反对称，为了使 $\chi\xi$ 和 $\bar{\chi}\bar{\xi}$ 有意义，必须要求 χ_{α} 与 ξ_{β}、$\bar{\chi}^{\dot{\alpha}}$ 与 $\bar{\xi}^{\dot{\beta}}$ 分别反对易。这就是费米统计。可见，**Lorentz 群李代数的旋量表示自动要求对应的场是费米场**。而作为对比，标量、矢量以及张量表示中变换的对象则不会出现反对易的情况，这就是所谓的**自旋—统计对应**。

注意：为了使旋量指标求和不产生歧义，有必要规定两个旋量相乘时求和的旋量指标摆放的方向。我们的约定是：对左手旋量指标，求和时两个指标的方位必须为左上—右下；对右手旋量指标，求和时方位必须为左下—右上。

根据上述约定，容意验证以下关系式：

$$\chi\xi = \xi\chi, \tag{1.71}$$

$$\bar{\chi}\bar{\xi} = \bar{\xi}\bar{\chi}, \tag{1.72}$$

$$(\chi\xi)^{\dagger} = (\chi^{\alpha}\xi_{\alpha})^{\dagger} = \bar{\xi}_{\dot{\alpha}}\bar{\chi}^{\dot{\alpha}} = \bar{\xi}\bar{\chi} = \bar{\chi}\bar{\xi}. \tag{1.73}$$

可见，$\chi\xi + \bar{\chi}\bar{\xi}$ 是 Lorentz 标量且厄米不变，因此可用来作为旋量场拉氏量中的质量项。

为了探讨旋量场拉氏量中动能项的可能形式，我们引入 Pauli 4 矢量

$$\sigma^\mu = (I, \boldsymbol{\sigma}), \quad \bar{\sigma}^\mu = (-I, \boldsymbol{\sigma}),$$

其中，I 表示 2×2 单位矩阵。由于

$$p_\mu \sigma^\mu = -p^0 I + \boldsymbol{p}\cdot\boldsymbol{\sigma} = \begin{pmatrix} -p^0+p^3 & p^1-\mathrm{i}p^2 \\ p^1+\mathrm{i}p^2 & -p^0-p^3 \end{pmatrix}$$

与

$$p'_\mu \sigma^\mu = (\Lambda_L)(p_\mu\sigma^\mu)(\Lambda_L)^\dagger$$

均为轭米矩阵，且 $\det(p_\mu\sigma^\mu) = \det(p'_\mu\sigma^\mu) = -p_\mu p^\mu$，因此，$p_\mu$ 和 p'_μ 仅相差一个 Lorentz 变换。上式用旋量指标可表达为

$$p'_\mu \sigma^\mu_{\alpha\dot{\alpha}} = (\Lambda_L)_\alpha{}^\beta (p_\mu \sigma^\mu_{\beta\dot{\beta}})(\Lambda_L^*)_{\dot{\alpha}}{}^{\dot{\beta}}.$$

注意：σ^μ 具有两个手性不同的旋量指标和一个 Lorentz 矢量指标。因此，用一个 Lorentz 矢量与 σ^μ 进行缩并，结果是一个双旋量，在 Lorentz 变换下不是一个不变量。但是如果进一步用两个手性不同的 Weyl 旋量与上述矢量缩并的结果再次缩并，所得的双线性表达式就会是一个 Lorentz 不变量。作为一个例子，我们先将 p_μ“量子化”为 $\mathrm{i}\hbar\partial_\mu$，然后构造下面的二次型表达式：

$$\frac{\mathrm{i}\hbar}{2}\chi^\alpha \sigma^\mu_{\alpha\dot{\alpha}} \partial_\mu \bar{\chi}^{\dot{\alpha}} = \frac{\mathrm{i}\hbar}{2}\chi\sigma^\mu\partial_\mu\bar{\chi}.$$

这是一个 Lorentz 不变量，因此可以作为旋量场拉氏量中的动能项的候选者。

与 σ^μ 类似，$\bar{\sigma}^\mu$ 也具有双重旋量指标，而且

$$\bar{\sigma}^{\mu\dot{\alpha}\alpha} = \varepsilon^{\alpha\beta}\sigma^\mu_{\beta\dot{\beta}}\varepsilon^{\dot{\alpha}\dot{\beta}}.$$

不难证明，

$$(\chi\sigma^\mu\bar{\xi})^\dagger = \xi\sigma^\mu\bar{\chi}, \quad \chi\sigma^\mu\bar{\xi} = \bar{\xi}\bar{\sigma}^\mu\chi.$$

因此，不能通过 $\bar{\sigma}^\mu$ 构造新的 Lorentz 不变量。

2. Dirac 旋量场与 Majorana 旋量场

以上讨论的 Weyl 旋量场对应的是 Lorentz 群李代数的 $\left(\frac{1}{2},0\right)$ 或者 $\left(0,\frac{1}{2}\right)$ 表示。下面我们来讨论在上述两个 2 维表示的直和 $\left(\frac{1}{2},0\right)\oplus\left(0,\frac{1}{2}\right)$ 下变换的 4 分量旋量场。

为了方便描写 4 分量的 Dirac 旋量场

$$\psi = \begin{pmatrix} \xi_\alpha \\ \bar{\eta}^{\dot{\alpha}} \end{pmatrix}, \tag{1.74}$$

我们引入如下的 γ 矩阵①：

$$\gamma^\mu = \begin{pmatrix} 0 & -\mathrm{i}\sigma^\mu \\ \mathrm{i}\bar{\sigma}^\mu & 0 \end{pmatrix}, \quad \gamma^5 = \mathrm{i}\gamma^0\gamma^1\gamma^2\gamma^3 = \begin{pmatrix} -I & 0 \\ 0 & I \end{pmatrix}, \tag{1.75}$$

其中，γ^μ 满足 Clifford 代数关系

$$\{\gamma^\mu, \gamma^\nu\} = 2\eta^{\mu\nu}. \tag{1.76}$$

由定义容易验证下面的关系：

$$\gamma^0\gamma^\mu\gamma^0 = (\gamma^\mu)^\dagger.$$

在证明 Dirac 旋量场拉格朗日密度中的动能项的轭米不变性时需要用到这个关系式。

利用上述 γ 矩阵，可以将表示 $\left(\frac{1}{2}, 0\right) \oplus \left(0, \frac{1}{2}\right)$ 下 Lorentz 群李代数的生成元的表示矩阵用明显协变的方式写出。为此，我们引入

$$\Sigma^{\mu\nu} = \frac{1}{4}\left[\gamma^\mu, \gamma^\nu\right].$$

利用式 (1.75) 不难算出

$$\Sigma^{\mu\nu} = \begin{pmatrix} \sigma^{\mu\nu} & 0 \\ 0 & \bar{\sigma}^{\mu\nu} \end{pmatrix}, \tag{1.77}$$

其中，$\sigma^{\mu\nu}$ 带有两个左手旋量指标，$\bar{\sigma}^{\mu\nu}$ 带有两个右手旋量指标，其具体表达式分别为

$$\sigma^{\mu\nu}{}_\alpha{}^\beta = \frac{1}{4}(\sigma^\mu_{\alpha\dot{\alpha}}\bar{\sigma}^{\nu\dot{\alpha}\beta} - \sigma^\nu_{\alpha\dot{\alpha}}\bar{\sigma}^{\mu\dot{\alpha}\beta}), \tag{1.78}$$

$$\bar{\sigma}^{\mu\nu\dot{\alpha}}{}_{\dot{\beta}} = \frac{1}{4}(\bar{\sigma}^{\mu\dot{\alpha}\alpha}\sigma^\nu_{\alpha\dot{\beta}} - \bar{\sigma}^{\nu\dot{\alpha}\alpha}\sigma^\mu_{\alpha\dot{\beta}}). \tag{1.79}$$

①随着旋量基底以及度规符号的不同选择，γ 矩阵的具体形式也会不同。我们的选择满足以下条件：(a) 旋量基底为 Weyl 旋量；(b)γ 矩阵在轭米共轭下满足条件 $(\gamma^0)^\dagger = -\gamma^0$, $(\gamma^i)^\dagger = \gamma^i$；(c) Clifford代数关系式 (1.76) 的形式不随度规符号变换。在某些文献中，Clifford 代数关系的定义式会随着度规符号的选择改变，即当 $\mathrm{sign}(\eta_{\mu\nu}) = (+,-,-,-)$ 时，Clifford 代数的定义用式 (1.76)，而当 $\mathrm{sign}(\eta_{\mu\nu}) = (-,+,+,+)$ 时，Clifford 代数的定义式改用 $\{\gamma^\mu, \gamma^\nu\} = -2\eta^{\mu\nu}$。请读者在使用 γ 矩阵的具体形式时一定要注意是否满足特定的约定。

将 $\sigma^\mu, \bar{\sigma}^\mu$ 的具体定义代入，有

$$\sigma^{ij} = \bar{\sigma}^{ij} = \frac{\mathrm{i}}{2}\varepsilon^{ijk}\sigma_k,$$
$$\sigma^{0i} = -\bar{\sigma}^{0i} = \frac{1}{2}\sigma_i.$$

容易看出，在 Lorentz 群李代数的 $\left(\frac{1}{2}, 0\right)$ 表示中，有

$$(s^{\mu\nu})_L = -\mathrm{i}\sigma^{\mu\nu}, \quad (s^{\mu\nu})_L \in \left(\frac{1}{2}, 0\right),$$

而在 $\left(0, \frac{1}{2}\right)$ 表示中，有

$$(s^{\mu\nu})_R = -\mathrm{i}\bar{\sigma}^{\mu\nu}, \quad (s^{\mu\nu})_R \in \left(0, \frac{1}{2}\right).$$

因此，

$$(s^{\mu\nu})_D = (s^{\mu\nu})_L \oplus (s^{\mu\nu})_R = -\mathrm{i}\Sigma^{\mu\nu}$$

对应着 Lorentz 群李代数的生成元在 $\left(\frac{1}{2}, 0\right) \oplus \left(0, \frac{1}{2}\right)$ 表示中的表示矩阵。因此，Dirac 旋量场在 Lorentz 变换下的变换关系式 (1.68) 可以重写为

$$\psi \to \exp\left(-\frac{1}{2}\theta_{\mu\nu}\Sigma^{\mu\nu}\right)\psi,$$

或者写为无穷小变换的形式：

$$\delta\psi = -\frac{1}{2}\theta_{\mu\nu}\Sigma^{\mu\nu}\psi.$$

显然，

$$P_L = \frac{1}{2}(1 - \gamma^5) = \begin{pmatrix} I & 0 \\ 0 & 0 \end{pmatrix}, \quad P_R = \frac{1}{2}(1 + \gamma^5) = \begin{pmatrix} 0 & 0 \\ 0 & I \end{pmatrix}$$

都是投影算符，满足幂等性：$P_L^2 = P_L, P_R^2 = P_R$。它们分别将 Dirac 旋量投影到 Lorentz 群李代数的 $\left(\frac{1}{2}, 0\right)$ 和 $\left(0, \frac{1}{2}\right)$ 表示：

$$P_L\psi = \begin{pmatrix} I & 0 \\ 0 & 0 \end{pmatrix}\begin{pmatrix} \xi_\alpha \\ \bar{\eta}^{\dot{\alpha}} \end{pmatrix} = \begin{pmatrix} \xi_\alpha \\ 0 \end{pmatrix} \sim \xi_\alpha, \quad P_R\psi = \begin{pmatrix} 0 & 0 \\ 0 & I \end{pmatrix}\begin{pmatrix} \xi_\alpha \\ \bar{\eta}^{\dot{\alpha}} \end{pmatrix} = \begin{pmatrix} 0 \\ \bar{\eta}^{\dot{\alpha}} \end{pmatrix} \sim \bar{\eta}^{\dot{\alpha}}. \tag{1.80}$$

P_L 和 P_R 称为手性投影算符。

作用在 4 分量旋量上的另一个重要操作是电荷共轭运算。引入电荷共轭矩阵 C:

$$C \equiv \mathrm{i}\gamma^0\gamma^2 = \begin{pmatrix} \varepsilon_{\beta\alpha} & 0 \\ 0 & \varepsilon^{\dot\beta\dot\alpha} \end{pmatrix} = \begin{pmatrix} \mathrm{i}\sigma^2 & 0 \\ 0 & -\mathrm{i}\sigma^2 \end{pmatrix}.$$

引入 Dirac 共轭①

$$\bar\psi = \psi^\dagger \cdot (\mathrm{i}\gamma^0),$$

电荷共轭操作可定义为

$$\psi^C = C(\bar\psi)^T = C(\psi^\dagger \cdot \mathrm{i}\gamma^0)^T = \begin{pmatrix} \varepsilon_{\beta\alpha} & 0 \\ 0 & \varepsilon^{\dot\beta\dot\alpha} \end{pmatrix} \begin{pmatrix} \eta^\alpha \\ \bar\xi_{\dot\alpha} \end{pmatrix} = \begin{pmatrix} \eta_\beta \\ \bar\xi^{\dot\beta} \end{pmatrix}.$$

因此，

$$P_L\psi^C = \begin{pmatrix} \eta_\beta \\ 0 \end{pmatrix}, \quad P_R\psi^C = \begin{pmatrix} 0 \\ \bar\xi^{\dot\beta} \end{pmatrix}.$$

也就是说，电荷共轭操作改变了Weyl旋量的手征性。

存在一种特殊的 4 分量旋量 ψ_M，它们在电荷共轭下是不变的：

$$\psi_M = \begin{pmatrix} \psi_\alpha \\ \bar\psi^{\dot\alpha} \end{pmatrix}, \quad \psi_M^C = \psi_M,$$

其中，ψ_α 表示一个左手 Weyl 旋量。电荷共轭不变的 4 分量旋量叫做 Majorana 旋量，它们是与一般的 Dirac 旋量不同的旋量类型。通常提到 Dirac 旋量时，指的总是非 Majorana 型的 4 分量旋量。

根据式 (1.80)，我们可以将 4 分量 Dirac 旋量的手性投影与 Weyl 旋量当作同一回事。这样，上文所述的电荷共轭操作改变 Weyl 旋量的手征性与 Majorana 旋量在电荷共轭变换下不变这两个结论说明，在4维时空中，任意一个旋量不可能同时是Weyl旋量和Majorana旋量。

对于自由的 Majorana 旋量，可以定义其拉格朗日密度为②

$$\begin{aligned}\mathcal{L}_M &= -\frac{\hbar}{2}\bar\psi_M\left(\gamma^\mu\partial_\mu + \frac{mc}{\hbar}\right)\psi_M \\ &= -\mathrm{i}\hbar\bar\psi\bar\sigma^\mu\partial_\mu\psi - \frac{1}{2}mc\,(\psi\psi + \bar\psi\bar\psi).\end{aligned}$$

①引入 Dirac 共轭的原因是：Dirac 旋量的轭米共轭 $\psi^\dagger$ 在 Lorentz 变换下变换为 $\psi'^\dagger = \psi^\dagger\Lambda_D^\dagger$，其中 $\Lambda_D^\dagger$ 一般不等于 Λ_D^{-1}，因此，$\psi^\dagger\psi$ 在 Lorentz 变换下不能保持不变。而 $\gamma^0\Lambda_D^\dagger\gamma^0 = \Lambda_D^{-1}$，因此 $\bar\psi\psi$ 在 Lorentz 变换下可以保持不变。

②旋量场的拉格朗日密度中只含有一阶导数，为了使得这样的表达式更具对称性，需要将其中的导数算符理解为同时向左右两个方向作用。

注意上式右边的第二行仅出现左手 Weyl 旋量 ψ 及其复共轭，因此也可以看成是左手 Weyl 旋量的拉格朗日密度。

对于 Dirac 旋量场式 (1.74)，拉格朗日密度可定义为

$$\mathcal{L}_D = -\hbar\bar{\psi}\left(\gamma^\mu\partial_\mu + \frac{mc}{\hbar}\right)\psi. \tag{1.81}$$

$\mathcal{L}_M$ 和 $\mathcal{L}_D$ 中出现的算符

$$\mathcal{D} = \gamma^\mu\partial_\mu + \frac{mc}{\hbar} \equiv \not{\partial} + \frac{mc}{\hbar}$$

称为 Dirac 算符①。在以上 $\mathcal{L}_M$ 和 $\mathcal{L}_D$ 的表达式中出现 Dirac 算符不是偶然的。事实上，上述拉格朗日密度在 Lorentz 变换下保持不变的要求可以归结为 $\mathcal{D}\psi$ 在 Lorentz 变换下按 Dirac 旋量的方式变换。为了证明这一点，只需证明 $\gamma^\mu\partial_\mu\psi$ 按 Dirac 旋量的方式变换。为此，我们需要用到以下恒等式：

$$\left[\gamma^\mu, \Sigma^{\rho\sigma}\right] = \eta^{\mu\rho}\gamma^\sigma - \eta^{\mu\sigma}\gamma^\rho.$$

利用式 (1.69) 以及 $(s^{\mu\nu})_D = -\mathrm{i}\Sigma^{\mu\nu}$，可将上式改写为

$$\left[\gamma^\mu, (s^{\rho\sigma})_D\right] = (s^{\rho\sigma})^\mu{}_\nu\gamma^\nu. \tag{1.82}$$

进一步利用 $\Lambda_D = \exp\left(-\frac{\mathrm{i}}{2}\theta_{\mu\nu}(s^{\mu\nu})_D\right), \Lambda = \exp\left(-\frac{\mathrm{i}}{2}\theta_{\mu\nu}s^{\mu\nu}\right)$，容易证明

$$(\Lambda_D)^{-1}\gamma^\mu\Lambda_D = \Lambda^\mu{}_\nu\gamma^\nu.$$

最后，对 $\gamma^\mu\partial_\mu\psi$ 作 Lorentz 变换，可得②

$$\begin{aligned}\gamma^\mu\partial_\mu\psi \to \gamma^\mu&\Lambda_\mu{}^\sigma\partial_\sigma(\Lambda_D\psi)\\ &= \Lambda_D(\Lambda_D)^{-1}\gamma^\mu\Lambda_D\Lambda_\mu{}^\sigma\partial_\sigma\psi\\ &= \Lambda_D\Lambda^\mu{}_\nu\gamma^\nu\Lambda_\mu{}^\sigma\partial_\sigma\psi\\ &= \Lambda_D\gamma^\nu\partial_\nu\psi.\end{aligned}$$

将 Dirac 旋量场的具体形式 (1.74) 代入式 (1.81)，经整理可得

$$\mathcal{L}_D = -\mathrm{i}\hbar(\bar{\xi}\bar{\sigma}^\mu\partial_\mu\xi + \bar{\eta}\bar{\sigma}^\mu\partial_\mu\eta) - mc(\xi\eta + \bar{\xi}\bar{\eta}).$$

①在多数文献中，Dirac 算符的首项包含一个额外的虚单位 i。在我们的约定下，这个虚单位已经被吸收到 γ^μ 的定义中去了。

②需要注意的是：尽管 γ 矩阵具有一个类似于 Lorentz 矢量的指标，但是它们是常数矩阵，在 Lorentz 变换下保持不变。

习惯上人们更愿意采用使质量项对角化的场变量：

$$\psi_a \equiv \frac{1}{\sqrt{2}}(\xi+\eta), \quad \mathrm{i}\psi_b \equiv \frac{1}{\sqrt{2}}(\xi-\eta),$$

这样，Dirac 旋量的拉格朗日密度可以改写为

$$\mathcal{L}_D = -\mathrm{i}\hbar\left(\bar{\psi}_a\bar{\sigma}^\mu\partial_\mu\psi_a + \bar{\psi}_b\bar{\sigma}^\mu\partial_\mu\psi_b\right) - \frac{1}{2}mc\left(\psi_a\psi_a + \bar{\psi}_a\bar{\psi}_a + \psi_b\psi_b + \bar{\psi}_b\bar{\psi}_b\right).$$

可见，一个 Dirac 旋量可以分解为两个 Majorana 旋量。反之，两个同质量的 Majorana 旋量可以合并为一个 Dirac 旋量。

对 Dirac 场的拉格朗日密度式 (1.81) 关于 $\bar{\psi}$ 变分，可得 Dirac 场的运动方程

$$\left(\gamma^\mu\partial_\mu + \frac{mc}{\hbar}\right)\psi = 0.$$

如果进一步用算符 $\gamma^\mu\partial_\mu - \dfrac{mc}{\hbar}$ 从左方作用于上式，可以发现旋量场 ψ 的每一个分量均满足 Klein-Gordon 方程：

$$\left(\partial^\mu\partial_\mu - \frac{m^2c^2}{\hbar^2}\right)\psi = 0.$$

3. Rarita-Schwinger **旋量场**

最后，为了完整，我们简单介绍一下 Rarita-Schwinger 旋量场的拉格朗日密度及其运动方程。首先引入一个有用的记号：

$$\gamma^{\mu\nu\cdots\rho} = \gamma^{[\mu}\gamma^\nu\cdots\gamma^{\rho]}.$$

当不考虑质量项时，Rarita-Schwinger 旋量场 Ψ_μ 的拉格朗日密度可以写为

$$\mathcal{L} = -\hbar\bar{\Psi}_\mu\gamma^{\mu\nu\rho}\partial_\nu\Psi_\rho,$$

对应的场方程为

$$\gamma^{\mu\nu\rho}\partial_\nu\Psi_\rho = 0. \tag{1.83}$$

请读者自行验证，在 Lorentz 变换下，方程 (1.83) 的左边按以下方式变换：

$$\gamma^{\mu\nu\rho}\partial_\nu\Psi_{\rho A} \to \Lambda^\mu{}_\sigma(\Lambda_D)_{AB}\gamma^{\sigma\nu\rho}\partial_\nu\Psi_{\rho B}.$$

由于 $\gamma^{\mu\nu\rho}$ 的全反对称性，方程 (1.83) 具有一些非常特别的性质。首先，它具有**费米型的规范对称性**：

$$\Psi_\mu(x) \to \Psi_\mu(x) + \partial_\mu\psi(x),$$

其中的规范参数 $\psi(x)$ 是任意的 Dirac 旋量。其次，如果将方程 (1.83) 的左边记作 S^μ，则自然有

$$\partial_\mu S^\mu = 0.$$

费米型的规范对称性使得 Rarita-Schwinger 旋量场的总共 16 个分量 $\Psi_{\mu a}$ 中只有 12 个是独立的，而 S^μ 的散度为零的条件使得方程 (1.83) 只具有 $16-4=12$ 个独立的方程，恰好足够确定 Rarita-Schwinger 旋量场的 12 个独立分量。

利用 γ 矩阵满足的 Clifford 代数关系还可以证明以下等式：

$$\gamma_\mu \gamma^{\mu\nu\rho} = 2\gamma^{\nu\rho}, \quad \gamma^{\mu\nu\rho} = \gamma^\mu \gamma^{\nu\rho} - 2\eta^{\mu[\nu}\gamma^{\rho]}.$$

利用这些等式可以从式 (1.83) 得出

$$\gamma^{\nu\rho}\partial_\nu \Psi_\rho = 0, \quad \gamma^\mu \partial_{[\mu}\Psi_{\nu]} = 0.$$

上式中的第二个等式可以看作是 Rarita-Schwinger 场方程的另一种写法。如果用 ∂_ρ 作用于这个方程，并将结果对指标 ρ, ν 反对称化，可以得到

$$\gamma^\mu \partial_\mu (\partial_{[\nu}\Psi_{\rho]}) = 0,$$

换句话说，由 Rarita-Schwinger 旋量场构成的规范不变表达式 $\partial_{[\nu}\Psi_{\rho]}$ 满足无质量的 Dirac 方程。

在以上讨论中，我们没有考虑 Rarita-Schwinger 旋量场的可能的质量项。如果加入质量项，Rarita-Schwinger 旋量场 Ψ_μ 的拉格朗日密度需要修改为

$$\mathcal{L} = -\hbar \bar{\Psi}_\mu \left(\gamma^{\mu\nu\rho}\partial_\nu - \frac{mc}{\hbar}\gamma^{\mu\rho} \right) \Psi_\rho,$$

对应的场方程为

$$\left(\gamma^{\mu\nu\rho}\partial_\nu - \frac{mc}{\hbar}\gamma^{\mu\rho} \right) \Psi_\rho = 0.$$

可以证明，满足上述方程的场 Ψ_ρ 同时也会满足有质量的 Dirac 方程。

到目前为止，实验上还没有发现可能对应 Rarita-Schwinger 旋量场的基本粒子。

1.8.4 旋量二次型与不可约张量

在结束本节之前，有必要对前文中出现的对象 $\sigma^\mu_{\alpha\dot{\alpha}}, \bar{\sigma}^{\mu\dot{\alpha}\alpha}$ 以及 $\sigma^{\mu\nu}{}_\alpha{}^\beta, \bar{\sigma}^{\mu\nu\dot{\alpha}}{}_{\dot{\beta}}$ 作进一步解释。以 $\sigma^\mu_{\alpha\dot{\alpha}}$ 和 $\bar{\sigma}^{\mu\dot{\alpha}\alpha}$ 为例。由于它们同时携带两个旋量指标和一个矢量指标，因此可以用来在矢量和旋量之间进行转换，例如，对任意给定的矢量 A_μ，

$$A_{\alpha\dot{\alpha}} \equiv A_\mu \sigma^\mu_{\alpha\dot{\alpha}}$$

是一个与 A_μ 等价的双旋量，而对任意给定的双旋量 $A_{\alpha\dot{\alpha}}$，可以定义一个矢量

$$A^\mu = -\frac{1}{2}\bar{\sigma}^{\mu\dot{\alpha}\alpha}A_{\alpha\dot{\alpha}}.$$

${\sigma^{\mu\nu}}_\alpha{}^\beta$ 和 ${\bar{\sigma}^{\mu\nu\dot{\alpha}}}_{\dot{\beta}}$ 也有类似的作用，不过它们的作用是在反对称张量与同手性的双旋量之间作相互转换。如果我们考虑的是 4 分量的 Dirac 旋量，那么，σ^μ、$\bar{\sigma}^\mu$ 的角色应该由 γ^μ 取代，而 $\sigma^{\mu\nu}$、$\bar{\sigma}^{\mu\nu}$ 的角色则应由 $\Sigma^{\mu\nu}$ 取代。

假设 ψ 是一个 Dirac 旋量。由 ψ 和 $\bar{\psi}$ 构成的二次型表达式可以构成特殊 Lorentz 群的 5 类不可约张量对象，它们是：

(1) $\bar{\psi}\psi$——这是特殊 Lorentz 群的 1 维**标量**表示；

(2) $\bar{\psi}\gamma^5\psi$——它是特殊 Lorentz 群的 1 维**赝标量**表示；

(3) $\bar{\psi}\gamma^\mu\psi$——它是特殊 Lorentz 群的 4 维**矢量**表示；

(4) $\bar{\psi}\gamma^\mu\gamma^5\psi$——它是特殊 Lorentz 群的 4 维**赝矢量**表示；

(5) $\bar{\psi}\Sigma^{\mu\nu}\psi$——它是特殊 Lorentz 群的 6 维**反对称张量**表示。

标量与赝标量、矢量与赝矢量在特殊 Lorentz 变换下分别具有相同的行为。它们的区别在于宇称性：**标量和赝矢量在宇称变换下不变，而赝标量和矢量在宇称变换下反号**。上述 5 类不可约张量中的每一类都可以单独张成特殊 Lorentz 群的不可约表示的表示空间。

第 2 章　等效原理与黎曼几何初步

2.1　等效原理

狭义相对论成功地解决了麦克斯韦电磁理论与伽俐略相对论之间的不能相容的问题，并且经受了大量的高速物理现象的实验检验。但是这一理论也遗留了一些令人深思的困惑。

首先，狭义相对论继承了牛顿时代以来物理学一直未能摆脱的惯性系概念。要使得狭义相对论的表述成立，我们必须在惯性系中观察和描述物理系统的运动。物理规律的表述需要一种经特殊选择的参照系的介入，这一点是非常令人不舒服的。就此，爱因斯坦写道：(惯性系)*“在物理性质上是独立的，具有物理效应，但本身不受物理条件的影响”。“设想一件本身能起作用而不能承受作用的事物是违反科学上的思考方式的”*①。

实际上，对于物理运动的描述需要依赖于惯性系概念这一现象的困惑和质疑自牛顿时代以来从未停止，不依赖于绝对空间和绝对时间来定义惯性系的想法也曾被反复地尝试，其中最著名的当属*马赫原理*。马赫认为：并不存在绝对空间和绝对时间，一个参考系是否是惯性系，要看它是否相对于宇宙中所有物质作加速运动。相对于所有天体加速度越小的参考系越接近于惯性系。

马赫原理虽然否定了绝对空间的存在，但它隐含了另一个假定，即宇宙中所有天体的质心是绝对不动的。如果不是这样，那么马赫的惯性系就是随时间改变的，这一时刻的惯性系到下一时刻由于宇宙质心的移动将变成非惯性系，因而物理规律 (牛顿定律) 的表述也要随时间而改变。同时，马赫原理隐含有其他的意义，例如：一个参考系是否是惯性系不能完全以局域的物理过程来确定。这种本质的非局域的观念与以量子场论为代表的现代物理学所要求的局域性假定是不一致的。然而，对引力理论的深入探讨似乎正在揭示出自然界在最基本的层面可能会具有某种非局域属性。在这一意义上，马赫原理又具有其合理性。不管如何，在创立广义相对论的历史过程中，爱因斯坦显然是受到了马赫原理的启发。

另一方面，狭义相对论与牛顿的另一伟大发现——万有引力定律之间存在尖锐冲突。万有引力定律声称：任意两个质点之间均存在引力相互作用，作用的强度仅与这两个质量的距离平方成反比，而*与它们之间的相对运动状态无关*。这是关于引力的一个高度操作性的描述——它告诉我们引力如何表现，而不告诉我们引力

①参见爱因斯坦的《相对论的意义》。

是什么。而根据狭义相对论，一切物理过程的传递速度均不能超过光速，引力相互作用自不能例外。因此，牛顿关于引力的操作性描述在遇到狭义相对论后立刻就遭受严重的挑战。

为解决牛顿引力与狭义相对论之间的冲突，爱因斯坦重新分析了自牛顿力学时代便已熟知的*伽利略等效原理*，并在此基础上作出了进一步的发展。在牛顿力学框架下，考虑一个质点 A 在另一质点 B 的牛顿引力作用下的运动。在某一惯性系 K 中，若 A 与 B 的相对位移为 $\boldsymbol{r}$，则

$$m_{\mathrm{I}A}\boldsymbol{a} = -Gm_{\mathrm{G}A}\frac{M_{\mathrm{G}B}}{r^3}\boldsymbol{r}, \tag{2.1}$$

其中，$m_{\mathrm{I}A}$ 与 $m_{\mathrm{G}A}$ 分别是质点 A 的惯性质量和引力质量。一个著名的实验事实是，任何质点在相同的引力源下获得的加速度都相等。换言之，*引力给物体的加速度与物体自身的物理性质无关*。因此，通过选择适当的单位制，可以令 $m_{\mathrm{I}A} = m_{\mathrm{G}A}$。质点的惯性质量与引力质量相等，这就是伽利略等效原理，有时也被称为*弱等效原理*。

既然质点在引力作用下所获的加速度与质点自身的物理性质无关，那么只能推断这一加速度是引力源的属性或者是质点自身所在的加速参考系的属性。在爱因斯坦看来，这两种推断其实是一致的，换言之，时空中的局域引力与参考系作加速运动在效果上是不可区分的。让我们考察相对于惯性系 K 作加速运动的某个参考系 K'。这个参考系必为非惯性系。在 K' 系中，任何相对于 K 系作匀速运动的质点均具有一个加速度，并且这个加速度与质点本身的物理性质无关，就好象在惯性系中这些质点都受到引力的作用一样。因此，可以想象，一切在 K 系中成立的物理规律在 K' 系中同样成立，只不过在 K' 系中多了一个引力场。这就是爱因斯坦的等效原理。它的更为精确的描述如下：

爱因斯坦等效原理：在时空中局域地看，设想惯性系 (在准确至 Poincaré变换的意义下) 唯一存在而引力不存在与设想在任意加速系中物理定律均相同而引力存在，这两种设想在物理效果上是等同的。

在文献中，爱因斯坦等效原理有各种不同的表述方法。其中经常被使用的一个版本是：*在局域自由落体实验室中所做的任何非引力实验的结果与该实验室的速度以及它在时空中的位置无关*。注意由于使用了“非引力实验”这个限定条件，这个版本的爱因斯坦等效原理不能被应用于自身引力不可忽略的系统。实际上还有一个比爱因斯坦等效原理约束力更强的等效原理，称为*强等效原理*，其内容是：*时空中小的探测物体在引力场中的运动仅与其初始位置和速度有关，与其自身的构成无关；在局域自由落体实验室中所做的任何实验的结果与实验室本身的位置和速度无关*。强等效原理不限制实验类型为非引力实验，因此可适用于自引力系统。以上提到的所有等效原理的版本都被爱因斯坦的广义相对论严格遵守。

由于参考系的加速运动可等效于时空中的局域引力，因此，可以想象在将引力纳入物理考量的前提下，可以平等地使用任意参考系而不必顾忌它们是否为惯性系。另一方面，在包含引力的物理系统中，对于物理规律的描述依然需要一个客观的标准，也就是说，不同的观测者 (各自携带不同的参考系) 要对物理规律作出相同的陈述，但是对具体的现象 (如质点所受引力的大小) 则不需要达成一致。反映在关于物理规律的数学表述上，这要求描写物理运动的方程要在不同的参考系中保持形式上一致，而方程中各项的数值则不必要求在不同的参考系中保持一致。这一要求称为*广义协变原理*。

在某种意义上，爱因斯坦等效原理以及广义协变原理彻底终结了惯性系在描写物理规律时所占据的特殊地位，同时它们也基本上排除了定义惯性系的必要性。实际上，在时空中一旦包含了引力相互作用，就无法给惯性系一个良好的定义。

考虑某个在引力场中作“自由下落”的参考系。为了不受其他因素的干扰，我们假想在上述自由落体参考系中的观测者身处在一个和他一起下落的密封舱中。根据牛顿力学，在密封舱内的观测者感受到的引力与因为作加速运动而产生的惯性力互相抵消，因而观测者在其所处的参考系中测不到引力。如果这个观测者在他的密封舱中作任何物理实验，将会发现狭义相对论的所有预言都精确地成立。因此，我们可以将这种自由落体参考系称为*局域惯性系*。

需要注意的是，时空中引力场并非是均匀存在的，在某一星体附近的自由落体系外推至另一星体附近时可能并非在作自由落体运动。因此，惯性系的概念即使在引入等效原理后也只能局域地使用。换言之，*不可能通过加速运动来整体地消除引力*。这就是为什么在上面的陈述中观测者要局限在某一有限的密封舱中的原因。

2.2 时空的几何——赝黎曼流形

根据等效原理，只要我们承认引力的存在，那么在任意参考系中表述物理规律都是允许的，而且在这些参考系中物理定律所采取的形式也都应该相同。因此，设想在时空中相邻事件之间总存在一个不变的“事件距离” $\mathrm{d}s$ 是恰当的：

$$\mathrm{d}s^2 = g_{\mu\nu}\mathrm{d}x^\mu\mathrm{d}x^\nu. \tag{2.2}$$

$\mathrm{d}s^2$ 又称为时空中的线元，$g_{\mu\nu}$ 与狭义相对论中出现的 $\eta_{\mu\nu}$ 作用一样，给出时空中相邻事件间距离的度量，故仍称之为度规。将度规 $g_{\mu\nu}$ 看作一个矩阵，其本征值的正负号是一个不随参考系间坐标变换改变的性质，我们称之为度规的*符号*①。虽

①和狭义相对论情形一样，在讨论物理时空时，我们始终约定其度规的符号为 $(-,+,+,+)$。

然从式 (2.2) 来看，度规与线元好像是不同的对象，但是，一旦给定了坐标系，就可以从线元唯一地定出度规。因此，在多数场合下，我们无需区别线元与度规这两个对象。

在方程 (2.2) 中，我们不加说明地在时空中引入了坐标系 x^μ。由于度规 $g_{\mu\nu}$ 一般是与 Minkowski 度规 $\eta_{\mu\nu}$ 不同的，我们可以预期，广义相对论时空的几何会与 Minkowski 几何有很大的差异。不过，根据等效原理，我们总可以在时空中任意一点 p 附近建立以 p 为原点的局域自由落体参考系，使得在原点附近的时空区域看起来与狭义相对论时空没有差异。而整体地看，广义相对论时空好像是很多个狭义相对论时空中的“小片”用光滑的方式拼接出来的一样。这种整体上光滑，而局域性质与狭义相对论时空中的局部没有差别的时空称为*时空流形*。

流形是微分几何学中的一个基本概念。一般地，一个 n 维光滑实流形 M 指的是一个集合，它满足以下要求。

(1) M 由其自身的一族子集 (称为开集)$\{\mathcal{O}_\alpha\}$*覆盖*: $M=\bigcup_\alpha \mathcal{O}_\alpha$。开集族 $\{\mathcal{O}_\alpha\}$ 需满足以下几个条件：① 任意多个开集的并也是开集；② 有限多个开集的交也是开集；③ 空集 $\varnothing$ 和全集 M 都在 $\{\mathcal{O}_\alpha\}$ 中。这样的开集族称为 M 上的一个*拓扑*。拥有一个拓扑结构的开集 M 称为一个*拓扑空间*。显然，任意点 $p\in M$ 至少包含在一个开集 $\mathcal{O}_\alpha$ 中。

(2) M 中的任一元素称为一个点。M 上点 p 附近的局部参考系 ψ_α 定义为包含点 p 的开集 $\mathcal{O}_\alpha$ 到 $\mathbb{R}^n$ 中的开集 U_α 的一个一一、到上的映射

$$
\begin{aligned}
\psi_\alpha: \mathcal{O}_\alpha &\to U_\alpha,\\
p &\mapsto \psi(p).
\end{aligned}
$$

换言之，流形上的一点在局域参考系映射下的像是 $\mathbb{R}^n$ 中的一个有序数组。我们经常把这个有序数组记为 x^μ，称为点 p 的坐标。

(3) 若 $\mathcal{O}_\alpha\cap\mathcal{O}_\beta\neq\varnothing$，那么 $\psi_\beta\circ\psi_\alpha^{-1}$ 定义了一个从 $\psi_\alpha(\mathcal{O}_\alpha\cap\mathcal{O}_\beta)\subset U_\alpha$ 到 $\psi_\beta(\mathcal{O}_\alpha\cap\mathcal{O}_\beta)\subset U_\beta$ 的映射，这个映射必须是一一且光滑的。这个光滑映射定义了流形上不同的局域坐标系间的*坐标变换*。

有时我们会用到与流形上的开集伴随的几个概念：*闭集*定义为开集的补集。流形上包含某个开集 $\mathcal{O}$ 的所有闭集的交集称为开集 $\mathcal{O}$ 的*闭包*$\bar{\mathcal{O}}$，而闭包 $\bar{\mathcal{O}}$ 中所有不包含在 $\mathcal{O}$ 中的点构成的集合称为 $\mathcal{O}$ 的*边界*$\partial\mathcal{O}$。

在本书中，每当提到流形时，我们总是假定其上配备了一个度规 $g_{\mu\nu}$。保持线元式 (2.2) 不变的坐标变换称为*广义坐标变换*。

假定 $p\in\mathcal{O}_\alpha\cap\mathcal{O}_\beta\subset M$，$\psi_\alpha(p)=x^\mu$，$\psi_\beta(p)=x'^\mu$，那么广义坐标变换可以表

达为①

$$\psi_\beta \circ \psi_\alpha^{-1} : x^\mu \mapsto x'^\mu = x'^\mu(x), \tag{2.3}$$

式中 $x'^\mu(x)$ 是 x^μ 的光滑实函数。上述坐标变换可以利用图 2.1 更为直观地理解。需要强调的是：无论是 x^μ 还是 x'^μ 都是流形上同一点的坐标，广义坐标变换改变了流形上指定点的坐标，但是并不改变指定点本身。

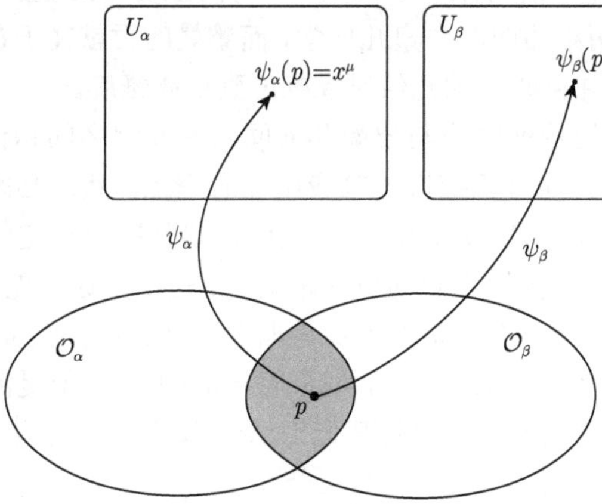

图 2.1 流形上的局域坐标系

对坐标变换式 (2.3) 取微分，有

$$\mathrm{d}x'^\mu = \frac{\partial x'^\mu}{\partial x^\nu}\mathrm{d}x^\nu. \tag{2.4}$$

因此，在坐标变换下，线元 $\mathrm{d}s^2$ 变换为

$$\begin{aligned}\mathrm{d}s^2 \to \mathrm{d}s'^2 &= g'_{\mu\nu}\mathrm{d}x'^\mu \mathrm{d}x'^\nu \\ &= g'_{\mu\nu}\frac{\partial x'^\mu}{\partial x^\rho}\frac{\partial x'^\nu}{\partial x^\sigma}\mathrm{d}x^\rho \mathrm{d}x^\sigma.\end{aligned}$$

若要求线元在坐标变换下保持不变，则必须有

$$g'_{\mu\nu} = g_{\rho\sigma}\frac{\partial x^\rho}{\partial x'^\mu}\frac{\partial x^\sigma}{\partial x'^\nu}. \tag{2.5}$$

由此可见，度规的分量一般是局域坐标的函数。如果我们讨论的流形就是物理时空，那么式 (2.5) 暗示着在任意参考系中，时空中不同点的时钟及“直尺”可以有不同的单位大小。可以推测，与等效原理相容的引力理论应该与在广义坐标变换式

①我们约定：如果流形 M 是黎曼流形，局域参考系下的坐标指标取值为 $\mu = 1, 2, \cdots, n$；如果流形 M 是赝黎曼流形，则指标取值为 $\mu = 0, 1, 2, \cdots, n-1$。

(2.3) 下由不变量式 (2.2) 决定的时空流形的几何有密切的关系。这个结论称为引力的几何化。

幸运的是，在广义相对论诞生之前大约五十年，这个理论所需要的几何基础已经由数学家黎曼 (Bernhard Riemann)① 奠定。所谓的*黎曼几何*，指的就是配备了一个不变正定度量的光滑流形。从正定度量出发来刻画流形的弯曲程度、扭转状况等*不随坐标系选择而改变的几何性质*，这种从流形内部刻画流形几何性质的方法称为*内禀几何学*，其基本思想来源于高斯②，时间上要比黎曼的工作早 25 年左右，但是高斯只考虑了两维曲面的内禀几何学，而黎曼的贡献在于在内禀几何学中引入了不变的正定度量并将研究的几何对象推广到更高维度。

在相对论的范畴内讨论的时空与黎曼几何间具有非常多的相似性，因而黎曼几何的大部分方法和概念均可直接搬过来应用在时空上。然而必须注意时空的几何与黎曼几何的一个重要区别，这就是在时空中由事件距离规定的度规与黎曼几何的正定度量不同，它有可能给出负的事件距离。正是由于这一差别，在广义相对论时空中同样存在因果性及类空、类时区域等概念。为了显示区别，一般将广义相对论中时空的几何称为*赝黎曼几何*。今后我们将一般的 (赝) 黎曼流形记为 M，而当特别强调流形的赝黎曼几何特性时将其记为 $\mathcal{M}$。我们将总是假定赝黎曼流形的度规具有符号 $(-,+,\cdots,+)$。

为了使读者能有一点直观的概念，我们列举几个熟知的黎曼流形并尝试给出相应的度规。

首先看 2 维欧几里得平面 $\mathbb{R}^2$。任选一个直角坐标系，可以将 $\mathbb{R}^2$ 上的点的坐标写为 $x^\mu=(x,y)$。对于相邻的两点，其相对坐标位移为

$$\mathrm{d}\boldsymbol{r}=(\mathrm{d}x,\mathrm{d}y).$$

而该欧几里得平面上的线元则是

$$\mathrm{d}s^2=\mathrm{d}\boldsymbol{r}\cdot\mathrm{d}\boldsymbol{r}=\mathrm{d}x^2+\mathrm{d}y^2.$$

作为第二个例子，让我们看一个半径为常数 r 的圆柱面。采用柱坐标，可以将该柱面上点的坐标写为 $x^\mu=(r\cos\theta,r\sin\theta,z)$，而柱面上相邻点的相对坐标位移为

$$\mathrm{d}\boldsymbol{r}=(-r\sin\theta\mathrm{d}\theta,r\cos\theta\mathrm{d}\theta,\mathrm{d}z).$$

①Georg Friedrich Bernhard Riemann (1826-09-17~1866-07-20)，德国数学家。他在 1854 年所作的题为“Über die Hypothesen welche der Geometrie zu Grunde liegen (On the hypotheses which underlie geometry)”的演讲中公布的成果奠定了黎曼几何学的基础。

②高斯的工作最初发表于 1825 年至 1827 年之间，后由于其重要性和历史价值，在 1965 年又被重新译成英文出版，见 Carl Friedrich Gauss, *General Investigations of Curved Surfaces*, New York: Raven Press，1965。

因此，圆柱面上的线元可以写为

$$\mathrm{d}s^2 = \mathrm{d}\boldsymbol{r} \cdot \mathrm{d}\boldsymbol{r} = r^2\mathrm{d}\theta^2 + \mathrm{d}z^2.$$

注意：在描述第二个例子时我们利用了圆柱面可以当做 3 维欧几里得空间中的一个曲面看待的事实，并且利用了欧几里得空间中的矢量内积。这样的方法实际上是外几何方法。在本章的后续部分中，我们将逐步发展出不依赖于外几何的内禀几何学方法来刻画 (赝) 黎曼流形的几何性质。

2.3 张量分析

在广义相对论中，时空的的几何特征由赝黎曼几何表述，而张量是用来描述 (赝) 黎曼几何最恰当的数学工具。因此，在步入物理正题前，我们需首先熟悉一下 (赝) 黎曼几何中的张量分析方法。

2.3.1 张量的定义

为了准确理解 (赝) 黎曼流形中矢量、张量等概念，我们首先引入流形上的曲线、切空间以及与它们相关联的一些概念和几何结构。

首先我们引入流形 M 中的曲线及切矢量、方向导数等概念。流形上的一条光滑的曲线 C 就是 1 维实线性空间 $\mathbb{R}$ 中的连续子集 I 到 M 中的一个光滑映射 $C: I \to M$。在选定了坐标系 $\psi: M \to \mathbb{R}^n$ 后，我们也可以把流形上的曲线与其坐标像

$$\psi \circ C: \lambda \mapsto x^\mu(\lambda),$$

等同起来，其中 $\lambda \in \mathbb{R}$ 称为曲线参数。与 Minkowski 时空中的曲线类似，如果 $I = [a, b]$ 且 $x^\mu(a) = x^\mu(b)$，则该曲线是封闭曲线。在曲线上 p 点沿曲线的方向导数为

$$t \equiv \frac{\mathrm{d}}{\mathrm{d}\lambda} = \frac{\mathrm{d}x^\mu}{\mathrm{d}\lambda}\frac{\partial}{\partial x^\mu} = t^\mu \partial_\mu. \tag{2.6}$$

式中，

$$t^\mu = \frac{\mathrm{d}x^\mu}{\mathrm{d}\lambda}$$

称为曲线在 p 点处**切矢量**的坐标分量，∂_μ 则称为切矢量的**坐标基**。换言之，方向导数 t 本身即为流形 M 在点 p 处的一个切矢量。在本书中，我们将不刻意区别切矢量及其坐标分量，但是需要注意切矢量本身与流形上的局域坐标的选择无关，而其坐标分量却是随着局域坐标的选择而变化的。

通过流形 M 中给定一点 p 的所有曲线在点 p 处的切矢量的全体构成一个矢量空间，称为 M 在点 p 处的**切空间**，记为 $T_p(M)$。切空间与 M 具有相同的维数，

但是两者的几何结构完全不同。切空间具有自然的矢量空间结构，而 M 仅仅是一个光滑的流形。从 $T_p(M)$ 到 $\mathbb{R}$ 的线性映射的集合 $T_p^*(M)$ 也具有一个自然的矢量空间结构，称为流形 M 在点 p 处的**余切空间**。在流形上点 p 处邻域内的局部坐标系下，切空间有一个自然的坐标基底 $\{\partial_\mu\}$，相应地，余切空间也有一个自然的坐标基底 $\{\mathrm{d}x^\mu\}$，而且切空间、余切空间之间的线性映射可以通过基底间的对应关系来实现：

$$(\mathrm{d}x^\mu, \partial_\nu) = \delta^\mu{}_\nu.$$

为简单起见，有时我们把 $T_p(M)$ 和 $T_p^*(M)$ 分别记为 V_p 和 V_p^*。如果在流形 M 上每一点均配备一个切空间，这样得到的几何结构叫做 M 的切丛，记为

$$T(M) = \bigcup_{p\in M}\{(p,q)|q \in T_p(M)\}.$$

类似地可以将流形 M 的余切丛定义为

$$T^*(M) = \bigcup_{p\in M}\{(p,q)|q \in T_p^*(M)\}.$$

切空间、余切空间中的元素分别称为矢量和余矢量，其坐标分量又分别称为**逆变矢量**和**协变矢量**。逆变矢量 v^μ 和协变矢量 v_μ 在坐标变换方程 (2.3) 下分别按以下方式变换：

$$v'^\mu = \frac{\partial x'^\mu}{\partial x^\nu}v^\nu, \qquad v'_\mu = \frac{\partial x^\nu}{\partial x'^\mu}v_\nu.$$

流形 M 中点 p 处的 (k,l) 型张量定义为一个多线性映射

$$\begin{aligned}T :& \underbrace{V_p^* \times \cdots \times V_p^*}_{k} \times \underbrace{V_p \times \cdots \times V_p}_{l} \to \mathbb{R},\\ &(v_{\mu_1},\cdots,v_{\mu_k},w^{\nu_1},\cdots,w^{\nu_l}) \mapsto T^{\mu_1\cdots\mu_k}{}_{\nu_1\cdots\nu_l}v_{\mu_1}\otimes\cdots\otimes v_{\mu_k}\otimes w^{\nu_1}\otimes\cdots\otimes w^{\nu_l},\end{aligned} \tag{2.7}$$

式中，我们用 $\otimes$ 表示占位乘积，它的出现意味着 v_{μ_i} 和 w^{ν_j} 等对象的乘积不可随意交换顺序。称 $T^{\mu_1\cdots\mu_k}{}_{\nu_1\cdots\nu_l}$ 为张量 T 的分量。在本书中，我们并不刻意地区分张量与张量的分量这两个概念，但是需要强调：在定义式 (2.7) 的意义下，张量与流形上的局域坐标无关，而其分量则随着流形上的局域坐标系的选择而改变。具体地说，在流形上的广义坐标变换下，$T^{\mu_1\cdots\mu_k}{}_{\nu_1\cdots\nu_l}$ 按以下方式变换：

$$T'^{\mu_1\cdots\mu_k}{}_{\nu_1\cdots\nu_l}(x') = \frac{\partial x'^{\mu_1}}{\partial x^{\rho_1}}\cdots\frac{\partial x'^{\mu_k}}{\partial x^{\rho_k}}\frac{\partial x^{\sigma_1}}{\partial x'^{\nu_1}}\cdots\frac{\partial x^{\sigma_l}}{\partial x'^{\nu_l}}T^{\rho_1\cdots\rho_k}{}_{\sigma_1\cdots\sigma_l}(x). \tag{2.8}$$

如果 $T^{\mu_1\cdots\mu_k}{}_{\nu_1\cdots\nu_l}(x)$ 在时空中每一点都有定义，那么就称之为一个张量场。我们也不刻意区分张量与张量场这两个概念，当谈到张量时，需根据具体情况判我们面对的是一个普通张量还是一个张量场。在大多数情况下，即使不去区分这两个概念也不至于造成任何理解上的困难。

给定一个 (k,l) 型张量，若 $l=0$ 且 $k\neq 0$，则其坐标分量称为k **秩逆变张量**或者简称逆变张量；若 $k=0$ 且 $l\neq 0$，则其坐标分量称为l **秩协变张量**，简称协变张量。(1,0) 型和 (0,1) 型张量分别就是逆变和协变矢量。在所有张量类型中，(0,0) 型张量是最特别的，因为它与流形的切空间和余切空间都没有关系，而仅仅是定义在流形自身上的光滑函数 $\phi: M\to\mathbb{R}$，其坐标分量为 $\varphi(x)\equiv\phi\circ\psi_\alpha^{-1}(x)$。在流形上的广义坐标变换下，

$$\varphi(x)\to\varphi'(x')\equiv\phi\circ\psi_\beta^{-1}(x')=\phi\circ\psi_\beta^{-1}\circ\psi_\beta\circ\psi_\alpha^{-1}(x)=\phi\circ\psi_\alpha^{-1}(x)=\varphi(x),$$

可见，(0,0) 型张量的坐标分量在广义坐标变换下是不变的。(0,0) 型张量又称为**标量**。

应该说明的是：尽管切空间矢量的坐标分量按逆变规则进行变换，但是切空间的坐标基 ∂_μ 却是按协变方式变换的：

$$\partial'_\mu=\frac{\partial x^\nu}{\partial x'^\mu}\partial_\nu.$$

相应地，余切空间中余矢量的坐标分量按协变方式变换，但是其坐标基 $\mathrm{d}x^\mu$ 却按逆变方式变换：

$$\mathrm{d}x'^\mu=\frac{\partial x'^\mu}{\partial x^\nu}\mathrm{d}x^\nu.$$

根据这些变换行为，我们**不仅可以将 ∂_μ 和 $\mathrm{d}x^\mu$ 解释为切空间和余切空间中的坐标基**[①]**，也可以分别将它们看做某个余切矢量以及切矢量的分量**(不必是坐标分量)。应该注意的是：正是上述“反常的”变换行为才可以保证按定义式 (2.7) 给出的张量不随流形上的局域坐标的选择而改变，而这种坐标选择的无关性则奠定了张量作为最适合描写流形几何性质的数学工具的地位。

比较式 (2.5) 和式 (2.8) 可以发现：度规 $g_{\mu\nu}$ 是按一个 (0,2) 型张量的坐标分量的变换方式进行变换的。事实上，我们可以直接引进这个张量 g:

$$\begin{aligned}g: V_p\times V_p\to\mathbb{R},\\ (\mathrm{d}x^\mu,\mathrm{d}x^\nu)\mapsto g_{\mu\nu}\mathrm{d}x^\mu\mathrm{d}x^\nu.\end{aligned}$$

①作为切空间坐标基时，∂_μ 有自己的坐标分量 $(\partial_\mu)^\nu=\delta_\mu{}^\nu$。对固定的 μ，$\delta_\mu{}^\nu$ 像逆变矢量一样变换。对不同的 μ 和 μ'，∂_μ 与 $\partial_{\mu'}$ 表示切空间中不同的矢量场。同样，作为余切空间坐标基的 $\mathrm{d}x^\mu$ 也有自己的坐标分量 $(\mathrm{d}x^\mu)_\nu=\delta^\mu{}_\nu$。对固定的 μ，上式按协变方式变换。对不同的 μ 和 μ'，$\mathrm{d}x^\mu$ 与 $\mathrm{d}x^{\mu'}$ 表示余切空间中不同的矢量场。

与式 (2.7) 不同，这里我们没有引进占位符 $\otimes$，这是因为 $g_{\mu\nu}$ 关于其下指标交换对称，因此 $\mathrm{d}x^\mu$ 与 $\mathrm{d}x^\nu$ 的乘积没有必要规定顺序。注意在上式中我们没有使用切空间中的任意切矢量，而是直接选用了 $\mathrm{d}x^\mu$。这样做的目的是为了清楚地说明，**度规张量 g 的值就是线元 $\mathrm{d}s^2$**。我们将线元写为 $\mathrm{d}s^2$ 而不写成 g 的原因有两个：一是为了便于与 Minkowski 几何中的线元对应，二是因为我们将使用符号 g 标记另一个不同的对象。如果从上下文中可以明确 g 的含义，也不妨就用 g 来表示线元。

引进度规的逆变形式 $g^{\mu\nu}$：

$$g^{\mu\rho}g_{\rho\nu} = \delta^\mu{}_\nu, \tag{2.9}$$

则可验证 $g^{\mu\nu}$ 是一个 $(2,0)$ 型张量的分量，而 Kronecker 符号 $\delta^\mu{}_\nu$ 是一个 $(1,1)$ 型张量的分量。我们可以利用度规及其逆变形式来改变矢量或者张量分量的变换行为。例如，与 $\mathrm{d}x^\mu$ 不同，

$$\mathrm{d}x_\mu \equiv g_{\mu\nu}\mathrm{d}x^\nu \tag{2.10}$$

按协变方式进行变换①：

$$\mathrm{d}x'_\mu = \frac{\partial x^\nu}{\partial x'^\mu}\mathrm{d}x_\nu. \tag{2.11}$$

一般地，$g_{\mu\nu}$ 与任意一个逆变矢量缩并的结果都是协变矢量，而 $g^{\mu\nu}$ 与任一协变矢量缩并的结果为逆变矢量，例如：

$$\mathrm{d}x^\mu = g^{\mu\nu}\mathrm{d}x_\nu \tag{2.12}$$

就是按逆变方式变换的。

以上定义的张量对象的变换性质与狭义相对论中 Lorentz 群的张量的对应性质非常类似，唯一需要注意的是在张量变换中出现的形如 $\dfrac{\partial x'^\mu}{\partial x^\nu}$ 的微分因子一般是与时空点有关的，这一点与狭义相对论中的 Lorentz 变换因子 $\Lambda^\mu{}_\nu$ 非常不同。另外，侠义相对论中的坐标 x^μ 在 Lorentz 变换下是矢量，而在广义相对论的时空中，坐标按式 (2.3) 变换，显然这不是一个矢量变换。

2.3.2 局域因果结构

由于在赝黎曼流形 $\mathcal{M}$ 上度规 $g_{\mu\nu}$ 具有确定的符号，我们得以在其切空间 V_p 中定义局域因果结构。

①注意：坐标变换式 (2.3) 表明：流形上的局域坐标 x^μ 不是矢量。因此，在一般的流形上，虽然可以引入局域坐标 x^μ，但却不能定义相应的 x_μ。换言之，我们只能将 $\mathrm{d}x_\mu$ 作为一个整体当作 $\mathrm{d}x^\mu$ 的协变形式，而不能将它想象为某个 x_μ 的微分。

定义：赝黎曼流形 $\mathcal{M}$ 上某点处切空间中的矢量 v^μ 被称作**类时**的[①]，如果 $g_{\mu\nu}v^\mu v^\nu < 0$；$v^\mu$ 被称作**类光**的，如果 $g_{\mu\nu}v^\mu v^\nu = 0$；$v^\mu$ 被称作**类空**的，如果 $g_{\mu\nu}v^\mu v^\nu > 0$。

如果流形 $\mathcal{M}$ 上给定的一条曲线上所有点处的切矢量均是类时 (类光、类空) 的，那么就称这条曲线是类时 (类光、类空) 的。由于曲线参数在流形上的坐标变换下不变，$g_{\mu\nu}t^\mu t^\nu = g_{\mu\nu}\dfrac{\mathrm{d}x^\mu}{\mathrm{d}\lambda}\dfrac{\mathrm{d}x^\nu}{\mathrm{d}\lambda}$ 与线元 $\mathrm{d}s^2$ 一样是在坐标变换下的不变量。换言之，**曲线的类时/类光/类空性质是与坐标选择无关的一个几何性质**。

通过点 p 的所有类光曲线在流形 $\mathcal{M}$ 中织成一个类光超曲面，它将通过点 p 的类时曲线与类空曲线完全隔绝开来，也就是说任何通过点 p 的类时或类空曲线除在点 p 以外将不能与上述类光超曲面相交。这个类光超曲面称为点 p 处的**局域光锥面**。由于度规 $g_{\mu\nu}$ 一般依赖于时空点的坐标，可以想象在流形 $\mathcal{M}$ 上不同点处的局域光锥面会具有不同的几何形状。这一点是广义相对论赝黎曼时空与狭义相对论 Minkowski 时空在因果结构上最重要的区别。

2.3.3 张量代数

与 Minkowski 时空中的 Lorentz 张量类似，(赝) 黎曼流形上的张量也具有一整套的代数和微分运算。首先看张量的代数运算。同一类型的张量在加法和数乘运算下可以构成矢量空间。例如，当 $\alpha,\beta\in\mathbb{R}$，$U^{\mu_1\mu_2\cdots\mu_k}{}_{\nu_1\nu_2\cdots\nu_l}$ 和 $V^{\mu_1\mu_2\cdots\mu_k}{}_{\nu_1\nu_2\cdots\nu_l}$ 分别是两个 (k,l) 型张量时，

$$\alpha\, U^{\mu_1\mu_2\cdots\mu_k}{}_{\nu_1\nu_2\cdots\nu_l}(x) + \beta\, V^{\mu_1\mu_2\cdots\mu_k}{}_{\nu_1\nu_2\cdots\nu_l}(x)$$

也是一个 (k,l) 型张量。注意，这里要求：① 参与运算的两个张量必须是同一类型的张量；② 两个张量加法只能定义在流形上的同一点 x。将两个张量在不同点的分量相加将不构成张量。

在流形上任意的给定点定义两个张量，则可以定义它们的张量乘积。例如，

$$U^{\mu_1\mu_2\cdots\mu_k}{}_{\nu_1\nu_2\cdots\nu_l}(x)V^{\mu_{k+1}\mu_{k+2}\cdots\mu_{k+m}}{}_{\nu_{l+1}\nu_{l+2}\cdots\nu_{l+n}}(x) = W^{\mu_1\mu_2\cdots\mu_{k+m}}{}_{\nu_1\nu_2\cdots\nu_{l+n}}(x).$$

张量缩并也必须定义在同一个时空点上，例如

$$U^{\mu_1\cdots\rho\cdots\mu_k}{}_{\nu_1\cdots\rho\cdots\nu_l}(x) = \tilde{U}^{\mu_1\cdots\hat{\rho}\cdots\mu_k}{}_{\nu_1\cdots\hat{\rho}\cdots\nu_l}(x),$$

式中右方的 $\hat{\rho}$ 表示在原本应该出现指标 ρ 的位置不再出现任何指标。此外，张量指标可以利用度规 $g_{\mu\nu}$ 及其逆变形式 $g^{\mu\nu}$ 与给定张量进行缩并来提升或降下。这一点已经在式 (2.10) 和式 (2.12) 中有所体现了。

①显然，类时、类空矢量的定义依赖于度规符号的约定。

在张量的全部允许的代数运算中，有一类运算具有特殊的实用性，这就是张量指标的对称化及反对称化运算。设 $T_{\mu_1\mu_2\cdots\mu_n}$ 是一个 $(0,n)$ 型张量。$\sigma\in S_n$ 是 n 阶置换群 S_n 的典型群元，引入投影算符

$$P_{\mathrm{S}}=\frac{1}{n!}\sum_{\sigma\in S_n}\sigma,$$

$$P_{\mathrm{A}}=\frac{1}{n!}\sum_{\sigma\in S_n}(-1)^{\pi(\sigma)}\sigma,$$

其中，$\pi(\sigma)$ 表示置换 σ 的宇称，即当 σ 为奇置换时，$\pi(\sigma)=1$，当 σ 为偶置换时，$\pi(\sigma)=0$，则

$$T_{(\mu_1\mu_2\cdots\mu_n)}\equiv P_{\mathrm{S}}\,T_{\mu_1\mu_2\cdots\mu_n}=\frac{1}{n!}\sum_{\sigma\in S_n}T_{\sigma(\mu_1)\sigma(\mu_2)\cdots\sigma(\mu_n)},$$

$$T_{[\mu_1\mu_2\cdots\mu_n]}\equiv P_A\,T_{\mu_1\mu_2\cdots\mu_N}=\frac{1}{n!}\sum_{\sigma\in S_n}(-1)^{\pi(\sigma)}T_{\sigma(\mu_1)\sigma(\mu_2)\cdots\sigma(\mu_n)}$$

分别称为对张量 $T_{\mu_1\mu_2\cdots\mu_n}$ 的全对称化及全反对称化。有时候对称化和反对称化操作不一定作用在全部张量指标上，例如，对 $T_{\mu_1\cdots(\mu_k\cdots\mu_l)\cdots\mu_n}$ 及 $T_{\mu_1\cdots[\mu_k\cdots\mu_l]\cdots\mu_n}$ 这样的张量对象，其指标对称性应该是不言自明的。

2.3.4　协变导数

在 Minkowski 时空中，对 Lorentz 变换下的张量场求导可以获得新的张量场。而对一般的光滑流形 M，由于广义坐标变换因子 $\dfrac{\partial x^\mu}{\partial x'^\nu}$ 一般与流形上点的坐标有关，用普通的求导运算将不再能获得新张量场。例如，对逆变矢量场 v^ν，

$$\partial_\mu v^\nu\to\partial'_\mu v'^\nu=\frac{\partial}{\partial x'^\mu}\left(v^\sigma\frac{\partial x'^\nu}{\partial x^\sigma}\right)=\frac{\partial x^\rho}{\partial x'^\mu}\frac{\partial}{\partial x^\rho}\left(v^\sigma\frac{\partial x'^\nu}{\partial x^\sigma}\right),\tag{2.13}$$

右边括号中的 $\dfrac{\partial x'^\nu}{\partial x^\sigma}$ 对 x^ρ 求导一般不为零，因而 $\partial_\mu v^\nu$ 不是张量场。

为了能够通过求导运算获得新的张量场，我们引入协变导数的概念。协变导数 ∇_μ 是从 (k,l) 型张量场到 $(k,l+1)$ 型张量场的一个映射，它满足如下 5 个公理：

(1) 线性条件：对任意两个 (k,l) 型张量场 $A^{\mu_1\cdots\mu_k}{}_{\nu_1\cdots\nu_l}$ 和 $B^{\mu_1\cdots\mu_k}{}_{\nu_1\cdots\nu_l}$，

$$\nabla_\rho(\alpha A^{\mu_1\cdots\mu_k}{}_{\nu_1\cdots\nu_l}+\beta B^{\mu_1\cdots\mu_k}{}_{\nu_1\cdots\nu_l})=\alpha\nabla_\rho A^{\mu_1\cdots\mu_k}{}_{\nu_1\cdots\nu_l}+\beta\nabla_\rho B^{\mu_1\cdots\mu_k}{}_{\nu_1\cdots\nu_l};$$

(2) Leibnitz 法则：对任意张量场 $A^{\mu_1\cdots\mu_k}{}_{\nu_1\cdots\nu_l}$ 和 $B^{\alpha_1\cdots\alpha_{k'}}{}_{\beta_1\cdots\beta_{l'}}$，

$$\begin{aligned}&\nabla_\rho[A^{\mu_1\cdots\mu_k}{}_{\nu_1\cdots\nu_l}B^{\alpha_1\cdots\alpha_{k'}}{}_{\beta_1\cdots\beta_{l'}}]\\&\quad=[\nabla_\rho A^{\mu_1\cdots\mu_k}{}_{\nu_1\cdots\nu_l}]B^{\alpha_1\cdots\alpha_{k'}}{}_{\beta_1\cdots\beta_{l'}}+A^{\mu_1\cdots\mu_k}{}_{\nu_1\cdots\nu_l}\nabla_\rho[B^{\alpha_1\cdots\alpha_{k'}}{}_{\beta_1\cdots\beta_{l'}}];\end{aligned}$$

(3) 与缩并运算交换：

$$\nabla_\rho\big(A^{\mu_1\cdots\sigma\cdots\mu_k}{}_{\nu_1\cdots\sigma\cdots\nu_l}\big) = \big(\nabla_\rho A\big)^{\mu_1\cdots\sigma\cdots\mu_k}{}_{\nu_1\cdots\sigma\cdots\nu_l};$$

(4) 与方向导数的相容性：设 φ 是流形上的一个标量场，t^μ 是一个任意切矢量，那么，标量场 φ 沿 t^μ 方向的方向导数为

$$t(\varphi) = t^\mu \nabla_\mu \varphi; \tag{2.14}$$

(5) 无挠条件：对任意标量场 φ，

$$\nabla_\mu \nabla_\nu \varphi = \nabla_\nu \nabla_\mu \varphi. \tag{2.15}$$

有时最后一个公理式 (2.15) 不被包含在协变导数的定义中。这样的时空流形称为*有挠流形*，而通过式 (2.15) 两端的差值定义的张量 $T^\rho{}_{\mu\nu}$ 被称作*挠率张量*：

$$(\nabla_\mu \nabla_\nu - \nabla_\nu \nabla_\mu)\,\varphi = -T^\rho{}_{\mu\nu} \nabla_\rho \varphi. \tag{2.16}$$

在本书中，我们将不考虑挠率非零的几何。

协变导数对张量场的作用的具体形式可以用上述公理构造出来。首先我们看标量场的协变导数。设 φ 是一个标量场。由于协变导数是张量场到张量场的映射，我们有

$$\nabla_\mu \varphi \to \nabla'_\mu \varphi = \frac{\partial x^\nu}{\partial x'^\mu} \nabla_\nu \varphi, \tag{2.17}$$

所以 $\nabla_\mu \varphi$ 是一个协变矢量场。另一方面，$\partial_\mu \varphi$ 在广义坐标变换下的变换法则为

$$\partial_\mu \varphi \to \partial'_\mu \varphi = \frac{\partial x^\nu}{\partial x'^\mu} \partial_\nu \varphi. \tag{2.18}$$

我们发现，∂_μ 已经自然地满足协变导数定义的全部要求。因此，协变导数 ∇_μ 在标量场上的作用可以自然地选为

$$\nabla_\mu \varphi \equiv \partial_\mu \varphi. \tag{2.19}$$

下面我们看协变导数对逆变矢量场的作用。任给一逆变矢量场 v^ν，协变导数 ∇_μ 对其作用后需满足

$$\nabla_\mu v^\nu \to \nabla'_\mu v'^\nu = \frac{\partial x^\rho}{\partial x'^\mu} \frac{\partial x'^\nu}{\partial x^\sigma} \nabla_\rho v^\sigma. \tag{2.20}$$

虽然我们不知道 $\nabla_\mu v^\nu$ 的具体形式，但根据协变导数定义中的第二条公理，∇_μ 必须满足 Leibnitz 法则，因此可以合理地假定 ∇_μ 作用在 v^ν 上应该与 $\partial_\mu v^\nu$ 差一个线性变换以补偿 $\partial_\mu v^\nu$ 的非张量变换行为：

$$\nabla_\mu v^\nu = \partial_\mu v^\nu + \Gamma^\nu_{\mu\rho} v^\rho. \tag{2.21}$$

上式中出现的 $\Gamma^{\nu}_{\mu\rho}$ 应理解为针对 μ 的每一个取值，引入了一个线性变换矩阵 $(\Gamma_\mu)_\rho{}^\nu = \Gamma^{\nu}_{\mu\rho}$，使得在广义坐标变换下，式 (2.21) 的右方像张量一样变换。我们称 $\Gamma^{\mu}_{\sigma\nu}$ 为**仿射联络**或者简称**联络**。

对矢量场求协变导数的几何实质是比较流形上两个相邻点处切空间中矢量的差异。由于不同点处切空间之间并无天然的联系，这种比较通常是没有确定含义的，除非在流形的切丛上引入额外的结构，使得不同点处的切空间可以相互比较。联络就是为了实现这种目的在切丛上引入的新结构。

为了确定协变导数对协变矢量场的作用，我们将一个协变矢量场 w_ν 与逆变矢量场 v^ν 缩并为一个标量场，然后利用式 (2.19) 和 Leibnitz 法则以及式 (2.21) 来分别计算这个通过缩并得来的标量场的协变导数。一方面，利用标量场的协变导数作用规则式 (2.19)，我们有

$$\nabla_\mu(v^\nu w_\nu) = \partial_\mu(v^\nu w_\nu) = \partial_\mu v^\nu w_\nu + v^\nu \partial_\mu w_\nu.$$

另一方面，利用协变导数的 Leibnitz 法则以及式 (2.21)，我们有

$$\nabla_\mu(v^\nu w_\nu) = \nabla_\mu v^\nu w_\nu + v^\nu \nabla_\mu w_\nu = (\partial_\mu v^\nu + \Gamma^{\nu}_{\mu\rho} v^\rho) w_\nu + v^\nu \nabla_\mu w_\nu.$$

以上两式的结果相等，且这些等式关系适用于任意矢量场 v^μ 和 w_ν。因此，我们得到

$$\nabla_\mu w_\nu = \partial_\mu w_\nu - \Gamma^{\rho}_{\mu\nu} w_\rho. \tag{2.22}$$

对于更一般的张量场，协变导数的作用规则也可以用类似办法求得，其结果为

$$\begin{aligned}\nabla_\mu T^{\mu_1\cdots\mu_k}{}_{\nu_1\cdots\nu_l} = {} & \partial_\mu T^{\mu_1\cdots\mu_k}{}_{\nu_1\cdots\nu_l} \\ & + \sum_{i=1}^{k} \Gamma^{\mu_i}_{\mu\rho} T^{\mu_1\cdots\rho\cdots\mu_k}{}_{\nu_1\cdots\nu_l} - \sum_{i=1}^{l} \Gamma^{\rho}_{\mu\nu_i} T^{\mu_1\cdots\mu_k}{}_{\nu_1\cdots\rho\cdots\nu_l}.\end{aligned} \tag{2.23}$$

作为一个特例，我们考察 Kronecker 张量 $\delta_\mu{}^\nu$ 的协变导数。根据上述法则，我们有

$$\nabla_\lambda \delta_\mu{}^\nu = \partial_\lambda \delta_\mu{}^\nu + \Gamma^{\nu}_{\lambda\rho}\delta_\mu{}^\rho - \Gamma^{\rho}_{\lambda\mu}\delta_\rho{}^\nu = \Gamma^{\nu}_{\lambda\mu} - \Gamma^{\nu}_{\lambda\mu} = 0.$$

可见，张量 $\delta_\mu{}^\nu$ 的协变导数与普通导数一样，都恒为零。

2.3.5　矢量场的对易括号

协变导数定义中的第四个公理式 (2.14) 也称作**矢量场 t 对标量场 φ 的作用**，这种作用的结果依然是标量场。原则上，不同的矢量场对标量场的作用顺序是不可

随意交换的：

$$
\begin{aligned}
v[w(\varphi)] - w[v(\varphi)] =& v^\mu \nabla_\mu [w^\nu \nabla_\nu(\varphi)] - w^\mu \nabla_\mu [v^\nu \nabla_\nu(\varphi)] \\
=& (v^\mu \nabla_\mu w^\nu - w^\mu \nabla_\mu v^\nu) \nabla_\nu \varphi,
\end{aligned} \tag{2.24}
$$

式中，我们利用了第二条公理 (Leibnitz 法则) 和第五条公理 (无挠条件)。由于上式对任意的 φ 均成立，我们定义

$$
[v, w]^\nu = v^\mu \nabla_\mu w^\nu - w^\mu \nabla_\mu v^\nu, \tag{2.25}
$$

并将 $[v, w]^\mu \nabla_\mu$ 称为矢量场 v 和 w 的**对易括号**。显然，矢量场的对易括号给出一个新的矢量场。方程 (2.24) 可以重新写为

$$
[v, w](\varphi) = [v, w]^\mu \nabla_\mu \varphi,
$$

这一写法与第四条公理一致。

利用式 (2.21)，容易证明，矢量场对易括号实际上并不依赖于协变导数：

$$
[v, w]^\nu = v^\mu \partial_\mu w^\nu - w^\mu \partial_\mu v^\nu. \tag{2.26}
$$

应该指出的是，虽然 ∂_μ 不给出 (k, l) 型张量到 $(k, l+1)$ 型张量的映射，但是它自身却是一个切矢量场，称为坐标矢量场，其坐标分量已经在第 47 页的脚注中给出：$(\partial_\mu)^\nu = \delta_\mu{}^\nu$。容易验证，**坐标矢量场之间的对易括号恒为零**。反之，如果在 n 维流形上能够找到 n 个彼此独立且相互对易的矢量场，那么，以这些矢量场为切矢量的曲线族的曲线参数所构成的有序数组就可以构成流形上的一个新坐标系中的坐标。

2.4 仿射联络与 Christoffel 符号

对张量场求协变导数的关键是确定仿射联络 $\Gamma^\rho_{\mu\nu}$。确切地了解联络的性质对进一步理解张量场的微分性质十分重要。在本节中，我们将从变换性质、对称性质等方面进一步了解仿射联络这个新出现的概念。

2.4.1 仿射联络的变换性质和不唯一性

首先让我们来考察仿射联络在广义坐标变换下的行为。对方程 (2.21) 两端作广义坐标变换。方程左边的变换已经由式 (2.20) 给出：

$$
\nabla_\mu v^\nu \to \nabla'_\mu v'^\nu = \frac{\partial x^\rho}{\partial x'^\mu}\frac{\partial x'^\nu}{\partial x^\sigma}\nabla_\rho v^\sigma = \frac{\partial x^\rho}{\partial x'^\mu}\frac{\partial x'^\nu}{\partial x^\sigma}\partial_\rho v^\sigma + \frac{\partial x^\rho}{\partial x'^\mu}\frac{\partial x'^\nu}{\partial x^\sigma}\Gamma^\sigma_{\rho\lambda} v^\lambda. \tag{2.27}
$$

方程右边的变换依式 (2.13) 及 v^ρ 的矢量特性应为

$$\partial_\mu v^\nu+\Gamma^\nu_{\mu\tau}v^\tau\to\partial'_\mu v'^\nu+\Gamma'^\nu_{\ \mu\tau}v'^\tau$$
$$=\frac{\partial x^\rho}{\partial x'^\mu}\frac{\partial x'^\nu}{\partial x^\sigma}\partial_\rho v^\sigma+\frac{\partial x^\rho}{\partial x'^\mu}\frac{\partial^2 x'^\nu}{\partial x^\rho\partial x^\sigma}v^\sigma+\Gamma'^\nu_{\ \mu\tau}v^\sigma\frac{\partial x'^\tau}{\partial x^\sigma}. \tag{2.28}$$

将方程 (2.27) 与方程 (2.28) 的右边等同起来，可以得到

$$\Gamma'^\nu_{\ \mu\tau}=\frac{\partial x^\rho}{\partial x'^\mu}\frac{\partial x^\sigma}{\partial x'^\tau}\frac{\partial x'^\nu}{\partial x^\lambda}\Gamma^\lambda_{\rho\sigma}-\frac{\partial x^\rho}{\partial x'^\mu}\frac{\partial x^\sigma}{\partial x'^\tau}\frac{\partial^2 x'^\nu}{\partial x^\rho\partial x^\sigma}. \tag{2.29}$$

因此，*联络不是广义坐标变换下的张量*。与此直接相关的一个后果是：我们一般不用度规来升降联络的指标。这也是我们将联络的符号写作 $\Gamma^\rho_{\mu\nu}$ 而不是 $\Gamma_{\mu\nu}{}^\rho$ 或者 $\Gamma^\rho{}_{\mu\nu}$ 的原因。

张量的一个重要特点是：如果一个张量在某一坐标系下为零，则它在所有允许的坐标系下均为零。然而仿射联络则不然。即使在某一给定的坐标系中仿射联络不为零，我们也可以通过广义坐标变换将其变为零。这可以从式 (2.29) 看出。假定 $\Gamma'^\nu_{\ \mu\tau}=0$，我们有

$$\Gamma^\lambda_{\rho\sigma}=\frac{\partial x^\lambda}{\partial x'^\nu}\frac{\partial^2 x'^\nu}{\partial x^\rho\partial x^\sigma}.$$

因此，我们只需选择合适的新坐标系 x'^μ，使得 $\dfrac{\partial x^\lambda}{\partial x'^\nu}\dfrac{\partial^2 x'^\nu}{\partial x^\rho\partial x^\sigma}$ 这个表达式与仿射联络在坐标系 x^μ 下的值相等，即可将新坐标系下仿射联络的值变为零。反之，如果仿射联络在初始的坐标系 x^μ 下为零，那么在经过广义坐标变换后，在新坐标系 x'^μ 下，仿射联络变为

$$\Gamma'^\nu_{\ \mu\tau}=-\frac{\partial x^\rho}{\partial x'^\mu}\frac{\partial x^\sigma}{\partial x'^\tau}\frac{\partial^2 x'^\nu}{\partial x^\rho\partial x^\sigma}=\frac{\partial x'^\nu}{\partial x^\rho}\frac{\partial^2 x^\rho}{\partial x'^\mu\partial x'^\tau}. \tag{2.30}$$

根据爱因斯坦等效原理，在自由落体参考系——即所谓的局域惯性系中，任何局域的物理实验均无法发现对狭义相对论的偏离。这意味着在局域惯性系中，一个矢量场对坐标求普通导数的结果也具有张量性质。如果把这样的张量等同于广义坐标变换下的张量，则立刻可知*在局域惯性系下仿射联络为零*。

应该指出，满足协变导数 5 个公理的协变导数并非是唯一的。原则上我们可以用任何满足式 (2.29) 变换规则的对象作为仿射联络来定义协变导数运算。假定我们分别定义了两个不同的协变导数 ∇_μ 和 $\tilde{\nabla}_\mu$，对应的仿射联络分别是 $\Gamma^\rho_{\mu\nu}$ 和 $\tilde{\Gamma}^\rho_{\mu\nu}$。由式 (2.21) 可知，

$$(\nabla_\mu-\tilde{\nabla}_\mu)v^\rho=(\Gamma^\rho_{\mu\nu}-\tilde{\Gamma}^\rho_{\mu\nu})v^\nu.$$

这个方程的左边是张量，右边的公因子 v^ν 也是张量，因此，两个不同的仿射联络的差 $\Gamma^\rho_{\mu\nu}-\tilde{\Gamma}^\rho_{\mu\nu}$ 也必须是张量。此外，不难验证，若 $\Gamma^\lambda_{\mu\nu}$ 是联络，则：

(1) $\Gamma^\lambda_{\nu\mu}$ 也是联络；

(2) $\Gamma^\lambda_{(\mu\nu)}\equiv(\Gamma^\lambda_{\mu\nu}+\Gamma^\lambda_{\nu\mu})/2$ 也是联络，称为对称联络；

(3) $\Gamma^\lambda_{[\mu\nu]}\equiv(\Gamma^\lambda_{\mu\nu}-\Gamma^\lambda_{\nu\mu})/2$ 是一个张量。事实上这个张量就是式 (2.16) 所定义的挠率张量；

(4) $\Gamma^\lambda_{\mu\nu}$ 可以分解为对称联络和挠率张量之和：

$$\Gamma^\lambda_{\mu\nu}=\Gamma^\lambda_{(\mu\nu)}+\Gamma^\lambda_{[\mu\nu]}.$$

在本书中，由于采用了无挠假定，我们所采用的联络总是关于下指标交换对称的。

2.4.2 Christoffel 符号

到目前为止我们关于协变导数和仿射联络的讨论都没有强调黎曼几何 的度量的概念。如果在黎曼几何中去掉度量的概念，所得的空间称为仿射空间。这就是我们将 $\Gamma^\lambda_{\mu\nu}$ 称为仿射联络的原因。

现在我们引入度规 $g_{\mu\nu}$，并考察联络与度规的关系。为了消除协变导数选择的不唯一性，我们选定一种特别的协变导数，称之为与度规相容的协变导数，定义为

$$\nabla_\rho g_{\mu\nu}=0. \tag{2.31}$$

在某种意义上，可以将式 (2.31) 看做是协变导数定义的第六个公理。根据式 (2.23)，可以将式 (2.31) 重写为

$$\partial_\lambda g_{\mu\nu}=\Gamma^\rho_{\lambda\mu}g_{\rho\nu}+\Gamma^\rho_{\lambda\nu}g_{\mu\rho}. \tag{2.32}$$

将式 (2.32) 作指标轮换，可得

$$\partial_\mu g_{\nu\lambda}=\Gamma^\rho_{\mu\nu}g_{\rho\lambda}+\Gamma^\rho_{\mu\lambda}g_{\nu\rho}, \tag{2.33}$$

$$\partial_\nu g_{\lambda\mu}=\Gamma^\rho_{\nu\lambda}g_{\rho\mu}+\Gamma^\rho_{\nu\mu}g_{\lambda\rho}. \tag{2.34}$$

由于 $\Gamma^\rho_{\mu\nu}$ 对指标 μ,ν 是对称的，将式 (2.33) 与式 (2.34) 相加再减去式 (2.32) 可得

$$\partial_\mu g_{\nu\lambda}+\partial_\nu g_{\lambda\mu}-\partial_\lambda g_{\mu\nu}=2\Gamma^\rho_{\mu\nu}g_{\rho\lambda}. \tag{2.35}$$

上式两边同时用逆变的度规去缩并，同时将结果除以 2，可得

$$\Gamma^\rho_{\mu\nu}=\frac{1}{2}g^{\rho\lambda}(\partial_\mu g_{\nu\lambda}+\partial_\nu g_{\lambda\mu}-\partial_\lambda g_{\mu\nu}). \tag{2.36}$$

文献中将式 (2.36) 给出的对称联络称为 Christoffel 符号，有时记为 $\{{}^{\rho}_{\mu\nu}\}$。今后，如无特别说明，每当我们谈及联络，指的总是 Christoffel 符号。

根据 $\Gamma^{\rho}_{\mu\nu}$ 的指标对称性质容易知道，若 (赝) 黎曼流形的维数为 n，则 $\Gamma^{\rho}_{\mu\nu}$ 的独立分量个数为 $\frac{1}{2}n^2(n+1)$ 。在 4 维时空中，$\Gamma^{\rho}_{\mu\nu}$ 的独立分量个数高达 40。在实际的物理问题中，时空度规总是具有某种额外的对称性，这将大大减少度规的独立分量的个数，从而间接地减少了 Christoffel 联络的独立分量个数。

在结束本节之前，有必要对爱因斯坦等效原理中的"局域性"条件做进一步的说明。原则上，我们总可以在时空流形 $\mathcal{M}$ 上任意一点 p 的邻域建立一个局域自由落体参考系，使得联络在点 p 处的值为零。同时，还可以使点 p 的坐标为原点。后一个要求只需在选定的局域参考系中作一次坐标平移即可实现。在这样选择的坐标系下，度规在原点处应该非常接近于 Minkowski 度规，特别是它的的一阶坐标导数在原点处必须为零。但是，在原点附近的一个小邻域内，度规不可能处处表现为 Minkowski 度规，否则时空流形 $\mathcal{M}$ 就真的变成了 Minkowski 流形。因此，准确至最低阶修正，赝黎曼流形的度规在原点附近邻域上可以表达为

$$g_{\mu\nu} \simeq \eta_{\mu\nu} + \frac{1}{2}(\partial_\alpha \partial_\beta g_{\mu\nu}) x^\alpha x^\beta.$$

可见，根据爱因斯坦等效原理建立起来的局域惯性系原则上只在原点处是真正意义上的惯性系。如果我们利用度规来搬动局域惯性系原点处切空间中的矢量指标，将会发现 $g_{\mu\nu}$ 和 $\eta_{\mu\nu}$ 所起的作用是完全一样的。换言之，**时空流形 $\mathcal{M}$ 在其上任意一点的切空间均具有Minkowski几何**。这个结果可以看做是爱因斯坦等效原理的数学表述。

2.4.3 协变散度

通过前面的讨论可知，对张量场求协变导数，通常要先求出联络的全部分量。由于 $\Gamma^{\rho}_{\mu\nu}$ 的庞大分量个数，求协变导数的运算可能是相当繁琐的。然而，在求矢量场协变散度这个特殊情形，不需要求联络的任何一个分量即可得到结果。

由式 (2.21) 可知，矢量场 v^μ 的协变散度可以表达为

$$\nabla_\mu v^\mu = \partial_\mu v^\mu + \Gamma^{\mu}_{\mu\rho} v^\rho. \tag{2.37}$$

式中出现的 $\Gamma^{\mu}_{\mu\rho}$ 包含了对指标 μ 的求和。从式 (2.36) 可知，

$$\begin{aligned}\Gamma^{\mu}_{\mu\rho} &= \frac{1}{2} g^{\mu\lambda}(\partial_\mu g_{\rho\lambda} + \partial_\rho g_{\lambda\mu} - \partial_\lambda g_{\mu\rho}) \\ &= \frac{1}{2} g^{\mu\lambda} \partial_\rho g_{\mu\lambda}.\end{aligned} \tag{2.38}$$

引入

$$g = |\det(g_{\mu\nu})|,$$

并定义

$$C^{\mu\nu} = gg^{\mu\nu},$$

我们有

$$C^{\mu\nu}g_{\nu\rho} = g\delta^{\mu}{}_{\rho}.$$

在上式中令 $\rho=\mu$ 但保持不对指标 μ 求和，我们发现

$$\sum_{\nu} C^{\mu\nu}g_{\mu\nu} = g. \tag{2.39}$$

这个方程是本书中所采用的爱因斯坦求和规则的一个例外：我们明确地写出了一个求和的指标仅包含 ν 而不包含 μ。如果将度规 $g_{\mu\nu}$ 看做一个矩阵，上式的含义就是这个矩阵的行列式的拉普拉斯展开，$C^{\mu\nu}$ 就是矩阵元 $g_{\mu\nu}$ 对应的代数余子式。因此，我们有

$$\frac{\delta g}{\delta g_{\mu\nu}} = C^{\mu\nu} = gg^{\mu\nu}, \tag{2.40}$$

$$\partial_\rho g = \frac{\delta g}{\delta g_{\mu\nu}}\partial_\rho g_{\mu\nu} = gg^{\mu\nu}\partial_\rho g_{\mu\nu}. \tag{2.41}$$

所以，式 (2.38) 可以重写为

$$\Gamma^{\mu}_{\mu\rho} = \frac{1}{2}g^{-1}\partial_\rho g = \partial_\rho \log\sqrt{g} = \frac{1}{\sqrt{g}}\partial_\rho\sqrt{g}. \tag{2.42}$$

将这一结果代回到式 (2.37) 中，最后得到

$$\begin{aligned}\nabla_\mu v^\mu &= \partial_\mu v^\mu + \frac{1}{\sqrt{g}}(\partial_\rho\sqrt{g})v^\rho \\ &= \frac{1}{\sqrt{g}}\partial_\mu\left(\sqrt{g}v^\mu\right).\end{aligned} \tag{2.43}$$

除求协变散度时所用的联络分量计算可以化简外，还有一种情况下联络的分量可以简单地求出，这就是度规为对角矩阵的情况。这时，联络的非零分量只有以下这些：

$$\begin{aligned}\Gamma^{\rho}_{\mu\mu} &= -\frac{1}{2}g^{\rho\rho}\partial_\rho g_{\mu\mu}, \quad (\mu\neq\rho) \\ \Gamma^{\rho}_{\mu\rho} &= \Gamma^{\rho}_{\rho\mu} = \frac{1}{2}g^{\rho\rho}\partial_\mu g_{\rho\rho}.\end{aligned}$$

式中所有重复指标均不求和，第二行中 μ 和 ρ 可以相同，也可以不同。

2.5　矢量平移与测地线

2.5.1　矢量平移

在平坦的欧几里得空间中，矢量的平移具有直观的几何图像。欧几里得矢量平移的一个重要特征是：只要平移的出发点和终到点确定，一个矢量的平移结果就唯一确定，与平移矢量时通过的路径无关。在一般的 (赝) 黎曼空间中，矢量平移的几何图像不再那么直观。将一个矢量从赝黎曼时空中一点移动到另一点，意味着需要建立一套规则，将时空中不同点的切空间中的矢量联系起来，同时还要保证互相联系的矢量要保持“方向”一致。

在流形 M 上给定一条曲线 C，在该曲线上各点均定义了切矢量 t^μ。如果沿曲线 C 还定义了另外一个矢量 v^ν，它满足

$$t^\mu \nabla_\mu v^\nu = 0,$$

我们就称矢量 v^ν **是沿曲线 C 平移不变的**。更一般地，我们也可以定义张量场沿某一曲线的平移不变性：

$$t^\mu \nabla_\mu T^{\mu_1\cdots\mu_k}{}_{\nu_1\cdots\nu_l} = 0.$$

根据式 (2.6)，矢量平移不变性的本质含义是：被平移的矢量沿平移路径的方向导数恒为零，这也就是“保持方向不变”的含义。与平坦空间中的矢量平移不同，在一般的 (赝) 黎曼空间中定义矢量平移必须明确指出平移的路径，因为沿不同路径平移同一个矢量，结果一般会是不同的。一个直观的例子如图 2.2 所示：若矢量在平直空间 (如 2 维欧氏平面) 内沿不同路径平移，最终将归于同一矢量；若矢量在弯曲空间 (如 2 维球面) 内沿不同路径平移，结果将获得不同矢量。

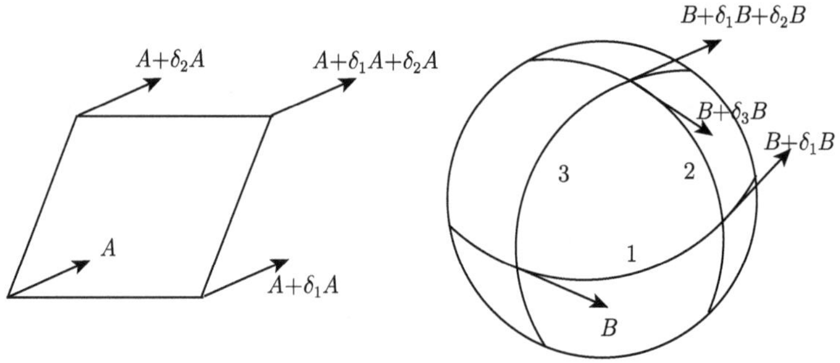

图 2.2　平面与球面上的矢量平移比较

在后文的讨论中，我们将利用矢量场在平移时的路径相关性来刻画时空流形的弯曲程度。在此之前，我们先来研究一下时空中的测地线。

2.5.2 测地线

若流形 M 中的一条曲线的切矢量 t^μ 沿着曲线自身是平移不变的，那么这条曲线称为流形 M 的一条**测地线**。根据协变导数的定义，测地线的方程

$$t^\nu \nabla_\nu t^\mu = 0 \tag{2.44}$$

又可以写为

$$\frac{\mathrm{d}t^\mu}{\mathrm{d}\lambda} + \Gamma^\mu_{\nu\rho} t^\nu t^\rho = 0.$$

考虑到 $t^\mu = \dfrac{\mathrm{d}x^\mu}{\mathrm{d}\lambda}$，上面的方程又可以进一步写为

$$\frac{\mathrm{d}^2 x^\mu}{\mathrm{d}\lambda^2} + \Gamma^\mu_{\nu\rho} \frac{\mathrm{d}x^\nu}{\mathrm{d}\lambda} \frac{\mathrm{d}x^\rho}{\mathrm{d}\lambda} = 0. \tag{2.45}$$

这是一组互相耦合的二阶常微分方程。在给定一组初值条件 $\left(x^\mu, \dfrac{\mathrm{d}x^\mu}{\mathrm{d}\lambda}\right)$ 后，这组方程的解是唯一确定的。换句话说，给定了流形 M 上的一点 p 以及点 p 处切空间 V_p 中的一个切矢量 t^μ，就可以唯一地确定通过点 p 的一条测地线。

有时也将测地线定义为沿其自身平移不改变方向的曲线，即 $t^\nu \nabla_\nu t^\mu = \alpha t^\mu$。若采用这一定义，测地线方程 (2.45) 将变化为

$$\frac{\mathrm{d}^2 x^\mu}{\mathrm{d}\lambda^2} + \Gamma^\mu_{\nu\rho} \frac{\mathrm{d}x^\nu}{\mathrm{d}\lambda} \frac{\mathrm{d}x^\rho}{\mathrm{d}\lambda} = \alpha \frac{\mathrm{d}x^\mu}{\mathrm{d}\lambda}. \tag{2.46}$$

然而，后面这种定义与前者并无本质差异。可以证明，只要对式 (2.46) 中的曲线参数作一适当变换，就可以将式 (2.46) 变换为式 (2.45)。使测地线方程表现为式 (2.45) 的曲线参数 λ 称为**仿射参数**。对一条给定的测地线，仿射参数的选择不是唯一的。如果 λ 是仿射参数，a, b 是常数，那么

$$\sigma = a\lambda + b$$

也是仿射参数。

赝黎曼时空是度量空间，事件距离在赝黎曼几何中是个重要概念。对时空流形 $\mathcal{M}$ 中的任意一条类空测地线，在其上两点 (亦即两个事件)p, q (对应的曲线参数分别是 a, b) 之间的曲线段的弧长为

$$\ell = \int_a^b \sqrt{\mathrm{d}s^2} = \int_a^b \mathrm{d}\lambda \left(g_{\mu\nu} \frac{\mathrm{d}x^\mu}{\mathrm{d}\lambda} \frac{\mathrm{d}x^\nu}{\mathrm{d}\lambda} \right)^{1/2}. \tag{2.47}$$

如果上述曲线是类时测地线，那么我们就用类似的积分定义两个事件 p, q 之间的固有时间：

$$\tau = \frac{1}{c}\int_a^b \sqrt{-\mathrm{d}s^2} = \frac{1}{c}\int_a^b \mathrm{d}\lambda \left(-g_{\mu\nu}\frac{\mathrm{d}x^\mu}{\mathrm{d}\lambda}\frac{\mathrm{d}x^\nu}{\mathrm{d}\lambda}\right)^{1/2}. \tag{2.48}$$

对于类光测地线，因为 $g_{\mu\nu}\frac{\mathrm{d}x^\mu}{\mathrm{d}\lambda}\frac{\mathrm{d}x^\nu}{\mathrm{d}\lambda}$ 恒为零，其曲线弧长和固有时间均恒为零。

可以证明，时空中的类空测地线其实就是使其上任意两点间曲线弧长取极值的类空曲线，类时测地线就是使其上任意两事件间固有时间取极值的类时曲线。由于所有类光曲线的曲线弧长和固有时间均恒为零，因此，任意类光曲线均为测地线。显然，测地线概念是欧几里得几何中直线概念的推广。

下面我们以类空测地线为例来证明上述命题。为了求得类空曲线上两点间弧长的极值，需要对式 (2.47) 做变分并使变分结果为零。由于式 (2.47) 含有平方根运算，做变分时会较为复杂，我们转而寻求一个等价的变分问题。定义

$$S = \frac{1}{2}\int_a^b \mathrm{d}\lambda\mathcal{L} = \frac{1}{2}\int_a^b \mathrm{d}\lambda \left[e(\lambda)^{-1}g_{\mu\nu}\frac{\mathrm{d}x^\mu}{\mathrm{d}\lambda}\frac{\mathrm{d}x^\nu}{\mathrm{d}\lambda} + e(\lambda)\right], \tag{2.49}$$

其中 $e(\lambda)$ 是一个辅助函数。对式 (2.49) 关于 $e(\lambda)$ 变分，可以得到

$$e(\lambda) = \left(g_{\mu\nu}\frac{\mathrm{d}x^\mu}{\mathrm{d}\lambda}\frac{\mathrm{d}x^\nu}{\mathrm{d}\lambda}\right)^{1/2}. \tag{2.50}$$

将式 (2.50) 代入式 (2.49) 可以发现 S 与式 (2.47) 所定义的弧长 ℓ 是相等的。

一般地，对任意形如 $S = \frac{1}{2}\int_a^b \mathrm{d}\lambda\mathcal{L}\left[x^\mu(\lambda), \frac{\mathrm{d}x^\mu}{\mathrm{d}\lambda}\right]$ 的泛函关于 $x^\mu(\lambda)$ 变分的结果为

$$\frac{\mathrm{d}}{\mathrm{d}\lambda}\left(\frac{\partial\mathcal{L}}{\partial\left(\mathrm{d}x^\mu/\mathrm{d}\lambda\right)}\right) - \frac{\partial\mathcal{L}}{\partial x^\mu} = 0. \tag{2.51}$$

这个方程称为 Euler-Lagrange 方程。具体到式 (2.49) 的情况，我们有

$$\begin{aligned}\frac{\partial\mathcal{L}}{\partial\left(\mathrm{d}x^\mu/\mathrm{d}\lambda\right)} &= e(\lambda)^{-1}\left(g_{\rho\sigma}\delta^\rho{}_\mu\frac{\mathrm{d}x^\sigma}{\mathrm{d}\lambda} + g_{\rho\sigma}\frac{\mathrm{d}x^\rho}{\mathrm{d}\lambda}\delta^\sigma{}_\mu\right)\\ &= 2e(\lambda)^{-1}g_{\mu\nu}\frac{\mathrm{d}x^\nu}{\mathrm{d}\lambda},\\ \frac{\partial\mathcal{L}}{\partial x^\mu} &= e(\lambda)^{-1}\partial_\mu g_{\rho\sigma}\frac{\mathrm{d}x^\rho}{\mathrm{d}\lambda}\frac{\mathrm{d}x^\sigma}{\mathrm{d}\lambda}.\end{aligned}$$

因此，式 (2.51) 成为

$$2\frac{\mathrm{d}}{\mathrm{d}\lambda}\left(e(\lambda)^{-1}g_{\mu\nu}\frac{\mathrm{d}x^\nu}{\mathrm{d}\lambda}\right) - e(\lambda)^{-1}\partial_\mu g_{\rho\sigma}\frac{\mathrm{d}x^\rho}{\mathrm{d}\lambda}\frac{\mathrm{d}x^\sigma}{\mathrm{d}\lambda} = 0. \tag{2.52}$$

上式乘以 $e(\lambda)$ 并将第一项展开，有

$$2\partial_\rho g_{\mu\nu}\frac{\mathrm{d}x^\rho}{\mathrm{d}\lambda}\frac{\mathrm{d}x^\nu}{\mathrm{d}\lambda}+2g_{\mu\nu}\frac{\mathrm{d}^2x^\nu}{\mathrm{d}\lambda^2}-\partial_\mu g_{\rho\sigma}\frac{\mathrm{d}x^\rho}{\mathrm{d}\lambda}\frac{\mathrm{d}x^\sigma}{\mathrm{d}\lambda}=2e(\lambda)^{-1}\frac{\mathrm{d}e(\lambda)}{\mathrm{d}\lambda}g_{\mu\nu}\frac{\mathrm{d}x^\nu}{\mathrm{d}\lambda}. \tag{2.53}$$

式 (2.53) 的首项又可改写为

$$2\partial_\rho g_{\mu\nu}\frac{\mathrm{d}x^\rho}{\mathrm{d}\lambda}\frac{\mathrm{d}x^\nu}{\mathrm{d}\lambda}=\partial_\rho g_{\mu\nu}\frac{\mathrm{d}x^\rho}{\mathrm{d}\lambda}\frac{\mathrm{d}x^\nu}{\mathrm{d}\lambda}+\partial_\nu g_{\mu\rho}\frac{\mathrm{d}x^\rho}{\mathrm{d}\lambda}\frac{\mathrm{d}x^\nu}{\mathrm{d}\lambda}. \tag{2.54}$$

将式 (2.54) 代入式 (2.53) 并进一步整理, 可以得

$$\frac{\mathrm{d}^2x^\rho}{\mathrm{d}\lambda^2}+\Gamma^\rho_{\mu\nu}\frac{\mathrm{d}x^\mu}{\mathrm{d}\lambda}\frac{\mathrm{d}x^\nu}{\mathrm{d}\lambda}=e(\lambda)^{-1}\frac{\mathrm{d}e(\lambda)}{\mathrm{d}\lambda}\frac{\mathrm{d}x^\rho}{\mathrm{d}\lambda}. \tag{2.55}$$

这就是测地线的方程。与式 (2.46) 相比，我们有

$$\alpha=e(\lambda)^{-1}\frac{\mathrm{d}e(\lambda)}{\mathrm{d}\lambda}.$$

也就是说，在上面的变分过程中所采用的曲线参数并非仿射参数。若作参数变换

$$\lambda\to\sigma=\sigma(\lambda),$$

使得

$$\frac{\mathrm{d}^2\sigma}{\mathrm{d}\lambda^2}=e(\lambda)^{-1}\frac{\mathrm{d}e(\lambda)}{\mathrm{d}\lambda}\frac{\mathrm{d}\sigma}{\mathrm{d}\lambda},$$

则式 (2.55) 将变为

$$\frac{\mathrm{d}^2x^\mu}{\mathrm{d}\sigma^2}+\Gamma^\mu_{\nu\rho}\frac{\mathrm{d}x^\nu}{\mathrm{d}\sigma}\frac{\mathrm{d}x^\rho}{\mathrm{d}\sigma}=0. \tag{2.56}$$

显然，上式中的 σ 是仿射参数。式 (2.56) 右方为零，与式 (2.55) 比较，可以得出这样的结论: 在仿射参数下，辅助函数 $e(\sigma)$ 不依赖于参数 σ。因此，在适当的单位下可以将它选为 1。

将同样的变分过程应用于式 (2.48)，可以证明，对类时测地线，固有时间取极值，而且固有时间本身就是类时测地线的仿射参数。

应该强调的是: 上面我们通过变分得到测地线方程的过程仅仅表明测地线使得流形上两个事件之间的曲线弧长或者固有时间取极值，但未必是取极小值。如果一个流形上任意两点之间都存在使广义的曲线弧长 (含固有时间) 取极小值的测地线，那么这个流形就称为**测地完备**的流形。测地完备流形上的测地线的曲线参数定义在整个 $\mathbb{R}^1$ 上。非测地完备流形一般都可以通过适当的延拓构成测地完备的流形。例如，在 2 维球面上抠掉一个点，结果就是非测地完备的流形。但是把这个抠掉的点补回来，就得到了一个测地完备的流形。

2.6 曲率张量

2.6.1 黎曼曲率张量

测地线方程 (2.44) 的解与欧几里得几何中的直线通常有很大差异，在很多场合，测地线甚至可以是闭合的曲线。这反映了流形 M 的几何弯曲性。

描写流形弯曲程度的最佳手段是引入曲率张量。从前文中的叙述可知，将协变导数反复作用在张量场上，结果依然是张量场。特别地，将 $\nabla_\mu\nabla_\nu - \nabla_\nu\nabla_\mu$ 作用在一个协变矢量场 w_ρ 上的结果可以被看作是从一个 $(0,1)$ 型张量场到 $(0,3)$ 型张量场的线性映射：

$$(\nabla_\mu\nabla_\nu - \nabla_\nu\nabla_\mu)w_\rho \equiv -R^\sigma{}_{\rho\mu\nu}w_\sigma. \tag{2.57}$$

式中的 $R^\sigma{}_{\rho\mu\nu}$ 是一个 $(1,3)$ 型张量，称为黎曼张量。注意到协变导数与流形上矢量场沿曲线的平移之间有密切关系，可以将式 (2.57) 左边的运算看作是从流形 M 上一个无穷小的平行四边形的一个顶点出发，沿两条不同的路径将一个矢量场平移到平行四边形的对顶点所得的矢量场的差。这两种不同平移结果的差显然可以用来刻画流形在这个无穷小平行四边形所处局域的弯曲程度。因此，黎曼张量又称为黎曼曲率张量。

利用协变导数的运算规则式 (2.23)，不难求出张量 $R^\sigma{}_{\rho\mu\nu}$ 的具体形式。我们有

$$\begin{aligned}\nabla_\mu\nabla_\nu w_\rho =&\partial_\mu(\nabla_\nu w_\rho) - \Gamma^\lambda_{\mu\nu}\nabla_\lambda w_\rho - \Gamma^\lambda_{\mu\rho}\nabla_\nu w_\lambda\\ =&\partial_\mu(\partial_\nu w_\rho - \Gamma^\sigma_{\nu\rho}w_\sigma) - \Gamma^\lambda_{\mu\nu}(\partial_\lambda w_\rho - \Gamma^\sigma_{\lambda\rho}w_\sigma) - \Gamma^\lambda_{\mu\rho}(\partial_\nu w_\lambda - \Gamma^\sigma_{\nu\lambda}w_\sigma)\\ =&\partial_\mu\partial_\nu w_\rho - \Gamma^\lambda_{\mu\nu}\partial_\lambda w_\rho - \Gamma^\lambda_{\mu\rho}\partial_\nu w_\lambda - \Gamma^\lambda_{\nu\rho}\partial_\mu w_\lambda + \Gamma^\lambda_{\mu\nu}\Gamma^\sigma_{\lambda\rho}w_\sigma\\ &- \partial_\mu\Gamma^\sigma_{\nu\rho}w_\sigma + \Gamma^\lambda_{\mu\rho}\Gamma^\sigma_{\nu\lambda}w_\sigma.\end{aligned}$$

除最后两项外，上式右边对 $\mu\leftrightarrow\nu$ 是交换对称的，因此，

$$(\nabla_\mu\nabla_\nu - \nabla_\nu\nabla_\mu)w_\rho = (-\partial_\mu\Gamma^\sigma_{\nu\rho} + \partial_\nu\Gamma^\sigma_{\mu\rho} - \Gamma^\sigma_{\mu\lambda}\Gamma^\lambda_{\nu\rho} + \Gamma^\sigma_{\nu\lambda}\Gamma^\lambda_{\mu\rho})w_\sigma,$$

也就是说，

$$R^\sigma{}_{\rho\mu\nu} = \partial_\mu\Gamma^\sigma_{\nu\rho} - \partial_\nu\Gamma^\sigma_{\mu\rho} + \Gamma^\sigma_{\mu\lambda}\Gamma^\lambda_{\nu\rho} - \Gamma^\sigma_{\nu\lambda}\Gamma^\lambda_{\mu\rho}. \tag{2.58}$$

根据无挠条件式 (2.15)，我们有

$$\begin{aligned}0 &= (\nabla_\mu\nabla_\nu - \nabla_\nu\nabla_\mu)(v^\rho w_\rho)\\ &= \nabla_\mu(\nabla_\nu v^\rho w_\rho + v^\rho\nabla_\nu w_\rho) - \nabla_\nu(\nabla_\mu v^\rho w_\rho + v^\rho\nabla_\mu w_\rho)\end{aligned}$$

$$= (\nabla_\mu \nabla_\nu - \nabla_\nu \nabla_\mu) v^\rho w_\rho + v^\rho (\nabla_\mu \nabla_\nu - \nabla_\nu \nabla_\mu) w_\rho$$
$$= (\nabla_\mu \nabla_\nu - \nabla_\nu \nabla_\mu) v^\rho w_\rho - v^\rho R^\sigma{}_{\rho\mu\nu} w_\sigma.$$

因此，

$$(\nabla_\mu \nabla_\nu - \nabla_\nu \nabla_\mu) v^\rho = R^\rho{}_{\sigma\mu\nu} v^\sigma. \tag{2.59}$$

更一般地，我们有

$$\begin{aligned}&(\nabla_\mu \nabla_\nu - \nabla_\nu \nabla_\mu) T^{\mu_1 \cdots \mu_k}{}_{\nu_1 \cdots \nu_l} \\ =& \sum_{i=1}^{k} R^{\mu_i}{}_{\sigma\mu\nu} T^{\mu_1 \cdots \sigma \cdots \mu_k}{}_{\nu_1 \cdots \nu_l} - \sum_{i=1}^{l} R^\sigma{}_{\nu_i \mu\nu} T^{\mu_1 \cdots \mu_k}{}_{\nu_1 \cdots \sigma \cdots \nu_l}.\end{aligned}$$

2.6.2 黎曼张量的几何解释——测地偏移方程

设 $\gamma_s(t)$ 是一个单参数测地曲线族，即对任意固定的 $s \in \mathbb{R}$，$\gamma_s : t \mapsto \gamma_s(t) \subset M$ 是流形 M 上的一条测地线。所有这些测地线在 M 中织成一张 2 维曲面。

在给定度规 $g_{\mu\nu}$ 的前提下，可以通过对参数 t 的适当变换使得曲线 $\gamma_s(t)$ 的切矢量场 $t^\mu = \mathrm{d}x^\mu/\mathrm{d}t$ 与定义在同一点的偏移矢量 $s^\mu = \mathrm{d}x^\mu/\mathrm{d}s$ 正交：

$$g_{\mu\nu} t^\mu s^\nu = 0.$$

因此，可以通过在流形 M 上选择恰当的坐标系使得 t^μ 和 s^μ 同为坐标矢量场，即

$$t^\mu \nabla_\mu s^\nu = s^\mu \nabla_\mu t^\nu. \tag{2.60}$$

显然，矢量

$$v^\mu = t^\nu \nabla_\nu s^\mu$$

表达的是偏移矢量沿测地曲线族的方向的变化率，也可以将其视为测地曲线间的“相对速度”。因此，测地曲线间的相对加速度为

$$a^\mu = t^\rho \nabla_\rho v^\mu = t^\rho \nabla_\rho (t^\nu \nabla_\nu s^\mu). \tag{2.61}$$

利用式 (2.60)，我们有

$$\begin{aligned}a^\mu &= t^\rho \nabla_\rho (t^\nu \nabla_\nu s^\mu) = t^\rho \nabla_\rho (s^\nu \nabla_\nu t^\mu) \\ &= (t^\rho \nabla_\rho s^\nu)(\nabla_\nu t^\mu) + t^\rho s^\nu \nabla_\rho \nabla_\nu t^\mu \\ &= (s^\rho \nabla_\rho t^\nu)(\nabla_\nu t^\mu) + t^\rho s^\nu \nabla_\nu \nabla_\rho t^\mu + t^\rho s^\nu R^\gamma{}_{\lambda\rho\nu} t^\lambda \\ &= s^\rho \nabla_\rho (t^\nu \nabla_\nu t^\mu) + t^\rho s^\nu R^\gamma{}_{\lambda\rho\nu} t^\lambda \\ &= R^\gamma{}_{\lambda\rho\nu} t^\lambda t^\rho s^\nu.\end{aligned} \tag{2.62}$$

可见，当且仅当流形的黎曼张量非零时，测地曲线间的相对加速度才非零。测地曲线间的相对加速度与流形的弯曲程度直接关联，这就是黎曼曲率的直观解释。方程 (2.62) 称为测地偏移方程。

2.6.3　黎曼张量的指标对称性

利用度规张量可以升、降张量指标的性质，引入完全协变的曲率张量 $R_{\lambda\rho\mu\nu}$：

$$R_{\lambda\rho\mu\nu} \equiv g_{\lambda\sigma} R^{\sigma}{}_{\rho\mu\nu}. \tag{2.63}$$

根据定义式 (2.57) 以及式 (2.58)，可以证明以下关系式：

$$R_{\lambda\rho\mu\nu} = -R_{\rho\lambda\mu\nu}, \tag{2.64}$$

$$R_{\rho\lambda\mu\nu} = -R_{\rho\lambda\nu\mu}, \tag{2.65}$$

$$R_{\lambda\rho\mu\nu} = R_{\mu\nu\lambda\rho}. \tag{2.66}$$

此外，对后三个指标轮换满足如下关系：

$$R_{\lambda\rho\mu\nu} + R_{\lambda\mu\nu\rho} + R_{\lambda\nu\rho\mu} = 0. \tag{2.67}$$

由于上述指标对称性的存在，在 n 维流形中，张量 $R_{\rho\lambda\mu\nu}$ 的独立分量数远小于 n^4。下面我们就来分析 $R_{\lambda\rho\mu\nu}$ 的独立分量个数。

首先，由于性质式 (2.64) 和式 (2.65)，$R_{\lambda\rho\mu\nu}$ 的前后两对协变指标的独立组合数均减少为

$$\mathcal{N} = \frac{1}{2}n(n-1). \tag{2.68}$$

再由于式 (2.66)，使得 $R_{\rho\lambda\mu\nu}$ 的独立分量个数减少到

$$\frac{\mathcal{N}}{2}(\mathcal{N}+1). \tag{2.69}$$

最后需要计及条件式 (2.67) 引入的更多限制。这个条件引入的限制个数的计算稍微复杂些，我们需要一点更仔细的分析。

式 (2.67) 中的 $\lambda\rho\mu\nu$ 这四个指标中若有任意两个相同，则根据式 (2.64) 和式 (2.65) 可知，式 (2.67) 中的三项必有一项为零，因而式 (2.67) 退化为式 (2.64) 或式 (2.65) 的某个特例，不给出新的约束条件。在 n 维流形中，若选定 $\lambda\rho\mu\nu$ 这四个指标中的任何一个，有 n 种选择；选第二个指标有 $n-1$ 种选择；第三、第四指标分别有 $n-2$ 和 $n-3$ 种选择。由于式 (2.64)~ 式 (2.66) 的对称性质，这四个指标的不同排序不给出新的曲率分量。综合上述分析，条件式 (2.67) 给出的约束个数为

$$\frac{1}{4!}n(n-1)(n-2)(n-3). \tag{2.70}$$

综合式 (2.69) 和式 (2.70)，我们得出 $R_{\lambda\rho\mu\nu}$ 的最终独立分量数为

$$\begin{aligned}\mathcal{C}_n &= \frac{1}{2}\cdot\frac{1}{2}n(n-1)\left(\frac{1}{2}n(n-1)+1\right)-\frac{1}{4!}n(n-1)(n-2)(n-3)\\ &= \frac{1}{12}n^2(n^2-1).\end{aligned} \tag{2.71}$$

对 $n=1$，2，3，4，5，$R_{\lambda\rho\mu\nu}$ 的独立分量数分别为

$$\mathcal{C}_1=0,\quad \mathcal{C}_2=1,\quad \mathcal{C}_3=6,\quad \mathcal{C}_4=20,\quad \mathcal{C}_5=50.$$

$\mathcal{C}_1=0$ 这个事实表明，1 维流形不具有内禀的几何性质。

2.6.4 Bianchi 恒等式

除 2.6.3 节中的代数对称性外，曲率张量还满足一个微分恒等式，称为 Bianchi 恒等式。这个恒等式就是

$$\nabla_\lambda R^\sigma{}_{\rho\mu\nu}+\nabla_\mu R^\sigma{}_{\rho\nu\lambda}+\nabla_\nu R^\sigma{}_{\rho\lambda\mu}=0. \tag{2.72}$$

原则上，Bianchi 恒等式可以用式 (2.58) 以及协变导数的定义直接证明。但是这样的证明太过繁琐。为了能对 Bianchi 恒等式做一简单的证明，我们假定首先利用广义坐标变换在流形上一点将联络的所有分量变换为零。这时，黎曼曲率在这个点可以表达为

$$R^\sigma{}_{\rho\mu\nu}=\partial_\mu\Gamma^\sigma_{\nu\rho}-\partial_\nu\Gamma^\sigma_{\mu\rho}.$$

由于联络为零，协变导数退化为普通坐标导数，因此，

$$\begin{aligned}\nabla_\lambda R^\sigma{}_{\rho\mu\nu} &= \nabla_\lambda(\partial_\mu\Gamma^\sigma_{\nu\rho}-\partial_\nu\Gamma^\sigma_{\mu\rho})\\ &= \partial_\lambda(\partial_\mu\Gamma^\sigma_{\nu\rho}-\partial_\nu\Gamma^\sigma_{\mu\rho})\\ &= \partial_\lambda\partial_\mu\Gamma^\sigma_{\nu\rho}-\partial_\lambda\partial_\nu\Gamma^\sigma_{\mu\rho}.\end{aligned} \tag{2.73}$$

将式 (2.73) 对指 μ、ν、λ 轮换，并将结果相加，即得式 (2.72)。由于式 (2.72) 是张量方程，它在上述选定的参考系成立就意味着它在任何其他参考系中均成立。

由于协变导数比较的是张量场在流形上某点邻域上的变化，Bianchi 恒等式并不会对黎曼曲率张量的独立分量个数作出进一步的限制。

2.6.5 曲率张量的降秩缩并

通过缩并运算，可以从黎曼曲率张量得出一些重要的新张量。由于黎曼张量具有式 (2.64) 和式 (2.65) 这样的性质，形如 $A_{\mu\nu}=g^{\lambda\rho}R_{\lambda\rho\mu\nu}$ 这样的缩并结果只能是

零。黎曼张量的一个不平凡的缩并是

$$R_{\mu\nu} \equiv g^{\lambda\rho} R_{\lambda\mu\rho\nu} = R^{\rho}{}_{\mu\rho\nu}. \tag{2.74}$$

这是一个对称张量，称为 Ricci 张量。Ricci 张量可以进一步缩并，获得所谓的 Ricci 标量：

$$R = g^{\mu\nu} R_{\mu\nu} = R^{\mu}{}_{\mu}. \tag{2.75}$$

注意，$R^{\sigma}{}_{\rho\mu\nu}$ 的符号与度规符号约定无关，但在文献中也广泛存在两种不同的符号约定。相应地，Ricci 张量的符号也与度规符号约定无关，而且为保证 Ricci 张量定义的唯一性，必须把缩并式 (2.74) 和定义式 (2.58) 联系起来：若采用与式 (2.58) 相反的符号约定，则在式 (2.74) 中缩并的指标也应该随之修改为第一、四指标缩并。

在广义相对论中有一个非常重要的张量，即所谓的爱因斯坦张量。它是由 Ricci 张量和 Ricci 标曲率构造出来的：

$$G_{\mu\nu} \equiv R_{\mu\nu} - \frac{1}{2} g_{\mu\nu} R. \tag{2.76}$$

爱因斯坦张量也是关于其指标交换对称的张量。根据 Bianchi 等式 (2.72)，我们有

$$\nabla_{\sigma} R^{\sigma}{}_{\rho\mu\nu} - \nabla_{\mu} R_{\rho\nu} + \nabla_{\nu} R_{\rho\mu} = 0. \tag{2.77}$$

上式对指标 $\rho\nu$ 再次缩并，并利用 $\nabla_{\rho} g_{\mu\nu} = 0$，有

$$2\nabla_{\sigma} R^{\sigma}{}_{\mu} - \nabla_{\mu} R = 0. \tag{2.78}$$

再次利用度规将张量指标 μ 提升为逆变指标，结果可得

$$\nabla_{\nu} \left(R^{\mu\nu} - \frac{1}{2} g^{\mu\nu} R \right) = 0, \tag{2.79}$$

也就是说，爱因斯坦张量的协变散度为零。在所有完全由黎曼曲率张量及其自缩并构成的线性张量多项式中，只有爱因斯坦张量满足协变散度为零这个性质。

对张量指标进行缩并与线性代数中对矩阵求迹是类似的操作，因此有时也将 Ricci 张量和 Ricci 标量称作黎曼张量的迹。不难理解，黎曼张量可以分解为“无迹”部分及其各种迹的和：

$$R_{\rho\sigma\mu\nu} = C_{\rho\sigma\mu\nu} + \frac{2}{n-2} \left(g_{\rho[\mu} R_{\nu]\sigma} - g_{\sigma[\mu} R_{\nu]\rho} \right) - \frac{2}{(n-1)(n-2)} g_{\rho[\mu} g_{\nu]\sigma} R, \tag{2.80}$$

式中 n 是时空的维数，$C_{\rho\sigma\mu\nu}$ 称作 Weyl 张量。Weyl 张量对其任意一对指标进行缩并的结果总是零。

由于

$$R_{\rho\sigma\mu\nu} = R_{\rho(\sigma\mu)\nu} + R_{\rho[\sigma\mu]\nu},$$

并且上式右方第一项对指标 $\sigma\mu$ 缩并一般不为零，因此，Weyl 张量一定来源于黎曼张量的类似于 $R_{\rho[\sigma\mu]\nu}$ 这样的组合。换言之，Weyl 张量对其任意一对相邻指标的交换都是反对称的。根据定义式 (2.80) 以及 Weyl 张量的全反对称性可知，在维数 $n \leqslant 2$ 的流形上 Weyl 张量无定义，而在 3 维流形上，Weyl 张量恒为零。

利用 Ricci 张量及其协变导数可以定义一个重要的 $(0,3)$ 型张量，称为 Cotton 张量：

$$C_{\mu\nu\rho} = \nabla_\rho R_{\mu\nu} - \nabla_\nu R_{\mu\rho} - \frac{1}{2(n-1)}\left(\nabla_\rho R g_{\mu\nu} - \nabla_\nu R g_{\mu\rho}\right). \tag{2.81}$$

Cotton 张量对其后两个指标交换具有反对称性，而且，与 Weyl 张量不同，Cotton 张量在一般的 3 维流形上通常并不为零。利用 Bianchi 恒等式可以证明，

$$\nabla_\sigma C^\sigma{}_{\rho\mu\nu} = -\frac{3-n}{2-n} C_{\rho\mu\nu}.$$

因此，对 $n \geqslant 4$ 的流形，只要 Weyl 张量为零，Cotton 张量必为零。

利用黎曼张量及其各种缩并可以定义流形的各种**平坦性**。如果一个流形的黎曼张量为零，称该流形是**黎曼平坦**的；如果 Ricci 张量为零，称其为 Ricci 平坦的；如果 Weyl 张量为零，则称其为 Weyl 平坦的。

由于黎曼张量具有的独立分量个数最多，在以上几种平坦性的定义中，黎曼平坦性的要求最为严格。容易验证，Minkowski 时空是黎曼平坦的。

2.7 李导数与 Killing 矢量场

2.7.1 李导数

张量的对称性是 (赝) 黎曼几何学中很重要的概念。为了刻画张量的对称性，需要引入李导数及 Killing 矢量场的概念。为此，我们需要补充一点关于流形间映射的有关知识。

如图 2.3 所示，设 M 和 N 是两个光滑流形，$\phi: M \to N$ 是一个光滑映射。那么，ϕ 自然地将流形 N 上的**函数** $f: N \to \mathbb{R}$ **拖回** 到 M 上的函数 $f \circ \phi: M \to \mathbb{R}$。

若在 $p \in M$ 的邻域建立了局域参考系 ψ_α，相应地在 $\phi(p) \in N$ 的邻域也建立了局域参考系 θ_ι，那么，映射 ϕ 可以反映为点 p 与点 $\phi(p)$ 的局域坐标之间的映射关系

$$\theta_\iota \circ \phi \circ \psi_\alpha^{-1}: x^\mu \mapsto y^\rho.$$

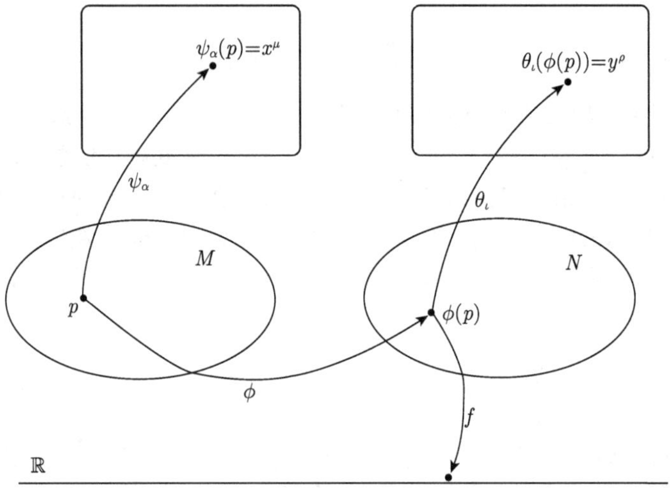

图 2.3　流形间的映射

这里我们着意对坐标 x^μ 和 y^ρ 使用了不同的指标，因为流形 M 和 N 不必具有相同的维数。容易理解，

$$\varphi_f = f \circ \theta_\iota^{-1} : y^\rho \mapsto \varphi_f(y)$$

就是函数 $f : N \to \mathbb{R}$ 在局域参考系下的坐标像，而流形间映射 ϕ 对函数 f 的拖回作用在局域参考系下表达为

$$\varphi_{f\circ\phi} = f \circ \phi \circ \psi_\alpha^{-1} : x^\mu \mapsto \varphi_{f\circ\phi}(x).$$

映射 ϕ 可以诱导一个从流形 M 上点 p 的切空间 V_p 到流形 N 上点 $\phi(p)$ 处切空间 $V_{\phi(p)}$ 的推前映射：

$$\phi^* : V_p \to V_{\phi(p)}.$$

在取定了局域参考系的前提下，这个推前映射的作用可以表达为

$$(\phi^* v)^\rho = v^\mu \frac{\partial y^\rho}{\partial x^\mu}.$$

如果 $\phi^* : V_p \to V_{\phi(p)}$ 是一一映射，则可以推断在 p 点附近的邻域内 ϕ 也是一个一一映射。此外，ϕ 还可以诱导一个从点 $\phi(p)$ 处的余切空间到点 p 处的余切空间的拖回映射 ϕ_*，

$$\phi_* : V^*_{\phi(p)} \to V^*_p,$$
$$(\phi_* w)_\mu v^\mu = w_\rho (\phi^* v)^\rho,$$

式中，$v^\mu \in V_p$，$w_\rho \in V^*_{\phi(p)}$。上述映射 ϕ^* 和 ϕ_* 的作用可以推广到张量场上去，例如，

$$(\phi_* T)_{\nu_1\cdots\nu_l}(v_1)^{\nu_1} \otimes \cdots \otimes (v_l)^{\nu_l} = T_{\nu_1\cdots\nu_l}(\phi^* v_1)^{\nu_1} \otimes \cdots \otimes (\phi^* v_l)^{\nu_l},$$
$$(\phi^* T)^{\rho_1\cdots\rho_k}(w_1)_{\rho_1} \otimes \cdots \otimes (w_k)_{\rho_k} = T^{\mu_1\cdots\mu_k}(\phi_* w_1)_{\mu_1} \otimes \cdots \otimes (\phi_* w_k)_{\mu_k}.$$

如果 M 和 N 的维数相同，并且 ϕ 是 M 到 N 的一个一一、到上的光滑映射，并且存在光滑的逆映射，那么就称 ϕ 是一个**微分同胚**，简称同胚。同胚是微分流形间的等价关系。如果流形 N 的维数大于 M 的维数，且 $\phi: M \to N$ 是 M 与其在 N 中的像集之间的微分同胚，就称 ϕ 是 M 到 N 的一个**嵌入映射**。由于同胚是微分流形间的等价关系，如果存在 M 到 N 的嵌入映射，就可以将 M 看做 N 的一个子流形。

对于 M 和 N 是同一个流形的特殊情况，微分同胚又叫做自微分同胚。这时，在同胚映射的原像和像点邻域可以建立共同的局域参考系。这样，自微分同胚的坐标实现

$$\psi_\alpha \circ \phi \circ \psi_\alpha^{-1} : x^\mu \mapsto y^\mu$$

看起来就好像是流形上的一个坐标变换。然而，需要强调的是，自微分同胚的坐标表示与流形上的广义坐标变换存在本质的区别：前者是流形上同一点在不同局域参考系下的坐标之间的变换，而后者是流形上不同点在同一局域参考系下的坐标之间的映射。

可以证明，对流形上的自微分同胚，有 $\phi_* = (\phi^{-1})^*$，因此可以将 ϕ_* 作用于任意种类的张量而不必顾及其指标的逆变或协变性。

如果一个张量在 ϕ_* 的作用下保持不变，则称 ϕ 是该张量的一个对称变换。不同的张量不必具有一致的对称变换。特别地，度规张量的对称变换又称**保度规变换**。

流形 M 上的**单参数微分同胚群** $\{\phi_t\}$ 定义为连续映射 $\phi_t : \mathbb{R}\times M \to M$，使得对任意固定的 $t \in \mathbb{R}, \phi_t : M \to M$ 是一个微分同胚，并且对 $t, s \in \mathbb{R}$，有 $\phi_t \circ \phi_s = \phi_{t+s}$。在这个群中，$\phi_{t=0}$ 是单位映射。

另一方面，对于定点 $p \in M$，$\phi_t(p) : \mathbb{R} \to M$ 是一条曲线，称为 ϕ_t 的轨道。我们假定 p 点对应的曲线参数 $t = 0$。假定沿该曲线的切矢量场为 v^μ。我们称 v^μ 为上述曲线的无穷小生成元。

考察由矢量场 v^μ 生成的单参数微分同胚群对张量场的推前作用 ϕ_t^*。定义

$$\pounds_v T^{\mu_1\cdots\mu_k}{}_{\nu_1\cdots\nu_l} = \lim_{t\to 0} \frac{\phi_t^* T^{\mu_1\cdots\mu_k}{}_{\nu_1\cdots\nu_l} - T^{\mu_1\cdots\mu_k}{}_{\nu_1\cdots\nu_l}}{t}$$

为张量场 $T^{\mu_1\cdots\mu_k}{}_{\nu_1\cdots\nu_l}$ 沿切矢量场 v^μ 的李导数。显然，李导数是 (k, l) 型张量到 (k, l) 型张量的映射，且满足 Leibnitz 法则。如果 ϕ_t^* 是张量场 $T^{\mu_1\cdots\mu_k}{}_{\nu_1\cdots\nu_l}$ 的一个

对称变换，也就是说 ϕ_t^* 不改变 $T^{\mu_1\cdots\mu_k}{}_{\nu_1\cdots\nu_l}$，则李导数 $\pounds_v T^{\mu_1\cdots\mu_k}{}_{\nu_1\cdots\nu_l}$ 为零。反之，如果一个张量场沿某一矢量场的李导数为零，那么由该矢量场生成的单参数微分同胚群的群元是该张量场的对称变换。

利用上述定义，容易在给定的局域参考系中求出李导数对标量场和逆变矢量场作用的具体形式，结果为

$$\pounds_v\varphi(x) = v^\rho\nabla_\rho\varphi(x),$$
$$\pounds_v w^\mu = [v, w]^\mu,$$

式中，$[v, w]^\mu$ 就是矢量场 v^μ 和 w^μ 的对易括号。基于这一性质，矢量场的对易括号又称为李括号。

若 s_μ 是一个协变矢量，那么

$$\begin{aligned}\pounds_v(s_\mu w^\mu) &= v(s_\mu w^\mu) = v^\rho\nabla_\rho(s_\mu w^\mu)\\ &= v^\rho w^\mu\nabla_\rho s_\mu + v^\rho s_\mu\nabla_\rho w^\mu.\end{aligned}$$

另一方面，利用 Leibnitz 法则，有

$$\begin{aligned}\pounds_v(s_\mu w^\mu) &= w^\mu\pounds_v s_\mu + s_\mu[v, w]^\mu\\ &= w^\mu\pounds_v s_\mu + s_\mu v^\rho\nabla_\rho w^\mu - s_\mu w^\rho\nabla_\rho v^\mu.\end{aligned}$$

所以，

$$\pounds_v s_\mu = v^\rho\nabla_\rho s_\mu + s_\rho\nabla_\mu v^\rho.$$

对一般的 (k, l) 型张量场，我们有

$$\begin{aligned}\pounds_v T^{\mu_1\cdots\mu_k}{}_{\nu_1\cdots\nu_l} &= v^\rho\nabla_\rho T^{\mu_1\cdots\mu_k}{}_{\nu_1\cdots\nu_l}\\ &\quad - \sum_{i=1}^{k} T^{\mu_1\cdots\rho\cdots\mu_k}{}_{\nu_1\cdots\nu_l}\nabla_\rho v^{\mu_i} + \sum_{j=1}^{l} T^{\mu_1\cdots\mu_k}{}_{\nu_1\cdots\rho\cdots\nu_l}\nabla_{\nu_j} v^\rho.\end{aligned}$$

2.7.2 Killing 矢量场

作为对张量场求李导数的特例，我们来考虑度规沿矢量场 v^μ 的李导数。直接计算可得

$$\pounds_v g_{\mu\nu} = v^\rho\nabla_\rho g_{\mu\nu} + g_{\mu\rho}\nabla_\nu v^\rho + g_{\rho\nu}\nabla_\mu v^\rho = \nabla_\mu v_\nu + \nabla_\nu v_\mu.$$

微分同胚是流形上的等价关系，可以认为 $(M, g_{\mu\nu})$ 和 $(M, \phi^* g_{\mu\nu})$ 表达的是相同的几何。同样，如果 ϕ_λ 是流形上的一个单参数微分同胚群，那么 $(M, g_{\mu\nu}(\lambda))$ 与

$(M, \phi_\lambda^* g_{\mu\nu}(\lambda))$ 也被认为是等价的。若考虑度规在这个单参数微分同胚群作用下的一阶扰动，则可以认为 $\gamma_{\mu\nu} \equiv \left.\frac{\mathrm{d}g_{\mu\nu}}{\mathrm{d}\lambda}\right|_{\lambda=0}$ 和 $\gamma_{\mu\nu}^* \equiv \left.\frac{\mathrm{d}\phi_\lambda^* g_{\mu\nu}}{\mathrm{d}\lambda}\right|_{\lambda=0}$ 是等价的扰动。但是，数学上，这两个扰动相差一个李导数：

$$\gamma_{\mu\nu}^* = \gamma_{\mu\nu} + \pounds_v g_{\mu\nu}, \qquad g_{\mu\nu} = g_{\mu\nu}(\lambda)|_{\lambda=0}.$$

所以，$\pounds_v g_{\mu\nu}$ 可以被看做在扰动层面上的规范自由度。度规扰动的规范变换

$$\gamma_{\mu\nu} \to \gamma_{\mu\nu}^* = \gamma_{\mu\nu} + \nabla_\mu v_\nu + \nabla_\nu v_\mu \tag{2.82}$$

与麦克斯韦理论中的规范变换式 (1.42) 具有完全相似的含义。

假定 $\phi_t^* : M \to M$ 是一个单参数保度规变换群，即 $\phi_t^* g_{\mu\nu} = g_{\mu\nu}$，那么生成 ϕ_t^* 的矢量场 ξ^μ 称为 Killing 矢量场。Killing 矢量场满足 Killing 方程

$$\nabla_\mu \xi_\nu + \nabla_\nu \xi_\mu = 0. \tag{2.83}$$

反之，如果一个矢量场满足 Killing 方程，则可断定它就是一个 Killing 矢量场。

流形上的任一 Killing 矢量场满足以下定理：

定理 2.1 设 ξ^μ 是一个 Killing 矢量场，γ 是一条以 v^μ 为切矢量场的测地线，那么，

$$v^\nu \nabla_\nu (\xi_\mu v^\mu) = 0,$$

也就是说，$\xi_\mu v^\mu$ 沿着测地线 γ 不变。

这一定理可以用测地线方程和 Killing 方程 (2.83) 直接证明，它对我们定义弯曲时空中的运动守恒量非常有用。

回忆黎曼张量的定义式

$$(\nabla_\mu \nabla_\nu - \nabla_\nu \nabla_\mu)\xi_\rho = -R^\sigma{}_{\rho\mu\nu}\xi_\sigma.$$

若 ξ^μ 是一个 Killing 矢量场，则有

$$\nabla_\mu \nabla_\nu \xi_\rho + \nabla_\nu \nabla_\rho \xi_\mu = -R^\sigma{}_{\rho\mu\nu}\xi_\sigma.$$

上式对 $\mu\nu\rho$ 作指标轮换，并对结果所得的方程做组合 $(\mu\nu\rho) + (\nu\rho\mu) - (\rho\mu\nu)$，可得

$$2\nabla_\nu \nabla_\rho \xi_\mu = (-R^\sigma{}_{\rho\mu\nu} - R^\sigma{}_{\mu\nu\rho} + R^\sigma{}_{\nu\rho\mu})\xi_\sigma = 2R^\sigma{}_{\nu\rho\mu}\xi_\sigma,$$

因此，

$$\nabla_\nu \nabla_\rho \xi_\mu = R^\sigma{}_{\nu\rho\mu}\xi_\sigma. \tag{2.84}$$

在已知 Killing 矢量场的情况下，上式可以被用作求黎曼张量的一个简便方法。

给定一条曲线及其切矢量场 v^μ。如果已知在曲线上一点 p 处 Killing 矢量场 ξ_μ 及其协变导数 $L_{\mu\nu} = \nabla_\mu \xi_\nu$ ，那么，沿着该曲线对下列微分方程组进行积分，即可得到曲线上其他点处的 $(\xi_\mu, L_{\mu\nu})$：

$$v^\mu \nabla_\mu \xi_\nu = v^\mu L_{\mu\nu},$$

$$v^\mu \nabla_\mu \nabla_\nu \xi_\rho = R^\sigma{}_{\mu\nu\rho} \xi_\sigma v^\mu.$$

根据 Killing 方程，$L_{\mu\nu}$ 对其指标具有反对称性，因此，上述方程组共有 $n(n+1)/2$ 个初始条件，因而 n 维流形上允许的 Killing 矢量场的个数最多为 $n(n+1)/2$ 个。具有最多 Killing 矢量场的流形叫做**最大对称流形**。可以证明，一个最大对称流形的黎曼张量可以由流形上的度规及一个标量场唯一确定，而在取定了比例系数后，这个标量场就是流形上的 Ricci 标量场：

$$R_{\rho\sigma\mu\nu} = \frac{R}{n(n-1)} \left(g_{\rho\mu} g_{\sigma\nu} - g_{\rho\nu} g_{\sigma\mu} \right).$$

对方程 (2.84) 关于指标 $\nu\rho$ 进行缩并，可得

$$\nabla^\mu \nabla_\mu \xi_\nu = -R^\rho{}_\nu \xi_\rho.$$

对 Killing 方程进行缩并，可得

$$\nabla^\mu \xi_\mu = 0.$$

以上这对方程看起来特别像是 Lorentz 规范下的麦克斯韦方程 (1.43)。

Killing 矢量场的概念也可以推广到所谓的 Killing 张量场。若 $K_{\nu_1 \cdots \nu_l}$ 是一个全对称张量场，且

$$\nabla_{(\mu} K_{\nu_1 \cdots \nu_l)} = 0,$$

则称 $K_{\nu_1 \cdots \nu_l}$ 为一个 Killing 张量场。可以证明，$K_{\nu_1 \cdots \nu_l} v^{\nu_1} \cdots v^{\nu_l}$ 沿着以 v^μ 为切矢量场的曲线保持不变。

2.8 Weyl 变换与共形变换

2.8.1 Weyl 变换

给定一个 n 维流形，如果配备了不同的度规，结果就形成了不同的 (赝) 黎曼几何，相应的曲率等几何性质也会有所不同。

假定流形 M 上已经配备了赝黎曼度规 $g_{\mu\nu}$，

$$\mathrm{d}s^2 = g_{\mu\nu} \mathrm{d}x^\mu \mathrm{d}x^\nu.$$

如果在同一个流形上引入一个新的度规

$$\mathrm{d}\tilde{s}^2 = \tilde{g}_{\mu\nu}\mathrm{d}x^\mu \mathrm{d}x^\nu = \mathrm{e}^{\varPhi(x)} g_{\mu\nu}\mathrm{d}x^\mu \mathrm{d}x^\nu,$$

其中，$\varPhi(x)$ 是流形上的一个标量场，就称新度规是原来的度规的一个 Weyl 变换。

Weyl 变换的实质是局域的标度变换，它与广义坐标变换之间不存在任何关联。在某些物理问题中，例如在宇宙学和超弦理论中，有时会需要利用度规的 Weyl 变换。那么，在 Weyl 变换前后，刻画时空几何特征的张量会发生哪些变化呢？

首先看联络的变化。根据联络与度规的关系，容易得到

$$\begin{aligned}\varGamma^\rho_{\mu\nu}(\tilde{g}) &= \frac{1}{2}\tilde{g}^{\rho\sigma}\left(\partial_\mu \tilde{g}_{\nu\sigma} + \partial_\nu \tilde{g}_{\sigma\mu} - \partial_\sigma \tilde{g}_{\mu\nu}\right)\\ &= \varGamma^\rho_{\mu\nu}(g) + \frac{1}{2}\left(\delta_\mu{}^\rho \nabla_\nu \varPhi + \delta_\nu{}^\rho \nabla_\mu \varPhi - g_{\mu\nu}\nabla^\rho \varPhi\right)\\ &\equiv \varGamma^\rho_{\mu\nu}(g) + \gamma_{\mu\nu}{}^\rho.\end{aligned}$$

由于 $\gamma_{\mu\nu}{}^\rho$ 是两个联络的差，因此它是一个张量。

将上式代入黎曼张量的定义中，可得

$$\begin{aligned}R^\sigma{}_{\rho\mu\nu}(\tilde{g}) =& \partial_\mu \varGamma^\sigma_{\nu\rho}(\tilde{g}) - \partial_\nu \varGamma^\sigma_{\mu\rho}(\tilde{g}) + \varGamma^\sigma_{\mu\lambda}(\tilde{g})\varGamma^\lambda_{\nu\rho}(\tilde{g}) - \varGamma^\sigma_{\nu\lambda}(\tilde{g})\varGamma^\lambda_{\mu\rho}(\tilde{g})\\ =& \partial_\mu \varGamma^\sigma_{\nu\rho}(g) + \partial_\mu \gamma_{\nu\rho}{}^\sigma - \partial_\nu \varGamma^\sigma_{\mu\rho}(g) - \partial_\nu \gamma_{\mu\rho}{}^\sigma\\ &+ \varGamma^\sigma_{\mu\lambda}(g)\varGamma^\lambda_{\nu\rho}(g) + \varGamma^\sigma_{\mu\lambda}(g)\gamma_{\nu\rho}{}^\lambda + \gamma_{\mu\lambda}{}^\sigma \varGamma^\lambda_{\nu\rho}(g) + \gamma_{\mu\lambda}{}^\sigma \gamma_{\nu\rho}{}^\lambda\\ &- \varGamma^\sigma_{\nu\lambda}(g)\varGamma^\lambda_{\mu\rho}(g) - \varGamma^\sigma_{\nu\lambda}(g)\gamma_{\mu\rho}{}^\lambda - \gamma_{\nu\lambda}{}^\sigma \varGamma^\lambda_{\mu\rho}(g) - \gamma_{\nu\lambda}{}^\sigma \gamma_{\mu\rho}{}^\lambda\\ =& R^\sigma{}_{\rho\mu\nu}(g) + \nabla_\mu \gamma_{\nu\rho}{}^\sigma - \nabla_\nu \gamma_{\mu\rho}{}^\sigma + \gamma_{\mu\lambda}{}^\sigma \gamma_{\nu\rho}{}^\lambda - \gamma_{\nu\lambda}{}^\sigma \gamma_{\mu\rho}{}^\lambda,\end{aligned}$$

式中已经利用了协变导数的运算法则将 $\varGamma^\sigma_{\mu\lambda}(g)\gamma_{\nu\rho}{}^\lambda$ 这样的交叉项吸收到了 $\nabla_\mu \gamma_{\nu\rho}{}^\sigma$ 中。因此，Ricci 张量

$$R_{\mu\nu}(\tilde{g}) = R_{\mu\nu}(g) + \nabla_\rho \gamma_{\mu\nu}{}^\rho - \nabla_\nu \gamma_{\rho\mu}{}^\rho + \gamma_{\rho\lambda}{}^\rho \gamma_{\mu\nu}{}^\lambda - \gamma_{\nu\lambda}{}^\rho \gamma_{\rho\mu}{}^\lambda.$$

利用 $\gamma_{\mu\nu}{}^\rho$ 的定义，容易求得

$$\begin{aligned}\nabla_\rho \gamma_{\mu\nu}{}^\rho - \nabla_\nu \gamma_{\rho\mu}{}^\rho &= -\frac{1}{2}\big[(n-2)\nabla_\mu \nabla_\nu \varPhi + g_{\mu\nu}\Box \varPhi\big],\\ \gamma_{\rho\lambda}{}^\rho \gamma_{\mu\nu}{}^\lambda &= \frac{n}{4}\big[2\nabla_\mu \varPhi \nabla_\nu \varPhi - g_{\mu\nu}\nabla_\rho \varPhi \nabla^\rho \varPhi\big],\\ \gamma_{\nu\lambda}{}^\rho \gamma_{\rho\mu}{}^\lambda &= \frac{1}{4}\big[(n+2)\nabla_\mu \varPhi \nabla_\nu \varPhi - 2g_{\mu\nu}\nabla_\rho \varPhi \nabla^\rho \varPhi\big],\end{aligned}$$

式中，$\Box = g^{\mu\nu}\nabla_\mu \nabla_\nu$ 是赝黎曼流形上的达朗贝尔算符。因此，

$$\begin{aligned}R_{\mu\nu}(\tilde{g}) =& R_{\mu\nu}(g) - \frac{1}{2}\big[(n-2)\nabla_\mu \nabla_\nu \varPhi + g_{\mu\nu}\Box \varPhi\big]\\ &- \frac{n-2}{4}\big[g_{\mu\nu}\nabla_\rho \varPhi \nabla^\rho \varPhi - \nabla_\mu \varPhi \nabla_\nu \varPhi\big].\end{aligned} \tag{2.85}$$

最后，Ricci 标量

$$
\begin{aligned}
R(\tilde{g}) &= \tilde{g}^{\mu\nu}R_{\mu\nu}(\tilde{g}) = \mathrm{e}^{-\Phi}g^{\mu\nu}R_{\mu\nu}(\tilde{g}) \\
&= \mathrm{e}^{-\Phi}\left[R(g) - (n-1)\Box\Phi - \frac{(n-1)(n-2)}{4}\nabla_\rho\Phi\nabla^\rho\Phi\right]. \qquad (2.86)
\end{aligned}
$$

根据 Cotton 张量的定义式 (2.81) 以及上述结果，可以验证，在 Weyl 变换下，Cotton 张量变换为

$$
C_{\mu\nu\rho}(\tilde{g}) = C_{\mu\nu\rho}(g) - \frac{n-2}{2}\nabla_\sigma\Phi C^\sigma{}_{\rho\mu\nu}(g),
$$

式中，$C^\sigma{}_{\rho\mu\nu}(g)$ 是 Weyl 张量。进一步计算表明，Weyl 张量在 Weyl 变换下保持不变，即

$$
C^\sigma{}_{\rho\mu\nu}(\tilde{g}) = C^\sigma{}_{\rho\mu\nu}(g).
$$

本小节的讨论表明，流形的黎曼平坦性、Ricci 平坦性在 Weyl 变换下都不被保持，但是 Weyl 平坦性是在 Weyl 变换下不变的性质。

2.8.2　共形变换

在文献中，经常把共形变换与 Weyl 变换放在一起讨论，有时这两者甚至还会被混淆。实际上，共形变换是一种比 Weyl 变换更为一般的变换。

所谓共形变换，指的是流形 M 到自身的一个光滑映射 $\phi: M \to M$，其诱导的拖回映射使得 $\phi^* g = \Omega^2 g$，其中 g 是流形上的度规，Ω 是一个非零标量场。需要强调的是：这里的流形指的是普通的光滑微分流形，并不包括其上的黎曼结构。如果将黎曼几何结构也纳入考虑的话，映射 ϕ 就不是黎曼流形到其自身的映射。

利用流形上的局域坐标系，可以将共形变换表达为某种坐标变换的形式。假定 p 点在共形变换下映射到 q 点，p, q 共同处于同一个局域参考系 ψ_α 中，且

$$
\psi_\alpha(p) = x^\mu, \qquad \psi_\alpha(q) = y^\mu,
$$

那么，

$$
\phi^{\psi_\alpha} \equiv \psi_\alpha \circ \phi \circ \psi_\alpha^{-1} : x^\mu \mapsto y^\mu
$$

就给出了共形变换的坐标实现。利用坐标实现，可以将度规在共形变换下的变换规则写为

$$
(\phi^* g)_{\rho\sigma}(y)\frac{\partial y^\rho}{\partial x^\mu}\frac{\partial y^\sigma}{\partial x^\nu} = \Omega^2(x)g_{\mu\nu}(x). \qquad (2.87)
$$

如果在一个流形上每个点的邻域都可以通过一个共形变换将度规变成欧几里得或者 Minkowski 度规，则称这个流形是共形平坦的。对 $n \geqslant 4$ 维流形，共形平坦

与 Weyl 平坦是完全等价的概念。对 3 维流形，共形平坦与 Cotton 张量为零这个条件等价。而对任意一个 2 维赝黎曼流形，均可证明它是共形平坦的。以上几个命题的证明有一些技术难度，本书中就不给出具体的过程了。

如果 $\phi = \mathrm{id}_M$ 是恒等映射，则有 $x^\mu = y^\mu$，式 (2.87) 给出的共形变换形式上就退化为 Weyl 变换，

$$(\phi^* g)_{\mu\nu}(x) = \Omega^2(x) g_{\mu\nu}(x),$$

并且 $\Phi(x) = 2\log\Omega(x)$。满足上式的特殊共形变换又称为**共形保度规变换** (conformal isometry)。仿照单参数保度规变换群的定义，可以引进单参数共形保度规变换群的概念。一个单参数共形保度规变换群的无穷小生成元 ζ^μ(即单参数共形保度规变换群的轨道上的切矢量场) 称为共形 Killing 矢量场，它满足共形 Killing 方程

$$\nabla_\mu \zeta_\nu + \nabla_\nu \zeta_\mu = \alpha g_{\mu\nu},$$

其中 α 是一个标量场，它标示着度规的一个无穷小的局域标度变换。用 $g^{\mu\nu}$ 去缩并上式各项，可以得到 α 的值：

$$\alpha = \frac{2}{n}\nabla^\rho \zeta_\rho.$$

所以，共形 Killing 方程又可以写为

$$\nabla_{(\mu}\zeta_{\nu)} = \frac{1}{n}(\nabla^\rho \zeta_\rho) g_{\mu\nu}. \tag{2.88}$$

对任一具有切矢量场 v^μ 的测地线 C，我们有

$$v^\nu \nabla_\nu (\zeta_\mu v^\mu) = \frac{1}{n}(\nabla^\rho \zeta_\rho) v_\mu v^\mu.$$

因此，当曲线 C 为类光测地线时，$\zeta_\mu v^\mu$ 沿该测地线保持为常数。换言之，共形 Killing 矢量场可以被用来构造类光测地线上的不变量。

2.9 超 曲 面

设 M 是 n 维光滑流形且正整数 $m < n$。令 $\mathcal{U} \subset \mathbb{R}^m$ 表示 $\mathbb{R}^m$ 中的一个单连通子集 (不必是开子集)，且它不是任何 $\mathbb{R}^{m'}$ $(m' < m)$ 的子集①。从 $\mathcal{U}$ 到 M 中的光滑映射 $\Sigma : \mathcal{U} \to M$ 称为一个**m 维超曲面**，或者称为**余 $n-m$ 维超曲面**。

上述定义中“光滑”的含义是：如果在 M 上任选一个局域坐标系 ψ_α，它将流形 M 上的点映射到 $\mathbb{R}^n$ 中的点 x^μ，则

$$\psi_\alpha \circ \Sigma : \mathcal{U} \to \mathbb{R}^n$$
$$y^\rho \mapsto x^\mu(y)$$

①这个要求实际上限定了 $\mathcal{U}$ 的维数必须是 m。

定义了 $\mathcal{U}$ 上的 n 个光滑函数 $x^\mu(y)$，其中 y^ρ 表示 $\mathcal{U}$ 中的点。

如果 $\mathcal{U}$ 是 $\mathbb{R}^m$ 中的一个闭子集，且 Σ 是一一映射，则称 Σ 为**有边界超曲面**，其边界 $\partial\Sigma$ 定义为 $\Sigma|_{\partial\mathcal{U}}$。

下面让我们详细地刻画余 1 维超曲面 $\Sigma^{(n-1)}$。由于存在一个余维度，$\Sigma^{(n-1)}$ 上任意点的坐标 x^μ 都不会完全独立，总可以找到一个光滑函数 $S(x)$，使得在给定的余 1 维超曲面上，

$$S(x) = \sigma$$

是一个常数。因此，余 1 维超曲面 $\Sigma^{(n-1)}$ 也可以用流形上的一个常函数来定义。对不同的常数 σ，上式定义的超曲面也不同，它们共同形成一个余 1 维**超曲面族**。事实上，在流形上某点的邻域上选定一个局域坐标系后，使得某个给定的坐标分量的值为常数的点的集合就是流形上的余 1 维超曲面，称为**坐标超曲面**。而整个邻域可以看成是由上述余 1 维超曲面族“扫出来”的。这个图像在几何学里叫做分层 (foliation)。显然，我们也可以在流形上重新选定局域坐标系，使得 (σ, y^ρ) 就是新坐标系中的坐标。这样，我们考虑的余 1 维超曲面就变成了新坐标系下的坐标超曲面。

对余 1 维超曲面来说，有一种特殊的可能性，即它本身就是流形 M 中某个闭包的边界。这样的余 1 维超曲面称为**封闭超曲面**。封闭超曲面没有边界。

在任意局域坐标系下，余 1 维超曲面上的**法矢量**的坐标分量定义为

$$n^\mu = f(x)\nabla^\mu S(x),$$

其中，$f(x)$ 是任意非零标量函数。很自然地，我们也可以定义**余法矢量**

$$n_\mu = g_{\mu\nu}n^\nu = f(x)\nabla_\mu S(x). \tag{2.89}$$

由于我们总是假定流形上的度规是非退化的 (即度规矩阵是可逆的)，法矢量和余法矢量总是一一对应的，没有必要对它们作刻意的区分。对于非类光的法矢量，我们可以通过选择 $f(x)$，使得 n^μ 成为**单位法矢量**，即

$$g_{\mu\nu}n^\mu n^\nu = \epsilon,$$

式中 $\epsilon = +1, -1$ 分别对应 n^μ 为类空和类时矢量的情形。如果超曲面上的法矢量 n^μ 处处为类时的，就称这个超曲面是类空的；反之，如果法矢量 n^μ 处处为类空的，就称这个超曲面是类时的①。类光超曲面定义为法矢量处处类光的超曲面。

①不同文献中对类时、类空超曲面的定义并不一致。有些文献以法矢量的类时 (类空) 性定义超曲面的类时 (类空) 性。当超曲面的维数为 1 维时，本书采用的定义与前文中定义的类时、类空曲线含义一致。

利用方程 (2.89) 容易验证，超曲面的法矢量满足所谓的 Frobenius **定理**：

$$n_{[\mu}\nabla_{\nu}n_{\rho]} = 0. \tag{2.90}$$

方程 (2.90) 经常被用作判断一个矢量场是否可以作为某个超曲面的法矢量场的判据。

引入

$$e^{\mu}{}_{a} = \frac{\partial x^{\mu}}{\partial y^{a}}, \qquad e_{\mu}{}^{a} = \frac{\partial y^{a}}{\partial x^{\mu}}, \tag{2.91}$$

则对任意固定的指标 a，有

$$n_{\mu}e^{\mu}{}_{a} = 0.$$

$e^{\mu}{}_{a}$ 构成了超曲面上的切矢量场。当 n^{μ} 类光时，$n_{\mu}n^{\mu} = g^{\mu\nu}n_{\mu}n_{\nu} = 0$，因此类光超曲面的法矢量同时也是切矢量。此外，我们还有

$$e^{\mu}{}_{a}e_{\mu}{}^{b} = \delta_{a}{}^{b}.$$

定义

$$P^{\mu}{}_{\nu} = \delta^{\mu}{}_{\nu} - \epsilon\, n^{\mu}n_{\nu},$$

我们有

$$\begin{aligned}
&P^{\mu}{}_{\rho}P^{\rho}{}_{\nu} = P^{\mu}{}_{\nu},\\
&P^{\mu}{}_{\nu}e^{\nu}{}_{a} = e^{\mu}{}_{a}, \quad P^{\mu}{}_{\nu}n^{\nu} = 0,\\
&P^{\mu}{}_{\nu}e_{\mu}{}^{a} = e_{\nu}{}^{a}, \quad P^{\mu}{}_{\nu}n_{\mu} = 0.
\end{aligned}$$

$P^{\mu}{}_{\nu}$ 称为投影张量。度规张量被投影张量作用的结果称为超曲面上的**诱导度规**：

$$h_{\mu\nu} = P^{\rho}{}_{\mu}P^{\sigma}{}_{\nu}g_{\rho\sigma} = h_{ab}e_{\mu}{}^{a}e_{\nu}{}^{b}, \quad h_{ab} = e^{\mu}{}_{a}e^{\nu}{}_{b}h_{\mu\nu} = e^{\mu}{}_{a}e^{\nu}{}_{b}g_{\mu\nu}. \tag{2.92}$$

注意：流形上的张量指标 $\mu,\nu\cdots$ 要用度规 $g_{\mu\nu}$ 及其逆变形式 $g^{\mu\nu}$ 升降，而超曲面上的张量指标 $a,b,\cdots$ 要用 h_{ab} 及其逆 h^{ab} 来升降。例如，

$$\begin{aligned}
&h^{ab}g_{\mu\nu}e^{\nu}{}_{b} = e_{\mu}{}^{a}, \quad h_{ab}g^{\mu\nu}e_{\nu}{}^{b} = e^{\mu}{}_{a},\\
&g_{\mu\rho}P^{\rho}{}_{\nu} = h_{\mu\nu}, \quad g^{\mu\rho}P^{\nu}{}_{\rho} = h^{\mu\nu}.
\end{aligned}$$

在以上讨论中，需要注意不要把法矢量 n^{μ} 与流形上的另一个切矢量

$$s^{\mu} = \frac{\partial x^{\mu}}{\partial \sigma}$$

混淆。一般来说，s^μ 应该是 n^μ 与 $e^\mu{}_a$ 的线性组合：

$$s^\mu = Nn^\mu + N^a e^\mu{}_a. \tag{2.93}$$

如果同时还引入

$$\tilde{s}_\mu = \frac{\partial \sigma}{\partial x^\mu},$$

那么，

$$s^\mu \tilde{s}_\nu + e^\mu{}_a e_\nu{}^a = \delta^\mu{}_\nu, \quad s^\mu \tilde{s}_\mu = 1.$$

利用式 (2.93) 可以将流形上的坐标微分写为

$$\mathrm{d}x^\mu = s^\mu \mathrm{d}\sigma + e^\mu{}_a \mathrm{d}y^a = Nn^\mu \mathrm{d}\sigma + (N^a \mathrm{d}\sigma + \mathrm{d}y^a) e^\mu{}_a.$$

因此，流形上的线元可以写为

$$\mathrm{d}s^2 = g_{\mu\nu} \mathrm{d}x^\mu \mathrm{d}x^\nu = \epsilon N^2 \mathrm{d}\sigma^2 + h_{ab}(N^a \mathrm{d}\sigma + \mathrm{d}y^a)(N^b \mathrm{d}\sigma + \mathrm{d}y^b). \tag{2.94}$$

时空流形 $\mathcal{M}$ 的度规如果写成如上形式，则称为 ADM 分解。当 σ 选为时间坐标时，N 称为**时移函数**(lapse)，N^a 称为**位移矢量**(shift)。ADM 分解是分析广义相对论引力理论的哈密顿结构的几何学基础①。如果用矩阵表达，上述度规可以写为

$$(g_{\mu\nu}) = \begin{pmatrix} \epsilon N^2 + N^a N_a & N_a \\ N_a & h_{ab} \end{pmatrix}.$$

所以有

$$\sqrt{g} = N\sqrt{h}, \quad h \equiv |\det(h_{ab})|.$$

利用式 (2.93) 还可以写出在 ADM 分解下的法矢量 n_μ 的具体形式。以 n_μ 去缩并式 (2.93) 的各项，有

$$s^\mu n_\mu = \epsilon N.$$

另一方面，

$$s^\mu \tilde{s}_\mu = 1,$$

所以，

$$n_\mu = \epsilon N \tilde{s}_\mu = \epsilon N \partial_\mu \sigma.$$

超曲面的弯曲性质经常由它的**外曲率**刻画。外曲率张量是一个对称张量，其定义为

$$K_{ab} = e^\mu{}_a e^\nu{}_b \nabla_{(\mu} n_{\nu)} = \frac{1}{2} e^\mu{}_a e^\nu{}_b \pounds_n g_{\mu\nu}. \tag{2.95}$$

①参见 Arnowitt R, Deser S, Misner C W. The dynamics of general relativity. in Gravitation: An Introduction to Current Research. ed. L Witten, 1962: 227-265。

经常使用的是外曲率张量的迹

$$K = h^{ab}K_{ab} = \nabla_\mu n^\mu. \tag{2.96}$$

由于涉及到超曲面的法矢量的变化，外曲率描写的是超曲面在流形中的相对弯曲状况，属于外几何的范畴。相同的超曲面有可能会出现在不同的流形中，在这种情况下，它们的外曲率通常是不同的。以一个单位圆为例：它即可以是 2 维欧几里得平面中的一个超曲面，也可以是一个具有单位半径的圆柱面上的超曲面。请读者自己来尝试分析这两种情况下单位圆的外曲率各自是多少？

2.10 微分形式与 Stokes 定理

2.10.1 微分形式与外微分

在所有类型的张量场中，协变的全反对称张量场具有特殊的重要性。根据张量的定义式 (2.7)，流形上点 p 处的一个全反对称的 k 秩协变张量应该是从 $T_p^*(M)$ 的一个 k 重全反对称化直乘积到 $\mathbb{R}$ 上的线性映射。利用余切空间的坐标基 $\{\mathrm{d}x^\mu\}$，可以将 $T_p^*(M)$ 的 k 重全反对称化直乘积空间上的坐标基底写为

$$\mathrm{d}x^{\mu_1} \wedge \cdots \wedge \mathrm{d}x^{\mu_k},$$

其中的符号 $\wedge$ 表示任意相邻的两个 $\mathrm{d}x^{\mu_i}$ 交换位置后应该出现一个负号，即

$$\begin{aligned} &\mathrm{d}x^{\mu_1} \wedge \cdots \wedge \mathrm{d}x^{\mu_i} \wedge \mathrm{d}x^{\mu_{i+1}} \wedge \cdots \wedge \mathrm{d}x^{\mu_k} \\ &\quad = -\mathrm{d}x^{\mu_1} \wedge \cdots \wedge \mathrm{d}x^{\mu_{i+1}} \wedge \mathrm{d}x^{\mu_i} \wedge \cdots \wedge \mathrm{d}x^{\mu_k}. \end{aligned} \tag{2.97}$$

上述全反对称直乘积空间被全反对称张量场映射的结果可以写为

$$\boldsymbol{\alpha}^{(k)} = \alpha_{[\mu_1\mu_2\cdots\mu_k]}\mathrm{d}x^{\mu_1} \wedge \cdots \wedge \mathrm{d}x^{\mu_k} = \frac{1}{k!}\alpha_{\mu_1\mu_2\cdots\mu_k}\mathrm{d}x^{\mu_1} \wedge \cdots \wedge \mathrm{d}x^{\mu_k}. \tag{2.98}$$

上式右方是一个与流形上的局域坐标系的选择无关的表达式，称为*微分 k-形式*，简称 k-形式或微分形式。一个 n 维流形上能够定义的最高阶形式为 n-形式，它只有一个独立的分量。作为特例，可以约定 0-形式即为流形上的标量函数，这是我们可以定义的最低阶形式。

对给定的 k，流形上的 k-形式之间可以通过加法构成一个矢量空间：

$$\begin{aligned} a\boldsymbol{\alpha}^{(k)} + b\boldsymbol{\beta}^{(k)} &= a\alpha_{[\mu_1\mu_2\cdots\mu_k]}\mathrm{d}x^{\mu_1} \wedge \cdots \wedge \mathrm{d}x^{\mu_k} + b\beta_{[\mu_1\mu_2\cdots\mu_k]}\mathrm{d}x^{\mu_1} \wedge \cdots \wedge \mathrm{d}x^{\mu_k} \\ &= (a\alpha + b\beta)_{[\mu_1\mu_2\cdots\mu_k]}\mathrm{d}x^{\mu_1} \wedge \cdots \wedge \mathrm{d}x^{\mu_k}, \quad a, b \in \mathbb{R}. \end{aligned}$$

我们把由流形上的 k-形式张成的矢量空间记为 Λ^k，所以有 $\boldsymbol{\alpha}^{(k)} \in \Lambda^k$。

对任意整数 k 和 l，可以定义 k-形式和 l-形式之间的**外积**

$$\wedge : \Lambda^k \times \Lambda^l \to \Lambda^{k+l},$$

其结果为一个 $(k+l)$-形式。例如，对 $\boldsymbol{\alpha}^{(k)} = \alpha_{[\mu_1\mu_2\cdots\mu_k]}\mathrm{d}x^{\mu_1} \wedge \cdots \wedge \mathrm{d}x^{\mu_k}$ 和 $\boldsymbol{\beta}^{(l)} = \beta_{[\nu_1\nu_2\cdots\nu_l]}\mathrm{d}x^{\nu_1} \wedge \cdots \wedge \mathrm{d}x^{\nu_l}$，其外积为

$$\begin{aligned}(\boldsymbol{\alpha} \wedge \boldsymbol{\beta})^{(k+l)} &\equiv \boldsymbol{\alpha}^{(k)} \wedge \boldsymbol{\beta}^{(l)} \\ &= \frac{(k+l)!}{k!l!}\alpha_{[\mu_1\mu_2\cdots\mu_k}\beta_{\nu_1\nu_2\cdots\nu_l]}\mathrm{d}x^{\mu_1} \wedge \cdots \wedge \mathrm{d}x^{\mu_k} \wedge \mathrm{d}x^{\nu_1} \wedge \cdots \wedge \mathrm{d}x^{\nu_l}.\end{aligned}$$

若 $k+l > n$，则 $\boldsymbol{\alpha}^{(k)} \wedge \boldsymbol{\alpha}^{(l)} = 0$。根据式 (2.97) 容易推断，

$$\boldsymbol{\alpha}^{(k)} \wedge \boldsymbol{\beta}^{(l)} = (-1)^{kl}\boldsymbol{\beta}^{(l)} \wedge \boldsymbol{\alpha}^{(k)}.$$

由于微分形式与坐标选择无关，因此特别适合用来描述流形上不依赖坐标选择的几何性质。为此，有时需要建立 Λ^k 到 Λ^{k+1} 的一个线性微分映射，称为**外微分**：

$$\begin{aligned}&\mathrm{d} : \Lambda^k \to \Lambda^{k+1}, \\ &\quad \alpha_{[\mu_1\mu_2\cdots\mu_k]}(x)\,\mathrm{d}x^{\mu_1} \wedge \cdots \wedge \mathrm{d}x^{\mu_k} \mapsto (k+1)\nabla_{[\mu}\alpha_{\mu_1\mu_2\cdots\mu_k]}(x)\,\mathrm{d}x^{\mu} \wedge \mathrm{d}x^{\mu_1} \wedge \cdots \wedge \mathrm{d}x^{\mu_k}.\end{aligned}$$

由于 Christoffel 联络对其下指标交换是对称的，容易看出上式中的协变导数也可以更换为普通导数。换句话说，**外微分与流形上的协变导数无关**。更进一步，由于多元函数对坐标的二阶混合偏导数可以随意交换求导顺序，必有

$$\mathrm{d}^2 = 0.$$

这称为外微分的幂零性。另外，外微分满足 Leibnitz 法则，

$$\mathrm{d}(\boldsymbol{\alpha}^{(k)} \wedge \boldsymbol{\beta}^{(l)}) = \mathrm{d}\boldsymbol{\alpha}^{(k)} \wedge \boldsymbol{\beta}^{(l)} + (-1)^k\boldsymbol{\alpha}^{(k)} \wedge \mathrm{d}\boldsymbol{\beta}^{(l)}.$$

2.10.2 体积形式与流形上的积分

给定一个 n 维流形 M，如果能在其上找到一个连续且处处非零的 n-形式场 $\boldsymbol{\epsilon}$，则称 M 是**可定向流形**，$\boldsymbol{\epsilon}$ 是 M 的一个定向。如果两个定向 $\boldsymbol{\epsilon}$ 和 $\boldsymbol{\epsilon}'$ 只相差一个处处为正的标量函数

$$\boldsymbol{\epsilon}' = f\boldsymbol{\epsilon},$$

则称 ϵ 和 ϵ' 是等价的定向。因此，一个可定向流形只能有两个不等价的定向。在流形中的开集 $\mathcal{O}$ 上给定局域坐标系 ψ 后，可以将定向 ϵ 写为

$$\boldsymbol{\epsilon} = h(x)\mathrm{d}x^{\mu_1} \wedge \cdots \wedge \mathrm{d}x^{\mu_n},$$

其中的指标 μ_k 按由小到大的顺序排列，即

$$(\mu_1, \mu_2, \cdots, \mu_n) = (0, 1, \cdots, n-1) \qquad (\text{如果 } M \text{ 是赝黎曼流形}), \tag{2.99}$$

或者

$$(\mu_1, \mu_2, \cdots, \mu_n) = (1, 2, \cdots, n) \qquad (\text{如果 } M \text{ 是黎曼流形}). \tag{2.100}$$

若 $h(x)$ 恒大于零，称 ψ 为右手坐标系，反之称其为左手坐标系。

在可定向流形上给定右手坐标系和度规张量后，可以引入体积形式的概念。所谓的体积形式 ϵ 指的是一个特殊的 n-形式

$$\boldsymbol{\epsilon} = \sqrt{g}\,\mathrm{d}x^{\mu_1} \wedge \cdots \wedge \mathrm{d}x^{\mu_n},$$

其中，

$$g = |\det(g_{\mu\nu})|, \tag{2.101}$$

指标 μ_k 的排序遵从式 (2.99)~ 式 (2.100) 的约定。在下文中，凡涉及定向或者体积形式，均要求指标排序遵从式 (2.99)~ 式 (2.100) 的约定，而对一般的 n-形式则不作此要求。

在广义坐标变换下，体积形式的变换规则是

$$\begin{aligned}\boldsymbol{\epsilon} \to \boldsymbol{\epsilon}' &= \sqrt{g'}\,\mathrm{d}x'^{\mu_1} \wedge \cdots \wedge \mathrm{d}x'^{\mu_n} \\ &= \det\left(\frac{\partial x'^{\mu}}{\partial x^{\nu}}\right)\det\left(\frac{\partial x^{\nu}}{\partial x'^{\mu}}\right)\sqrt{g}\,\mathrm{d}x^{\mu_1} \wedge \cdots \wedge \mathrm{d}x^{\mu_n} \\ &= \sqrt{g}\,\mathrm{d}x^{\mu_1} \wedge \cdots \wedge \mathrm{d}x^{\mu_n} = \boldsymbol{\epsilon},\end{aligned}$$

因此体积形式是广义坐标变换下的不变量。注意：与定向不同，体积形式不允许随意改变一个标量倍数。

体积形式的坐标分量有一些特别的性质。给定一个局域坐标系，可以将体积形式写为

$$\boldsymbol{\epsilon} = \epsilon_{\mu_1\cdots\mu_n}\mathrm{d}x^{\mu_1} \wedge \cdots \wedge \mathrm{d}x^{\mu_n},$$

式中，

$$\epsilon_{\mu_1\cdots\mu_n} = n!\sqrt{g}\,\delta^{\nu_1}{}_{[\mu_1}\cdots\delta^{\nu_n}{}_{\mu_n]}, \quad \nu_1 < \nu_2 < \cdots < \nu_n \tag{2.102}$$

称为 Levi-Civita 张量。可以证明，

$$\epsilon^{\mu_1\cdots\mu_j\mu_{j+1}\cdots\mu_n}\epsilon_{\mu_1\cdots\mu_j\nu_{j+1}\cdots\nu_n} = \mathrm{sgn}(\det g_{\mu\nu})\,(n-j)!\,j!\,\delta^{[\mu_{j+1}}{}_{[\nu_{j+1}}\cdots\delta^{\mu_n]}{}_{\nu_n]}. \tag{2.103}$$

n 维流形上的全部 n-形式构成的矢量空间是 1 维的，这个空间是对称群 S_n 的全反对称表示空间。换句话说，任意 n-形式与体积形式之间至多只相差一个标量倍数。任给一个 n-形式场

$$\boldsymbol{\alpha} = \alpha_{[\mu_1\cdots\mu_n]}(x)\,\mathrm{d}x^{\mu_1}\wedge\cdots\wedge\mathrm{d}x^{\mu_n}.$$

如果 $\boldsymbol{\alpha}$ 与 $\boldsymbol{\epsilon}$ 之间的关系为

$$\boldsymbol{\alpha} = f(x)\boldsymbol{\epsilon},$$

则 n-形式场 $\boldsymbol{\alpha}$ 在开集 $\mathcal{O}$ 上的积分可定义为

$$\int_{\mathcal{O}}\boldsymbol{\alpha} = \int_{\psi(\mathcal{O})}\mathrm{d}^n x\sqrt{g}\,f(x), \quad \mathrm{d}^n x \equiv \prod_{\mu}\mathrm{d}x^{\mu}. \tag{2.104}$$

上式右方应理解为 $\mathbb{R}^n$ 上的普通多元函数的积分。由于微分形式与流形上的坐标选择无关，上式定义的积分也与具体的局域坐标系无关。

注意：n-形式积分的定义中起实质作用的仅仅是这个 n-形式与体积形式之间相差的标量倍数。利用这一事实，我们可以定义流形上的函数 $\varphi: M\to\mathbb{R}$ 在开集 $\mathcal{O}$ 上的积分：

$$\int_{\mathcal{O}}\varphi \equiv \int_{\mathcal{O}}\varphi\,\boldsymbol{\epsilon}.$$

参照式 (2.104)，可将函数 φ 在开集 $\mathcal{O}$ 上的积分在局域坐标系中写为

$$\int_{\mathcal{O}}\varphi = \int_{\psi(\mathcal{O})}\mathrm{d}^n x\sqrt{g}\,\varphi\circ\psi^{-1}(x), \tag{2.105}$$

其中等式右方也应理解为 $\mathbb{R}^n$ 上的普通多元函数的积分。流形上标量密度的体积分是构造流形的拓扑不变量以及物理理论中所需要的作用量及其他许多物理量的必不可少的数学工具。在不刻意区分流形上的结构及其在局域坐标系下的映像的场合下，我们可以将 $\mathrm{d}^n x\sqrt{g}$ 称为流形上的不变测度或者不变体积元。

2.10.3　Hodge 对偶

设 M 是 $n=p+q$ 维光滑流形。对于 M 上的微分 p 形式的基底 $\mathrm{d}x^{\mu_1}\wedge\cdots\wedge\mathrm{d}x^{\mu_p}$，我们引入 Hodge 对偶运算 $*$：

$$^*(\mathrm{d}x^{\mu_1}\wedge\cdots\wedge\mathrm{d}x^{\mu_p}) = \frac{1}{q!}\mathrm{d}x^{\nu_1}\wedge\cdots\wedge\mathrm{d}x^{\nu_q}\,\epsilon_{\nu_1\cdots\nu_q}{}^{\mu_1\cdots\mu_p},$$

式中右方出现的 $\epsilon_{\nu_1\cdots\nu_q}{}^{\mu_1\cdots\mu_p}$ 是 Levi-Civita 张量。利用上式，容易进一步定义任意微分 p 形式 $\boldsymbol{\alpha}^{(p)}=\dfrac{1}{p!}\alpha_{\mu_1\cdots\mu_p}\mathrm{d}x^{\mu_1}\wedge\cdots\wedge\mathrm{d}x^{\mu_p}$ 的 Hodge 对偶：

$$\begin{aligned}{}^*\boldsymbol{\alpha}^{(p)}&={}^*\Big(\frac{1}{p!}\alpha_{\mu_1\cdots\mu_p}\mathrm{d}x^{\mu_1}\wedge\cdots\wedge\mathrm{d}x^{\mu_p}\Big)\\&=\frac{1}{p!}\alpha_{\mu_1\cdots\mu_p}{}^*(\mathrm{d}x^{\mu_1}\wedge\cdots\wedge\mathrm{d}x^{\mu_p})\\&=\frac{1}{p!q!}\alpha_{\mu_1\cdots\mu_p}\,\epsilon_{\nu_1\cdots\nu_q}{}^{\mu_1\cdots\mu_p}\,\mathrm{d}x^{\nu_1}\wedge\cdots\wedge\mathrm{d}x^{\nu_q}\\&\equiv\frac{1}{q!}({}^*\alpha)_{\nu_1\cdots\nu_q}\mathrm{d}x^{\nu_1}\wedge\cdots\wedge\mathrm{d}x^{\nu_q}.\end{aligned}$$

由此可见，p-形式 $\boldsymbol{\alpha}^{(p)}$ 的 Hodge 对偶 ${}^*\boldsymbol{\alpha}^{(p)}$ 是一个 q 形式，其坐标分量为

$$({}^*\alpha)_{\nu_1\cdots\nu_q}=\frac{1}{p!}\,\epsilon_{\nu_1\cdots\nu_q}{}^{\mu_1\cdots\mu_p}\alpha_{\mu_1\cdots\mu_p}=\frac{1}{p!}\,\epsilon_{\nu_1\cdots\nu_q\mu_1\cdots\mu_p}\alpha^{\mu_1\cdots\mu_p}. \tag{2.106}$$

显然，一个 p-形式的 Hodge 对偶再次做 Hodge 对偶的结果依然是一个 p-形式，但是两次 Hodge 对偶联合运算的结果并不是恒同映射。利用式 (2.103) 和式 (2.106) 容易证明，

$${}^*({}^*\boldsymbol{\alpha}^{(p)})=\mathrm{sgn}(\det g_{\mu\nu})\,(-1)^{pq}\,\boldsymbol{\alpha}^{(p)}.$$

最后，由于 ${}^*\boldsymbol{\alpha}^{(p)}$ 与 $\boldsymbol{\alpha}^{(p)}$ 的外积 ${}^*\boldsymbol{\alpha}^{(p)}\wedge\boldsymbol{\alpha}^{(p)}$ 是一个 n-形式，我们可以在流形 M 中的开集上定义它的积分：

$$\int_{\mathcal{O}}{}^*\boldsymbol{\alpha}^{(p)}\wedge\boldsymbol{\alpha}^{(p)}=\frac{1}{p!}\int_{\psi(\mathcal{O})}\mathrm{d}^nx\sqrt{g}\,\alpha^{\mu_1\cdots\mu_p}\alpha_{\mu_1\cdots\mu_p}.$$

2.10.4 Stokes 定理

在流形 M 中给定一个封闭的余 1 维超曲面。这个超曲面及被其包裹住的区域的并集 D 是流形上的一个闭包，而超曲面本身就是这个闭包的边界，因此可记为 ∂D。若在流形上有一个可微的 $(n-1)$-形式场 $\boldsymbol{\alpha}$，那么，它在 ∂D 上的积分可以用 $\mathrm{d}\boldsymbol{\alpha}$ 在 D 上的积分来代替：

$$\int_{\partial D}\boldsymbol{\alpha}=\int_D\mathrm{d}\boldsymbol{\alpha}. \tag{2.107}$$

这个关系称为 Stokes 定理。

我们可以选择一个特别的 $(n-1)$-形式场

$$\boldsymbol{\alpha}=v^\nu\epsilon_{\nu\mu_1\cdots\mu_{n-1}}\mathrm{d}x^{\mu_1}\wedge\cdots\wedge\mathrm{d}x^{\mu_{n-1}}.$$

这样就有

$$d\boldsymbol{\alpha} = n\,\nabla_{[\mu} v^{\nu} \epsilon_{|\nu|\mu_1\cdots\mu_{n-1}]} dx^{\mu} \wedge dx^{\mu_1} \wedge \cdots \wedge dx^{\mu_{n-1}}. \tag{2.108}$$

上式右方下标中指标 ν 两边的两道竖线意味着对指标的全反对称化操作要排除指标 ν。注意，由于协变导数与度规的相容性，上式右方的协变导数只作用到 v^{ν} 上而与 $\epsilon_{\nu\mu_1\cdots\mu_{n-1}}$ 无关。

由于式 (2.108) 右边是一个 n-形式，而任意两个 n-形式最多只差一个标量倍数，因此，

$$\nabla_{[\mu} v^{\nu}\, \epsilon_{|\nu|\mu_1\cdots\mu_{n-1}]} = h\epsilon_{\mu\mu_1\cdots\mu_{n-1}}.$$

以 $\epsilon^{\mu\mu_1\cdots\mu_{n-1}}$ 去缩并上式两边，有

$$\nabla_{\mu} v^{\mu} = nh.$$

因此，

$$d\boldsymbol{\alpha} = \nabla_{\mu} v^{\mu} \boldsymbol{\epsilon}.$$

另一方面，通过选择 ∂D 上的"体积形式" $\tilde{\boldsymbol{\epsilon}}$,

$$\tilde{\boldsymbol{\epsilon}} = \epsilon_{\mu_1\cdots\mu_{n-1}} dx^{\mu_1} \wedge \cdots \wedge dx^{\mu_{n-1}},$$

$$\frac{1}{n}\epsilon_{\mu\mu_1\cdots\mu_{n-1}} = n_{[\mu}\epsilon_{\mu_1\cdots\mu_{n-1}]},$$

其中，n_{μ} 是 ∂D 上的单位法矢量场，我们有

$$v^{\mu}\epsilon_{\mu\mu_1\cdots\mu_{n-1}} = n_{\mu} v^{\mu} \epsilon_{\mu_1\cdots\mu_{n-1}}.$$

因此有

$$\boldsymbol{\alpha} = n_{\mu} v^{\mu}\, \tilde{\boldsymbol{\epsilon}}. \tag{2.109}$$

将式 (2.108) 和式 (2.109) 代入式 (2.107) 中去，同时利用式 (2.105)，结果可得

$$\int_{\psi(D)} d^n x \sqrt{g}\, \nabla_{\mu} v^{\mu} = \int_{\tilde{\psi}(\partial D)} d^{n-1} x \sqrt{h}\, n_{\mu} v^{\mu}.$$

这是 Stokes 定理的更为常用的形式。我们在 3 维欧几里得空间中常用的高斯积分定理就是 Stokes 定理的特例。

2.11 几个简单的 (赝) 黎曼流形

2.11.1 2 维球面

习惯上，我们观察 2 维球面总是将它放入 3 维欧氏空间，从外几何的观点去观察。然而，在某些情形下 (例如观察地球的表面)，我们将不得不利用内禀几何的手段描述球面。本小节的目的就是利用我们关于外几何的知识建立球面的内禀几何表述。

首先，在 3 维欧氏空间来看，球面上的点均可用矢量

$$\boldsymbol{r} = r(\sin\theta\cos\varphi, \sin\theta\sin\varphi, \cos\theta). \tag{2.110}$$

表达，式中 θ, φ 是球面的角坐标，分别称为纬度和经度。保持 φ 为常数，上式给出一族以 θ 为参数的坐标曲线。同样，保持 θ 为常数，上式也给出一族以 φ 为参数的坐标曲线。这两族坐标曲线的切矢量分别为

$$\boldsymbol{e}_\theta = \frac{\partial \boldsymbol{r}}{\partial\theta} = r(\cos\theta\cos\varphi, \cos\theta\sin\varphi, -\sin\theta), \tag{2.111}$$

$$\boldsymbol{e}_\varphi = \frac{\partial \boldsymbol{r}}{\partial\varphi} = r(-\sin\theta\sin\varphi, \sin\theta\cos\varphi, 0). \tag{2.112}$$

显然，这是一个正交标架：

$$\boldsymbol{e}_\theta \cdot \boldsymbol{e}_\varphi = 0.$$

球面上的线元长度为

$$\mathrm{d}s^2 = \mathrm{d}\boldsymbol{r} \cdot \mathrm{d}\boldsymbol{r} = g_{\mu\nu}\mathrm{d}x^\mu \mathrm{d}x^\nu = r^2(\mathrm{d}\theta^2 + \sin^2\theta \mathrm{d}\varphi^2). \tag{2.113}$$

因此，

$$g_{\theta\theta} = r^2 = \boldsymbol{e}_\theta \cdot \boldsymbol{e}_\theta, \quad g_{\varphi\varphi} = r^2 \sin^2\theta = \boldsymbol{e}_\varphi \cdot \boldsymbol{e}_\varphi, \quad g_{\theta\varphi} = 0. \tag{2.114}$$

为了求出球面上的联络，我们只需利用度规与联络的关系式 (2.36)。注意到

$$g^{\theta\theta} = r^{-2}, \quad g^{\varphi\varphi} = r^{-2}\sin^{-2}\theta, \quad g^{\theta\varphi} = 0, \tag{2.115}$$

可以容易地利用式 (2.36) 求出

$$\varGamma^\theta_{\varphi\varphi} = -\sin\theta\cos\theta, \quad \varGamma^\varphi_{\theta\varphi} = \varGamma^\varphi_{\varphi\theta} = \cot\theta. \tag{2.116}$$

除此之外，$\varGamma^\rho_{\mu\nu}$ 的其他分量都为零。

利用已知的联络式 (2.116)，容易求出球面的曲率张量。在前文中我们已知 2 维黎曼空间中的曲率张量仅有一个独立分量，我们将球面的这个独立曲率分量选为 ${R^\varphi}_{\theta\varphi\theta}$(重复的坐标指标无求和)：

$$\begin{aligned}{R^\varphi}_{\theta\varphi\theta} &= \partial_\varphi\Gamma^\varphi_{\theta\theta} - \partial_\theta\Gamma^\varphi_{\varphi\theta} + \Gamma^\varphi_{\varphi\theta}\Gamma^\theta_{\theta\theta} + \Gamma^\varphi_{\varphi\varphi}\Gamma^\varphi_{\theta\theta} - \Gamma^\varphi_{\theta\theta}\Gamma^\theta_{\varphi\theta} - \Gamma^\varphi_{\theta\varphi}\Gamma^\varphi_{\varphi\theta} \\ &= -\partial_\theta\Gamma^\varphi_{\theta\varphi} - \Gamma^\varphi_{\theta\varphi}\Gamma^\varphi_{\varphi\theta} \\ &= -\partial_\theta\cot\theta - \cot^2\theta = 1. \end{aligned} \tag{2.117}$$

所以，

$$R_{\varphi\theta\varphi\theta} \equiv g_{\varphi\varphi}{R^\varphi}_{\theta\varphi\theta} = r^2\sin^2\theta, \tag{2.118}$$

$$R_{\theta\theta} = g^{\varphi\varphi}R_{\varphi\theta\varphi\theta} = 1, \tag{2.119}$$

$$R_{\varphi\varphi} = g^{\theta\theta}R_{\varphi\theta\varphi\theta} = \sin^2\theta, \tag{2.120}$$

$$R = g^{\theta\theta}R_{\theta\theta} + g^{\varphi\varphi}R_{\varphi\varphi} = 2r^{-2}. \tag{2.121}$$

对于给定的球面，半径 r 保持为正的常数。因此，球面的 Ricci 标量 R 也是一个正的常数。像球面这种 Ricci 标量为正常数的流形又称为正常曲率流形。

根据球面上联络的具体数值式 (2.116)，我们还可以很容易地写出球面上的测地线方程。以 λ 标记球面上一任意测地线的弧长坐标，则测地线方程为

$$\frac{\mathrm{d}^2\theta}{\mathrm{d}\lambda^2} - \sin\theta\cos\theta\left(\frac{\mathrm{d}\varphi}{\mathrm{d}\lambda}\right)^2 = 0, \quad \frac{\mathrm{d}^2\varphi}{\mathrm{d}\lambda^2} + 2\cot\theta\frac{\mathrm{d}\theta}{\mathrm{d}\lambda}\frac{\mathrm{d}\varphi}{\mathrm{d}\lambda} = 0. \tag{2.122}$$

作为特例，我们仅考察经、纬两族曲线中的测地线。经线由方程

$$\varphi = \text{const.}$$

给出。对任一经线，其弧长与坐标的关系为 $\lambda = r\theta$，因此，$\dfrac{\mathrm{d}^2\theta}{\mathrm{d}\lambda^2} = 0$。所以，从式 (2.122) 可以看出，$\varphi = \text{const.}$ 满足测地线方程，亦即任一经线均为测地线。另一方面，纬线的方程为

$$\theta = \text{const.} \tag{2.123}$$

纬线弧长与坐标的关系为 $\lambda = r\sin\theta\cdot\varphi$。因此有 $\dfrac{\mathrm{d}^2\varphi}{\mathrm{d}\lambda^2} = 0$。由式 (2.122) 可以看出，满足测地线条件的纬线只有一条，即 $\theta = \dfrac{\pi}{2}$ (赤道)。

2 维球面上的度规也可以在别的坐标系下直接写出来。例如，在 3 维欧几里得空间中引入直角坐标系，可以将球面上的点用矢量

$$\boldsymbol{r} = (x, y, z)$$

表达，其中，

$$z = \pm\sqrt{r^2 - x^2 - y^2}.$$

因此，

$$\mathrm{d}z = \mp\frac{x\mathrm{d}x + y\mathrm{d}y}{\sqrt{r^2 - x^2 - y^2}}.$$

所以，我们有

$$\mathrm{d}s^2 = \mathrm{d}\boldsymbol{r}\cdot\mathrm{d}\boldsymbol{r} = \mathrm{d}x^2 + \mathrm{d}y^2 + \frac{(x\mathrm{d}x + y\mathrm{d}y)^2}{r^2 - x^2 - y^2}. \tag{2.124}$$

2.11.2 Rindler 时空

2 维 Rindler 时空中的线元可以写为

$$\mathrm{d}s^2 = \mathrm{e}^{2gx/c^2}(-c^2\mathrm{d}t^2 + \mathrm{d}x^2), \tag{2.125}$$

其中，$g > 0$ 是一个常参数。直接计算可以发现，在上式所在的坐标系下， Rindler 时空的 Christoffel 联络只有以下几个非零分量，且取值均为常数：

$$\varGamma^x_{tt} = g, \quad \varGamma^t_{tx} = \varGamma^x_{xx} = g/c^2.$$

由此容易证明，该时空是黎曼平坦的：

$$R^\sigma{}_{\rho\mu\nu} = 0.$$

Rindler 时空中的测地线方程为

$$\begin{aligned}
&\frac{\mathrm{d}^2t}{\mathrm{d}\lambda^2} + \frac{2g}{c^2}\frac{\mathrm{d}t}{\mathrm{d}\lambda}\frac{\mathrm{d}x}{\mathrm{d}\lambda} = 0,\\
&\frac{\mathrm{d}^2x}{\mathrm{d}\lambda^2} + g\left(\frac{\mathrm{d}t}{\mathrm{d}\lambda}\right)^2 + \frac{g}{c^2}\left(\frac{\mathrm{d}x}{\mathrm{d}\lambda}\right)^2 = 0.
\end{aligned}$$

直接求解这组微分方程显得相对复杂，因此我们不去求解以上方程组，而是简单地考察一下 t 为常数和 x 为常数这两族坐标曲线。显然，t 为常数的坐标曲线满足测地线方程，而 x 为常数的坐标曲线不满足测地线方程。

引入坐标变换

$$X = \frac{c^2}{g}\mathrm{e}^{gx/c^2}\cosh\left(\frac{gt}{c}\right), \qquad cT = \frac{c^2}{g}\mathrm{e}^{gx/c^2}\sinh\left(\frac{gt}{c}\right), \tag{2.126}$$

线元式 (2.125) 将变换为标准的 Minkowski 线元：

$$\mathrm{d}s^2 = -c^2\mathrm{d}T^2 + \mathrm{d}X^2.$$

然而，并不能据此认为 Rindler 时空就是 Minkowski 时空，因为对 Minkowski 时空来说，坐标 X 可以取任何实数值，而式 (2.126) 中的 X 只能取正值。根据式 (2.126)，我们有

$$X^2 - c^2T^2 = \left(\frac{c^2}{g}\right)^2 \mathrm{e}^{2gx/c^2}, \qquad t = \frac{c}{g}\tanh^{-1}\left(\frac{cT}{X}\right).$$

可见，在 Rindler 时空中 x 为常数的坐标曲线 (即静态观测者的世界线) 对应 Minkowski 时空中的一对双曲线中的右侧分支，而 t 为常数的坐标曲线 (等时线) 对应 Minkowski 时空中通过原点的直线。如果分别以 X 和 cT 为横、纵坐标，上述直线的斜率必须在 $[-1, +1]$ 之间，其中斜率为 ± 1 的两条直线分别对应 $t = \infty$ 和 $t = -\infty$。将式 (2.126) 中的 Minkowski 坐标与 Rindler 坐标所覆盖的时空区域作一对比，可以发现，Rindler 时空实际上仅对应 Minkowski 时空中两条通过原点的类光线右边的 $\frac{1}{4}$ 时空区域，如图 2.4 所示。

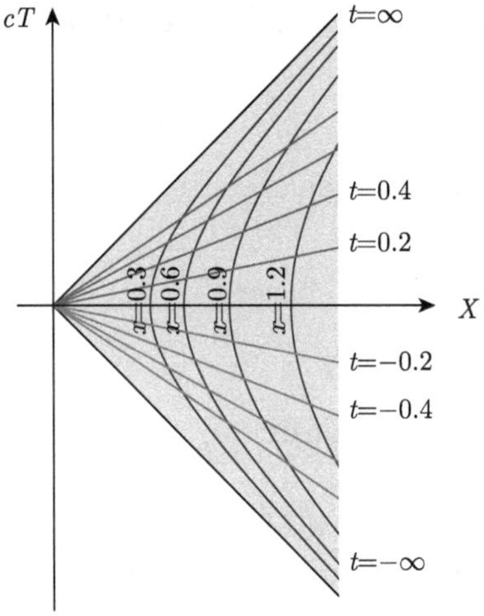

图 2.4　Rindler 时空与 Minkowski 时空

我们可以在 Rindler 时空中取定一个静态观测者 $x^\mu = (\mathrm{e}^{-gx/c^2}\tau, x)$，$\tau$ 是固有时间。这个观测者的固有速度为

$$u^\mu = (\mathrm{e}^{-gx/c^2}, 0).$$

容易定义所谓的固有加速度

$$a^\mu = u^\nu \nabla_\nu u^\mu.$$

直接计算表明，Rindler 时空静态观测者的固有加速度为

$$a^\mu = \mathrm{e}^{-gx/c^2}\nabla_t u^\mu = \mathrm{e}^{-gx/c^2}\Gamma^\mu_{tt}u^t = (0, g\mathrm{e}^{-2gx/c^2}), \tag{2.127}$$

$$a^\mu a_\mu = g^2\mathrm{e}^{-2gx/c^2}. \tag{2.128}$$

因此，对于 Rindler 时空中处在坐标 $x=0$ 处的静态观测者，固有加速度的模为一个非零常数：

$$a = \sqrt{a^\mu a_\mu}|_{x=0} = g.$$

换句话说，Rindler 时空中 $x=0$ 处的“静态”观测者其实是 Minkowski 时空中一个做常加速运动的观测者。

请读者思考：为什么以上计算得出的固有速度与固有加速度都依赖于坐标 x?

当 $x=-\infty$ 时，固有加速度发散。$x=-\infty$ 同时也是 Rindler 度规的奇异点，因为这时度规的分量都变成了零。使得固有加速度发散的事件的集合又叫做*加速视界*。Rindler 时空的加速视界在 Minkowski 时空中恰好对应两条类光线的右半段，其实它们也刚好是 Rindler 时空的边界。

尽管 Rindler 时空是黎曼平坦的，但是因为其中的静态观测者实际上都在做加速运动，因此根据等效原理可以认为这些观测者都处于某种引力场之中。所以，为了理解物质在引力场作用下的行为，分析它们在 Rindler 时空中的运动是一个很好的开始。在这一意义下，Rindler 时空可以当作引力物理中的一个理想的理论实验室。

2.11.3 Robertson-Walker 度规

Robertson-Walker(RW) 时空是宇宙学中常用的一个 4 维赝黎曼时空，其度规由以下线元给出①：

$$g_{\mu\nu}\mathrm{d}x^\mu\mathrm{d}x^\nu = -\mathrm{d}t^2 + a^2(t)\left[(1-kr^2)^{-1}\mathrm{d}r^2 + r^2\mathrm{d}\theta^2 + r^2\sin^2\theta\mathrm{d}\varphi^2\right], \tag{2.129}$$

其中，(t,r,θ,φ) 是该时空取定的一个坐标系。为了求出 RW 时空中的类时测地线方程，我们选择一个仿射参数 λ，将式 (2.48) 按类似于式 (2.49) 的样式改写为

$$\tau = \int \mathcal{L}\mathrm{d}\lambda,$$

$$\mathcal{L} = \frac{1}{2}\left\{t'^2 - a^2(t)\left[(1-kr^2)^{-1}r'^2 + r^2\theta'^2 + r^2\sin^2\theta\varphi'^2\right] + 1\right\},$$

式中，(t',r',φ',θ') 表示 $\dfrac{\mathrm{d}}{\mathrm{d}\lambda}(t,r,\varphi,\theta)$。

①在这一小节中我们暂时取用了 $c=1$ 的单位制。在相对论物理中，光速是一个反复出现的常数，取 $c=1$ 可以令公式简化。

利用 Euler-Lagrange 方程 (2.51)，我们可以直接求出测地线方程。为此，我们先求出

$$
\begin{aligned}
\frac{\partial \mathcal{L}}{\partial t'} &= t', \\
\frac{\partial \mathcal{L}}{\partial r'} &= -a^2(1-kr^2)^{-1}r', \\
\frac{\partial \mathcal{L}}{\partial \theta'} &= -a^2r^2\theta', \\
\frac{\partial \mathcal{L}}{\partial \varphi'} &= -a^2r^2\sin^2\theta\varphi'.
\end{aligned}
$$

此外，我们还有

$$
\begin{aligned}
\frac{\partial \mathcal{L}}{\partial t} &= -a\dot{a}\left[(1-kr^2)^{-1}r'^2 + r^2\theta'^2 + r^2\sin^2\theta\varphi'^2\right], \\
\frac{\partial \mathcal{L}}{\partial r} &= -a^2\left[(1-kr^2)^{-2}krr'^2 + r\theta'^2 + r\sin^2\theta\varphi'^2\right], \\
\frac{\partial \mathcal{L}}{\partial \theta} &= -a^2r^2\sin\theta\cos\theta\varphi'^2, \\
\frac{\partial \mathcal{L}}{\partial \varphi} &= 0,
\end{aligned}
$$

式中，$\dot{a} = \mathrm{d}a/\mathrm{d}t$。将这些结果代入式 (2.51)，并将结果稍作整理，有

$$
\begin{aligned}
& t'' + a\dot{a}\left[(1-kr^2)^{-1}r'^2 + r^2\theta'^2 + r^2\sin^2\theta\varphi'^2\right] = 0, \\
& r'' + 2\dot{a}a^{-1}t'r' + kr(1-kr^2)^{-1}r'^2 - r(1-kr^2)\theta'^2 - r(1-kr^2)\sin^2\theta\varphi'^2 = 0, \\
& \theta'' + 2\dot{a}a^{-1}t'\theta' + 2r^{-1}r'\theta' - \sin\theta\cos\theta\varphi'^2 = 0, \\
& \varphi'' + 2\dot{a}a^{-1}t'\varphi' + 2r^{-1}r'\varphi' + 2\cot\theta\,\theta'\varphi' = 0.
\end{aligned} \tag{2.130}
$$

将式 (2.130) 与协变形式的测地线方程 (2.56) 对比，立刻可以读出 RW 时空的全部非零联络分量。它们是

$$
\begin{aligned}
& \Gamma^t_{rr} = a\dot{a}(1-kr^2)^{-1}, \quad \Gamma^t_{\theta\theta} = a\dot{a}r^2, \quad \Gamma^t_{\varphi\varphi} = a\dot{a}r^2\sin^2\theta, \\
& \Gamma^r_{tr} = \dot{a}a^{-1}, \quad \Gamma^r_{rr} = kr(1-kr^2)^{-1}, \\
& \Gamma^r_{\theta\theta} = -r(1-kr^2), \quad \Gamma^r_{\varphi\varphi} = -r(1-kr^2)\sin^2\theta, \\
& \Gamma^\theta_{t\theta} = \dot{a}a^{-1}, \quad \Gamma^\theta_{r\theta} = r^{-1}, \quad \Gamma^\theta_{\varphi\varphi} = -\sin\theta\cos\theta, \\
& \Gamma^\varphi_{t\varphi} = \dot{a}a^{-1}, \quad \Gamma^\varphi_{r\varphi} = r^{-1}, \quad \Gamma^\varphi_{\theta\varphi} = \cot\theta.
\end{aligned} \tag{2.131}
$$

利用这些联络分量可以进一步求出 RW 时空的黎曼张量、Ricci 张量等重要张量对象。具体的结果我们留待第 9 章中讨论宇宙学时再给出。

当时空度规比较复杂时，利用变分法先求测地线方程，然后根据测地线方程的标准形式从中读出联络分量是一种简便易行的方法。如果不是利用这种方法，而是直接用 Christoffel 符号与度规的关系来求联络的分量，那么计算 RW 时空的联络的过程肯定要繁琐得多。

在以上例子中，度规不显含坐标 φ。因此，从 Euler-Lagrange 方程 (2.51) 可知，

$$\frac{\mathrm{d}}{\mathrm{d}\lambda}\left(\frac{\partial\mathcal{L}}{\partial(\partial\varphi/\partial\lambda)}\right)=0$$

换句话说，

$$\frac{\partial\mathcal{L}}{\partial(\partial\varphi/\partial\lambda)}=\text{const.} \tag{2.132}$$

上式实际上给出了一个测地线方程的首次积分。式 (2.132) 可以进一步写为

$$a^2r^2\sin^2\theta\varphi'^2=\text{const.} \tag{2.133}$$

将式 (2.133) 对 λ 再次求导即可得到式 (2.130) 中的最后一式。文献中将不明显出现在度规中的坐标称为*循环坐标*。对于循环坐标 (例如上文中的 φ) 作平移变换不会改变度规，因此，生成循环坐标平移变换的矢量场 (在上文条件下就是 ∂_φ) 就是单参数保度规变换群的生成元，也就是 Killing 矢量场。从循环坐标出发来寻找 Killing 矢量场是一种快捷的方法，尽管它不能保证找到所有的 Killing 矢量场。

2.12 翘曲流形

在黎曼几何中，从已知的黎曼流形出发构造新的黎曼流形是一个经典问题。最常见的一种构造是所谓的直积流形。假定 $(M_1,g_{\mu\nu})$ 和 (M_2,h_{ab}) 分别是 m 维和 n 维黎曼流形，其中，M_1 上的点 p 在局域坐标系中的坐标记为 x^μ，M_2 上的点 q 在局域坐系中的坐标记为 y^a。那么，由所有的有序对 (p,q) 构成的集合自动地具有光滑流形的结构，其中点 (p,q) 的局域坐标就是 $X^M=(x^\mu,y^a)$。这个流形具有维数 $(m+n)$，称为 M_1 和 M_2 的直积流形，记作 $M=M_1\times M_2$。M 上有一个自然的黎曼度规 $\hat{g}_{MN}=g_{\mu\nu}\oplus h_{ab}$，对应的不变线元为

$$\mathrm{d}s^2=\hat{g}_{MN}\mathrm{d}X^M\mathrm{d}X^N=g_{\mu\nu}(x)\mathrm{d}x^\mu\mathrm{d}x^\nu+h_{ab}(y)\mathrm{d}y^a\mathrm{d}y^b.$$

直积流形在几何上非常简单，因为它上面的一切几何结构均可以通过两个子流形 M_1 和 M_2 上的对应结构直接得到。例如，联络 $\hat{\Gamma}^P_{MN}$ 和黎曼曲率 $\hat{R}^Q{}_{PMN}$ 都仅在所有指标都取在同一个子流形上时才非零，而且它们的分量也就是在对应的

子流形中同一个几何结构的相应分量，即

$$\hat{R}^{\rho}{}_{\sigma\mu\nu}(\hat{g}) = R^{\rho}{}_{\sigma\mu\nu}(g),$$
$$\hat{\Gamma}^{c}_{ab}(\hat{g}) = \Gamma^{c}_{ab}(h),$$

等。

与直积流形相比，黎曼流形的半直积是更为复杂、也更为有用的构造新黎曼流形的方法。我们依然取 $(M_1, g_{\mu\nu})$ 和 (M_2, h_{ab}) 这两个 m 维和 n 维黎曼流形。它们的半直积 $M = M_1 \times_s M_2$ 也是由点 (p, q) 构成的集合，其中 $p \in M_1, q \in M_2$，但是在局域坐标 $X^M = (x^\mu, y^a)$ 下，半直积流形 M 上的度规具有如下形式：

$$\hat{g}_{MN} = g_{\mu\nu} \oplus \mathrm{e}^{\Phi(x)} h_{ab},$$

其中，$\Phi(x)$ 是 M_1 上的标量函数。换句话说，半直积流形上的线元具有翘曲的形式：

$$\mathrm{d}s^2 = \hat{g}_{MN}\mathrm{d}X^M\mathrm{d}X^N = g_{\mu\nu}(x)\mathrm{d}x^\mu\mathrm{d}x^\nu + \mathrm{e}^{\Phi(x)}h_{ab}(y)\mathrm{d}y^a\mathrm{d}y^b. \tag{2.134}$$

在广义相对论引力理论中，场方程的许多解都具有这样的翘曲形式。

从式 (2.134) 出发，通过直接计算可以求得与度规 $\hat{g}_{MN}$ 相容的 Christoffel 联络。其非零分量为

$$\hat{\Gamma}^{c}_{ab} = \Gamma^{c}_{ab}(h), \quad \hat{\Gamma}^{\mu}_{ab} = -\frac{1}{2}\left(\nabla^{(g)\mu}\Phi\right)\hat{g}_{ab},$$
$$\hat{\Gamma}^{b}_{a\mu} = \frac{1}{2}\delta^{b}{}_{a}\nabla^{(g)}_{\mu}\Phi, \quad \hat{\Gamma}^{\rho}_{\mu\nu} = \Gamma^{\rho}_{\mu\nu}(g),$$

式中，$\nabla^{(g)}_{\mu}$ 是流形 M_1 上与度规 $g_{\mu\nu}(x)$ 相容的协变导数。利用这个联络可以进一步计算黎曼曲率张量。计算结果为

$$\hat{R}^{d}{}_{cab} = R^{d}{}_{cab}(h) - \frac{1}{4}(\hat{g}_{cb}\delta^{d}{}_{a} - \hat{g}_{ca}\delta^{d}{}_{b})\nabla^{(g)\mu}\Phi\,\nabla^{(g)}_{\mu}\Phi, \tag{2.135}$$

$$\hat{R}^{\mu}{}_{a\nu b} = -\frac{1}{2}\left(\nabla^{(g)\mu}\nabla^{(g)}_{\nu}\Phi + \frac{1}{2}\nabla^{(g)\mu}\Phi\,\nabla^{(g)}_{\nu}\Phi\right)\hat{g}_{ab}, \tag{2.136}$$

$$\hat{R}^{a}{}_{\mu b\nu} = -\frac{1}{2}\delta^{a}{}_{b}\left(\nabla^{(g)}_{\mu}\nabla^{(g)}_{\nu}\Phi + \frac{1}{2}\nabla^{(g)}_{\mu}\Phi\,\nabla^{(g)}_{\nu}\Phi\right), \tag{2.137}$$

$$\hat{R}^{\sigma}{}_{\rho\mu\nu} = R^{\sigma}{}_{\rho\mu\nu}(g), \tag{2.138}$$

式中，$\hat{g}_{ab} = \mathrm{e}^{\Phi(x)}h_{ab}(y)$。作一次指标缩并，可以得出 Ricci 张量

$$\hat{R}_{\mu\nu} = R_{\mu\nu}(g) + nA_{\mu\nu}, \tag{2.139}$$

$$\hat{R}_{ab} = R_{ab}(h) + B\hat{g}_{ab}, \tag{2.140}$$

其中，

$$A_{\mu\nu} = -\frac{1}{2}\left(\nabla_\mu^{(g)}\nabla_\nu^{(g)}\Phi + \frac{1}{2}\nabla_\mu^{(g)}\Phi\nabla_\nu^{(g)}\Phi\right), \tag{2.141}$$

$$B = -\frac{1}{2}\left(\Box^{(g)}\Phi + \frac{n}{2}(\nabla^{(g)}\Phi)^2\right). \tag{2.142}$$

最后，翘曲流形 M 的 Ricci 标量可以表达为

$$\hat{R} = \hat{g}^{\mu\nu}\hat{R}_{\mu\nu} + \hat{g}^{ij}\hat{R}_{ij} = R(g) + \mathrm{e}^{-\Phi}R(h) + n(A+B),$$

式中，

$$A = g^{\mu\nu}A_{\mu\nu} = -\frac{1}{2}\left(\Box^{(g)}\Phi + \frac{1}{2}(\nabla^{(g)}\Phi)^2\right). \tag{2.143}$$

作为翘曲流形的一个例子，我们考虑一个 $n+1$ 维黎曼度规

$$\mathrm{d}s^2 = \mathrm{d}r^2 + r^2 h_{ab}\mathrm{d}y^a\mathrm{d}y^b. \tag{2.144}$$

这相当于在式 (2.134) 中取 $m=1$、$\mathrm{e}^{\Phi}=r^2$ 的情形。直接利用前面的结果，我们有

$$\hat{R}_{rr} = 0,$$
$$\hat{R}_{ab} = R_{ab}(h) - (n-1)h_{ab}.$$

由此可见，如果度规式 (2.144) 是 Ricci 平坦的并且 $n>1$，那么子流形 (M_2, h_{ab}) 的 Ricci 曲率将正比于其度规，比例系数为 $n-1>0$。由此带来的一个直接后果是：子流形 (M_2, h_{ab}) 的 Ricci 标量是一个正的常数 $n(n-1)$。

借用 2.9 节中的语言，以上例子中由方程 $r=\text{const.}$ 决定的子流形是半直积流形中的坐标超曲面，而上述例子告诉我们：当一个 Ricci 平坦的流形上度规具有方程 (2.144) 的形式时，其坐标超曲面 $r=$const. 只能是正常曲率曲面 (请参考式 (2.86))。最常见的实际情况是：在球坐标系下，3 维欧几里得空间的度规可以写为

$$\mathrm{d}s^2 = \mathrm{d}r^2 + r^2(\mathrm{d}\theta^2 + \sin^2\theta\,\mathrm{d}\varphi^2),$$

其中，$h_{ab}\mathrm{d}y^a\mathrm{d}y^b = \mathrm{d}\theta^2 + \sin^2\theta\,\mathrm{d}\varphi^2$ 给出了单位球面上的度规。

第 3 章　弯曲时空中的场方程

3.1　赝黎曼时空中的质点力学

根据等效原理，引力场的作用不过是将时空的几何从狭义相对论的 Minkowski 几何更改为一个赝黎曼流形 $\mathcal{M}$，但是广义协变性要求任何物理运动的方程应该在形式上保持与狭义相对论中对应的方程一致。由于赝黎曼流形 $\mathcal{M}$ 与 Minkowski 时空的几何性质存在本质的差异，我们需要恰当地定义所谓的“保持方程形式一致”的含义。实际上，我们总是假定，物理运动的方程是用赝黎曼流形中的张量方程来表达的，当赝黎曼流形退化为 Minkowski 流形时，我们要求张量方程退化为相应的 Lorentz 张量满足的狭义相对论方程。由于这种形式一致性是建立在流形的几何退化的假定之上的，Minkowski 流形中的一个张量方程有可能对应赝黎曼流形中若干个不同的张量方程。幸运的是，在质点力学的简单情形，上述不唯一性并不会出现。因此，我们先从质点力学开始来逐步熟悉在一般的赝黎曼时空中物理学的新特点。

3.1.1　质点运动方程

根据形式一致性的要求，在赝黎曼时空 $\mathcal{M}$ 中运动的一个质点的运动方程应该采取与式 (1.35) 同样的形式：

$$\frac{\mathrm{d}p^\mu}{\mathrm{d}\tau} = f^\mu, \qquad p^\mu = m u^\mu = m\frac{\mathrm{d}x^\mu}{\mathrm{d}\tau}, \tag{3.1}$$

式中，固有时间 τ 通过下式来定义：

$$-c^2\mathrm{d}\tau^2 = g_{\mu\nu}\mathrm{d}x^\mu\mathrm{d}x^\nu, \tag{3.2}$$

而 p^μ、u^μ 和 f^μ 则应理解为在时空流形上广义坐标变换下的矢量。

我们可以将式 (3.1) 改写为

$$u^\nu\nabla_\nu u^\mu = \frac{1}{m}f^\mu. \tag{3.3}$$

对于作自由运动的质点，上式变为

$$u^\nu\nabla_\nu u^\mu = 0. \tag{3.4}$$

这刚好是测地线方程。因此，在赝黎曼流形中，牛顿的惯性运动定律推广为**时空中的自由质点沿类时测地线运动**，而固有时间总是自由质点世界线上的仿射参数。

和狭义相对论情况类似，赝黎曼流形中的任意一条光滑的类时曲线都可以看作一个观测者的世界线，世界线的切矢量即观测者的固有速度。赝黎曼流形中如果存在一个类时的 Killing 矢量场，则可以定义*静态观测者*，即世界线切矢量与类时 Killing 矢量场平行的观测者。在赝黎曼流形中，以固有速度 v^μ 运动，并处于质点所在位置的观测者测得的质点能量依旧由式 (1.33) 定义，即

$$E = -p_\mu v^\mu. \tag{3.5}$$

但是，由于在一般的赝黎曼流形上矢量场的平移与路径有关，我们无法唯一地定义远离运动质点的观测者对质点能量的观测值。这一事实的物理解释是：在将质点从观测者所处位置移动到远处给定位置的过程中，引力对质点做功，而做功是一个过程量，与移动质点所经过的路径有关。

3.1.2 牛顿极限

自由质点的运动方程 (3.4) 可以用质点坐标的导数表达为

$$\frac{\mathrm{d}^2 x^\mu}{\mathrm{d}\tau^2} + \Gamma^\mu_{\nu\rho}\frac{\mathrm{d}x^\nu}{\mathrm{d}\tau}\frac{\mathrm{d}x^\rho}{\mathrm{d}\tau} = 0. \tag{3.6}$$

当质点固有速度的空间分量 u^i 与时间分量 u^0 相比非常小时，可以近似地以

$$\frac{\mathrm{d}x^\mu}{\mathrm{d}\tau} \simeq (c, 0, 0, 0) \tag{3.7}$$

代入式 (3.6) 的第二项，结果可得

$$\frac{\mathrm{d}^2 x^\mu}{\mathrm{d}\tau^2} + c^2\,\Gamma^\mu_{00} = 0. \tag{3.8}$$

近似条件式 (3.7) 暗示着坐标时间 t 与固有时间 τ 之间的差异可以忽略，因此式 (3.8) 又可写为

$$\frac{\mathrm{d}^2 x^\mu}{\mathrm{d}t^2} + c^2\,\Gamma^\mu_{00} = 0. \tag{3.9}$$

为了进一步说明式 (3.6) 是牛顿运动定律的推广，我们考察这样的极限情形，即时空流形上的度规张量 $g_{\mu\nu}$ 与 Minkowski 度规仅相差一个微扰项 $h_{\mu\nu}$，

$$g_{\mu\nu} = \eta_{\mu\nu} + h_{\mu\nu}. \tag{3.10}$$

$h_{\mu\nu}$ 是一个微扰项的数学含义是：在 Minkowski 时空中选定的坐标系 (1.10) 中，$h_{\mu\nu}$ 的每一个分量的绝对值与 1 相比都非常小。因此，以下条件是成立的：① $\det(h_{\mu\nu}) \simeq$

0，② $\eta^{\mu\rho}\eta^{\nu\sigma}h_{\mu\nu}h_{\rho\sigma}\simeq 0$。这些条件称为弱场条件。除弱场条件外，我们还要求 $h_{\mu\nu}$ 对坐标时间 $x^0=ct$ 是缓变的，即 $\partial_0 h_{\mu\nu}=c^{-1}\partial h_{\mu\nu}/\partial t$ 与 $\partial_i h_{\mu\nu}$ 相比可忽略。

在上述条件下，准确至 $O(h^2)$ 项，有

$$g^{\mu\nu}=\eta^{\mu\nu}-h^{\mu\nu},$$

其中，$h^{\mu\nu}=\eta^{\mu\rho}\eta^{\nu\sigma}h_{\rho\sigma}$。因此，

$$\Gamma^{\rho}_{\mu\nu}=\frac{1}{2}\eta^{\rho\lambda}\left(\partial_\mu h_{\nu\lambda}+\partial_\nu h_{\mu\lambda}-\partial_\lambda h_{\mu\nu}\right). \tag{3.11}$$

更具体地，

$$\Gamma^{i}_{00}=\frac{1}{2}\eta^{i\lambda}\left(\partial_0 h_{0\lambda}+\partial_0 h_{0\lambda}-\partial_\lambda h_{00}\right)=-\frac{1}{2}\partial^i h_{00}. \tag{3.12}$$

因此，式 (3.9) 的空间分量又可写为

$$\frac{\mathrm{d}^2x^i}{\mathrm{d}t^2}-\frac{1}{2}c^2\partial^i h_{00}=0. \tag{3.13}$$

这是 3 维欧几里得空间中的一个矢量方程。对上式做移项处理并且方程各项同时乘以 m，可以得到

$$m\frac{\mathrm{d}^2\boldsymbol{x}}{\mathrm{d}t^2}=-m\nabla\phi, \tag{3.14}$$

$$\phi=-\frac{1}{2}c^2h_{00}. \tag{3.15}$$

方程 (3.14) 表明，在时空度规与 Minkowski 度规仅差一个缓变的微扰的前提下，质点的运动方程表现为在势场 ϕ 的作用下的加速运动。质点因为度规扰动而受到的力只能是质点在非惯性系中受到的惯性力或者引力。依爱因斯坦等效原理，在局域的物理过程中这两者没有区别，而上述讨论证明，牛顿引力是一个保守力，具有对应的势场 ϕ。

上述讨论表明，在赝黎曼流形中作自由运动的质点，反映在 Minkowski 观测者的眼中却不再是自由质点，时空几何对 Minkowski 几何的偏离等效地转化为牛顿引力。结合式 (3.10) 和式 (3.15) 可知，在弱场条件下，时空度规的 00 分量可以写为

$$g_{00}=-1-\frac{2\phi}{c^2}. \tag{3.16}$$

3.2　电磁场与自由标量场方程

3.2.1　电磁场方程

在赝黎曼流形中，质点力学的运动方程与 Minkowski 时空中的相应方程看起来完全相同，这很好地体现了广义协变原理的要求。同样地，我们也可以将 Minkowski

时空中电磁场满足的麦克斯韦方程组推广到赝黎曼流形中，结果得到

$$\nabla_\nu F^{\mu\nu} = \mu_0 J^\mu, \tag{3.17}$$

$$\nabla_\mu F_{\nu\rho} + \nabla_\nu F_{\rho\mu} + \nabla_\rho F_{\mu\nu} = 0. \tag{3.18}$$

与式 (1.40) 和式 (1.41) 相比，以上两式中唯一的变化是将所有的坐标导数更换成了协变导数。当然，场强张量 $F_{\mu\nu}$ 与电磁势 A_μ 之间的关系式 (1.39) 原则上也应该更改成黎曼张量关系

$$F_{\mu\nu} = \nabla_\mu A_\nu - \nabla_\nu A_\mu. \tag{3.19}$$

不过，因为 Christoffel 联络对下指标交换对称，容易验证上式与式 (1.39) 给出的场强张量实际上是一致的。

利用广义协变的 Lorentz 规范条件

$$\nabla_\mu A^\mu = 0, \tag{3.20}$$

可以得到

$$\begin{aligned}\nabla_\nu(\nabla^\mu A^\nu - \nabla^\nu A^\mu) &= \nabla_\nu \nabla^\mu A^\nu - \nabla_\nu \nabla^\nu A^\mu \\ &= g^{\mu\rho}\nabla_\nu \nabla_\rho A^\nu - \nabla_\nu \nabla^\nu A^\mu \\ &= g^{\mu\rho}(\nabla_\rho \nabla_\nu A^\nu + R^\nu{}_{\sigma\nu\rho} A^\sigma) - \nabla_\nu \nabla^\nu A^\mu \\ &= R_\nu{}^\mu A^\nu - \nabla_\nu \nabla^\nu A^\mu,\end{aligned}$$

式中，我们利用了关系式 (2.59)。将式 (3.19) 代入式 (3.17)，并利用上式，有

$$\nabla_\nu \nabla^\nu A^\mu = R_\nu{}^\mu A^\nu - \mu_0 J^\mu. \tag{3.21}$$

很明显，这个方程与直接将方程 (1.43) 中的坐标导数更换为协变导数所得结果并不相同，两者的区别在于式 (3.21) 中多出了一个包含 Ricci 张量的项。经过适当计算可以证明，为了保证电流密度矢量 J^μ 满足协变守恒条件

$$\nabla_\mu J^\mu = 0,$$

赝黎曼流形中的电磁场方程必须选取式 (3.21) 的形式。

为了理解在一般的赝黎曼流形与 Minkowski 流形上电磁场的不同行为，我们来考察一下在 Lorentz 规范下的真空麦克斯韦方程

$$\nabla_\nu \nabla^\nu A^\mu = -R_\nu{}^\mu A^\nu, \qquad \nabla_\mu A^\mu = 0. \tag{3.22}$$

这组方程在 Minkowski 时空中的对应是

$$\partial_\nu \partial^\nu A^\mu = 0, \qquad \partial_\mu A^\mu = 0. \tag{3.23}$$

式 (3.23) 的一种可能的解形为

$$A^\mu = H^\mu \exp(\mathrm{i}S), \tag{3.24}$$

其中常数矢量 H^μ 称为振幅矢量，S 称为相位函数。将这一试探解代入式 (3.23) 中，可得

$$-\mathrm{i}\partial_\mu \partial^\mu S + \partial_\mu S \partial^\mu S = 0, \qquad (\partial_\mu S) H^\mu = 0. \tag{3.25}$$

假定 $\partial_\mu \partial^\mu S = 0$，即相位函数是调和函数。等相位面的法矢量

$$k_\mu = \partial_\mu S$$

定义为波矢，它满足条件

$$k^\mu k_\mu = 0, \qquad k_\mu H^\mu = 0.$$

因此，Minkowski 真空中的电磁波是横向震荡的类光波。这些结果都是在经典电动力学中熟知的。

现在让我们尝试以式 (3.24) 作为试探解代入式 (3.22) 中去。因为振幅矢量的协变导数一般不是零，而且方程 (3.22) 中还包含有非零的 Ricci 曲率的贡献，因此，一般来说式 (3.24) 不会是式 (3.22) 的解。但是，如果仅考虑赝黎曼流形中一个比较小的区域，以上两种效应都可以忽略。若进一步假定相位函数满足方程 $\nabla^\mu \nabla_\mu S = 0$，那么，近似地会有

$$\nabla^\mu S \nabla_\mu S = 0. \tag{3.26}$$

引入等相位面的法矢量

$$k_\mu = \nabla_\mu S$$

作为波矢，可以发现在上述近似下波矢是类光的。此外，由式 (3.26) 以及协变导数的无挠条件还可以得到

$$\nabla^\nu (\nabla^\mu S \nabla_\mu S) = 2\nabla^\mu S \nabla^\nu \nabla_\mu S = 2\nabla^\mu S \nabla_\mu \nabla^\nu S = 0, \tag{3.27}$$

亦即

$$k^\mu \nabla_\mu k^\nu = 0.$$

因此，在上述近似下，电磁波会在时空中的小区域内沿类光测地线传播。以上近似称为几何光学近似。

3.2.2 标量场方程

下面我们来看赝黎曼流形中的标量场方程。按照形式一致性的要求，最容易想象的将式 (1.46) 推广到赝黎曼流形上的结果是

$$\left(\nabla_\mu \nabla^\mu - \frac{m_0^2 c^2}{\hbar^2}\right)\varPhi = 0. \tag{3.28}$$

然而，如同方程 (1.43) 的情况一样，在标量场的方程中如果加入一项与赝黎曼流形的曲率成比例的项，在流形退化为 Minkowski 流形时，仍将退回到方程 (1.46) 的形式，例如

$$\left(\nabla_\mu \nabla^\mu - \frac{m_0^2 c^2}{\hbar^2} - \alpha R\right)\varPhi = 0 \tag{3.29}$$

也是赝黎曼流形上自由标量场方程的一个可能的选项。而且，与麦克斯韦场方程的情况不同，我们并没有任何物理的原则来断定以上两种标量场方程哪一个更为合理。习惯上将式 (3.28) 称为最小耦合的标量场方程，而式 (3.29) 称为非最小耦合的标量场方程。

在上述讨论中，"耦合"指的是时空几何参与到场方程中的方式：如果时空几何仅仅通过度规张量进入场方程中，就称为最小耦合；如果时空几何不仅通过度规，而且还通过曲率进入场方程，就称为**非最小耦合**。

3.3 赝黎曼流形中的流体

根据形式不变的原则，在赝黎曼流形中流体的运动方程可以写为

$$\nabla_\mu T^{\mu\nu} = 0, \tag{3.30}$$

其中，$T^{\mu\nu}$ 是流体的能动量张量。对完美流体，我们有

$$T^{\mu\nu} = (\rho + P/c^2) u^\mu u^\nu + P g^{\mu\nu}, \tag{3.31}$$

其中，ρ 和 P 分别与流体的质量密度和压强有关。方程 (3.30) 可以展开为

$$u^\mu \nabla_\mu \rho + \left(\rho + P/c^2\right) \nabla_\mu u^\mu = 0, \tag{3.32}$$

$$(\rho + P/c^2) u^\mu \nabla_\mu u^\nu + (g^{\mu\nu} + u^\mu u^\nu / c^2) \nabla_\mu P = 0. \tag{3.33}$$

这一对方程就是式 (1.53) 和式 (1.54) 在赝黎曼流形上的推广。

但是，与狭义相对论流体的情况不同，我们无法通过式 (3.30) 来建立流体的能流守恒条件，因为无法找到一个类时的矢量场使得 $v^\mu v_\mu = -c^2$ 且 $\nabla_\mu v_\nu = 0$。如果

只考虑时空中一个非常小的区域，我们可以找到近似满足方程 $\nabla_\mu v_\nu \simeq 0$ 的矢量场 v_ν，在此基础上可以建立近似的能流守恒条件。赝黎曼时空中无法严格建立流体能流守恒方程的物理原因是引力会在流体流动的过程中对其做功。

作为一个特例，我们来考虑赝黎曼时空中的**静态流体**。静态流体存在的先决条件之一是**时空本身是静态的**，即度规不显含时间坐标 t 并且在时间反演 $t \leftrightarrow -t$ 下不变。 显然，静态时空要求度规中不含有非零的时间－空间非对角项 g_{0i}，因此，$g^{00} = (g_{00})^{-1}$。静态时空中的流体微元的固有速度若只有时间分量非零，即

$$u_0 = -c\sqrt{-g_{00}}, \quad u_i = 0,$$

则称这样的流体是静态的。由于流体微元的固有速度的空间分量为零，静态流体中的压强以及质量密度的空间分布都不随时间变化。将上式代入式 (3.33) 可得：

$$\nabla_\nu P = -(\rho + P/c^2)u^\mu \nabla_\mu u_\nu = (\rho + P/c^2)u^0 \Gamma^0_{\nu 0} u_0. \tag{3.34}$$

不难求出

$$\Gamma^0_{\nu 0} = \frac{1}{2}(g_{00})^{-1}\partial_\nu g_{00} = \partial_\nu \log\sqrt{-g_{00}}.$$

另一方面，

$$u^0 = g^{00}u_0 = \frac{c}{\sqrt{-g_{00}}}.$$

将以上关系式代入式 (3.34)，可得①

$$\nabla P = -(\rho c^2 + P)\nabla \log\sqrt{-g_{00}}.$$

若考虑弱场近似，则 $\rho c^2 \gg P$, $\log\sqrt{-g_{00}} \simeq \dfrac{\phi}{c^2}$，因此，上式成为

$$\nabla P = -\rho\nabla\phi = \rho\boldsymbol{g},$$

其中，$\boldsymbol{g} = -\nabla\phi$ 是重力加速度。上式正是牛顿引力场中的非相对论流体的静平衡条件。

3.4　引力场方程

3.4.1　牛顿引力场方程

在牛顿引力理论中，除了人人熟知的描述质点在其他物质的引力作用下运动的万有引力定律外，还有一个描述引力场自身分布的场方程，称为泊松方程：

$$\nabla^2\phi = 4\pi G\rho, \tag{3.35}$$

①方程 (3.34) 的类时分量是平凡的，因此只剩下类空分量。

其中，∇^2 是拉普拉斯算符，G 是牛顿万有引力常数，ρ 是引力源的质量密度。

泊松方程的形式与纯静电场所满足的场方程可以作一类比。这两者产生的力都服从平方反比规律。对于静电场，麦克斯韦理论中的矢量势 $\boldsymbol{A}$ 可以取作零，因此有

$$\boldsymbol{E} = -\nabla\varphi.$$

这时，高斯定理 $\nabla\cdot\boldsymbol{E} = \dfrac{\rho_e}{\varepsilon_0}$ 用标量势 φ 可表达为

$$\nabla^2\varphi = -\frac{\rho_e}{\varepsilon_0}, \tag{3.36}$$

式中 ρ_e 为静电源的电荷密度。对比式 (3.35) 和式 (3.36)，可以断言：牛顿引力场的“场强”——也就是重力加速度 $\boldsymbol{g} = -\nabla\phi$——满足高斯定理

$$\nabla\cdot\boldsymbol{g} = -4\pi G\rho.$$

考虑真空中处于坐标原点处的质点产生的牛顿引力。这时泊松方程写作

$$\nabla^2\phi = 4\pi GM\delta(\boldsymbol{x}), \tag{3.37}$$

式中，M 是质点的质量。这个方程的解为

$$\phi = -\frac{GM}{r}. \tag{3.38}$$

对应的场强度为

$$\boldsymbol{g} = -\nabla\phi = -\frac{GM}{r^3}\boldsymbol{x}.$$

将这个结果代入式 (3.14)，有

$$m\frac{\mathrm{d}^2\boldsymbol{x}}{\mathrm{d}t^2} = -G\frac{mM}{r^3}\boldsymbol{x}. \tag{3.39}$$

这正是牛顿万有引力作用下质点的运动方程。

将式 (3.38) 代入式 (3.16)，我们可以写出一个孤立质点所产生的引力场的度规分量 g_{00}：

$$g_{00} = -1 - \frac{2\phi}{c^2} = -\left(1 - \frac{2GM}{c^2 r}\right). \tag{3.40}$$

由于我们尚未写出相对论引力场方程的具体形式，上式还不能被当作相对论引力场的结果，而是仅在弱场近似下才有意义。

3.4.2 相对论引力场方程

质点的牛顿引力起源于源质点的质量，连续分布的物质的牛顿引力则与源物质的质量分布，也就是质量密度函数密切相关。在相对论意义下，物质的质量与能量不再可以区分，而连续分布的物质的能量密度仅仅是能动量张量 $T^{\mu\nu}$ 对观测者的速度矢量场 v^{μ} 的特殊投影 $T^{\mu\nu}v_{\mu}v_{\nu}/c^2$。在不同的观测者看来，对能量密度起主要贡献的可能是 $T^{\mu\nu}$ 的不同的分量，因此，相对论引力场的源不应该局限于 $T^{\mu\nu}$ 的某些特殊分量，而应该就是整个张量 $T^{\mu\nu}$。

另一方面，从赝黎曼时空中质点运动方程的牛顿极限我们已经了解到，引力的势来源于时空度规。因此，相对论的引力场方程的可能结构是：用时空度规构造出来的某个张量与源物质的能动量张量呈等式关系。考虑到一般物理运动的方程最多只含有关于时间的二阶导数，寻找相对论引力场方程所需的张量的范围进一步缩小。此外，由于引力源的能动量张量要满足协变散度为零的条件式 (3.30)，我们要寻找的张量也必须具有协变散度为零这个性质。

在第 2 章我们已经指出，在完全由度规及其不超过二阶导数构成的张量中，只有爱因斯坦张量

$$G_{\mu\nu} = R_{\mu\nu} - \frac{1}{2}g_{\mu\nu}R$$

以及度规自身满足协变散度为零这个条件。因此，对相对论引力场方程的一个合理的推测是

$$R_{\mu\nu} - \frac{1}{2}g_{\mu\nu}R + \Lambda g_{\mu\nu} = \kappa T_{\mu\nu}, \tag{3.41}$$

其中，Λ 和 κ 是两个比例常数。式 (3.41) 就是著名的*爱因斯坦方程*。常数 Λ 叫做*宇宙学常数*，κ 叫做爱因斯坦引力常数。将来我们会证明，κ 与牛顿引力常数 G 并不独立。

需要指出的是：爱因斯坦方程是一个张量场方程，方程中的各项需要在时空中同一事件处取值。换言之，这是一个局域的场方程。用局域的场方程来描写引力，有效地避免了牛顿引力中超距作用的问题。如果在时空中的某些区域，引力源的能动量张量取值为零，就称该区域是*真空区域*。这时，爱因斯坦方程变为

$$R_{\mu\nu} - \frac{1}{2}g_{\mu\nu}R + \Lambda g_{\mu\nu} = 0. \tag{3.42}$$

用 $g^{\mu\nu}$ 对式 (3.42) 作一次缩并，可得

$$(n-2)R = 2n\Lambda.$$

当 $n=2$ 时，唯有 $\Lambda=0$ 才能使得爱因斯坦方程自洽。若 $n>2$，我们有

$$R = \frac{2n}{n-2}\Lambda.$$

所以，真空爱因斯坦方程的解必为常曲率流形。将上式代回到式 (3.42) 中去，结果得到

$$R_{\mu\nu} = \frac{2\Lambda}{n-2} g_{\mu\nu}, \tag{3.43}$$

这是真空爱因斯坦方程的另一种写法。在微分几何学中，Ricci 曲率正比于度规的流形称为*爱因斯坦流形*。真空爱因斯坦方程的解必为爱因斯坦流形。当然，在绝大多数情形，我们关心的时空是 4 维的，因此以上最后的两个公式中应该取 $n=4$。

由于 Minkowski 时空是黎曼平坦的，其 Ricci 标量必为零。因此，对于 Λ 非零的情形， Minkowski 时空不会是爱因斯坦方程的解。然而，在引力场较弱的情形，例如我们地球人生活的引力环境，无数局域的物理实验均证实 Minkowski 时空是我们的物理时空的非常好的数学描述。为了解释这一矛盾的局面，必须要求宇宙学常数要充分小，以至于在时空中的较小的区域内可以完全忽略它的影响。将来我们会看到，无论宇宙学常数有多么小，当考虑的问题涉及整个宇宙的演化时，终有一个阶段它会起主导作用。

值得说明的是，当只考虑真空中的引力场，并且忽略宇宙学常数时，爱因斯坦方程退化为 Ricci 平坦条件

$$R_{\mu\nu} = 0.$$

这时，引力场的全部物理自由度都包含在 Weyl 张量中，因为这时黎曼张量的所有迹均为零。

3.5 引力变分原理

3.5.1 作用量变分与爱因斯坦方程

在经典物理学中人们根据运动方程来求解物质的运动状态及其演化规律。在量子物理学中，人们根据相互作用的类型来分析各种可能的物理过程，包括在壳 (经典运动方程成立) 及不在壳 (经典运动方程不成立) 的过程发生的几率。而联系经典和量子物理的纽带则是作用量及其路径积分。

在经典物理学中，运动方程可以通过对作用量的变分来求得。对于爱因斯坦引力场方程，同样也可以构造一个变分问题，使场方程成为作用量取极值的条件。

为了通过变分获得爱因斯坦引力场方程，我们引入如下的作用量:

$$S = \frac{1}{c}(S_{\mathrm{EH}} + S_M), \tag{3.44}$$

$$S_{\mathrm{EH}} = \frac{1}{2\kappa}\int \mathrm{d}^n x \sqrt{g}(R - 2\Lambda), \tag{3.45}$$

$$S_M = \int \mathrm{d}^n x \sqrt{g} \mathcal{L}_M, \tag{3.46}$$

其中，S_{EH} 又称作爱因斯坦—希尔伯特作用量，它是纯引力场的作用量；S_M 是源物质的作用量 ($\mathcal{L}_M$ 是源物质的拉格朗日密度)。式 (3.44) 中出现公共因子 $\dfrac{1}{c}$ 的原因是：作用量原本是拉格朗日量对时间的积分，现在改成了对 $x^0 = ct$ 的积分，因此需要额外除以 c 以保证量纲正确。这个额外的公因子在所有相对论协变的作用量中都会出现，因此，在不考虑量子化时可以忽略这个因子。在广义相对论中，源物质指的是除引力 (即度规场) 以外的所有场。这与量子场论中将规范场以外的场称作物质场是不同的。当然，时空的维数通常应该为 $n = 4$，但是我们尽可能在公式中保持维数的一般性。

我们需要对作用量式 (3.44) 关于 $g^{\mu\nu}$ 来求变分，然后找出变分结果为零 (即作用量取极值) 的条件。为此，我们先计算 S_{EH} 对度规的变分。

$$\delta S_{\mathrm{EH}} = \frac{1}{2\kappa} \int \mathrm{d}^n x \left[\delta\sqrt{g}\,(R - 2\Lambda) + \sqrt{g}\,\delta R \right] \tag{3.47}$$

根据式 (2.40)，我们有

$$\delta\sqrt{g} = \frac{\delta\sqrt{g}}{\delta g_{\rho\sigma}} \delta g_{\rho\sigma} = \frac{1}{2\sqrt{g}} \frac{\delta g}{\delta g_{\rho\sigma}} \delta g_{\rho\sigma} = \frac{1}{2}\sqrt{g} g^{\rho\sigma} \delta g_{\rho\sigma}. \tag{3.48}$$

根据 $g^{\rho\sigma} g_{\sigma\lambda} = \delta^{\rho}{}_{\lambda}$ 容易得到

$$\delta g_{\rho\sigma} = -g_{\rho\mu} g_{\nu\sigma} \delta g^{\mu\nu}. \tag{3.49}$$

因此，

$$\delta\sqrt{g} = -\frac{1}{2}\sqrt{g} g_{\mu\nu} \delta g^{\mu\nu}. \tag{3.50}$$

为求出 δR，我们首先注意到 $R = g^{\mu\nu} R_{\mu\nu}$，所以 $\delta R = \delta g^{\mu\nu} R_{\mu\nu} + g^{\mu\nu} \delta R_{\mu\nu}$。利用式 (2.58)，我们有

$$\begin{aligned}
\delta R_{\mu\nu} &= \delta R^{\rho}{}_{\mu\rho\nu} \\
&= \partial_\rho \delta\Gamma^{\rho}_{\mu\nu} - \partial_\nu \delta\Gamma^{\rho}_{\mu\rho} + \delta\Gamma^{\rho}_{\rho\lambda}\Gamma^{\lambda}_{\mu\nu} + \Gamma^{\rho}_{\rho\lambda}\delta\Gamma^{\lambda}_{\mu\nu} - \delta\Gamma^{\rho}_{\nu\lambda}\Gamma^{\lambda}_{\mu\rho} - \Gamma^{\rho}_{\nu\lambda}\delta\Gamma^{\lambda}_{\mu\rho} \\
&= \nabla_\rho \delta\Gamma^{\rho}_{\mu\nu} - \nabla_\nu \delta\Gamma^{\rho}_{\rho\mu},
\end{aligned}$$

式中，我们已经利用了 $\delta\Gamma^{\rho}_{\mu\nu}$ 是联络的差值，因而是张量这个性质。所以，我们有

$$\begin{aligned}
\delta R &= \delta g^{\mu\nu} R_{\mu\nu} + g^{\mu\nu} \delta R_{\mu\nu} \\
&= \delta g^{\mu\nu} R_{\mu\nu} + g^{\mu\nu} (\nabla_\rho \delta\Gamma^{\rho}_{\mu\nu} - \nabla_\nu \delta\Gamma^{\rho}_{\rho\mu}) \\
&= \delta g^{\mu\nu} R_{\mu\nu} + \nabla_\rho (g^{\mu\nu} \delta\Gamma^{\rho}_{\mu\nu} - g^{\rho\sigma} \delta\Gamma^{\mu}_{\mu\sigma}).
\end{aligned} \tag{3.51}$$

上式右边最后一项是一个矢量场

$$w^\rho \equiv g^{\mu\nu}\delta\Gamma^\rho_{\mu\nu} - g^{\rho\sigma}\delta\Gamma^\mu_{\mu\sigma}$$

的协变散度。将式 (3.50) 和式 (3.51) 代入式 (3.47)，可得

$$\delta S_{\rm EH} = \frac{1}{2\kappa}\int {\rm d}^n x\sqrt{g}\left[\left(R_{\mu\nu} - \frac{1}{2}g_{\mu\nu}R + \Lambda g_{\mu\nu}\right)\delta g^{\mu\nu} + \nabla_\rho w^\rho\right]. \tag{3.52}$$

式中最后一项是一个全散度的积分，对于这一项我们将在 3.5.2 节来讨论，目前暂时假定它对我们的变分问题没有贡献。这样，对完整的作用量变分的问题就仅剩下对源物质的作用量 S_M 的变分需要解决了。

定义

$$T_{\mu\nu} = -\frac{2}{\sqrt{g}}\frac{\delta(\sqrt{g}\mathcal{L}_M)}{\delta g^{\mu\nu}} \tag{3.53}$$

为源物质的**能动量张量**，我们有

$$\delta S_M = -\frac{1}{2}\int {\rm d}^n x\sqrt{g}\,T_{\mu\nu}\delta g^{\mu\nu}. \tag{3.54}$$

结合式 (3.52) 和式 (3.54)，我们可以发现，使得 $\delta S = 0$ 的条件正是爱因斯坦方程 (3.41)。

爱因斯坦方程 (3.41) 是一个非常有趣的方程。方程的左边完全由时空的几何特征给出，而右边完全是由源物质的物理特征决定的。因此，爱因斯坦方程暗示着在广义相对论中，时空的几何不再仅仅是物理运动的容器，同时它也被物理运动影响；另一方面，物理运动的方式也不能全无限制，它总是受到时空几何的制约。时空几何对物理运动的制约其实就是我们所说的引力。

3.5.2 Gibbons-Hawking-York 边界项

在上一小节中的变分问题中，爱因斯坦－希尔伯特项的变分结果式 (3.52) 中出现了一个全散度的体积分

$$\mathcal{B} \equiv \frac{1}{2\kappa}\int {\rm d}^n x\sqrt{g}\,\nabla_\rho w^\rho = \frac{1}{2\kappa}\int {\rm d}^n x\sqrt{g}\,\nabla_\rho(g^{\mu\nu}\delta\Gamma^\rho_{\mu\nu} - g^{\rho\sigma}\delta\Gamma^\mu_{\mu\sigma}).$$

利用 Stokes 定理，可以将这个全散度积分写为流形 $\mathcal{M}$ 的边界上的面积分

$$\mathcal{B} = \frac{1}{2\kappa}\int_{\mathcal{M}} {\rm d}^n x\sqrt{g}\,\nabla_\rho w^\rho = \frac{1}{2\kappa}\int_{\partial\mathcal{M}} {\rm d}^{n-1} x\sqrt{h}\,n_\rho w^\rho,$$

其中，n_ρ 是 $\partial\mathcal{M}$ 的法矢量，h 是 $\partial\mathcal{M}$ 上的诱导度规的行列式的绝对值。

作用量变分中出现全散度项是理论物理中经常遇到的情况。如果出现的全散度项中仅含有广义坐标的变分，通过选择固定的边界条件 (即广义坐标在边界上的变分为零) 的方法可以直接去除这类散度项。但是就目前我们所面对的问题而言，上述全散度项中不仅包含度规的变分，同时还含有度规的导数的变分。这两类变分不能同时全部取作零，否则将对引力场方程构成过强的限制以至于场方程最终可能无解。因此，需要引入恰当的抵消项来改进变分问题。

边界抵消项的最直观的选择为

$$S_B = \frac{1}{2\kappa}\int_{\mathcal{M}} \mathrm{d}^n x\sqrt{g}\,\nabla_\rho A^\rho = \frac{1}{2\kappa}\int_{\partial\mathcal{M}} \mathrm{d}^{n-1}x\sqrt{h}\,n_\rho A^\rho, \tag{3.55}$$

其中，

$$A^\rho = g^{\rho\sigma}\Gamma^\mu_{\mu\sigma} - g^{\mu\nu}\Gamma^\rho_{\mu\nu}.$$

在固定的边界条件 $(\delta g^{\mu\nu}|_{\partial\mathcal{M}} = 0)$ 下，容易看出

$$\delta S_B + \mathcal{B} = 0.$$

因此，只要在原来的作用量式 (3.44) 中将 S_{EH} 改成

$$S_{\mathrm{E}} \equiv S_{\mathrm{EH}} + S_B = \frac{1}{2\kappa}\int_{\mathcal{M}} \mathrm{d}^n x\sqrt{g}(R - 2\Lambda + \nabla_\rho A^\rho),$$

就可以使前述变分问题得到良好的定义。由于

$$R + \nabla_\rho A^\rho = g^{\rho\sigma}(\Gamma^\nu_{\mu\rho}\Gamma^\mu_{\nu\sigma} - \Gamma^\mu_{\mu\nu}\Gamma^\nu_{\rho\sigma}),$$

S_{E} 又可以写成

$$S_{\mathrm{E}} = \frac{1}{2\kappa}\int_{\mathcal{M}} \mathrm{d}^n x\sqrt{g}\left[g^{\rho\sigma}(\Gamma^\nu_{\mu\rho}\Gamma^\mu_{\nu\sigma} - \Gamma^\mu_{\mu\nu}\Gamma^\nu_{\rho\sigma}) - 2\Lambda\right].$$

这个作用量的好处是其中的拉格朗日密度只含有度规一阶导数的二次型而不含有度规的二阶导数。S_{E} 是爱因斯坦实际上曾经使用过的作用量形式。

必须指出的是：作用量中需要添加的边界项的选择并不是唯一的。这是因为，对于两个不同的边界积分

$$S_{B1} = \int_{\partial\mathcal{M}} \mathrm{d}^{n-1}x\sqrt{h}\,\mathcal{L}_{B1}, \quad S_{B2} = \int_{\partial\mathcal{M}} \mathrm{d}^{n-1}x\sqrt{h}\,\mathcal{L}_{B2},$$

如果 $\mathcal{L}_{B1}$ 和 $\mathcal{L}_{B2}$ 对度规的变分之差只依赖于 $\delta g^{\mu\nu}$ 及其切向导数而不依赖于 $\delta g^{\mu\nu}$ 的法向导数 (在固定边界条件下，度规变分沿边界的切向导数自动为零)，那么两者

对原作用量的修正效果将是相同的。实际上在广义相对论中最常用的边界作用量是

$$S_{\mathrm{GHY}} = \frac{1}{\kappa}\int_{\partial\mathcal{M}} \mathrm{d}^{n-1}x\sqrt{h}\,K, \tag{3.56}$$

式中 K 是边界超曲面的外曲率的迹，其定义由式 (2.96) 给出。边界作用量 S_{GHY} 称为 Gibbons-Hawking-York 边界项。事实上，直接计算可以得出

$$n_\rho A^\rho = 2K - 2h^{\rho\sigma}\partial_\sigma n_\rho + n^\mu h^{\rho\sigma}\partial_\rho g_{\sigma\mu}.$$

上式两端在流形的边界上积分，容易看出式 (3.55) 中定义的边界项 S_B 与 Gibbons-Hawking-York 边界项式 (3.56) 相差的部分在对度规作变分后只依赖于 $\delta g^{\mu\nu}$ 及其切向导数，因此在固定的边界条件下 S_B 与 S_{GHY} 作为边界项的效果是相同的。

3.6 最大对称真空解与宇宙常数

在 3.4.2 节中已经提到，真空爱因斯坦方程的解必为爱因斯坦流形。当宇宙学常数为零时，具有最大对称性的真空解就是 Minkowski 流形。由于这个流形是黎曼平坦的，因此是最平凡的赝黎曼流形。在本节中，我们将考虑具有非零宇宙学常数的最大对称真空解。这样的真空解叫做 de Sitter(dS) 或反 de Sitter(AdS) 解，分别对应宇宙学常数 $\Lambda > 0$ 和 $\Lambda < 0$ 的情况。在本节中我们直接选定时空的维数为 $n = 4$。

首先，让我们回顾真空爱因斯坦方程

$$R_{\mu\nu} - \frac{1}{2}g_{\mu\nu}R + g_{\mu\nu}\Lambda = 0. \tag{3.57}$$

宇宙学常数项可以移动到爱因斯坦方程等号的右边，并看成是一个等效流体的能动量张量，即

$$R_{\mu\nu} - \frac{1}{2}g_{\mu\nu}R = \kappa(T^\Lambda)_{\mu\nu}, \tag{3.58}$$

$$(T^\Lambda)_{\mu\nu} = -\frac{1}{\kappa}\Lambda g_{\mu\nu}. \tag{3.59}$$

对于时空中的静态观测者，固有速度为

$$u^\mu = \left[c(-g_{00})^{-1/2}, 0, 0, 0\right].$$

因此，我们有

$$\varepsilon_{\mathrm{vac}} \equiv (T^\Lambda)_{\mu\nu}u^\mu u^\nu c^{-2} = -\frac{1}{\kappa}\Lambda g_{\mu\nu}u^\mu u^\nu c^{-2} = \frac{\Lambda}{\kappa}.$$

因此，Λ 正比于 $\varepsilon_{\mathrm{vac}}$。另一方面，对照完美流体的能动量张量的一般形式 (3.31)，又可以从式 (3.59) 得出

$$P_{\mathrm{vac}} = -\frac{\Lambda}{\kappa}.$$

以上引入的 $\varepsilon_{\mathrm{vac}}$ 和 P_{vac} 分别称为真空的能量密度和压强。一个令人困惑的事实是：如果真空的能量密度是正的，则其压强必为负值。

历史上第一个含非零宇宙学常数的爱因斯坦真空解是由 de Sitter 在 1916 年发现的，其度规由以下线元给出：

$$\mathrm{d}s^2 = -\left(1 - \frac{\Lambda r^2}{3}\right) c^2\mathrm{d}t^2 + \left(1 - \frac{\Lambda r^2}{3}\right)^{-1} \mathrm{d}r^2 + r^2(\mathrm{d}\theta^2 + \sin^2\theta\mathrm{d}\varphi^2). \tag{3.60}$$

当 $\Lambda = 0$ 时，式 (3.60) 就是 Minkowski 度规。当 $\Lambda > 0$ 时，式 (3.60) 对应的时空称为 de Sitter 时空 (dS)；而 $\Lambda < 0$ 时，式 (3.60) 给出的时空称为反 de Sitter 时空 (AdS)。不难验证度规式 (3.60) 满足真空爱因斯坦方程 (3.57)。在 $\Lambda \neq 0$ 的情况下，当 r 的绝对值比较大时，度规中与 Λ 有关的项将起主导作用。因此，(A)dS 时空与 Minkowski 时空具有完全不同的渐近行为。在方程 (3.60) 所采用的坐标系下，坐标时间与处于 $r = 0$ 处的静态观测者的固有时间一致。

为了对 (A)dS 时空有个更直观的概念，我们来分析一下如何不求解爱因斯坦方程而直接得到式 (3.60)。

当 $\Lambda > 0$ 时，可以令

$$\frac{3}{\Lambda} = \ell^2, \qquad (\ell > 0), \tag{3.61}$$

从而将 dS 度规写为

$$\mathrm{d}s^2 = -\left(1 - \frac{r^2}{\ell^2}\right) c^2\mathrm{d}t^2 + \left(1 - \frac{r^2}{\ell^2}\right)^{-1} \mathrm{d}r^2 + r^2(\mathrm{d}\theta^2 + \sin^2\theta\mathrm{d}\varphi^2). \tag{3.62}$$

显然，为了让度规式 (3.62) 保持为静态的，坐标 r 的取值范围必须受限：$0 \leqslant r \leqslant \ell$。$r = \ell$ 的球面是度规的坐标奇异面，但是不是曲率奇异面，因为整个 dS 时空具有常数标曲率。这个奇异面实际上是 dS 时空中的一个因果边界，称为**宇宙学视界**。

度规式 (3.62) 可以通过 dS 时空到 5 维 Minkowski 时空的嵌入来获得。首先，我们在 5 维 Minkowski 时空上选定平直的坐标系 $X^\mu = (T, x, y, z, w)$。这样就可以将该时空的度规写为

$$\mathrm{d}s^2 = -\mathrm{d}T^2 + \mathrm{d}x^2 + \mathrm{d}y^2 + \mathrm{d}z^2 + \mathrm{d}w^2. \tag{3.63}$$

我们将证明，在上述坐标系下，dS 时空等价于 5 维 Minkowski 时空中的伪球面

$$x^2 + y^2 + z^2 + w^2 - T^2 = \ell^2. \tag{3.64}$$

为了证明这一陈述，先利用球坐标系将空间坐标 (x, y, z) 重新描述：

$$
\begin{aligned}
x &= r\sin\theta\cos\varphi, \\
y &= r\sin\theta\sin\varphi, \\
z &= r\cos\theta,
\end{aligned} \tag{3.65}
$$

其中，

$$
\begin{aligned}
&0 \leqslant r < +\infty, \\
&0 \leqslant \theta < \pi, \\
&0 \leqslant \varphi < 2\pi.
\end{aligned}
$$

这样，方程 (3.64) 可以重写为

$$
w^2 - T^2 = \ell^2 - r^2. \tag{3.66}
$$

引进一个新的坐标 t，可以进一步把 w 和 T 重新参数化。具体地说，当 $r < \ell$ 时，可以令

$$
\begin{aligned}
w &= \pm\sqrt{\ell^2 - r^2}\cosh\frac{ct}{\ell}, \\
T &= \pm\sqrt{\ell^2 - r^2}\sinh\frac{ct}{\ell},
\end{aligned} \tag{3.67}
$$

当 $r > \ell$ 时，可选择

$$
\begin{aligned}
w &= \pm\sqrt{r^2 - \ell^2}\sinh\frac{ct}{\ell}, \\
T &= \pm\sqrt{r^2 - \ell^2}\cosh\frac{ct}{\ell}.
\end{aligned} \tag{3.68}
$$

在式 (3.67) 和式 (3.68) 中，新坐标 t 的取值范围是

$$
-\infty < t < +\infty.
$$

将式 (3.65) 与式 (3.67) 或式 (3.68) 代入式 (3.63)，结果就是式 (3.62)。上述构造的几何实质是将 4 维 dS 时空当做 5 维 Minkowski 时空中的一个余 1 维的超曲面看待，而 dS 度规式 (3.62) 则自动成为超曲面上的诱导度规。事实上，如果将 dS 坐标记为 $x^a = (t, r, \theta, \varphi)$，并定义 $e^\mu{}_a = \dfrac{\partial X^\mu}{\partial x^a}$，则很容易看出，式 (3.62) 所给出的度规与 5 维的 Minkowski 度规之间的关系满足式 (2.92)。

若忽略坐标 (x, y)，我们可以将曲面 dS 的示意图画出来 (图 3.1)。这是一个以 T 轴为对称轴的旋转双曲面，它是一个直纹面，其中的直线对应 $T \pm w = 0$ 绕 T

轴转动经过的径迹，它们是 dS 时空中光的径迹。在图中，$z=$ 常数的平面与 dS 双曲面的交线对应常数 r 所对应的球面。其中，$r=\ell$ 的球面在式 (3.60) 中是个奇异球面，称为**视界**。在图中容易看出这仅仅是个坐标奇异面。在度规式 (3.62) 中可以清楚地看出视界面是一个因果界面，它是处于 $r=0$ 处的静态观测者所能看到的时空区域的边界。

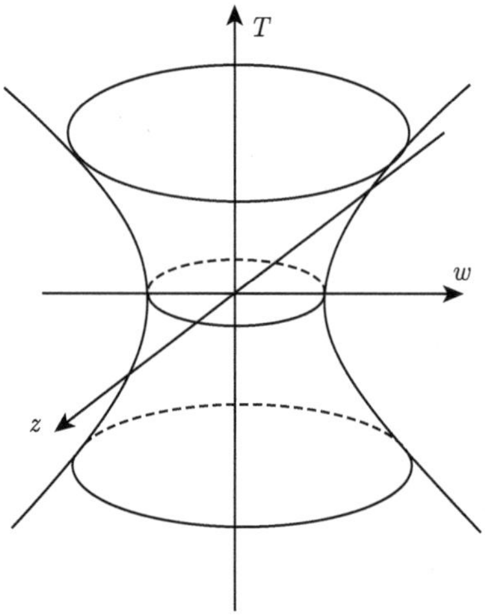

图 3.1　de Sitter 时空示意图

同样我们可以忽略坐标轴 (z,w) 而画出 (x,y,T) 三个坐标张成的图形。这个图和图 3.1 非常类似，唯一的不同之处是坐标 (z,w) 将分别由 (x,y) 取代。

容易看出，式 (3.64) 具有 $O(4,1)$ 群对称性。这是 $(3+1)$ 维 dS 时空的保度规变换群，它的地位就象 $(3+1)$ 维 Minkowski 时空中的 Lorentz 群一样。利用这个对称群中的对称变换，可以将任意点 (x,y,z) 变到 $(0,0,0)$ 处。换言之，通过 dS 时空中的坐标变换可以将该时空中任意点置放于坐标系的原点而保持度规的形式不变。因此，dS 时空具有均匀性。由于视界的位置与坐标选取有关，因而，dS 时空中不同点的观测者具有不同的视界，尽管所有的观测者都会同意视界的半径是同一个数值。

当 $\Lambda<0$ 时，我们假定

$$\frac{3}{\Lambda}=-\ell^2,\qquad (\ell>0). \tag{3.69}$$

这样，AdS 度规可以写为

$$\mathrm{d}s^2=-\left(1+\frac{r^2}{\ell^2}\right)c^2\mathrm{d}t^2+\left(1+\frac{r^2}{\ell^2}\right)^{-1}\mathrm{d}r^2+r^2(\mathrm{d}\theta^2+\sin^2\theta\mathrm{d}\varphi^2). \tag{3.70}$$

和 dS 情形类似，我们仍希望将 AdS 时空映射为某一高维平坦时空中的超曲面。不同的是我们现在必须考虑 5 维伪 Minkowski 时空

$$\mathrm{d}s^2 = -\mathrm{d}T^2 - \mathrm{d}w^2 + \mathrm{d}x^2 + \mathrm{d}y^2 + \mathrm{d}z^2, \tag{3.71}$$

注意其中有两个类时的方向。在这个时空中 AdS 曲面映射为

$$x^2 + y^2 + z^2 - w^2 - T^2 = -\ell^2. \tag{3.72}$$

引入球坐标系式 (3.65) 后，w 和 T 可以进一步参数化为

$$\begin{aligned} w &= \pm\sqrt{\ell^2 + r^2}\cos\frac{ct}{\ell}, \\ T &= \pm\sqrt{\ell^2 + r^2}\sin\frac{ct}{\ell}. \end{aligned} \tag{3.73}$$

将式 (3.65) 和式 (3.73) 代入式 (3.71) 即得式 (3.70)。

若忽略掉坐标 x 和 y，同样可以将 AdS 曲面画出，其图形和 dS 时空的图形 (图 3.1) 也非常相似，不同的是坐标轴 z 和 T 的地位要互相交换 (如图 3.2(a))。因此，在 AdS 时空中，$r=$ 常数的点表现为水平的圆周。由于刻画这种圆周的参数是我们当作是时间的坐标 t，因此图 3.2(a) 中的定点 $r=$ 常数经过时间 $t=2\pi a$ 后可能回到原来的时刻所具有的状态。解决这一困扰的办法之一是将图 3.2(a) 想象成一个具有多层结构的缠绕图。每个不同 “周期” 的点落在不同的层面上，这样就避免了因果律上的困难。如果忽略坐标 z 和 w, 那么，相应的 AdS 时空图形则变得完全不同了。从图 3.2(b) 可以看出，AdS 时空实际上是由两个不连通的部分组成的。

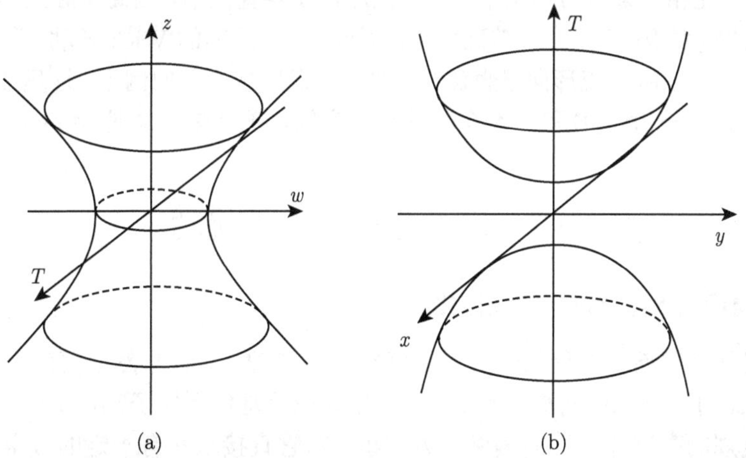

图 3.2 反 de Sitter 时空示意图

(a) 忽略坐标 x, y 时的 AdS 时空; (b) 忽略坐标 z, w 时的 AdS 时空

与 dS 度规式 (3.62) 不同，AdS 度规式 (3.70) 中不明显包含任何因果边界。这实际上是一个坐标选择导致的假象。在式 (3.70) 中，我们所选择的坐标系刚好能够覆盖 AdS 时空中的一个因果区域。如果采用了更合适的坐标系，AdS 时空也会表现出不同的因果区域，它们之间的界面也是视界。关于 AdS 时空的进一步讨论，请参考附录 B。

根据嵌入式 (3.72) 的具体形式，我们可以容易地得出 AdS 时空的保度规变换群，这个群就是 $O(3,2)$ ，也称 AdS 群。de Sitter 群和 AdS 群都包含 Lorentz 群作为它们的子群。

有必要指出：含非零宇宙学常数的最大对称真空解不仅具有纯理论上的意义。1999 年以来，通过各种不同手段进行的观测统一地指向一个共同的结果，即整个宇宙目前在加速膨胀。这种加速膨胀的宇宙的渐近极限恰好就是 dS 真空。观测表明，如果宇宙的加速膨胀是通过宇宙学常数驱动的，那么这个常数的数值会非常小，其估计值大约为 $\Lambda \simeq 10^{-52}\,\mathrm{m}^{-2}$。关于宇宙学常数与时空加速膨胀之间的关系，我们留待第 9 章再详细讨论。

本节中所讨论的 dS 以及 AdS 时空向高维 (伪)Minkowski 时空中的嵌入是黎曼几何学中一类具有一般性的嵌入定理的特例，并且经过了适当的 Wick 转动。黎曼几何学中最重要的嵌入定理当属 Nash① 嵌入定理。Nash 嵌入定理的基本内容是：**任意一个 m 维黎曼流形 M 都可以整体且保度规地嵌入到 $\mathbb{R}^n\,(n \geqslant m+1)$ 中去。**这里，保度规的含义是：在嵌入映射下，流形 M 中任意一条曲线的长度保持不变。具体到度规张量，这相当于说 M 上的度规与它作为 $\mathbb{R}^n$ 中的超曲面所获得的诱导度规一致。在相对论引力理论中，时空流形是赝黎曼流形，因此实际上 Nash 嵌入定理的前提 (度规的正定性) 被破坏了。不过，通过适当的 Wick 转动，我们依然可以得到一些弯曲时空流形向平直流形 $\mathbb{R}^{m,n}$ 作保度规嵌入的例子，这里 $\mathbb{R}^{m,n}$ 指的是度规中具有 m 个正号和 n 个负号的平直空间，例如 $\mathbb{R}^{3,1}$ 就是 Minkowski 时空。

3.7 弱场极限与线性扰动

3.7.1 弱场极限与场方程的线性化

在已知爱因斯坦方程的最大对称真空解的基础上，很自然地要问的下一个问题是：如果时空度规偏离最大对称真空，结果应该是什么样子？由于爱因斯坦方程是关于度规的高度非线性的偏微分方程组，对它直接求解有一定的数学难度。因

①John Forbes Nash, (1928-06-13～2015-05-23)，美国数学家。曾因博弈论方面的卓越工作获得 1994 年诺贝尔经济学奖。2015 年又因非线性偏微分方程方面的工作获得数学界的大奖阿贝尔奖。2015 年 5 月 23 日 Nash 及其妻子在赴挪威领受阿贝尔奖后，于返回位于美国新泽西州的家中的途中因一场车祸去世。

此，本着循序渐进的原则，我们先来考察在弱场极限下线性化的引力场方程的一些行为。

我们暂且令 $\Lambda = 0$。这样，作为弱场背景的真空就是 Minkowski 流形。

首先，像式 (3.10) 一样，我们假定时空度规与 Minkowski 度规仅差一个微扰项：

$$g_{\mu\nu} = \eta_{\mu\nu} + h_{\mu\nu}.$$

这时，准确到 $h_{\mu\nu}$ 的线性级，联络可以表达为

$$\Gamma^{\rho}_{\mu\nu} = \frac{1}{2}\eta^{\rho\lambda}\left(\partial_\mu h_{\nu\lambda} + \partial_\nu h_{\mu\lambda} - \partial_\lambda h_{\mu\nu}\right).$$

在弱场极限下，升、降张量指标的操作用 $\eta^{\mu\nu}$ 和 $\eta_{\mu\nu}$ 来完成。根据 Ricci 曲率的定义，有

$$R_{\mu\nu} = \partial_\rho \Gamma^{\rho}_{\mu\nu} - \partial_\nu \Gamma^{\rho}_{\mu\rho} = \frac{1}{2}(\partial_\mu \partial^\rho h_{\rho\nu} + \partial_\nu \partial^\rho h_{\rho\mu} - \partial_\mu \partial_\nu h - \partial_\rho \partial^\rho h_{\mu\nu}), \tag{3.74}$$

其中 $h = h^{\mu}{}_{\mu}$。因此 Ricci 标曲率 R 可写为

$$R = \eta^{\mu\nu} R_{\mu\nu} = \partial^\mu \partial^\nu h_{\mu\nu} - \partial^\mu \partial_\mu h, \tag{3.75}$$

而爱因斯坦张量可以近似为

$$G_{\mu\nu} = \frac{1}{2}\Big[\partial_\mu \partial^\rho h_{\rho\nu} + \partial_\nu \partial^\rho h_{\rho\mu} - \partial_\mu \partial_\nu h - \partial^\rho \partial_\rho h_{\mu\nu} - \eta_{\mu\nu}(\partial^\rho \partial^\sigma h_{\rho\sigma} - \partial^\rho \partial_\rho h)\Big]. \tag{3.76}$$

引入张量①

$$\bar{h}_{\mu\nu} = h_{\mu\nu} - \frac{1}{2}\eta_{\mu\nu} h, \tag{3.77}$$

式 (3.76) 可以化为

$$G_{\mu\nu} = \frac{1}{2}\Big[\partial_\mu \partial^\rho \bar{h}_{\rho\nu} + \partial_\nu \partial^\rho \bar{h}_{\rho\mu} - \eta_{\mu\nu}\partial^\rho \partial^\sigma \bar{h}_{\rho\sigma} - \partial^\rho \partial_\rho \bar{h}_{\mu\nu}\Big]. \tag{3.78}$$

因此，宇宙学常数为零时的爱因斯坦方程可以近似地表达为线性化形式

$$\partial_\mu \partial^\rho \bar{h}_{\rho\nu} + \partial_\nu \partial^\rho \bar{h}_{\rho\mu} - \eta_{\mu\nu}\partial^\rho \partial^\sigma \bar{h}_{\rho\sigma} - \partial^\rho \partial_\rho \bar{h}_{\mu\nu} = 2\kappa T_{\mu\nu}. \tag{3.79}$$

正如前文所言，如果时空流形 $\mathcal{M}$ 上存在微分同胚映射 $\phi : \mathcal{M} \to \mathcal{M}$，那么 $g_{\mu\nu}$ 与 $\phi^* g_{\mu\nu}$ 被认为是等价的几何结构。在无穷小微扰的层面，这意味着 $h_{\mu\nu}$ 与

①本节中的张量都是 Lorentz 张量。

$\phi^* h_{\mu\nu} = h_{\mu\nu} + \pounds_\xi g_{\mu\nu}$ 是物理上等价的微扰，其中 ξ^μ 是单参数微分同胚群 $\{\phi_t\}$ 的无穷小生成元。因为

$$\pounds_\xi g_{\mu\nu} = \partial_\mu \xi_\nu + \partial_\nu \xi_\mu,$$

物理上等价的微扰之间的联系表现为一个规范变换

$$h_{\mu\nu} \to h_{\mu\nu} + \partial_\mu \xi_\nu + \partial_\nu \xi_\mu. \tag{3.80}$$

利用这一规范对称性，我们可以选择恰当的规范，使得

$$\partial^\rho \bar{h}_{\mu\rho} = 0. \tag{3.81}$$

这个规范称条件与电磁场的 Lorentz 规范条件很相似，因此也称为 Lorentz 规范。将 Lorentz 规范条件代入线性化的爱因斯坦方程 (3.79)，有

$$\partial^\rho \partial_\rho \bar{h}_{\mu\nu} = -2\kappa T_{\mu\nu}. \tag{3.82}$$

这个方程与通过电磁势表达的麦克斯韦方程 (1.43) 非常相似。

3.7.2　牛顿近似与泊松方程

在 3.1.2 节中，我们已经知道，要求得弯曲时空中质点力学的牛顿极限，引力场不仅需要是“弱”的 (即度规要具有式 (3.10) 那样的微扰形式)，同时，度规扰动还要满足缓变条件 $\partial_0 h_{\mu\nu} \ll \partial_i h_{\mu\nu}$。如果源物质用完美流体式 (3.31) 来描写，那么还必须要求 $u^\mu \simeq (c, \boldsymbol{v})$，$v^2/c^2 \ll 1$，以及 $P/c^2 \ll \rho$，$\partial_0 P \ll |\nabla P|$。在最低阶近似下，我们取 $\boldsymbol{v} = 0$，$P = 0$。在上述条件下，线性化引力场方程 (3.82) 变为

$$\nabla^2 \bar{h}_{00} = -2\kappa\rho c^2, \tag{3.83}$$

$$\nabla^2 \bar{h}_{0i} = \nabla^2 \bar{h}_{ij} = 0. \tag{3.84}$$

由于 $h_{\mu\nu}$ 是度规的微扰，我们有理由要求在时空无限远处 $h_{\mu\nu} = 0$。这相当于要求引力场在远离源物质的时空区域趋于零。但是，数学上满足方程 $\nabla^2 f = 0$ 且在空间无限远处趋于零的函数 f 具有唯一解 $f = 0$，因此，式 (3.84) 表明，在缓变极限下 $\bar{h}_{0i} = \bar{h}_{ij} = 0$。所以，我们有

$$\bar{h} = \eta^{\mu\nu} \bar{h}_{\mu\nu} = -\bar{h}_{00}.$$

另一方面，由式 (3.77) 可得

$$h_{\mu\nu} = \bar{h}_{\mu\nu} - \frac{1}{2}\eta_{\mu\nu}\bar{h}.$$

所以有

$$h_{00} = \frac{1}{2}\bar{h}_{00}.$$

因此，方程 (3.83) 变为

$$\nabla^2 h_{00} = -\kappa\rho c^2.$$

考虑到 h_{00} 与牛顿引力势 ϕ 之间的关系式 (3.15)，我们有

$$\nabla^2\phi = \frac{1}{2}\kappa c^4\rho.$$

对照牛顿引力势满足的泊松方程 (3.35)，我们得到一个重要的关系式:

$$\kappa = \frac{8\pi G}{c^4}. \tag{3.85}$$

式 (3.85) 给出了爱因斯坦引力常数与牛顿引力常数间的联系。

3.7.3 引力场的磁效应

在广义相对论中，引力场对应着时空流形的度规，而在牛顿极限下，只有度规的 00 分量才和牛顿引力有关。一个很自然的问题是：时空度规中其他分量的物理含义是什么？

为了部分地回答上述问题，让我们重新考察弱场极限下的爱因斯坦场方程以及对应的质点运动方程。在前文中分析爱因斯坦方程的弱场极限以及自由质点的运动方程的牛顿极限时，我们完全忽略了固有速度的空间分量。如果不忽略空间分量，将有关方程展开至 v^i 的线性级，所得结果将会有所不同。而这个额外多出来的修正恰好反映了爱因斯坦引力的另一类自由度，即所谓的引力场的磁效应。

为了简单，我们依然假定引力场的源是相对论完美流体，并且只考虑流体的尘埃极限，即 $P=0$。

由于假定 $v^2/c^2 \ll 1$，我们可以忽略固有时间与坐标时间的差异，从而流体微元或者质点的固有速度可以近似为 $u^\mu = (c, \boldsymbol{v})$，其中的空间分量 $\boldsymbol{v}$ 就是流体微元或者质点的空间坐标对坐标时间的导数：$\boldsymbol{v} = \mathrm{d}\boldsymbol{x}/\mathrm{d}t$。

线性化爱因斯坦方程 (3.82) 的 (0μ) 分量为

$$\partial^\rho\partial_\rho\bar{h}_{0\mu} = -2\kappa T_{0\mu} = 2\kappa\rho c u_\mu. \tag{3.86}$$

定义

$$A^{(g)}_\mu = -\frac{1}{4}c\bar{h}_{0\mu}, \tag{3.87}$$

$$J_\mu = \rho u_\mu,$$

并利用式 (3.85)，方程 (3.86) 变为

$$\partial^\rho \partial_\rho A_\mu^{(g)} = -\frac{4\pi G}{c^2} J_\mu. \tag{3.88}$$

这个方程正与 Lorentz 规范下的麦克斯韦方程 (1.43) 的形式完全一致，只不过现在的 $A_\mu^{(g)}$ 来源于引力场，而不是电磁场。注意方程 (3.87) 所定义的 $A_\mu^{(g)}$ 的空间分量全部来源于度规的时间－空间非对角分量。

现在我们回到质点的测地运动方程 (3.6)。在缓变条件下，将这个方程的空间分量展开至 v^i 的线性阶，我们有

$$\frac{\mathrm{d}^2 x^i}{\mathrm{d}t^2} - \frac{1}{2}c^2 \partial^i h_{00} + c\delta^{ik}(\partial_j h_{0k} - \partial_k h_{0j})v^j = 0. \tag{3.89}$$

由于

$$\phi = -\frac{1}{2}c^2 h_{00}, \qquad A_i^{(g)} = -\frac{1}{4}c\bar{h}_{0i} = -\frac{1}{4}ch_{0i},$$

引入定义

$$\partial_i A_j^{(g)} - \partial_j A_i^{(g)} = \varepsilon_{ijk} B^{(g)k}$$

后，可以将式 (3.89) 写为

$$\boldsymbol{a} = -\nabla\phi - 4\boldsymbol{v} \times \boldsymbol{B}^{(g)}. \tag{3.90}$$

这个方程是引力作用下质点所获加速度的更为精细的描述。与式 (1.23) 比较，方程右边的第一项类似于电场强度造成的加速度，第二项类似于 Lorentz 力造成的向心加速度。因此，有时又把牛顿势对应的引力自由度叫做引力的“电”自由度，而上式右方第二项中出现的 $\boldsymbol{B}^{(g)}$ 对应的自由度叫做引力的“磁”自由度，它完全来源于度规的时间－空间非对角分量。引力磁效应造成的加速度与牛顿势造成的加速度相比，其幅度相差一个倍数 v/c，前者对低速运动的质点来说是一个非常微小的效应。

如果进一步提高近似的精度，可以将质点的测地运动方程展开至质点速度的平方级。这时，时空度规的空间－空间非对角项也将进入质点运动方程。然而，这一额外的修正是比磁效应更加微小的高阶效应 (属于 $O(v^2/c^2)$ 量级)，在目前的实验条件下尚无法观测到这类高阶修正带来的影响。

3.7.4 真空中的弱引力波

现在我们考察真空中的线性化引力场方程

$$\partial^\rho \partial_\rho \bar{h}_{\mu\nu} = 0 \tag{3.91}$$

和与之相伴随的 Lorentz 规范条件式 (3.81)：

$$\partial^\rho \bar{h}_{\mu\rho} = 0.$$

这一对方程组与 Lorentz 规范条件下的真空麦克斯韦方程组非常类似。在电动力学中，对应的方程组预言了电磁波的存在，因此我们也可以推测以上方程组实际上描写了真空中的弱引力波。

在电动力学中，矢量势 A_μ 满足的 Lorentz 规范条件

$$\partial^\mu A_\mu = 0$$

并不能完全地确定一个物理的规范。我们依然保留有一个剩余的规范自由度

$$A_\mu \to A_\mu + \partial_\mu \chi,$$

只要 χ 满足条件

$$\partial^\mu \partial_\mu \chi = 0$$

即可。同样，线性化引力场方程的 Lorentz 规范条件式 (3.81) 也允许一个剩余规范自由度

$$h_{\mu\nu} \to h_{\mu\nu} + \partial_\mu \xi_\nu + \partial_\nu \xi_\mu,$$

只要 ξ_μ 满足条件

$$\partial^\mu \partial_\mu \xi_\nu = 0.$$

电动力学中解决剩余规范自由度问题的方法是在时空中电荷分布的区域以外引入额外的辐射规范条件 $A_0 = 0$，这样就唯一地确定了允许的剩余规范参数 χ。对于线性化引力场方程的情况，注意到剩余规范变换不仅可以改变 $h_{\mu\nu}$ 的各个分量，还可以改变 $h_{\mu\nu}$ 的迹 $h = h^\mu{}_\mu$，因此，我们可以在引力源分布的区域之外引入类似于辐射规范的条件

$$h = 0, \qquad h_{0i} = h_{i0} = 0 \tag{3.92}$$

来消除剩余的规范自由度。

由于式 (3.91) 是一个线性方程，可以以试探解

$$\bar{h}_{\mu\nu} = \Re\left[A_{\mu\nu} \exp(\mathrm{i} k_\rho x^\rho)\right] \tag{3.93}$$

代入求解，其中 $\Re$ 表示取结果的实部，$A_{\mu\nu}$ 是一个常数张量，称为振幅张量。将式 (3.93) 代入式 (3.91) 可得

$$k^\rho k_\rho = 0, \tag{3.94}$$

因此引力波的波矢是类光的，或者说引力波在真空中以光速传播。

在 4 维时空中，由于 $\bar{h}_{\mu\nu}$ 是对称张量，在没有其他限制条件的情况下，$A_{\mu\nu}$ 最多可有 10 个独立分量。由 Lorentz 规范条件式 (3.81) 可得

$$A_{\mu\nu}k^{\nu}=0, \tag{3.95}$$

这说明引力波的波矢总是与振幅正交，因此引力波是横波。横波条件式 (3.95) 对振幅 $A_{\mu\nu}$ 提供了 4 个约束。此外，对于剩余规范自由度的辐射规范固定条件式 (3.92) 又提供了 4 个约束

$$A^{\mu}{}_{\mu}=0, \qquad A_{0i}=A_{i0}=0. \tag{3.96}$$

因此，考虑了所有规范约束条件后，振幅张量 $A_{\mu\nu}$ 将仅余两个独立分量。经过适当的坐标选择，我们可以让引力波沿 x^3 方向传播，即

$$k^{\mu}=(k,0,0,k). \tag{3.97}$$

这时，振幅张量只能采取如下的形式：

$$A_{\mu\nu}=\alpha e^{(+)}_{\mu\nu}+\beta e^{(\times)}_{\mu\nu}, \tag{3.98}$$

其中，α,β 是常数, 而

$$(e^{(+)}_{\mu\nu})=\begin{pmatrix}0&0&0&0\\0&1&0&0\\0&0&-1&0\\0&0&0&0\end{pmatrix},\ (e^{(\times)}_{\mu\nu})=\begin{pmatrix}0&0&0&0\\0&0&1&0\\0&1&0&0\\0&0&0&0\end{pmatrix}. \tag{3.99}$$

$e^{(+)}_{\mu\nu}$ 和 $e^{(\times)}_{\mu\nu}$ 代表了真空中弱引力波的两个极化振幅方向。

3.7.5　有源弱引力波

在电磁理论中，将一个电荷加速将产生电磁辐射。与此相似，我们期待将质量加速时能获得引力辐射。对电磁辐射而言，起主要作用的是偶极辐射。电磁偶极矩密度

$$\boldsymbol{p}=\rho_e\boldsymbol{r}. \tag{3.100}$$

的时间变化率决定电流：

$$\boldsymbol{J}=\frac{\mathrm{d}\boldsymbol{p}}{\mathrm{d}t}=\rho_e\boldsymbol{v}, \tag{3.101}$$

而后者是辐射场的推迟势公式

$$\begin{aligned}\boldsymbol{A}(t,\boldsymbol{r}) &= \frac{\mu_0}{4\pi}\int\frac{1}{|\boldsymbol{r}-\boldsymbol{r}'|}\boldsymbol{J}(t-|\boldsymbol{r}-\boldsymbol{r}'|/c,\boldsymbol{r}')\mathrm{d}^3x' \\ &\simeq \frac{\mu_0}{4\pi r}\int\boldsymbol{J}(t-|\boldsymbol{r}-\boldsymbol{r}'|/c,\boldsymbol{r}')\mathrm{d}^3x' \end{aligned}\tag{3.102}$$

中的辐射源，式中第二行中的近似成立的条件是：电荷非零的区域不大且远离观测点，此称为**远场近似**。与此类比，我们期望质量偶极矩密度

$$\boldsymbol{d} = \rho\boldsymbol{r}\tag{3.103}$$

对引力辐射将产生主要贡献。但是式 (3.103) 对时间的导数给出动量密度，后者是守恒量，故不会给出辐射。因此，至少需要考虑质量四极矩才有可能产生引力波辐射。

利用电磁辐射的推迟势类比，可以从式 (3.82) 解出有源存在时的引力波为

$$\bar{h}^{\mu\nu}(x^0,\boldsymbol{x}) = \frac{\kappa}{2\pi}\int\mathrm{d}^3x'\frac{T^{\mu\nu}(x^0-|\boldsymbol{r}-\boldsymbol{r}'|,\boldsymbol{r}')}{|\boldsymbol{r}-\boldsymbol{r}'|},\tag{3.104}$$

式中 $\boldsymbol{r}$ 和 $\boldsymbol{r}'$ 分别表示观测者和引力源的空间位置。与式 (3.102) 类似，对上式中的积分有贡献的源位置 $x'^{\mu} = (x^0-|\boldsymbol{r}-\boldsymbol{r}'|,\boldsymbol{r}')$ 必须落在探测点 x^{μ} 的过去光锥面上。这是有源辐射场必须以推迟势的积分形式表达的物理原因。当源物质分布在坐标原点附近而探测点选离原点时，远场近似条件成立，故有

$$\bar{h}^{\mu\nu}(ct,\boldsymbol{r}) = \frac{4G}{c^4 r}\int\mathrm{d}^3x'\,T^{\mu\nu}(ct-r,\boldsymbol{r}').\tag{3.105}$$

在 Lorentz 规范下，引力辐射的主要成分为空间分量 (参考式 (3.95)～式 (3.99))。因此以下我们仅讨论 $\bar{h}^{\mu\nu}$ 的空间分量 $\bar{h}^{ij}$。

注意在弱场近似下，能动量守恒表达为 $\partial_\nu T^{\mu\nu}=0$，即

$$\begin{aligned}&\partial_0 T^{00} + \partial_k T^{0k} = 0,\\ &\partial_0 T^{i0} + \partial_k T^{ik} = 0.\end{aligned}\tag{3.106}$$

因此，

$$\partial_k(T^{ik}x^j) = T^{ij} + (\partial_k T^{ik})x^j = T^{ij} - (\partial_0 T^{i0})x^j.\tag{3.107}$$

上式作空间积分，有

$$\int\mathrm{d}^3x\,T^{ij} = \int\mathrm{d}^3x\,(\partial_0 T^{i0})x^j = \frac{1}{c}\frac{\mathrm{d}}{\mathrm{d}t}\int\mathrm{d}^3x\,T^{i0}x^j,\tag{3.108}$$

式中我们利用了散度的体积分等于零以及 $\dfrac{\mathrm{d}x^j}{\mathrm{d}t} \ll c$ 的条件。上式右边对称化，可得

$$\int \mathrm{d}^3x\, T^{ij} = \frac{1}{2c}\frac{\mathrm{d}}{\mathrm{d}t}\int \mathrm{d}^3x\,(T^{i0}x^j + T^{j0}x^i). \tag{3.109}$$

由于

$$\begin{aligned}\partial_k(T^{0k}x^i x^j) &= (\partial_k T^{0k})x^i x^j + T^{0i}x^j + T^{0j}x^i \\ &= -(\partial_0 T^{00})x^i x^j + T^{i0}x^j + T^{j0}x^i,\end{aligned} \tag{3.110}$$

我们有

$$\begin{aligned}\int \mathrm{d}^3x(T^{i0}x^j + T^{j0}x^i) &= \int \mathrm{d}^3x\,(\partial_0 T^{00})x^i x^j \\ &= \frac{1}{c}\frac{\mathrm{d}}{\mathrm{d}t}\int \mathrm{d}^3x\, T^{00}x^i x^j.\end{aligned} \tag{3.111}$$

将式 (3.111) 代入式 (3.109)，并注意到对低速运动的源而言，$T^{00} \simeq \rho c^2$，

$$\begin{aligned}\int \mathrm{d}^3x\, T^{ij} &= \frac{1}{2c^2}\frac{\mathrm{d}^2}{\mathrm{d}t^2}\int \mathrm{d}^3x\, T^{00}x^i x^j \\ &= \frac{1}{2}\frac{\mathrm{d}^2}{\mathrm{d}t^2}\int \mathrm{d}^3x\,[\rho x^i x^j].\end{aligned} \tag{3.112}$$

最后，将式 (3.112) 代回到式 (3.105)，有

$$\bar{h}^{ij}(ct, \boldsymbol{x}) = \frac{2G}{3c^4 r}\frac{\mathrm{d}^2 Q^{ij}}{\mathrm{d}t'^2}\bigg|_{t'=t-r/c}, \tag{3.113}$$

其中，

$$Q^{ij} \equiv 3\int \mathrm{d}^3x'\,[\rho(x')x'^i x'^j], \tag{3.114}$$

恰好是质量四极矩。上述推理表明引力辐射的主要贡献来自四极矩的加速运动。

作为一个例子，让我们考虑由远处一对等质量的双星系统通过四级矩加速运动辐射出来的引力波。假设双星系统的运动与牛顿引力所作预言相差不大 (这相当于说每个恒星的质量相比于太阳质量都不特别大，以至于广义相对论效应对这对双星系统并不明显)，那么，可以用牛顿引力来计算双星系统的转动角速度。设双星间距离为 2ℓ，它们分别处于共同的圆周轨道的一条直径两端，因此，轨道半径为 ℓ。根据牛顿力学公式

$$\frac{GM^2}{(2\ell)^2} = M\ell\omega^2$$

可以求得双星系统的角速度

$$\omega=\left(\frac{GM}{4\ell^3}\right)^{1/2}.$$

假定双星轨道所在的平面为 (x,y) 平面，则两颗恒星的空间坐标可以写为

$$x_A^i=(\ell\cos\omega t,\ell\sin\omega t,0),\quad x_B^i=(-\ell\cos\omega t,-\ell\sin\omega t,0),$$

其中下标 A,B 用来标识两颗恒星。这样，双星系统的质量密度就可以写为

$$\rho=M\delta(z)\big[\delta(x-\ell\cos\omega t)\delta(y-\ell\sin\omega t)+\delta(x+\ell\cos\omega t)\delta(y+\ell\sin\omega t)\big].$$

所以，质量四级矩可以明显算出：

$$\begin{aligned}Q^{11}&=3M\ell^2(1+\cos 2\omega t),\\Q^{22}&=3M\ell^2(1-\cos 2\omega t),\\Q^{12}&=Q^{21}=3M\ell^2\sin 2\omega t,\\Q^{i3}&=0.\end{aligned}$$

将这些结果代入式 (3.113)，可得双星系统产生的引力波的具体形式：

$$\bar{h}^{ij}(ct,\boldsymbol{r})=\frac{8GM}{c^4z}\omega^2\ell^2\begin{pmatrix}-\cos 2\omega(t-z/c) & -\sin 2\omega(t-z/c) & 0\\-\sin 2\omega(t-z/c) & \cos 2\omega(t-z/c) & 0\\0 & 0 & 0\end{pmatrix},\tag{3.115}$$

式中利用了 $r=\sqrt{x^2+y^2+z^2}\simeq z$。在上述求解过程中，完全忽略了双星的内部结构而将它们抽象为两个质点。在实际的双星系统中，星体内部结构是不可忽略的重要因素。这时就需要利用构成恒星的物质的运动方程或物态方程来求解四级矩。但是实际星体的物态方程是非常难以确定的，如果用流体模型近似，则对应的流体通常与完美流体大不相同，需要考虑黏滞性、热传导甚至声学因素。因此至多只能在超级计算机上进行数值模拟。不过，作为实际的双星系统的零级近似，上面的结果已经可以定性地说明一些问题了。

考虑辐射问题最关心的一个物理量是辐射功率。但是对于引力辐射而言，定义能量本身已经是非常复杂而且没有统一标准的一件事情，对于功率的计算更是存在许多的不确定性。一般认为，计算线性扰动意义下引力辐射的功率，需要将爱因斯坦方程扰动到二阶，这样可以从二阶扰动中得出等效的关于 $h_{\mu\nu}$ 的能动量张量，进而计算辐射场的能量及其时间变化率。就以上介绍的零级近似下的双星系统而言，具体计算辐射能量的过程已经非常复杂和繁琐，因此我们只给出最后的结果：

$$P=-\frac{2}{5}\frac{G^4M^5}{c^5\ell^5},$$

式中的负号表示双星系统在辐射过程中损失能量。如果双星系统中两颗星的质量并不相同，那么上述讨论过程需要修改。最后得到的双星系统的引力辐射功率为

$$P=-\frac{32}{5}\frac{G^4}{c^5}\frac{(M_1M_2)^2(M_1+M_2)}{L^5},$$

式中 L 表示双星间的距离。当双星质量相等时，$L=2\ell$。假设双星系统中两颗星的质量都在太阳质量的量级，它们的圆周轨道半径为 100AU(天文单位) 左右，从上式可以估算出这个双星系统引力波辐射的功率大约为 136 瓦特。这个辐射功率对于太阳量级的恒星系统来说实在是过分地微小了，因为太阳的电磁辐射功率有 3.86×10^{26} 瓦特之多！要想获得相当于太阳电磁辐射功率的引力波辐射，需要将双星轨道半径降低到 $1.924\times10^8\text{m}\simeq1.286\times10^{-3}\text{AU}$，其轨道周期约为 48.5 分钟。

在实际探测引力波的物理考量中，所需要的引力波源往往距离地球非常遥远。从式 (3.115) 可以看出，稳定双星系统产生的引力波的振幅反比于观测者与波源的距离。因此，要想直接观测到引力波，需要波源的引力波辐射功率非常巨大。这样，稳定双星系统的辐射就不会是波源的好候选者。事实上，好的引力波波源候选者通常是紧致的双中子星、中子星－黑洞束缚态或者双黑洞系统演化末期的不稳定内旋、并合阶段。在这样的演化时期所产生的引力波的引力波辐射的功率将远远大于上述稳定双星系统的引力波辐射功率。

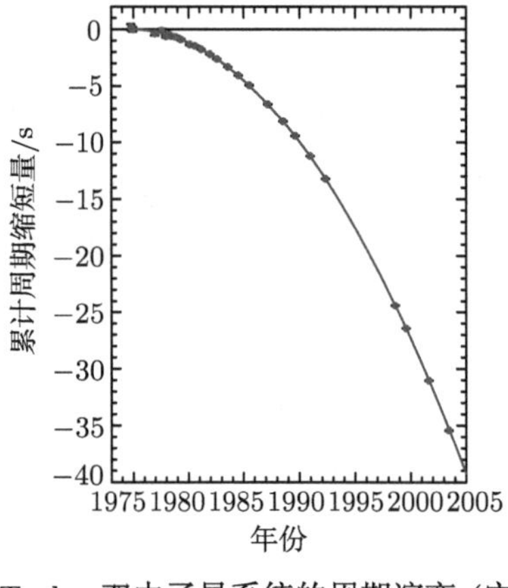

图 3.3　Hulse-Taylor 双中子星系统的周期演变 (实线是理论曲线)

1974 年，Russell Alan Hulse 和 Joseph Hooton Taylor 通过观测发现了一对编号为 PSR B1913+16、质量大约为 $1.441M_{\odot}$ 的双中子星，现在称为 Hulse-Taylor 双中子星。其中的一颗星恰好是脉冲星，利用其脉冲性质可以借助射电手段确切地测量这对双中子星互相旋转的公转周期。从发现至今，30 多年的观测发现，Hulse-Taylor 双中子星的公转周期逐渐变小，显示这对中子星正在损失能量①。如果用广义相对论的引力波辐射来解释能量损失，所得的双星周期变换曲线与观测数据完

①参考图 3.3。图片引自维基百科，网址：https://en.wikipedia.org/wiki/Hulse%E2%80%93Taylor_binary#/media/File:PSR_B1913%2B16_period_shift_graph.svg。

美地符合。这是人类首次用间接的方式获得引力波存在的确切证据。因为这对双中子星的发现以及后续的物理解释，Hulse 和 Taylor 被授予 1993 年的诺贝尔奖物理奖。2015 年 9 月，LIGO 实验组在位于美国华盛顿州和路易斯安那州的两个地面激光干涉引力波天文台在相距 0.69 毫秒的时间内相继观测到了一次引力波事件，经分析后判定为质量分别为 $36M_\odot$ 和 $29M_\odot$ 的两个黑洞发生并合事件所产生的引力波。这是人类首次直接观测到引力波。可以预期，未来对引力波的直接和间接观测会对天文学的发展起到重大的促进作用。

3.8 非弱场性质初探

在上一节中我们分析了在弱场极限下爱因斯坦引力的各种性质，包括牛顿极限、引力磁效应以及弱引力辐射等。在某些条件下，弱场近似可能并不适用。这时就需要回归到原始的赝黎曼时空，用爱因斯坦方程而不是它的线性近似来研究引力场的物理效应。

3.8.1 引力场的独立分量个数

由于爱因斯坦方程 (3.41) 是关于张量指标交换对称的，在 4 维时空中，它共有 10 个独立的分量。然而，由于爱因斯坦方程两端均满足协变散度为零的条件，上述 10 个分量方程中实际上有 4 个是恒等式，因此仅余下 6 个有意义的方程。换句话说，度规张量的 10 个独立分量中，实际上仅有 6 个分量受到爱因斯坦方程的支配，因此也只有 6 个分量可能具有物理效应。然而，不能忘记爱因斯坦方程是一个张量方程，它不仅在一个选定的参考系中成立，而且在任何通过广义坐标变换

$$x^\mu \to x'^\mu = x'^\mu(x) \tag{3.116}$$

与已知参考系联系起来的新参考系中均成立。因此，通过特定的参考系的选择，原则上我们还可以进一步约束掉度规张量的 4 个独立分量。最后，在 4 维时空中，度规张量仅有两个独立的分量反映了与参考系的选择以及黎曼几何的共性均无关的物理性质。这一结论与上一节通过微扰极限得到的弱引力波仅有两个极化方向的结论是一致的。

一种常用的坐标系选择方法是要求

$$\Gamma^\rho \equiv g^{\mu\nu}\Gamma^\rho_{\mu\nu} = 0. \tag{3.117}$$

这是关于度规分量的一组微分方程，称为**调和坐标条件**。

为了理解“调和坐标条件”这个名称的由来，我们将赝黎曼流形中的调和函数方程

$$\Box f(x) = g^{\mu\nu}\nabla_\mu\nabla_\nu f(x) = 0 \tag{3.118}$$

展开为普通坐标导数和联络构成的表达式。经直接计算可得，

$$\begin{aligned}\Box f(x) &= g^{\mu\nu}\partial_\mu\partial_\nu f(x) - g^{\mu\nu}\Gamma^\rho_{\nu\mu}\partial_\rho f(x)\\ &= g^{\mu\nu}\partial_\mu\partial_\nu f(x) - \Gamma^\rho\partial_\rho f(x).\end{aligned} \tag{3.119}$$

从坐标的变换方式 (3.116) 可知，坐标 x^μ 的每个分量都好像是一个标量场。因此，以 x^μ 取代式 (3.119) 中的 $f(x)$，可得

$$\Box x^\mu = -\Gamma^\rho\partial_\rho x^\mu = -\Gamma^\mu. \tag{3.120}$$

$\Gamma^\mu = 0$ 意味着 x^μ 是调和函数。这就是将式 (3.117) 称为调和坐标条件的原因。

3.8.2 非微扰的波动解——平面平行波

除了对引力场独立自由度的分析与是否采用弱场近似无关以外，在通过弱场近似所得的结果中，还有一个性质是与弱场近似无关的，即**真空中的引力波是类光的横波**这个结论。为了进一步明确这一点，我们来考虑一个不用弱场近似的真空解。任选时空坐标 (u, v, x, y)，并假定线元采取如下的形式：

$$\mathrm{d}s^2 = -2H(u,x,y)\mathrm{d}u^2 - 2\mathrm{d}u\mathrm{d}v + \mathrm{d}x^2 + \mathrm{d}y^2. \tag{3.121}$$

显然，坐标矢量场 $\ell^\mu \equiv (\partial_v)^\mu$ 是一个 Killing 矢量场，并且，由于

$$g_{\mu\nu}\ell^\mu\ell^\nu = 0,$$

坐标 v 是一个类光的坐标。利用线元式 (3.121) 容易求得该时空坐标系下 Christoffel 联络的所有非零分量：

$$\begin{aligned}\Gamma^x_{uu} &= \Gamma^v_{ux} = \partial_x H(u,x,y),\\ \Gamma^y_{uu} &= \Gamma^v_{uy} = \partial_y H(u,x,y),\\ \Gamma^v_{uu} &= \partial_u H(u,x,y).\end{aligned}$$

通过直接计算可得：

$$\nabla_\mu\ell^\nu = 0,$$

因此，类光 Killing 矢量场 ℓ^μ 是一个协变的常矢量场。

利用 Ricci 张量的定义可以发现，与线元式 (3.121) 相应的 Ricci 张量仅有一个非零的分量：

$$R_{uu} = (\partial_x^2 + \partial_y^2) H(u, x, y).$$

如果要求式 (3.121) 是无宇宙学常数的真空爱因斯坦方程的精确解，则需要函数 $H(u, x, y)$ 满足下面的二阶线性偏微分方程：

$$(\partial_x^2 + \partial_y^2) H(u, x, y) = 0.$$

不难看出，满足上述方程的函数 $H(u, x, y)$ 可以表达为

$$H(u, x, y) = A(u)(x^2 - y^2) + B(u)xy, \tag{3.122}$$

其中 $A(u), B(u)$ 都是 u 的任意函数。上述精确解中出现两个任意函数 $A(u)$ 和 $B(u)$ 这个事实与真空中引力场只有两个不同的极化自由度的结论是对应的。

在线元式 (3.121) 中，任意选取 $u = \text{const.}$ 的超曲面，所得的几何均是一个欧几里得平面。因此称式 (3.121) 所对应的时空为平面波解。再考虑到存在一个类光的协变常矢量 ℓ^μ(它被认作是波矢)，这个平面波又被称为*平面平行波*，简称 pp 波。

很容易将 pp 波解推广到时空维数为一般的整数 $n > 4$ 的情况。为此，我们选择所谓的 Brinkmann 坐标 (u, v, x^a) $(a = 1, 2, \cdots, n-2)$。这时，pp 波的线元可以写为

$$\mathrm{d}s^2 = -2H_{ab}(u)x^a x^b \,\mathrm{d}u^2 - 2\mathrm{d}u\mathrm{d}v + \delta_{ab}\mathrm{d}x^a\mathrm{d}x^b, \tag{3.123}$$

式中 $H_{ab}(u)$ 是一个只依赖于 u 的对称矩阵。显然，对这样的线元，u 取常数值的超曲面依然是一个平直的欧几里得空间，而且 ∂_v 依然是一个类光的协变常矢量。

为了更好地理解 pp 波的物理特征，比较快捷的方法是将坐标系更换为所谓的 Rosen 坐标系 (U, V, y^i) 。在这个坐标系下线元的形式为

$$\mathrm{d}s^2 = -2\mathrm{d}U\mathrm{d}V + \bar{g}_{ij}(U)\mathrm{d}y^i\mathrm{d}y^j. \tag{3.124}$$

在这个坐标系下，U 和 V 都是类光坐标，因此可以通过坐标变换

$$U = \frac{1}{\sqrt{2}}(ct - z), \quad V = \frac{1}{\sqrt{2}}(ct + z) \tag{3.125}$$

将线元式 (3.124) 变换为

$$\mathrm{d}s^2 = -c^2\mathrm{d}t^2 + \mathrm{d}z^2 + \bar{g}_{ij}(ct - z)\mathrm{d}y^i\mathrm{d}y^j. \tag{3.126}$$

显然，这个度规表达的是一个沿 z 轴正向以光速传播的横波。

为了使上述讨论在逻辑上完整，需要找到从 Brinkmann 坐标系到 Rosen 坐标系的坐标变换的具体形式。我们假定

$$x^a = e^a{}_i(u) y^i. \tag{3.127}$$

将 $e^a{}_i(u)$ 看成一个矩阵，其逆矩阵记为 $e_a{}^i(u)$，

$$e^a{}_i(u) e_a{}^j(u) = \delta_i{}^j, \quad e^a{}_i(u) e_b{}^i(u) = \delta^a{}_b. \tag{3.128}$$

请记住指标 $a, b, \cdots$ 对应 Binkmann 坐标 x^a，指标 $i, j, \cdots$ 对应 Rosen 坐标 y^i。

从线元式 (3.123) 可知，用坐标 x^a 描述的 $n-2$ 维子空间具有平直的度规 δ_{ab}。因此我们可以用 δ_{ab} 及其逆变形式来搬动 $e^a{}_i(u)$ 的指标 a:

$$\delta_{ab} e^b{}_i(u) = e_{ai}(u), \quad \delta^{ab} e_{bi}(u) = e^a{}_i(u).$$

由于 δ_{ab} 的特殊性，上式可以写成

$$e^a{}_i(u) = e_{ai}(u), \tag{3.129}$$

也就是说，我们可以不必关心指标 a 是逆变还是协变的指标。

另一方面，若定义

$$\bar{g}_{ij}(u) = \delta_{ab} e^a{}_i(u) e^b{}_j(u) = e_{ai}(u) e^a{}_j(u), \tag{3.130}$$

则可以用 $\bar{g}_{ij}(u)$ 及其逆变形式来搬动 $e^a{}_i(u)$ 的指标 i:

$$g_{ij} e_a{}^j(u) = e_{ai}(u), \quad g^{ij} e_{aj}(u) = e_a{}^i(u).$$

对式 (3.127) 求微分，可得

$$\mathrm{d}x^a = e^a{}_i(u)\big[\mathrm{d}y^i + e_b{}^i(u)\partial_u e^b{}_j(u) y^j \mathrm{d}u\big]. \tag{3.131}$$

将上式代入式 (3.123) 可得

$$\begin{aligned} \mathrm{d}s^2 = & -2H_{ab}(u) e^a{}_i(u) y^i e^b{}_j(u) y^j \,\mathrm{d}u^2 - 2\mathrm{d}u\mathrm{d}v \\ & + \bar{g}_{ij}(u)\big[\mathrm{d}y^i + e_a{}^i(u)\partial_u e^a{}_k(u) y^k \mathrm{d}u\big]\big[\mathrm{d}y^j + e_b{}^j(u)\partial_u e^b{}_l(u) y^l \mathrm{d}u\big]. \end{aligned} \tag{3.132}$$

将坐标 u 改名为 U，可将式 (3.132) 重新写为

$$\begin{aligned} \mathrm{d}s^2 = & \big[-2H_{ab}(U) e^a{}_i(U) e^b{}_j(U) + \partial_U e_{ai}(U)\partial_U e^a{}_j(U)\big] y^i y^j \mathrm{d}U^2 + \bar{g}_{ij}(U)\mathrm{d}y^i \mathrm{d}y^j \\ & - 2\mathrm{d}U\mathrm{d}v + e_{aj}(U)\partial_U e^a{}_i(U) y^i \mathrm{d}U\mathrm{d}y^j + e_{ai}(U)\partial_U e^a{}_j(U) y^j \mathrm{d}U\mathrm{d}y^i. \end{aligned} \tag{3.133}$$

最后，为了消除式 (3.133) 中类似于 $\mathrm{d}U\mathrm{d}y^i$ 这样的交叉项，我们进一步引入坐标变换

$$v = V + \frac{1}{2}\delta_{ab}\partial_U e^a{}_i(U)e^b{}_j(U)y^i y^j.$$

这样就有

$$\begin{aligned}-2\mathrm{d}U\mathrm{d}v =& -2\mathrm{d}U\mathrm{d}V - \partial_U e_{ai}(U)e^a{}_j(U)y^i\mathrm{d}U\mathrm{d}y^j - \partial_U e_{ai}(U)e^a{}_j(U)y^j\mathrm{d}U\mathrm{d}y^i \\ &- \left[\partial_U^2 e_{ai}(U)e^a{}_j(U) + \partial_U e_{ai}(U)\partial_U e^a{}_j(U)\right]y^i y^j\mathrm{d}U^2. \end{aligned} \tag{3.134}$$

如果要求 $e^a{}_i(U)$ 满足条件

$$\partial_U e_{ai}(U)e^a{}_j(U) = e_{ai}(U)\partial_U e^a{}_j(U), \tag{3.135}$$

$$\partial_U^2 e_{ai}(U) + 2H_{ab}(U)e^b{}_i(U) = 0, \tag{3.136}$$

那么，将式 (3.134) 代入式 (3.133) 即可得到式 (3.124)。

综上所述，从 Brinkmann 坐标系到 Rosen 坐标系所作的坐标变换为

$$u = U, \tag{3.137}$$

$$v = V + \frac{1}{2}\delta_{ab}\partial_U e^a{}_i(U)e^b{}_j(U)y^i y^j, \tag{3.138}$$

$$x^a = e^a{}_i(U)y^i, \tag{3.139}$$

其中 $e^a{}_i(U)$ 需要满足方程 (3.135) 和方程 (3.136)。注意到式 (3.129)，方程 (3.135) 实际上是要求矩阵 $K_{ij}(U) = \partial_U e_{ai}(U)e^a{}_j(U)$ 是对称矩阵。

考虑 $e^a{}_i(U)$ 是对角矩阵的特殊情形：$e^a{}_i(U) = e_a(U)\delta^a{}_i$。这时式 (3.135) 被自动满足，而式 (3.136) 若自洽，必须要求 $H_{ab}(U)$ 是对角矩阵：$H_{ab}(U) = H_a(U)\delta_{ab}$，而且有

$$\partial_U^2 e_a(U) + 2H_a(U)e_a(U) = 0, \quad (a = 1, \cdots, n-2).$$

对于给定的 $H_a(U)$，这是一组互不耦合的二阶线性常微分方程，不难求出相应的精确解。作为特例，我们考虑时空维数为 4，且 $H_1(U) = -H_2(U) = k^2$ 的特殊情况。这相当于在式 (3.122) 中取 $A(u) = k^2, B(u) = 0$。这时，我们有明显解

$$e_1(U) = \sin\left(\sqrt{2}kU\right), \quad e_2(U) = \sinh\left(\sqrt{2}kU\right).$$

因此，对应的线元在 Rosen 坐标下成为

$$\mathrm{d}s^2 = -2\mathrm{d}U\mathrm{d}V + \sin^2\left(\sqrt{2}kU\right)\mathrm{d}x^2 + \sinh^2\left(\sqrt{2}kU\right)\mathrm{d}y^2,$$

或者用式 (3.125) 给出的坐标写为

$$\mathrm{d}s^2 = -c^2\mathrm{d}t^2 + \mathrm{d}z^2 + \sin^2 k(ct-z)\mathrm{d}x^2 + \sinh^2 k(ct-z)\mathrm{d}y^2.$$

注意：由于 $\sinh(x)$ 是一个无界的函数，为了使度规不发散，需要限制坐标 U 在一个有限区间内取值。

第 4 章　球对称的引力场

4.1　Schwarzschild 真空解

在上一章的最后两节我们分别考察了引力场的微扰及非微扰的波动解。这些解是明显的含时解。在我们的生活经验中，更为熟悉的是地球或恒星附近空间中的静态称引力场。 由于地球或恒星大都近似于球形，研究静态球对称的引力场具有重要的现实意义。

4 维静态、球对称时空度规的一般形式由以下的线元给出：

$$\mathrm{d}s^2 = -\mathrm{e}^{a(r)}c^2\mathrm{d}t^2 + \mathrm{e}^{b(r)}\mathrm{d}r^2 + r^2(\mathrm{d}\theta^2 + \sin^2\theta\mathrm{d}\varphi^2), \tag{4.1}$$

式中，我们采用的时空坐标为 $x^\mu = (ct, r, \theta, \varphi)$，其中 (r, θ, φ) 是空间坐标，从度规形式上看，它们类似于欧几里得空间中的球坐标系，不过由于 $b(r)$ 一般来说非零，这个空间坐标系其实并非球坐标系。如果 $a(r) = b(r) = 0$，那么式 (4.1) 就退化为球坐标系下的 Minkowski 度规。

球对称的静态度规之所以必须是式 (4.1) 的形式，原因在于生成球对称的矢量场

$$\begin{aligned}
\ell_1 &= \sin\varphi\,\partial_\theta + \cot\theta\cos\varphi\,\partial_\varphi,\\
\ell_2 &= -\cos\varphi\,\partial_\theta + \cot\theta\sin\varphi\,\partial_\varphi,\\
\ell_3 &= -\partial_\varphi,
\end{aligned}$$

都必须是 Killing 矢量场。这一要求使得度规中的角向部分准确到一个整体的依赖于 r 的因子被完全确定下来。而静态条件则把度规中的时间和径向分量确定到一个依赖于 r 的对角矩阵。最后，通过坐标选择可以将角向部分的系数固定为 r^2，这样我们就只有形如式 (4.1) 的度规可供选择。

度规式 (4.1) 对应的联络的非零分量为 (记住 $x^0 = ct$，因此度规分量中不包含光速 c 这个因子)：

$$\begin{aligned}
&\Gamma^0_{01} = a'/2, && \Gamma^1_{00} = a'\mathrm{e}^{a-b}/2, && \Gamma^1_{11} = b'/2,\\
&\Gamma^1_{22} = -r\mathrm{e}^{-b}, && \Gamma^1_{33} = -r\sin^2\theta e^{-b}, && \Gamma^2_{12} = 1/r,\\
&\Gamma^2_{33} = -\sin\theta\cos\theta, && \Gamma^3_{13} = 1/r, && \Gamma^3_{23} = \cot\theta,
\end{aligned} \tag{4.2}$$

式中，a', b' 分别表示函数 $a(r)$ 和 $b(r)$ 对坐标 r 的导数。利用这一联络可以求出对应的 Ricci 张量。将结果代入宇宙学常数为零的真空爱因斯坦场方 程 $R_{\mu\nu}=0$，我们有

$$R_{00}=\frac{1}{4}\mathrm{e}^{a-b}\left(2a''-a'b'+(a')^2+4r^{-1}a'\right)=0, \tag{4.3}$$

$$R_{11}=-\frac{1}{4}\left(2a''-a'b'+(a')^2-4r^{-1}b'\right)=0, \tag{4.4}$$

$$R_{22}=-\frac{1}{2}\mathrm{e}^{-b}\left(ra'-rb'+2-2\mathrm{e}^{b}\right)=0, \tag{4.5}$$

$$R_{33}=R_{22}\sin^2\theta=0. \tag{4.6}$$

由式 (4.3) 和式 (4.4) 可得

$$a'+b'=0. \tag{4.7}$$

因此有

$$a(r)+b(r)=C, \tag{4.8}$$

式中 C 是积分常数。为了求解微分方程组 (4.3)~(4.6)，我们需要引入恰当的边界条件。物理上最为合理的边界条件是当 $r\to\infty$ 时度规式 (4.1) 退化为 Minkowski 度规，即要求

$$\lim_{r\to\infty}a(r)=0, \qquad \lim_{r\to\infty}b(r)=0. \tag{4.9}$$

在此条件下从式 (4.8) 可得出 $C=0$，即

$$b(r)=-a(r). \tag{4.10}$$

将这一结果代入式 (4.5) 并稍作整理，有

$$\frac{\mathrm{d}}{\mathrm{d}r}\left(r\mathrm{e}^{a(r)}\right)=1. \tag{4.11}$$

对式 (4.11) 积分可得

$$r\mathrm{e}^{a(r)}=r-r_g, \tag{4.12}$$

其中 r_g 是待定的积分常数。所以，我们有

$$\mathrm{e}^{a(r)}=1-\frac{r_g}{r}, \tag{4.13}$$

$$\mathrm{e}^{b(r)}=\mathrm{e}^{-a(r)}=\left(1-\frac{r_g}{r}\right)^{-1}. \tag{4.14}$$

将式 (4.13) 和式 (4.14) 代入试探解式 (4.1) 中，有

$$\mathrm{d}s^2 = -c^2\mathrm{d}\tau^2 = -\left(1-\frac{r_g}{r}\right)c^2\mathrm{d}t^2 + \left(1-\frac{r_g}{r}\right)^{-1}\mathrm{d}r^2 + r^2(\mathrm{d}\theta^2+\sin^2\theta\mathrm{d}\varphi^2). \quad (4.15)$$

线元式 (4.15) 给出的度规就是著名的 Schwarzschild 度规。参数 r_g 具有和 r 一样的量纲，称为 Schwarzschild 半径或者引力半径。当 r 足够大，使得 $\left|\frac{r_g}{r}\right| \ll 1$ 时，弱场条件成立，故式 (4.15) 给出的度规可以分解为

$$g_{\mu\nu} = \eta_{\mu\nu} + h_{\mu\nu}, \quad (4.16)$$

其中，

$$g_{00} = \eta_{00} + h_{00} = -1 + \frac{r_g}{r}. \quad (4.17)$$

对比从牛顿近似中得到的结果式 (3.40)，我们发现

$$r_g = \frac{2GM}{c^2}. \quad (4.18)$$

将牛顿引力常数以及光速的实际数值代入式 (4.18)，我们可以得到以下近似结果：

$$r_g \simeq 3\left(\frac{M}{M_\odot}\right)\mathrm{km},$$

其中，$M_\odot \simeq 1.98892\times10^{30}\mathrm{kg}$ 是太阳的质量。对宇宙中绝大多数可见天体而言，r_g 均远远小于它们的实际半径，因此对这些天体的表面附近，弱场条件 (4.16) 是成立的。例如：对地球表面，$\frac{r_g}{r}\sim10^{-9}$；对太阳表面，$\frac{r_g}{r}\sim10^{-6}$。即使是在宇宙中最致密的天体，如白矮星 $\left(\frac{r_g}{r}\sim10^{-4}\right)$ 和中子星 $\left(\frac{r_g}{r}\sim10^{-1}\right)$ 的表面，弱场条件也仍是比较好的近似。

4.2 Birkhoff 定理

在求解 Schwarzschild 度规时，我们采用了引力场为静态球对称的假定式 (4.1)。现在我们考虑这样的情形：即引力场虽然具有球对称性，但不处于静态。这种情形相当于令式 (4.1) 中 a,b 不仅依赖于 r，同时也依赖于 t，即

$$\mathrm{d}s^2 = -\mathrm{e}^{a(r,t)}c^2\mathrm{d}t^2 + \mathrm{e}^{b(r,t)}\mathrm{d}r^2 + r^2(\mathrm{d}\theta^2+\sin^2\theta\mathrm{d}\varphi^2). \quad (4.19)$$

这个度规对应的联络的除式 (4.2) 中已经给出的非零分量以外，还有以下几个分量非零：

$$\Gamma^0_{00} = \dot{a}/2, \qquad \Gamma^1_{10} = \dot{b}/2, \qquad \Gamma^0_{11} = \mathrm{e}^{b-a}\dot{b}/2, \quad (4.20)$$

其中，$\dot{a}$ 表示 $a(t,r)$ 关于 t 的偏导数。与度规式 (4.19) 相应的 Ricci 张量具有以下非零分量：

$$R_{00} = (R_{00})_1 + (R_{00})_2, \tag{4.21}$$

$$R_{11} = (R_{11})_1 + (R_{11})_2, \tag{4.22}$$

$$R_{22} = (R_{22})_1, \tag{4.23}$$

$$R_{33} = (R_{33})_1, \tag{4.24}$$

$$R_{01} = r^{-1}\dot{b}, \tag{4.25}$$

其中 $(R_{\mu\nu})_1$ 由式 (4.3)~(4.6) 给出，而

$$(R_{00})_2 = \frac{1}{4}\left(\dot{a}\dot{b} - 2\ddot{b} - (\dot{b})^2\right), \tag{4.26}$$

$$(R_{11})_2 = -\frac{1}{4}\mathrm{e}^{b-a}\left(\dot{a}\dot{b} - 2\ddot{b} - (\dot{b})^2\right). \tag{4.27}$$

由 $R_{01} = 0$ 可以得出 $\dot{b} = 0$，即 b 仅仅是 r 的函数。因此，式 (4.26) 和式 (4.27) 的右边均自动为零。将这一结果代回 式 (4.21)~(4.24)，可知真空中的爱因斯坦方程 $R_{\mu\nu} = 0$ 所采取的形式仍为式 (4.3)~(4.6) 的样子。但是，和上节不同的是，在求解过程中，式 (4.7) 的解不再是式 (4.8)，而是形如

$$a(t,r) + b(r) = \lambda(t), \tag{4.28}$$

其中 $\lambda(t)$ 是 t 的任意函数。将式 (4.28) 代 入式 (4.5)，可得

$$\frac{\mathrm{d}}{\mathrm{d}r}\left(r\mathrm{e}^{-b(r)}\right) = 1. \tag{4.29}$$

对这个方程积分可得

$$\mathrm{e}^{-b} = 1 - \frac{r_g}{r}, \tag{4.30}$$

其中 r_g 是积分常数。因此，结合式 (4.28)，我们有

$$\mathrm{e}^{a} = \mathrm{e}^{\lambda(t)}\left(1 - \frac{r_g}{r}\right),$$
$$\mathrm{e}^{b} = \left(1 - \frac{r_g}{r}\right)^{-1}.$$

因此，线元式 (4.19) 可写为

$$\mathrm{d}s^2 = -\mathrm{e}^{\lambda(t)}\left(1 - \frac{r_g}{r}\right)c^2\mathrm{d}t^2 + \left(1 - \frac{r_g}{r}\right)^{-1}\mathrm{d}r^2 + r^2\left(\mathrm{d}\theta^2 + \sin^2\theta\mathrm{d}\varphi^2\right). \tag{4.31}$$

引入时间坐标变换 $t \to t'$，使得

$$\mathrm{e}^{\lambda(t)/2}\mathrm{d}t = \mathrm{d}t', \tag{4.32}$$

则式 (4.31) 变为

$$\mathrm{d}s^2 = -\left(1-\frac{r_g}{r}\right)c^2\mathrm{d}t'^2 + \left(1-\frac{r_g}{r}\right)^{-1}\mathrm{d}r^2 + r^2\left(\mathrm{d}\theta^2 + \sin^2\theta\mathrm{d}\varphi^2\right).$$

可见，即使我们从一个非静态的球对称度规假定出发，求解真空爱因斯坦方程的结果依然使我们回到静态球对称度规式 (4.15)。

上述讨论表明，对宇宙学常数为零的真空爱因斯坦方程来说，任意一个球对称的解均等价于一个静态球对称解。这个结论称为Birkhoff 定理。

4.3 Schwarzschild 内部解

在 4.1 节中求出的 Schwarzschild 度规表达的是真空中引力场的分布。这个引力场如果是物理的，需要存在一个球对称的物质分布，使得在物质分布的区域之外，度规取式 (4.15) 的形式，在物质分布的区域内，度规可能取另外某种形式，但是在球形物质分布区域的表面，两个度规要能够连续地拼接起来。物质分布的区域内的度规称为内部解。在本节中，我们将以静态球对称的物质分布为例讨论引力源内部的时空度规。这样的引力源可以作为非旋转恒星的一个简化模型看待。

为考察恒星内部的引力场，我们 需要写出源内部物质的能动量张量。若忽略恒星内部物质的黏滞性、热传导等因素的 影响，则能动量张量可用完美流体模型表达：

$$T^{\mu\nu} = \left(\rho(r) + P(r)/c^2\right)u^\mu u^\nu + P(r)g^{\mu\nu}, \tag{4.33}$$

其中，$g^{\mu\nu}$ 是一个静态球对称度规，其一般形式由式 (4.1) 给出，即

$$(g_{\mu\nu}) = \begin{pmatrix} -\mathrm{e}^{a(r)} & & & \\ & \mathrm{e}^{b(r)} & & \\ & & r^2 & \\ & & & r^2\sin^2\theta \end{pmatrix}.$$

$\rho(r)$ 和 $P(r)$ 仅依赖于坐标 r，这是静态球对称假定的直接后果。u^μ 的各个分量为

$$u^\mu = (c\,\mathrm{e}^{-a(r)/2}, 0, 0, 0). \tag{4.34}$$

注意我们已经假定恒星物质的空间分布不发生时间变化，因此 $u^i = 0$。用矩阵形式表达，可将能动量张量写为

$$
(T_{\mu\nu}) = \begin{pmatrix} \rho c^2 \mathrm{e}^{a(r)} & & & \\ & P\mathrm{e}^{b(r)} & & \\ & & Pr^2 & \\ & & & Pr^2\sin^2\theta \end{pmatrix}. \tag{4.35}
$$

由于存在源物质，引力场方程不再能写成 $R_{\mu\nu} = 0$ 这样简单的形式，而是要回归到原始的爱因斯坦方程。假设宇宙学常数为零。利用式 (4.1) 和式 (4.3)~ 式 (4.6)，可以求得爱因斯坦张量 $G_{\mu\nu}$ 的非零分量，结果为

$$
\begin{aligned}
G_{00} &= r^{-2}\mathrm{e}^{a-b}\left(rb' + \mathrm{e}^b - 1\right), \\
G_{11} &= r^{-2}(ra' - \mathrm{e}^b + 1), \\
G_{22} &= \frac{1}{4}r\mathrm{e}^{-b}\left[2a' - 2b' - ra'b' + 2ra'' + r(a')^2\right], \\
G_{33} &= \sin^2\theta G_{22}.
\end{aligned} \tag{4.36}
$$

将式 (4.35) 和式 (4.36) 同时代入有源的爱因斯坦方程

$$
G_{\mu\nu} = \frac{8\pi G}{c^4}T_{\mu\nu},
$$

我们有

$$
r^{-2}\mathrm{e}^{-b}\left(rb' + \mathrm{e}^b - 1\right) = \frac{8\pi G\rho}{c^2}, \tag{4.37}
$$

$$
r^{-2}\mathrm{e}^{-b}(ra' - \mathrm{e}^b + 1) = \frac{8\pi GP}{c^4}, \tag{4.38}
$$

$$
\frac{1}{4}r^{-1}\mathrm{e}^{-b}\left[2a' - 2b' - ra'b' + 2ra'' + r(a')^2\right] = \frac{8\pi GP}{c^4}. \tag{4.39}
$$

在式 (4.37)~(4.39) 中，$\rho(r)$ 和 $P(r)$ 分别是恒量内部的质量密度和压强。

恒星物质的能动量张量守恒律 $\nabla_\mu T^{\mu\nu} = 0$ 可以写成

$$
\begin{aligned}
\nabla_\mu T^{\mu\nu} &= \nabla_\mu[(\rho + P/c^2)u^\mu u^\nu + Pg^{\mu\nu}] \\
&= (\rho + P/c^2)u^\mu\nabla_\mu u^\nu + \partial_\mu Pg^{\mu\nu} = 0,
\end{aligned} \tag{4.40}
$$

式中我们利用了

$$
u^\mu\partial_\mu\rho = u^\mu\partial_\mu P = 0 \tag{4.41}
$$

和

$$\nabla_\mu u^\mu = 0. \tag{4.42}$$

式 (4.41) 与式 (4.42) 可分别利用式 (4.34) 与式 (4.2) 直接验证。方程 (4.40) 只有一个非平凡的分量，即对应 $\nu = 1$ 的分量。它给出一个方程

$$P' = -\frac{1}{2}a'(P + \rho c^2). \tag{4.43}$$

至此，我们得到了关于 4 个未知量 a, b, ρ, P 的 4 个方程。粗略地 看，这些方程似乎可以构造一个定解问题。但是，事实上，由于 Bianchi 等式的缘故，式 (4.37)~(4.39) 仅有两个是独立的，故对 4 个未知变量而言，我们仅 有 3 个方程，因而还不足以求出恒星内部的引力场。为了最终能够确定恒量内部的引力 场，我们还需要恒星结构的详细知识，即恒星的**物态方程**

$$\rho = \rho(P). \tag{4.44}$$

然而，在大多数情况下，恒量内部的物态方 程 (4.44) 是未知的，或者物态方程过于复杂，以致无法根据它求出恒星内引力场的 解析解。为了对恒星内部引力场的分布有一个定性的了解，最好对恒星模型作一些简化处理以便得到一些简单但是解析的结果。

在引入简化恒星模型之前，我们先对上述微分方程做一简单分析。从式 (4.37) 可以得到

$$-\frac{\mathrm{d}}{\mathrm{d}r}\left(r\mathrm{e}^{-b}\right) + 1 = \frac{8\pi G}{c^2}\rho r^2. \tag{4.45}$$

定义

$$m(r) = \int_0^r 4\pi r'^2 \rho(r')\mathrm{d}r', \tag{4.46}$$

我们有

$$\mathrm{e}^b = \left(1 - \frac{2Gm(r)}{rc^2}\right)^{-1}, \tag{4.47}$$

利用式 (4.47) 我们可以将式 (4.38) 化为

$$a' = \left(1 - \frac{2Gm(r)}{rc^2}\right)^{-1}\left(\frac{8\pi GPr}{c^4} + \frac{2Gm(r)}{r^2c^2}\right). \tag{4.48}$$

将这一结果代入式 (4.43) 得

$$\frac{\mathrm{d}P}{\mathrm{d}r} = -\frac{1}{2}(P + \rho c^2)\left(1 - \frac{2Gm(r)}{rc^2}\right)^{-1}\left(\frac{8\pi GPr}{c^4} + \frac{2Gm(r)}{r^2c^2}\right). \tag{4.49}$$

这个关于恒星内部压强的径向变化率的方程称为 Tolman-Oppenheimer-Volkoff 方程, 简称 TOV 方程。TOV 方程是描写恒星内部压强分布的基本方程，在天体物理中具有十分重要的地位。然而，TOV 方程本身并不能构成定解问题。要想真正了解恒星内部的压强分布，还必须提供恒星物质的物态方程。

下面我们以均匀恒星模型为例来求解 TOV 方程。所谓均匀恒星模型，指的是密度满足

$$\rho(r) = \begin{cases} \rho_0, & (r \leqslant R_0) \\ 0, & (r > R_0) \end{cases}$$

的模型恒星模型，其中 R_0 是恒星表面处的径向坐标 (注意这个概念与恒星半径之间的区别)。均匀恒星模型肯定不是关于实际恒星结构的正确模型，但是我们依然可以利用这个简化版的恒星模型获得关于恒星内部引力场分布的一些定性知识。

以 $\rho(r) = \rho_0$ 代入式 (4.46)，可得

$$m(r) = \frac{4\pi r^3 \rho_0}{3}. \tag{4.50}$$

根据这个结果对式 (4.49) 积分，并利用条件

$$P(R_0) = 0,$$

有

$$P(r) = \rho_0 \frac{\left(1 - \dfrac{2GMr^2}{R_0^3 c^2}\right)^{1/2} - \left(1 - \dfrac{2GM}{R_0 c^2}\right)^{1/2}}{3\left(1 - \dfrac{2GM}{R_0 c^2}\right)^{1/2} - \left(1 - \dfrac{2GMr^2}{R_0^3 c^2}\right)^{1/2}}, \qquad (r \leqslant R_0) \tag{4.51}$$

其中，

$$M = m(R_0) = \frac{4\pi R_0^3 \rho_0}{3}. \tag{4.52}$$

式 (4.52) 给出的 M 容易被看作是恒星的总质量，其实不然。因为在赝黎曼时空中，空间部分的不变体积元是 $\sqrt{|g_{(3)}|}\,\mathrm{d}r\mathrm{d}\theta\mathrm{d}\varphi$ ($g_{(3)}$ 是等时超曲面上度规的行列式的绝对值)，恒星的固有质量实际上等于

$$M_{\text{phys}} = \int_0^{R_0} 4\pi r^2 \left(1 - \frac{2Gm(r)}{rc^2}\right)^{-1/2} \rho_0 \mathrm{d}r. \tag{4.53}$$

将 M_{phys} 与 M 的差值记为

$$\Delta M = M_{\text{phys}} - M,$$

那么，

$$E = \Delta M \cdot c^2$$

就是恒星内的引力结合能。

将式 (4.51) 代入式 (4.48) 并进行积分积分，得

$$\mathrm{e}^a = \left[\frac{3}{2}\left(1 - \frac{2GM}{R_0c^2}\right)^{1/2} - \frac{1}{2}\left(1 - \frac{2GMr^2}{R_0^3c^2}\right)^{1/2}\right]^2, \qquad (r \leqslant R_0). \tag{4.54}$$

最后，将式 (4.52) 代入式 (4.47)，得

$$\mathrm{e}^b = \left(1 - \frac{2GMr^2}{R_0^3c^2}\right)^{-1}, \qquad (r \leqslant R_0). \tag{4.55}$$

式 (4.51)~(4.55) 构成了恒星内部引力场的解，称为 Schwarzschild 内部解。显然，当 $r = R_0$ 时，函数 e^a 和 e^b 回到 Schwarzschild 真空解所给的对应值。

由式 (4.51) 可以看出，在恒星内部，压强由表面至中心逐渐增大，在恒星中心压强取极值

$$P_c = P(0) = \rho_0 \frac{1 - \left(1 - \dfrac{2GM}{R_0c^2}\right)^{1/2}}{3\left(1 - \dfrac{2GM}{R_0c^2}\right)^{1/2} - 1}, \tag{4.56}$$

若将 $\dfrac{M}{R_0}$ 作自变量而将 P_c 当作函数，则由上式可见，P_c 是随 $\dfrac{M}{R_0}$ 单调增加的。特别地，当 $\dfrac{M}{R_0}$ 增加到

$$\frac{M}{R_0} = \frac{4c^2}{9G} \tag{4.57}$$

时，P_c 将变成无穷大，恒星将不能克服内部压强而继续存在。利用前文引入的引力半径

$$r_g = \frac{2GM}{c^2},$$

可以将球形恒星存在的上述极限表达为

$$\left.\frac{r_g}{R_0}\right|_{\max} = \frac{8}{9}. \tag{4.58}$$

利用 $\mathrm{e}^a > 0$，$\mathrm{e}^b > 0$ 以及 $\mathrm{d}P/\mathrm{d}r < 0$ 等几个条件可以进一步证明，式 (4.58) 给出的限制实际上对具有任意物态方程 $\rho = \rho(P)$ 的恒星均成立。

4.4 Schwarzschild 时空中的物理学

在真空中爱因斯坦方程的所有解中，Schwarzschild 真空解与我们经验中大质量引力源 (恒星) 附近的引力场最为接近，因此我们专门抽出一节来讨论 Schwarzschild 时空中的物理学。本节全部的讨论将以 Schwarzschild 度规式 (4.15) 为基础。

4.4.1 Schwarzschild 时空中的长度和时间

1. 长度

Schwarzschild 时空线元式 (4.15) 的空间部分

$$dR^2 = \left(1 - \frac{r_g}{r}\right)^{-1} dr^2 + r^2(d\theta^2 + \sin^2\theta d\varphi^2).$$

给出了长度的定义。对 r 取常数的坐标曲线而言，dR^2 简化为标准的 2 维球面度规。而对 θ, φ 同时为常数的情形，

$$dR^2 = \left(1 - \frac{r_g}{r}\right)^{-1} dr^2. \tag{4.59}$$

对 $r \to \infty$ 的情形，dR=dr，也就是说 dr 表示的是无穷远处的观测者测得的径向长度；对 $r_g < r < \infty$ 的情形，式 (4.59) 表明实际径向距离 dR 比 dr 要大，而且，r 越小则 dR/dr 越大 (如图 4.1 所示)。对于 Schwarzschild 时空中的一把“刚性”尺子，其长度随着它与引力源的径向距离而改变，越远离引力源长度越小，越接近引力源长度越大。当尺子的径向坐标接近 r_g 时，其实际长度接近无穷大。因此可以形象地说尺子 (或者任何具有径向长度的客体) 被引力拉伸成了意大利面条的形状 (spagitification)。这个结论是狭义相对论中“运动尺子变短”这个陈述的推广。

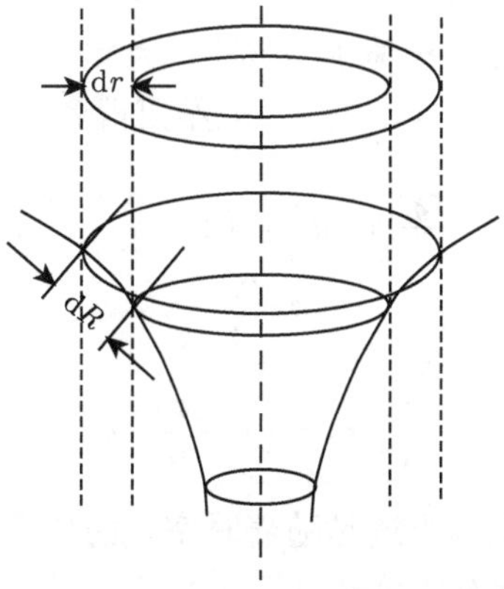

图 4.1 Schwarzschild 时空中的径向长度

2. 时间

在空间坐标固定的前提下，式 (4.15) 给出

$$\mathrm{d}\tau = \left(1 - \frac{r_g}{r}\right)^{1/2} \mathrm{d}t. \tag{4.60}$$

对于远处 ($r \to \infty$) 的观测者来说，其坐标时间 t 与固有时 间 τ 同步。当观测者接近引力源 ($r < \infty$) 时，$\mathrm{d}t$ 逐渐偏离 $\mathrm{d}\tau$ 而变大，而且越接近引力源 $\mathrm{d}t/\mathrm{d}\tau$ 越大。因此，可以说，在 Schwarzschild 时空中离引力源越近的地方时钟走得越慢。这个陈述是狭义相对论中 "运动时钟变慢" 的推广。当 $r \to r_g$ 时，要获得有限的事件间隔，所需的 $\mathrm{d}t$ 趋于无限大。这一点在将来讨论黑洞的性质时十分重要。

应该说明的是，上述讨论不仅对 Schwarzschild 时空是正确的，而且定性地对所有具有正确的牛顿极限的引力场均是正确的。

4.4.2 雷达波的延迟

Schwarzschild 时空中 $r > r_g$ 的区域是静态的，具有类时 Killing 矢量场 $\xi = \partial_t$，或者写为分量形式

$$\xi^\mu = (c, 0, 0, 0).$$

在这样的时空区域，可以定义静态观测者。显然，这样的观测者具有固定的空间坐标。

设想一静态观测者位于空间坐标 (r, θ, φ) 处，并且使用一 光波雷达探测位于 (r', θ, φ) 处的一个小质量物体 (质量小，所以不会影响引力场的分布)。因为观测者和被探测物具有相同的 θ, φ 坐标，故 此这是一个纯径向问题。

假定几何光学近似是成立的，即雷达波往返均按类光测地线传播。记住所谓类光测地线，就是使 $\mathrm{d}s^2 = -c^2\mathrm{d}\tau^2 = 0$ 的测地线。为了了解雷达波反射回来所需的时间，我们首先要知道光的坐标速 度 $\mathrm{d}r/\mathrm{d}t$。为此，在 Schwarzschild 时空的线元式 (4.15) 中令 $\mathrm{d}s^2 = 0$，$\mathrm{d}\tau = \mathrm{d}\theta = \mathrm{d}\varphi = 0$，结果得到

$$\left(1 - \frac{r_g}{r}\right) c^2 \mathrm{d}t^2 = \left(1 - \frac{r_g}{r}\right)^{-1} \mathrm{d}r^2.$$

因此，

$$\frac{\mathrm{d}r}{\mathrm{d}t} = \pm \left(1 - \frac{r_g}{r}\right) c. \tag{4.61}$$

这就是径向的坐标光速。坐标光速是随着时空点的位置变化的。对于 $r_g < r < \infty$ 的时空区域，坐标光速的绝对值总是小于 c。注意，对于光子，固有时间总是零，因此无法定义其固有速度。

式 (4.61) 又可写为

$$\mathrm{d}t = \pm\frac{1}{c}\left(1-\frac{r_g}{r}\right)^{-1}\mathrm{d}r. \tag{4.62}$$

对上式积分，可得出雷达波往返所需的坐标时间 Δt:

$$\Delta t = -\frac{1}{c}\int_{r}^{r'}\left(1-\frac{r_g}{r''}\right)^{-1}\mathrm{d}r'' + \frac{1}{c}\int_{r'}^{r}\left(1-\frac{r_g}{r''}\right)^{-1}\mathrm{d}r'' = \frac{2}{c}\int_{r'}^{r}\left(1-\frac{r_g}{r''}\right)^{-1}\mathrm{d}r''. \tag{4.63}$$

静态观测者测得的时间应为固有时间间隔 $\Delta\tau$:

$$\begin{aligned}\Delta\tau &= \left(1-\frac{r_g}{r}\right)^{1/2}\Delta t \\ &= \frac{2}{c}\left(1-\frac{r_g}{r}\right)^{1/2}\left(r-r'+r_g\log\frac{r-r_g}{r'-r_g}\right).\end{aligned} \tag{4.64}$$

另一方面，雷达波往返经过的路程为

$$\begin{aligned}2\Delta R &= 2\int_{r'}^{r}\left(1-\frac{r_g}{r''}\right)^{-1/2}\mathrm{d}r'' \\ &= 2\left[r''^{1/2}(r''-r_g)^{1/2} + r_g\log\left(r''^{1/2}+(r''-r_g)^{1/2}\right)\right]_{r'}^{r}.\end{aligned} \tag{4.65}$$

因此，若不考虑广义相对论效应而以 c 代表光速，则预期的雷达波往返时间为

$$\Delta\tau' = \frac{2}{c}\left[r''^{1/2}(r''-r_g)^{1/2} + r_g\log\left(r''^{1/2}+(r''-r_g)^{1/2}\right)\right]_{r'}^{r}. \tag{4.66}$$

当 $r, r' \gg r_g$ 时，$\Delta\tau$ 和 $\Delta\tau'$ 分别 可近似为

$$\Delta\tau = \frac{2}{c}\left[r-r'-\frac{r_g}{2r}(r-r')+r_g\log\frac{r}{r'}\right],$$

$$\Delta\tau' = \frac{2}{c}\left[r-r'+\frac{r_g}{2}\log\frac{r}{r'}\right]. \tag{4.67}$$

因此，广义相对论与狭义相对论对雷达波往返时间的预期差值为

$$\Delta\tau - \Delta\tau' = \frac{r_g}{c}\left(\log\frac{r}{r'} - \frac{r-r'}{r}\right). \tag{4.68}$$

雷达波在引力作用下发生延迟是一个纯粹的广义相对论效应。这一效应已经被太阳系内对水星和金星的观测实验所证实。当然，实际观测的情形不是一个纯径向过程。

4.4.3 引力红移与谱移动

在 Schwarzschild 时空中给定两个静态观测者 O_1 和 O_2。假定 O_1 在事件 p_1 发射了一个光子，并被 O_2 在事件 p_2 接收到。按几何光学近似，光子应该在时空中沿切矢量为 k^μ 的一条类光测地线传播，且在发射者 O_1 及观测者 O_2 看来，其能量分别为

$$\hbar\omega_1 = -\hbar(k_\mu u_1^\mu)_{p_1}, \tag{4.69}$$

$$\hbar\omega_2 = -\hbar(k_\mu u_2^\mu)_{p_2}, \tag{4.70}$$

其中，u_1^μ 和 u_2^μ 是两个观测者的固有速度，ω_1 和 ω_2 是两个光子的频率。因为两个观测者都是静态的，因此，u_1^μ 和 u_2^μ 必须与类时 Killing 矢量场 $\xi^\mu = (\partial_t)^\mu$ 成比例，即

$$u_1^\mu = \left.\frac{c\,\xi^\mu}{(-\xi^\rho\xi_\rho)^{1/2}}\right|_{p_1}, \tag{4.71}$$

$$u_2^\mu = \left.\frac{c\,\xi^\mu}{(-\xi^\rho\xi_\rho)^{1/2}}\right|_{p_2}. \tag{4.72}$$

根据定理 2.1，类时 Killing 矢量场对类光测地线切矢量的投影 $\xi^\mu k_\mu$ 沿着类光测地线应该是不变的，$(\xi^\mu k_\mu)_{p_1} = (\xi^\mu k_\mu)_{p_2}$。因此，我们有

$$\frac{\omega_1}{\omega_2} = \frac{(-\xi^\rho\xi_\rho)^{1/2}|_{p_2}}{(-\xi^\rho\xi_\rho)^{1/2}|_{p_1}}. \tag{4.73}$$

利用 Schwarzschild 度规式 (4.15) 和 ξ^μ 的定义，可以求得

$$\xi^\rho\xi_\rho = -c^2\left(1 - \frac{r_g}{r}\right). \tag{4.74}$$

因此，我们有

$$\frac{\omega_1}{\omega_2} = \frac{\left(1 - \dfrac{r_g}{r_2}\right)^{1/2}}{\left(1 - \dfrac{r_g}{r_1}\right)^{1/2}}. \tag{4.75}$$

假设光子是在恒星的表面发射出去并在远离恒星的位置被接收到，即 $r_2 > r_1$，那么上式表明 $\omega_2 < \omega_1$，也就是说，恒星的发射光谱会被向红光一端移动，这个现象称为引力红移。反之，如果是远处发射来的光子被靠近引力中心的观测者接收，则会发射谱线的蓝移。

当 $r_1 \gg r_g$ 且 $r_2 \gg r_g$ 时，我们有

$$\frac{\delta\omega}{\omega_2} \equiv \frac{\omega_1 - \omega_2}{\omega_2} \simeq \frac{1}{2}\left(-\frac{r_g}{r_2} + \frac{r_g}{r_1}\right) = \frac{1}{c^2}\left(-\frac{GM}{r_2} + \frac{GM}{r_1}\right). \tag{4.76}$$

上式右边括号中的表达式其实就是接收点和发射点的牛顿引力势之差。因此，可以将发生引力红移的物理原因解释为：光子在从发射点到接收点传播的过程中克服引力做功因而损失了能量。

根据式 (4.75)，从球形恒星的表面发出的光在越远离恒星的地方接收红移就越大。最极端的情况是接收点在无穷远而发射光线的恒星是允许存在的最小的恒星，即满足极限条件式 (4.58) 的恒星。对这种极限情况，红移取得允许的最大值，即

$$\left.\frac{\omega_1}{\omega_2}\right|_{\max} = 3. \tag{4.77}$$

通常表达红移采用的参数是**相对红移因子**

$$z = \frac{\omega_1}{\omega_2} - 1. \tag{4.78}$$

用这个参数，引力红移因子的最大值为 $z = 2$。

4.4.4 质点的测地运动

我们知道，自由质点在引力场中沿着类时测地线运动。对自由质点的世界线，最合适的曲线参数是固有时间，因为它是类时测地线上的仿射参数。为了写出自由质点的世界线方程，通常有两种不同的方法：一是直接利用式 (3.6)，在给定的参考系中通过对联络分量的计算结果直接写出方程，二是仿照 2.11.3 节中对 Robertson-Walker 度规的处理方法，先写出质点运动的拉格朗日量，然后通过变分求得测地线方程。显然，第二种方法更具物理直观性，因此我们先写出 Schwarzschild 时空中运动的质点的拉氏量：

$$\mathcal{L} = \frac{m}{2} g_{\mu\nu}\dot{x}^\mu \dot{x}^\nu = \frac{m}{2}\left[-c^2\left(1-\frac{r_g}{r}\right)\dot{t}^2 + \left(1-\frac{r_g}{r}\right)^{-1}\dot{r}^2 + r^2(\dot{\theta}^2 + \sin^2\theta\dot{\varphi}^2)\right], \tag{4.79}$$

其中，m 表示质点的质量，坐标变量上方标注一点表示对固有时间 τ 求导。在 Schwarzschild 时空中，由于 t 和 φ 均为循环坐标，故有相应的守恒量

$$E = mc^2\left(1-\frac{r_g}{r}\right)\dot{t}, \tag{4.80}$$

$$J = mr^2\sin^2\theta\,\dot{\varphi}. \tag{4.81}$$

E 和 J 是守恒量也可以用定理 2.1 解释。事实上，在 Schwarzschild 时空中，$k = \partial_t$ 和 $\chi = \partial_\varphi$ 都是 Killing 矢量场，其坐标分量分别是 $k^\mu = c\delta^\mu{}_0, \chi^\mu = \delta^\mu{}_3$[记住我们采用的坐标为 $x^\mu = (ct, r, \theta, \varphi)$]。当 $r > r_g$ 时，k 是类时的，而 χ 是类空的。由于

质点的固有速度 $u^\mu = \dfrac{\mathrm{d}x^\mu}{\mathrm{d}\tau}$ 是类时测地线的切矢量，定理 2.1 表明，沿着质点运动的世界线，$E \equiv -m(k_\mu u^\mu)$ 和 $J \equiv m(\chi_\mu u^\mu)$均保持不变。式 (4.81) 中的 E 和 J 与此处定义的 E 和 J 是完全一致的。物理上，E 可以解释为与质点处于同一时空点的静态观测者测得的质点能量，而 J 则是同一观测者测得的质点角动量。

由于 Schwarzschild 时空的球对称性，质点必在力心与初速度张成的平面内运动。通过坐标选择可以将质点运动的平面定为具有常数角坐标 $\theta = \pi/2$ 的平面。这时式 (4.81) 又可写为

$$mr^2\dot{\varphi} = J. \tag{4.82}$$

至此，测地线方程中关于 t、θ、φ 的方程均已得到运动积分，唯一尚 不清楚的是关于 r 的测地线方程。

利用式 (4.79) 给出的拉氏量，经简单的变分可以得出 r 所对应的测地线方程。然而，描述测地线方程的 r 分量的更好方法是事件距离的不变性：从式 (4.15) 可以直接得到

$$\left(1-\frac{r_g}{r}\right)c^2\dot{t}^2 - \left(1-\frac{r_g}{r}\right)^{-1}\dot{r}^2 - r^2\dot{\varphi}^2 = c^2. \tag{4.83}$$

这个方程实际上就是测地线方程径向分量的积分形式。方程 (4.80) 和方程 (4.82) 可以重新写为

$$\dot{\varphi} = \frac{J}{mr^2}, \tag{4.84}$$

$$\dot{t} = \frac{E}{mc^2}\left(1-\frac{r_g}{r}\right)^{-1}. \tag{4.85}$$

将以上两式代入式 (4.83)，可以得到

$$\frac{m}{2}\left(\frac{\mathrm{d}r}{\mathrm{d}\tau}\right)^2 = \varepsilon - U(r), \tag{4.86}$$

其中，

$$\varepsilon = \frac{E^2}{2mc^2}, \tag{4.87}$$

$$\begin{aligned} U(r) &= \frac{1}{2}\left(1-\frac{r_g}{r}\right)\left(mc^2 + \frac{J^2}{mr^2}\right) \\ &= \frac{mc^2}{2} - \frac{GMm}{r} + \frac{J^2}{2mr^2} - \frac{GMJ^2}{mc^2r^3}. \end{aligned} \tag{4.88}$$

在方程 (4.88) 的第二行中，我们利用了 $r_g = \dfrac{2GM}{c^2}$。$\left(\dfrac{\mathrm{d}r}{\mathrm{d}\tau}\right)^2$ 不能为负数，这要求

$$\varepsilon \geqslant U. \tag{4.89}$$

方程 (4.86) 与具有质量 m、总能量 ε 和势能 $U(r)$ 的非相对论 1 维质点的运动方程完全一致。因此，可以将 ε 称为相对论质点的**等效能量**，$U(r)$ 称为相对论质点的**等效势能**。注意，等效能量并非相对论质点的物理能量 E；同样，等效势能也并非相对论质点的物理势能。

为了进行对比，我们给出在牛顿引力中质量为 m 的质点在质量为 M 的引力源附近运动时的径向运动方程：

$$\frac{m}{2}\left(\frac{\mathrm{d}r}{\mathrm{d}t}\right)^2 = E_N - V(r), \tag{4.90}$$

$$V(r) = -\frac{GMm}{r} + \frac{J^2}{2mr^2}, \tag{4.91}$$

其中，势能 $V(r)$ 是牛顿引力势能 $-\dfrac{GMm}{r}$ 与离心势能$\dfrac{J^2}{2mr^2}$ 之和。为了不与相对论质点的物理能量 E 混淆，这里我们将牛顿质点的总能量记为 E_N。

对照式 (4.88) 与式 (4.91)，可以发现，除了一个无关紧要的常数项以外，广义相对论引力与牛顿引力对质点运动产生的影响的最大区别在于前者的等效势能中多出了一项正比于 r^{-3} 的吸引势。当 r 较大时这一项较其他两项更快地趋于零，因而其作用可以忽略。但是当 r 较小时，该修正项的数值将成为势能中的主要项，它在质点运动方程中将起主要作用。因此，在距引力源较近的时空区域内，广义相对论与牛顿引力理论对质点运动行为的预言将有显著差别。

为了进一步比较相对论引力与牛顿引力在质点运动上造成的不同后果，我们分别将两种情况下质点的势能作无量纲化处理。与此同时，我们还要引入无量纲化的径向坐标 $\bar{r} = r/r_g$。这样，最终的无量纲化势能函数可以写为

$$\bar{U}(\bar{r}) \equiv \left(\frac{mc^2}{2}\right)^{-1} U(r) = 1 - \frac{1}{\bar{r}} + \frac{a^2}{\bar{r}^2} - \frac{a^2}{\bar{r}^3},$$

$$\bar{V}(\bar{r}) \equiv \left(\frac{mc^2}{2}\right)^{-1} V(r) = -\frac{1}{\bar{r}} + \frac{a^2}{\bar{r}^2}.$$

其中，无量纲参数 $a = b/r_g$，$b = J/(mc)$ 与 r_g 一样具有长度的量纲。可见，经上述无量纲化处理后，两个势能函数均只依赖于一个无量纲的参数 a。为了便于对照，我们将牛顿质点和相对论质点的等效能量也无量纲化：

$$\bar{E}_N \equiv \left(\frac{mc^2}{2}\right)^{-1} E_N = \frac{2E_N}{mc^2}, \quad \bar{\varepsilon} \equiv \left(\frac{mc^2}{2}\right)^{-1} \varepsilon = \frac{E^2}{(mc^2)^2}.$$

我们知道，质点所受的力等于其势能的负梯度。在无量纲化以后，相对论质点和牛顿质点所受的等效力分别是

$$F_{\bar{U}}(\bar{r}) = -\frac{\mathrm{d}\bar{U}(\bar{r})}{\mathrm{d}\bar{r}} = -\frac{1}{\bar{r}^2} + \frac{2a^2}{\bar{r}^3} - \frac{3a^2}{\bar{r}^4},$$
$$F_{\bar{V}}(\bar{r}) = -\frac{\mathrm{d}\bar{V}(\bar{r})}{\mathrm{d}\bar{r}} = -\frac{1}{\bar{r}^2} + \frac{2a^2}{\bar{r}^3}.$$

因此，我们有

$$F_{\bar{U}}(\bar{r}) - F_{\bar{V}}(\bar{r}) = -\frac{3a^2}{\bar{r}^4} < 0,$$

也就是说，**在同样的物理条件下，相对论质点会受到比牛顿质点更强的吸引力。**

下面我们来分析相对论质点做稳定圆周轨道运动的条件。直接求解方程

$$\frac{\mathrm{d}\bar{U}}{\mathrm{d}\bar{r}} = 0,$$

可以得出 $\bar{U}$ 在有限的径向坐标处的两个极值点：

$$\bar{r}_{\max} = a\left(a - \sqrt{a^2-3}\right), \quad \bar{r}_{\min} = a\left(a + \sqrt{a^2-3}\right). \tag{4.92}$$

显然，极值点存在的条件是 $a \geqslant \sqrt{3}$。对所有的 $a > \sqrt{3}$，我们有

$$\bar{r}_{\max} \in \left(\frac{3}{2}, 3\right), \quad \bar{r}_{\min} \in (3, +\infty),$$

$\bar{r}_{\max}$ 和 $\bar{r}_{\min}$ 分别对应 $\bar{U}$ 的极大值 $\bar{U}_{\max}$ 和极小值 $\bar{U}_{\min}$。如果质点刚好处在等效势能的极值点，并且其等效能量 ε 刚好等于等效势能的极值，质点就有可能做维持径向坐标不变的圆周轨道运动。其中，“半径”为 $\bar{r}_{\max}$ 的圆周轨道是不稳定轨道，“半径”为 $\bar{r}_{\min}$ 的圆周轨道是稳定轨道。任何圆周轨道的无量纲化“半径”都不可能小于 $\frac{3}{2}$。当 $a = \sqrt{3}$ 时，$\bar{U}$ 的两个极值点重合成为一个拐点，由于稳定圆周轨道的“半径”$\bar{r}_{\min}$ 随着参数 a 单调增加，使 $\bar{r}_{\min}$ 存在的最小的 a 值 $a = \sqrt{3}$ 所对应的就是稳定圆周轨道“半径”的最小值，即

$$\bar{r}_{\min} = 3, \quad r_{\min} = 3r_g.$$

在这个半径上的圆周轨道运动是亚稳定的。与相对论质点相对照的是牛顿质点。当 $a > 0$ 时，$\bar{V}$ 总存在唯一的极小值点 $\bar{V}_{\min}$。因此，只要角动量非零，牛顿引力下的质点总存在稳定的圆周轨道。

针对给定的一组 a 的取值，图 4.2 给出了牛顿引力和广义相对论引力中质点径向等效势能函数随 r 变化的曲线。由于 $a = J/(r_g mc)$，具有不同 a 值的曲线反映的是角动量不同的质点感受到的等效势能。从图中可以看到，除了具有不同的渐近值之外，两种等效势能的曲线在 $\bar{r}$ 较大的区域基本一致，但是在靠近力心的区域两者差异很大。对牛顿引力中的质点来说，只要 $a > 0$，势能函数 $V(r)$ 就会在 $r \to 0$ 时趋于正无穷大，因此，在力心附近有一个无穷大的势垒使得质点无法进一

步靠近力心。同时，每一条 $a>0$ 的 $V(r)$ 曲线都有下界，并且它们在 $r\to+\infty$ 时都拥有共同的渐近值 0。因此，$a>0$ 时牛顿质点的运动形态可以分为两类：

$$\begin{aligned}&\bar{E}_N\geqslant 0 &&\text{散射态，}\\ &\bar{V}_{\min}\leqslant \bar{E}_N<0 &&\text{束缚态。}\end{aligned}$$

另一方面，对 Schwarzschild 时空中的相对论质点来说，当 a 取值在 0 到 $\sqrt{3}$ 之间时，等效势能曲线都是随 r 单调增加的，与 $a=0$ 时的牛顿质点等效势能定性一致。当 $a>\sqrt{3}$ 时，等效势能函数 $\bar{U}$ 在有限的 $\bar{r}$ 处总具有一个极大值和一个极小值点，因此，$a>\sqrt{3}$ 的相对论质点的运动形态可以分为以下几类：

$$\begin{aligned}&\bar{\varepsilon}\geqslant \bar{U}_{\max} &&\text{吸收态，}\\ &1\leqslant\bar{\varepsilon}<U_{\max} &&\text{散射态，}\\ &\bar{\varepsilon}<1\text{ 且 }\bar{U}_{\min}<\bar{\varepsilon}<\bar{U}_{\max} &&\text{束缚态。}\end{aligned}$$

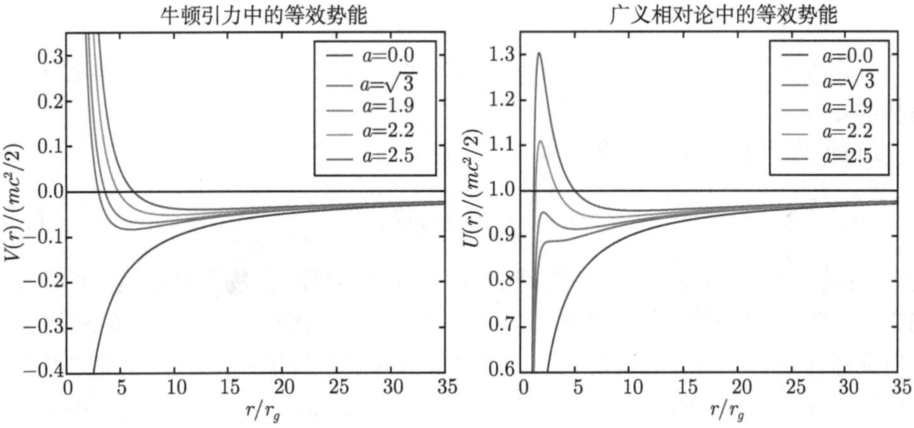

图 4.2 不同参数下牛顿引力和广义相对论引力中的质点势能曲线

4.4.5 近日进动

在球对称引力场中质点各种可能的运动形态中，束缚轨道运动是我们最感兴趣的一种形态，因为这类运动与类似太阳系这样的天体系统的结构有关。

首先我们来回顾在牛顿引力作用下质点作束缚轨道运动的轨道方程及其精确解。在牛顿引力问题中，可以忽略坐标时 t 和固有时 τ 的差异，并且，根据式 (4.84)，可以将 $\mathrm{d}t\simeq\mathrm{d}\tau$ 写为

$$\mathrm{d}t=\frac{mr^2}{J}\mathrm{d}\varphi. \tag{4.93}$$

以 $\dfrac{2}{mc^2}$ 乘以方程 (4.90) 左右两边各项，方程的右边将无量纲化，结果为

$$\frac{1}{c^2}\left(\frac{\mathrm{d}r}{\mathrm{d}t}\right)^2=\bar{E}_N-\bar{V}(\bar{r}). \tag{4.94}$$

将式 (4.93) 代入上式，经适当整理，质点轨道满足的微分方程可以写为

$$\frac{1}{\bar{r}^4}\left(\frac{\mathrm{d}\bar{r}}{\mathrm{d}\varphi}\right)^2=\frac{\bar{E}_N}{a^2}+\frac{1}{a^2\bar{r}}-\frac{1}{\bar{r}^2}.$$

定义 $u=\dfrac{1}{\bar{r}}=\dfrac{r_g}{r}$，上式可以重写为

$$\left(\frac{\mathrm{d}u}{\mathrm{d}\varphi}\right)^2=\frac{\bar{E}_N}{a^2}+\frac{u}{a^2}-u^2.$$

上式关于 φ 再次求导可得

$$\frac{\mathrm{d}^2u}{\mathrm{d}\varphi^2}+u=\frac{1}{2a^2}. \tag{4.95}$$

这个方程称为 Binet 方程。它是牛顿引力理论中描写恒星引力场中天体运动轨道的基本方程。

Binet 方程 (4.95) 的精确解为

$$u=\frac{1}{2a^2}(1+e\cos\varphi), \tag{4.96}$$

其中，积分常数 e 可以不失一般性地取为一个正的常数，其物理解释是天体轨道的偏心率。若 $e\geqslant 1$，则轨道不闭合，其中 $e>1$ 对应双曲线，$e=1$ 对应抛物线。这两种情况适合描写非周期运动的天体的轨道，例如某些彗星；若 $e<1$，则轨道是一个椭圆，当 $e=0$ 时则退化为标准圆形。这种情况适合描写行星的轨道。将 $u=\dfrac{r_g}{r}$ 和 $a=\dfrac{J}{mcr_g}$ 代入式 (4.96)，可将轨道方程用实际的物理参数写为

$$r=\frac{1}{GM}\left(\frac{J}{m}\right)^2\frac{1}{1+e\cos\varphi}.$$

可见，在一个给定的大质量恒星附近运动的行星轨道半径将由恒星的质量和行星自身的物理参数 $\dfrac{J}{m}$ 决定。

在 Schwarzschild 时空中，取代式 (4.90) 的是式 (4.86)。将式 (4.93) 代入式 (4.86)，并将结果无量纲化，结果可得

$$\frac{1}{\bar{r}^4}\left(\frac{\mathrm{d}\bar{r}}{\mathrm{d}\varphi}\right)^2=\frac{\bar{\mathcal{E}}}{a^2}+\frac{1}{a^2\bar{r}}-\frac{1}{\bar{r}^2}+\frac{1}{\bar{r}^3}.$$

同样引入新变量 $u = \frac{r_g}{r}$，并对上式再次关于 φ 求导，可以得到无量纲化的相对论质点轨道方程

$$\frac{\mathrm{d}^2 u}{\mathrm{d}\varphi^2} + u = \frac{1}{2a^2} + \frac{3}{2}u^2. \tag{4.97}$$

这个方程比非相对论情形下的 Binet 方程 (4.95) 仅多了右边一项 $\frac{3}{2}u^2$。

下面我们考虑具有较小偏心率的行星轨道。相对于 r_g 来说，轨道半径 r 总是一个很大的数，因此，式 (4.97) 中的 u 将有很小的取值。这时，我们可以用式 (4.96) 给出的椭圆轨道作为零级近似，而将式 (4.97) 右边的 $\frac{3}{2}u^2$ 作为微扰。由于轨道偏心率 $e \ll 1$，故而

$$\frac{\mathrm{d}^2 u}{\mathrm{d}\varphi^2} + u \simeq \frac{1}{2a^2} + \frac{3}{2}\left[\frac{1}{2a^2}(1 + e\cos\varphi)\right]^2 \simeq \frac{1}{2a^2} + \frac{3}{8a^4} + \frac{3e}{4a^4}\cos\varphi. \tag{4.98}$$

上式右方第二项 $\frac{3}{4a^4}$ 是对首项 $\frac{1}{2a^2}$ 的微小修正，它代表广义相对论对行星轨道长轴的影响。这个影响在数值上属于高阶小量，故可忽略。这样，式 (4.98) 就近似成

$$\frac{\mathrm{d}^2 u}{\mathrm{d}\varphi^2} + u \simeq \frac{1}{2a^2} + \frac{3e}{4a^4}\cos\varphi. \tag{4.99}$$

引入

$$u = u_1 + u_2,$$

可以将式 (4.99) 拆分为两个方程:

$$\frac{\mathrm{d}^2 u_1}{\mathrm{d}\varphi^2} + u_1 = \frac{1}{2a^2}, \qquad \frac{\mathrm{d}^2 u_2}{\mathrm{d}\varphi^2} + u_2 = \frac{3e}{4a^4}\cos\varphi. \tag{4.100}$$

第一个方程就是式 (4.95)，其精确解已由式 (4.96) 给出:

$$u_1(\varphi) = \frac{1}{2a^2}(1 + e\cos\varphi). \tag{4.101}$$

第二个方程的一个特解是

$$u_2(\varphi) = \frac{3e}{8a^4}\varphi\sin\varphi. \tag{4.102}$$

因此，方程 (4.99) 的解可以写成

$$\begin{aligned} u = u_1 + u_2 &= \frac{1}{2a^2}\left(1 + e\cos\varphi + \frac{3}{4a^2}e\varphi\sin\varphi\right) \\ &\simeq \frac{1}{2a^2}\left[1 + e\cos\left(1 - \frac{3}{4a^2}\right)\varphi\right], \end{aligned} \tag{4.103}$$

式中最后一步又忽略了 $O(a^{-6})$ 量级的小量。

比较式 (4.96) 和式 (4.103)，可以发现在广义相对论中行星的近日点可以发生进动。方程 (4.96) 中近日点的方位角 φ_0 满足

$$\varphi_0 = 2n\pi, \quad n = 0, 1, 2, \cdots, \tag{4.104}$$

而式 (4.103) 中近日点的方位角 φ_1 满足

$$\left(1 - \frac{3}{4a^2}\right)\varphi_1 = 2n\pi, \quad n = 0, 1, 2, \cdots. \tag{4.105}$$

因此，相对于牛顿理论，相对论引力导致的行星轨道长轴方位角的进动量为

$$\Delta\varphi = \varphi_1 - \varphi_0 = \frac{2n\pi}{1 - 3/(4a^2)} - 2n\pi \simeq \frac{3n\pi}{2a^2}. \tag{4.106}$$

将

$$a = \frac{J}{mcr_g} = \frac{Jc}{2GMm}$$

代入上式，有

$$\Delta\varphi = \frac{3G^2M^2m^2}{J^2c^2} \cdot 2\pi n.$$

由于进动解式 (4.103) 是将式 (4.97) 中的 $3u^2$ 作为小扰动求出的，而行星轨道距日心越近，u^2 越大，扰动也越强。因此可以判定：在太阳系内距太阳最近的水星的轨道进动最为显著。对水星的实际观测数据表明，水星近日点方位角以每百年 $43''$ 的速率在进动 (这个数值是扣除了其他行星的摄动引起的轨道偏离后的净剩余值)。这个数值与广义相对论的预言完全吻合。

4.4.6　光线弯曲

在牛顿引力理论中，物体受引力作用获得的加速度与物体本身无关，一切物质 (包括光) 在引力场中同一点均获得相同的引力加速度。因此，光在牛顿引力理论中会发生偏折 (尽管很难观测到)。但是，由于光子无质量，因此不产生牛顿引力场。一个本身不产生引力但会受引力作用的物质对象多少在逻辑上是令人困惑的。

在广义相对论中情形变得完全不同了。在几何光学近似下，光在引力场中沿类光测地线运动。只要引力场非零，光的径迹一般就会是弯曲的。同时，由于光具有能量，因而它会产生相对论引力场，也受引力场的作用。

由于对光子而言，固有时间恒为零，我们必须采用其他的仿射参量 λ 来刻画光子运动经过的类光测地线。由于类光测地线的特殊性，我们无法像质点运动的情况那样对光子定义一个拉格朗日量，因此我们从光线的类光条件出发：

$$-c^2\left(1 - \frac{r_g}{r}\right)\dot{t}^2 + \left(1 - \frac{r_g}{r}\right)^{-1}\dot{r}^2 + r^2\dot{\varphi}^2 = 0, \tag{4.107}$$

式中，$\dot{t}, \dot{\varphi}, \dot{r}$ 分别表示 $\frac{dt}{d\lambda}, \frac{d\varphi}{d\lambda}, \frac{dr}{d\lambda}$，我们已经假定光子 $\theta = \frac{\pi}{2}$ 的平面上，因此上式中不出现 $\dot{\theta}$ 和 $\sin\theta$ 。

利用 Schwarzschild 时空的两个 Killing 矢量场 $k = \partial_t$ 和 $\chi = \partial_\varphi$可以定义两个不变量

$$E \equiv -k_\mu u^\mu = c^2\left(1 - \frac{r_g}{r}\right)\frac{dt}{d\lambda}, \tag{4.108}$$

$$J \equiv \chi_\mu u^\mu = r^2\frac{d\varphi}{d\lambda}, \tag{4.109}$$

式中，

$$u^\mu = \frac{dx^\mu}{d\lambda}$$

是类光测地线的切矢量。将这两个方程代入式 (4.107) 可得

$$\left(\frac{dr}{d\lambda}\right)^2 = \frac{E^2}{c^2} - \frac{J^2}{r^2}\left(1 - \frac{r_g}{r}\right). \tag{4.110}$$

从形式上看，这个方程与具有单位质量、总能量为

$$\varepsilon = \frac{E^2}{2c^2},$$

势能为

$$U(r) = \frac{J^2}{2r^2}\left(1 - \frac{r_g}{r}\right)$$

的质点的运动方程一致。当$r = r_c = \frac{3r_g}{2}$ 时，等效势能 $U(r)$ 有一个极大值，这里有可能形成一个光子的闭合圆周轨道。这个轨道处于等效势能的极大值点，因此是不稳定的轨道。文献中将 $r = \frac{3r_g}{2}$的球面称为**光球**。

利用式 (4.109) 可消去式 (4.110) 中的仿射参数 λ，得到

$$\left(\frac{1}{r^2}\frac{dr}{d\varphi}\right)^2 = \frac{E^2}{J^2c^2} - \frac{1}{r^2}\left(1 - \frac{r_g}{r}\right). \tag{4.111}$$

这个方程就是光子运动的轨道方程。引入参数

$$b = \frac{Jc}{E}, \qquad B(r) = r\left(1 - \frac{r_g}{r}\right)^{-1/2}, \tag{4.112}$$

则光子轨道方程 (4.111) 可写为

$$\left(\frac{1}{r^2}\frac{dr}{d\varphi}\right)^2 = \frac{1}{b^2} - \frac{1}{B(r)^2}. \tag{4.113}$$

显然，b 和 $B(r)$ 的量纲与 r 一致。常数 b 称为光子的**瞄准距离**。如果光子从无穷远来，经引力源作用后依然能够逃逸到无穷远处，那么瞄准距离将是光子在整个光路上与引力源中心距离的最小值，如图 4.3 所示。光子运动的轨道必须满足条件

$$\frac{1}{b^2}-\frac{1}{B(r)^2}\geqslant 0, \tag{4.114}$$

即

$$b^2\leqslant B(r)^2. \tag{4.115}$$

$\dfrac{1}{B(r)^2}$ 在 $r_c=\dfrac{3}{2}r_g$ 处取最大值 $\dfrac{1}{B(r_c)^2}=\dfrac{4}{27r_g^2}$。因此，光子的运动可分为两类，即

$$\frac{1}{b^2}\geqslant\frac{1}{B(r_c)^2}, \tag{4.116}$$

或者

$$\frac{1}{B(r_c)^2}>\frac{1}{b^2}\geqslant\frac{1}{B(r)^2}. \tag{4.117}$$

若 b 满足条件式 (4.116)，那么无论多么小的 r 均会使式 (4.113) 有解，因而光子会被引力源完全吸引住而不离开；若 b 满足式 (4.117)，则光子在接近引力源中心的过程中会遇到 $1/B(r_c)^2$ 附近的壁垒而被散射开。因此，对入射光子而言，其瞄准距离 b 若小于 $\sqrt{B(r_c)^2}=\dfrac{3\sqrt{3}}{2}r_g$，则会被吸收；若 b 大于 $\dfrac{3\sqrt{3}}{2}r_g$，则会被散射。对于实际恒星附近经过的光子而言，$b\gg\dfrac{3\sqrt{3}}{2}r_g$，因此所有的光均将被散射，而且散射仅仅使光的传播方向发生很小的偏移。

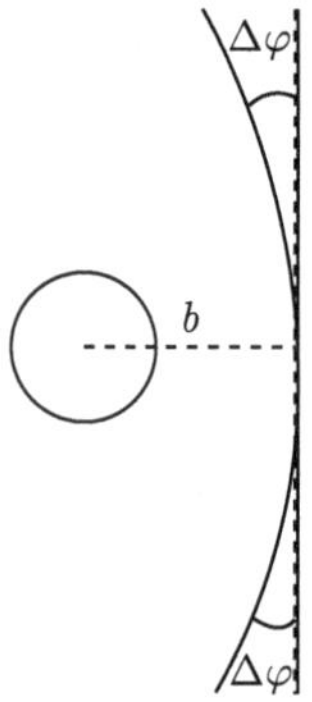

图 4.3　光线的偏折

为了定量地计算光线被引力源散射而发生的偏移角，我们仿照上一小节引入无量纲化的光子轨道方程：

$$\left[\frac{\mathrm{d}}{\mathrm{d}\varphi}\left(\frac{1}{\bar{r}}\right)\right]^2=\frac{1}{a^2}-\frac{1}{\bar{r}^2}+\frac{1}{\bar{r}^3}, \tag{4.118}$$

其中，$\bar{r}=\dfrac{r}{r_g}$，$a=\dfrac{b}{r_g}$ 是无量纲化的瞄准距离。进一步定义 $u=\bar{r}^{-1}$，有

$$\frac{\mathrm{d}^2u}{\mathrm{d}\varphi^2}+u=\frac{3}{2}u^2. \tag{4.119}$$

当没有引力源的作用时，上式右方应该为零。相应的解为

$$u_0(\varphi)=u_0\cos\varphi. \tag{4.120}$$

这是一条无偏折的直线。$\varphi=0$ 时光距引力中心最近，故有

$$u_0=a^{-1}. \tag{4.121}$$

当考虑引力源的影响时，实际的光路与式 (4.120) 给出的解有所偏离。令这个偏离量为 $u_1(\varphi)$。以

$$u(\varphi)=u_0(\varphi)+u_1(\varphi)$$

代入式 (4.119)，我们有

$$\frac{\mathrm{d}^2u_1}{\mathrm{d}\varphi^2}+u_1=\frac{3}{2}(u_0(\varphi)+u_1)^2. \tag{4.122}$$

考虑到相对于 $u_0(\varphi)$ 来说 $u_1(\varphi)$ 是一级小量，我们可以忽略上式右边的 u_1。这时方程 (4.122) 的近似解为

$$u_1=\frac{1}{2}u_0^2(1+\sin^2\varphi).$$

故此，式 (4.119) 的近似解为

$$u(\varphi)=u_0(\varphi)+u_1 \tag{4.123}$$

$$=u_0\cos\varphi+\frac{1}{2}u_0^2(1+\sin^2\varphi). \tag{4.124}$$

描写光线经过恒星附近发生的偏折需要确定光从无穷远处发射后经过引力源附近再到无穷远处去这整个过程中方向角的变化。在无引力源作用的情况下，光线沿式 (4.120) 给出的直线传播，在 $r=\infty$ 处，$u_0(\varphi)=0$，故

$$\varphi=\varphi_0=\pm\frac{\pi}{2}.$$

引入引力源的作用后，$r=\infty$ 意味着 $u(\varphi)=0$，故式 (4.124) 给出

$$u_0\cos\varphi_1+\frac{1}{2}u_0^2(1+\sin^2\varphi_1)=0, \tag{4.125}$$

其中，

$$\varphi_1=\varphi_0+\Delta\varphi, \tag{4.126}$$

$\Delta\varphi$ 为无穷远处偏折光线的极角与无偏折光线的极角之差。将式 (4.126) 代入式 (4.125) 可以发现，准确至 $\Delta\varphi$ 的线性阶，该方程的解是

$$\Delta\varphi=u_0.$$

从图 4.3 容易看出，光线的实际偏折角 $\Delta\theta$ 是 $\Delta\varphi$ 的两倍。因此，

$$\Delta\theta=2\Delta\varphi\simeq 2u_0=\frac{2}{a}=\frac{2r_g}{b}, \tag{4.127}$$

式中我们利用了式 (4.121)。对经过太阳表面的光线而言，$b=R_\odot$(太阳半径)，因此太阳表面经过的光线偏折角为

$$\Delta\theta=2r_g/R_\odot\simeq 1.75'',$$

对这个偏折角的第一次观测检验由 Eddington 作出。Eddington 和他的团队在 1919 年非洲西部海岸发生日全食时对星光进行了观测。他们将日全食发生时拍摄的星空照片与太阳不在同一区域时拍摄的星空图片叠加，发现了恒星位置明显的偏移，从而证实了星光的引力偏折。图 4.4(a) 是 Eddington 首次证实星光被太阳偏折的历史照片。从图中可以看到，距日球 (图中左侧弧形区域) 越近的恒星光线被偏折的程度越大。由于观测手段的进步，在现代的天文学观测中星光偏折的现象已经随处可见。其中一类典型的现象是：远处的超大质量的星系团 (质量可达到 $\sim 10^{15}M_\odot$ 量级) 通过引力效应将更远处的天体系统发出的光线偏转，形成同一个天体系统的多个像。这种现象称为*引力透镜*现象。已知的引力透镜有数百个，被它们遮挡住的天体或天体系统发出的光线经不同的偏转途径都会达到地球，这些不同的光线经过的光程也不相同。由此造成的后果是：更远处天体所发生的同一个物理过程 (例如超新星爆发) 将有可能在引力透镜效应中通过不同的像被反复观测。这对于研究稀有的天体物理过程以及进行更为精确的天文学测量都具有十分重要的意义。

在引力透镜现象中，如果恰好有天体系统被形成透镜的引力源遮挡，那么它所发出的光线可能会从透镜周边各个不同的方向经偏转达到地球。这些来自不同方向的光线在引力透镜周围形成的像将会是明显的光环，称为*爱因斯坦环*。图 4.4(b) 是哈勃太空望远镜拍摄到的一个近乎理想的爱因斯坦环。

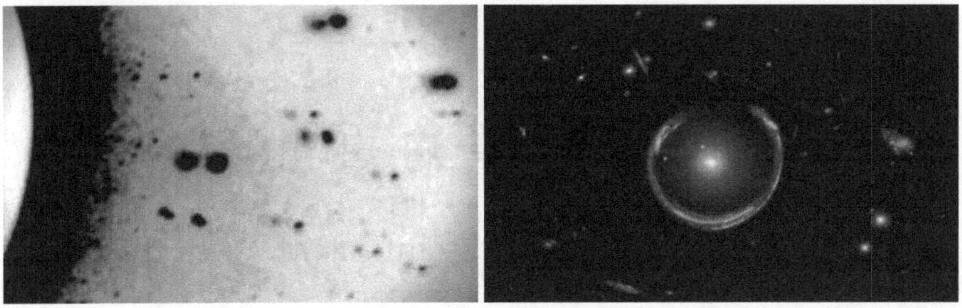

(a) (b)

图 4.4 光线偏折的实例

(a) Eddington 第一次观测光线偏折的历史图片；(b) 哈勃太空望远镜发现的爱因斯坦环的一个实例

第 5 章 黑洞理论

5.1 Schwarzschild 黑洞

5.1.1 视界与光锥

在第 4 章的讨论中，我们假定 Schwarzschild 时空中的引力源的引力半径 r_g 较之于引力源的几何半径 R_0 总是很小，因而 $g_{00}=-\left(1-\frac{r_g}{r}\right)=0$ 的情形不会发生。然而，当引力源的质量 M 足够大时，有两种效应会使得 r_g 与 R_0 的值相互接近：一是 r_g 随着 M 线性增加，二是随着 M 的增加，引力源承受的自身引力增强，有可能导致在自身引力作用下体积收缩甚至是塌缩。所以，对质量足够大的引力源，完全有可能出现引力源的物质完全分布在 $r \leqslant r_g$ 的区域内的情况。这时就必须考虑 $r=r_g$ 附近真空引力场的一些特殊性质。

Schwarzschild 度规

$$\mathrm{d}s^2=-\left(1-\frac{r_g}{r}\right)c^2\mathrm{d}t^2+\left(1-\frac{r_g}{r}\right)^{-1}\mathrm{d}r^2+r^2(\mathrm{d}\theta^2+\sin^2\theta\mathrm{d}\varphi^2) \tag{5.1}$$

在 $r=0$ 和 $r=r_g$ 两处是奇异的。然而，在 $r=r_g$ 时，用黎曼曲率张量 $R_{\rho\sigma\mu\nu}$ 构造的的所有标量表达式均是有限的，例如，

$$R=0,\quad R^{\mu\nu}R_{\mu\nu}=0,$$

以及

$$R^{\rho\sigma\mu\nu}R_{\rho\sigma\mu\nu}=\frac{12r_g^2}{r^6}$$

都是有限的。其中最后一个标量称为Kretschmann 标量。在广义相对论中，判断时空是否在某点奇异的最佳途径是看时空的曲率不变量是否奇异。其中， Kretschmann 标量是最有用的曲率不变量之一。根据 Kretschmann 标量的有限性，可以断言，Schwarzschild 时空的几何结构在 $r=r_g$ 处并无异常，度规式 (5.1) 中的奇点 $r=r_g$ 仅仅是因为坐标选择导致的表观奇异。Schwarzschild 时空的真正奇异点位于 $r=0$ 处，因为在这一点 Kretschmann 标量发散。这是不依赖于坐标选择的本性奇异。

那么式 (5.1) 中的坐标奇点 $r=r_g$ 是否有物理效应呢?

为了理解坐标奇点 $r=r_g$ 的物理含义，我们首先要明确式 (5.1) 中的坐标系的意义。当 $r\to\infty$ 时，式 (5.1) 退化为 Minkowski 度规，因此坐标时间 t 也就是位于径向无穷远处的静态观测者测得的固有时间。

根据式 (4.86)，质点在 Schwarzschild 时空中运动的径向固有速度满足方程

$$\frac{m}{2}\left(\frac{\mathrm{d}r}{\mathrm{d}\tau}\right)^2=\frac{E^2}{2mc^2}-\frac{1}{2}\left(1-\frac{r_g}{r}\right)\left(mc^2+\frac{J^2}{mr^2}\right).$$

当 $r=r_g$ 时，这个方程给出

$$\frac{\mathrm{d}r}{\mathrm{d}\tau}=\pm\frac{E}{mc}, \tag{5.2}$$

这个速度是有限的，也就是说，在随着质点一起运动的参考系看来，$r=r_g$ 处与时空其他地方没有什么不同①。然而，对无穷远处的静态观测者来说，由式 (4.85)

$$\frac{\mathrm{d}t}{\mathrm{d}\tau}=\frac{E}{mc^2}\left(1-\frac{r_g}{r}\right)^{-1}$$

可得

$$\left(\frac{\mathrm{d}r}{\mathrm{d}t}\right)^2=c^2\left(1-\frac{r_g}{r}\right)^2\left[1-\frac{mc^2}{E^2}\left(mc^2+\frac{J^2}{mr^2}\right)\left(1-\frac{r_g}{r}\right)\right].$$

因此，在无穷远处的静态观测者看来，任何质点在接近 $r=r_g$ 这个球面时，其径向速度都会变得越来越小，直至在 $r=r_g$ 处变为零：$\left(\frac{\mathrm{d}r}{\mathrm{d}t}\right)^2\Big|_{r=r_g}=0$。所以，无穷远处的静态观测者将无法看到任何物质穿过球面 $r=r_g$，甚至是光也不行 (请参考径向坐标光速公式 (4.61))。

综上所述，在 Schwarzschild 时空中由 $r=r_g$ 给出的球面实际上是无穷远处的静态观测者无法看到的一个时空区域的边界。根据这一结论，我们称 $r<r_g$ 的时空区域为一个*黑洞*，而 $r=r_g$ 的球面则称为黑洞的*事件视界*。由于上述黑洞是在 Schwarzschild 时空中导出的，故称之为 Schwarzschild 黑洞。

必须说明的是，将 $r<r_g$ 的时空区域称为黑洞只是一种形象的说法。实际上，对无穷远处的静态观测者而言，黑洞不是黑色的天体，而是根本就不可见，就好像时空中根本就不存在这个区域一样②。

Schwarzschild 黑洞对无穷远处的静态观测者来说不可见的关键原因在于式 (4.60)，即

$$\mathrm{d}\tau=\left(1-\frac{r_g}{r}\right)^{1/2}\mathrm{d}t.$$

① 必须注意的是：这里的描述仅限于无限小的质点。如果靠近 $r=r_g$ 处的不是无限小的质点而是有限大的客体，哪怕是最简单的双原子分子，如果其分子键取向与 $r=r_g$ 这个曲面垂直，那么根据 4.4.1 节中的分析，当其中一个原子的径向坐标达到 $r=r_g$ 而另一个原子尚在 $r>r_g$ 处时，这个双原子分子的分子键长将被拉伸为无限长。显然这种情况下分子结构是无法被保持的。

② Schwarzschild 黑洞描写的是一个孤立的黑洞解，与天文学所说的黑洞不同。后者通常会由于引力作用而吸引大量发光物质围绕其运动，因此是可以间接观测的。

在 $r=r_g$ 处有限时段 $\mathrm{d}\tau$ 内发生的物理事件，在 $r=\infty$ 处要 $\mathrm{d}t=\infty$ 才能观测到(亦即实际上不可能观测到)。为了比较时空中任意两处的时钟，一个物理上有意义的手段是观测原子发光的频率。据式 (4.75)，原子钟的发射频率 ω_1 和观测者接收到的频率 ω_2 之间存在关系

$$\omega_2=\left(\frac{1-\dfrac{r_g}{r_1}}{1-\dfrac{r_g}{r_2}}\right)^{1/2}\omega_1. \tag{5.3}$$

若发射原子处在 $r_1=r_g$ 处，而接收者位于 $r_2=\infty$ 处，则上式给出

$$\omega_2=0. \tag{5.4}$$

因此在无限远处的观察者根本无法观察到来自视界处的任何原子辐射。利用相对红移因子式 (4.78)，上式可表达为 $z=\infty$。所以，也将黑洞的视界称为无限红移面。由于这个无限红移面的存在，整个 $r\leqslant r_g$ 的时空区域都是不可见的。

实际上，黑洞视界及其内部区域的不可见性并非仅是针对无限远处的静态观测者。式 (5.3) 表明，只要静态观测者的径向坐标 $r_2>r_g$，就会有 $\omega_2=0$。所以，黑洞对视界外的所有静态观测者都是不可见的。

在黑洞视界处有限时段内发生的物理过程在远处永不可见这一事实似乎在提示，视界附近因果律可能是奇异的。为了分析 Schwarzschild 时空中的因果关系，我们需 要观察时空各点的事件光锥。回忆光锥是由类光测地线来定义的。在式 (5.1) 中，若只考虑径向的类光测地线，则有

$$\left(1-\frac{r_g}{r}\right)c^2\mathrm{d}t^2-\left(1-\frac{r_g}{r}\right)^{-1}\mathrm{d}r^2=0, \tag{5.5}$$

或者写成

$$c^2\mathrm{d}t^2=\left(1-\frac{r_g}{r}\right)^{-2}\mathrm{d}r^2\equiv\mathrm{d}r^{*2}, \tag{5.6}$$

其中，

$$r^*=r+r_g\log\left|\frac{r}{r_g}-1\right| \tag{5.7}$$

称为Regge-Wheeler 坐标。当 r 跑遍 $[r_g,+\infty)$ 时，r^* 跑遍 $(-\infty,+\infty)$。式 (5.6) 表明，沿径向类光测地线，有

$$\mathrm{d}(ct\pm r^*)=0. \tag{5.8}$$

图 5.1 给出了 Schwarzschild 坐标 (t,r,θ,φ) 下的径向事件光锥曲线。图中所用的长度单位是 $r_g=2$。注意，根据式 (5.1)，当 $r>r_g$ 时，事件光锥的类时区域为

$$-\left|1-\frac{r_g}{r}\right|c^2\mathrm{d}t^2+\left|1-\frac{r_g}{r}\right|^{-1}\mathrm{d}r^2<0, \tag{5.9}$$

而当 $r<r_g$ 时，类时区域改变为

$$-\left|1-\frac{r_g}{r}\right|c^2\mathrm{d}t^2+\left|1-\frac{r_g}{r}\right|^{-1}\mathrm{d}r^2>0. \tag{5.10}$$

当 $r>r_g$ 时，对于固定的 r，类时过程中 t 由小变大，因此每点附近的局域光锥的类时区域由通过该点的两条类光线所划分出来的上、下两部分时空区域构成，其中上面的区域对应类时将来；当 $r<r_g$ 时，对固定的 t，类时过程中 r 由大变小，因此每点附近的局域光锥的类时区域由通过该点的两条类光线所划分出来的左、右两部分时空区域构成，其中左边的区域对应类时将来。当 r 由 ∞ 逐渐向 r_g 靠拢时，类时区域逐渐由 “胖” 变 “瘦”，在 $r=r_g$ 时最终被压缩成一条直线 $r=r_g$。因此对于视界上任一点而言，整个 $r>r_g$ 的时空区域处于其光锥之外，是类空区域，因而视界处的事件不能影响及 $r>r_g$ 处。

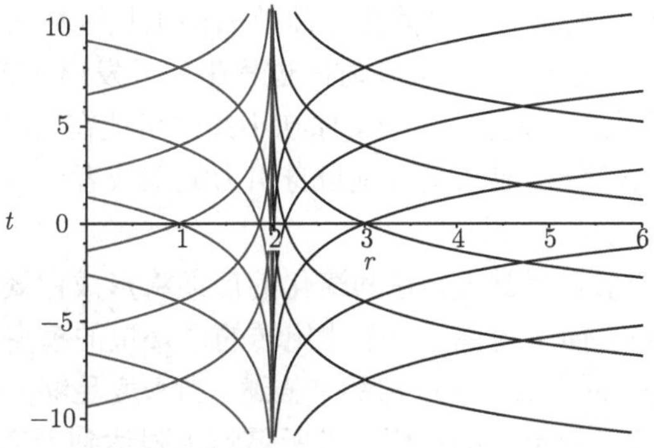

图 5.1 Schwarzschild 黑洞视界附近的光锥

前面的讨论似乎还表明，当 r 从大于 r_g 变到小于 r_g 时，r 与 t的角色发生了互换：r 从原来的空间坐标变成了时间，而 t 从时间换成了空间坐标。因此一旦某一物体落入视界，它将不可避免地走向时间的终结。用公式表 示，上面的陈述也就是式 (5.10) 的一支解

$$\frac{\mathrm{d}r}{\mathrm{d}t}<-c\left|1-\frac{r_g}{r}\right|<0. \tag{5.11}$$

然而式 (5.10) 还有另一支解 (时间反演解)

$$\frac{\mathrm{d}r}{\mathrm{d}t}>c\left|1-\frac{r_g}{r}\right|>0. \tag{5.12}$$

这支解所对应的径向运动总是使 r 随 t 增大。这支解中的区域 $r\leqslant r_g$ 称为白洞。由于式 (5.5) 对 $t\leftrightarrow -t$ 是不变的，我们无法判定式 (5.1) 中 $r<r_g$ 的区域是黑洞还是白洞。

应该说明的是, 由于视界内部的任何信息都不能传至视界之外，因此对视界内部物理的讨论都只是猜测。对外部的静态观测者而言，讨论视界内的任何物理均是无意义的，因为时空好像就在视界处消失了，视界就是时空中一个名副其实的洞。

5.1.2　黑洞的形成机制和数量估计

既然黑洞对外部观测者是不可见的，研究黑洞就必须有足够强的物理理由。有理由认为，我们的宇宙中确实存在为数众多的黑洞。物理上有几种可能的机制形成黑洞，其中包括:

(1) 质量足够大的天体在演化末期无法克服自身引力发生塌缩而形成黑洞;

(2) 在宇宙大爆炸之初，超高能、超高压的原初扰动可能形成一些质量并不大的原初黑洞;

(3) 质量很大的天体或天体系统在演化过程中发生碰并形成超大质量的黑洞，等。在稍后我们将会了解到，黑洞其实比简单的不可见区域这个形象描述复杂得多，特别是它们具有热力学属性，会在时间过程中向外发出热辐射，其中质量越小的黑洞辐射越强，损失能量越快。因此，原初小黑洞可能在辐射过程中已经蒸发殆尽了。现存的黑洞大部分都应该是通过自身引力塌缩或者天体碰并形成的大质量及超大质量黑洞。

如果一个恒星的质量足够大，在其演化的后期将形成白矮星。白矮星是靠电子简并压维持的天体。简单地说，一个非旋转的白矮星的模型可以用以费米电子气体作为源物质的 Schwarzschild 内部解来描述。当密度足够大时，电子间的 Pauli 排斥使得维持高密度需要更大的压强。当所需的压强达到无穷大时，电子气体将不再能够维持存在，而是被压缩进核子，最终形成更致密的中子态，相应的天体就是中子星。能够维持白矮星稳定存在的质量上限大约为 $1.39M_\odot$。这个极限称为 Chandrasekhar 极限。

一旦突破 Chandrasekhar 极限，恒星将进入中子星的演化阶段。这时恒星物质主要成分是简并中子气体，中子间同样地由于 Pauli 排斥而产生巨大的压强。如果恒星的质量充分大，中子简并压也不足以维持中子星稳定存在，因此又出现一个使中子星存在的质量上限，这就是 Tolman-Oppenheimer-Volkoff (TOV) 极限，其数值在 $1.5 \sim 3.0M_\odot$。TOV 极限的数值有很大的不确定性，原因是目前我们对中子星的物态方程了解不够充分。如果一个恒星在演化的最终阶段质量仍远大于 TOV 极限，将不再有任何其他的物质形态继续维持其稳定①，因此，这样的恒星最终会塌缩而形成黑洞。

① 有些研究猜测在中子简并气体形态之后有可能还存在一个夸克简并气体形态构成的“夸克星”。然而这只是增加了另一个层次的简并星体，并不能真正阻止星体在质量更大时塌缩成黑洞。

宇宙中每一个类似于银河系的结构都存在一个巨大质量的星系核，其质量在 $10^6 \sim 10^{10} M_\odot$ 的数量级，远超过 TOV 极限。另外，每个星系中包含的质量为 $3 \sim 30 M_\odot$ 的恒星的数量均数以百万计。这些恒星经过充分演化，最终也都会塌缩成黑洞。根据巡天观测进行估算，宇宙中像银河系这样的结构大约有 10^{11} 个。因此宇宙中的黑洞个数至少在 $10^{11} \sim 10^{17}$ 这样的数量级。当然，相比于 $10^{22} \sim 10^{24}$ 个恒星而言，黑洞的个数还是很少的。随着宇宙的进一步演化，还会有越来越多的恒星在演化末期形成黑洞。有关的物理过程属于天体物理的范畴，不是本书能够详细描述的。

应该说明的是，通过恒星塌缩形成的黑洞与我们通过求解爱因斯坦方程得出的黑洞解有所不同。恒星塌缩是一个不可逆的物理过程，这种过程不具有时间反演不变性。而爱因斯坦方程给出的球对称黑洞解在时间反演下是不变的。在特定场合下，可以认为球对称黑洞解是非旋转恒星塌缩终态的近似描述，但在物理本质上，像 Schwarzschild 黑洞这种时空可以被认为“永恒”的黑洞解。

5.1.3 非奇异坐标系

由于视界处存在坐标奇异性，在研究 Schwarzschild 时空的性质时有时选用其他坐标系来得更为方便。一种常用的坐标选择为保持坐标 (r, θ, φ) 不变，而将时间坐标 t 变换为类光坐标。常用的类光坐标有两种选择，即

$$v = ct + r^*, \tag{5.13}$$

$$u = ct - r^*. \tag{5.14}$$

将 t 变换为 u 和 v 中的一个，所得的坐标系称为 Eddington-Finkelstein(EF) 坐标系，其中，v 称为入行 EF 坐标，u 称为出行 EF 坐标。

在入行 EF 坐标系下，Schwarzschild 度规写为

$$\mathrm{d}s^2 = -\left(1 - \frac{r_g}{r}\right)\mathrm{d}v^2 + 2\mathrm{d}v\mathrm{d}r + r^2(\mathrm{d}\theta^2 + \sin^2\theta \mathrm{d}\varphi^2). \tag{5.15}$$

注意这个度规对所有的 v 以及所有的 $r \neq r_g$ 均是正常的。当 $r = r_g$ 时，式 (5.15) 整体变成类空的。因此 $r = r_g$ 是视界这一事实变得简单明了。

从式 (5.15) 可求出径向类光测地线的方程为

$$\left(1 - \frac{r_g}{r}\right)\left(\frac{\mathrm{d}v}{\mathrm{d}r}\right)^2 = 2\frac{\mathrm{d}v}{\mathrm{d}r}. \tag{5.16}$$

因此有

$$\frac{\mathrm{d}v}{\mathrm{d}r} = 0 \qquad \text{或} \qquad \left(1 - \frac{r_g}{r}\right)\frac{\mathrm{d}v}{\mathrm{d}r} = 2. \tag{5.17}$$

另一方面，对式 (5.13) 直接求导，可得

$$\frac{\mathrm{d}v}{\mathrm{d}r} = c\frac{\mathrm{d}t}{\mathrm{d}r} + \left(1 - \frac{r_g}{r}\right)^{-1}. \tag{5.18}$$

所以，式 (5.17) 的两种情形分别对应

$$\frac{\mathrm{d}r}{\mathrm{d}t} = -c\left(1 - \frac{r_g}{r}\right) \tag{5.19}$$

和

$$\frac{\mathrm{d}r}{\mathrm{d}t} = c\left(1 - \frac{r_g}{r}\right). \tag{5.20}$$

对外部观测者而言，式 (5.19) 表明$\dfrac{\mathrm{d}r}{\mathrm{d}t} < 0$，故对应向心偏转的类光线；而式 (5.20) 对应$\dfrac{\mathrm{d}r}{\mathrm{d}t} > 0$，因而是离心远去的类光线。无论哪种情况，只要 $r > r_g$，径向坐标光速的绝对值都小于 c。

在出行 EF 坐标下，Schwarzschild 时空度规表达为

$$\mathrm{d}s^2 = -\left(1 - \frac{r_g}{r}\right)\mathrm{d}u^2 - 2\mathrm{d}u\mathrm{d}r + r^2(\mathrm{d}\theta^2 + \sin^2\theta\mathrm{d}\varphi^2). \tag{5.21}$$

我们同样可以利用这个度规来分析径向光速并得到类似的结果。

需要注意的是：尽管在原来的 Schwarzschild 坐标系下，u 和 v 都是类光的，但是在入行和出行 EF 坐标系下，它们在视界外都表现为类时坐标。这一点可以分别从验证坐标矢量场 ∂_v 和 ∂_u 在线元式 (5.15) 以及式 (5.21) 下的类时性来确认。例如，在线元式 (5.15) 下，我们有

$$g_{\mu\nu}(\partial_v)^\mu(\partial_v)^\nu = -\left(1 - \frac{r_g}{r}\right).$$

因此，

$$g_{\mu\nu}(\partial_v)^\mu(\partial_v)^\nu\big|_{r>r_g} < 0.$$

与此同时，原来的类空坐标 r 在线元式 (5.15) 和式 (5.21) 下都表现为类光的，这一点同样可以通过验证坐标矢量场 ∂_r 在式 (5.15) 和式 (5.21) 下的类光性来确认。由于我们在前文中已经提到过矢量场的类时、类光以及类空特性是不随坐标选择而改变的特性，上述事实显得有些奇怪。对这一事实的解释请参考附录 C。

除了上述微妙的问题以外，在 EF 坐标还存在另一个不能回避的问题，这就是：虽然度规的协变形式不存在坐标奇异点，但是却存在零点。这意味着在度规的逆变形式中坐标奇异点依然存在。为了克服这个问题，可以联合使用出行和入行的

EF 坐标，即采用 (u,v) 来取代原来的坐标 (t,r)。这样，Schwarzschild 时空的线元可以重写为

$$\mathrm{d}s^2=-\left(1-\frac{r_g}{r}\right)\mathrm{d}u\mathrm{d}v+r^2(\mathrm{d}\theta^2+\sin^2\theta\mathrm{d}\varphi^2),\tag{5.22}$$

或者，进一步利用式 (5.7) 写成

$$\mathrm{d}s^2=-\frac{r_g\mathrm{e}^{-r/r_g}}{r}\mathrm{e}^{(v-u)/2r_g}\mathrm{d}u\mathrm{d}v+r^2(\mathrm{d}\theta^2+\sin^2\theta\mathrm{d}\varphi^2),\tag{5.23}$$

式中，r 被视作通过方程

$$r^*=\frac{1}{2}(v-u)=r+r_g\log\left|\frac{r}{r_g}-1\right|$$

定义的隐函数。将线元写成式 (5.23) 的优点是：在这种写法下度规及其逆变形式在 $r=r_g$ 处都不存在任何奇异性，同时坐标 u,v 的类光性得以保持。

EF 坐标系对于描写 Schwarzschild 时空的视界及视界外部区域是一个很好的非奇异坐标系，但要描写视界内部的区域则需要做解析延拓。为了描述 Schwarzschild 时空的整体性质，我们需要建立更合适的坐标系。引入 Kruskal 坐标

$$\left.\begin{aligned}T&=\left(\frac{r}{r_g}-1\right)^{1/2}\mathrm{e}^{r/2r_g}\sinh\frac{ct}{2r_g}\\X&=\left(\frac{r}{r_g}-1\right)^{1/2}\mathrm{e}^{r/2r_g}\cosh\frac{ct}{2r_g}\end{aligned}\right\}(r>r_g,\ \text{I 区})$$

$$\left.\begin{aligned}T&=\left(1-\frac{r}{r_g}\right)^{1/2}\mathrm{e}^{r/2r_g}\cosh\frac{ct}{2r_g}\\X&=\left(1-\frac{r}{r_g}\right)^{1/2}\mathrm{e}^{r/2r_g}\sinh\frac{ct}{2r_g}\end{aligned}\right\}(r<r_g,\ \text{II 区})$$

$$\left.\begin{aligned}T&=-\left(\frac{r}{r_g}-1\right)^{1/2}\mathrm{e}^{r/2r_g}\sinh\frac{ct}{2r_g}\\X&=-\left(\frac{r}{r_g}-1\right)^{1/2}\mathrm{e}^{r/2r_g}\cosh\frac{ct}{2r_g}\end{aligned}\right\}(r>r_g,\ \text{III 区})$$

$$\left.\begin{aligned}T&=-\left(1-\frac{r}{r_g}\right)^{1/2}\mathrm{e}^{r/2r_g}\cosh\frac{ct}{2r_g}\\X&=-\left(1-\frac{r}{r_g}\right)^{1/2}\mathrm{e}^{r/2r_g}\sinh\frac{ct}{2r_g}\end{aligned}\right\}(r<r_g,\ \text{IV 区})\tag{5.24}$$

可以将 Schwarzschild 度规式 (5.1) 改写为

$$\mathrm{d}s^2=r_g^2\left[4\left(\frac{r}{r_g}\right)^{-1}\mathrm{e}^{-r/r_g}\left(-\mathrm{d}T^2+\mathrm{d}X^2\right)+\left(\frac{r}{r_g}\right)^2\left(\mathrm{d}\theta^2+\sin^2\theta\mathrm{d}\varphi^2\right)\right],\tag{5.25}$$

其中 r 是通过 Kruskal 坐标 T 和 X 定义的一个隐函数：

$$\left(\frac{r}{r_g}-1\right)\mathrm{e}^{r/r_g}=X^2-T^2. \tag{5.26}$$

由于 r 是 T,X 的隐函数，而 T 在式 (5.25) 中是一个时间坐标，因此，在 Kruskal 坐标系下的 Schwarzschild 黑洞不再是静态的。另外还请注意，与 Schwarzschild 坐标 (ct,r) 不同，Kruskal 坐标是无量纲的，而且方程 (5.25) 被刻意写成了除一个整体 Weyl 因子 r_g^2 以外处处无量纲的形式。

从式 (5.25) 容易看到，在 θ,φ 固定时，类光测 地线的方程为

$$\mathrm{d}T^2=\mathrm{d}X^2\Rightarrow \mathrm{d}X/\mathrm{d}T=\pm 1. \tag{5.27}$$

因此，在 Kruskal 坐标下，(T,X) 面上的光锥曲线将是与 T,X 轴成 45° 夹角的直线族。同时，由式 (5.26)，若 r 为常数，则 X^2-T^2 也是常数。因此，$r/r_g=$ 常数的点在 (T,X) 面上的图象为双曲线。当 $r>r_g$，这族双曲线与 X 轴相交并以 T 轴为对称轴；当 $r<r_g$，这族双曲线与 T 轴相交并以 X 轴为对称轴。在 Kruskal 坐标下, 本性奇点 $r=0$ 对应两条双曲线，(T,X)**面中位于这两条双曲线之外的区域是非物理的**。当 $r=r_g$ 时，(T,X) 面上的双曲线退化为两条直线 $X=\pm T$，它们恰好是 (T,X) 面上原点的事件光锥的边界。用这一对直线可将 (T,X) 面分割为 4 个区域 I~IV，也就是我们在方程 (5.24) 中标示出的 4 个区域，具体如图 5.2 所示。

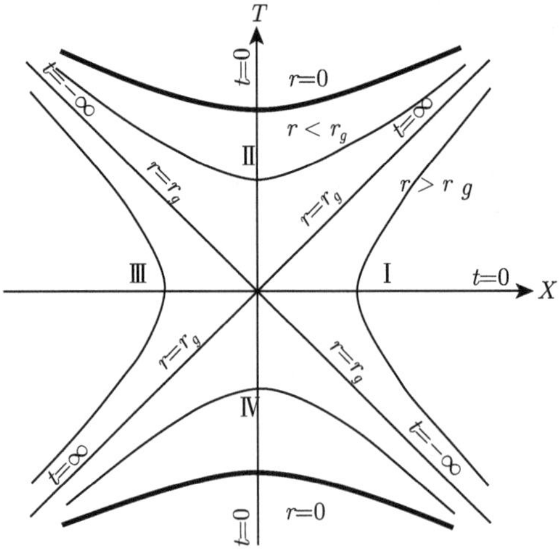

图 5.2　Kruskal 坐标系

上面分析了 Kruskal 坐标下 r 为常数的坐标曲线。接下来我们分析 Kruskal 坐

标下 t 为常数的坐标曲线。根据变换式 (5.24)，我们有

$$\begin{aligned}
&\tanh \frac{ct}{2r_g} = \frac{T}{X}, \qquad (r > r_g), \\
&\tanh \frac{ct}{2r_g} = \frac{X}{T}, \qquad (r < r_g).
\end{aligned} \tag{5.28}$$

因此，在 (T, X) 面上的 t 为常数的坐标曲线是通过原点的直线族，直线的斜率决定 t 的数值。$X = \pm T$ 这对直线对应 $t = \pm\infty$，而 $X = 0$ 和 $T = 0$ 均对应 $t = 0$。

下面我们稍为详细地讨论一下图 5.2 中 4 个区域的边界线，即 Kruskal 坐标系下原点的光锥曲线。引入光锥变量 U, V，

$$U = T - X, \quad V = T + X, \tag{5.29}$$

式 (5.24) 可以重新写为

$$\left.\begin{aligned}
U &= \pm\left(1 - \frac{r}{r_g}\right)^{1/2} \mathrm{e}^{\frac{r}{2r_g}} \mathrm{e}^{-\frac{ct}{2r_g}} \\
V &= \pm\left(1 - \frac{r}{r_g}\right)^{1/2} \mathrm{e}^{\frac{r}{2r_g}} \mathrm{e}^{\frac{ct}{2r_g}}
\end{aligned}\right\} (r < r_g), \tag{5.30}$$

$$\left.\begin{aligned}
U &= \mp\left(\frac{r}{r_g} - 1\right)^{1/2} \mathrm{e}^{\frac{r}{2r_g}} \mathrm{e}^{-\frac{ct}{2r_g}} \\
V &= \pm\left(\frac{r}{r_g} - 1\right)^{1/2} \mathrm{e}^{\frac{r}{2r_g}} \mathrm{e}^{\frac{ct}{2r_g}}
\end{aligned}\right\} (r > r_g), \tag{5.31}$$

式中，U 和 V 需同时取上面或者下面的符号，不可取交叉的符号。换言之，当 $r < r_g$ 时，U 和 V 同号，当 $r > r_g$ 时，U 和 V 反号。

回顾 EF 坐标的定义，可以发现，Kruskal 光锥坐标与 EF 坐标之间具有简单的关系

$$\begin{aligned}
&U = \pm \mathrm{e}^{-u/2r_g}, \quad V = \pm \mathrm{e}^{v/2r_g}, \quad (r < r_g), \\
&U = \mp \mathrm{e}^{-u/2r_g}, \quad V = \pm \mathrm{e}^{v/2r_g}, \quad (r > r_g).
\end{aligned} \tag{5.32}$$

利用 Kruskal 光锥坐标，度规式 (5.25) 可以改写为

$$\mathrm{d}s^2 = r_g^2 \left[-4\left(\frac{r}{r_g}\right)^{-1} \mathrm{e}^{-r/r_g} \mathrm{d}U \mathrm{d}V + \left(\frac{r}{r_g}\right)^2 (\mathrm{d}\theta^2 + \sin^2\theta \mathrm{d}\varphi^2)\right], \tag{5.33}$$

其中，r 是用下式定义的隐函数：

$$UV = \left(1 - \frac{r}{r_g}\right) \mathrm{e}^{r/r_g}. \tag{5.34}$$

这个隐函数也可以借助一个特殊函数写成显函数：

$$r(U,V)=r_g\left[1+W\left(-\frac{UV}{\mathrm{e}}\right)\right], \tag{5.35}$$

其中 $W(x)$ 称为 Lambert 函数，由方程 $W(x)\mathrm{e}^{W(x)}=x$ 定义。这个函数有以下几个特殊值：

$$W(0)=0,\quad W(-\mathrm{e}^{-1})=-1,\quad W(\pm\infty)=\infty,$$

对应的 r 分别取值 $r=r_g, r=0$ 以及 $r=\infty$。

进一步仔细分析 Kruskal 坐标下的度规式 (5.25) 或式 (5.33)，我们可以发现它对所有的 T,X 值都是正常的，除 $r=0$ 以外，整个度规不再有任何奇异性。因此这一坐标系是最适合描写 Schwarzschild 黑洞的一个坐标系。图 5.2 中的 4 个区域覆盖了比 Schwarzschild 坐标及 EF 坐标表述的更大的区域。图中 I 区对应黑洞外的时空区域，即我们的宇宙；II 区对应黑洞视界内的区域；III 区对应另外一个洞外宇宙，但与宇宙 I 无因果联系；IV 区对应白洞。从图 5.2 可以看出 I、III 区分别可截获由白洞 IV 传出的物质和信息，而 I、III 区的物质和信息又分别可以落入 II 区的黑洞中。而黑洞 II 中的任何物质和信息均不能到达洞外宇宙 I 和 III，洞外宇宙 I 和 III 中的任何物质和信息均不能到达白洞区域 IV。区域 I~IV 合在一起, 构成了 Schwarzschild 时空的一个最为完整的图像。

采用 Kruskal 光锥变量可以比较清楚地描述原来的 Schwarzschild 坐标系下的时间平移对称性。我们知道度规式 (5.1) 在时间平移 $t\to t+\delta t$ 下是不变的。这个变换在 Kruskal 光锥变量下表达为

$$U\to \mathrm{e}^{-\frac{c\delta t}{2r_g}}U,\qquad V\to \mathrm{e}^{\frac{c\delta t}{2r_g}}V.$$

因此，无穷小时间平移操作在 U,V 上表现为无穷小的标度变换：

$$\delta U=-\frac{c\delta t}{2r_g}U,\qquad \delta V=\frac{c\delta t}{2r_g}V.$$

我们可以引入 Killing 矢量场 $k=\partial_t$ 来生成上述变换：

$$k\equiv\partial_t=\frac{c}{2r_g}\left(V\frac{\partial}{\partial V}-U\frac{\partial}{\partial U}\right), \tag{5.36}$$

$$\delta U=\delta t\cdot kU,\qquad \delta V=\delta t\cdot kV. \tag{5.37}$$

在 Kruskal 坐标系 (U,V,θ,φ) 下，Killing 矢量场 k 的分量表达式为 $(k=k^\mu\partial_\mu)$

$$k^\mu=\frac{c}{2r_g}\left(-U,V,0,0\right). \tag{5.38}$$

根据度规式 (5.33), 可以将 k^μ 的模方写为

$$k^2 = k^\mu k_\mu = \frac{r_g c^2}{r} \mathrm{e}^{-r/r_g} UV. \tag{5.39}$$

因此，要判断矢量场 k^μ 是类时、类空还是类光，关键要看 UV 的符号。在 I 区和 III 区, $UV < 0$, 因而 $k^2 < 0$, k^μ 是类时的；在 II 区和 IV 区, $UV > 0$, 因而 $k^2 > 0$, k^μ 是类空的。在 U 和 V 两个轴上 k^μ 都是类光的。比较特别的是时空中 U 及 V 同时为零的区域，其中的点在 Killing 矢量场 k 的作用下是固定不变的。

根据上述讨论，可以注意到这样一个事实：对于视界内 (II 区、IV 区) 以及视界面 ($U = 0$ 或 $V = 0$) 而言，沿 t 轴的平移对称并不导致类时的守恒量。换言之，与 t 轴平移对称相关的守恒量并不总是可以当做能量的定义。

5.1.4 近视界极限

当 r 与 r_g 相差不大时，定义

$$r - r_g = \frac{\tilde{x}^2}{4r_g}, \tag{5.40}$$

则有

$$1 - \frac{r_g}{r} = \frac{\tilde{x}^2}{4r_g^2 + \tilde{x}^2} \simeq \left(\frac{\tilde{x}}{2r_g}\right)^2, \quad (\tilde{x} \to 0). \tag{5.41}$$

所以，在 Schwarzschild 黑洞的事件视界附近，有

$$\mathrm{d}s^2 \simeq -\left(\frac{\tilde{x}}{2r_g}\right)^2 c^2 \mathrm{d}t^2 + \mathrm{d}\tilde{x}^2 + r_g^2 \mathrm{d}\Omega_2^2, \tag{5.42}$$

其中 $\mathrm{d}\Omega_2^2 = \mathrm{d}\theta^2 + \sin^2\theta \mathrm{d}\varphi^2$ 是单位 2 维球面上的度规。进一步引入坐标变换

$$\tilde{x} = 2r_g \mathrm{e}^{x/2r_g},$$

可以将式 (5.42) 重新写为

$$\mathrm{d}s^2 \simeq \mathrm{e}^{x/r_g}(-c^2\mathrm{d}t^2 + \mathrm{d}x^2) + r_g^2 \mathrm{d}\Omega_2^2. \tag{5.43}$$

这个度规所描述的时空中的 (t, x) 坐标张成的子时空正是我们在 2.11.2 节中详细研究过的 Rindler 时空。根据 2.11.2 节的结果，式 (5.43) 所描述的近视界时空区域其实可以映射为 Minkowski 时空中的一部分，而式 (5.43) 所采用的坐标系其实是 Minkowski 时空中的加速运动的参考系，其中空间坐标原点的固有加速度的模为

$$g = \kappa = \frac{c^2}{2r_g}. \tag{5.44}$$

在随后的分析中我们将会了解到，在 Schwarzschild 时空中，这个固有加速度实际上就是黑洞的**表面引力**。

5.1.5 裸奇点

当我们把度规式 (5.1) 的视界内部区域看成黑洞时，其内部的奇点 $r=0$ 对外部的观测者是不可见的。然而，如果我们考虑的是白洞。那么，从 $r=0$ 处发出的信号是可以传播到外部的。这时，$r=0$ 处的奇点将是裸露的，从外面可以观测到它。当然，由于白洞的视界是一个只出不入的单向膜，我们并不用担心会撞到白洞内的裸奇点。

另一种可能的裸奇点来源于具有负质量的 Schwarzschild 解。由于 Schwarzschild 时空的引 力半径 $r_g=\dfrac{2GM}{c^2}$，若 $M<0$，则 $r_g<0$，相应的 Schwarzschild 解可表达为

$$\mathrm{d}s^2=-\left(1+\frac{|r_g|}{r}\right)c^2\mathrm{d}t^2+\left(1+\frac{|r_g|}{r}\right)^{-1}+r^2(\mathrm{d}\theta^2+\sin^2\theta\mathrm{d}\varphi^2). \tag{5.45}$$

这个解在所有的 $r\geqslant 0$ 处都不包含视界，因此处于 $r=0$ 的奇点也是裸露的。裸奇点将破坏时空中的因果结构，故需要从广义相对论的物理解集中去掉。在文献中经常提到所谓的**宇宙监督原则**，指的就是裸奇点应该从物理解集中抛弃。这个原则可以被看作对广义相对论引力理论求解的一个选择定则。

5.1.6 Carter-Penrose 图

为了反映时空的整体结构，可以利用 Weyl 变换将整个时空映射到一个有限的区域内，同时有效地保持视界等因果结构的边界在坐标图中的走向。这样映射的结果称为 Carter-Penrose 图。

1. Minkowski 时空的 Carter-Penrose 图

为了演示 Carter-Penrose 图的构造过程，我们先以 Minkowski 时空作为例子。在球坐标系下，Minkowski 时空的度规可以写为

$$\mathrm{d}s^2=-c^2\mathrm{d}t^2+\mathrm{d}r^2+r^2(\mathrm{d}\theta^2+\sin^2\theta\mathrm{d}\varphi^2). \tag{5.46}$$

引入光锥坐标

$$u=ct-r,\qquad v=ct+r,$$

上述度规变为

$$\mathrm{d}s^2=-\mathrm{d}u\mathrm{d}v+\frac{(u-v)^2}{4}(\mathrm{d}\theta^2+\sin^2\theta\mathrm{d}\varphi^2).$$

进一步引入坐标变换 $(u,v)\mapsto(\mathcal{U},\mathcal{V})$:

$$\begin{aligned} u&=\ell\tan\mathcal{U}\qquad \left(-\frac{\pi}{2}<\mathcal{U}<\frac{\pi}{2}\right),\\ v&=\ell\tan\mathcal{V}\qquad \left(-\frac{\pi}{2}<\mathcal{V}<\frac{\pi}{2}\right), \end{aligned} \tag{5.47}$$

其中，ℓ 是任意具有长度量纲且数值为正的常数，我们有

$$\mathrm{d}s^2 = \varOmega^{-2}\left[-4\,\mathrm{d}\mathcal{U}\,\mathrm{d}\mathcal{V} + \sin^2(\mathcal{V}-\mathcal{U})(\mathrm{d}\theta^2 + \sin^2\theta\mathrm{d}\varphi^2)\right], \tag{5.48}$$

其中，

$$\varOmega^2 = \frac{4}{\ell^2}\cos^2\mathcal{U}\cos^2\mathcal{V}, \tag{5.49}$$

新坐标 $\mathcal{V} \geqslant \mathcal{U}$，因为需要保证 $r \geqslant 0$。对度规作 Weyl 变换

$$g_{\mu\nu} \to \tilde{g}_{\mu\nu} = \varOmega^2 g_{\mu\nu},$$

则线元可以变成

$$\mathrm{d}\tilde{s}^2 = \varOmega^2\mathrm{d}s^2 = -4\,\mathrm{d}\mathcal{U}\,\mathrm{d}\mathcal{V} + \sin^2(\mathcal{V}-\mathcal{U})(\mathrm{d}\theta^2 + \sin^2\theta\mathrm{d}\varphi^2). \tag{5.50}$$

如果进一步引入新的类时和类空坐标 $(\mathcal{T},\mathcal{R})$，

$$\mathcal{T} = \mathcal{V}+\mathcal{U}, \quad \mathcal{R} = \mathcal{V}-\mathcal{U},$$

那么线元式 (5.50) 将变为

$$\mathrm{d}\tilde{s}^2 = -\mathrm{d}\mathcal{T}^2 + \mathrm{d}\mathcal{R}^2 + \sin^2\mathcal{R}\,(\mathrm{d}\theta^2 + \sin^2\theta\mathrm{d}\varphi^2). \tag{5.51}$$

这个线元所对应的时空被称为**爱因斯坦静态宇宙**。

比较 Weyl 变换前后的线元式 (5.48) 和式 (5.50)，我们可以发现：变换前的线元式 (5.48) 中使得 $\varOmega = 0$ 的点对应的度规发散。这些发散点称为原来的 Minkowski 度规的**共形无限远**。而在 Weyl 变换之后，新度规在这些共形无限远点都是正常的，原来的整个时空被映射为爱因斯坦静态宇宙中的一个有限的区域①，**共形无限远刚好出现在这个有限区域的边界上**。

时空的共形无限远可以分为以下几类：① 类时无限过去 I^-；② 类时无限将来 I^+；③ 类空无限远 I^0；④ 类光无限过去 J^-；⑤ 类光无限将来 J^+。对于 Minkowski 时空而言，上述几类共形无限远可以分别用坐标 $(\mathcal{U},\mathcal{V})$ 和 (t,r) 表达如下：

I^-：$\mathcal{U} = -\frac{\pi}{2}, \mathcal{V} = -\frac{\pi}{2}$ ($t = -\infty$，r 有限)；

I^+：$\mathcal{U} = \frac{\pi}{2}, \mathcal{V} = \frac{\pi}{2}$ ($t = +\infty$，r 有限)；

I^0：$\mathcal{U} = -\frac{\pi}{2}, \mathcal{V} = \frac{\pi}{2}$ ($r = +\infty$，t 有限)；

J^-：$\mathcal{U} = -\frac{\pi}{2}, \mathcal{V} \neq \pm\frac{\pi}{2}$ 以及 $\mathcal{U} \neq \pm\frac{\pi}{2}, \mathcal{V} = -\frac{\pi}{2}$ ($u = -\infty$，v 有限)；

① 这个区域可记为 $\tilde{\mathcal{M}}$，它是爱因斯坦静态宇宙中的一个有边界的子流形。

$\mathcal{U} \neq \pm\frac{\pi}{2}, \mathcal{V} = \frac{\pi}{2}$ 以及 $\mathcal{U} = \frac{\pi}{2}, \mathcal{V} \neq \pm\frac{\pi}{2}$ ($v = +\infty$，u 有限)。

上述共形无限远在 $(\mathcal{T}, \mathcal{R})$ 平面上围出一个倾斜 45° 的矩形区域，这就是 Minkowski 时空的 Carter-Penrose 图 (参见图 5.3)。

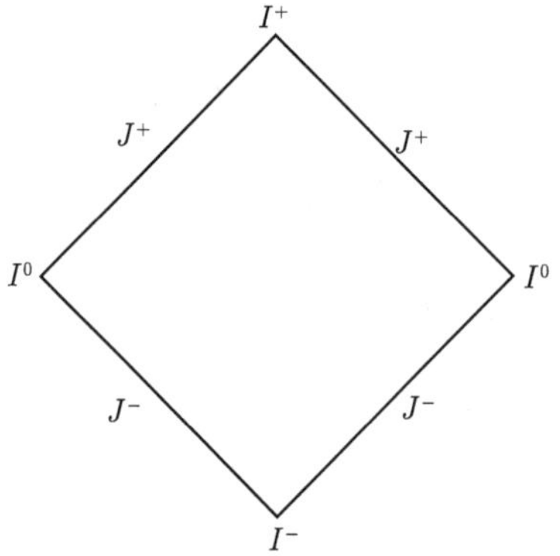

图 5.3　Minkowski 时空的 Carter-Penrose 图

注意：当采用原本的 Minkowski 坐标时，上述共形无限远总是对应于坐标 t 与 r 两者之一或者两者同时趋于无穷大的情况，有时也称这些共形无限远为渐近无限远。但是，需要特别指出的是：并非所有时空的共形无限远都能用某个坐标趋于无穷的条件来刻画。Carter-Penrose 图是以时空的共形无限远为边界画出的范围有限的图形，它反映了时空的整体结构，并且与最初用来描写时空度规的坐标系无关，因此是一种更为恰当的、以坐标无关的方式来定义时空的共形无限远的方法。

另一个需要注意的观察点是：当采用 Minkowski 坐标时，类空无限远 I^0 对应着 $r = +\infty$ 的一个球面，而在 Carter-Penrose 图中，I^0 缩为一个孤立的点①。

Carter-Penrose 图还有一个重要特征，即任意类光测地线均被映射为与 J^+ 或 J^- 平行的直线段。利用这一特点可以非常方便地在 Carter-Penrose 图中勾画出任意事件的因果区域。具体地说，一个事件 A 的因果区域可划分为类光过去 $\mathcal{J}^-(A)$、类光将来 $\mathcal{J}^+(A)$、类时过去 $\mathcal{I}^-(A)$ 以及类时将来 $\mathcal{I}^+(A)$。其中，$\mathcal{J}^-(A)$ 在 Carter-Penrose 图中对应起始于 J^-、终止于事件 A 的两条类光线 (但需扣除 A 点)，$\mathcal{J}^+(A)$ 对应起始于 A 点、终止于 J^+ 的两条类光线 (同样需扣除 A 点)。在在 Carter-Penrose 图中，位于 $\mathcal{J}^-(A)$ 下方但不包含 $\mathcal{J}^-(A)$ 的开区域对应着 $\mathcal{I}^-(A)$，位于 $\mathcal{J}^+(A)$ 上方但不包含 $\mathcal{J}^+(A)$ 的开区域对应着 $\mathcal{I}^+(A)$。显然，对所有的不处于 Carter-Penrose 图的边界上的事件而言，I^0 都是与其类空的，因此不包含于上述因果区域中。而对 I^0 自身而言，

$$\mathcal{J}^+(I^0) = J^+ - I^0, \quad \mathcal{J}^-(I^0) = J^- - I^0.$$

① 这是因为在 I^0 处，有 $\sin^2(\mathcal{V} - \mathcal{U}) = 0$。

此外，容易验证，

$$\mathcal{J}^{+}(I^{+})=\mathcal{I}^{+}(I^{+})=\emptyset,\quad \mathcal{J}^{-}(I^{-})=\mathcal{I}^{-}(I^{-})=\emptyset.$$

除针对孤立的事件定义因果区域外，还可以对 Carter-Penrose 图的边界来定义因果区域。例如，类光无限将来 J^{+} 的类光过去 $\mathcal{J}^{-}(J^{+})$ 被定义为 J^{+} 上各点的类光过去的并集，类光无限过去 J^{-} 的类光将来 $\mathcal{J}^{+}(J^{-})$ 被定义为 J^{-}上各点的类光将来的并集，等等。显然，对 Minkowski 时空来说，$\mathcal{J}^{-}(J^{+})$ 和 $\mathcal{J}^{+}(J^{-})$ 都是完整的 Minkowski 时空本身。

2. Schwarzschild 时空的 Carter-Penrose 图

对于 Schwarzschild 时空，Carter-Penrose 图可以用类似的方法来构造。我们从 EF 光锥坐标系下的线元式 (5.33) 出发，引入坐标变换

$$U=\tan\mathcal{U},\quad V=\tan\mathcal{V},$$

线元将变为

$$\mathrm{d}s^2=\Omega^{-2}(\mathcal{U},\mathcal{V})\left[-4\,\mathrm{d}\mathcal{U}\mathrm{d}\mathcal{V}+\mathscr{R}^2(\mathcal{U},\mathcal{V})\left(\mathrm{d}\theta^2+\sin^2\theta\mathrm{d}\varphi^2\right)\right],\tag{5.52}$$

式中，

$$\Omega^2(\mathcal{U},\mathcal{V})=\frac{r}{r_g^3}\mathrm{e}^{r/r_g}\cos^2\mathcal{U}\cos^2\mathcal{V},\tag{5.53}$$

$$\mathscr{R}^2(\mathcal{U},\mathcal{V})=\left(\frac{r}{r_g}\right)^3\mathrm{e}^{r/r_g}\cos^2\mathcal{U}\cos^2\mathcal{V},\tag{5.54}$$

其中，r 可以借助式 (5.35) 表达为

$$r=r(\mathcal{U},\mathcal{V})=r_g\left[1+W\left(-\frac{1}{\mathrm{e}}\tan\mathcal{U}\tan\mathcal{V}\right)\right].\tag{5.55}$$

进一步对度规作 Weyl 变换 $g_{\mu\nu}\to\tilde{g}_{\mu\nu}=\Omega^2 g_{\mu\nu}$，最终可得

$$\mathrm{d}\tilde{s}^2=\Omega^2(\mathcal{U},\mathcal{V})\mathrm{d}s^2=-4\,\mathrm{d}\mathcal{U}\mathrm{d}\mathcal{V}+\mathscr{R}^2(\mathcal{U},\mathcal{V})\left(\mathrm{d}\theta^2+\sin^2\theta\mathrm{d}\varphi^2\right).\tag{5.56}$$

为了画出 Schwarzschild 时空的 Carter-Penrose 图，我们需要进一步引入新的类时和类空坐标

$$\mathcal{T}=\mathcal{V}+\mathcal{U},\quad \mathcal{R}=\mathcal{V}-\mathcal{U},$$

然后在由 $(\mathcal{R},\mathcal{T})$ 张成的直角坐标平面上画出线元式 (5.52) 中的所有共形无限远所对应的曲线，亦即 Weyl 因子 Ω^2 的各个零点所对应的曲线。从式 (5.53) 容易求出 Weyl 因子 Ω^2 取值为零的条件为

$$\mathcal{U}=\pm\frac{\pi}{2},\quad 或\quad \mathcal{V}=\pm\frac{\pi}{2},\quad 或\quad r=0.$$

其中，$r=0$ 对应着 $\tan\mathcal{U}\tan\mathcal{V}=1$，即$\mathcal{U}+\mathcal{V}=\dfrac{\pi}{2}$。除此之外，Schwarzschild 黑洞的视界 $r=r_g$ 对应着 $\tan\mathcal{U}\tan\mathcal{V}=0$，即 $\mathcal{U}=0$ 或者 $\mathcal{V}=0$。将上述曲线在 $\mathcal{R}-\mathcal{T}$ 平面画出，即得 Schwarzschild 时空的 Carter-Penrose 图，如图 5.4 所示。视界的存在将整个时空划分为四个不同的区域，其中，I 区和 III 区是两个彼此类空的宇宙，II 区对应黑洞内部，而 IV 区是白洞区域。图中带箭头的虚线表示在该时空中运动的粒子的可能的世界线，这些虚线不是 Carter-Penrose 图的必要组成部分。

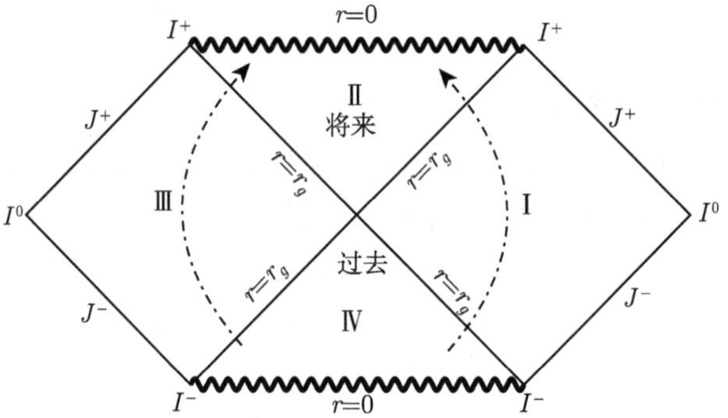

图 5.4　Schwarzschild 时空的 Carter-Penrose 图

注意：对 Schwarzschild 时空而言，J^+ 的类光过去以及 J^- 的类光将来都不能完整地覆盖整个时空。其中，J^+ 的类光过去与其补集的边界刚好就是黑洞的视界，而 J^- 的类光将来与其补集的边界则是白洞的视界。前者是**将来视界**，意味着起始于 J^- 的类光测地线在将来会穿过这个视界；后者是**过去视界**，意味着终止于 J^+ 的类测地光线是在过去从这个视界穿出的。由于视界的存在，**在 Schwarzschild 时空中，处于 I 区或 III 区的事件 A 的类光因果区域并不总是起始于 J^- 或终止于 J^+**。

为了了解在共形无限远处的时空几何，还有必要弄清式 (5.54) 所定义的函数 $\mathscr{R}^2(\mathcal{U},\mathcal{V})$ 的渐近行为。图 5.5 给出了函数 $\mathscr{R}^2(\mathcal{U},\mathcal{V})$ 在整个 Penrose 图所对应的区域内所对应的曲面。从图中可以看出，在所有的共形无限远边界上，$\mathscr{R}^2(\mathcal{U},\mathcal{V})$ 都等于零。因此，在类空无限远 (I^0) 的邻域，Schwarzschild 时空与 Minkowski 时空有近似相同的几何。

在本节最后，让我们通过以上实例总结一下 Carter-Penrose 图的构图要素。这些要素包括：

(1) 类时边界：无限未来 I^+ 与无限过去 I^-；

(2) 类空边界：类空无限远 I^0；

(3) 类光边界：类光无限过去 J^- 与类光无限未来 J^+；

(4) 时空中的本性奇异点以及事件视界。

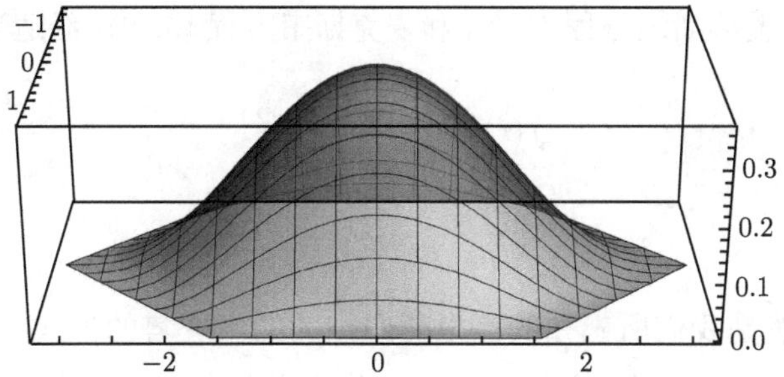

图 5.5 函数 $\mathscr{R}^2(\mathcal{U},\mathcal{V})$ 的曲面图像

5.2 Reissner-Nordström 黑洞

根据 Birkhoff 定理，宇宙学常数为零时真空中任何球对称的引力场都等价于静态引力场。再加上弱引力条件下牛顿近似必须成立的前提，则 Schwarzschild 解成为唯一允许的真空球对称解。在本节中，我们将考察以麦克斯韦电磁场为源的球对称引力场以及相应的黑洞问题。这种类型的黑洞不仅具有质量，同时还携带电荷，在文献中将之称为 Reissner-Nordström 解，简记为 RN 解。

RN 解对应的作用量是所谓的爱因斯坦–麦克斯韦作用量：

$$S = \frac{1}{2\kappa}\int \mathrm{d}^4x\sqrt{g}R - \frac{1}{4\mu_0}\int \mathrm{d}^4x\sqrt{g}F_{\mu\nu}F^{\mu\nu}. \tag{5.57}$$

对这个作用量变分所得的场方程为

$$R_{\mu\nu} - \frac{1}{2}g_{\mu\nu}R = \kappa T_{\mu\nu}, \tag{5.58}$$

$$\nabla_\nu F^{\mu\nu} = 0, \tag{5.59}$$

其中，$T_{\mu\nu}$ 是电磁场的能动量张量，

$$T_{\mu\nu} = \frac{1}{\mu_0}\left(F_{\mu\rho}F_\nu{}^\rho - \frac{1}{4}g_{\mu\nu}F_{\rho\sigma}F^{\rho\sigma}\right). \tag{5.60}$$

假定度规具有静态形式

$$\mathrm{d}s^2 = -f(r)c^2\mathrm{d}t^2 + f^{-1}(r)\mathrm{d}r^2 + r^2(\mathrm{d}\theta^2 + \sin^2\theta\mathrm{d}\varphi^2), \tag{5.61}$$

同时要求电磁场也是静态的，即仅存在非零的库仑势 $\varphi(r)$：

$$A_\mu = (-\varphi(r)/c, 0, 0, 0)\,. \tag{5.62}$$

将这些假定代入爱因斯坦方程 (5.58) 和麦克斯韦方程 (5.59)，经适当计算可以求得

$$f(r)=1-\frac{r_g}{r}+\frac{r_Q^2}{r^2},\tag{5.63}$$

$$\varphi(r)=-\frac{1}{4\pi\varepsilon_0}\frac{Q}{r},\tag{5.64}$$

式中，$\varphi(r)$ 依然是我们所熟知的点电荷产生的的库仑势的形式，$r_g=\frac{2GM}{c^2}$ 与 Schwarzschild 时空中的引力半径相同，r_Q 称为电荷半径①，它与库仑电荷 Q 的关系是

$$r_Q^2=\frac{GQ^2}{4\pi\varepsilon_0 c^4}.\tag{5.65}$$

方程 (5.61) 配以式 (5.63) 就是爱因斯坦–麦克斯韦理论的 Reissner-Nordström 解，它是在 1916 至 1918 年 Schwarzschild 解刚被发现不久由 Reissner 和 Nordström 分别发现的。

对 r 较大的情形，式 (5.63) 中的因子 $\frac{r_Q^2}{r^2}$ 比 $\frac{r_g}{r}$ 趋于零的速度快得多，因此纯静电荷导致的时空弯曲相比于引力 质量的效应来说只是一个小扰动。不过，我们本节的主要任务是研究 RN时空中 r 相对较小的黑洞区域，这时这个时空的结构体现出与 Schwarzschild 时空较大的区别。

式 (5.61) 又可以写为

$$ds^2=-\frac{\Delta}{r^2}c^2dt^2+\frac{r^2}{\Delta}dr^2+r^2d\Omega_2^2,\tag{5.66}$$

其中，

$$\Delta=r^2-r_g r+r_Q^2=(r-r_+)(r-r_-),\tag{5.67}$$

$$r_\pm=\frac{1}{2}\left(r_g\pm\sqrt{r_g^2-(2r_Q)^2}\right).\tag{5.68}$$

注意这个解中存在两个参数 r_g 和 r_Q。根据这两个参数的取值，可以有以下几种情况：

① 把电子的引力半径、电荷半径与电子本身的大小做一个比较是有启发性的。由于量子不确定性，电子的半径大小是不确定的。一个典型的估计值是其康普顿波长 $\lambda=2.42631\times10^{-12}$m。另一种估算方法是令电子在其“经典表面” $r=r_0$ 处对单位电荷产生的静电势能等于电子的静止能量，即 $\frac{e^2}{4\pi\varepsilon_0 r_0}=m_e c^2$。这样估计出来的电子半径为 $r_0\simeq2.81794\times10^{-15}$m。无论是哪一种估计，电子的引力半径 $r_g=\frac{2Gm_e}{c^2}\simeq1.47316\times10^{-57}$m 以及电荷半径 $r_e\simeq1.38063\times10^{-36}$m 都远小于其估计半径，特别是 $r_g\ll2r_e$，因此电子不可能是一个带电的小黑洞。

(1) $r_g < 2r_Q$

这时方程 $\Delta = 0$ 无实根，度规式 (5.66) 除 $r = 0$ 外别无奇点，因而 $r = 0$ 就是个裸奇点。这个情形与 $M < 0$ 时的 Schwarzschild 解类似，应根据宇宙监督原则从物理的解集中剔除。

(2) $r_g > 2r_Q$

这时 $\Delta = 0$ 有两个实根 $r_\pm$，因此度规式 (5.66) 有三个奇点 $r = 0$，$r_\pm$。其中 $r_\pm$ 均为坐标奇异点。为了证明这一点，我们可以引入 Regge-Wheeler 坐标 r^*：

$$\mathrm{d}r^* = \frac{r^2}{\Delta}\mathrm{d}r, \tag{5.69}$$

亦即

$$r^* = r + \frac{c^2}{2\kappa_+}\log\left(\frac{|r - r_+|}{r_+}\right) + \frac{c^2}{2\kappa_-}\log\left(\frac{|r - r_-|}{r_-}\right), \tag{5.70}$$

其中，

$$\kappa_\pm = \frac{c^2(r_\pm - r_\mp)}{2r_\pm^2}. \tag{5.71}$$

然后，利用定义

$$v = ct + r^* \tag{5.72}$$

$$u = ct - r^* \tag{5.73}$$

引入入行 EF 坐标系 (v, r, θ, φ) 或出行 EF 坐标系 (u, r, θ, φ)，就可以发现在 $r = r_\pm$ 时度规其实是不奇异的。具体地，在入行 EF 坐标系中，度规表达为

$$\mathrm{d}s^2 = -\frac{\Delta}{r^2}\mathrm{d}v^2 + 2\mathrm{d}v\mathrm{d}r + r^2\mathrm{d}\Omega_2^2. \tag{5.74}$$

可见在 $r_\pm$ 处度规的坐标奇异性已经消失了。注意：在这个坐标系中，虽然度规本身不发散，但是会在 $\Delta = 0$ 处出现零点，因此逆变形式的度规发散问题依然存在。

进一步分析 $r = r_\pm$ 这两个球面，可以发现它们原来和 Schwarzschild 时空中的视界一样，也是由闭合的类光测地线织成的曲面。因此 $r = r_\pm$ 对应 RN 时空中的黑洞视界，而且，由于 $r_+ > r_-$，r_+ 是远处观测者的事件视界。

(3) $r_g = 2r_Q$

在这种情况下方程 $\Delta = 0$ 的两个根重叠，$r_+ = r_- = \dfrac{r_g}{2}$。这时 $r_\pm$ 所在之处仍为坐标奇异点，因此仍对应黑洞视界。和情形 (2) 不同的是此时的 RN 黑洞将仅有一个视界 $r = r_\pm = \dfrac{r_g}{2}$。这样的 RN 黑洞称为**极端黑洞**。

总结以上讨论，我们发现，RN 黑洞事件视界的存在要求满足条件 $r_g \geqslant 2r_Q$，或者用黑洞的质量与电荷重写为

$$Q^2 \leqslant 4\pi\varepsilon_0 GM^2.$$

这个限制称为Bogomol'nyi 界限。Bogomol'nyi 界限饱和时的黑洞正是极端 RN 黑洞。一旦带电的引力源的电荷超过 Bogomol'nyi 界限，引力源内部的静电排斥力就会超过引力，从而使得黑洞无法存在下去。

下面我们分别来讨论情形 (2) 和情形 (3)。

5.2.1 非极端 RN 黑洞

非极端 RN 黑洞与 Schwarzschild 黑洞的一个重大区别是：由于存在两个视界，我们需要在每个视界附近分别引入局域的非奇异坐标系，即类似于 Kruskal 坐标的参考系。这样引入的坐标系只能在一个视界附近保持非奇异，但是延伸到另一个视界时，奇异性会重新出现，因此我们无法拥有一个非奇异的整体坐标系，而是必须将两个不同是局域坐标系拼接起来。我们将视界 r_+ 附近的 Kruskal 坐光锥标记为 U^+，V^+, 将 r_-附近的 Kruskal 光锥坐标记为 U^-, V^-。$U^\pm$、$V^\pm$ 的具体定义是

$$U^\pm = -\mathrm{e}^{-\kappa_\pm u/c^2}, \qquad V^\pm = \mathrm{e}^{\kappa_\pm v/c^2}, \tag{5.75}$$

其中，$\kappa_\pm$ 由式 (5.71) 给出。注意：与描写 Schwarzschild 时空的 Kruskal 坐标一样，这里引入的新坐标 $U^\pm$ 、$V^\pm$ 都是无量纲的。

在 $r = r_+$ 附近，度规在坐标 U^+，V^+ 下的表达式为

$$\mathrm{d}s^2 = -\frac{c^4}{\kappa_+^2}\left(\frac{r_+ r_-}{r^2}\right)\mathrm{e}^{-2\kappa_+ r/c^2}\left(\frac{r_-}{r-r_-}\right)^{\left(\frac{\kappa_+}{\kappa_-}-1\right)}\mathrm{d}U^+\mathrm{d}V^+ + r^2\mathrm{d}\Omega_2^2, \tag{5.76}$$

式中，r 由 U^+，V^+ 隐式地定义：

$$U^+V^+ = -\mathrm{e}^{-2\kappa_+ r/c^2}\left(\frac{r-r_+}{r_+}\right)\left(\frac{r-r_-}{r_-}\right)^{\kappa_+/\kappa_-}. \tag{5.77}$$

注意式 (5.76) 在 $r = r_+$ 处是正常的，但在 $r = r_-$ 处却是奇异的。

同样，在 $r = r_-$ 附近，度规用 U^-，V^- 表达为

$$\mathrm{d}s^2 = -\frac{c^4}{\kappa_+^2}\left(\frac{r_+ r_-}{r^2}\right)\mathrm{e}^{-2\kappa_- r/c^2}\left(\frac{r_+}{r_+-r}\right)^{\left(\frac{\kappa_-}{\kappa_+}-1\right)}\mathrm{d}U^-\mathrm{d}V^- + r^2\mathrm{d}\Omega_2^2, \tag{5.78}$$

其中 r 用下式定义：

$$U^-V^- = -\mathrm{e}^{-2\kappa_- r/c^2}\left(\frac{r_--r}{r_-}\right)\left(\frac{r_+-r}{r_+}\right)^{\kappa_-/\kappa_+}. \tag{5.79}$$

度规式 (5.78) 在 $r = r_-$ 附近是正常的，但在 $r = r_+$ 处奇异。

图 5.6 和图 5.7 分别画出了 $r = r_+$ 和 $r = r_+$ 附近的 Kruskal 坐标系。

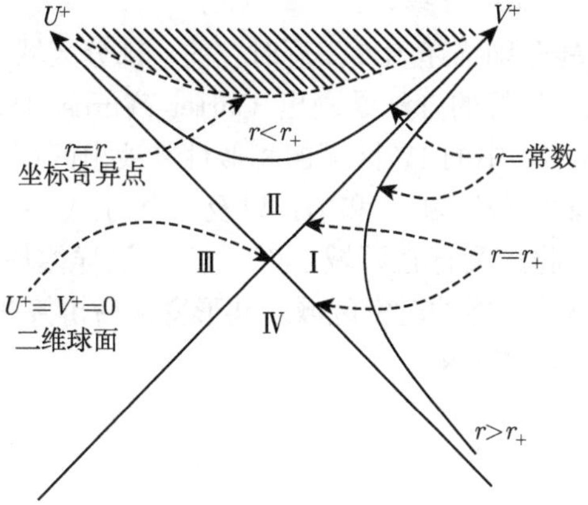

图 5.6 Reissner-Nordström 黑洞外视界附近的 Kruskal 坐标系

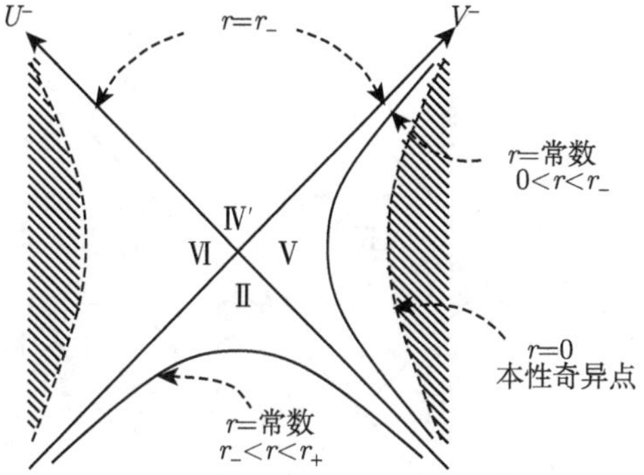

图 5.7 Reissner-Nordström 黑洞内视界附近的 Kruskal 坐标系

图 5.6 与图 5.2 非常类似，由坐标轴 U^+，V^+ 将时空分为 4 个区域，其中 I、III 区对应 $r > r_+$ 的洞外时空，II、IV 区域对应 $r < r_+$ 的区域。不过由于度规式 (5.76) 在 $r = r_-$ 处奇异，图 5.6 中的 II、IV 区不能反映 $r < r_-$ 的时空区域。

图 5.7 反映了 $r = r_-$ 附近的 Kruskal 坐标系。和图 5.2、图 5.6 类似，在这个坐标系中 $r =$ 常数的曲线也表现为双曲线，其中 $r = r_-$ 时双曲线退化为两个坐标轴 U^- 和 V^-。这对坐标轴同样将附近的时空划分为 4 个区域，其中区域 II 与图 5.6 中的区域 II 相同，均代表 $r_- < r < r_+$ 的时空区域，与 II 区相对的 IV′ 区性质与图 5.6 中的区域 IV 类似，但它落在 II 区的类时将来；图 5.7 中的左、右两个区域 V、VI 均对应 $r < r_-$ 的洞内核心区域。在 RN 黑洞时空中，每越过一次视界，由式 (5.64) 给出的函数 $f(r)$ 会改变一次正负号，对应地在 (t, r) 坐标面上会发生

一次类时、类空性质的反转。在从 $r > r^+$ 的洞外宇宙过渡到 $r < r^-$ 的洞内核心区域的过程中，总共发生了两次类时、类空性质的反转，因此 RN 黑洞内部的核心区域 $r < r_-$ 是两个彼此类空的区域。

图 5.6、图 5.7 只能分别描述 RN 黑洞时空的一部分区域，为了完整地表述 RN 黑洞时空的整体结构，最好的办法是画出 Carter-Penrose 图。首先我们要根据图 5.7 中的区域 IV′ 与图 5.6 中的 IV 区域的相似性来找出区域 IV′ 的类时将来区域。它们是两个彼此类空的洞外区域 I′ 和 III′ 以及一个与 IV′ 相对的洞内区域 II′。进一步，区域 II′ 的类时将来又存在区域 IV″，…… 这样循环下去将得到一个无穷的图形序列。将所有这些可能的时空区域经共形变换后拼接在一起，即得 RN 黑洞的 Carter-Penrose 图，如图 5.8。

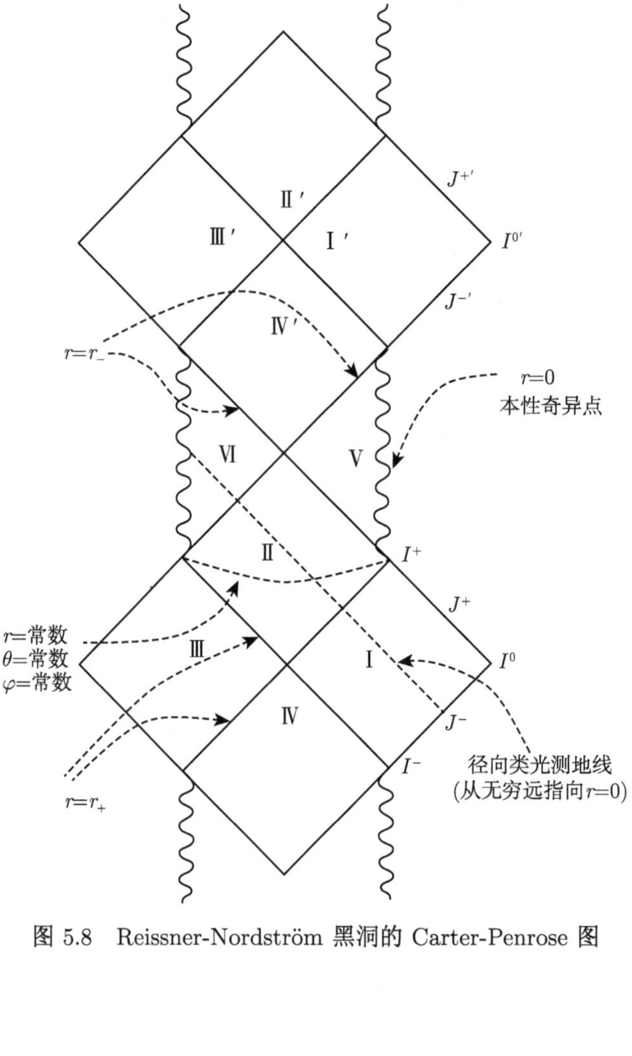

图 5.8　Reissner-Nordström 黑洞的 Carter-Penrose 图

5.2.2 极端 RN 黑洞

对极端 RN 黑洞，有 $r_g = 2r_Q$，度规式 (5.61) 可以写为

$$\mathrm{d}s^2 = -\left(1 - \frac{r_g}{2r}\right)^2 c^2\mathrm{d}t^2 + \left(1 - \frac{r_g}{2r}\right)^{-2} \mathrm{d}r^2 + r^2\mathrm{d}\Omega_2^2. \tag{5.80}$$

这个黑洞的视界在 $(1 - \frac{r_g}{2r})^2$ 的零点处。为了说明视界处时空并不奇异，我们模仿式 (5.69) 定义新的径向坐标 r^*：

$$\mathrm{d}r^* = \left(1 - \frac{r_g}{2r}\right)^{-2} \mathrm{d}r. \tag{5.81}$$

r^* 的积分表达式为

$$r^* = r + r_g \log\left|\frac{2r - r_g}{r_g}\right| - \frac{r_g^2}{4r - 2r_g}, \tag{5.82}$$

式中我们已将一个积分常数取为零。引入 EF 坐标 u，v，

$$u = ct - r^*, \qquad v = ct + r^*,$$

则在 EF 坐标系 (v, r, θ, φ) 下，度规式 (5.80) 又可写为

$$\mathrm{d}s^2 = -\left(1 - \frac{r_g}{2r}\right)^2 \mathrm{d}v^2 + 2\mathrm{d}v\mathrm{d}r + r^2\mathrm{d}\Omega_2^2. \tag{5.83}$$

可见在新坐标系下 $r = \frac{r_g}{2}$ 处并无奇异。由于对极端黑洞，r_+ 与 r_- 两个视界重合，因此在 Carter-Penrose 图中代表 $r_- < r < r_+$ 的区域 II 将不再出现，从而来自 J^- 的类光测地线经过区域 I 后将直接进入区域 VI，如图 5.9。

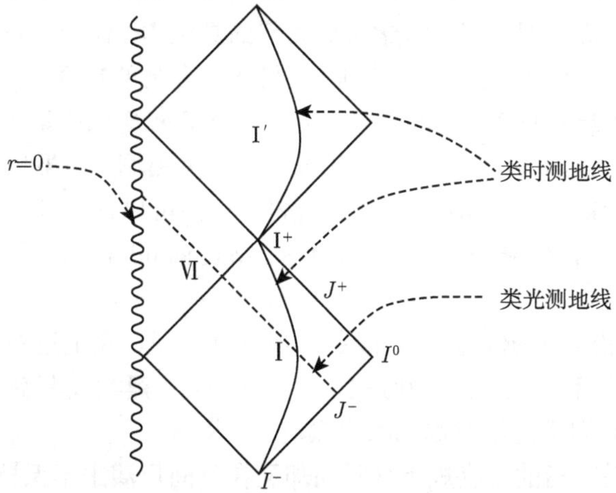

图 5.9 极端 Reissner-Nordström 黑洞的 Carter-Penrose 图

理论上比较感兴趣的是靠近极端黑洞但又尚未达到极端条件的**近极端黑洞**。如果我们考虑近极端黑洞的近视界几何，可以引入新的径向坐标 u，

$$u = r - r_0, \quad r_0 \equiv \frac{r_g}{2},$$

这样，近极端黑洞的近视界度规可以化为

$$\mathrm{d}s^2 = -\frac{1}{r_0^2}\left(u^2 - \varepsilon^2\right)c^2\mathrm{d}t^2 + r_0^2\left(u^2 - \varepsilon^2\right)^{-1}\mathrm{d}r^2 + r_0^2\mathrm{d}\Omega_2^2,$$

式中，ε 是两个视界径向坐标差的一半。进一步引入

$$z = \frac{u}{r_0}, \quad z_0 = \frac{\varepsilon}{r_0},$$

度规可以化为

$$\mathrm{d}s^2 = r_0^2\left[-\left(z^2 - z_0^2\right)c^2\mathrm{d}\tilde{t}^2 + \frac{\mathrm{d}z^2}{z^2 - z_0^2} + \mathrm{d}\Omega_2^2\right],$$

式中 $\tilde{t} = \dfrac{t}{r_0}$。这个度规不包含任何本性奇异点，其几何是一个直积结构：$\mathcal{M} = \mathrm{AdS}_2 \otimes S^2$，其中的 AdS_2 是以 $(\tilde{t}, z)$ 为坐标的 2 维反 de Sitter 流形。

5.3　稳态轴对称黑洞解

5.3.1　唯一性定理

前面介绍的 Schwarzschild 黑洞与 Reissner-Nordström 黑洞都是静态球对称的黑洞。根据 Birkhoff 定理，在宇宙学常数为零的真空中，任一球对称度规均等价于一个相应的静态度规。在这一结论基础上，另一个有名的定理——Isreal 定理指出，**任一静态、渐近平坦**[①]**并且在视界及视界之外无奇异的度规均等价于 Schwarzschild 度规**。因此 Schwarzschild 黑洞是极具代表性的一类黑洞。如果将 Birkhoff 定理和 Isreal 定理向爱因斯坦–麦克斯韦理论进行推广，则可以得到任一球对称荷电黑洞均等价于 RN 黑洞的结论。因此，可以说 Schwarzschild 和 RN 黑洞穷尽了球对称黑洞的所有可能性。

如果我们放松对黑洞对称性的限制，则可以发现，除上述黑洞以外，还存在着另一类具有广泛代表性的黑洞时空，这就是 Kerr 黑洞及其荷电推广——Kerr-Newman 黑洞。它们都是轴对称的稳态黑洞。

所谓稳态时空，指的是度规不含时间却又在时间反演中不保持不变的时空。和静态时空相比，稳态时空的一个典型特征是其度规含有时空非对角分量，即度规分

①关于时空渐近平坦性的含义，请参看后文 5.5 节中的描述。

量 $g_{0i}(x)$ 中至少有一个非零。对这种类型的时空，也存在与 Birkhoff 定理和 Isreal 定理地位类似的定理，这就是 Carter-Robinson 定理。

定理(Carter-Robinson) *任意渐近平坦的稳态轴对称黑洞若在视界处及视界外无奇异，则必属于 Kerr 黑洞。*

Carter-Robinson 定理对爱因斯坦–麦克斯韦理论的推广为：*任意渐近平坦的稳态轴对称荷电黑洞必为 Kerr-Newman 黑洞，若它在视界上及视界外不奇异。*

5.3.2 Kerr 及 Kerr-Newman 黑洞——度规、视界与渐近行为

1963 年，Kerr 发现了广义相对论的一个轴对称稳态真空解①。这是自 Schwarzschild 解被发现以来广义相对论引力最重要的进展之一。两年以后，Newman 发现了 Kerr 解的带电推广②，即 Kerr-Newman 解。根据 Carter-Robinson 定理，这是 4 维的爱因斯坦–麦克斯韦理论的唯一的渐近平坦的轴对称黑洞解。

1. Boyer-Linquist *坐标下的* Kerr-Newman *黑洞度规*

Kerr-Newman 黑洞在所谓的 Boyer-Linquist 坐标 $x^\mu = (ct, r, \theta, \varphi)$ 下具有如下的度规：

$$\mathrm{d}s^2 = -\frac{\Delta}{\rho^2}\left(c\mathrm{d}t - a\sin^2\theta\mathrm{d}\varphi\right)^2 + \frac{\sin^2\theta}{\rho^2}\left((r^2+a^2)\mathrm{d}\varphi - ac\,\mathrm{d}t\right)^2 + \rho^2\left(\frac{\mathrm{d}r^2}{\Delta} + \mathrm{d}\theta^2\right), \tag{5.84}$$

其中，

$$\rho^2 = r^2 + a^2\cos^2\theta, \tag{5.85}$$

$$\Delta = r^2 - r_g r + r_Q^2 + a^2, \tag{5.86}$$

r_g, r_Q 与 RN 黑洞中对应符号的含义相同，a 是一个与角动量 J 相联系的具有长度量纲的参数，

$$a = \frac{J}{Mc}. \tag{5.87}$$

度规式 (5.84) 中存在非零的非对角项 g_{03}，表明它是稳态而非静态的。同时，由于度规中多处出现 $\sin\theta$，球对称性被破坏，因此这个时空仅具有改变 φ 角的定轴转动的对称性。由于将 φ 变为 $-\varphi$ 与将 a 变为 $-a$ 的效果相同，因此只需考虑 $a > 0$ 的情况。

① 参见 Kerr R P. Phys. Rev. Lett., 1963, 11: 237–238。
② 参见 Newman E, Janis A. J. Math. Phys., 1965, 6 (6): 915–917。

与度规式 (5.84) 对应的电磁场所具有的电磁势为

$$A_\mu \mathrm{d}x^\mu = \frac{1}{4\pi\varepsilon_0 c}\frac{Qr(\mathrm{d}t - ac^{-1}\sin^2\theta\mathrm{d}\varphi)}{\rho^2}, \tag{5.88}$$

其中，Q 表示电荷，它与 r_Q 之间的关系依然由式 (5.65) 给出。

如果参数 $a = 0$，则 $\rho = r$，度规式 (5.84) 退化为 RN 解，同时式 (5.88) 退化为球对称的库仑势式 (5.64)。在此基础上如果进一步令 $Q = 0$，则度规退化为 Schwarzschild 黑洞解。如果我们保持 $a \neq 0$ 但是令 $Q = 0$。这时的度规式 (5.84) 就是 Kerr 解，其中，

$$\rho^2 = r^2 + a^2\cos^2\theta, \tag{5.89}$$

$$\Delta = r^2 - r_g r + a^2. \tag{5.90}$$

Kerr 黑洞度规的另一种常用写法是

$$\begin{aligned}\mathrm{d}s^2 = &-\left(1 - \frac{r_g r}{\rho^2}\right)c^2\mathrm{d}t^2 + \left(r^2 + a^2 + \frac{r_g r}{\rho^2}a^2\sin^2\theta\right)\sin^2\theta\,\mathrm{d}\varphi^2 \\ &- \frac{2ar_g r}{\rho^2}\sin^2\theta\,c\,\mathrm{d}t\,\mathrm{d}\varphi + \rho^2\left(\frac{\mathrm{d}r^2}{\Delta} + \mathrm{d}\theta^2\right),\end{aligned} \tag{5.91}$$

其中的坐标依然是 Boyer-Linquist 坐标。

2. 视界结构

和球对称情况类似，在稳态轴对称时空中，度规的径向对角分量中的坐标奇异点对应着时空中的事件视界。下面我们就来分析 Kerr-Newman 时空中的视界结构。

从度规式 (5.84) 容易看出，$g_{11} = g_{rr}$ 奇异意味着 $\Delta = 0$。因此，我们实际上要分析的是函数 $\Delta(r)$ 的零点。我们首先依据式 (5.90) 将 Δ 作因式分解：

$$\Delta = (r - r_+)(r - r_-), \tag{5.92}$$

$$r_\pm = \frac{1}{2}\left[r_g \pm \sqrt{r_g^2 - 4(a^2 + r_Q^2)}\right]. \tag{5.93}$$

根据 r_g 与 a 和 r_Q 的取值情况，有下面 3 种不同的可能性，即 $r_g < 2\sqrt{a^2 + r_Q^2}$，$r_g = 2\sqrt{a^2 + r_Q^2}$ 和 $r_g > 2\sqrt{a^2 + r_Q^2}$ 的情况。以下为了简单，我们将主要考虑 Kerr 度规的情况，即 $r_Q = 0$。这时，上述 3 种情况分别叙述如下。

(1) $r_g < 2a$

这时 $r_\pm$ 是复数，因此 Δ 不具有实的零点。反映在度规上这等于说度规不具有相应的奇异点。不过，即使在这种情况下，度规在 $\rho^2 = 0$ 的点仍会出现奇异，它

对应 $r=0$，$\theta=\pi/2$。这是度规的本性奇异点 (当 $r_g \neq 0$)。注意：从度规式 (5.84) 出发，我们并没有办法限定 $r>0$。因此，$r=0$ 处的本性奇异未必会像静球对称黑洞那样是一个简单的奇点。实际上，从后文中的方程 (5.109) 可以发现，在所谓的 Kerr-Schild 坐标系中，$\tilde{t}=$ 常数，$r=$ 常数的曲面是一个旋转椭球，它在 $r=0$ 时退化为一个圆盘 $x^2+y^2 \leqslant a^2$，$z=0$。特别地，$\theta=\pi/2$，$r=0$ 的位形恰是这个圆盘的边界：

$$\left.\begin{array}{l} r=0 \\ \theta=\pi/2 \end{array}\right\} \Longleftrightarrow \left\{\begin{array}{l} x^2+y^2=a^2 \\ z=0 \end{array}\right. . \tag{5.94}$$

由此可见，处于 $r=0$ 处的 Kerr-Newman 裸奇点是一个圆环。

为了反映时空的因果结构，通常的做法是画出相应的 Carter-Penrose 图。但是，对于 Kerr 时空，由于仅存在轴对称性，在画 Carter-Penrose 图时原则上只能省略坐标 φ。这样，相应的 Carter-Penrose 图将是 3 维的。不过，对 $\theta=0$，$\pi/2$ 这两个特殊值，我们可以画出相应的 2 维 Carter-Penrose 图，原因是 $\theta=0$，$\pi/2$ 都对应着完全测地子流形。所谓**完全测地子流形**，指的是其上任一点若有一测地线与之相切，则整条测地线均落入其内的子流形。对于 $\theta=0$，$\pi/2$ 这两个完全测地子流形，相应的 Carter-Penrose 图如图 5.10 所示。

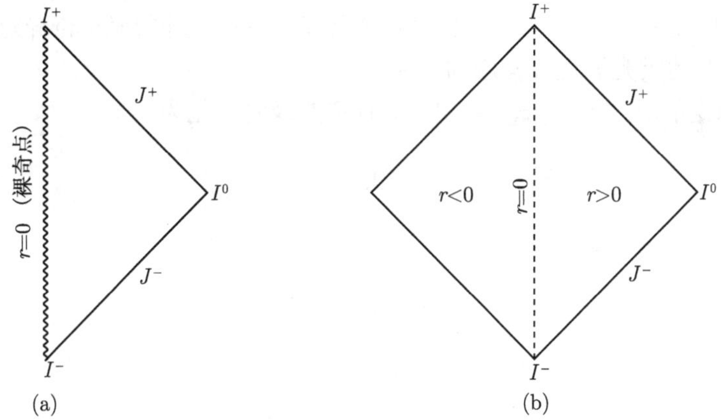

图 5.10 Kerr 裸奇点的 Carter-Penrose 图

(a) $\theta=\dfrac{\pi}{2}$; (b) $\theta=0$

由于 φ 是 Kerr 度规的循环坐标，Killing 矢量场 $\chi \equiv \chi^\mu \partial_\mu = \partial_\varphi$ 将生成 Kerr 时空的对称变换。从度规式 (5.84) 可知，

$$\chi^\mu \chi_\mu = \frac{(r^2+a^2)^2 - \Delta a^2 \sin^2\theta}{\rho^2} \sin^2\theta. \tag{5.95}$$

当 $\delta \equiv \dfrac{r}{a} \to 0^-$，$\theta \to \pi/2 + 0^-$ 时，有

$$\chi^\mu \chi_\mu \sim a^2 + \frac{r_g a}{\delta} < 0. \tag{5.96}$$

可见这时的 Killing 矢量场 χ 是类时的。然而 χ 作用的结果总是 φ 的改变。这样作用的轨道将是闭合的 ($t, r, \theta =$ 常数的曲线是闭合曲线)。所以，Kerr 时空包含闭合的类时曲线。这种闭合类时曲线的存在将破坏整体因果性。这表明 $r_g < 2a$ 的 Kerr 时空是非物理的，应该利用宇宙监督原则来排除这种情况。

(2) $r_g > 2a$

这时方程 $\Delta = 0$ 有两个实根 $r = r_\pm$，因此 g_{rr} 在 $r = r_\pm$ 处有坐标奇异点。引入新坐标系 (v，r，θ，χ)，其中,

$$\mathrm{d}v = c\mathrm{d}t + \frac{r^2 - a^2}{\Delta}\mathrm{d}r, \tag{5.97}$$

$$\mathrm{d}\chi = \mathrm{d}\varphi + \frac{a}{\Delta}\mathrm{d}r, \tag{5.98}$$

则度规式 (5.84) 可改写为

$$\begin{aligned}\mathrm{d}s^2 = &-\frac{\Delta - a^2 \sin^2\theta}{\rho^2}\mathrm{d}v^2 - \frac{2a\sin^2\theta(r^2 + a^2 - \Delta)}{\rho^2}\mathrm{d}v\mathrm{d}\chi + 2\mathrm{d}v\mathrm{d}r \\ &- 2a\sin^2\theta\mathrm{d}\chi\mathrm{d}r + \frac{(r^2 + a^2)^2 - \Delta a^2 \sin^2\theta}{\rho^2}\sin^2\theta\mathrm{d}\chi^2 + \rho^2\mathrm{d}\theta^2.\end{aligned} \tag{5.99}$$

可以看到，度规在 $r = r_\pm$ 处的奇异性被消除了。$r = r_\pm$ 处的坐标奇异对 应着两个视界，即闭合的类光测地线构成的曲面。

对于固定的 θ，当 $r = r_\pm$ 时，Kerr 时空的线元退化为

$$\mathrm{d}s^2 = \left((r_\pm^2 + a^2)\mathrm{d}\varphi - ac\,\mathrm{d}t\right)^2 \frac{\sin^2\theta}{\rho^2(r_\pm)}. \tag{5.100}$$

如果这个线元是类光的，则有

$$(r_\pm^2 + a^2)\mathrm{d}\varphi - ac\,\mathrm{d}t = 0, \tag{5.101}$$

亦即

$$\Omega_H \equiv \left.\frac{\mathrm{d}\varphi}{\mathrm{d}t}\right|_{r=r_\pm} = \frac{c\,a}{r_\pm^2 + a^2}. \tag{5.102}$$

由于 φ 是循环坐标，任何仅改动 φ 形成的曲线均是闭合的。因此式 (5.102) 给出的就是闭合的类光测地线的方程。不难理解，Ω_H 其实就是视界处的角速度。

利用前面对 RN 黑洞和 $r_g < 2a$ 情形下的 Kerr 黑洞的因果结构进行分析所获得的经验，我们可以在 $\theta = 0$ 或 $\theta = \pi/2$ 的情况下画出 $r_g > 2a$ 时 Kerr 黑洞的 Carter-Penrose 图。这个图就是图 5.11。和 RN 黑洞的情形类似，这个图在时间方向上也是无限延伸的。

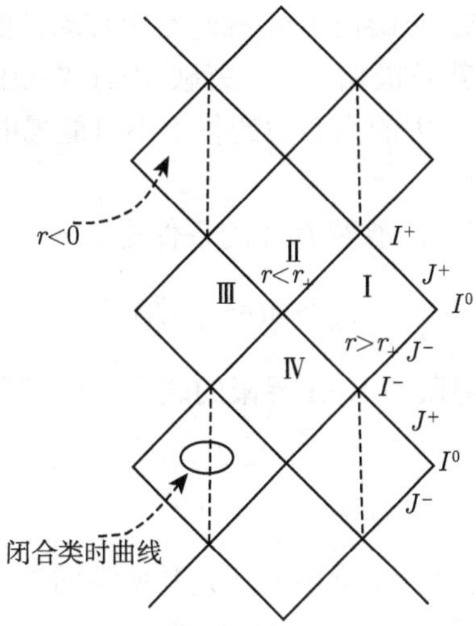

图 5.11 Kerr 黑洞的 Carter-Penrose 图

(3) $r_g = 2a$

这时 Δ 的两个实根重合，因此 Kerr 黑洞将仅有一个视界。这个黑洞称为极端 Kerr 黑洞，其 Carter-Penrose 图如图 5.12。

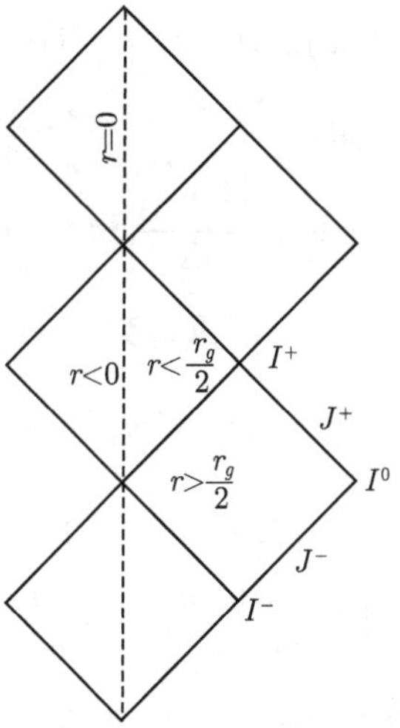

图 5.12 极端 Kerr 黑洞的 Carter-Penrose 图

综合以上关于视界存在条件的讨论，我们发现，Kerr 黑洞事件视界的存在要求 $r_g \geqslant 2a$，或者用黑洞的质量 M 和角动量 J 写成

$$J \leqslant \frac{GM^2}{c}.$$

这个不等式称为Kerr 界限，它给出了 4 维时空中转动黑洞角动量的上界。当 Kerr 界限饱和时，对应的黑洞就是极端黑洞。突破 Kerr 界限的现象称为过旋转。处于过旋转状态的引力源因为巨大的离心力的作用不可能塌缩为黑洞，这就是 Kerr 界限的物理解释。

对于 Kerr-Newman 黑洞，视界存在的条件是

$$r_g^2 \geqslant 4(a^2 + r_Q^2).$$

这实际上是 Bogomol'nyi 界限与 Kerr 界限的联合效果，可以称为 Bogomol'nyi-Kerr 界限。

3. Kerr-Schild 形式与渐近行为

Kerr-Newman 度规的另一个常用的形式是所谓的 Kerr-Schild 形式。它可以从式 (5.84) 通过坐标变换得到。具体的坐标变换是：

$$x^\mu \to x'^\mu,$$
$$(ct, r, \theta, \varphi) \mapsto (c\tilde{t}, x, y, z),$$

其中，

$$x + \mathrm{i}y = (r + \mathrm{i}a)\sin\theta \exp\left[\mathrm{i}\int\left(\mathrm{d}\varphi + \frac{a}{\Delta}\mathrm{d}r\right)\right], \tag{5.103}$$

$$z = r\cos\theta, \tag{5.104}$$

$$c\tilde{t} = \int\left(c\mathrm{d}t + \frac{r^2+a^2}{\Delta}\mathrm{d}r\right) - r. \tag{5.105}$$

在新坐标系下，Kerr-Newman 度规可以重写为

$$g_{\mu\nu} = \eta_{\mu\nu} + h_{\mu\nu} = \eta_{\mu\nu} + f k_\mu k_\nu, \tag{5.106}$$

$$f = \frac{r^2}{r^4 + a^2 z^2}\left(r_g r - r_Q^2\right), \tag{5.107}$$

$$k_\mu = \left(1, \frac{rx+ay}{r^2+a^2}, \frac{ry-ax}{r^2+a^2}, \frac{z}{r}\right), \tag{5.108}$$

其中，$\eta_{\mu\nu} = \mathrm{diag}(-1,1,1,1)$ 就是 Minkowski 度规，r 是坐标 (x, y, z) 的隐函数

$$\frac{x^2+y^2}{r^2+a^2} + \frac{z^2}{r^2} = 1. \tag{5.109}$$

在 Kerr-Schild 形式下，与 Kerr-Newman 度规对应的电磁场可以写为

$$A_\mu = \frac{1}{4\pi\varepsilon_0 c}\frac{Qr^3}{r^4+a^2z^2}k_\mu. \tag{5.110}$$

对有限的 a 和 r_Q，当 $r \to \infty$ 时，从式 (5.106)和式 (5.110) 可以得出度规和电磁势的渐近形式：

$$h_{00} = \frac{r_g}{r} - \frac{r_Q^2}{r^2} + O\left(\frac{1}{r^4}\right), \tag{5.111}$$

$$h_{0x} = \left(\frac{r_g}{r} - \frac{r_Q^2}{r^2}\right)\frac{x}{r} + \frac{r_g a y}{r^3} + O\left(\frac{1}{r^4}\right), \tag{5.112}$$

$$h_{0y} = \left(\frac{r_g}{r} - \frac{r_Q^2}{r^2}\right)\frac{y}{r} - \frac{r_g a x}{r^3} + O\left(\frac{1}{r^4}\right), \tag{5.113}$$

$$h_{0z} = \left(\frac{r_g}{r} - \frac{r_Q^2}{r^2}\right)\frac{z}{r} + O\left(\frac{1}{r^4}\right), \tag{5.114}$$

$$h_{ij} = \frac{r_g}{r}\frac{x^i x^j}{r^2} + O\left(\frac{1}{r^4}\right), \tag{5.115}$$

$$A_0 = \frac{1}{4\pi\varepsilon_0 c}\frac{Q}{r} + O\left(\frac{1}{r^4}\right). \tag{5.116}$$

注意，h_{00} 的渐近形式恰好与 RN 黑洞一致，当 r_Q 可以忽略时，h_{00} 直接给出牛顿引力势。另一方面，A_0 的渐近形式直接给出库仑势。这些结果表明，将 Kerr-Newman 度规中的参数 M 和 Q 直接解释为黑洞的质量和电荷是合理的，因为在 $r \to \infty$ 的区域，黑洞基本上可以看成一个点状的引力源，在最低阶近似下，其转动效应可以忽略。从式 (5.109) 还可以看出，当 $r \to \infty$ 时，坐标 (x, y, z) 近似于平直空间的直角坐标系。这样，h_{0i} 中的首项应该体现了沿径向的动量作出的贡献，而 h_{0x} 和 h_{0y} 的第二项则体现了在 xy 平面上的转动作出的贡献。

5.3.3 能球与能层

现在让我们回到 Boyer-Linquist 坐标系。由于 Kerr-Newman 解是稳态时空，$k = \partial_t$ 是这个时空的 Killing 矢量。利用度规直接计算可得，

$$k^\mu k_\mu = c^2 g_{00} = g_{tt} = -\frac{c^2(\Delta - a^2\sin^2\theta)}{\rho^2}. \tag{5.117}$$

若要求 k 是类时的，则要求 $g_{00} < 0$，即

$$r^2 - r_g r + a^2\cos^2\theta + r_Q^2 > 0. \tag{5.118}$$

因此，k 是类时 Killing 矢量场的条件为

$$r > \frac{1}{2}\left[r_g + \sqrt{r_g^2 - 4(a^2\cos^2\theta + r_Q^2)}\right]. \tag{5.119}$$

注意，对 Kerr-Newman 黑洞，事件视界位于

$$r_+ = \frac{1}{2}\left[r_g + \sqrt{r_g^2 - 4(a^2 + r_Q^2)}\right]. \tag{5.120}$$

因此，除了 $\theta = 0, \pi$ 的特殊方向外，使得 $k = \partial_t$ 类时的区域都不能靠近事件视界。当 $g_{tt} = 0$，即

$$\begin{aligned} &r^2 - r_g r + a^2\cos^2\theta + r_Q^2 = 0, \\ &r = \frac{1}{2}\left[r_g + \sqrt{r_g^2 - 4(a^2\cos^2\theta + r_Q^2)}\right] \end{aligned} \tag{5.121}$$

时，k 成为类光矢量场。这个使得 k 成为类光矢量场的曲面称为**能球**。能球仅在 $\theta = 0, \pi$ 两处与事件视界 $r = r_+$ 相切，在所有其他角方向能球均处于事件视界之外。在能球与事件视界之间的区域称为**能层**(如图 5.13 所示)。在能层内矢量场 k 是类空的，在能球外 k 是类时的。

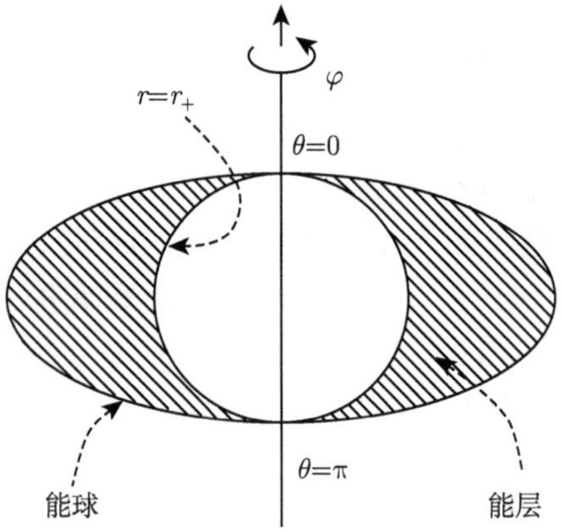

图 5.13　能球与能层

在远离能球的时空区域，可以利用 k 来定义探测粒子的能量:

$$E = -m\,(k_\mu u^\mu). \tag{5.122}$$

另一方面，轴对称时空还存在一个 Killing 矢量场 $\chi = \partial_\varphi$。这个矢量场在 r 足够大时是类空的。因此可以利用它定义探测粒子的角动量①:

$$\mathcal{J} = m\,(\chi_\mu u^\mu). \tag{5.123}$$

设想远处一个具有能量 E 的探测粒子运动到黑洞附近，然后衰变为两个粒子。由于守恒性，我们有

$$E = E_1 + E_2,$$

① 由于 Kerr 黑洞本身具有角动量 J，所以我们将探测质点的角动量改记为 $\mathcal{J}$，请注意区别。

其中，

$$E_i = -m_i\,(k_\mu u^\mu), \quad i = 1, 2.$$

通常，E_i 对应两个末态粒子的能量，它们都应该大于零，因此 $E_i < E$。但是如果衰变发生在能层内部，由于这时 k 是类空的，因此可能会有 $E_1 < 0$。如果衰变后粒子 1 被黑洞吸收，而粒子 2 离开能层逃逸到远处，那么就会有 $E_2 = E - E_1 > E$，也就是说通过粒子在能层中的衰变，我们实际上从黑洞提取了能量。这个过程称为Penrose 过程。

5.3.4 Kerr 时空中的质点力学与几何光学

为了对稳态轴对称时空有更清楚的认识，下面我们分别来讨论稳态轴对称时空中探测质点的质点力学以及光子运动所形成的几何光学。为了摒除电磁势的影响，我们将讨论的时空限制为 Kerr 时空。

1. 质点力学

为了与球对称时空中的质点轨道运动相比较，我们将坐标 θ 的值限制为 $\pi/2$。这样，Kerr 度规式 (5.91) 就会变为

$$\mathrm{d}s^2 = -\left(1 - \frac{r_g}{r}\right)c^2\mathrm{d}t^2 + \left(r^2 + a^2 + \frac{a^2 r_g}{r}\right)\mathrm{d}\varphi^2 - \frac{2a\,r_g}{r}\,c\,\mathrm{d}t\,\mathrm{d}\varphi + \frac{r^2}{\Delta}\mathrm{d}r^2,$$

因此有

$$-c^2 = -\left(1 - \frac{r_g}{r}\right)c^2\dot{t}^2 + \left(r^2 + a^2 + \frac{a^2 r_g}{r}\right)\dot{\varphi}^2 - \frac{2a\,r_g}{r}\,c\,\dot{t}\,\dot{\varphi} + \frac{r^2}{\Delta}\dot{r}^2, \tag{5.124}$$

这里，$u^\mu = (c\dot{t}, \dot{r}, \dot{\theta}, \dot{\varphi})$ 是质点的固有速度。在 Kerr 时空中，质点的能量、角动量分别由式 (5.122) 和式 (5.123) 来定义。具体地说，由于 $k^\mu = c\,\delta^\mu{}_0, \chi^\mu = \delta^\mu{}_3$，我们有

$$E = -mc(g_{00}u^0 + g_{03}u^3) = mc^2\left(1 - \frac{r_g}{r}\right)\dot{t} + mc\frac{a\,r_g}{r}\,\dot{\varphi},$$

$$\mathcal{J} = m(g_{30}u^0 + g_{33}u^3) = m\frac{a\,r_g}{r}\,c\,\dot{t} + m\left(r^2 + a^2 + \frac{a^2 r_g}{r}\right)\dot{\varphi}.$$

从以上两式可以反解出 $\dot{t}$ 与 $\dot{\varphi}$:

$$\dot{t} = \frac{1}{\Delta}\left[\frac{E}{mc^2}\left(r^2 + a^2 + \frac{a^2 r_g}{r}\right) - \frac{\mathcal{J}}{mc}\frac{a\,r_g}{r}\right], \tag{5.125}$$

$$\dot{\varphi} = \frac{1}{\Delta}\left[\frac{\mathcal{J}}{m}\left(1 - \frac{r_g}{r}\right) + \frac{E}{mc}\frac{a\,r_g}{r}\right]. \tag{5.126}$$

将以上两式代入式 (5.124) 并适当整理，可得

$$\frac{m}{2}\left(\frac{\mathrm{d}r}{\mathrm{d}\tau}\right)^2 = \varepsilon - U(r), \tag{5.127}$$

其中，

$$\varepsilon = \frac{E^2}{2mc^2}, \tag{5.128}$$

$$\begin{aligned} U(r) =& \frac{1}{2}mc^2 - \frac{GMm}{r} + \frac{1}{2mr^2}\left[\mathcal{J}^2 - \left(\frac{aE}{c}\right)^2\left(1 - \frac{m^2c^4}{E^2}\right)\right] \\ & - \frac{GM}{mc^2r^3}\left(\mathcal{J}^2 - \frac{aE}{c}\right)^2. \end{aligned} \tag{5.129}$$

我们把 $U(r)$ 整理成上式的形式是为了明显看出当黑洞参数 $a = 0$ 时，$U(r)$ 自动退化为 Schwarzschild 时空中质点的径向有效势能式 (4.88)。但是我们将不再仿照上一章中的无量纲化方法去分析不同的参数对轨道行为的影响。作为补偿，我们转而考虑在无穷远处从静止开始自由下落的质点的运动。这相当于在上述方程中选择 $E = mc^2$，$\mathcal{J} = 0$。将这些数值分别代入式 (5.126) 和式 (5.127) 中，可以得到

$$\frac{\mathrm{d}\varphi}{\mathrm{d}\tau} = \frac{c}{\Delta}\frac{a\,r_g}{r}, \tag{5.130}$$

$$\frac{\mathrm{d}r}{\mathrm{d}\tau} = -c\left[\frac{r_g}{r}\left(1 + \frac{a^2}{r^2}\right)\right]^{1/2}, \tag{5.131}$$

式 (5.131) 右边的负号表明探测质点在自由下落过程中随固有时增加径向坐标在减小。综合以上两式可得：

$$\frac{\mathrm{d}\varphi}{\mathrm{d}r} = \frac{\mathrm{d}\varphi/\mathrm{d}\tau}{\mathrm{d}r/\mathrm{d}\tau} = -\frac{1}{\Delta}\frac{a\,r_g}{r}\left[\frac{r_g}{r}\left(1 + \frac{a^2}{r^2}\right)\right]^{-1/2}. \tag{5.132}$$

另一方面，从式 (5.125) 可知，对于自由下落的质点，有

$$\frac{\mathrm{d}t}{\mathrm{d}\tau} = \frac{1}{\Delta}\left(r^2 + a^2 + \frac{a^2\,r_g}{r}\right). \tag{5.133}$$

结合式 (5.133) 与式 (5.130) 可得

$$\frac{\mathrm{d}\varphi}{\mathrm{d}t} = \frac{c\,a(r^2 + a^2 - \Delta)}{(r^2 + a^2)^2 - \Delta a^2}. \tag{5.134}$$

以上结果具有非同寻常的意义。方程 (5.134) 表明，虽然探测质点是在作自由下落，本身并未受到任何力，但是却具有非零的角速度。由此，质点的自由下落轨道将不是纯径向的曲线，而是具有相对复杂的轨道方程 (5.132)。造成这一现象的原因是由于黑洞的转动拖拽着时空中的局域惯性系也跟着转动起来，因此称为引

力拖拽。引力拖拽效应已经在开始于 2004 年、结果最终在 2011 年公布的 Gravity Probe B 实验中获得证实①。

应该指出，引力拖拽效应不止出现在 $\theta = \dfrac{\pi}{2}$ 的坐标面内。对于一般的 θ 值，引力拖拽造成的角速度可以这样来计算：

$$\frac{\mathrm{d}\varphi}{\mathrm{d}t} = c\,\frac{p^3}{p^0} = c\,\frac{g^{33}p_3 + g^{30}p_0}{g^{00}p_0 + g^{03}p_3},$$

式中，$p^\mu = m\dfrac{\mathrm{d}x^\mu}{\mathrm{d}\tau}$ 是质点的"4 维动量"。对于自由下落的质点，$p_3 \propto \mathcal{J} = 0$。因此有

$$\frac{\mathrm{d}\varphi}{\mathrm{d}t} = c\,\frac{g^{30}}{g^{00}}.$$

对于 Kerr 度规，容易验证，

$$g^{00} = \frac{g_{33}}{g_{00}g_{33} - g_{30}^2}, \quad g^{30} = -\frac{g_{30}}{g_{00}g_{33} - g_{30}^2}. \tag{5.135}$$

因此有

$$\Omega \equiv \frac{\mathrm{d}\varphi}{\mathrm{d}t} = -c\,\frac{g_{30}}{g_{00}} = \frac{c\,a(r^2 + a^2 - \Delta)}{(r^2 + a^2)^2 - \Delta a^2 \sin^2\theta}.$$

与式 (5.134) 相比，这个结果只是在分母中最后一项多了一个因子 $\sin^2\theta$。注意：当 $r \to r_+$ 时，$\Delta \to 0$。这时有 $\Omega \to \Omega_H$，其中 Ω_H 就是由式 (5.102) 给出的视界的角速度。由此可见，**在 Kerr 黑洞的视界处，局域惯性系在引力拖拽的作用下与视界同步转动**。

2. 几何光学

在几何光学近似下，Kerr 时空中的光子沿类光测地线运动。如果限制 Boyer-Linquist 坐标 $\theta = \dfrac{\pi}{2}$，则有

$$0 = g_{00}\,c^2\mathrm{d}t^2 + g_{11}\,\mathrm{d}r^2 + 2g_{03}\,c\,\mathrm{d}t\,\mathrm{d}\varphi + g_{33}\,\mathrm{d}\varphi^2.$$

我们将只考虑光子绕原点作圆周轨道运动的情形。这时 r 保持为常数，因此 $\mathrm{d}r = 0$。所以有

$$\frac{\mathrm{d}\varphi}{\mathrm{d}t} = -c\left[\frac{g_{03}}{g_{33}} \pm \sqrt{\left(\frac{g_{03}}{g_{33}}\right)^2 - \frac{g_{00}}{g_{33}}}\,\right].$$

注意，对 Kerr 度规，$g_{03} < 0$，$g_{33} > 0$，而且，在能层内部有 $g_{00} > 0$。所以，如果光子在能层内部作圆周轨道运动，无论其被发射时是顺着还是逆着 Kerr 黑洞自转

① 参见 Everitt C W F, et al. Phys. Rev. Lett., 2011, 106: 221101. [arXiv:1105.3456]。

的方向，总会被引力拖拽着沿黑洞的方向运动，即$\dfrac{\mathrm{d}\varphi}{\mathrm{d}t}>0$。如果光子是在能层的表面，即能球上作圆周轨道运动，由于这时 $g_{00}=0$，会有两种可能的选择：

$$\frac{\mathrm{d}\varphi}{\mathrm{d}t}=0 \quad 或者 \quad \frac{\mathrm{d}\varphi}{\mathrm{d}t}=-2c\frac{g_{03}}{g_{33}}.$$

在第一种选择中光子是被逆着黑洞转动的方向发射，结果其轨道运动的角速度完全抵消了引力拖拽，因此光子保持静止；在第二种选择中，光子发射的方向与黑洞转动方向相同，因此在拖拽作用下会获得一个更大的角速度。

在结束本节的讨论之前，有必要指出，虽然 Kerr 度规一般被认为是转动恒星在其外部的真空中产生的引力场的一个良好的近似，但是直至目前，一个能与 Kerr 度规连续拼接的内部解尚未被发现。造成这样现状的原因与我们对转动的轴对称物质分布的物态方程缺乏了解有关。

5.4 Killing 视界与表面引力

在前面几节中，我们熟悉了广义相对论引力理论中的一些具体的黑洞解。这些解拥有一些共同的特征，例如都存在着本性奇异点，并且本性奇异点都被事件视界包围，事件视界以外的时空区域都是静态或稳态的，等等。在本节中，我们将讨论与黑洞事件视界相关联的一些基本概念及其一般特征。

由于视界 $\mathcal{N}$ 是时空中的类光超曲面，其法矢量同时也是切矢量。因此，可以在超曲面 $\mathcal{N}$ 中找到一条曲线 $x^\mu(\lambda)$，使得$n^\mu=\dfrac{\mathrm{d}x^\mu}{\mathrm{d}\lambda}$。显然，这样的曲线是类光测地线。通过合理地选择曲线参数，可以使 n^μ 满足的测地线方程写为

$$n^\mu\nabla_\mu n^\nu=0.$$

如果时空中存在一个 Killing 矢量场 ξ^μ，并且它是类光超曲面 $\mathcal{N}$ 的法矢量，即

$$\xi^\mu=\sigma(x)n^\mu, \tag{5.136}$$

其中 $\sigma(x)$ 是一个非零光滑函数，那么就称 $\mathcal{N}$ 是 Killing 矢量场 ξ^μ 的Killing 视界。需要注意的是：Killing 视界与黑洞的事件视界是两个彼此独立的概念，然而 Hawking 证明，在纯爱因斯坦引力或者爱因斯坦—麦克斯韦理论中，*任一稳态时空中若存在黑洞，则黑洞的事件视界必为 Killing 视界*。这一结论不依赖于场方程的具体细节，同时也无需对时空的对称性作任何假定。另一方面，Carter 则证明，对

静态黑洞，其事件视界总是 Killing 矢量场 $k=\partial_t$ 的 Killing 视界，而对稳态轴对称黑洞，事件视界不是 Killing 矢量场 k 的 Killing 视界，但是却是 $\xi=k+\Omega_H\chi$ 的 Killing 视界，其中 $\chi=\partial_\varphi$，φ 是除时间 t 之外的另一个循环坐标，而常数 Ω_H 表征视界的转动角速度。

对于式 (5.136) 所定义的 Killing 矢量场，通过直接计算可得

$$\xi^\mu\nabla_\mu\xi^\nu=\kappa\xi^\nu, \tag{5.137}$$

其中，

$$\kappa=\xi^\mu\nabla_\mu\log|\sigma| \tag{5.138}$$

称为**表面引力**。由于 ξ^μ 是其 Killing 视界 $\mathcal{N}$ 的法矢量，利用 Killing 方程和 Frobenius 定理可得

$$\left(\xi_\rho\nabla_\mu\xi_\nu+\xi_\mu\nabla_\nu\xi_\rho-\xi_\nu\nabla_\mu\xi_\rho\right)\big|_{\mathcal{N}}=0.$$

以 $\nabla^\mu\xi^\nu$ 去缩并上式，结果为

$$\xi_\rho\nabla^\mu\xi^\nu\nabla_\mu\xi_\nu\big|_{\mathcal{N}}=-2\nabla^\mu\xi^\nu\xi_\mu\nabla_\nu\xi_\rho\big|_{\mathcal{N}}=-2\kappa\xi^\nu\nabla_\nu\xi_\rho\big|_{\mathcal{N}}=-2\kappa^2\xi_\rho\big|_{\mathcal{N}}.$$

所以，只要 $\xi_\rho\neq0$，就有

$$\kappa^2=-\frac{1}{2}\nabla^\mu\xi^\nu\nabla_\mu\xi_\nu\big|_{\mathcal{N}}. \tag{5.139}$$

这是计算表面引力的一个非常实用的公式。利用这一公式，还可以进一步证明表面引力在 Killing 视界上是一个常数，具体证明过程如下。

任取 Killing 视界 $\mathcal{N}$ 的一个切矢量场 t^μ，考虑表面引力的平方沿这一切矢量场的变化率 $t^\rho\nabla_\rho\kappa^2$。利用式 (5.139) 直接计算这个变化率，可得

$$\begin{aligned}t^\rho\nabla_\rho\kappa^2&=-\nabla^\mu\xi^\nu t^\rho\nabla_\rho\nabla_\mu\xi_\nu\big|_{\mathcal{N}}\\&=-\nabla^\mu\xi^\nu t^\rho R^\sigma{}_{\rho\mu\nu}\xi_\sigma\big|_{\mathcal{N}}\\&=-\nabla^\mu\xi^\nu R_{\sigma\rho\mu\nu}\xi^\sigma t^\rho\big|_{\mathcal{N}}.\end{aligned} \tag{5.140}$$

注意在上式的第二行我们利用了方程 (2.84)。由于 Killing 矢量场 ξ^μ 不仅是 Killing 视界的法矢量，而且也是切矢量。因此，可以用 ξ^μ 取代上式中的 t^ρ，结果得到

$$\xi^\rho\nabla_\rho\kappa^2=-\nabla^\mu\xi^\nu R_{\sigma\rho\mu\nu}\xi^\sigma\xi^\rho\big|_{\mathcal{N}}=0. \tag{5.141}$$

由此可见，表面引力沿着 Killing 矢量场 ξ^μ 在 $\mathcal{N}$ 中的轨道是一个不变量。

假设 ξ^μ 在$\mathcal{N}$ 中的某条轨道上非零。那么，总可以在 $\mathcal{N}$ 上选择合适的坐标系，使得 $\xi^\rho\nabla_\rho = \dfrac{\partial}{\partial\alpha}$，其中 α 是某个坐标，而我们所选的轨道就是 $\alpha = \alpha(\lambda)$。因此，

$$\xi^\rho\nabla_\rho\big|_{\mathcal{N}} = \frac{\partial}{\partial\alpha} = \frac{\mathrm{d}\lambda}{\mathrm{d}\alpha}\frac{\mathrm{d}}{\mathrm{d}\lambda} = \sigma n^\mu\nabla_\mu\big|_{\mathcal{N}}. \tag{5.142}$$

根据式 (5.138)，我们有

$$\kappa = \frac{\partial}{\partial\alpha}\log|\sigma|. \tag{5.143}$$

这个方程的解可以写为 $\sigma(\alpha) = \sigma_0\mathrm{e}^{\alpha\kappa}$，其中 σ_0 是积分常数。以 $\sigma(0) = \pm\kappa$ 作为初始条件代入，可以定出积分常数 σ_0，最后得到

$$\sigma(\alpha) = \frac{\mathrm{d}\lambda}{\mathrm{d}\alpha} = \pm\kappa\mathrm{e}^{\alpha\kappa}. \tag{5.144}$$

因此，我们有

$$\lambda = \pm\mathrm{e}^{\alpha\kappa} + \mathrm{const}. \tag{5.145}$$

不失一般性，上式中的常数可定为零。这样，对 α 的全部可取的值，λ 只能取正数或者负数。换言之，仿射参数 $\lambda = 0$ 的点将不在 ξ^μ 的选定的轨道上。我们把 $\lambda = 0$ 的点称为 Killing 视界的分叉点，相应地将具有分叉点的 Killing 视界称为分叉的 Killing 视界。Killing 视界上分叉点的集合记为 B，在 B 上 Killing 矢量场 ξ^μ 为零，因为我们已经将 ξ^μ 非零的点连成了 ξ^μ 在 $\mathcal{N}$ 中的轨道，只有分叉点不在这些轨道中。根据式 (5.140)，在 B 上，

$$t^\rho\nabla_\rho\kappa^2 = -\nabla^\mu\xi^\nu R_{\sigma\rho\mu\nu}\xi^\sigma t^\rho\big|_B = 0. \tag{5.146}$$

因此，只要 κ 在 B 上的值与它沿着 ξ^μ 的轨道所取的值一致，就可以证明 κ 在整个 $\mathcal{N}$ 上保持不变。

从方程 (5.139) 可以看出，表面引力不仅与 Killing 视界有关，而且还与 Killing 矢量场 ξ^μ 的归一化有关。如果作变换 $\xi^\mu \to a\xi^\mu$，那么 $\kappa^2 \to a^2\kappa^2$。对于渐近平坦的时空，一般会选取 ξ^μ 在类空无限远归一作为表面引力的标准定义。例如，如果 ξ^μ 是类时 Killing 矢量场，我们会要求

$$\xi^\mu\xi_\mu \to -c^2, \qquad r \to \infty.$$

这样确定的表面引力在黑洞物理学中将具有特殊的重要性。下面我们将通过具体的黑洞时空来计算和分析表面引力的意义。

首先看 Schwarzschild 黑洞的情形。Schwarzschild 时空是典型的静态黑洞时空。Killing 矢量场 k 在黑洞视界面 $S = r - r_g = 0$ 之外是类时的，而 χ 在所有的时空区域均是类空的。Killing 矢量场 k 满足

$$k^\mu k_\mu = -c^2 \left(1 - \frac{r_g}{r}\right), \tag{5.147}$$

故此，在 $r \to \infty$ 时 k 是自然归一的：

$$k^\mu k_\mu = -c^2 \qquad (r \to \infty). \tag{5.148}$$

因此，我们可以使用式 (5.139) 来直接计算 Schwarzschild 黑洞的表面引力，

$$\kappa = \left(-\frac{1}{2}\nabla^\mu k^\nu \nabla_\mu k_\nu\big|_{\mathcal{N}}\right)^{1/2} = \frac{c^2}{2r_g}. \tag{5.149}$$

这一结果正好与方程 (5.44) 给出的结果一致。

细心的读者可能已经注意到 Killing 矢量场 k 看起来并不像是视界 $S = 0$ 的法矢量，这样直接用式 (5.139) 来计算表面引力的合理性似乎存在疑问。其实，这是因为坐标选择造成的一个假象。在 Kruskal 坐标系下，Schwarzschild 黑洞的视界可以表达为 $\mathcal{N} = \{U = 0\} \cup \{V = 0\}$，而 Killing 矢量场 k 可以表达为式 (5.36) 的形式，即

$$k = \frac{c}{2r_g}\left(V\frac{\partial}{\partial V} - U\frac{\partial}{\partial U}\right).$$

容易看出，上式给出的 k 的确是 $\mathcal{N}$ 的法矢量。因此，Schwarzschild 黑洞的视界就是 Killing 矢量场 k 的 Killing 视界，其中，$U = 0$ 且 $V = 0$ 的点构成的两维球面正是分叉视界，它由 Killing 矢量场 k 的全部不动点构成。

其次我们再看 Kerr-Newman 黑洞的情况。Kerr-Newman 黑洞是 4 维广义相对论理论中最为一般的稳态黑洞时空。对这个时空，存在两个视界 $\mathcal{N}_\pm$，分别对应 $S_\pm = r - r_\pm = 0$。与这两个视界对应的法矢量分别是

$$n_\pm = n_\pm^\mu \partial_\mu = f_\pm \nabla^\mu S_\pm \partial_\mu = \frac{r_\pm^2 + a^2}{r_\pm^2 + a^2 \sin^2\theta} f_\pm \left(\partial_v + \frac{a}{r_\pm^2 + a^2}\partial_\chi\right), \tag{5.150}$$

式中 $f_\pm$ 是任意非零函数，所用的坐标系是由式 (5.99) 给出的 EF 坐标系。利用度规式 (5.99) 容易验证，这一对 Killing 矢量场分别在 $\mathcal{N}_\pm$ 上是类光的。

考虑到坐标变换式 (5.97) 和式 (5.98)，容易证明，上式给出的法矢量场 $n_\pm$ 与如下的 Killing 矢量场成比例：

$$\xi_\pm = k + \frac{ac}{r_\pm^2 + a^2}\chi. \tag{5.151}$$

因此，$\mathcal{N}_\pm$ 是 Killing 矢量场 $\xi_\pm$ 的 Killing 视界。物理上有意义的视界是外视界 $\mathcal{N}_+$，因此，我们利用式 (5.139) 来计算外视界上的表面引力。结果为

$$\kappa = \frac{c^2}{2}\frac{r_+ - r_-}{r_+^2 + a^2}. \tag{5.152}$$

这一结果与 Kerr 黑洞的表面引力形式上相同，但应注意 $r_\pm$ 的取值对于 Kerr 黑洞和 Kerr-Newman 黑洞是不同的。RN 黑洞和 Schwarzschild 黑洞都是 Kerr-Newman 黑洞的特例，因此它们的表面引力均可从式 (5.152) 经适当的退化得到：

$$\kappa = \frac{c^2(r_+ - r_-)}{2r_+^2}, \qquad (\text{RN 黑洞} a = 0) \tag{5.153}$$

$$\kappa = \frac{c^2}{2r_g}, \qquad (\text{Schwarzschild 黑洞} a = r_Q = 0). \tag{5.154}$$

式 (5.152) 和式 (5.153) 表明，对极端黑洞，表面引力为零 $(r_+ - r_- = 0)$。

最后，为了说明 Killing 视界与黑洞事件视界的区别，让我们来看一个与黑洞视界无关的 Killing 视界的例子，这个例子就是前文提到的 Kerr-Newman 时空中的能球。利用能球的定义不难看出，这个超曲面正是 Killing 矢量场 $k = \partial_t$ 的 Killing 视界。

5.5　时空的渐近平坦性

前文介绍的几个黑洞时空具有一个共同的性质，即存在一个类似于欧几里得空间中球坐标系径向坐标的类空坐标 r，使得当 $r \to \infty$ 时，整个黑洞的度规表现为

$$g_{\mu\nu} = \eta_{\mu\nu} + h_{\mu\nu},$$

其中，$\eta_{\mu\nu}$ 是 Minkowski 时空的度规，而 $h_{\mu\nu}$ 具有如下的渐近行为：

$$h_{\mu\nu} \simeq O\left(\frac{1}{r}\right), \quad \partial_\rho h_{\mu\nu} \simeq O\left(\frac{1}{r^2}\right), \quad \partial_\rho\partial_\sigma h_{\mu\nu} \simeq O\left(\frac{1}{r^3}\right).$$

这样的时空度规在类空无限远处将趋近于 Minkowski 时空的度规。文献中将这样的时空称为**渐近平坦**的时空。

由于时空的几何性质是与坐标选择无关的，上面对时空渐近平坦性的表述显然是不能令人满意的。为了给时空的渐近平坦性一个与坐标无关的定义，需要重新考虑时空的整体图像。在 Carter-Penrose 图的构造过程中，最为核心的一步是引入一个 Weyl 变换 (其实质是一个共形保度规变换 $\phi : \mathcal{M} \to \tilde{\mathcal{M}}$)，将变换前

非紧的时空流形 $(\mathcal{M}, g_{\mu\nu})$ 映射为一个紧致的、有边界的新流形 $(\tilde{\mathcal{M}}, \tilde{g}_{\mu\nu})$，其中 $\tilde{g}_{\mu\nu} = (\phi^* g)_{\mu\nu} = \Omega^2 g_{\mu\nu}$。这一过程被称作时空的**共形紧化**。

以 Schwarzschild 时空为例。显然，Carter-Penrose 图 5.4 的边界在原来的线元式 (5.33) 中均对应着度规的发散点，也可以说这些共形无限远点原来并不存在于 Schwarzschild 时空中。经过 Weyl 变换后，所有的共形无限远点均被映射到 Carter-Penrose 图的边界上。

对于给定的时空流形 $(\mathcal{M}, g_{\mu\nu})$，如果存在一个共形紧化 $(\tilde{\mathcal{M}}, \tilde{g}_{\mu\nu})$，使得 $\mathcal{M}$ 中任意一条类光测地线在 $\tilde{\mathcal{M}}$ 中的像均起始于 $\tilde{\mathcal{M}}$ 的边界 J^- 并终止于 $\tilde{\mathcal{M}}$ 的边界 J^+，那么，流形 $(\mathcal{M}, g_{\mu\nu})$ 就被称为**渐近简单的流形**。显然，前文介绍过的几个黑洞时空并不是渐近简单的流形，因为起始于 J^- 的类光测地线通常并不能终止于 J^+，而终止于 J^+ 的类光测地线也大多不是起始于 J^-。

对于非渐近简单的时空流形，可以引入**弱渐近简单**的概念。设 $\tilde{\mathcal{M}}$ 是某个渐近简单流形的共形紧化。考虑另一个流形 $\mathcal{M}$。如果存在一个开集 $\mathcal{O} \subset \mathcal{M}$，使之可以通过共形保度规映射 ϕ 映射到 $\tilde{\mathcal{M}}$ 的边界的一个开邻域上，就称 $\mathcal{M}$ 是弱渐近简单的。如果在上述开集 $\mathcal{O}$ 上 Ricci 曲率为零，则称 $\mathcal{M}$ 是渐近平坦的。

上面这个渐近平坦性的定义多少有些抽象，但是从 Carter-Penrose 图可以非常容易地建立其几何直观性。一个渐近平坦的时空流形的 Carter-Penrose 图在靠近其类空和类光无限远边界的区域总是和 Minkowski 时空的 Carter-Penrose 图的对应部分相似。换句话说，渐近平坦时空的 Carter-Penrose 图中局部总含有类似于图 5.14 的部分。

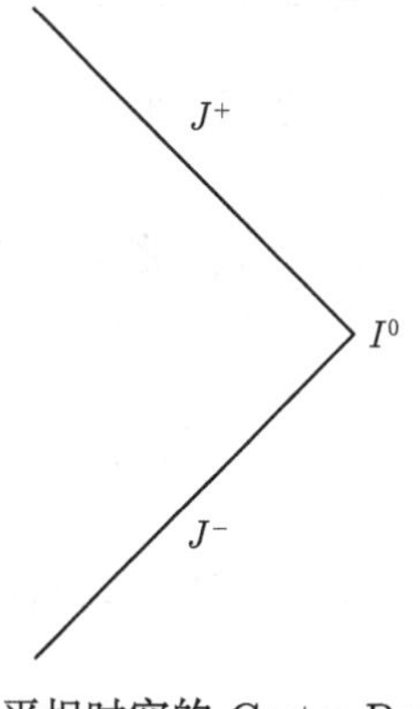

图 5.14 渐近平坦时空的 Carter-Penrose 图的局部

作为渐近平坦性的反例，让我们考虑具有非零宇宙学常数的爱因斯坦真空解。这类时空的 Ricci 曲率正比于度规，比例系数是宇宙学常数的倍数，因此不可能是渐近平坦的时空。鉴于非渐近平坦时空比渐近平坦时空更为复杂，我们将推迟到第 7 章再给出更多这类时空的例子。

5.6　渐近平坦黑洞时空的可观测量

对于黑洞时空而言，视界内的任何物理过程均无法被处于视界以外的静态或稳态观测者直接观测。然而，为了区别不同黑洞的物理属性，确有必要通过恰当的方法来定义和计算与黑洞有关的物理量。如果时空是渐近平坦的，则可以保证在渐近无限远处 $k=\partial_t$ 和 $\chi=\partial_\varphi$ 分别是类时和类空的 Killing 矢量场，因此，可以将观测者置于渐近无限远处，并将与 k 和 χ 对应的守恒量分别定义为黑洞时空的能量和角动量。如果涉及的黑洞时空是以麦克斯韦场作为源物质的，那么，与规范不变性关联的守恒量则可定义为电荷。

5.6.1　质量

由于观测者位于无限远，可以使用弱场近似来描述时空度规，即 $g_{\mu\nu}\simeq\eta_{\mu\nu}+h_{\mu\nu}$，其中 $h_{\mu\nu}=O(r^{-1})$ 。因此，在 Lorentz 规范条件下，引力场方程可以表达为方程 (3.82) 的样子，即

$$\partial^\rho\partial_\rho\bar{h}_{\mu\nu}=-2\kappa T_{\mu\nu},\qquad \bar{h}_{\mu\nu}=h_{\mu\nu}-\frac{1}{2}\eta_{\mu\nu}h.$$

上式也可以重写为

$$\partial^\rho\partial_\rho h_{\mu\nu}=-2\kappa\bar{T}_{\mu\nu},\qquad \bar{T}_{\mu\nu}=T_{\mu\nu}-\frac{1}{2}\eta_{\mu\nu}T.$$

与式 (3.104) 类似，我们可以将上式的解表达为

$$h_{\mu\nu}(x)=\frac{\kappa}{2\pi}\int \mathrm{d}^3x'\,\frac{\bar{T}_{\mu\nu}(x')}{|\boldsymbol{x}-\boldsymbol{x}'|},$$

其中，$T_{\mu\nu}$ 表示黑洞时空的源物质的能动量张量，可以认为它仅在视界内部或者非常靠近视界的区域才显著非零。在 $r=|\boldsymbol{x}|\gg|\boldsymbol{x}'|$ 的区域，上式可以展开为

$$h_{\mu\nu}(x)=\frac{\kappa}{2\pi r}\int \mathrm{d}^3x'\bar{T}_{\mu\nu}(x')+\frac{\kappa}{2\pi}\frac{x^k}{r^3}\int \mathrm{d}^3x'x'_k\bar{T}_{\mu\nu}(x')+\cdots. \tag{5.155}$$

对无穷远处的静态或稳态观测者而言，其固有速度 v^μ 是类时 Killing 矢量场 k 的倍数，即

$$v^\mu=(c,0,0,0).$$

因此，该观测者测得的时空能量密度为 (参见式 (1.48))

$$\rho_E=T_{\mu\nu}v^\mu v^\nu/c^2=T_{00}.$$

因此，总能量

$$E = \int \mathrm{d}^3x' \rho_E = \int \mathrm{d}^3x' T_{00},$$

进而质量

$$\mathfrak{M} = \frac{E}{c^2} = \frac{1}{c^2}\int \mathrm{d}^3x' T_{00}. \tag{5.156}$$

对于静态黑洞时空，可以通过选择质心不动的参考系使得

$$\int \mathrm{d}^3x' T_{0i} = 0.$$

若进一步将坐标原点取在质心，还有

$$\int \mathrm{d}^3x' x'_k T_{00} = 0.$$

考虑到 $T = T^\mu{}_\mu \simeq -T_{00}$，我们有 $\bar{T}_{00} = \dfrac{1}{2}T_{00}$，因此可以从式 (5.155) 得出

$$h_{00} \simeq \frac{\kappa c^2}{4\pi r}\mathfrak{M}.$$

对于Schwarzschild 黑洞，$h_{00} = \dfrac{2GM}{rc^2}$。由于 $\kappa = \dfrac{8\pi G}{c^4}$，将 Schwarzschild 黑洞度规与上式比较，可以发现 h_{00} 中的参数 M 刚好就是黑洞的质量 $\mathfrak{M}$。

5.6.2 角动量

对于渐近平坦的稳态时空，若以质心为原点，则可以将角动量定义为

$$J^{ij} = \frac{1}{c}\int \mathrm{d}^3x (x^i T^{j0} - x^j T^{i0}),$$

式中的坐标系要求在渐近无穷远退化为欧几里得空间中的直角坐标系。

在渐近平坦的稳态时空中，$\dfrac{\mathrm{d}}{\mathrm{d}t}T^{00} = 0$，因此，利用能动量张量的守恒定律和式 (3.111) 可得

$$\int \mathrm{d}^3x\, x^i T^{j0} = -\int \mathrm{d}^3x\, x^j T^{i0}.$$

因此我们可以将 J^{kl} 写为

$$J^{kl} = \frac{2}{c}\int \mathrm{d}^3x\, x^k T^{l0}. \tag{5.157}$$

将上式中的指标全部降为下指标，有

$$J_{kl} = -\frac{2}{c}\int \mathrm{d}^3x\, x_k T_{l0}.$$

将 $J_{\mu\nu}$ 的表达式代入式 (5.155) 中去，我们有

$$h_{0i} = \frac{\kappa}{2\pi r}\int \mathrm{d}^3x' T_{0i} - \frac{\kappa c}{4\pi}\frac{x^k}{r^3}J_{ki}, \tag{5.158}$$

式中右方的首项中的积分正比于动量，如果这项非零，表明所选的坐标系并非使得系统质心不动的坐标系；右方的第二项包含了角动量分量 J_{ki}，因此可以利用它从度规的渐近形式直接读出黑洞的角动量。例如，从 Kerr-Newman 度规的渐近展开式 (5.112) 可以得出

$$J_{xy} = Mc\,a, \qquad 即 \qquad a = \frac{J_{xy}}{Mc}.$$

这个结果与式 (5.87) 比较，可以发现式 (5.87) 中的 J 就是黑洞时空的角动量 J_{xy}。

5.6.3 电荷

黑洞可以带电荷的原因是它以麦克斯韦场为源。因此，计算黑洞的电荷，实际上就是计算麦克斯韦场的电荷。在电动力学中，计算电荷 $\mathcal{Q}$ 的标准方法是用一个紧致的类空曲面将电荷分布的区域包裹起来，并在这个曲面内部的空间对电荷密度进行积分。利用麦克斯韦方程

$$\nabla_\nu F^{\mu\nu} = \mu_0 J^\mu, \qquad J^\mu = (\rho_e c, \boldsymbol{J})$$

我们有

$$\begin{aligned}\mathcal{Q} &= \int \mathrm{d}^3x' \rho_e = \frac{1}{c}\int \mathrm{d}^3x' J^0 = \frac{1}{\mu_0 c}\int \mathrm{d}^3x' \nabla_i F^{0i} \\ &= \varepsilon_0 \int \mathrm{d}^3x' \nabla\cdot\boldsymbol{E}.\end{aligned}$$

利用式 (5.64) 中给出的电势可以得出场强 $\boldsymbol{E} = -\nabla\varphi$。结果代入上式即可发现，RN 黑洞解中的参数 Q 正是电荷 $\mathcal{Q}$。

上面计算电荷的表达式缺乏明显的协变性。为了将电荷用明显协变的方式表达，我们引入一个协变的类空体积元

$$\mathrm{d}S_\mu \equiv \epsilon_{\mu\nu\rho\sigma}\mathrm{d}x^\nu \wedge \mathrm{d}x^\rho \wedge \mathrm{d}x^\sigma, \tag{5.159}$$

其中，$\epsilon_{\mu\nu\rho\sigma}$ 由式 (2.102) 给出。这样，电荷的积分表达式可以写为

$$\begin{aligned}\mathcal{Q} &= \int_\Sigma \mathrm{d}S_\mu J^\mu c^{-1} = \frac{1}{\mu_0 c}\int_\Sigma \mathrm{d}S_\mu \nabla_\nu F^{\mu\nu} \\ &= \frac{1}{2\mu_0 c}\oint_{\partial\Sigma}\mathrm{d}S_{\mu\nu}F^{\mu\nu},\end{aligned} \tag{5.160}$$

其中，Σ 表示电荷分布的空间区域 (或任何包含该区域的一个类空区域)，它是时空流形上的一个余 1 维的类空超曲面，$\mathrm{d}S_{\mu\nu}$ 是区域 Σ 的边界 $\partial\Sigma$ 上的面积元。在上式中的最后一步我们利用了 Stokes 定理。

5.6.4 小结

在本节中我们介绍了渐近平坦黑洞时空的三个可观测量——质量、电荷和角动量。这三个物理量构成了黑洞的全部可定义的物理量的集合，因为除这三个物理量之外，若黑洞的源物质还携带任何其他的信息，则一旦该物质落入黑洞的视界，那么它所携带的信息就永远的地消失在视界之后了，外面的观测者将无法再获知任何有关信息。这一结论是由 Carter 和 Robinson 提出来的，现在称为*黑洞的无毛定理*。

那么，为什么质量和角动量不会被视界淹没呢？一种解释是，在物质由于引力的作用逐渐向某一核心区域塌缩以致形成黑洞的过程中，会伴随着大量的引力辐射。在第 3 章中我们已经知道，引力辐射的最低级近似为 4 极矩辐射。因此当黑洞形成并最终稳定后，原来的物质分布的 4 极矩以上的信息将完全随着引力辐射消失掉，而零极矩 (质量) 和偶极矩 (角动量) 因为没有相应的辐射而保留了下来。与此同时，在与电荷分布有关的多极矩中，只有零极矩 (电荷) 与电磁辐射无关而保留下来。这同时也说明除了球对称和轴对称以外不存在其他形状的黑洞。

5.7 黑洞面积定律与黑洞热力学

在研究黑洞时空的性质时，有时不必要给出源物质的能动量张量的具体形式，而是简单地用它们满足的一些具有一定共性的条件对相应的黑洞进行分类。这种分析方法被证明是非常富有成效的方法。

假定能动量张量为 $T_{\mu\nu}$。如果对所有的类时矢量 t^μ，$T_{\mu\nu}$ 均满足

$$t^\mu t^\nu T_{\mu\nu} \geqslant 0, \tag{5.161}$$

则称 $T_{\mu\nu}$ 满足弱能量条件；若 $T_{\mu\nu}$ 满足

$$t^\mu t^\nu \left(T_{\mu\nu} - \frac{1}{2} g_{\mu\nu} T\right) \geqslant 0, \tag{5.162}$$

则称 $T_{\mu\nu}$ 满足强能量条件。在实际应用中有时还引入其他能量条件，不过在本书中我们将不会用到更复杂的能量条件。

在宇宙监督和强能量条件下，Hawking 证明，沿时间方向，经历任何物理过程后，黑洞的视界面积永不减少，

$$\delta A \geqslant 0.$$

这称为*黑洞面积定律*。

由于 Kerr-Newman 黑洞是 4 维时空中最一般的黑洞，我们以它为例来计算视界的面积。在度规式 (5.84) 中令 $t =$ 常数，$r = r_+$，可得 Kerr-Newman 黑洞视界

上的度规：

$$d\sigma^2 = \frac{(r_+^2 + a^2)^2}{r_+^2 + a^2 \cos^2\theta} \sin^2\theta d\varphi^2 + (r_+^2 + a^2\cos^2\theta)d\theta^2. \tag{5.163}$$

这一度规的行列式绝对值为

$$g_{(2)} = (r_+^2 + a^2)^2 \sin^2\theta.$$

因此，视界的面积

$$A = \int \sqrt{g_{(2)}} d\theta d\varphi = 4\pi(r_+^2 + a^2). \tag{5.164}$$

对于 RN 黑洞和 Schwarzschild 黑洞，视界的面积分别是

$$A = 4\pi r_+^2 \qquad \text{(RN 黑洞)}$$

和

$$A = 4\pi r_g^2 \qquad \text{(Schwarzschild 黑洞)}.$$

根据黑洞的面积定律和上述面积公式可以看出，如果时空中存在两个或多个黑洞，它们在运动过程中相碰并形成一个更大的黑洞是可能的。相反，一个黑洞在运动中分裂为两个或多个小黑洞是被禁止的，如图 5.15 及图 5.16 所示。以 Schwarzschild 黑洞为例，两个小黑洞的视界半径若分别为 r_{g1} 和 r_{g2}，那么，它们合并后视界半径为 $r_g = r_{g1} + r_{g2}$，相应的视界面积为

$$\begin{aligned} A &= 4\pi(r_{g1}^2 + r_{g2}^2 + 2r_{g1}r_{g2}) \\ &= A_1 + A_2 + 8\pi r_{g1}r_{g2} > A_1 + A_2, \end{aligned}$$

因此这个过程不违反面积定律。相反的过程则显然违反面积定律而被禁止。在这个例子中我们没有考虑因黑洞碰撞导致的引力波辐射，所以上式中的不等号是严格不等。引力辐射的极限是使得上述不等式变成等式。因此，在黑洞碰并过程中，视界面积满足的最终关系是

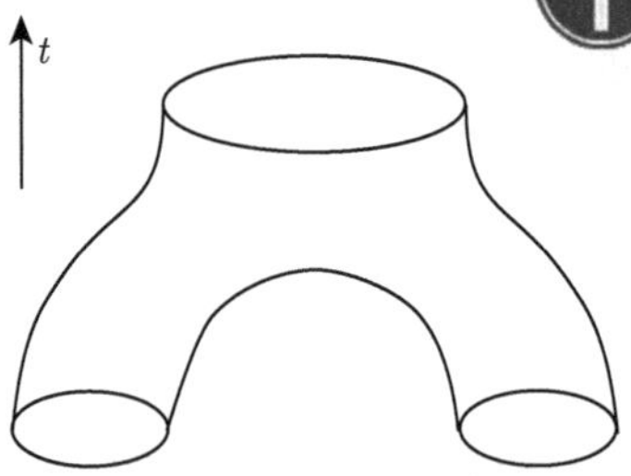

图 5.15 两个黑洞碰撞形成更大的黑洞是允许的

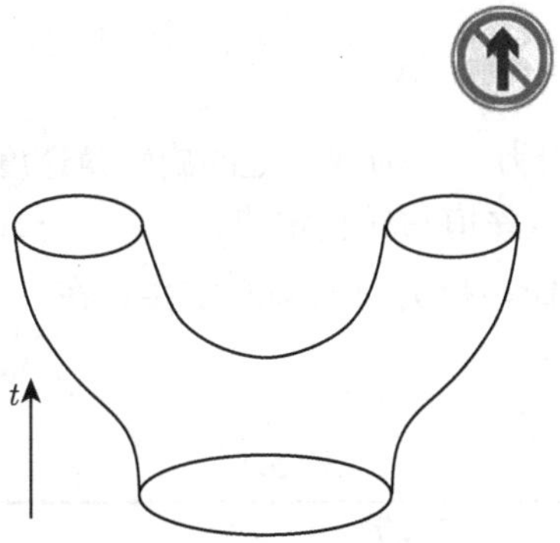

图 5.16 一个黑洞分裂成两个较小的黑洞是禁止的

$$A \geqslant A_1 + A_2.$$

在物理学中，有一个物理定律与黑洞的面积定律非常相似，这就是热力学中的熵增加原理。现在我们来考虑时空中同时存在黑洞和普通物质的情况。在很多文献中都会这样分析这种情况：如果黑洞外的物质在引力的作用下被黑洞吞噬并消失在视界之后，那么它们原本具有的微观状态以及它们所携带的信息就会因此消失，从而黑洞之外的总熵会减少。为了解决这个困惑， Bekenstein 在 Hawking 的面积定律的基础上提出，黑洞其实也具有熵。黑洞的熵正比于它的视界面积，

$$S_{\mathrm{bh}} \propto A. \tag{5.165}$$

Hawking 用黑洞背景下的半经典量子场论的方法最早得出了 Schwarzschild 黑洞的熵与视界面积的比例系数，最终结果为

$$S_{\mathrm{bh}} = \frac{k_B c^3}{4G\hbar} A.$$

这个结果被称为 Bekenstein-Hawking 公式。在存在黑洞的情况下，宇宙中物质的总熵应该是黑洞熵与洞外物质的熵的总和，热力学第二定律要保证这个总熵沿着时间正向不会减少。

一旦黑洞具有了熵，就不可避免地要有温度、内能等其他热力学属性。这样，黑洞就再也不能被单纯地看作由无毛定理控制的简单的经典客体了——它可能包含着数目庞大的微观自由度，并且像普通的热力学系统一样存在热辐射效应。一般认为，黑洞潜在的微观自由度的存在可能是引力量子属性的一个信号。

考虑对质量为 M、电荷为 Q、角动量为 J 的黑洞作一小扰动。Bekenstein 和 Smarr 总结出了如下关系式：

$$\delta M = \frac{c^2}{8\pi G}\kappa\delta A + \Omega\delta J + V\delta Q, \tag{5.166}$$

式中，κ 为视界处的表面引力，Ω 为视界处的旋转角速度，V 为视界处的静电势。这个方程构成了黑洞的能量守恒与转化定律。

黑洞的几个物理学定律与热力学的基本定律存在一一对应关系。具体总结见表 5.1.

表 5.1

	热力学	黑洞
第零定律	热平衡态下 $T=$ 常数	沿着视界 $\kappa=$ 常数
第一定律	$\mathrm{d}E = T\mathrm{d}S - p\mathrm{d}V + \mu\mathrm{d}N$	$\delta M = \frac{c^2}{8\pi G}\kappa\delta A + \Omega\delta J + V\delta Q$
第二定律	$\delta S \geqslant 0$	$\delta A \geqslant 0$
第三定律	绝对零度无法达到	极端黑洞无法达到

根据表中的对应关系，我们也把黑洞的能量守恒与转化定律称为黑洞的第一定律，把黑洞的面积定律称为黑洞第二定律，而把黑洞表面引力为常数这个定律称为黑洞第零定律等。这些定律构成了黑洞热力学的基本框架。

5.8　Hawking 辐射

上一节我们通过对黑洞的经典物理学定律的分析总结出黑洞视界面积正比于黑洞熵的结论，同时指出黑洞是具有热力学属性的对象，应该具有温度，并同时发出热辐射。

但是，从黑洞的定义我们知道任何物理信息在黑洞视界处均不能从内向外传播，能量当然也不例外。既然如此，黑洞又是如何发出热辐射的呢？正是由于这个困惑，Hawking 曾经一度拒绝接受把黑洞的视界面积解释为黑洞的熵。不过，Hawking 很快意识到如果要求热力学对包括黑洞在内的物理系统成立，把视界面积解释为熵是不可避免的。因此，他将注意力转向建立一种可以解释黑洞辐射的理论，也就是现在人们所说的 Hawking 辐射理论。Hawking 认为，黑洞的强大引力可以把视界外靠近视界的真空区域撕裂并产生成对的正反虚粒子，其中的一个落入视界，而另一个将脱离黑洞的引力逃逸到远处成为实粒子。在远处的观测者看来，这个粒子就好像是从黑洞中辐射出来的一样。利用量子场论计算发现，这样的黑洞辐射的频谱满足标准的黑体辐射定律，而且辐射的温度正比于黑洞的表面引力。Hawking 辐射的另一种解释是黑洞视界存在量子涨落，在涨落过程中原本靠近视界但在视界内部的粒子有一定的几率通过量子隧穿逃逸到视界之外，形成了辐射的效果。

5.8.1 Hawking 辐射的半经典理论

Hawking 处理黑洞辐射的办法是将黑洞时空作为经典背景来研究其中的量子场论。这种方法被称为黑洞辐射的半经典量子理论。

在量子场论中，状态空间是用产生算符作用在真空态上来生成的，而真空态定义为被所有湮灭算符作用后等于零的状态。在 (局域) 惯性系中，产生、湮灭算符分别就是场方程经典解的正频、负频部分的系数量子化后的结果。在平直时空中，由于存在全局惯性系，处于时空中不同点的观测者对场方程解进行的正、负频分解完全一致，因此有全局真空态存在。然而，在弯曲时空中，由于不同点的观测者具有不同的局域惯性参考系，场方程解的正、负频分解将随着时空点的不同而不同。因此，处于不同点的观测者将会有不同的真空态的定义。弯曲时空中不存在全局真空态这个事实对于 Hawking 辐射的产生是至关重要的。

让我们考察黑洞背景下的一个量子场 $\phi(t,\boldsymbol{x})$。假设在时空中的两点 A, B 各有一个静态观测者，他们各自根据自己所在处的局域惯性系得出场方程的正、负频解，

$$\phi(t,\boldsymbol{x}) = \sum_k \left(a_k f_k(t,\boldsymbol{x}) + a_k^\dagger f_k^*(t,\boldsymbol{x})\right) \tag{5.167}$$

$$= \sum_k \left(b_k g_k(t,\boldsymbol{x}) + b_k^\dagger g_k^*(t,\boldsymbol{x})\right), \tag{5.168}$$

其中的系数 $f_k(t,\boldsymbol{x}), g_k(t,\boldsymbol{x})$ 都要作适当的归一化。我们采用的归一化条件为

$$\begin{aligned}
&(f_k, f_{k'}) = \delta_{kk'}, \qquad && (g_k, g_{k'}) = \delta_{kk'},\\
&(f_k, f_{k'}^*) = 0, && (g_k, g_{k'}^*) = 0,\\
&(f_k^*, f_{k'}^*) = -\delta_{kk'}, && (g_k^*, g_{k'}^*) = -\delta_{kk'},
\end{aligned} \tag{5.169}$$

式中的标积 (,) 定义为

$$(u_k, v_{k'}) = \frac{1}{2\mathrm{i}k}\int \mathrm{d}S_\mu(\partial^\mu u v^* - u\partial^\mu v^*), \tag{5.170}$$

式中, $\mathrm{d}S_\mu$ 是一个协变的类空体积元，用类似于式 (5.159) 的方程定义。上述标积具有以下性质:

$$(u_k, v_{k'}) = (v_{k'}, u_k),$$
$$(u_k, v_{k'})^* = -(u_k^*, v_{k'}^*).$$

在平直时空情形它将退化成普通的指数函数的正交关系。

由于式 (5.167) 和式 (5.168) 都构成场方程的完备解，很容易想像应该存在一个线性变换把两者互相联系起来。利用式 (5.169) 可以立刻得到

$$a_k = \sum_l (b_l \alpha_{lk} + b_l^\dagger \beta_{lk}^*),$$
$$a_k^\dagger = \sum_l (b_l \beta_{lk} + b_l^\dagger \alpha_{lk}^*), \tag{5.171}$$

其中，

$$\alpha_{lk} = (f_k, g_l), \tag{5.172}$$
$$\beta_{lk} = -(f_k^*, g_l). \tag{5.173}$$

根据 α_{kl} 和 β_{kl} 的表达式还可以得到

$$g_l = \sum_k (\alpha_{lk} f_k + \beta_{lk} f_k^*),$$
$$g_l^* = \sum_k (\beta_{lk}^* f_k + \alpha_{lk}^* f_k^*). \tag{5.174}$$

由于 g_l, g_l^* 要满足正交归一条件式 (5.169)，所以有

$$\sum_k (\alpha_{lk}\alpha_{l'k}^* - \beta_{lk}\beta_{l'k}^*) = \delta_{ll'}, \tag{5.175}$$
$$\sum_k (\alpha_{lk}\beta_{l'k} - \beta_{lk}\alpha_{l'k}) = 0. \tag{5.176}$$

如果略去 k, l 等下指标，我们可以将式 (5.171) 和式 (5.174) 用分块矩阵形式写为

$$\begin{pmatrix} g \\ g^* \end{pmatrix} = \begin{pmatrix} \alpha & \beta \\ \beta^* & \alpha^* \end{pmatrix} \begin{pmatrix} f \\ f^* \end{pmatrix}, \tag{5.177}$$

$$\begin{pmatrix} a & a^\dagger \end{pmatrix} = \begin{pmatrix} b & b^\dagger \end{pmatrix} \begin{pmatrix} \alpha & \beta \\ \beta^* & \alpha^* \end{pmatrix}. \tag{5.178}$$

变换式 (5.171) 称为 Bogoliubov 变换，相应的函数 α_{lk}, β_{lk}称为 Bogoliubov 系数。注意，Bogoliubov 变换是可逆的变换。如果我们假定从函数基 $\{g_l, g_l^*\}$ 到 $\{f_k, f_k^*\}$ 存在一个 Bogoliubov 变换

$$\begin{pmatrix} f \\ f^* \end{pmatrix} = \begin{pmatrix} \alpha' & \beta' \\ \beta'^* & \alpha'^* \end{pmatrix} \begin{pmatrix} g \\ g^* \end{pmatrix}, \tag{5.179}$$

那么，由于将式 (5.179) 代入式 (5.177) 结果应为恒等变换，我们可以得到

$$\alpha' = \alpha^\dagger, \qquad \beta' = -\beta^{\mathrm{T}},$$

或者用分量表示为

$$\alpha'_{lk} = \alpha^*_{kl}, \qquad \beta'_{lk} = -\beta_{kl}. \tag{5.180}$$

因为 α'、β' 要和 α、β 一样满足式 (5.175) 和式 (5.176), 将式 (5.175) 和式 (5.176) 中的 α、β 换成 α'、β'，然后再以式 (5.180) 代入，结果将得到

$$\sum_l (\alpha^*_{lk}\alpha_{lk'} - \beta_{lk}\beta^*_{lk'}) = \delta_{kk'}, \tag{5.181}$$

$$\sum_k (\beta_{lk}\alpha^*_{lk'} - \alpha^*_{lk}\beta_{lk'}) = 0. \tag{5.182}$$

在这对方程中，求和的指标变成了 α、β 的第一个下标，因此它们与式 (5.175) 和式 (5.176) 是不等价的。

Bogoliubov 变换具有非常不平凡的意义，因为它将 A 点观测者定义的产生算符 $a^\dagger$ 用 B 点观测者所定义的产生、湮灭算符的线性组合表达出来，同时将 A 点观测者定义的湮灭算符 a 也用 B 点观测者所定义的产生、湮灭算符的线性组合表达出来。因此，对于 B 点的真空态 $|0\rangle_B$, 观测者 A 将视为非空的，因为他会观测到非零的粒子数期待值。具体地，由于 A 点的粒子数算符为

$$N_A(k) = a^\dagger_k a_k,$$

我们有

$$_B\langle 0|N_A(k)|0\rangle_B = {}_B\langle 0|a^\dagger_k a_k|0\rangle_B = \sum_l |\beta_{lk}|^2. \tag{5.183}$$

注意 $\beta^\dagger\beta$ 一定是非负定的，我们有

$$_B\langle 0|N_A(k)|0\rangle_B \neq 0, \qquad \text{当且仅当} \qquad \beta \neq 0.$$

所以，如果观测点 A 选在无穷远，观测点 B 选在黑洞附近，那么从效果上看，A 会看到观测点 B 的真空中发出了粒子辐射。这个辐射就是 Hawking 辐射。

下面我们以 Schwarzschild 时空中的无质量 Klein-Gordon 场为例来计算 Bogoliubov 系数和相应的粒子数期待值。其他熟知的黑洞时空背景中以及其他类型的量子场导致的 Hawking 辐射均已经有人做过详细研究，虽然这些不同个例的细节有很大不同，但产生 Hawking 辐射的原理都大体一样，我们就不一一介绍了。

在 Schwarzschild 时空中无质量标量场的方程为

$$\frac{1}{\sqrt{g}}\partial^\mu(\sqrt{g}\partial_\mu\phi) = 0. \tag{5.184}$$

由于时空的球对称性，我们采用下式对标量场 φ 作分离变量处理，

$$\phi = r^{-1}R_{\omega lm}(r)Y_{lm}(\theta,\varphi), \tag{5.185}$$

结果为

$$r^2\left(1-\frac{r_g}{r}\right)^{-1}c^{-2}\partial_t^2(r^{-1}R_{\omega lm})-r\left(1-\frac{r_g}{r}\right)\partial_r\left(r\partial_r(r^{-1}R_{\omega lm})\right)=l(l+1)(r^{-1}R_{\omega lm}), \tag{5.186}$$

$$\frac{1}{\sin\theta}\partial_\theta\left(\sin\theta\partial_\theta Y_{lm}\right)+\frac{1}{\sin^2\theta}\partial_\varphi\left(\partial_\varphi Y_{lm}\right)=l(l+1)Y_{lm}. \tag{5.187}$$

可见，$Y_{lm}(\theta,\varphi)$ 就是通常的球函数。为了简单起见，以下我们将 $R_{\omega lm}$ 简记为 R_ω。若采用式 (5.7) 所定义的径向坐标 r^*，则径向方程 (5.186) 可写为

$$\left(c^{-2}\partial_t^2-\partial_{r^*}^2+V\right)R_\omega=0, \tag{5.188}$$

$$V\equiv\frac{1}{r^2}\left(1-\frac{r_g}{r}\right)\left(l(l+1)+\frac{r_g}{r}\right). \tag{5.189}$$

我们并不需要在所有时空区域精确地求解式 (5.188)，因为我们只关心 $r\to r_g$ (B 点) 和 $r\to\infty$ (A 点) 两个渐近情况。在坐标 r^* 下，上述两点分别对应 $r^*\to-\infty$ 和 $r^*\to\infty$，相应的势函数 V 均趋于 0。所以，在 A,B 两点径向方程的渐近形式均为

$$\left(c^{-2}\partial_t^2-\partial_{r^*}^2\right)R_\omega=0,$$

这是标准的平面波方程。所以，在 A,B 两点径向方程的渐近解为

$$f_\omega\equiv R_\omega^{\text{out}}=N_\omega \mathrm{e}^{-\mathrm{i}\omega u/c}, \tag{5.190}$$

$$g_\omega\equiv R_\omega^{\text{in}}=N_\omega \mathrm{e}^{-\mathrm{i}\omega v/c}, \tag{5.191}$$

其中，$v=ct+r^*, u=ct-r^*$ 分别是入行和出行的 EF 坐标。

为了求出 Bogoliubov 参数，我们必须建立上述两个不同的渐近区域的坐标系之间的联系。注意到我们考虑的是无质量标量场的辐射问题，我们可以把注意力集中在 J^+ 和 J^- 处的类光测地线上。我们从 J^+ 出发来追踪一束类光测地线 γ 的历史直至 J^-，这样就有可能建立 J^+ 和 J^- 两处的坐标系之间的联系。

图 5.17 描绘出了一个星体经引力塌缩形成黑洞的过程的 Carter-Penrose 图。图中阴影部分表示星体在时空中占据的区域。类光测地线 γ 从 J^- 穿过塌缩中的星体，并且在离开星体时恰好视界刚刚形成。在 J^+ 中我们可以用 Kruskal 光锥坐标 U 来标记 γ，因为类光测地线在 J^+ 中总是平行于 V①。因为 J^+ 整个在视界

① 我们知道，在局域惯性系中联络为零，因此测地线方程可以写为 $\dfrac{\mathrm{d}^2x^\mu}{\mathrm{d}\lambda^2}=0$。这表明测地线上点的时空坐标是仿射参数的线性函数。在 J^+ 上，类光测地线上的仿射参数就是 V。

外，所以 γ 所对应的参数 U 必小于零，我们假设它等于 $-\epsilon$。根据式 (5.31), γ 所对应的坐标 u 应该是

$$u = -2r_g \log \epsilon. \tag{5.192}$$

现在我们从 J^+ 出发追踪 γ 的历史直至 J^-。由于在 J^- 上类光测地线总是指向星体 (黑洞)，故可以适用入行 EF 坐标，从而它们在 J^- 上的位置就是 $v=$ 常数。具体到 γ，我们就有

$$v = -2r_g\epsilon. \tag{5.193}$$

因此，在 J^+ 处看到的出射波解 f_ω 可以用坐标 v 表达为

$$f_\omega = N_\omega \mathrm{e}^{-\mathrm{i}\omega u/c} = N_\omega \mathrm{e}^{\mathrm{i}\omega 2r_g \log(-v/2r_g)/c}, \qquad v<0, \tag{5.194}$$

注意上式仅对 $v<0$ 成立，因为 J^- 上任何使得 $v>0$ 的类光测地线穿过星体时都会因为视界的形成而不能到达 J^+，也就是说

$$f_\omega = 0, \qquad v>0. \tag{5.195}$$

将式 (5.191)、式 (5.194) 以及式 (5.195) 代入式 (5.172) 和式 (5.173)，可以求出 Bogoliubov 系数 $\alpha_{\omega',\omega}$ 和 $\beta_{\omega',\omega}$，

$$\alpha_{\omega',\omega} = -N_\omega N_{\omega'} \int_{v=-\infty}^{0} \mathrm{d}v \left(\frac{r_g}{v} + \frac{\omega'}{2\omega}\right) \exp\left[\left(\mathrm{i}\omega' v + \mathrm{i}\omega 2r_g \log(-v/2r_g)\right)/c\right], \tag{5.196}$$

$$\beta_{\omega',\omega} = \alpha_{-\omega',\omega}. \tag{5.197}$$

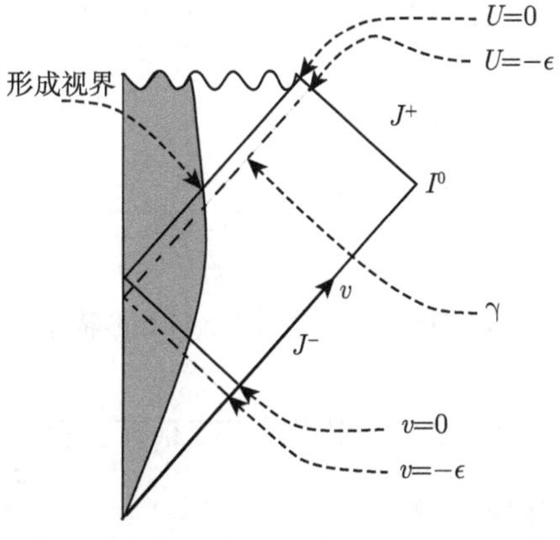

图 5.17 星体塌缩形成黑洞的过程 (Carter-Penrose 图)

式 (5.196) 右边的被积表达式在 $v=0$ 有割线，所以要作一些处理。若 $\omega'>0$, 则令 $v=\mathrm{i}x$, 可将式 (5.196) 变为

$$\begin{aligned}\alpha_{\omega',\,\omega} =& N_\omega N_{\omega'}\exp(\pi\omega r_g/c)\\ &\times\int_0^{x=\infty}\mathrm{d}x\left(\frac{r_g}{x}+\mathrm{i}\frac{\omega'}{2\omega}\right)\exp\left[\left(-\omega' x+\mathrm{i}\omega 2r_g\log(x/2r_g)\right)/c\right].\end{aligned}\tag{5.198}$$

若 $\omega'<0$, 则令 $v=-\mathrm{i}x$, 可将式 (5.196) 变为

$$\begin{aligned}\alpha_{\omega',\,\omega} =& -N_\omega N_{\omega'}\exp(-\pi\omega r_g/c)\\ &\times\int_0^{x=\infty}\mathrm{d}x\left(\frac{r_g}{x}-\mathrm{i}\frac{\omega'}{2\omega}\right)\exp\left[\left(\omega' x+\mathrm{i}\omega\cdot 2r_g\log(x/2r_g)\right)/c\right].\end{aligned}\tag{5.199}$$

比较式 (5.198) 和式 (5.199) 并利用式 (5.197)，可得

$$\beta_{\omega',\,\omega}=\alpha_{-\omega',\,\omega}=-\exp(-\pi\omega\cdot 2r_g/c)\alpha_{\omega',\,\omega}.$$

因此，我们有

$$|\beta_{\omega',\,\omega}|^2=\exp(-\pi\omega\cdot 4r_g/c)|\alpha_{\omega',\,\omega}|^2,$$

或者写为

$$|\alpha_{\omega',\,\omega}|^2=\exp(\pi\omega\cdot 4r_g/c)|\beta_{\omega',\,\omega}|^2.\tag{5.200}$$

在方程 (5.181) 中令 $k=k'=\omega, l=\omega'$，我们有

$$\sum_{\omega'}\left(|\alpha_{\omega',\,\omega}|^2-|\beta_{\omega',\,\omega}|^2\right)=1.\tag{5.201}$$

将式 (5.200) 代入式 (5.201)，可得

$$\sum_{\omega'}|\beta_{\omega',\,\omega}|^2=\frac{1}{\mathrm{e}^{\pi\omega\cdot 4r_g/c}-1}.\tag{5.202}$$

将整个结果代回到式 (5.183) 中去，就得到 Hawking 辐射的频谱

$${}_B\langle 0|N_A(\omega)|0\rangle_B=\frac{1}{\mathrm{e}^{\pi\omega\cdot 4r_g/c}-1}.\tag{5.203}$$

将这个频谱与标准的黑体辐射谱

$$n(\omega)=\frac{1}{\mathrm{e}^{\hbar\omega/k_\mathrm{B}T}-1}$$

比较，可以发现两者完全相同，只要

$$T=\frac{\hbar c}{4\pi k_{\mathrm{B}}r_g}=\frac{\hbar\kappa}{2\pi k_{\mathrm{B}}c}, \tag{5.204}$$

其中，$\kappa=\dfrac{c^2}{2r_g}$ 恰好是 Schwarzschild 黑洞的表面引力。利用上式及 Bekenstein-Hawking 公式，可以将黑洞第一定律改写为

$$\delta M=T\delta S+\Omega\delta J+V\delta Q,$$

式中右边的首项与标准的热力学第一定律形式完全一致。如果将式 (5.204) 中的物理常数的数值代入，可以求得

$$T=\frac{\hbar c^3}{8\pi k_{\mathrm{B}}GM}\simeq\frac{1.227\times10^{23}\mathrm{kg}}{M}\mathrm{K}. \tag{5.205}$$

如果以两倍太阳质量作为 TOV 极限的估计值，那么，通过引力塌缩形成的质量最小的黑洞的质量也应该是这个量级，即

$$M=2M_{\odot}.$$

考虑到

$$M_{\odot}\simeq1.989\times10^{30}\mathrm{kg},$$

代入到式 (5.205) 中，结果可得

$$T\simeq3.085\times10^{-8}\mathrm{K}.$$

这个温度甚至比微波背景辐射的涨落的幅度还要低大约 3 个数量级[①]。因此，从观测的角度来说，要确认恒星规模质量黑洞的 Hawking 辐射是十分困难的，如果不是不可能的话。

值得一提的是：根据式 (5.43)，Schwarzschild 时空的近视界几何是 Rindler 时空，因此，Rindler 时空的加速视界也会伴随有热效应，其温度也应该由式 (5.204) 给出，只是其中的黑洞表面引力 κ 需换成 Rindler 时空中处于原点的静态观测者的固有加速度 g。

根据 r_g 的定义，当黑洞在辐射中损失质量时，视界的半径将会减小。因此，式 (5.204) 告诉我们 Hawking 温度将会随着辐射过程逐渐增加，辐射会进一步加强。因此，黑洞辐射是一个逐渐加强的过程。质量比较小的黑洞辐射温度更高，能量损失速度更快。所以，一个小质量黑洞很快就会由于 Hawking 辐射而损失大部分质

① 参见第 9 章。

量，在有限的时间内黑洞将会消失。这个过程叫做*黑洞蒸发*。从理论上说，最有希望通过实验观测来验证 Hawking 辐射理论的途径是观察小质量黑洞的蒸发过程。由于小质量黑洞不会从引力塌缩过程中自然形成，所以，人们希望能在粒子加速器中通过高能对撞过程将有限的质量压缩到小于对应的引力半径的范围以内，从而产生小质量的黑洞。然而，到目前为止，尚未能在真实的加速器中产生过小质量黑洞。

5.8.2　黑洞辐射的隧穿理论

在上一小节的讨论中，无质量标量场 ϕ 是作为*探测物质*放入 Schwarzschild 背景时空中的，这种处理方法考虑了引力对标量场的影响却忽略了标量场对引力的影响，因此不是一个逻辑上完备的处理方法。同时，求解标量场方程需要背景度规的详细信息，所得结果也只能适用于事先选取的背景时空。在本小节中，我们介绍一种对背景度规的依赖相对较弱、而且容易推广到非探测极限的方法来处理黑洞辐射的问题。这种方法就是近年来逐渐被接受的量子隧穿方法。

隧穿方法的基本思路是：假定在黑洞视界内部靠近视界的区域由于量子效应产生了一对虚粒子，其中一个沿时间正向运动并落入黑洞中心，而另一个则通过量子隧穿效应运动到视界之外。根据量子力学关于隧穿现象的描述，隧穿粒子的作用量将含有一个虚部，而隧穿振幅则正比于这个作用量虚部的指数函数：

$$\Psi \propto \mathrm{e}^{\frac{\mathrm{i}}{\hbar} I}.$$

对应的辐射率正比于隧穿振幅的模方：

$$\Gamma \propto |\Psi|^2 \propto \mathrm{e}^{-\frac{2}{\hbar}\mathrm{Im} I}.$$

如果将这种由于隧穿导致的辐射等同于热辐射，则 Γ 应该正比于玻尔兹曼权

$$\Gamma \propto \mathrm{e}^{-\beta\varepsilon},$$

其中 ε 是隧穿粒子的能量。如果隧穿粒子带电或者携带角动量，上式右方的统计权重因子需做相应修改。可见，只要能恰当地计算出隧穿粒子的作用量的虚部，就能得出 Hawking 辐射中最重要的参量——黑洞温度。

假定一个黑洞时空具有如下形式的线元：

$$\mathrm{d}s^2 = -A\,c^2\mathrm{d}t^2 + B^{-1}\mathrm{d}r^2 + g_{\varphi\varphi}(\mathrm{d}\varphi - N^{\varphi}c\mathrm{d}t)^2 + g_{ij}\mathrm{d}x^i\mathrm{d}x^j, \tag{5.206}$$

其中，x^i 表示时空中其他维度的坐标。如果时空维度是 4 维，则仅有一个坐标 x。度规中的函数 A 、B 、N^{φ} 均为 r、x^i 的函数，并且在 $r = r_{\mathrm{H}}$ 处满足

$$A(r_{\mathrm{H}}, x) = B(r_{\mathrm{H}}, x) = 0, \qquad N^{\varphi}(r_{\mathrm{H}}, x)\,c = \Omega_H. \tag{5.207}$$

在上述条件下，度规式 (5.206) 显然对应着在 $r = r_{\rm H}$ 处存在视界的一个稳态黑洞解。度规中不能明显表现的一个因素是它可能还对应着带电黑洞，对应的电磁势可以写为

$$\mathcal{A}_\mu = (\mathcal{A}_0, 0, \mathcal{A}_\varphi, \cdots), \quad \mathcal{A}_0 = -\Phi/c. \tag{5.208}$$

注意：$\mathcal{A}_r$ 分量总是零。度规式 (5.206) 的形式足够一般化，例如 Kerr-Newman 度规完全可以表达成式 (5.206) 的形式。

为了计算隧穿粒子的作用量，一个简单的办法是考虑作用量满足的哈密顿—雅克比方程：

$$g^{\mu\nu}\left(\partial_\mu I + \mathcal{Q}\mathcal{A}_\mu\right)\left(\partial_\nu I + \mathcal{Q}\mathcal{A}_\nu\right) + \frac{m^2c^2}{\hbar^2} = 0, \tag{5.209}$$

其中，$\mathcal{Q}$ 是隧穿粒子的电荷，m 是它的静止质量。作用量的虚部来源于隧穿粒子从视界内到视界外的一小段隧穿过程，在这一过程中，其径向坐标从 $r = r_{\rm in} = r_{\rm H} - 0^+$ 变为 $r = r_{\rm out} = r_{\rm H} + 0^+$。所以，我们只需考虑度规的近视界行为。引入一个局域的坐标变换

$$\varphi \to \chi = \varphi - \Omega_{\rm H} t,$$

可以将度规式 (5.206) 在视界附近局域地变为

$$\mathrm{d}s^2 = -A\,c^2\mathrm{d}t^2 + B^{-1}\mathrm{d}r^2 + g_{\varphi\varphi}\mathrm{d}\chi^2 + g_{ij}\mathrm{d}x^i\mathrm{d}x^j.$$

以下式作为作用量 I 的试探解：

$$I = -\varepsilon t - \mathcal{J}\chi + W(r, x),$$

其中的常数 ε、$\mathcal{J}$ 分别表示隧穿粒子的能量以及与角坐标 χ 共轭的角动量。如果将角坐标 χ 换回到原来的坐标 φ，其效果相当于将 ε 变换为 $\varepsilon - \Omega_{\rm H}\mathcal{J}$：

$$I = -(\varepsilon - \Omega_{\rm H}\mathcal{J})t - \mathcal{J}\varphi + W(r, x).$$

将这个表达式代入式 (5.209)，可得

$$\frac{\partial}{\partial r}W(r,x) \simeq \frac{1}{c\sqrt{AB}}\left[\left(\varepsilon - \Omega_{\rm H}\mathcal{J} - \mathcal{Q}\Phi\right)^2 - Ac^2\left(\frac{m^2c^2}{\hbar^2} + \Psi(r,x)\right)\right]^{1/2},$$
$$\Psi(r,x) \equiv g^{ij}\partial_i W \partial_j W + \left(g_{\varphi\varphi}\right)^{-1}\left(\mathcal{J} + \mathcal{Q}\mathcal{A}_\varphi\right)^2,$$

式中，$\simeq$ 表示“在视界附近相等”。在上式右方的方括号中，第二项正比于 $A(r,x)$，这个因子在视界附近趋于零，可以忽略，因此，我们有

$$
\begin{aligned}
W(r,x) &\simeq \int_{r_{\rm in}}^{r_{\rm out}} \mathrm{d}r\,\frac{\partial}{\partial r}W(r,x)\\
&= \frac{1}{c}\int_{r_{\rm in}}^{r_{\rm out}} \mathrm{d}r\,\frac{1}{\sqrt{AB}}\left(\varepsilon-\Omega_{\rm H}\mathcal{J}-\mathcal{Q}\Phi\right).
\end{aligned}
$$

$W(r,x)$ 的虚部来源于 $(AB)^{-1/2}$ 在 $r=r_{\rm H}$ 处的极点的留数的积分。然而，必须注意到由于坐标选择的任意性，上式中的积分需要调整为对固有空间距离σ 的积分，其中，$\mathrm{d}\sigma$ 的定义为

$$
\mathrm{d}\sigma^2 = B^{-1}(r,x)\mathrm{d}r^2 + g_{\varphi\varphi}\mathrm{d}\chi^2 + g_{ij}\mathrm{d}x^i\mathrm{d}x^j.
$$

在角向坐标保持为常数的情况下，我们有

$$
\mathrm{d}\sigma = \frac{\mathrm{d}r}{\sqrt{B(r,x)}},\qquad \sigma = \int\frac{\mathrm{d}r}{\sqrt{B(r,x)}}. \tag{5.210}
$$

在近视界极限下，

$$
\begin{aligned}
B(r,x) &= \partial_r B(r,x)|_{r=r_{\rm H}}(r-r_{\rm H})+\cdots,\\
A(r,x) &= \partial_r A(r,x)|_{r=r_{\rm H}}(r-r_{\rm H})+\cdots,
\end{aligned}
$$

故式 (5.210) 给出

$$
\begin{aligned}
\sigma &= \frac{2}{\sqrt{\partial_r B(r,x)|_{r=r_{\rm H}}}}\sqrt{r-r_{\rm H}}+\cdots,\\
\frac{1}{\sqrt{A(r,x)}} &= \frac{2}{\sqrt{\partial_r A(r,x)\partial_r B(r,x)|_{r=r_{\rm H}}}}\frac{1}{\sigma}+\cdots.
\end{aligned}
$$

因此，

$$
\mathrm{Im}I = \mathrm{Im}W(r,x) = \frac{2}{c\sqrt{\partial_r A(r,x)\partial_r B(r,x)|_{r=r_{\rm H}}}}\mathrm{Im}\int \mathrm{d}\sigma\frac{1}{\sigma}\left(\varepsilon-\Omega_{\rm H}\mathcal{J}-\mathcal{Q}\Phi\right).
$$

上式右方关于 σ 的积分要从一个微小的负值积到一个正值，因此在 $\sigma=0$ 处贡献一个留数。为了求得这个留数，我们可以沿 σ 的负半轴到正半轴积分，其中在原点附近稍微偏离实轴让积分围道以逆时针方向避开原点。最后得到

$$
\begin{aligned}
\mathrm{Im}I &= \frac{2}{c\sqrt{\partial_r A(r,x)\partial_r B(r,x)|_{r=r_{\rm H}}}}\times\frac{1}{2}\mathrm{res}|_{\sigma=0}\left(\frac{\epsilon-\Omega_{\rm H}\mathcal{J}-\mathcal{Q}\Phi}{\sigma}\right)\\
&= \frac{2\pi}{c}\frac{\varepsilon-\Omega_{\rm H}\mathcal{J}-\Phi_{\rm H}\mathcal{Q}}{\sqrt{\partial_r A(r,x)\partial_r B(r,x)|_{r=r_{\rm H}}}}.
\end{aligned} \tag{5.211}
$$

上式涉及一个辐射粒子对作用量虚部的贡献。如果考虑大量辐射粒子的累积效应，上式需改为

$$
\mathrm{Im}I = \frac{2\pi}{c}\int\frac{1}{\sqrt{\partial_r A(r,x)\partial_r B(r,x)|_{r=r_{\rm H}}}}\left(\mathrm{d}\varepsilon-\Omega_{\rm H}\mathrm{d}\mathcal{J}-\Phi_{\rm H}\mathrm{d}\mathcal{Q}\right).
$$

所以，辐射率可表达为

$$\Gamma \propto \exp\left(-\frac{2}{\hbar}\mathrm{Im}I\right) = \exp\left(-\int \beta(\mathrm{d}\varepsilon - \Omega_{\mathrm{H}}\mathrm{d}\mathcal{J} - \Phi_{\mathrm{H}}\mathrm{d}\mathcal{Q})\right), \tag{5.212}$$

其中，

$$\beta = \frac{4\pi}{\hbar c}\frac{1}{\sqrt{\partial_r A(r,x)\partial_r B(r,x)}|_{r=r_{\mathrm{H}}}} \equiv \frac{1}{k_{\mathrm{B}}T}, \tag{5.213}$$

T 就是黑洞辐射的温度。在黑洞持续辐射的过程中，由于 β、Ω_{H} 和 Φ_{H} 都依赖于黑洞的 E、J、Q 等可观测量，而这些可观测量在辐射过程中又不断地变化着，因此，黑洞辐射并不是一个恒温的过程，相应的辐射谱也不会是一个理想的黑体谱。我们可以从上式反解出黑洞的温度

$$T = \frac{\hbar c}{4\pi k_{\mathrm{B}}}\sqrt{\partial_r A(r,x)\partial_r B(r,x)}\Big|_{r=r_{\mathrm{H}}}. \tag{5.214}$$

这个表达式适用于任何可以将线元表达为式 (5.206) 的黑洞解，它可以作为求得黑洞温度的一个快捷公式。根据 5.4 节中的讨论，虽然上式中的函数 A 和 B 都可能依赖于除径向坐标 r 以外的坐标 x^i，但是我们不必担心温度 T 会在黑洞视界上发生变化。

利用黑洞的热力学定律

$$\mathrm{d}E = T\mathrm{d}S_{\mathrm{BH}} + \Omega_{\mathrm{H}}\mathrm{d}J + \Phi_{\mathrm{H}}\mathrm{d}Q$$

可以写出

$$\mathrm{d}S_{\mathrm{BH}} = \frac{\mathrm{d}E - \Omega_{\mathrm{H}}\mathrm{d}J - \Phi_{\mathrm{H}}\mathrm{d}Q}{T}.$$

由于 $\mathrm{d}E = -\mathrm{d}\varepsilon, \mathrm{d}J = -\mathrm{d}\mathcal{J}, \mathrm{d}Q = -\mathrm{d}\mathcal{Q}$，我们可以将式 (5.212) 重新表达为

$$\Gamma \propto \exp\left(k_{\mathrm{B}}\int \mathrm{d}S_{\mathrm{BH}}\right) = \exp\left(k_{\mathrm{B}}\Delta S_{\mathrm{BH}}\right),$$

其中，ΔS_{BH} 表示辐射过程中黑洞熵的变化量。这个关系式称为 Keski-Vakkuri-Kraus 关系，它反映了 Hawking 辐射的强度与熵变之间的关联。这种关联与具体的黑洞解无关，是一切黑洞辐射过程中普遍适用的一个关系式。

在以上的讨论中我们并未演示如何从隧穿的过程得到黑洞辐射的黑体谱。从技术上讲，利用隧穿方法得到这个黑体谱是可行的，具体过程可以参考原始文献①，在本书中就不作更多讨论了。需要注意的一点是：隧穿方法与 Hawking 的半经典

① 例如：Banerjee R, Majhi B R. Phys. Rev., 2009, D 79: 064024 [arXiv:0812.0497]; Banerjee R, Majhi B R. Phys. Lett., 2009, B 675: 243 [arXiv:0903.0250]。

量子化方法对黑洞辐射的描述是存在一些概念性的差异的。Hawking 的原始方法需要考虑辐射粒子的渐近态、需要计算 Bogoliubov 系数，而隧穿方法仅需要考虑视界附近的无限小区域。另外，Hawking 的方法更适合讨论辐射物为无质量粒子的情况，而隧穿方法可以用来研究各类不同的辐射粒子，包括有质量粒子、带电粒子甚至是费米粒子。从技术角度来看，隧穿方法比半经典量子化方法来得更为简单，物理图像也较为清晰，因此也越来越多地被专业的研究人员关注。

第 6 章　标架形式与旋量场

在第 3 章中我们介绍了在弯曲时空流形上如何引进描述各类物质的场方程。细心的读者可能已经发现，尽管标量、矢量、张量等不同类型的场论都可以在广义相对论中的弯曲时空上定义，并且其场方程依“形式一致性原则”均可以在局域惯性系中退化为狭义相对论中对应类型的场方程，但是唯独旋量场未被提及。造成这一状况的原因是：标量、矢量、张量等类型的场在广义坐标变换下有良好的变换行为，可以直接被当作广义坐标变换群的表示空间的基底看待，而广义坐标变换群本身却没有有限维的旋量表示，因此在弯曲的时空流形上定义旋量存在基本的困难。

为了能够在时空是弯曲流形的前提下引入旋量物质，只能利用*时空上各点的(余) 切空间均具有* Minkowski 几何这个性质。由于 (余) 切空间具有 Minkowski 几何，我们可以利用 (余) 切空间的 Lorentz 对称群的旋量表示来引入旋量。但是由于场在时空上的每一点都要有定义，我们需要将时空某一点处 (余) 切空间中定义的旋量与相邻点的 (余) 切空间中定义的旋量光滑地拼接在一起。在这一过程中，还需注意到时空不同点处 (余) 切空间中的 Lorentz 变换之间不存在天然的联系，因而我们所谓的 Lorentz 变换其实是*局域化的*①。这种以时空流形为底空间、以局域化的 Lorentz 旋量表示为纤维所构成的纤维丛称为*旋量丛*。

在 Minkowski 时空中描写旋量物质时，通常选择的坐标系都是平直的正交坐标系。为了构造可用于描写弯曲时空流形上的旋量场的旋量丛，有必要在时空各点的 (余) 切空间中选择恰当的正交基。但是在此前的分析中，涉及 (余) 切矢量时，我们总是采用自然的坐标基 $\{\mathrm{d}x^\mu\}$ 和 $\{\partial_\mu\}$。因此，我们的第一项任务将是从 (余) 切空间中的自然坐标基过渡到正交基，为此需要引进一种新的结构，即所谓的*标架场*。我们将看到，由于正交标架场的引入，广义相对论以及时空中的物质场论可以以一种看似完全不同的方式来重新表达。

由于在不同维数中 Lorentz 群李代数是旋量表示会有比较大的差别，为了与第 1 章中介绍的旋量表示相对应，在本章中时空维数选定为 $n = 4$。然而，除明确需要用到旋量表示具体形式的方程外，其余所有结果依然适用于一般的时空维数。

---

① 所谓局域的 Lorentz 变换，指的是在时空中不同点的切空间作不同的 Lorentz 变换，因此变换矩阵 $\Lambda^a{}_b$ 依赖于时空坐标 x，但是在每个指定的点 x，$\Lambda^a{}_b$ 依然只是切空间坐标的线性变换，也就是说其矩阵元不依赖于切空间的局域惯性系的坐标 ξ^a。

6.1 标 架 场

为了在切空间和余切空间引进正交基，只需要在给定的时空点 p 对自然的坐标基进行适当的线性变换。将切空间、余切空间所需的正交基分别记为[①] $\{e_a(x)\}$ 和 $\{e^a(x)\}$，则有

$$e_a(x) = e_a{}^{\mu}(x)\partial_{\mu}, \qquad e^a(x) = e^a{}_{\mu}(x)\mathrm{d}x^{\mu}, \tag{6.1}$$

其中，$e_a{}^{\mu}(x)$ 和 $e^a{}_{\mu}(x)$ 分别表示点 p(对应坐标 x^{μ}) 处切空间和余切空间中的坐标基到正交基之间的变换矩阵，也把它们称为 $e_a(x)$ 和 $e^a(x)$ 的**坐标分量**。如果在时空流形 $\mathcal{M}$ 上每一点都引入了切空间、余切空间的正交标架 $\{e_a(x)\}$ 和 $\{e^a(x)\}$，那么就称 $e_a{}^{\mu}(x)$ 和 $e^a{}_{\mu}(x)$ 为**标架场**[②]。注意：尽管坐标矢量场 ∂_{μ}、∂_{ν} 互相对易，标架矢量场 $e_a(x)$ 和 $e_b(x)$ 却不必互相对易。标架场 $e^a{}_{\mu}(x)$ 在广义坐标变换下表现为一个协变矢量，而在余切空间中的局域 Lorentz 坐标变换下表现为一个逆变矢量。类似地，$e_a{}^{\mu}(x)$ 在广义坐标变换下表现为一个逆变矢量，而在切空间中的局域 Lorentz 坐标变换下表现为一个协变矢量。为了简便，下文中除特别需要强调对时空点的依赖关系的情况外将不再明显写出标架场和时空度规对时空坐标的依赖关系。

e^a 为正交标架的含义是：时空中点 p 附近邻域内的线元

$$\mathrm{d}s^2 = g_{\mu\nu}\mathrm{d}x^{\mu}\mathrm{d}x^{\nu}$$

可以利用 e^a 重写为

$$\mathrm{d}s^2 = \eta_{ab}e^a e^b, \tag{6.2}$$

其中，$\eta_{ab} = \mathrm{diag}(-1, 1, 1, 1)$ 是正交参考系下 Minkowski 时空的度规。因此，标架场与度规之间存在如下的关系：

$$g_{\mu\nu} = \eta_{ab}e^a{}_{\mu}e^b{}_{\nu}. \tag{6.3}$$

注意：方程 (6.2) 暗示，$e^a(x)$ 对应着点 p 处的局域惯性系中的坐标 ξ^a 的微分，即

$$e^a(x) = \mathrm{d}\xi^a.$$

① 在本章中，希腊字母 μ, ν 等用来表示坐标基下的张量指标，拉丁字母表中靠前的字母 a, b 等用来表示正交基下的张量指标。这两类指标的取值范围均为 $0, 1, \cdots, 3$。

② 此处定义的标架场与式 (2.91) 引入的对象记号相同，但是含义有所不同。本章中的标架场是整个时空流形的切空间上的正交标架，而式 (2.91) 给出的仅仅是流形中一个超曲面上的非正交标架。

另外，对式 (6.3) 两边取行列式的绝对值，并引入记号

$$e = |\det(e^a{}_\mu)|, \tag{6.4}$$

我们有

$$e = \sqrt{g}.$$

利用切空间、余切空间中坐标基之间的关系

$$(\partial_\mu, \mathrm{d}x^\nu) = \delta_\mu{}^\nu,$$

容易验证

$$(e_a, e^b) = e_a{}^\mu e^b{}_\mu = \delta_a{}^b.$$

因此，$e^a{}_\mu$ 与 $e_a{}^\mu$ 是互逆的。因此有

$$g^{\mu\nu} = \eta^{ab} e_a{}^\mu e_b{}^\nu.$$

类似地可以写出

$$\eta_{ab} = g_{\mu\nu} e_a{}^\mu e_b{}^\nu, \quad \eta^{ab} = g^{\mu\nu} e^a{}_\mu e^b{}_\nu.$$

由于 $e^a{}_\mu$ 同时是广义坐标变换下的协变矢量和局域 Lorentz 变换下的逆变矢量，我们可以分别用 $g_{\mu\nu}$ 和 η_{ab} 以及它们的逆变形式来升降两类不同的矢量指标：

$$e^{a\mu} = g^{\mu\nu} e^a{}_\nu, \qquad e_{a\mu} = \eta_{ab} e^b{}_\mu,$$
$$e_a{}^\mu = g^{\mu\nu} e_{a\nu} = \eta_{ab} e^{b\mu} = g^{\mu\nu} \eta_{ab} e^b{}_\nu.$$

这样搬动指标的结果与 $e_a{}^\mu$、$e^a{}_\mu$ 的原有性质是相容的：

$$e_a{}^\mu e^a{}_\nu = g^{\mu\rho} \eta_{ab} e^b{}_\rho e^a{}_\nu = g^{\mu\rho} g_{\rho\nu} = \delta^\mu{}_\nu,$$
$$e_a{}^\mu e^b{}_\mu = g^{\mu\rho} \eta_{ac} e^c{}_\rho e^b{}_\mu = \eta^{cb} \eta_{ac} = \delta_a{}^b.$$

利用标架场 $e^a{}_\mu$ 和 $e_a{}^\mu$，可以将广义坐标变换下的张量投射为局域 Lorentz 变换下的张量。例如，对于矢量对象，可以有如下的投射操作：

$$\begin{aligned} A_a &= e_{a\mu} A^\mu = e_a{}^\mu A_\mu, \\ A^a &= e^{a\mu} A_\mu = e^a{}_\mu A^\mu. \end{aligned} \tag{6.5}$$

当然，反向投射也是允许的，如

$$\begin{aligned} A_\mu &= e_{a\mu} A^a = e^a{}_\mu A_a, \\ A^\mu &= e^{a\mu} A_a = e_a{}^\mu A^a. \end{aligned} \tag{6.6}$$

注意，A_μ 是局域 Lorentz 变换下的标量，而 A_a 是广义坐标变换下的标量。对于更一般的张量对象，类似的投射作用也可以直接定义。例如，

$$V_{a\nu} = e_a{}^\mu V_{\mu\nu} = e_{a\mu} V^\mu{}_\nu,$$
$$V_{ab} = e_b{}^\nu V_{a\nu} = e_a{}^\mu e_b{}^\nu V_{\mu\nu},$$

等等。$V_{\mu\nu}, V_{a\nu}$ 以及 V_{ab} 的张量属性可以直接从其指标进行判断：每个希腊字母指标都是时空广义指标变换的张量指标，而每个拉丁字母指标均是切空间 Lorentz 变换的张量指标。

6.2 导数与微分运算

虽然正交基 $e^a(x)$ 不具有时空广义坐标变换的张量指标，但是对于不同的点 p 和 p'， $e^a(x)$ 和 $e^a(x')$ 是属于不同的切空间中的对象，并没有唯一和明确的规则来比较两个相邻点处切空间中的正交基。为了使得上述比较变得明确和有意义，需要重新定义能作用在具有两类不同指标 $\{a, b, \cdots\}$ 和 $\{\nu, \nu, \cdots\}$ 的对象上的协变导数。为此我们只需要明确三条规则：① 对于完全不具有任何指标的标量，协变导数 D_μ 就是普通坐标导数；② 对于仅具有广义坐标变换张量指标的对象，协变导数 D_μ 就是与度规相容的协变导数 ∇_μ。例如，当作用到协变矢量 A_μ 上时，有

$$D_\mu A_\nu = \nabla_\mu A_\nu = \partial_\mu A_\nu - \Gamma^\rho_{\mu\nu} A_\rho,$$

式中，$\Gamma^\rho_{\mu\nu}$ 依然是普通的 Christoffel 联络；③ 当作用到仅具有局域 Lorentz 指标的对象上时，需要引入新的联络对象 $\omega^a{}_{b\mu}$，称为自旋联络。例如，

$$D_\mu A^a = \partial_\mu A^a + \omega^a{}_{b\mu} A^b. \tag{6.7}$$

当然，对于同时具有两种指标的张量对象，协变导数是通过以上两种联络共同定义的，例如，

$$D_\mu A^a{}_\nu = \partial_\mu A^a{}_\nu + \omega^a{}_{b\mu} A^b{}_\nu - \Gamma^\rho_{\mu\nu} A^a{}_\rho. \tag{6.8}$$

为了能唯一地确定自旋联络的数值，我们要求新的协变导数D_μ 与 $e^a{}_\mu$ 相容，即

$$D_\mu e^a{}_\nu = \partial_\mu e^a{}_\nu + \omega^a{}_{b\mu} e^b{}_\nu - \Gamma^\rho_{\mu\nu} e^a{}_\rho = 0. \tag{6.9}$$

这样就可以将自旋联络表达为

$$\omega^a{}_{b\mu} = -(\partial_\mu e^a{}_\nu - \Gamma^\rho_{\mu\nu} e^a{}_\rho) e_b{}^\nu. \tag{6.10}$$

如进一步考虑到式 (6.3)，可知自旋联络可以完全由标架场的微分多项式来表达。

根据式 (6.10)，容易验证自旋联络 ${\omega^a}_{b\mu}$ 在流形上的广义坐标变换下是一个矢量。然而，尽管它还同时具有两个局域 Lorentz 指标，在局域 Lorentz 变换下它并不是张量。事实上，对应于标架场的局域 Lorentz 变换

$$ {e^a}_\mu(x) \to {e'^a}_\mu(x) = {\Lambda^a}_b(x){e^b}_\mu(x), $$

自旋联络 ${\omega^a}_{b\mu}$ 按以下方式变换：

$$ {\omega^a}_{b\mu}(x) \to {\omega'^a}_{b\mu}(x) = -\partial_\mu {\Lambda^a}_c(x){\Lambda_b}^c(x) + {\Lambda^a}_c(x){\omega^c}_{d\mu}(x){\Lambda_b}^d(x). $$

这个变换方式可以理解为以 Lorentz 群为规范群的规范联络的变换而不是在局域 Lorentz 群下的张量变换。

利用自旋联络可以进一步定义所谓的自旋联络 1-形式，即

$$ {\omega^a}_b \equiv {\omega^a}_{b\mu}\mathrm{d}x^\mu. $$

也可以利用 η_{ab} 将自旋联络 1-形式的上指标降为下指标：

$$ \omega_{ab} = \eta_{ac}{\omega^c}_b. $$

利用上式以及式 (6.10) 可以证明，ω_{ab} 对于指标交换具有反对称性：

$$ \omega_{ab} = -\omega_{ba}. $$

对于具有局域 Lorentz 指标的形式场，可以定义协变外微分，

$$ DA^a \equiv \mathrm{d}A^a + {\omega^a}_b \wedge A^b. \tag{6.11} $$

这个定义可以看成是用 $\mathrm{d}x^\mu$ 与式 (6.7) 缩并而来的结果，即

$$ DA^a = \mathrm{d}x^\mu \wedge D_\mu A^a. $$

引入协变外微分的好处是：在对形式场取外微分的同时还可以保证所得的结果在局域的 Lorentz 变换下具有良好的协变性，而普通的外微分则做不到这一点。

6.3 挠率与曲率形式

考虑标架形式的协变外微分：

$$ T^a \equiv De^a = \mathrm{d}e^a + {\omega^a}_b \wedge e^b. \tag{6.12} $$

T^a 称为**挠率 2-形式**，其正交分量以及坐标分量分别记为 $T^a{}_{bc}$ 和 $T^a{}_{\mu\nu}$，

$$T^a = \frac{1}{2}T^a{}_{bc}e^b \wedge e^c = \frac{1}{2}T^a{}_{\mu\nu}\mathrm{d}x^\mu \wedge \mathrm{d}x^\nu. \tag{6.13}$$

上式表明，

$$T^a{}_{bc}e^b{}_\mu e^c{}_\nu = T^a{}_{\mu\nu}.$$

也就是说，式 (6.5)、式 (6.6) 所给出的投射规则同样适用于挠率。

注意到 $e^a = e^a{}_\mu \mathrm{d}x^\mu$，可以将式 (6.9) 改写为

$$D_\mu e^a = \partial_\mu e^a + \omega^a{}_{b\mu}e^b = 0.$$

因此，式 (6.12) 给出 $T^a = 0$，或者说，当采用与标架 $e^a{}_\mu$ 相容的协变导数来定义挠率 2- 形式时，所得的结果自动为零。如果用坐标分量 $T^a{}_{\mu\nu}$ 来表达这一结论，有

$$\begin{aligned} 0 = T^a{}_{\mu\nu} &= \frac{1}{2}\left(\partial_\mu e^a{}_\nu - \partial_\nu e^a{}_\mu + \omega^a{}_{b\mu}e^b{}_\nu - \omega^a{}_{b\nu}e^b{}_\mu\right) \\ &= \frac{1}{2}\left(\Gamma^\lambda_{\nu\mu} - \Gamma^\lambda_{\mu\nu}\right)e^a{}_\lambda = T^\lambda{}_{\mu\nu}e^a{}_\lambda. \end{aligned} \tag{6.14}$$

所以，挠率 2- 形式 $T^a = 0$ 与仿射空间的挠率 $T^\lambda{}_{\mu\nu} = 0$ 是一回事。

利用自旋联络 1- 形式 $\omega^a{}_b$ 还可以定义另一个重要的 2- 形式，称为**曲率2-形式**$R^a{}_b$。其具体的定义是

$$R^a{}_b = \mathrm{d}\omega^a{}_b + \omega^a{}_c \wedge \omega^c{}_b, \tag{6.15}$$

它在正交基和坐标基下的分量由下式给出

$$R^a{}_b = \frac{1}{2}R^a{}_{bcd}e^c \wedge e^d = \frac{1}{2}R^a{}_{b\mu\nu}\mathrm{d}x^\mu \wedge \mathrm{d}x^\nu, \tag{6.16}$$

其中，

$$R^a{}_{b\mu\nu} = \partial_\mu\omega^a{}_{b\nu} - \partial_\nu\omega^a{}_{b\mu} + \omega^a{}_{c\mu}\omega^c{}_{b\nu} - \omega^a{}_{c\nu}\omega^c{}_{b\mu}. \tag{6.17}$$

注意：方程 (6.16) 表明，

$$R^a{}_{b\mu\nu} = R^a{}_{bcd}e^c{}_\mu e^d{}_\nu.$$

而结合式 (6.10) 和式 (6.17) 还可以进一步证明，

$$R^\rho{}_{\sigma\mu\nu} = R^a{}_{b\mu\nu}e_a{}^\rho e^b{}_\sigma,$$

其中，$R^\rho{}_{\sigma\mu\nu}$ 就是黎曼张量。

曲率 2- 形式的重要性之一在于它对应着协变外微分的平方运算。从式 (6.11) 可以容易地得出

$$D^2 A^a = R^a{}_b \wedge A^b.$$

注意：与普通的外微分不同，当曲率 2- 形式非零时，协变外微分并不是幂零的。特别地，对于标架形式 e^a，我们有

$$D^2 e^a = DT^a = \mathrm{d}T^a + \omega^a{}_b \wedge T^b = R^a{}_b \wedge e^b. \tag{6.18}$$

通常将方程 (6.12) 和方程 (6.15) 称为 Cartan 结构方程，而式 (6.18) 则是它们的相容条件。由于我们选定了与标架相容的协变导数，挠率自然为零，因此相容条件退化为

$$R^a{}_b \wedge e^b = 0.$$

6.4 爱因斯坦–希尔伯特作用量

在本章的前面几节中，通过在 (余) 切空间中引入正交标架，我们发现，在时空流形上的张量场完全可以用带有局域的 Lorentz 指标的微分形式来表达。这样做带来的直接好处是：所写出来的张量等式均用微分形式表达，因此明显地不依赖于时空流形上的坐标选择。

在将张量场表达为微分形式的过程中，引入了标架形式 e^a 以及自旋联络 $\omega^a{}_b$。其中，自旋联络通过式 (6.10) 与标架形式相关联，因此只有标架形式才是独立的。

利用曲率形式和标架形式的坐标分量，可以将时空流形的 Ricci 标量表达为

$$R = R^{ab}{}_{\mu\nu}[\omega[e]] e_a{}^\mu e_b{}^\nu,$$

式中，我们将曲率形式的分量写作 $R^{ab}{}_{\mu\nu}[\omega[e]]$，目的是为了强调曲率形式完全由标架场决定。利用上式，可以将爱因斯坦–希尔伯特作用量改写为

$$S[e] = \frac{1}{2\kappa}\int \mathrm{d}^4x\, e\, R = \frac{1}{2\kappa}\int \mathrm{d}^4x\, e\, R^{ab}{}_{\mu\nu}[\omega[e]] e_a{}^\mu e_b{}^\nu, \tag{6.19}$$

式中，$e = |\det(e^a{}_\mu)| = \sqrt{g}$。上式右方的表达式中作为基本场变量的是标架场而不再是时空度规。相对论引力理论的这种表达方式称为*标架表述*。对于真空爱因斯坦引力理论，上面的*二阶表述*与下面的*一阶表述*是完全等价的：

$$S[e,\omega] = \frac{1}{2\kappa}\int \mathrm{d}^4x\, e\, R = \frac{1}{2\kappa}\int \mathrm{d}^4x\, e\, R^{ab}{}_{\mu\nu}[\omega] e_a{}^\mu e_b{}^\nu. \tag{6.20}$$

注意：在式 (6.20) 中，标架和自旋联络被当作独立的变量，作用量对自旋联络变分的结果将给出挠率为零的结论。当时空中存在除引力场以外的物质场时，二阶表述与一阶表述将是不等价的，因为对自旋联络的变分将给出非零的挠率。

6.5 标量与矢量物质场

在上一节中，我们利用标架场和自旋联络给出了真空中广义相对论的标架表述。真实的引力场是有源的，因此，一个完整的标架表述需要将物质场也包括进来。本节以及下一节的目的就是在标架表述下重新引入各种可能的源物质场。本节我们先处理标量场和矢量场。

首先看矢量场。作为矢量场的代表性例子，我们来考察电磁场。很容易将电磁场表达为微分形式：

$$A(x) = A_\mu \mathrm{d}x^\mu.$$

利用这一微分形式，可以将场强表达为微分 2- 形式：

$$F = \mathrm{d}A = 2\,\partial_{[\mu} A_{\nu]}\,\mathrm{d}x^\mu \wedge \mathrm{d}x^\nu = F_{\mu\nu}\,\mathrm{d}x^\mu \wedge \mathrm{d}x^\nu.$$

为了写出电磁场的作用量，需要写出由电磁场构成的一个 4- 形式，即正比于体积形式的微分形式，并在整个时空流形上积分。为此，我们通过 Hodge 对偶运算引入对偶的场强 2- 形式 $^*F$：

$$^*F = (^*F)_{\mu\nu} \mathrm{d}x^\mu \wedge \mathrm{d}x^\nu,$$

式中，

$$(^*F)_{\mu\nu} = \epsilon_{\mu\nu\rho\sigma} F^{\rho\sigma}.$$

最后，利用 $^*F$ 和 F 的外积构造时空流形上的 4- 形式并积分来定义电磁场的作用量：

$$S[e, A] = -\frac{1}{4\mu_0} \int_{\mathcal{M}} {^*F} \wedge F = -\frac{1}{4\mu_0} \int \mathrm{d}^4 x\, e\, F^{\mu\nu} F_{\mu\nu},$$

注意上式中最后一个表达式中对指标 μ, ν 的缩并是通过时空度规 $g_{\mu\nu}$ 实现的，而 $g_{\mu\nu}$ 又通过式 (6.3) 与标架场相联系。因此，整个作用量依赖于电磁场 A 和标架场 e^a。

下面我们看标量场。如果标量场是复场，则可以携带电荷 q，因而会与电磁场耦合。这时作用在标量场上的协变导数不再是普通的坐标导数，而应该改写为

$$D_\mu \varPhi = (\partial_\mu - \mathrm{i} q A_\mu) \varPhi, \tag{6.21}$$

其中，A_μ 是电磁势。协变导数作上述修改的原因是：复标量场允许作一个局域的相位变换 (规范变换)

$$\varPhi(x) \to \mathrm{e}^{\mathrm{i}q\theta(x)} \varPhi(x).$$

在上述变换下，只有 $D_\mu\Phi$ 才具有协变性：

$$D_\mu\Phi(x)\to \mathrm{e}^{\mathrm{i}q\theta(x)}D_\mu\Phi(x),$$

而 $\partial_\mu\Phi(x)$ 则不具有类似的性质。如果时空中不存在电磁场，协变导数无需作上述修改，相应地，标量场也不再具有上述规范变换的对称性。因此，式 (6.21) 所定义的协变导数其实是广义坐标变换以及规范变换联合操作下的协变导数。最后，标量场的作用量可以写为

$$S[e,A,\Phi]=\int \mathrm{d}^4x\, e\left(-\frac{1}{2}\eta^{ab}e_a{}^\mu\overline{D_\mu\Phi}\,e_b{}^\nu D_\nu\Phi+V(\Phi)\right).$$

6.6 旋 量 场

1. Dirac 旋量场

由于旋量场必须按 Lorentz 群的旋量表示变换，而对一般的时空流形而言，Lorentz 群并非其对称变换群，因此，为了能在弯曲的时空流形上引入旋量场，我们需要在时空各点处的切空间上建立局域 Lorentz 群的旋量表示，通过自旋联络定义作用在局域的 Lorentz 旋量上的协变导数，并用标架场将 γ 矩阵映射为流形上的矢量场。在本节中，我们将以 4 分量的 Dirac 旋量为例来演示这一构造过程。

在 1.8.3 节中已经清楚地表明，Minkowski 时空中的 Dirac 旋量场 ψ 属于 Lorentz 群李代数的 $\left(\frac{1}{2},0\right)\oplus\left(0,\frac{1}{2}\right)$表示，其代数元的表示矩阵为①$(s^{ab})_D=-i\Sigma^{ab}$。由于在流形上各点的切空间均存在局域的 Lorentz 对称性，我们可以将各点处局域地定义的 Dirac 旋量光滑地拼接在一起，形成一个在时空流形各点均有取值的 Dirac 旋量场。

为了描述旋量场的演化，需要对旋量场引入导数和微分运算。这意味着我们需要比较定义在流形上相邻点处的不同的局域 Lorentz 群的旋量。这要求我们建立一种规则来允许在流形上平移旋量，并且平移后的结果要保持为旋量。仿照在第 2 章中引入张量场上的协变导数的过程，可以验证下式给出的协变导数满足协变导数定义的所有要求：

$$D_\mu\psi=\partial_\mu\psi+\frac{1}{2}\omega_{ab\mu}\Sigma^{ab}\psi.$$

注意这个式子中出现的联络 $\omega_{ab\mu}$ 刚好就是自旋联络，但是上式的具体形式与作用在局域 Lorentz 矢量场上的协变导数式 (6.7) 是不同的。如果时空中还存在电磁场，那么作用在 Dirac 旋量场上的协变导数还需进一步修改为

$$D_\mu\psi=\partial_\mu\psi+\frac{1}{2}\omega_{ab\mu}\Sigma^{ab}\psi-\mathrm{i}qA_\mu\psi,$$

① 注意第 1 章中的 Lorentz 张量指标 $\mu,\nu,\cdots$ 在本章中应改为 $a,b,\cdots$。

式中最后一项的来源与式 (6.21) 中对应的项类似。

为了在整个时空上定义旋量场的作用量，需要构造一个包含旋量场的协变导数的标量表达式。为此我们在时空各点引入局域的 γ 矩阵：

$$\Gamma^{\mu}(x) \equiv \gamma^{a} e_{a}{}^{\mu}(x), \tag{6.22}$$

式中，γ^a 表示 Minkowski 时空中的普通 γ 矩阵，其定义由式 (1.75) 给出。注意，$\Gamma^{\mu}(x)$ 在时空坐标的广义坐标变换下是一个矢量场。利用协变导数与标架场相容的条件容易理解 $\Gamma^{\mu}(x)$ 的协变导数恒为零。仿照 Minkowski 时空中 Dirac 旋量场的构造，可以将弯曲时空中旋量场的动能密度写成

$$-\hbar\,\bar{\psi}\not{D}\psi,$$

式中，

$$\bar{\psi} \equiv \psi^{\dagger}\cdot(\mathrm{i}\Gamma^{0}), \quad \not{D}\psi \equiv \Gamma^{\mu}D_{\mu}\psi.$$

因此，旋量场的作用量可以写为①

$$S[e, A, \Phi, \psi] = \int \mathrm{d}^4 x\, e\Big(-\hbar\,\bar{\psi}\not{D}\psi - mc\bar{\psi}\psi + U(\Phi, \bar{\psi}, \psi)\Big), \tag{6.23}$$

式中，m 是 Dirac 场的质量参数，$U(\Phi, \bar{\psi}, \psi)$ 表达旋量场与标量场之间可能的相互作用势能。如果标量场 Φ 是实场，标量–旋量作用势的最简形式为

$$U(\Phi, \bar{\psi}, \psi) = \lambda\Phi\bar{\psi}\psi,$$

其中，λ 是耦合常数。如果 Φ 是复场，那么标量–旋量作用势的可能形式为

$$U(\Phi, \bar{\psi}, \psi) = \lambda(\Phi + \bar{\Phi})\bar{\psi}\psi,$$

或者

$$U(\Phi, \bar{\psi}, \psi) = \lambda\bar{\Phi}\Phi\bar{\psi}\psi.$$

注意：矢量场与 Dirac 旋量场的相互作用已经包含在动能密度的表达式中，因此不能随意更改。如果忽略相互作用势能项的贡献，同时给定时空背景 (此即所谓的探测极限)，那么，弯曲时空中的 Dirac 方程可以写为

$$\left(\not{D} + \frac{mc}{\hbar}\right)\psi = 0.$$

① 这里我们假定引力场采用二阶表述。如果改用一阶表述，那么作用量 $S[e, A, \Phi, \psi]$ 应该改记作 $S[e, \omega, A, \Phi, \psi]$。

2. Rarita-Schwinger 旋量场

从第 1 章的讨论中已经知道，Rarita-Schwinger 旋量场同时具有一个矢量指标和一个 Dirac 旋量指标，因此，原则上，作用在 Rarita-Schwinger 旋量场上的协变导数应该表达为

$$D_\mu \Psi_\nu = \partial_\mu \Psi_\nu + \frac{1}{2}\omega_{ab\mu}\Sigma^{ab}\Psi_\nu - \Gamma^\rho_{\mu\nu}\Psi_\rho.$$

不过，当我们考虑无质量的 Rarita-Schwinger 旋量场时，由于仅需要用到 $D_\nu\Psi_\rho$ 的反对称组合，利用 Christoffel 联络对下标的对称性可以看出上式给出的协变导数中与 Christoffel 联络有关的一项没有贡献。因此我们直接定义作用在 Rarita-Schwinger 旋量场上的协变导数为

$$D_\mu \Psi_\nu = \partial_\mu \Psi_\nu + \frac{1}{2}\omega_{ab\mu}\Sigma^{ab}\Psi_\nu.$$

这样，在弯曲时空中的无质量 Rarita-Schwinger 旋量场的作用量可以写为①

$$S[e,\Psi_\mu] = \int \mathrm{d}^4x\, e\big(-\hbar\bar{\Psi}_\mu \Gamma^{\mu\nu\rho} D_\nu \Psi_\rho\big), \tag{6.24}$$

式中，

$$\Gamma^{\mu\nu\rho} = \Gamma^{[\mu}\Gamma^\nu\Gamma^{\rho]},$$

其中 $\Gamma^\mu = \Gamma^\mu(x)$ 由式 (6.22) 给出。由于 $\Gamma^\mu(x)$ 的协变导数为零，$\Gamma^{\mu\nu\rho}(x)$ 的协变导数也自然为零。如果时空背景是给定的，那么 Rarita-Schwinger 旋量场的运动方程就可以写为

$$\Gamma^{\mu\nu\rho} D_\nu \Psi_\rho = 0.$$

6.7 小　结

在本章中，我们介绍了引力场以及各种可能的物质场的标架表述。将这些分别介绍的作用量整合在一起，就构成了标架表述下有源引力理论的完整内容。

与度规表述不同，在标架表述下，描写引力的基本自由度是标架场。在纯经典的水平上，标架表述与度规表述没有重大区别，但是一旦涉及引力场的量子性质，标架表述就会比度规表述来得更为方便。这是因为在标架表述下时空曲率与自旋联络的关系式 (6.17) 在形式上非常类似于普通的非阿贝尔规范场论中的场强与规范联络的关系式。这就不难理解为何在某些关于量子引力的尝试中多用到标架表述。另一方面，标架表述为在弯曲时空中引入各类旋量场提供了基础语言，因此，在将普通的相对论引力理论推广到具有玻色–费米对称性的超引力理论时总是要从

① 与式 (6.23) 一样，我们假定引力场采用了二阶表述，否则作用量 $S[e,\Psi_\mu]$ 应改记作 $S[e,\omega,\Psi_\mu]$。

标架表述出发。实际上，将爱因斯坦–希尔伯特作用量式 (6.20) 与 Rarita-Schwinger 旋量场的作用量式 (6.24) 结合在一起，就构成了最简单的超引力模型的作用量。至于更一般的 (例如，具有更多维度或更多超对称性的) 超引力理论的作用量，本书将不作介绍，感兴趣的读者可以参考有关的专门书籍①。

① 例如，Freeman D Z, van Poeyen A. Supergravity. Cambridge Univ. Press, 2012 或者 Tanii Y. Introduction to supergravity. Springer, 2014。

第 7 章　高维及带宇宙学常数的时空

除第 3 章中出现的 (A)dS 真空解以外，我们所讨论过的时空全部都是广义相对论的 4 维渐近平坦解。在 4 维时空中，由于存在 Birkhoff 定理、Isreal 定理、Carter-Robinson 定理等一系列唯一性定理，黑洞解的可能形态受到很大的限制，除了我们已描述过的几种类型外，已经不可能存在其他渐近平坦的单黑洞解。

为了更清楚地了解广义相对论的丰富内涵及其可能的局限性，有必要从两个方面来扩展我们对黑洞时空的理解：一是考虑时空的总维数 n 不同于 4 维的情况，二是允许在爱因斯坦方程中宇宙学常数非零。这两种扩展均没有超出广义相对论的范畴。

从物理上看，考虑时空含有更多的维数有助于我们理解时空维数对广义相对论引力的预言的影响，这样能从一个侧面来说明观测到的时空维数为什么是 4 维而不是其他维数。另一方面，研究高维的广义相对论也有其他物理动机，例如在近年来发展十分活跃的引力 — 规范对偶、引力 — 凝聚态对偶以及引力 — 流体对应等新兴领域中，对偶的物理系统如果存在于 4 维时空，则引力需要存在于 5 维甚至更高的维度。至于允许宇宙学常数非零，则有更直接的宇宙学观测的要求以及其他纯理论上的兴趣驱动。在本章中，我们将分别考虑 n 维的宇宙学常数为零及非零的黑洞解。在此基础上进一步介绍近来新发展出来的扩展的黑洞热力学及相变理论。

在此前的章节中，我们一直在尽力地保持使用国际单位制。从本章起，我们将统一地使用 $c = \hbar = k_B = 1$ 的单位制。不过，由于不同维数中的引力常数并不相同，我们将继续保留公式中出现的引力常数。

7.1　不含宇宙学常数的高维黑洞解

在高维时空中，唯一性定理一般并不存在，因此允许的黑洞种类将极大地丰富起来。在本节中我们将简要地介绍两种不同的高维黑洞，即球对称和轴对称的黑洞，它们分别是 4 维 RN 黑洞和 Kerr-Newman 黑洞的推广。

7.1.1　高维球对称黑洞

首先我们看球对称的黑洞。

假定时空是 n 维的 $(n\geqslant 4)$。忽略边界项，引力和其他物质的总作用量可写为

$$S=\int \mathrm{d}^n x\sqrt{g}\left(\frac{1}{2\kappa_n}R+\mathcal{L}\right), \tag{7.1}$$

其中，κ_n 表示 n 维时空中的引力常数。对作用量变分的结果为爱因斯坦方程

$$R_{\mu\nu}-\frac{1}{2}g_{\mu\nu}R=\kappa_n T_{\mu\nu}. \tag{7.2}$$

假设时空度规具有球对称性，则可以将度规写为如下形式：

$$\mathrm{d}s^2=-f(r)\mathrm{d}t^2+g(r)\mathrm{d}r^2+r^2\mathrm{d}\Omega_{n-2}^2, \tag{7.3}$$

其中，

$$\mathrm{d}\Omega_{n-2}^2=\gamma_{ab}\mathrm{d}x^a\mathrm{d}x^b,\quad (a,b=1,\cdots,n-2)$$

表示 $(n-2)$ 维单位球面上的度规。将式 (7.3) 代入 $T_{\mu\nu}=0$ 的爱因斯坦方程 (7.2)，可以发现下式是式 (7.2) 的一个严格真空解，

$$f=g^{-1}=1-\frac{2\kappa_n}{(n-2)A_{n-2}}\frac{M}{r^{n-3}},\qquad (n\geqslant 4) \tag{7.4}$$

式中，

$$A_{n-2}=\int \mathrm{d}^{n-2}x\sqrt{\gamma}=\frac{2\pi^{(n-1)/2}}{\Gamma((n-1)/2)} \tag{7.5}$$

是 $(n-2)$ 维单位球面的面积①，M 是积分常数。这个解就是 Schwarzschild 时空在高维情形下的简单推广，称为 Tangherlini 解。注意，当 $M<0$ 时，Tangherlini 解在 $r=0$ 处有一个裸奇点；当 $M>0$ 时，存在一个视界

$$r=r_{\mathrm{H}}=\left(\frac{2\kappa_n M}{(n-2)A_{n-2}}\right)^{1/(n-3)},\quad f(r_{\mathrm{H}})=0.$$

因此这是一个黑洞解。

若式 (7.1) 中的物质是电磁场②，即

$$\mathcal{L}=-\frac{1}{4\mu_0}F^{\mu\nu}F_{\mu\nu},$$
$$T_{\mu\nu}=\frac{1}{\mu_0}\left(F_{\mu\rho}F_{\nu}{}^{\rho}-\frac{1}{4}g_{\mu\nu}F_{\rho\sigma}F^{\rho\sigma}\right),$$

①在 n 维欧几里得空间中，方程 $\sum_{i=1}^n x_i^2=1$ 所定义的超曲面称为 $(n-1)$ 维单位球面。它所包裹的区域称为 n 维球体。n 维单位球体的体积与其表面积的关系是 $A_{n-1}=nV_n$。在球对称的弯曲流形中，单位球面的面积与欧几里得空间中单位球面的面积一致，因为两者的度规完全相同。但是它所包裹的球体依赖于径向的外几何，因此球体的体积与表面积之间不再具有上述关系。

②在 $c=1$ 的单位制下，我们有 $\mu_0\varepsilon_0=1$。通常会选择高斯单位制 $\mu_0=1/\varepsilon_0=4\pi$ 来进一步确定 μ_0 和 ε_0。不过，有些作者将 Maxwell 场的作用量写成 $\mathcal{L}=-\frac{1}{4}F^{\mu\nu}F_{\mu\nu}$，这相当于选择了 $\mu_0=1$ 的单位制。为了避免不同约定引起的混乱，我们将在涉及 Maxwell 场的时候保留常数 μ_0 和 ε_0。

那么我们也可以求出类似于 RN 黑洞的荷电黑洞解。假定时空度规依然采取式 (7.3) 的形式，同时，Maxwell 场 A_μ 的形式取为

$$A = A_\mu \mathrm{d}x^\mu = -h(r)\mathrm{d}t,$$

即仅存在静电势而无磁场。将这些假定代入高维的爱因斯坦 — 麦克斯韦方程，可以求得

$$h(r) = \frac{1}{(n-3)A_{n-2}\varepsilon_0}\frac{Q}{r^{n-3}}, \tag{7.6}$$

$$f = g^{-1} = 1 - \frac{2\kappa_n}{(n-2)A_{n-2}}\frac{M}{r^{n-3}} + \frac{\kappa_n}{(n-2)(n-3)A_{n-2}^2\varepsilon_0}\frac{Q^2}{r^{2(n-3)}}, \tag{7.7}$$

式中，M, Q 都是积分常数。

为了方便，我们可以引入 n 维时空中的引力半径 r_g 和电荷半径 r_Q：

$$r_g = \left(\frac{2\kappa_n M}{(n-2)A_{n-2}}\right)^{1/(n-3)}, \quad r_Q = \left(\frac{\kappa_n Q^2}{(n-2)(n-3)A_{n-2}^2\varepsilon_0}\right)^{1/2(n-3)}.$$

这样就可以将式 (7.7) 简化为

$$f = g^{-1} = 1 - \left(\frac{r_g}{r}\right)^{n-3} + \left(\frac{r_Q}{r}\right)^{2(n-3)}.$$

如果 $(r_g)^{2(n-3)} < 4(r_Q)^{2(n-3)}$，度规式 (7.3) 在 $r=0$ 处有裸奇点，这个情况类似于 4 维时空中 $r_g < 2r_Q$ 时的 RN 解；若

$$(r_g)^{2(n-3)} \geqslant 4(r_Q)^{2(n-3)}, \tag{7.8}$$

则式 (7.3) 在

$$r = r_{\mathrm{H}} \equiv \left[\frac{1}{2}\left((r_g)^{n-3} \pm \sqrt{(r_g)^{2(n-3)} - 4(r_Q)^{2(n-3)}}\right)\right]^{1/(n-3)}$$

处有视界，这个情况类似于 $r_g \geqslant 2r_Q$ 时的 RN 黑洞。这个黑洞解称为 Tangherlini-RN 黑洞，而式 (7.8) 则是 Tangherlini-RN 黑洞情况下的 Bogomol'nyi 界限。

为了了解黑洞解式 (7.4) 和式 (7.7) 中参数的物理含义，我们需要重复在 4 维时空中做过的弱场近似。在 r 远大于视界半径的时空区域，爱因斯坦方程 (7.2) 可以近似为

$$\Box h_{\mu\nu} = -2\kappa_n\left(T_{\mu\nu} - \frac{1}{n-2}\eta_{\mu\nu}T\right) \equiv -2\kappa_n\bar{T}_{\mu\nu}, \tag{7.9}$$

其中，□ 是 n 维 Minkowski 时空中的达朗贝尔算符。这个方程的解可写为

$$h_{\mu\nu}(x) = \frac{2\kappa_n}{(n-3)A_{n-2}} \int \mathrm{d}^{n-1}y \frac{\bar{T}_{\mu\nu}(y)}{|\boldsymbol{x}-\boldsymbol{y}|^{n-3}}, \tag{7.10}$$

若 $r = |\boldsymbol{x}| \gg |\boldsymbol{y}|$，式 (7.10) 的右方可以在 x 点作级数展开，结果为

$$h_{\mu\nu}(x) = \frac{2\kappa_n}{(n-3)A_{n-2}} \frac{1}{r^{n-3}} \int \mathrm{d}^{n-1}y \bar{T}_{\mu\nu} + \frac{2\kappa_n}{A_{n-2}} \sum_{k=1}^{n-1} \frac{x^k}{r^{n-1}} \int \mathrm{d}^{n-1}y \left(y^k \bar{T}_{\mu\nu}\right) + \cdots. \tag{7.11}$$

重复 5.6 节中的过程，可以得出

$$h_{00} \simeq \frac{2\kappa_n}{(n-2)A_{n-2}} \frac{M}{r^{n-3}}, \tag{7.12}$$

$$h_{ij} \simeq \frac{2\kappa_n M}{(n-2)(n-3)A_{n-2}r^{n-3}} \delta_{ij}, \tag{7.13}$$

$$h_{0j} \simeq -\frac{2\kappa_n}{(n-3)A_{n-2}} \frac{1}{r^{n-3}} \int \mathrm{d}^{n-1}y \bar{T}_{0j} + \frac{\kappa_n}{A_{n-2}} \frac{x^k}{r^{n-1}} J_{kj}, \tag{7.14}$$

其中，M 和 J_{kj} 定义为黑洞的质量和角动量。

对于 Tangherlini 黑洞解，式 (7.14) 右边的第一项为零。注意，在写出方程 (7.9) 时所采用的坐标系是 Minkowski 时空中的平直坐标系，因此不能拿式 (7.13) 中的 h_{ij} 去和球坐标系中的度规式 (7.3) 作比较。不过，度规中的 (00) 分量与空间坐标的选择无关，因此，可以直接将式 (7.12) 与度规函数式 (7.4) 或者式 (7.7) 作比较。结果表明，在式 (7.4) 和式 (7.7) 中出现的参数 M 就是黑洞的质量。另外，由于度规是对角的，自动有 $J_{ij} = 0$。所以，Tangherlini 黑洞以及 Tangherlini-RN 黑洞都是无转动的静态黑洞。

对于 Tangherlini-RN 解式 (7.7)，我们可以通过相应的场强张量来计算黑洞所带的电荷。由于

$$F = \mathrm{d}A = -\frac{\partial h}{\partial r}\mathrm{d}r \wedge \mathrm{d}t = \frac{1}{A_{n-2}\,\varepsilon_0} \frac{Q}{r^{n-2}}\,\mathrm{d}r \wedge \mathrm{d}t,$$

我们有

$$E^r \equiv F^{rt} = \frac{1}{A_{n-2}\,\varepsilon_0} \frac{Q}{r^{n-2}}. \tag{7.15}$$

E^r 是径向电场强度，它是电场强度仅有的非零分量。根据高斯定理，应该有

$$\oint_{\mathcal{S}_{r\to\infty}} \mathrm{d}\boldsymbol{S} \cdot \boldsymbol{E} = \frac{\mathcal{Q}}{\varepsilon_0}, \tag{7.16}$$

其中，$\mathcal{S}_{r\to\infty}$ 是渐近无穷远处径向坐标半径为 $r \to \infty$ 的球面，$\mathcal{Q}$ 是电磁场的电荷。比较式 (7.15) 和式 (7.16)， 容易看出 $Q = \mathcal{Q}$，也就是说，度规中出现的参数 Q 正是黑洞所携带的电荷。

7.1.2 黑弦、黑膜及其不稳定性

在上一小节我们介绍了高维的Tangherlini黑洞解。在不带电的情况下，Tangherlini解与 4 维中的 Schwarzschild 解一样，都是 Ricci 平坦的黑洞解。对于 Ricci 平坦的几何来说，可以随意地构造它们的直积，结果仍然是 Ricci 平坦的。这就提供了一种从已知的 Ricci 平坦的黑洞解出发构造更高维的精确解的方法 —— 直接在已知的黑洞解的基础上添加若干个 Ricci 平坦的类空的延展维度即可。在最简单的情况下，添加的额外维度就是 p 维的欧几里得空间，因此总的时空度规可写为

$$\mathrm{d}s_{n+p}^2 = \mathrm{d}s_n^2 + \sum_{i=1}^{p}(\mathrm{d}x^i)^2,$$

其中，$\mathrm{d}s_n^2$ 是 n 维 Ricci 平坦的黑洞时空的度规，例如 Schwarzschild 或者 Tangherlini 度规。这样给出的 $n+p$ 维时空度规称为*黑膜解*。当 $p=1$ 时，又称之为*黑弦解*。

由于黑膜、黑弦解的直积结构，其中 n 维黑洞部分原本所具有的孤立的本性奇异点变成了延展的 p 维子流形。黑弦、黑膜的视界可以是非紧致的 $(S^{d-2}\times\mathbb{R}^p)$，也可以是紧致的 $(S^{d-2}\times\mathbb{T}^p)$。后一种情况发生在时空沿弦或膜的延展方向发生紧化的情形下。

1993 年 Gregory 和 Laflamme 发现了黑弦及黑膜的经典动力学不稳定性①，简称 GL 不稳定性。分析 GL 不稳定性的主要思路是：对黑弦、黑膜解的度规引入小微扰 $g_{\mu\nu}+\epsilon h_{\mu\nu}$，则时空的 Ricci 张量变为

$$R_{\mu\nu}\to R_{\mu\nu}+\frac{1}{2}\epsilon\,(\Delta_L h)_{\mu\nu},$$

其中，Δ_L 称为 Lichnerowicz 算符，其定义是

$$(\Delta_L h)_{\mu\nu}\equiv -\nabla^\rho\nabla_\rho h_{\mu\nu}+R_{\rho\mu}h^\rho{}_\nu+R_{\rho\nu}h^\rho{}_\mu+2R^\rho{}_{\mu\nu\sigma}h^\sigma{}_\rho,$$

式中，∇_μ 和 $R_{\mu\nu}$ 分别为扰动前的时空度规对应的协变导数和 Ricci 曲率。如果被扰动的时空是真空爱因斯坦方程的解，则扰动的张量模式 $h_{\mu\nu}$ 需满足 Lichnerowicz 方程

$$(\Delta_L h)_{\mu\nu}=0.$$

这个方程可以用形如

$$h_{\mu\nu}=\Re\{\exp\left(\mathrm{i}\omega t+\mathrm{i}kz\right)P_{\mu\nu}(r/r_0)\}$$

的试探解进行求解，其中 r_0 是一个特征线度参数。例如，当考虑 Schwarzschild 黑弦或黑膜解的稳定性时，一般取 $r_0\simeq r_g$。当扰动的波长 λ 超过某一限度

$$\lambda_{\mathrm{GL}}=\frac{2\pi}{k_c},\quad k_c\simeq\frac{1}{r_0}$$

①参见 Gregory R, Laflamme R. Phys.Rev.Lett., 1993, 70:2837-2840. [arXiv:hep-th/9301052]。

时，方程开始出现不稳定模式，即 ω 开始具有负的虚部。当 $\lambda=\lambda_{\mathrm{GL}}$ 时，$\omega=0$，此称 GL 阈值。

GL 不稳定性是黑洞视界沿某些方向的线度显著大于沿其他方向的线度时普遍出现的现象。GL 阈值的存在表明，扰动后的黑弦或黑膜将逐渐演化到一个不同的、稳定的形态，因此预示着存在所有观测量均相同的新的稳定相。换句话说，高维黑洞时空不具有唯一性。

GL 不稳定性还有一个简单的热力学解释。以 5 维 Schwarzschild 黑弦为例。5 维黑弦的视界面积为

$$S_{\mathrm{BS}}=\pi r_g^2 L,$$

其中，L 表示黑弦的长度，r_g 是 Schwarzschild 黑洞的引力半径。值得注意的是在黑弦时空中，$r_g=2GM_4/c^2$，其中 M_4 是 4 维 Schwarzschild 黑洞的质量，在 5 维时空中应理解为单位长度上黑弦的质量，即 $M_4=M/L$。因此，黑弦的视界面积变为

$$S_{\mathrm{BS}}\propto r_g^2 L\propto M^2/L.$$

另一方面，5 维 Tangherlini 黑洞的视界面积为

$$S_{\mathrm{BH}}\propto r_{\mathrm{H}}^3\propto M^{3/2}.$$

当 L 大到一定程度时，可以使得

$$S_{\mathrm{BS}}<S_{\mathrm{BH}}.$$

因此，根据黑洞的面积定律，当黑弦长度足够长时将处于不稳定状态。

7.1.3 高维轴对称黑洞

由于 GL 不稳定性等原因，在讨论高维黑洞解的时候，物理上更倾向于要求黑洞的视界是紧致的，并且在各空间方向的延展线度不能有太大的差异。仿照 Birkhoff 定理的证明过程可以得到这样的结论，即*在高维的纯广义相对论中，渐近平坦的静态球对称解必为Tangherlini黑洞，而在高维爱因斯坦—麦克斯韦理论中，渐近平坦的静态球对称解必为Tangherlini-RN黑洞*。因此，高维球对称的黑洞时空并不存在多样性。为了研究黑洞时空的多样性和不唯一性，我们至少需要将注意力转向高维转动轴对称黑洞解。

在高维时空中定义转动并不是一件简单的事情。为了描述轴对称的高维黑洞，我们希望能把“角动量”的尽可能多的分量同时对角化，这样就可以利用这些对角

化的角动量分量来刻画具体的转动状态。在 4 维时空中，空间转动群是 $SO(3)$，其 Cartan 子代数是 1 维的，因此，角动量的 3 个分量中只有一个可以对角化。在 d 维时空 $(d>4)$ 中，转动群是 $SO(d-1)$，其 Cartan 子代数的维数依 d 的奇偶性而不同：当 $d=2n+1$ 时，Cartan 子代数维数为 n，当 $d=2n$ 时，Cartan 子代数维数为 $n-1$。这些可以同时对角化的 Cartan 子代数元素可以被看成 d 维时空中不同的 2 维坐标面内的转动变换的生成元，也就是我们要寻找的角动量分量。

当 $d=2n+1$ 时，我们将总共 $2n$ 个空间坐标分为 n 组，并引入极坐标

$$(x_{2i-1}, x_{2i}) = (r_i\cos\phi_i, r_i\sin\phi_i), \quad i=1,\cdots,n.$$

当 $d=2n$ 时，空间坐标只有 $2n-1$ 个，只能引进 $n-1$ 组空间极坐标，另外还有一个剩余的空间维度 α。各极坐标面内的角动量分量 $J_{2i-1,2i}$ 可以重新标记为 J_i。注意极坐标面内的转动不同于定轴转动，因为每个 J_i 生成的转动的群轨道均为 S^1，而 d 维时空中定轴转动的群轨道应该是 S^{d-3}。根据 (7.14)，可以将弱场极限下度规的非对角项与 J_i 联系起来：

$$h_{0\phi_i} \simeq \frac{\kappa_d}{A_{d-2}}\frac{r_i^2}{r^{d-1}}J_i = \frac{\kappa_d}{A_{d-2}}\frac{\mu_i^2}{r^{d-3}}J_i,$$

式中，

$$\mu_i = \frac{r_i}{r},$$

而 r 定义为

$$r = \sum_{i=1}^{d-1}\sqrt{x^i x^i}.$$

1986 年，Myers 和 Perry 发现了高维时空中带有最多可能个数的转动平面的精确黑洞解①。这个发现是后来高维轴对称黑洞研究热潮的先声。针对时空维数 D 是奇数和偶数两种情况，Myers-Perry 解的形式有所不同。当 $d=2n+1$ 时，Myers-Perry 解的线元为

$$\begin{aligned}\mathrm{d}s^2 = &-\mathrm{d}t^2 + \sum_{i=1}^{n}(r^2+a_i^2)(\mathrm{d}\mu_i^2+\mu_i^2\mathrm{d}\phi_i^2)\\ &+\frac{\mu r^2}{\Pi F}\sum_{i=1}^{n}(\mathrm{d}t - a_i\mu_i^2\mathrm{d}\phi_i)^2 + \frac{\Pi F}{\Pi-\mu r^2}\mathrm{d}r^2, \quad \left(\sum_{i=1}^{n}\mu_i^2=1\right)\end{aligned}$$

因为存在限制条件 $\sum_{i=1}^{n}\mu_i^2=1$，度规中的 n 个坐标 μ_i 仅有 $n-1$ 个是独立的，而 r

①见 Myers R C, Perry M J. Ann.Phys., 1986, 172: 304-347.

则视为一个独立的维度。度规中的函数 F、Π 由下式给出：

$$F = 1 - \sum_{i=1}^{n} \frac{a_i^2 \mu_i^2}{r^2 + a_i^2}, \qquad \Pi(r) = \prod_{i=1}^{n} (r^2 + a_i^2).$$

当 $d = 2n$ 时，Myers-Perry 解的线元为

$$\begin{aligned}\mathrm{d}s^2 = &-\mathrm{d}t^2 + r^2 \mathrm{d}\alpha^2 + \sum_{i=1}^{n-1} (r^2 + a_i^2)(\mathrm{d}\mu_i^2 + \mu_i^2 \mathrm{d}\phi_i^2) \\ &+ \frac{\mu r}{\Pi F} \sum_{i=1}^{n-1} (\mathrm{d}t - a_i \mu_i^2 \mathrm{d}\phi_i)^2 + \frac{\Pi F}{\Pi - \mu r} \mathrm{d}r^2, \quad \left(\sum_{i=1}^{n-1} \mu_i^2 + \alpha^2 = 1 \right),\end{aligned}$$

其中的参数含义与 $d = 2n + 1$ 的情况类似，但是 F 和 Π 中的求和与连乘积的上限应改为 $n - 1$。

黑洞事件视界的位置对应 g^{rr} 的最大零根 r_0，即

$$\Pi(r_0) - \mu r_0^2 = 0 \quad (d = 2n + 1), \qquad \Pi(r_0) - \mu r_0 = 0 \quad (d = 2n).$$

视界面积为

$$\mathcal{A}_{\mathrm{H}} = \frac{A_{d-2}}{2\kappa_d} \mu \left(d - 3 - \sum_i \frac{2a_i^2}{r_0^2 + a_i^2} \right),$$

表面引力为

$$\kappa = \lim_{r \to r_0} \frac{\Pi' - 2\mu r}{2\mu r^2} \quad (\text{当} d = 2n + 1), \qquad \kappa = \lim_{r \to r_0} \frac{\Pi' - \mu}{2\mu r} \quad (\text{当} d = 2n).$$

黑洞的质量和角动量分别为

$$M = \frac{(d-2) A_{d-2} \mu}{2\kappa_d}, \qquad J_i = \frac{2}{d-2} M a_i.$$

度规中另外的坐标奇异点发生在 $g_{tt} = 0$ 处，即

$$\Pi F - \mu r^2 = 0 \quad (d = 2n + 1), \quad \text{或者} \quad \Pi F - \mu r_0 = 0 \quad (d = 2n).$$

这些坐标奇异点的集合构成了 Myers-Perry 黑洞的能球。

当仅有一个角动量分量非零时，Myers-Perry 解可以写为

$$\begin{aligned}\mathrm{d}s^2 = &- \mathrm{d}t^2 + \frac{\mu}{r^{d-5} \rho^2} \left(\mathrm{d}t - a \sin^2 \theta \, \mathrm{d}\phi \right)^2 \\ &+ \frac{\rho^2}{\Delta} \mathrm{d}r^2 + \rho^2 \mathrm{d}\theta^2 + (r^2 + a^2) \sin^2 \theta \, \mathrm{d}\phi^2 + r^2 \cos^2 \theta \, \mathrm{d}\Omega_{(d-4)}^2,\end{aligned} \tag{7.17}$$

其中，

$$\rho^2 = r^2 + a^2\cos^2\theta\,, \qquad \Delta = r^2 + a^2 - \frac{\mu}{r^{d-5}}.$$

如果 $d=4$，这个解其实就是 Kerr 解。

在视界及视界以外的时空区域，要求 $g_{rr} \geqslant 0$，即 $\Delta \geqslant 0$。在不同时空维度中，$\Delta \geqslant 0$ 的要求导致不同的后果：当 $d=4$ 时，$\Delta \geqslant 0$ 要求 $a \leqslant \mu/2$，这就是我们已经见过的 Kerr 界限。当 $d=5$ 时，$\Delta \geqslant 0$ 要求 $a^2 \leqslant \mu$，当不等式饱和时对应环形裸奇点。当 $d \geqslant 6$ 时，$\Delta \geqslant 0$ 总成立，因此 6 维及以上维度中的黑洞不受 Kerr 界限的约束。

7.1.4 5 维时空中的新型黑洞 —— 黑环解

在所有的时空维度中，4 维和 5 维是最特殊的维度。这可以从两个方面来总结。

(1) 从牛顿引力势看：d 维牛顿引力势为 $-\dfrac{GM}{r^{d-3}}$，而离心势为 $\dfrac{J^2}{Mr^2}$，与维度无关。为取得引力势与离心势的平衡，4 维、5 维和 6 维以上是 3 个定性不同的维度区间；

(2) 从转动平面的个数看：4 维引力中绕定轴转动的轨道是 S^1，具有 $O(2)$ 对称性，其几何是平坦的。推广到 d 维，绕定轴转动的轨道具有 $O(d-2)$ 对称性，其轨道为 S^{d-3}，几何是非平坦的。如果要求整体渐近平坦性，可以考虑用绕余维度 2 的平面的转动替代定轴转动，这样最多可以有 $d-3$ 个转动平面。另一方面，d 维时空中的转动群的 Cartan 子代数维数为 $N=\left[\dfrac{d-1}{2}\right]$，其中 $\left[\dfrac{d-1}{2}\right]$ 表示不大于 $\dfrac{d-1}{2}$ 的最大的整数。故从条件

$$d-3 \leqslant \left[\frac{d-1}{2}\right]$$

也可看出只有 4 维、5 维允许整体渐近平坦的解。

2001 年 Emparan 和 Reall 首次得出 5 维真空黑环解，其视界具有 $S^2\times S^1$ 拓扑。与前文中讨论的黑弦不同，黑环的延展维度卷成一个 S^1，其总长度受限，因此，相比于平直的黑弦或黑膜，黑环解的稳定性要好很多。目前已知的黑环解要么存在转动，要么带电，否则无法抵抗引力塌缩成为球形黑洞。值得注意的是：在相同的物理参数区间可同时存在黑环和球形黑洞，这构成了高维黑洞不唯一性的首个明确的解析证据。

一个最简单的黑环解是 5 维的爱因斯坦真空解，它只在 S^1 方向转动，具有如

下下式的度规①：

$$
\begin{aligned}
\mathrm{d}s^2 = &-\frac{F(y)}{F(x)}\left(\mathrm{d}t - C(\lambda,\nu)\,L\,\frac{1+y}{F(y)}\,\mathrm{d}\psi\right)^2 \\
&+\frac{L^2}{(x-y)^2}\,F(x)\left[-\frac{G(y)}{F(y)}\mathrm{d}\psi^2 - \frac{\mathrm{d}y^2}{G(y)} + \frac{\mathrm{d}x^2}{G(x)} + \frac{G(x)}{F(x)}\mathrm{d}\phi^2\right],
\end{aligned}
\tag{7.18}
$$

其中，

$$
\begin{aligned}
&F(\xi) = 1+\lambda\xi, \qquad G(\xi) = (1-\xi^2)(1+\nu\xi), \\
&C(\lambda,\nu) = \sqrt{\lambda(\lambda-\nu)\frac{1+\lambda}{1-\lambda}}, \qquad 0 < \nu \leqslant \lambda < 1 .
\end{aligned}
$$

度规中的坐标取值范围如下：

$$
\begin{aligned}
&-\infty < t < \infty, \\
&-\infty < y < -1, \\
&-1 < x < +1, \\
&0 < \phi < 2\pi\frac{\sqrt{1-\lambda}}{1-\nu}, \\
&0 < \psi < 2\pi\frac{\sqrt{1-\lambda}}{1-\nu},
\end{aligned}
$$

其中，ϕ,ψ 的非常规取值范围是为了避免在 $x=-1$ 和 $y=-1$ 处出现角奇异。为了在 $x=+1$ 处也避免出现角奇异，参数 λ 和 ν 不能彼此独立，而应满足关系

$$
\lambda = \frac{2\nu}{1+\nu^2}.
$$

黑环度规式 (7.18) 的视界位于 $y_H = -1/\nu$ 处。在 $y=-1/\lambda$ 处存在一个和视界拓扑一致的能层表面。整个时空的渐近无穷远处于 $x=y=-1$ 处。黑环的质量、角动量、视界面积、温度以及转动角速度等物理参数如下：

$$
\begin{aligned}
M &= \frac{3\pi L^2}{4G_5}\frac{\lambda}{1-\nu}, \\
J &= \frac{\pi L^3}{2G_5}\frac{\sqrt{\lambda(\lambda-\nu)(1+\lambda)}}{(1-\nu)^2}, \\
\mathcal{A}_{\mathrm{H}} &= 8\pi^2 L^3\frac{\nu^3\sqrt{\lambda(1-\lambda^2)}}{(1-\nu^2)(1+\nu)}, \\
T &= \frac{1}{4\pi L}\frac{1+\nu}{\nu^{1/2}}\sqrt{\frac{1-\lambda}{\lambda(1+\lambda)}},
\end{aligned}
$$

①参见 R Emparan. JHEP, 2004 0403:064 [arXiv:hep-th/0402149]。

$$\Omega = \frac{1}{L}\sqrt{\frac{\lambda - \nu}{\lambda(1+\lambda)}},$$

其中，G_5 是 5 维时空中的牛顿引力常数。

图 7.1 画出了黑环视界及其周围的等势面的示意图①。

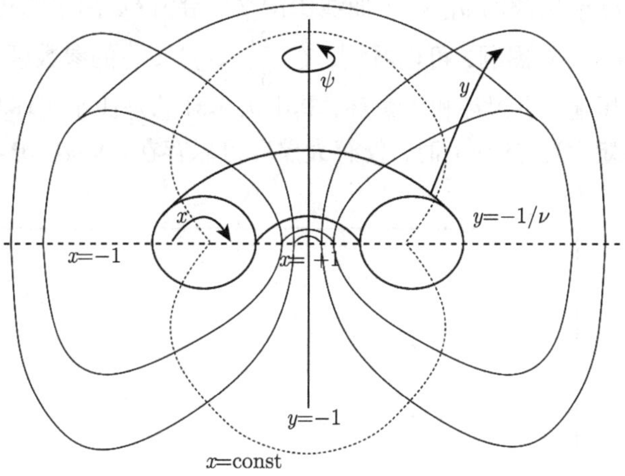

图 7.1 黑环视界

为了比较不同的高维黑洞的性质，有时需要引入无量纲的黑洞参数。在不带其他荷的情况下，所需的无量纲参数只有 j_a 和 $a_{\rm H}$：

$$j_a^{d-3} = c_J\,\frac{J_a^{d-3}}{G_d M^{d-2}}, \qquad a_{\rm H}^{d-3} = c_{\mathcal{A}}\,\frac{\mathcal{A}_{\rm H}^{d-3}}{(G_d M)^{d-2}},$$

其中的数值常数

$$c_J = \frac{A_{d-3}}{2^{d+1}}\frac{(d-2)^{d-2}}{(d-3)^{\frac{d-3}{2}}}, \qquad c_{\mathcal{A}} = \frac{A_{d-3}}{2(16\pi)^{d-3}}(d-2)^{d-2}\left(\frac{d-4}{d-3}\right)^{\frac{d-3}{2}}.$$

当 $d=5$ 时，上述参数化为

$$j^2 = \frac{27\pi}{32G_5}\frac{J^2}{M^3},$$

$$a_{\rm H} = \frac{3}{16}\sqrt{\frac{3}{\pi}}\frac{\mathcal{A}_{\rm H}}{(G_5 M)^{3/2}}.$$

对黑环时空式 (7.18)，上述无量纲参数可以用参数 ν 表达：

$$a_{\rm H} = 2\sqrt{\nu(1-\nu)}, \qquad j^2 = \frac{(1+\nu)^3}{8\nu}.$$

①图片引自 R Emparan. Rotating Circular Strings, and Infinite Non-Uniqueness of Black Rings. JHEP0403:064,2004 [arXiv:hep-th/0402149]。

因此，在 $a_{\rm H}-j^2$ 参数平面上，黑环对应一条折线。作为对比，5 维仅带一个非零角动量分量的 Myers-Perry 黑洞解式 (7.17) 的参数 a_H 与 j^2 的关系为

$$a_{\rm H}=2\sqrt{2(1-j^2)}.$$

黑环和 Myers-Perry 黑洞的 $a_{\rm H}-j^2$ 曲线由图 7.2 给出①。图中的实折线对应黑环，虚线对应 Myers-Perry 黑洞。可以看到，在 $\frac{27}{32}<j^2<1$ 的参数区域，可以同时存在 Myers-Perry 黑洞、小黑环和大黑环，其中大黑环总是比小黑环具有更大的视界面积，因而更稳定。当 $j^2>1$ 时，仅有大黑环可以存在，Myers-Perry 黑洞和小黑环都不再出现。

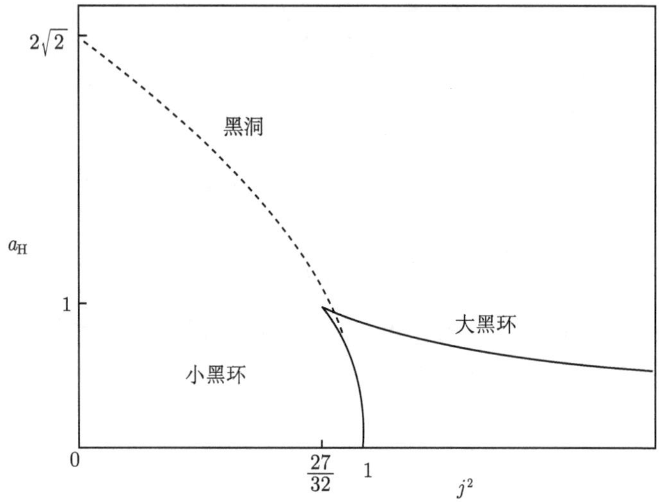

图 7.2　高维黑洞的不唯一性

7.2　高维黑洞解的构造方法

在上一节中我们介绍了几个重要的高维黑洞解。由于不存在唯一性定理，高维时空中的黑洞解种类远较 4 维时空的情形丰富。目前已知的高维精确黑洞时空解数量相当多，因此不可能在这里给予全面的介绍。另一方面，可以预期，由于引力场方程的高度非线性特点，更多预想不到的高维黑洞解还会逐渐被发现。因此，本节将介绍一些常用的构造高维黑洞精确解的方法。这些方法包括 Kerr-Schild 形式、基于可积模型理论的解生成技术 (以 Belinski-Zakharov 构造为例)，以及设定对称性进行试探求解的方法 (以推广的 Weyl 解法为例) 等。这些方法远非目前已

①图形引自 R Emparan, H S Reall. Black rings. Class. Quant. Grav.23: R169 (2006) [arXiv: hep-th/0608012]。

知的行之有效的全部构造解的方法。其他求解方法还包括约化作用量方法、翘曲分解方法、近似解法、数值方法等。其中一些手段我们留待第 10 章再行介绍。

7.2.1 Kerr-Schild 形式

Kerr-Schild 形式是用来求解轴对称黑洞的一种有效手段。其基本构造是：选定一个已知的背景度规 $\bar{g}_{\mu\nu}$，并假定真正的时空度规具有如下形式：

$$g_{\mu\nu} = \bar{g}_{\mu\nu} + Hk_\mu k_\nu, \tag{7.19}$$

其中，H 是一个待定的标量函数，k_μ 是一个在背景度规和真正的时空度规下均类光的矢量场。背景度规通常取作平坦的 Minkowski 度规或者是一个爱因斯坦流形的度规，但原则上对它没有任何限制。由于 k_μ 的类光性，既可以用 $\bar{g}_{\mu\nu}$ 也可以用 $g_{\mu\nu}$ 升降其指标。

令 $h_{\mu\nu} = Hk_\mu k_\nu$，那么度规可以重新写成 $g_{\mu\nu} = \bar{g}_{\mu\nu} + h_{\mu\nu}$，这个“线性近似”是精确时空度规的一个关键原因是：由于 k_μ 是类光矢量场，度规的逆可以精确地写成 $g^{\mu\nu} = \bar{g}^{\mu\nu} - h^{\mu\nu}$。这样，时空的 Ricci 张量就可以用背景时空的 Ricci 张量和 $h_{\mu\nu}$ 的线性微分多项式来表达：

$$R^\mu{}_\nu = \bar{R}^\mu{}_\nu - h^\mu{}_\rho \bar{R}^\rho{}_\nu + \frac{1}{2}\bar{\nabla}_\rho \bar{\nabla}_\nu h^{\mu\rho} + \frac{1}{2}\bar{\nabla}^\rho \bar{\nabla}^\mu h_{\nu\rho} - \frac{1}{2}\bar{\nabla}^\rho \bar{\nabla}_\rho h^\mu{}_\nu. \tag{7.20}$$

因此，求解爱因斯坦方程的非线性问题就被约化为求解 $h_{\mu\nu}$ 的线性问题。

作为用 Kerr-Schild 形式求解爱因斯坦方程的最简单的例子，我们来看如何从 Kerr-Schild 形式出发来构造 Schwarzschild 度规。我们假定时空度规为

$$g_{\mu\nu} = \eta_{\mu\nu} + k_\mu k_\nu,$$

其中，我们已将标量函数 H 吸收到 k_μ 的定义中。由于 Schwarzschild 时空具有球对称性，我们可以选择球对称的坐标来描写作为背景的 Minkowski 度规，即

$$\eta_{\mu\nu} = \begin{pmatrix} -1 & 0 & 0 & 0 \\ 0 & 1 & 0 & 0 \\ 0 & 0 & r^2 & 0 \\ 0 & 0 & 0 & r^2\sin^2\theta \end{pmatrix}.$$

同时，为了不破坏球对称性，类光矢量场 k_μ 只能拥有非零的时间分量和径向分量，

$$k_\mu = (h(r), \epsilon h(r), 0, 0),$$

其中，$\epsilon=\pm 1$，$h(r)$ 是未知函数，它也只能依赖于径向坐标 r。将上述背景度规和 k_μ 的形式代入式 (7.20) 中，并令结果为零 (此即真空爱因斯坦方程)，可以求得

$$h(r)=\epsilon\sqrt{\frac{C}{r}},$$

其中，C 是一个积分常数。所以，完整的时空线元可以写为

$$\begin{aligned}\mathrm{d}s^2&=\eta_{\mu\nu}\mathrm{d}x^\mu\mathrm{d}x^\nu+(k_\mu\mathrm{d}x^\mu)^2\\&=-\mathrm{d}t^2+\mathrm{d}r^2+r^2\mathrm{d}\theta^2+r^2\sin^2\theta\mathrm{d}\phi^2+\frac{C}{r}(\mathrm{d}t+\epsilon\mathrm{d}r)^2.\end{aligned}$$

引进一个坐标变换

$$t=T+u(r),$$

我们有

$$\mathrm{d}t=\mathrm{d}T+u'(r)\mathrm{d}r.$$

将这个结果代入到线元的表达式中，可得

$$\begin{aligned}\mathrm{d}s^2=&-\left(1-\frac{C}{r}\right)\mathrm{d}T^2+\left(1+(\epsilon+u'(r))^2\frac{C}{r}-u'(r)^2\right)\mathrm{d}r^2+r^2\mathrm{d}\theta^2+r^2\sin^2\theta\mathrm{d}\phi^2\\&+2\left(-u'(r)+\frac{C}{r}(\epsilon+u'(r))\right)\mathrm{d}T\mathrm{d}r.\end{aligned}\tag{7.21}$$

如果要求非对角项为零，则有

$$-u'(r)+\frac{C}{r}(\epsilon+u'(r))=0.$$

这个方程的解为

$$u(r)=a+C\epsilon\log(C-r).$$

将这个解代回到式 (7.21) 中，可以发现我们得到的时空就是标准的 Schwarzschild 时空，其中，积分常数 $C=r_g$。

对于一般的轴对称时空，用 Kerr-Schild 形式求解爱因斯坦方程虽然可以简化问题，但绝非像我们演示的球对称时空求解那样简单。

下面我们给出 Myers-Perry 黑洞的 Kerr-Schild 形式，但是为了叙述简单，我们省去全部的构造过程，只给出最后的结果。在 Kerr-Schild 形式下，Myers-Perry 黑洞的度规用以下线元来刻画：

$$\mathrm{d}s^2=\eta_{\mu\nu}\mathrm{d}x^\mu\mathrm{d}x^\nu+H\left(k_\mu\mathrm{d}x^\mu\right)^2,\tag{7.22}$$

其中，$\eta_{\mu\nu}$ 是直角坐标系下的 Minkowski 度规，而其中的类光矢量场 k^μ 的形式与时空维数有关。当时空维数为 $d=2n$ 时，Kerr-Schild 形式中的类光矢量场为

$$k=k_\mu \mathrm{d}x^\mu=\mathrm{d}t+\sum_{i=1}^{n-1}\frac{r\left(x_i\mathrm{d}x_i+y_i\mathrm{d}y_i\right)+a_i\left(x_i\mathrm{d}y_i-y_i\mathrm{d}x_i\right)}{r^2+a_i^2}+\frac{z\mathrm{d}z}{r}, \tag{7.23}$$

其中，“径向坐标” r 的定义是

$$\sum_{i=1}^{n-1}\frac{x_i^2+y_i^2}{r^2+x_i^2}+\frac{z^2}{r^2}=1. \tag{7.24}$$

将类光矢量式 (7.23) 代入式 (7.22)，并进一步将所得结果代入式 (7.20) 中，解真空爱因斯坦方程可以定出

$$H=\frac{2\mu r}{\Pi F}, \tag{7.25}$$

其中，

$$\Pi=\prod_{i=1}^{n-1}\left(r^2+a_i^2\right),\quad F=1-\sum_{i=1}^{n-1}\frac{a_i^2\left(x_i^2+y_i^2\right)}{\left(r^2+a_i^2\right)^2}. \tag{7.26}$$

当时空维数为 $d=2n+1$ 时，式 (7.23)、式 (7.24) 以及式 (7.26) 中的求和上限均需改成 n，且坐标 z 不会出现，所有的空间坐标都两两成对形成一个旋转平面。这时，函数 H 应改为

$$H=\frac{2\mu r^2}{\Pi F}. \tag{7.27}$$

需要说明的是，历史上 Myers-Perry 黑洞正是利用 Kerr-Schild 形式被精确求解出来的。

有时为了尽可能得到更一般的黑洞解，可以考虑多重的 Kerr-Schild 构造，即从某个简单的背景度规出发，通过 Kerr-Schild 构造得到一个新的度规，然后将这个新度规作为背景继续构造新的 Kerr-Schild 形式。通过这样反复地构造有可能得到引力场的更为复杂和更具一般性的精确解。

7.2.2 Belinski-Zakharov 构造

这种方法适用于在 n 维时空中具有 $n-2$ 个彼此对易的非类光 Killing 矢量场的情形下构造稳态真空解。设 $n-2$ 个 Killing 矢量场为 $\xi_{(a)}=\partial/\partial x^a$, $a=0,\dots,n-3$。以 (x^a,r,z) 为时空坐标，可以将度规假定为

$$\mathrm{d}s^2=g_{ab}(r,z)\,\mathrm{d}x^a\mathrm{d}x^b+\mathrm{e}^{2\nu(r,z)}\left(\mathrm{d}r^2+\mathrm{d}z^2\right).$$

Killing 矢量场的模可以任意选择，同时坐标 r, z 的选择也是任意的。利用这些任意性可以将 $g_{ab}(r, z)$ 的行列式固定为一个标准值：

$$\det g_{ab} = -r^2.$$

直接将上述度规假定代入真空爱因斯坦方程 $R_{\mu\nu} = 0$，可以得到以下方程组：

$$\partial_r U + \partial_z V = 0, \tag{7.28}$$

$$\partial_r \nu = -\frac{1}{2r} + \frac{1}{8r}\,\mathrm{Tr}(U^2 - V^2)\,, \tag{7.29}$$

$$\partial_z \nu = \frac{1}{4r}\,\mathrm{Tr}(UV), \tag{7.30}$$

其中，

$$U = r(\partial_r g)g^{-1}\,, \qquad V = r(\partial_z g)g^{-1}.$$

方程 (7.28) 是关于矩阵 g_{ab} 的一个完全可积的非线性偏微分方程，具有 Lax 对结构

$$D_1\Psi = \frac{rV - \lambda U}{\lambda^2 + r^2}\,\Psi\,, \qquad D_2\Psi = \frac{rU + \lambda V}{\lambda^2 + r^2}\,\Psi\,,$$

式中，

$$D_1 = \partial_z - \frac{2\lambda^2}{\lambda^2 + r^2}\,\partial_\lambda\,, \qquad D_2 = \partial_r + \frac{2\lambda r}{\lambda^2 + r^2}\,\partial_\lambda\,.$$

因此目前熟知的各种可积模型求解方法均可应用于上述方程的求解。一旦式 (7.28) 的精确解被求得，那么根据其余两个方程确定度规中的函数 $\nu(r, z)$ 将是一件很容易的事情。

具体求解 Belinski-Zakharov 引力方程的过程是数学物理领域中可积场论的传统问题之一，本书就不进行详细讲解了，感兴趣的读者可以参考可积场论和可积模型方面的专著。

7.2.3 推广的 Weyl 解法

假定 n 维时空中的所有 $n-2$ 个 Killing 矢量彼此均垂直，则可以将度规写为对角形式 [①]：

$$\mathrm{d}s^2 = -\mathrm{e}^{2U_0}\mathrm{d}t^2 + \sum_{a=1}^{n-3} \mathrm{e}^{2U_a}(\mathrm{d}x^a)^2 + \mathrm{e}^{2\nu}(\mathrm{d}r^2 + \mathrm{d}z^2)\,. \tag{7.31}$$

①本小节中所述的方法 (包括后文中图 7.3) 原出自 R Emparan, H S Real. Generalized Weyl solutions. Phys. Rev. 2002, D65, 084025。

这时，宇宙学常数为零的真空爱因斯坦方程化为以下几个方程：

$$\left(\partial_r^2+\frac{1}{r}\partial_r+\partial_z^2\right)U_a=0,\quad a=0,\cdots,n-3, \tag{7.32}$$

$$\partial_r\nu=-\frac{1}{2r}+\frac{r}{2}\sum_{a=0}^{n-3}\left[(\partial_rU_a)^2-(\partial_zU_a)^2\right], \tag{7.33}$$

$$\partial_z\nu=r\sum_{i=0}^{n-3}\partial_rU_a\partial_zU_a, \tag{7.34}$$

而坐标选择条件变为

$$\sum_{a=0}^{n-3}U_a=\log r. \tag{7.35}$$

利用式 (7.32)~ 式 (7.34) 容易验证，度规中的函数 $\nu(r,z)$ 满足可积条件 $\partial_r\partial_z\nu=\partial_z\partial_r\nu$。

从形式上看，方程 (7.32)~(7.34) 就是方程 (7.28)~(7.30) 的特殊情况。然而，在这个特殊情况下，度规中的函数 U_a 所满足的方程 (7.32) 恰好是 3 维欧几里得空间中的轴对称 Laplace 方程 (对应的空间度规在柱坐标系下可以写为 $\mathrm{d}s^2=\mathrm{d}r^2+r^2\mathrm{d}\phi^2+\mathrm{d}z^2$)。由于 Laplace 方程是线性方程，其解具有**可叠加性**，因此推广的 Weyl 解可以彻底避免 Belinski-Zakharov 构造中需利用可积模型理论而带来的复杂性。

3 维轴对称的 Laplace 方程 (7.32) 的解其实就是均匀的圆柱形 (或称棒形) 物质所产生的牛顿引力势。从式 (7.35) 可以看出，度规式 (7.31) 中出现的所有的 U_a 叠加在一起，对应着 3 维无限长均匀圆柱棒所产生的牛顿引力势。因此，求解式 (7.32) 的过程其实就是将这个无限长棒切割并分配在不同维度上的过程。无限长棒经切割后所对应的牛顿引力势可以分为如下几种情况：

(1) 半无限长棒 $z\in[a_k,\infty)$ 的牛顿势：

$$U=\frac{1}{2}\log\mu_k+c_1,\quad \mu_k=\sqrt{r^2+(z-a_k)^2}-(z-a_k); \tag{7.36}$$

(2) 半无限长棒 $z\in(-\infty,a_k]$ 的牛顿势：

$$U=\frac{1}{2}\log\bar{\mu}_k+c_2,\quad \bar{\mu}_k=-\sqrt{r^2+(z-a_k)^2}-(z-a_k); \tag{7.37}$$

(3) 有限长棒 $z\in[a_{k-1},a_k]$ 的牛顿势：

$$U=\frac{1}{2}\log\left(\frac{\mu_{k-1}}{\mu_k}\right). \tag{7.38}$$

注意：由于式 (7.32) 是奇次线性方程，其解原则上允许乘以一个任意常数。但是坐标选择条件式 (7.35) 规定了 U_a 的归一化，因此不再允许 U_a 乘以任意倍数。式 (7.36)~(7.38)所选择的归一化对应着我们所选择的棒沿单位长度所具有的质量为$\frac{1}{2}$。另外，式 (7.36) 和式 (7.37) 中出现的常数 c_1 和 c_2 须满足 $c_1+c_2=\frac{1}{2}\log 2$。

将一个无限长均匀棒切割成若干段，并将所得的各段分配在 $(n-2)$ 个不同的维度上，就得到了高维时空的棒图。棒图中每一段所对应的牛顿势均可从式 (7.36)~(7.38) 读出，因此，画出各种可能的棒图结构就可以得出相应的各种不同的高维黑洞解。特别地，每个有限棒对应一个视界。图 7.3 给出了对应 4 维 Schwarzschild 黑洞和 5 维 Tangherlini 黑洞的棒图。原则上，利用棒图结构可以构造出非常复杂的黑洞时空的度规，例如可以构造多黑洞、甚至是无穷多个黑洞并存的黑洞时空解。

(a)　　(b)

图 7.3　4 维和 5 维球对称黑洞对应的棒图

(a) 4 维 Schwarzschild 黑洞; (b) 5 维 Tangerlini 黑洞

由于构造高维黑洞时空精确解的研究已经持续了很多年，相应的技术手段已经非常丰富和成熟。本书中所介绍的几种方法仅仅是管中窥豹，更多的求解方法可以从这个领域专门的著作中找到。当然我们也不排除读者可能会自行发现更有力的求解方法。

7.3　含非零宇宙学常数的黑洞时空

在引入非零宇宙学常数后，一个很自然的问题是对应的黑洞解有何变化。在本节中，我们将分别介绍 Schwarzschild-Tangherlini、RN 以及 Kerr 黑洞在任意维度中含非零宇宙学常数的推广。

7.3.1　Tangherlini-(A)dS 黑洞

首先考虑 n 维时空中纯爱因斯坦引力的含宇宙学常数的 Tangherlini 解。n 维爱因斯坦引力理论的作用量可以写为

$$S=\frac{1}{2\kappa_n}\int \mathrm{d}^n x\sqrt{g}(R-2\Lambda).$$

对应的引力场方程

$$R_{\mu\nu} - \frac{1}{2}g_{\mu\nu}R + \Lambda g_{\mu\nu} = 0$$

具有如下形式的真空解:

$$\mathrm{d}s^2 = -f(r)\mathrm{d}t^2 + f^{-1}(r)\mathrm{d}r^2 + r^2\gamma_{ij}(x)\mathrm{d}x^i\mathrm{d}x^j, \tag{7.39}$$

其中，$\gamma_{ij}(x)$ 是一个 $n-2$ 维最大对称流形的度规,

$$R_{ij}(\gamma) = k\gamma_{ij},$$

k 是这个最大对称流形的归一化曲率，而

$$f(r) = k - \frac{2\kappa_n M}{(n-2)A_{n-2}^{(k)}r^{n-3}} - \frac{2\Lambda r^2}{(n-1)(n-2)}, \tag{7.40}$$

其中，若 $\Lambda \geqslant 0$，则 $k=1$，否则 $k=0,\pm1$。当 $k=1$ 时，对应的最大对称流形就是 $n-2$ 维的单位球面，$A_{n-2}^{(k)}$ 则是该单位球面的面积。若 $k=0,-1$，则 $A_{n-2}^{(k)}$ 是一个任意正数。这个解可以很容易地利用第 2 章介绍过的翘曲流形分解公式得到。显然，当 $\Lambda=0$ 时，这个解就是前文已经介绍过的 Tangherlini 解。因此，以下我们只讨论 $\Lambda\neq 0$ 的情况。

1. $\Lambda > 0$ 的情况

首先看 $\Lambda > 0$ 的情况。这时对应的解称为 Tangherlini-dS 黑洞，其中,

$$f(r) = 1 - \frac{2\kappa_n M}{(n-2)A_{n-2}r^{n-3}} - \frac{r^2}{\ell^2}, \quad \ell^2 = \frac{(n-1)(n-2)}{2\Lambda}, \tag{7.41}$$

ℓ 称为 de Sitter 半径。与 $\Lambda=0$ 的黑洞时空类似，Tangherlini-dS 黑洞度规在 $r=0$ 处有本性奇异点，在 $f(r)$ 的零点处具有坐标奇异性，相应的超曲面是这个时空的视界。对上式中的 $f(r)$ 进行分析，可以发现 $f(r)$ 在

$$r = r_{\mathrm{ex}} = \left(\frac{n-3}{n-2}\frac{\kappa_n M\ell^2}{A_{n-2}}\right)^{1/(n-1)} \tag{7.42}$$

处具有唯一的极值点，对应的极值是 $f(r)$ 的极大值。对于给定的时空维数 n 和宇宙学常数 Λ，唯一能够影响 $f(r)$ 在极值点的取值的因素是积分常数 M。根据参数 M 的不同取值，$f(r)$ 可以分别具有有 $0,1,2$ 个零点。如果 $f(r)$ 具有 0 个零点，则时空在 $r=0$ 处的曲率奇异会成为裸奇点，因此需要根据宇宙监督原则对参数 M 的取值进行限制。

我们以 $M_{\rm ex}$ 来标记 $f(r)$ 只有一个零点时参数 M 的数值。$M_{\rm ex}$ 的具体取值由方程 $f(r_{\rm ex})=0$ 决定。由于这时 $f(r)$ 的零点就是极值点，我们有

$$M_{\rm ex}=\frac{n-2}{n-3}\frac{A_{n-2}}{\kappa_n\ell^2}\left(r_{\rm ex}\right)^{n-1}.$$

将这个结果代入方程 $f(r_{\rm ex})=0$，可以求得

$$r_{\rm ex}=\ell\sqrt{\frac{n-3}{n-1}},\tag{7.43}$$

进而有

$$M_{\rm ex}=\left(\frac{n-3}{n-2}\right)^{(n-3)/2}\frac{A_{n-2}\ell^{n-3}}{\kappa_n}.$$

随着 M 增加，$f(r)$ 会减小。当 $M>M_{\rm ex}$ 时 $f(r)$ 的零点会消失。因此，物理的参数区域是 $0<M\leqslant M_{\rm ex}$。

当 $M=M_{\rm ex}$ 时，除了零点 $r=r_{\rm ex}$ 外，$f(r)$ 在所有的 $r>0$ 处均小于零，反映到度规式 (7.39) 上，这意味着除了在 $r=r_{\rm ex}$ 处外，坐标 r 其实是类时的，因而时空是动态的。这种极端情况又称为 Nariai 极限。如果要求时空中有静态观测者，必须要求存在一个使时空表现为静态的坐标片。这就要求 $0<M<M_{\rm ex}$。在此条件下，$f(r)$ 有两个零点，其中较大的一个 $r=r_c$ 对应的视界称为*宇宙学视界*，较小的一个才是黑洞视界。时空中的静态观测者必须处在这两个视界之间的时空区域。

在纯经典的引力理论中，黑洞视界与宇宙学视界具有完全不同的性质。前者是所谓的*将来视界*，意味着物质和信息只能进入但不能穿出这个视界，后者则是*过去视界*，即物质和信息只能穿出但是不能进入这个视界。由于宇宙学视界的存在，*对Tangherlini-dS黑洞时空中的静态观测者来说，不存在渐近无穷远。*

尽管严格意义上的 Nariai 极限中时空不存在静态区域因而显得无趣，但是无限接近 Nariai 极限的情况却有一定的物理兴趣。假定 $f(r)$ 的两个零点非常接近，我们可以将两个零点表达为

$$r=r_0\pm\varepsilon,\quad \varepsilon\to 0.$$

显然，r_0 应该与式 (7.43) 给出的 $r_{\rm ex}$ 非常接近。引入新坐标 $u=1-\frac{r}{r_0}$，可以将 $f(r)$ 在近视界区域重写为

$$f(r)\simeq r_0^2(u_0^2-u^2),\qquad u_0\equiv\frac{\varepsilon}{r_0}.$$

重新标度时间变量

$$\tilde{t}=r_0t,$$

Tangherlini-dS 度规变为

$$ds^2 = -(u_0^2 - u^2)d\tilde{t}^{\,2} + \frac{du^2}{u_0^2 - u^2} + r_0^2\gamma_{ij}dx^i dx^j.$$

这个度规中的前两项实际上是一个 2 维 dS 时空的度规，最后一项则是 $n-2$ 维球的度规。因此，整个度规所代表的时空具有 $dS_2 \times S^{n-2}$ 的拓扑结构。这个解叫做 Nariai 解，其特点是不再包含任何奇异性，两个视界也没有物理性质上的区别。细心的读者应该会注意到，以上关于 Nariai 解的构造过程与 5.2.2 节中对近极端 RN 黑洞的近视界度规的构造极为类似。

2. $\Lambda < 0$ 的情况

下面我们看 $\Lambda < 0$ 的情况。这时的黑洞称为 Tangherlini-AdS 黑洞，其中，

$$f(r) = k - \frac{2\kappa_n M}{(n-2)A_{n-2}^{(k)}r^{n-3}} + \frac{r^2}{\ell^2}, \quad \ell^2 = -\frac{(n-1)(n-2)}{2\Lambda}. \tag{7.44}$$

对于 $k=0,1$，只要 $M>0$，$f(r)$ 总有一个零点 $r=r_h$，并且当 $r>r_h$ 时 $f(r)>0$。所以，$r=r_h$ 对应着黑洞视界。当 $k=-1$ 时，视界存在的条件甚至允许 M 以一个有限的负值为下界。与 $\Lambda>0$ 的情况相比，$\Lambda<0$ 时的一个显著特征是允许 $k=0,-1$。这两种情况下视界的几何是非紧致的，相应的黑洞又称为**拓扑黑洞**。

与 Tangherlini-dS 的情况不同，Tangherlini-AdS 黑洞时空存在渐近无穷远，而且时空度规在渐近无穷远附近越来越趋向于空的 AdS 真空，因此也称这类黑洞时空为渐近 AdS 黑洞时空。

物理上最感兴趣的时空维度是 $n=4$。这时，Tangherlini-AdS 黑洞退化为 Schwarzschild-dS 黑洞，其度规写为

$$ds^2 = -f(r)dt^2 + f^{-1}(r)dr^2 + r^2(d\theta^2 + \sin^2\theta d\varphi^2), \tag{7.45}$$

$$f(r) = 1 - \frac{r_g}{r} - \frac{r^2}{\ell^2}. \tag{7.46}$$

4 维的 Tangherlini-AdS 黑洞又称 Schwarzschild-AdS 黑洞。$k=1$ 时，其度规形式与式 (7.45) 一致，但是其中的函数 $f(r)$ 由下式给出：

$$f(r) = 1 - \frac{r_g}{r} + \frac{r^2}{\ell^2}. \tag{7.47}$$

$k=0$ 和 $k=-1$ 时的 Schwarzschild-AdS 黑洞度规分别为

$$ds^2 = -\left(-\frac{r_g}{r} + \frac{r^2}{\ell^2}\right)dt^2 + \left(-\frac{r_g}{r} + \frac{r^2}{\ell^2}\right)^{-1}dr^2 + r^2(d\theta^2 + \theta^2 d\varphi^2),$$
$$(k=0), \tag{7.48}$$

$$\mathrm{d}s^2 = -\left(-1 - \frac{r_g}{r} + \frac{r^2}{\ell^2}\right)\mathrm{d}t^2 + \left(-1 - \frac{r_g}{r} + \frac{r^2}{\ell^2}\right)^{-1}\mathrm{d}r^2 + r^2(\mathrm{d}\theta^2 + \sinh^2\theta\mathrm{d}\varphi^2),$$
$$(k = -1). \tag{7.49}$$

4 维球对称 (即 $k = 1$) 的 Schwarzschild-(A)dS 时空又称为 Kottler 时空，原因是这样的时空解最早是由奥地利物理学家 Friedrich Kottler 发现的①。

7.3.2 Tangherlini-RN-(A)dS 黑洞

Tangherlini-(A)dS 黑洞时空可以容易地推广到带电情形。考虑下面的爱因斯坦－麦克斯韦作用量：

$$S = \frac{1}{2\kappa_n}\int \mathrm{d}^n x\sqrt{g}(R - 2\Lambda) - \frac{1}{4\mu_0}\int \mathrm{d}^n x\sqrt{g}F_{\mu\nu}F^{\mu\nu}. \tag{7.50}$$

通过变分法容易求出相应的场方程

$$R_{\mu\nu} - \frac{1}{2}g_{\mu\nu}R + \Lambda g_{\mu\nu} = \kappa_n T_{\mu\nu}, \tag{7.51}$$

$$\nabla_\nu F^{\mu\nu} = 0, \tag{7.52}$$

$$T_{\mu\nu} = \frac{1}{\mu_0}\left(F_{\mu\rho}F_\nu{}^\rho - \frac{1}{4}g_{\mu\nu}F_{\rho\sigma}F^{\rho\sigma}\right). \tag{7.53}$$

这组方程的静态黑洞解可以写为

$$\mathrm{d}s^2 = -f(r)\mathrm{d}t^2 + f^{-1}(r)\mathrm{d}r^2 + r^2\gamma_{ij}(x)\mathrm{d}x^i\mathrm{d}x^j, \tag{7.54}$$

$$f(r) = k - \frac{2\kappa_n M}{(n-2)A_{n-2}^{(k)}r^{n-3}} + \frac{\kappa_n Q^2}{(n-2)(n-3)\left(A_{n-2}^{(k)}\right)^2\varepsilon_0 r^{2(n-3)}} - \frac{2\Lambda r^2}{(n-1)(n-2)}, \tag{7.55}$$

$$A_\mu \mathrm{d}x^\mu = -\frac{1}{(n-3)A_{n-2}^{(k)}\varepsilon_0}\frac{Q}{r^{n-3}}\mathrm{d}t, \tag{7.56}$$

其中，k 与 γ_{ij} 的含义与上一小节中的定义一致。注意：对于 $\Lambda > 0$ 的情况，上述解中只能取 $k = 1$，这时 γ_{ij} 就是 $(n-2)$ 维单位球面的度规；对于 $\Lambda < 0$ 的情况，k 的取值可以有三种选择：$k = 0, \pm 1$，相应的 γ_{ij} 分别是 $(n-2)$ 维平直欧几里得空间、单位球面或者标曲率为 -1 的旋转双曲面的度规。

定义

$$r_g = \left(\frac{2\kappa_n M}{(n-2)A_{n-2}^{(k)}}\right)^{1/(n-3)}, \quad r_Q = \left(\frac{\kappa_n Q^2}{(n-2)(n-3)\left(A_{n-2}^{(k)}\right)^2\varepsilon_0}\right)^{1/2(n-3)},$$

①参见 Kottler F. Ann. Phys., 1918, 361: 401。

可以将式 (7.55) 重新写为

$$f(r) = k - \left(\frac{r_g}{r}\right)^{n-3} + \left(\frac{r_Q}{r}\right)^{2(n-3)} - \epsilon\frac{r^2}{\ell^2}, \tag{7.57}$$

其中，

$$\ell^2 = \epsilon\frac{(n-1)(n-2)}{2\Lambda},$$

$\epsilon = \pm 1$ 分别对应渐近 de Sitter 和渐近 AdS 情形。

与不带电的情况相比，由于 $f(r)$ 中增加了含参数 r_Q 的一项，其零点和极值点结构会更加复杂且难于解析地表达。定性地说，当 $r \to 0$ 时，式 (7.57) 右方由含 r_Q 的项主导；当 r 很大时，式 (7.57) 右方由含 ℓ 的项主导。对于渐近 de Sitter 情形，有 $f(0) \to +\infty$，$f(+\infty) \to -\infty$。可见，$f(r)$ 在 $r \in [0, +\infty)$ 上至少有一个零点。依参数 M, Q 的不同取值，$f(r)$ 可能在 $r \in [0, +\infty)$ 上存在 1 至 3 个零点，如图 7.4 所示。时空在每个零点处均没有本性奇异但会出现无限红移面，因此这些零点对应着视界。

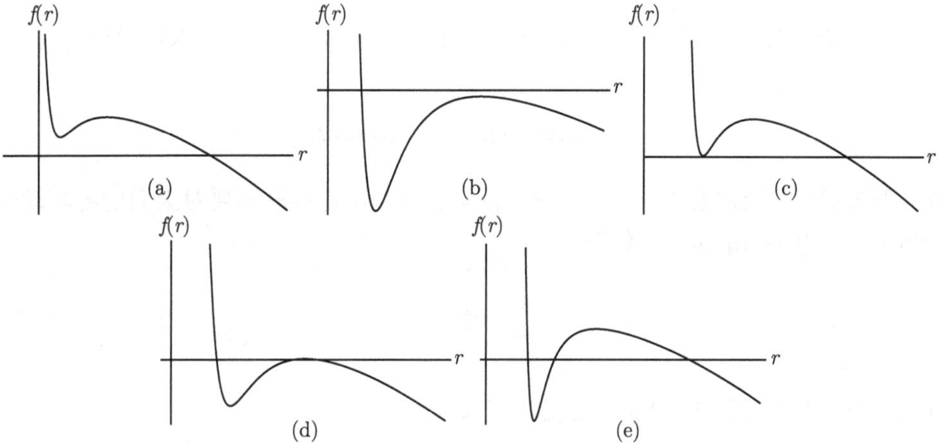

图 7.4 Tangherlini-RN-dS 时空的视界个数 (横轴对应 $f(r) = 0$)

(a)、(b) 对应宇宙学视界内含有一个裸奇点；(c) 对应极端黑洞；

(d) 对应 Nariai 极限 (黑洞外视界与宇宙学视界重合)；(e) 对应正常黑洞时空

图 7.4 中的情形 (a)、(b) 仅包含一个视界 $r = r_c$。这是宇宙学视界，因为静态观测者需要处于 $f(r) > 0$，即 $r < r_c$ 的区域。然而时空原点处的本性奇异点与静态观测者处于同一因果区域，因此是裸奇点。所以这两种情况应该视为非物理情形。情形 (c) 中含有两个视界，其中半径较大的一个是宇宙学视界，半径较小的一个是双重黑洞视界。这种情形对应在宇宙学视界之内含有一个极端黑洞的情况。情形 (d) 中也含有两个视界，但这时黑洞的外视界与宇宙学视界重合，可以理解为带电黑洞时空的 Nariai 极限。情形 (e) 包含个数最多的视界，其中最外层的视界是宇宙

学视界，居中的视界是黑洞的事件视界。这种情形对应 dS 背景下存在一个非极端带电黑洞的情况。

对于渐近 AdS 情形 (即 $\Lambda<0$)，$f(0)\to+\infty$，$f(+\infty)\to+\infty$。依参数 M,Q 的不同取值，$f(r)$ 可能在 $r\in[0,+\infty)$ 上存在 0，1，2 个零点，分别对应裸奇点、极端黑洞以及正常黑洞解。与渐近 de Sitter 情况相比，渐近 AdS 情形缺少了宇宙学视界，因此静态区域一直可以延伸至无穷远。

7.3.3 Kerr-(A)dS 黑洞

为了得到高维带非零宇宙学常数的旋转黑洞解，最佳的求解方法依然是 Kerr-Schild 构造。仿照 Myers-Perry 黑洞的构造过程，我们需要将空间坐标划分成两两一组，每一组坐标 (x_i,y_i) 对应一个转动平面。当空间为奇数维 (即时空为偶数维) 时，将会有一个不能配对的空间坐标。

首先我们讨论时空维数为 $d=2n+1$ 的情形。这时不需要引入不配对的空间坐标。

为了充分显示时空的转动对称性，我们在每个转动平面上引入极坐标 $(\hat{\mu}_i,\phi_i)$，使得

$$x_i=\hat{\mu}_i\cos\phi_i,\quad y_i=\hat{\mu}_i\sin\phi_i.$$

在实际构造中，通常会单独引入一个“径向坐标” y，这样就需要对上面的各转动平面内的径向坐标 μ_i 作一个约束

$$\sum_i\hat{\mu}_i^2=1. \tag{7.58}$$

这样，作为背景度规的 (A)dS 度规就可以写为

$$\mathrm{d}\bar{s}^2=-\left(1-\lambda y^2\right)\mathrm{d}t^2+\frac{\mathrm{d}y^2}{1-\lambda y^2}+y^2\sum_{i=1}^{n}\left(\mathrm{d}\hat{\mu}_i^2+\hat{\mu}_i^2\mathrm{d}\phi_i^2\right), \tag{7.59}$$

式中 λ 是重新标度化的宇宙学常数，

$$\bar{R}_{\mu\nu}=2n\lambda\bar{g}_{\mu\nu}.$$

引入新的坐标 r,μ_i，使得

$$\left(1+\lambda a_i^2\right)y^2\hat{\mu}_i^2=\left(r^2+a_i^2\right)\mu_i^2,\quad \sum_i\mu_i^2=1, \tag{7.60}$$

可以将式 (7.59) 重新写成

$$
\begin{aligned}
\mathrm{d}\bar{s}^2 =& -W\left(1-\lambda r^2\right)\mathrm{d}t^2 + F\mathrm{d}r^2 + \sum_{i=1}^{n}\frac{r^2+a_i^2}{1+\lambda a_i^2}\left(\mathrm{d}\mu_i^2+\mu_i^2\mathrm{d}\phi_i^2\right) \\
&+\frac{\lambda}{W\left(1-\lambda r^2\right)}\left(\sum_{i=1}^{n}\frac{\left(r^2+a_i^2\right)\mu_i\mathrm{d}\mu_i}{1+\lambda a_i^2}\right)^2,
\end{aligned}
\tag{7.61}
$$

其中，

$$
W\equiv\sum_{i=1}^{n}\frac{\mu_i^2}{1+\lambda a_i^2},\quad F\equiv\frac{r^2}{1-\lambda r^2}\sum_{i=1}^{n}\frac{\mu_i^2}{r^2+a_i^2}. \tag{7.62}
$$

对应的类光矢量场 k_μ 可以取作

$$
k_\mu\mathrm{d}x^\mu = W\mathrm{d}t + F\mathrm{d}r - \sum_{i=1}^{n}\frac{a_i\mu_i^2}{1+\lambda a_i^2}\mathrm{d}\phi_i. \tag{7.63}
$$

将背景度规式 (7.61) 和类光矢量场式 (7.63) 代入 Kerr-Schild 形式 (7.19)，并将结果代入具有非零宇宙学常数的真空爱因斯坦方程中去 (其中 $R^\mu{}_\nu$ 依旧由式 (7.20) 给出)，求解可得

$$
H=\frac{2M}{\Pi\Xi},\quad \Pi=\prod_{j=1}^{n}\left(r^2+a_j^2\right),\quad \Xi=\sum_{i=1}^{n}\frac{\mu_i^2}{r^2+a_i^2}.
$$

类光矢量场 k_μ 的逆变形式由下式给出：

$$
k^\mu\partial_\mu = -\frac{1}{1-\lambda r^2}\frac{\partial}{\partial t}+\frac{\partial}{\partial r}-\sum_{i=1}^{n}\frac{a_i}{r^2+a_i^2}\frac{\partial}{\partial\phi_i}.
$$

类似地，对于偶数维的时空，$d=2n$，背景度规和类光矢量场可以写为

$$
\begin{aligned}
\mathrm{d}\bar{s}^2 =& -W\left(1-\lambda r^2\right)\mathrm{d}t^2 + F\mathrm{d}r^2 + \sum_{i=1}^{n}\frac{r^2+a_i^2}{1+\lambda a_i^2}\mathrm{d}\mu_i^2 \\
&+\sum_{i=1}^{n-1}\frac{r^2+a_i^2}{1+\lambda a_i^2}\mu_i^2\mathrm{d}\phi_i^2+\frac{\lambda}{W\left(1-\lambda r^2\right)}\left(\sum_{i=1}^{n}\frac{\left(r^2+a_i^2\right)\mu_i\mathrm{d}\mu_i}{1+\lambda a_i^2}\right)^2,
\end{aligned}
$$

$$
k_\mu\mathrm{d}x^\mu = W\mathrm{d}t + F\mathrm{d}r - \sum_{i=1}^{n-1}\frac{a_i\mu_i^2}{1+\lambda a_i^2}\mathrm{d}\phi_i,
$$

其中，μ_n 是未配对的空间坐标，对应的 ϕ_n 不存在，因而 $a_n=0$。度规和类光矢量场表达式中的函数 H,Π,F 由下式给出：

$$
H=\frac{2M}{\Pi F r},\quad \Pi=\prod_{j=1}^{n-1}\left(r^2+a_j^2\right),\quad F=\sum_{i=1}^{n-1}\frac{\mu_i^2}{r^2+a_i^2}.
$$

这时类光矢量场 k_μ 的逆变形式为

$$k^\mu\partial_\mu = -\frac{1}{1-\lambda r^2}\frac{\partial}{\partial t} + \frac{\partial}{\partial r} - \sum_{i=1}^{n-1}\frac{a_i}{r^2+a_i^2}\frac{\partial}{\partial\phi_i}.$$

以上所描述的高维带宇宙学常数的轴对称黑洞解称为高维 Kerr-(A)dS 解。关于高维 Kerr-(A)dS 解的视界和因果结构、可观测量及物理定律等有关知识，有兴趣的读者可以参考 Gibbons，吕宏，Page 和 Pope 的原始文献①。

7.4　扩展相空间中的黑洞热力学

在 5.7 节中给出了黑洞热力学的几个基本定律。对于静态 $(J=0)$、中性 $(Q=0)$ 的黑洞，只有视界面积一个广延量，这时的第一定律成为 $\mathrm{d}M = T\mathrm{d}S$。这样的黑洞的热力学行为类似于理想气体。如果所考虑的黑洞解并非是渐近平坦的，而是具有一个负的宇宙学常数，那么情况就变得有趣起来。这是因为一个负宇宙学常数的出现在物理上提供了一个自然的紧闭箱，这就使得黑洞与箱中的热气体有达成两相平衡的可能，这就是所谓的 Hawking-Page 相变②。

在 3.6 节中，我们已经提到，爱因斯坦方程中的宇宙学常数项就好像一个等效流体的能动量张量。具体地说，当 Λ 为负数时，就好像是等效流体的压强，$P \equiv -\dfrac{\Lambda}{\kappa}$，其中 κ 是爱因斯坦引力常数。如果把这个等效的压强也当成是黑洞的热力学相空间中的一个维度，那么黑洞热力学的理论就需要扩展，其结果称为扩展相空间的黑洞热力学。物理上把 Λ 当成是一个热力学变量的理由是：爱因斯坦引力理论可能是某个更基本的理论的低能有效近似。在这一观点下，有效理论中的物理常数在基本理论中对应着某些模参数，因此允许它们在模空间中跑动。

我们以 4 维球对称的 RN-AdS 黑洞为例来分析扩展相空间中的热力学。为了简洁，我们暂时令 $G=1$，$\varepsilon_0 = 1/4\pi$，并且将负宇宙学常数 Λ 写作 $P = -\dfrac{\Lambda}{8\pi}$。

4 维 RN-AdS 黑洞度规式 (7.54) 中的函数 $f(r)$ 可以写为

$$f(r) = 1 - \frac{2M}{r} + \frac{Q^2}{r^2} + \frac{r^2}{\ell^2}, \tag{7.64}$$

对应的静电势为

$$\Phi = -A_0 = \frac{Q}{r},$$

其中，

$$\ell^2 = -\frac{3}{\Lambda} = \frac{3}{8\pi P}.$$

①参见 Gibbons G W, Lu H, Page D N, et al. J. Geom. Phys., 2005, 53: 49-73 [arXiv:hep-th/0404008]。

②见 Hawking S W, Page D. Commun. Math. Phys., 1983, 87。

方程 $f(r)=0$ 的最大根 r_+ 对应着黑洞的事件视界。根据式 (5.214)，该黑洞的温度为

$$T=\frac{f'(r_+)}{4\pi}=\frac{1}{4\pi r_+}\left(1-\frac{Q^2}{r_+^2}+\frac{3r_+^2}{\ell^2}\right), \tag{7.65}$$

式中我们已经利用 $f(r_+)=0$ 消去了 M。利用 Bekenstein-Hawking 公式可以得到黑洞的熵：

$$S=\frac{A}{4}=\pi r_+^2.$$

在热力学中，温度和熵是一对互相共轭的状态参量。而等效压强 P 也应该有一个与其共轭的体积参量，这个参量叫做热力学体积。对 RN-AdS 黑洞而言，热力学体积为 $V=\dfrac{4\pi r_+^3}{3}$。这个体积看起来好像是 3 维欧几里得空间中一个半径为 r_+ 的球体的体积，但是不能将它理解为黑洞本身的几何体积 (在视界内部，坐标 r 是类时的，因此不能定义所谓的几何体积)。不难验证，在以上给出的由 (M,S,Q,P,T,Φ,V) 张成的扩展热力学相空间中，热力学第一定律可以写为

$$\mathrm{d}M=T\mathrm{d}S+\Phi\mathrm{d}Q+V\mathrm{d}P,$$

其中，黑洞的质量 M 扮演着热力学势的角色，S,Q,P 是广延参量，T,Φ,V 是强度参量。从上式中最后一项的形式可以判断，M 更像是热力学系统的焓而不是内能。注意，M 依赖于 P 是爱因斯坦－麦克斯韦作用量直接决定的事实而非人为的假定。

下面我们用标度分析的方法来介绍一个在黑洞热力学中极为重要的关系式。带电黑洞的质量应该依赖于视界半径、电荷以及宇宙学常数。其中，视界半径可以更换为视界面积，宇宙学常数可以更换为压强。因此有

$$M=M(S,Q,P).$$

作为热力学势，M 应该是它所依赖的广延量的齐次函数。假定对黑洞的视界半径 r_+ 作一个标度变换 $r_+\to\lambda r_+$。各广延参量在这个标度变换下都会有相应的标度变换行为，相应的标度量纲分别记为 d_S,d_Q,d_P,d_M。那么，当系统的标度改变 λ 倍时，应该有

$$\lambda^{d_M}M=M(\lambda^{d_S}S,\lambda^{d_Q}Q,\lambda^{d_P}P).$$

上式对 λ 求一阶导数，然后令 $\lambda=1$，可得

$$d_M M=d_S TS+d_Q\Phi Q+d_P VP,$$

其中，

$$T=\left(\frac{\partial M}{\partial S}\right)_{Q,P},\quad \Phi=\left(\frac{\partial M}{\partial Q}\right)_{S,P},\quad V=\left(\frac{\partial M}{\partial P}\right)_{S,Q}.$$

从式 (7.64) 容易看出，M,Q 的标度量纲为 1，P 的标度量纲为 -2。另一方面，从 S 的表达式可以推知它的标度量纲为 2。因此，我们有

$$M=2TS+\Phi Q-2VP.$$

这个关系式称为 Smarr 关系，它的地位与热力学中的 Gibbs-Duhem 关系类似，可以被看做热力学第一定律的积分形式。

利用温度的表达式 (7.65)，可以将 RN-AdS 黑洞的物态方程写为

$$P=\frac{T}{2r_+}-\frac{1}{8\pi r_+^2}+\frac{Q^2}{8\pi r_+^4},\quad r_+=\left(\frac{3V}{4\pi}\right)^{1/3}.$$

若引入 $v=2r_+$，则有

$$P=\frac{T}{v}-\frac{1}{2\pi v^2}+\frac{2Q^2}{\pi v^4}. \tag{7.66}$$

在电荷 Q 保持为常数的前提下，这个物态方程与范德瓦耳斯系统的物态方程

$$\left(P+\frac{a}{v^2}\right)(v-b)=T$$

非常相似 (图 7.5)。因此，我们可以利用热力学中分析范德瓦耳斯系统临界行为的方法来分析 RN-AdS 黑洞的 $P-v$ 临界行为①。

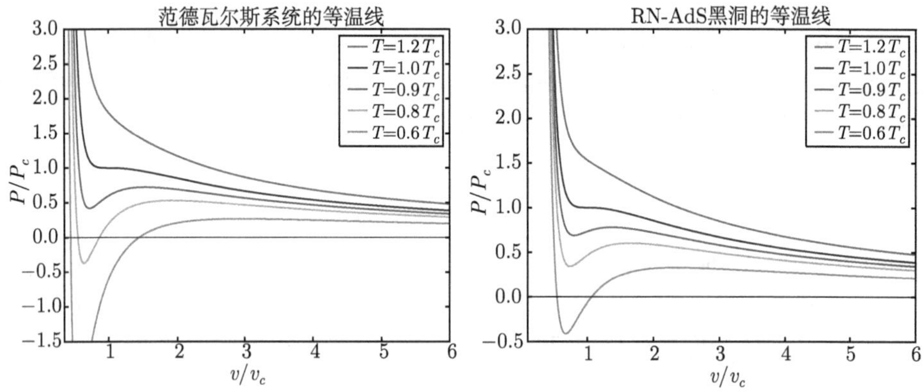

图 7.5　范德瓦耳斯系统和 RN-AdS 黑洞的等温线对比

①RN-AdS 黑洞的 $P-v$ 临界行为是由 Kubiznak 和 Mann 最早作出分析的，见 Kubiznak D, Mann R B, JHEP, 2012, 1207:033 [arXiv:1205.0559]。这里我们对范德瓦耳斯系统使用了普适气体常数 $R=1$ 的单位制。

首先，临界点定义为等温线的拐点，即方程

$$\frac{\partial P}{\partial v}=0,\quad \frac{\partial^2 P}{\partial v^2}=0$$

的解。对于 RN-AdS 黑洞，临界状态参量的取值为

$$T_c=\frac{\sqrt{6}}{18\pi Q},\quad v_c=2\sqrt{6}Q,\quad P_c=\frac{1}{96\pi Q^2}. \tag{7.67}$$

这些参量满足关系

$$\frac{P_c v_c}{T_c}=\frac{3}{8}.$$

这一关系与范德瓦耳斯系统的临界参量满足的关系完全一致。

RN-AdS 黑洞的质量可以用条件 $f(r_+)=0$ 反解出来：

$$M=\frac{v}{4}+\frac{Q^2}{v}+\frac{1}{6}\pi P v^3.$$

由于我们把质量解释成焓，所以，Gibbs 自由能可以写为

$$\begin{aligned}G(T,P)&=M-TS\\&=\frac{v}{4}+\frac{Q^2}{v}+\frac{1}{6}\pi P v^3-\frac{1}{4}\pi v^2 T\\&=\frac{v}{6}+\frac{4}{3}\frac{Q^2}{v}-\frac{1}{12}\pi v^2 T,\end{aligned}$$

式中最后一步我们利用了物态方程 (7.66) 将 P 替换成了 v 和 T。在上式中，v 应被视作通过物态方程 (7.66) 定义的关于 T 和 P 的隐函数。将临界参数式 (7.67) 代入 Gibbs 自由能的表达式，可以得到临界点处的 Gibbs 自由能：

$$G_c=\frac{\sqrt{6}}{3}Q.$$

因此，引进无量纲化的参数

$$p=\frac{P}{P_c},\quad \nu=\frac{v}{v_c},\quad \tau=\frac{T}{T_c},\quad \mathcal{G}(\tau,p)=\frac{G(T,P)}{G_c},$$

可以将物态方程和 Gibbs 自由能的表达式无量纲化：

$$\tau=\frac{3}{8}\left[\nu\left(p+\frac{2}{\nu^2}\right)-\frac{1}{3\nu^3}\right], \tag{7.68}$$

$$\mathcal{G}(\tau,p)=\nu+\frac{1}{3\nu}-\frac{1}{3}\nu^2\tau. \tag{7.69}$$

注意：式 (7.69) 中的 ν 应该被看作通过式 (7.68) 定义的隐函数。

图 7.6 给出了 RN-AdS 黑洞的等温 Gibbs 自由能曲线和等温物态方程曲线。从这些曲线可以看出，当 $T \leqslant T_c$ 时，RN-AdS 黑洞会经历类似于范德瓦耳斯系统的相变过程。若 $T < T_c$，Gibbs 自由能依然是连续的，但是在相变点其一阶导数不连续，因此相应的相变是一阶相变。在这种情况下，相变点实际存在两相平衡状态，在相平衡阶段等温物态方程曲线中震荡的一段需要被水平的等压线取代。相互平衡的两相分别是一个小黑洞相和一个大黑洞相。其中，因为小黑洞相的熵更小，所以热力学本身趋向于相变由小黑洞相向大黑洞相转变。具体的相平衡态的压强则可以用两相平衡自由能取极小值的法则来判断。需要强调注意的是：对范德瓦耳斯系统，自由能取极小值的条件可以被描述为**等温线被水平的等压线切割出来的两块曲边形的面积相等**。这就是所谓的麦克斯韦等面积法则。然而，对于黑洞相变的情形，因为物态方程中的参数 v 并非热力学体积，因此，等面积法则应该被一个积分等式

$$\int_{V_s}^{V_l} P\mathrm{d}V = P^*(V_l - V_s)$$

取代，其中 P^* 是相变点的压强。

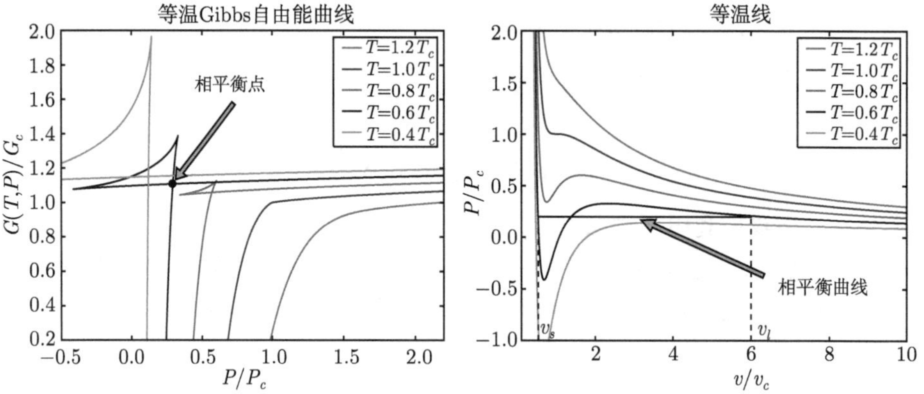

图 7.6 RN-AdS 黑洞的等温自由能曲线和等温线

如果温度达到临界温度时，Gibbs 自由能及其一阶导数在相变过程中都是连续的，但是其二阶导数存在不连续现象，因此相变变成了二阶相变。在逐渐靠近临界点的过程中，系统的状态参数会具有一些特别的标度行为。为了得到这些标度行为，我们将无量纲化的物态方程 (7.68) 在临界点附近做 Taylor 展开，得到

$$p = 1 + \frac{8}{3}t + -\frac{8}{9}t\omega - \frac{4}{81}\omega^3 + \mathcal{O}(t\omega^2, \omega^4),$$

其中，

$$t = \frac{T}{T_c} - 1 = \tau - 1, \quad \omega = \frac{v}{v_c} - 1 = \nu - 1.$$

仿照标准的热力学教科书中的过程，最后可以得到如下的标度关系：

$$
\begin{aligned}
&C_{r_+} \sim \left(\frac{|T-T_c|}{T_c}\right)^{-\alpha},\\
&r_{+l}-r_{+s} \propto (T-T_c)^{\beta},\\
&\kappa_T \sim \left(\frac{|T-T_c|}{T_c}\right)^{-\gamma},\\
&P-P_c \sim (r_+-r_c)^{\delta},
\end{aligned}
$$

式中，C_{r_+} 是黑洞的等半径热容，κ_T 是等温压缩系数。这些标度关系中出现的临界指数的数值为

$$
\alpha=0, \quad \beta=1/2, \quad \gamma=1, \quad \delta=3.
$$

这些临界指数与范德瓦耳斯系统对应的临界指数完全相同。

注意：相平衡阶段是一个等温等压过程，因此，同样可以从等压自由能曲线和等压线来分析两相平衡的过程。RN-AdS 黑洞的等压自由能曲线和等压线如图 7.7 所示。

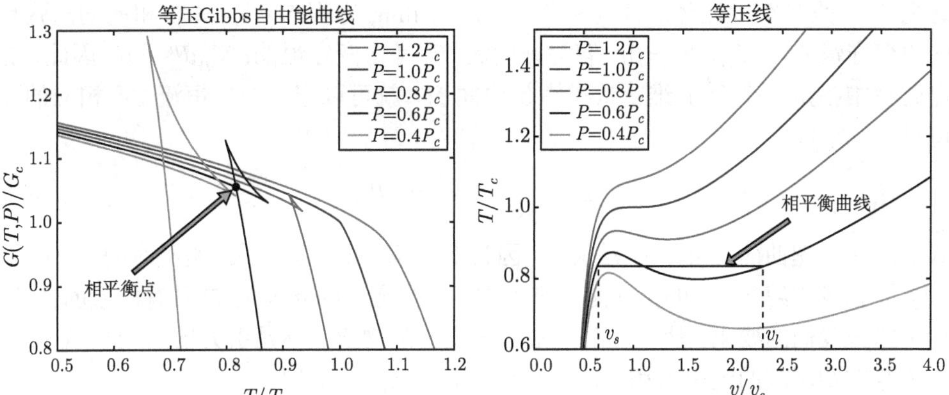

图 7.7 RN-AdS 黑洞的等压自由能曲线和等压线

必须说明的是：尽管对 RN-AdS 黑洞上述分析表明其扩展相空间热力学与范德瓦耳斯系统的行为相当类似，但是用同样手段对其他黑洞解的热力学进行分析表明，黑洞的扩展相空间热力学行为存在各种不同的变种，很多黑洞解的热力学与范德瓦耳斯系统的行为完全不同，例如有些黑洞解可能存在不止一个临界点，有些黑洞解的相变可能是零阶或者高于二阶等。这些结果表明黑洞扩展相空间热力学的结构相当丰富，而我们对这些热力学行为的了解才刚刚开始。

第 8 章　引力场的能量与哈密顿表述

在广义相对论中，引力被描述为时空的几何，与通常的场论属于完全不同类型的存在。虽然这种描述已经为我们理解引力的性质提供了诸多的便利，但是当触及引力场本身的物理可观测量 —— 例如能量和角动量 —— 时，纯几何的观点就会遇到一定的麻烦。截至目前，对引力场的能量尚未有一种统一的定义。

能量是与时间平移对称性相对应的守恒荷，在广义相对论中也不例外。然而，广义相对论的解并不保证都具有时间平移不变性。只有当时空中存在类时 Killing 矢量场时，时间平移才是时空中的对称变换。因此，在本章中，我们将主要考虑如何在存在类时 Killing 矢量场的时空中引入能量的定义。另外，鉴于能量的定义在实际的物理问题中的重要性，我们在本章中将直接令空的维数为 4 以符合实际观测。

如果时空中存在一个类时的 Killing 矢量场 $k = \partial_t$，则可以构造一个守恒流

$$J^\mu = T^{\mu\nu} k_\nu, \tag{8.1}$$

这里 $T^{\mu\nu}$ 是时空中流体的能动量张量。由 Killing 方程 $\nabla_{(\mu} k_{\nu)} = 0$ 和能动量张量的协变守恒方程 $\nabla_\mu T^{\mu\nu} = 0$，容易证明流 J^μ 是协变守恒的：$\nabla_\mu J^\mu = 0$。因此，若在时空中指定一个余 1 维紧致类空超曲面 Σ，就可以定义与守恒流 J^μ 相应的守恒量

$$E = \int_\Sigma \mathrm{d}^3 x \sqrt{h}\, n_\mu J^\mu, \tag{8.2}$$

其中，n^μ 是超曲面 Σ 的单位法矢量，因为 Σ 是类空的，因此 n^μ 是类时的，$n^\mu n_\mu = -1$，而且我们约定 n^μ 的指向是未来方向。这样定义的守恒量 E 具有能量的性质，似乎符合我们的要求。然而能动量张量描述的是物质而不是引力场，因此，对时空中不存在物质源的纯引力场情形，上面的定义显然不适用。

经过长期的研究，现在人们对稳态的渐近平坦及非渐近平坦时空都给出了能量定义方法，包括 Komar 能量、ADM 能量、AD 能量等，下面我们分别予以介绍。

8.1　Komar 能量

为了定义引力场本身的能量，可以仿照式 (8.1) 的结构在稳态时空中定义一个流矢量

$$\mathcal{J}^\mu = R^{\mu\nu} k_\nu. \tag{8.3}$$

这个流的协变散度为

$$\nabla_\mu \mathcal{J}^\mu = (\nabla_\mu k_\nu) R^{\mu\nu} + k_\nu (\nabla_\mu R^{\mu\nu}). \tag{8.4}$$

由 Killing 方程我们知道 $\nabla_\mu k_\nu$ 对于指标交换具有反对称性，而 $R^{\mu\nu}$ 对于指标交换具有对称性，因此上式第一项为零。另一方面，从式 (2.79) 可得

$$\nabla_\mu R^{\mu\nu} = \frac{1}{2} \nabla^\nu R. \tag{8.5}$$

上式代入到式 (8.4) 中，可以得到

$$\nabla_\mu \mathcal{J}^\mu = \frac{1}{2} k^\nu \nabla_\nu R. \tag{8.6}$$

由于 k 是类时 Killing 矢量场，上式右边自然为零。因此，流矢量式 (8.3) 是协变守恒的。与守恒流相对应的守恒荷可以定义为

$$E_{\mathrm{K}} = \frac{1}{\kappa} \int_\Sigma \mathrm{d}^3 x \sqrt{h}\, n_\mu \mathcal{J}^\mu. \tag{8.7}$$

这样定义的 Komar能量既可以描述没有物质源的纯引力场情形，又符合 Noether 定理的要求。

根据 2.7.2 节中关于 Killing 矢量场的讨论可知，$\nabla_\mu \nabla_\sigma k^\mu = R_{\sigma\nu} k^\nu$。因此可以将守恒流 $\mathcal{J}^\mu$ 重新写成

$$\mathcal{J}^\mu = \nabla_\nu (\nabla^\mu k^\nu). \tag{8.8}$$

所以有

$$E_{\mathrm{K}} = \frac{1}{\kappa} \int_\Sigma \mathrm{d}^3 x \sqrt{h}\, n_\mu \nabla_\nu (\nabla^\mu k^\nu). \tag{8.9}$$

由于被积分项是一个全散度，可以应用 Stokes 定理将上式写成类空超曲面 Σ 的边界上的积分

$$E_{\mathrm{K}} = \frac{1}{\kappa} \int_{\partial\Sigma} \mathrm{d}^2 x \sqrt{\sigma}\, n_\mu r_\nu \nabla^\mu k^\nu, \tag{8.10}$$

式中，σ 是 $\partial\Sigma$ 上的诱导度规的行列式，r^ν 是 $\partial\Sigma$ 的单位法矢量场，其方向需从 Σ 指向外部。Komar 能量对任意稳态时空均可定义。当 $\partial\Sigma$ 被取作位于类空无限远处的封闭超曲面时，Komar 能量可被视作引力场的总能量。

如果时空中存在类空 Killing 矢量场 χ，那么，将上述讨论中的类时 Killing 矢量场 k^μ 更换为类空 Killing 矢量场 χ^μ，最后所得的守恒量可以定义为引力场的角动量。在其他通过类时 Killing 矢量场定义引力场能量的方案中也可以通过同样的代换来定义引力场的角动量。

8.2　正则哈密顿表述与 ADM 能量

另一种定义能量的方式是通过广义相对论的正则哈密顿表述将引力场的能量与正则哈密顿量建立联系。建立广义相对论的正则哈密顿表述需要用到时空度规的 ADM 分解①，所以这样定义的能量被称为 ADM能量。ADM 能量仅适用于渐近平坦的时空，因此需要宇宙学常数 $\Lambda=0$。

8.2.1　引力作用量的 ADM 分解

为了建立广义相对论的正则哈密顿表述，需要将相对论引力理论描述成关于某种物理实在的时间演化的理论。由于广义相对论是关于时空的理论，我们可以任选一个余 1 维的类空超曲面 $\Sigma_t: t(x^\alpha)=t_0$(其中 x^α 是一组时空坐标) 并研究它在时间过程中的演化。当然，根据法矢量场的定义，Σ_t 的法矢量 $n_\alpha\propto\partial_\alpha t$。

引入新的坐标 (t,y^a)，其中 y^a 是超曲面 Σ_t 上的坐标，则时空度规可以用 ADM 分解式 (2.94) 写成

$$\mathrm{d}s^2=-N^2\mathrm{d}t^2+h_{ab}(\mathrm{d}y^a+N^a\mathrm{d}t)(\mathrm{d}y^b+N^b\mathrm{d}t). \tag{8.11}$$

超曲面 Σ_t 上的诱导度规 h_{ab} 与时空度规 $g_{\alpha\beta}$ 的关系为

$$h_{ab}=g_{\alpha\beta}e^\alpha{}_a e^\beta{}_b, \tag{8.12}$$

$$g^{\alpha\beta}=h^{ab}e^\alpha{}_a e^\beta{}_b-n^\alpha n^\beta, \tag{8.13}$$

其中，

$$n_\alpha=-N\partial_\alpha t,\quad e^\alpha{}_a=\frac{\partial x^\alpha}{\partial y^a},\quad n_\alpha e^\alpha{}_a=0. \tag{8.14}$$

以 t 为参数的曲线与 Σ_t 相交，但是未必正交。具体地说，这些曲线的切矢量 $t^\alpha=\dfrac{\partial x^a}{\partial t}$ 可以展开为

$$t^\alpha=Nn^\alpha+N^a e^\alpha{}_a. \tag{8.15}$$

这个方程解释了位移矢量 N^a 和时移函数 N 的含义。

①ADM 分解和广义相对论的哈密顿表述是 Arnowitt, Deser 和 Misner 在 1959 年首先做出的。相关的文献见 Arnowitt R, Deser S, Misner C. Physical Review, 1595, 116 (5): 1322 – 1330. 更为广泛熟知的文献是上述作者在 Louis Witten 主编的专著 Gravitation: An introduction to current research, Wiley: New York, 1962 中所写的第 7 章。

对时空进行 $3+1$ 分解以后，超曲面上的诱导度规 h_{ab} 不足以描述整个时空的几何。为了描述整个时空，我们还需要超曲面的外曲率

$$K_{ab}=\nabla_\beta n_\alpha e^\alpha{}_a e^\beta{}_b. \tag{8.16}$$

外曲率描述的是超曲面法矢量的变化率，因此它决定了经无穷小时间间隔后超曲面 Σ_t 演化的结果。K_{ab} 的迹定义为 $K=h^{ab}K_{ab}$。

如果在时空中另选一个类空矢量场 r^α(满足 $r^\alpha r_\alpha=1, r^\alpha n_\alpha=0$)，并以 r^α 为法矢量构造一个类时的余 1 维超曲面 $\mathcal{B}$，则 $\mathcal{B}$ 上的诱导度规 γ_{ij} 满足

$$\gamma_{ij}=g_{\alpha\beta}e^\alpha{}_i e^\beta{}_j, \tag{8.17}$$

$$g^{\alpha\beta}=\gamma^{ij}e^\alpha{}_i e^\beta{}_j+r^\alpha r^\beta, \tag{8.18}$$

其中，$e^\alpha{}_i=\dfrac{\partial x^\alpha}{\partial z^i}$, z^i 是超曲面 $\mathcal{B}$ 上的坐标。可以类似地定义 $\mathcal{B}$ 的外曲率

$$\mathcal{K}_{ij}=\nabla_\beta r_\alpha e^\alpha{}_i e^\beta{}_j, \tag{8.19}$$

以及 $\mathcal{K}_{ij}$ 的迹 $\mathcal{K}=\gamma^{ij}\mathcal{K}_{ij}$。

设 Σ_t 与 $\mathcal{B}$ 相交于余 2 维的超曲面 S_t，那么 S_t 上的诱导度规满足

$$\sigma_{AB}=g_{\alpha\beta}e^\alpha{}_A e^\beta{}_B, \tag{8.20}$$

$$g^{\alpha\beta}=\sigma^{AB}e^\alpha{}_A e^\beta{}_B-n^\alpha n^\beta+r^\alpha r^\beta, \tag{8.21}$$

其中，$e^\alpha{}_A\equiv e^\alpha{}_a e^a{}_A=\dfrac{\partial x^\alpha}{\partial\theta^A}$, $e^a{}_A=\dfrac{\partial y^a}{\partial\theta^A}$，$\theta^A$ 是超曲面 S_t 上的坐标。S_t 的外曲率及其迹定义为

$$k_{AB}=\nabla_\beta r_\alpha e^\alpha{}_A e^\beta{}_B,\quad k=\sigma^{AB}k_{AB}.$$

假设时空流形的边界由初始时刻的类空超曲面 Σ_{t_i}、最终时刻的类空超曲面 Σ_{t_f} 和 $\mathcal{B}$ 三部分组成 (如图 8.1 所示)，$\partial\mathcal{M}=\Sigma_{t_f}\bigcup\Sigma_{t_i}\bigcup\mathcal{B}$，那么包含边界项的引力作用量的形式是

$$\begin{aligned}S=&\frac{1}{2\kappa}\int_{\mathcal{M}}\mathrm{d}^4x\sqrt{g}\,R-\frac{1}{\kappa}\int_{\Sigma_{t_f}}\mathrm{d}^3y\sqrt{h}\,K\\&+\frac{1}{\kappa}\int_{\Sigma_{t_i}}\mathrm{d}^3y\sqrt{h}\,K+\frac{1}{\kappa}\int_{\mathcal{B}}\mathrm{d}^3z\sqrt{\gamma}\,\mathcal{K}.\end{aligned} \tag{8.22}$$

时空 $3+1$ 分解以后，Ricci 标量可以表示成

$$R=\mathcal{R}+K^{ab}K_{ab}-K^2-2\nabla_\alpha\left(n^\beta\nabla_\beta n^\alpha-n^\alpha\nabla_\beta n^\beta\right), \tag{8.23}$$

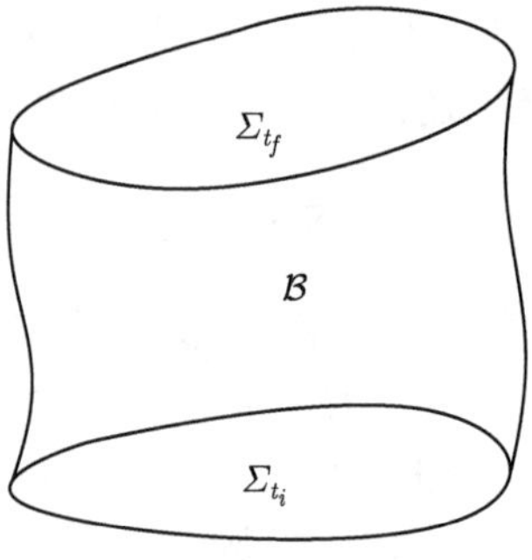

图 8.1　时空流形的边界

其中，$\mathcal{R}$ 是 3 维类空超曲面上的 Ricci 标量。因此，作用量中的首项可以重新写成

$$\frac{1}{2\kappa}\int_{\mathcal{M}} \mathrm{d}^4x\sqrt{g}\,R = \frac{1}{2\kappa}\int_{t_i}^{t_f}\mathrm{d}t\int_{\Sigma_t} N\sqrt{h}\mathrm{d}^3y\,\left(\mathcal{R}+K^{ab}K_{ab}-K^2\right)$$
$$-\frac{1}{\kappa}\int_{\partial\mathcal{M}}\left(n^\beta\nabla_\beta n^\alpha - n^\alpha\nabla_\beta n^\beta\right)\mathrm{d}\Sigma_\alpha, \tag{8.24}$$

式中我们利用了

$$\sqrt{g}=N\sqrt{h}.$$

式 (8.24) 中的边界积分可以分解成在 Σ_{t_i}、Σ_{t_f} 和 $\mathcal{B}$ 上的积分。在 Σ_{t_f} 上，

$$\mathrm{d}\Sigma_\alpha = -n_\alpha\sqrt{h}\mathrm{d}^3y.$$

注意到这里的约定 n_α 是一个过去指向的矢量，那么

$$-\frac{1}{\kappa}\int_{\Sigma_{t_f}}\left(n^\beta\nabla_\beta n^\alpha - n^\alpha\nabla_\beta n^\beta\right)\mathrm{d}\Sigma_\alpha = \frac{1}{\kappa}\int_{\Sigma_{t_f}}\mathrm{d}^3y\sqrt{h}\,\nabla_\beta n^\beta = \frac{1}{\kappa}\int_{\Sigma_{t_f}}\mathrm{d}^3y\sqrt{h}\,K. \tag{8.25}$$

可见，这一项与引力作用量式 (8.22) 中 Σ_{t_f} 部分相互抵消。同理，在 Σ_{t_i} 上的积分也相互抵消。现在只剩下 $\mathcal{B}$ 部分的贡献。在 $\mathcal{B}$ 上面元 $\mathrm{d}\Sigma_\alpha = r_\alpha\sqrt{\gamma}\mathrm{d}^3z$。所以，

$$-\frac{1}{\kappa}\int_{\mathcal{B}}\left(n^\beta\nabla_\beta n^\alpha - n^\alpha\nabla_\beta n^\beta\right)\mathrm{d}\Sigma_\alpha = \frac{1}{\kappa}\int_{\mathcal{B}}\mathrm{d}^3z\sqrt{\gamma}\,r_\alpha n^\beta\nabla_\beta n^\alpha, \tag{8.26}$$

其中用到了 $r_\alpha n^\alpha=0$。

综合上面的计算，我们得到

$$S = \frac{1}{2\kappa}\int_{t_i}^{t_f}\mathrm{d}t\int_{\Sigma_t}\mathrm{d}^3yN\sqrt{h}\left(\mathcal{R}+K^{ab}K_{ab}-K^2\right)$$
$$+\frac{1}{\kappa}\int_{\mathcal{B}}\mathrm{d}^3z\sqrt{\gamma}\left(\mathcal{K}+n^\alpha n^\beta\nabla_\beta r_\alpha\right). \tag{8.27}$$

由于

$$
\begin{aligned}
\mathcal{K} &= \gamma^{ij}\mathcal{K}_{ij} = \gamma^{ij}\left(\nabla_\beta r_\alpha e^\alpha{}_i e^\beta{}_j\right) \\
&= \nabla_\beta r_\alpha \left(\gamma^{ij} e^\alpha{}_i e^\beta{}_j\right) = \nabla_\beta r_\alpha \left(g^{\alpha\beta} - r^\alpha r^\beta\right),
\end{aligned} \tag{8.28}
$$

所以，

$$
\begin{aligned}
\mathcal{K} + \nabla_\beta r_\alpha\, n^\alpha n^\beta &= \nabla_\beta r_\alpha \left(g^{\alpha\beta} - r^\alpha r^\beta + n^\alpha n^\beta\right) \\
&= \nabla_\beta r_\alpha \left(\sigma^{AB} e^\alpha{}_A e^\beta{}_B\right) = \sigma^{AB}\left(\nabla_\beta r_\alpha\, e^\alpha{}_A e^\beta{}_B\right) \\
&= \sigma^{AB} k_{AB} = k.
\end{aligned} \tag{8.29}
$$

将计算结果代入式 (8.27)，并考虑到 $\sqrt{\gamma}\mathrm{d}^3 z = N\sqrt{\sigma}\mathrm{d}t\,\mathrm{d}^2\theta$，最终可以得到

$$
\begin{aligned}
S = &\frac{1}{2\kappa}\int_{t_i}^{t_f}\mathrm{d}t\int_{\Sigma_t}\mathrm{d}^3 y\, N\sqrt{h}\left(\mathcal{R} + K^{ab}K_{ab} - K^2\right) \\
&+ \frac{1}{\kappa}\int_{t_i}^{t_f}\mathrm{d}t\oint_{S_t}\mathrm{d}^2\theta\, N\sqrt{\sigma}(k - k_0).
\end{aligned} \tag{8.30}
$$

在式 (8.30) 中额外手加了一项 k_0，其含义是当 S_t 嵌入 Minkowski 时空时的外曲率。这一项的作用是可以防止当 $S_t \to \infty$ 时积分发散，同时还确保对于 Minkowski 时空作用量为零，从而使得引力作用量在任意渐近平坦的时空中都有良好的定义。

8.2.2 正则哈密顿量与 ADM 能量

为了得到引力场的哈密顿表述，我们首先定义 h_{ab} 的时间导数

$$
\dot{h}_{ab} \equiv \pounds_t h_{ab}, \tag{8.31}
$$

其中 t^α 是式 (8.15) 定义的类时矢量场。根据诱导度规的定义，有

$$
\dot{h}_{ab} = \pounds_t\left(g_{\alpha\beta}e^\alpha{}_a e^\beta{}_b\right) = \left(\pounds_t g_{\alpha\beta}\right)e^\alpha{}_a e^\beta{}_b. \tag{8.32}
$$

直接计算度规的李导数：

$$
\begin{aligned}
\pounds_t g_{\alpha\beta} &= \nabla_\beta t_\alpha + \nabla_\alpha t_\beta \\
&= \nabla_\beta(N n_\alpha + N_\alpha) + \nabla_\alpha(N n_\beta + N_\beta) \\
&= n_\alpha \partial_\beta N + \partial_\alpha N n_\beta + N\left(\nabla_\beta n_\alpha + \nabla_\alpha n_\beta\right) + \nabla_\beta N_\alpha + \nabla_\alpha N_\beta,
\end{aligned} \tag{8.33}
$$

式中，$N^\alpha = N^a e^\alpha{}_a$。所以，

$$
\dot{h}_{ab} = 2NK_{ab} + D_b N_a + D_a N_b, \tag{8.34}
$$

其中，$D_bN_a = e^{\alpha}{}_a e^{\beta}{}_b \nabla_\beta N_\alpha$。方程 (8.34) 也可以重写为

$$K_{ab} = \frac{1}{2N}\left(\dot{h}_{ab} - D_bN_a - D_aN_b\right). \tag{8.35}$$

上述分析表明，引力场作用量式 (8.30) 中的时间导数全部都包含在外曲率的表达式中。将作用量中的“体”拉格朗日密度 (即除了边界项以外的拉格朗日密度) 记为

$$\sqrt{g}\mathcal{L}_G = \frac{1}{2\kappa}N\sqrt{h}\left[\mathcal{R} + \left(h^{ac}h^{bd} - h^{ab}h^{cd}\right)K_{ab}K_{cd}\right], \tag{8.36}$$

那么，场变量 h_{ab} 的共轭动量就是

$$\pi^{ab} = \frac{\partial}{\partial \dot{h}_{ab}}\left(\sqrt{g}\mathcal{L}_G\right) = \frac{1}{2\kappa}\sqrt{h}\left(K^{ab} - Kh^{ab}\right). \tag{8.37}$$

所以，“体”哈密顿密度是

$$\begin{aligned}
\mathcal{H}_G =& \pi^{ab}\dot{h}_{ab} - \sqrt{g}\mathcal{L}_G \\
=& \frac{1}{2\kappa}\sqrt{h}\left(K^{ab} - Kh^{ab}\right)\left(2NK_{ab} + D_bN_a + D_aN_b\right) \\
& - \frac{1}{2\kappa}N\sqrt{h}\left(\mathcal{R} + K^{ab}K_{ab} - K^2\right) \\
=& \frac{1}{2\kappa}N\sqrt{h}\left(K^{ab}K_{ab} - K^2 - \mathcal{R}\right) + \frac{1}{\kappa}\sqrt{h}\left(K^{ab} - Kh^{ab}\right)D_bN_a \\
=& \frac{1}{2\kappa}N\sqrt{h}\left(K^{ab}K_{ab} - K^2 - \mathcal{R}\right) + \frac{1}{\kappa}\sqrt{h}D_b\left[\left(K^{ab} - Kh^{ab}\right)N_a\right] \\
& - \frac{1}{\kappa}\sqrt{h}N_aD_b\left(K^{ab} - Kh^{ab}\right).
\end{aligned} \tag{8.38}$$

对哈密顿密度在超曲面 Σ_t 上积分并加上边界项的贡献，最后可得总哈密顿量

$$\begin{aligned}
H_G =& \int_{\Sigma_t} \mathrm{d}^3y\mathcal{H}_G - \frac{1}{\kappa}\oint_{S_t}\mathrm{d}^2\theta N\sqrt{\sigma}\left(k - k_0\right) \\
=& \frac{1}{2\kappa}\int_{\Sigma_t}\mathrm{d}^3y\sqrt{h}\left[N\left(K^{ab}K_{ab} - K^2 - \mathcal{R}\right) - 2N_aD_b\left(K^{ab} - Kh^{ab}\right)\right] \\
& + \frac{1}{\kappa}\oint_{S_t}\mathrm{d}S_b\,N_a\left(K^{ab} - Kh^{ab}\right) - \frac{1}{\kappa}\oint_{S_t}\mathrm{d}^2\theta\,N\sqrt{\sigma}\left(k - k_0\right).
\end{aligned} \tag{8.39}$$

将 $\mathrm{d}S_b = r_b\sqrt{\sigma}\,\mathrm{d}^2\theta$ 代入上式，可以得到

$$\begin{aligned}
H_G =& \frac{1}{2\kappa}\int_{\Sigma_t}\mathrm{d}^3y\sqrt{h}\left[N\left(K^{ab}K_{ab} - K^2 - \mathcal{R}\right) - 2N_aD_b\left(K^{ab} - Kh^{ab}\right)\right] \\
& - \frac{1}{\kappa}\oint_{S_t}\mathrm{d}^2\theta\sqrt{\sigma}\left[N(k - k_0) - N_ar_b\left(K^{ab} - Kh^{ab}\right)\right] \\
=& \int_{\Sigma_t}\mathrm{d}^3y\left(N\mathcal{H} + N_a\mathcal{H}^a\right) - \int_{S_t}\mathrm{d}^2\theta\sqrt{\sigma}\left[\frac{1}{\kappa}N(k - k_0) - \frac{2}{\sqrt{h}}r_aN_b\,\pi^{ab}\right],
\end{aligned} \tag{8.40}$$

式中，

$$\mathcal{H}=\frac{1}{2\kappa}\sqrt{h}\left(K^{ab}K_{ab}-K^2-\mathcal{R}\right),$$
$$\mathcal{H}^a=-\frac{1}{\kappa}\sqrt{h}\,D_b\left(K^{ab}-Kh^{ab}\right).$$

注意：在最初的“体”拉格朗日密度式 (8.36) 中，并未出现 N 和 N_a 的时间导数。这意味着 N 和 N_a 是拉格朗日乘子，其共轭动量密度为零。用哈密顿力学的语言，N 和 N_a 提供了系统中的*原初约束*

$$\pi(N)=\frac{\delta H_G}{\delta N}=\mathcal{H}=0, \tag{8.41}$$

$$\pi^a(N_a)=\frac{\delta H_G}{\delta N_a}=\mathcal{H}^a=0. \tag{8.42}$$

需要说明的是：边界项仅仅是为了使得“体”内的变分问题获得良好的数学定义引入的，它不会影响到运动方程的形式。以上的约束条件式 (8.41) 和式 (8.42) 分别称作*哈密顿约束*和*动量约束*。

将哈密顿约束和动量约束代入总哈密顿量的表达式 (8.40)，同时将 S_t 选在渐近区域 $(N=1, N_a=0)$，可得

$$H_{\mathrm{ADM}}=-\frac{1}{\kappa}\int_{S_t^\infty}\mathrm{d}^2\theta\sqrt{\sigma}(k-k_0), \tag{8.43}$$

式中，S_t^∞ 是渐近无穷远处的余 2 维类空超曲面。将 k 和 k_0 的值代入上式并作分步积分，得

$$H_{\mathrm{ADM}}=\frac{1}{2\kappa}\int_{S_t^\infty}\mathrm{d}^2\theta\sqrt{\sigma}r^i\left[\mathcal{D}^j\sigma_{ij}-\mathcal{D}_i(\eta^{kl}\sigma_{kl})\right] \tag{8.44}$$

对渐近平坦区域将上式用笛卡尔坐标写出来

$$H_{\mathrm{ADM}}=\frac{1}{2\kappa}\int_{S_t^\infty}\mathrm{d}^2\theta\sqrt{\sigma}\,r^i\left[\partial^j\sigma_{ij}-\partial_i({\sigma^k}_k)\right]. \tag{8.45}$$

这就是引力场的 ADM 能量。可以证明，对于渐近平坦的稳态时空，ADM 能量等价于 Komar 能量。对于 Minkowski 时空，ADM 能量为零，而且它是唯一的渐近平坦的零能时空。

总结以上讨论，我们发现：渐近平坦时空中 ADM 能量的构造过程需要用到对时空的分层。我们实际采用了类空超曲面 Σ_t 和类时超曲面 $\mathcal{B}$ 来做这个分层，最后得到的 ADM 能量要在 t 等于常数、r 趋于无限远的余 2 维超曲面上积分。如果从最初对时空分层开始就采用类光超曲面，例如采用类光坐标 u 和 v 并分别引

入 $u=$ 常数 和 $v=$ 常数的超曲面来对时空进行分层，最终的余 2 维曲面可以选为 $u=$ 常数、$v\to\infty$ 的类光超曲面。这样也可以定义守恒的能量。这种利用类光无限远处超曲面积分定义的能量称为 Bondi能量，它适用于描写通过引力辐射所发射出去的能量。

8.2.3 引力场的完整哈密顿结构

建立一个哈密顿系统需要同时确定两件事：一是系统的哈密顿函数，二是相空间中的泊松括号。对广义相对论来说，哈密顿函数已经在上一小节中通过 ADM 分解构造出来了。计及宇宙学常数的贡献后，我们有

$$H_G=\int_{\Sigma_t}\mathrm{d}^3y\left(N\mathcal{H}+N_a\mathcal{H}^a\right)-\frac{1}{\kappa}\int_{S_t^\infty}\mathrm{d}^2\theta\sqrt{\sigma}N(k-k_0), \tag{8.46}$$

式中，

$$\begin{aligned}\mathcal{H}&=\frac{1}{2\kappa}\sqrt{h}\left(K^{ab}K_{ab}-K^2-\mathcal{R}+2\Lambda\right),\\ \mathcal{H}^a&=-\frac{1}{\kappa}\sqrt{h}\,D_b\left(K^{ab}-Kh^{ab}\right).\end{aligned}$$

因此，“体”中的哈密顿约束和动量约束依然存在。如果用共轭动量密度来表达，可以将哈密顿约束和动量约束重新写为

$$\mathcal{H}=\frac{2\kappa}{\sqrt{h}}\left(\pi^{ab}\pi_{ab}-\frac{1}{2}\pi^2\right)-\frac{1}{2\kappa}\sqrt{h}\left(\mathcal{R}-2\Lambda\right), \tag{8.47}$$

$$\mathcal{H}^a=-2\sqrt{h}D_b\left(\frac{1}{\sqrt{h}}\pi^{ab}\right). \tag{8.48}$$

引入 de Witt度规

$$G^{abcd}=\frac{\sqrt{h}}{2\kappa}\left(h^{ac}h^{bd}+h^{ad}h^{bc}-h^{ab}h^{cd}\right),$$

$\mathcal{H}$ 还可以进一步写为

$$\mathcal{H}=G^{abcd}\pi_{ab}\pi_{cd}-\frac{1}{2\kappa}\sqrt{h}\left(\mathcal{R}-2\Lambda\right). \tag{8.49}$$

为了能够将引力场的方程描写为哈密顿运动方程，我们还需要引入正则等时泊松括号：

$$\{h_{ab}(y),\,\pi^{cd}(y')\}=\frac{1}{2}\left(\delta_a{}^c\delta_b{}^d+\delta_a{}^d\delta_b{}^c\right)\delta^3(y-y').$$

这样就完成了对广义相对论的哈密顿结构的构造。

必须说明的是：尽管在形式上我们已经构造了广义相对论的正则哈密顿结构，但是这个哈密顿系统是一个约束系统，必须利用 Dirac 的约束哈密顿系统理论进

行处理。但是一旦经过这样的处理,"体"中的哈密顿量就会变为零。这样就会造成一个物理上的困难:即产生时间平移的守恒荷为零,因而无法发生时间演化。从效果上看,这相当于说在广义相对论中时间演化不会发生。这就是正则广义相对论中的著名的时间问题。

时间问题与广义坐标变换的不变性有密切的关系。由于广义坐标变换的不变性,相对论引力理论中只有坐标无关的信息才是物理的。然而,要描述时间演化,却必须首先明确一种将时空按特定方式用类空超曲面"分层"的方案。由于这种分层方案是随意的,不同的分层方案需要描述同样的时空几何,这就使得绝对的时间演化成了不必要而且难以定义的事情。实际上,广义相对论的引力场方程与哈密顿约束和动量约束方程

$$\mathcal{H} = 0, \qquad \mathcal{H}^a = 0 \tag{8.50}$$

完全等价,因此理论本身没有为容纳哈密顿运动方程提供剩余的空间。

8.3 AD 能量

现代天文观测表明我们所处的时空不是平坦时空,而是一个具有微小正值宇宙学常数的渐近 de Sitter 时空。由于没有类空无穷远和全局类时的 Killing 矢量场,在渐近 de Sitter 时空中定义和理解能量这个概念变得更加困难。

为了在非渐近平坦的时空中定义引力场的能量,我们首先将度规分为两部分,

$$g_{\mu\nu} = \bar{g}_{\mu\nu} + h_{\mu\nu}, \tag{8.51}$$

其中,$\bar{g}_{\mu\nu}$ 是背景度规,一般选作时空度规的渐近形式,即含宇宙学常数的 dS 或 AdS 度规,而 $h_{\mu\nu}$ 在渐近极限下趋于零,它表示时空度规对背景度规的偏离。经过度规分解以后,可以将含宇宙学常数的真空爱因斯坦方程

$$R^{\mu\nu} - \frac{1}{2}g^{\mu\nu}R + \Lambda g^{\mu\nu} = 0 \tag{8.52}$$

重新写成

$$R_L^{\mu\nu} - \frac{1}{2}\bar{g}^{\mu\nu}R_L - \Lambda h^{\mu\nu} = \frac{1}{\sqrt{\bar{g}}}T^{\mu\nu}, \tag{8.53}$$

其中,下标 L 表示由 $h_{\mu\nu}$ 的线性项构成的表达式,$T^{\mu\nu}$ 中包含 $h_{\mu\nu}$ 的 2 阶以及更高价的贡献,可以看成是引力场的能动量张量。作上述背景展开后所有指标移动都用背景度规 $\bar{g}_{\mu\nu}$ 来操作。

背景度规的 Bianchi 恒等式可以化为 $\bar{D}_\mu\left(R_L^{\mu\nu}-\frac{1}{2}\bar{g}^{\mu\nu}R_L-\Lambda h^{\mu\nu}\right)=0$，因此有

$$\bar{D}_\mu T^{\mu\nu}=0, \tag{8.54}$$

这里 $\bar{D}_\mu$ 是与背景度规相容的协变导数。

如果存在背景度规 $\bar{g}_{\mu\nu}$ 上存在 Killing 矢量场 $\bar{\xi}_\mu$，就可以构造一个背景守恒流

$$J^\mu=T^{\mu\nu}\bar{\xi}_\nu, \tag{8.55}$$

它满足

$$\bar{D}_\mu\left(T^{\mu\nu}\bar{\xi}_\nu\right)=\left(\bar{D}_\mu T^{\mu\nu}\right)\bar{\xi}_\nu+\frac{1}{2}T^{\mu\nu}\left(\bar{D}_\mu\bar{\xi}_\nu+\bar{D}_\nu\bar{\xi}_\mu\right)=0. \tag{8.56}$$

又由于

$$\bar{D}_\mu J^\mu=\frac{1}{\sqrt{\bar{g}}}\partial_\mu\left(\sqrt{\bar{g}}J^\mu\right), \tag{8.57}$$

因此，如果 $h_{\mu\nu}$ 在渐近区域趋于零的速度足够快，就可以定义守恒荷

$$E(\bar{\xi})=\frac{1}{\kappa}\int \mathrm{d}^3x\,T^{0\nu}\bar{\xi}_\nu. \tag{8.58}$$

如果 $\bar{\xi}_\mu$ 是类时 Killing 矢量场，这样定义的守恒荷就是可以看作是引力场的能量。这个能量叫做 AD能量①。

为进一步找到能量式 (8.58) 和 ADM 能量式 (8.45) 之间的关系，我们将 $T^{\mu\nu}$ 用 $h_{\mu\nu}$ 表示的表达式写出来：

$$\frac{1}{\sqrt{\bar{g}}}T^{\mu\nu}=\bar{D}_\alpha\bar{D}_\beta K^{\mu\alpha\nu\beta}+X^{\mu\nu} \tag{8.59}$$

其中，

$$K^{\mu\alpha\nu\beta}=\frac{1}{2}\left[\bar{g}^{\mu\beta}H^{\nu\alpha}+\bar{g}^{\nu\alpha}H^{\mu\beta}-\bar{g}^{\mu\nu}H^{\alpha\beta}-\bar{g}^{\alpha\beta}H^{\mu\nu}\right], \tag{8.60}$$

$$H^{\mu\nu}=h^{\mu\nu}-\frac{1}{2}\bar{g}^{\mu\nu}h^\alpha{}_\alpha, \tag{8.61}$$

$$X^{\mu\nu}=\frac{1}{2}\left[\bar{D}_\alpha,\bar{D}^\nu\right]H^{\mu\alpha}-\Lambda H^{\mu\nu}=\frac{1}{2}\bar{R}^\nu{}_{\lambda\alpha\beta}K^{\mu\lambda\alpha\beta}. \tag{8.62}$$

将方程 (8.59) 两边用 $\bar{\xi}_\nu$ 缩掉一个指标，得到

$$\frac{1}{\sqrt{\bar{g}}}T^{\mu\nu}\bar{\xi}_\nu=\bar{D}_\alpha\left[\left(\bar{D}_\beta K^{\mu\alpha\nu\beta}\right)\bar{\xi}_\nu-K^{\mu\beta\nu\alpha}\bar{D}_\beta\bar{\xi}_\nu\right]+\left[K^{\mu\alpha\nu\beta}\bar{D}_\beta\bar{D}_\alpha+X^{\mu\nu}\right]\bar{\xi}_\nu. \tag{8.63}$$

①AD 能量是 Abbott 和 Deser 在 1982 年发表于 Nucl. Phys. B195: 76-96 的工作中首先定义的。

由方程 (8.60)、方程 (8.62) 并考虑到 $\bar{D}_\beta \bar{D}_\alpha \bar{\xi}_\nu = \bar{R}^\lambda{}_{\beta\alpha\nu}\bar{\xi}_\lambda$ 可知式 (8.63) 的最后两项抵消，只剩下前面的全散度项。最终可以将 AD 能量写成余 2 维超曲面上的积分的形式：

$$
\begin{aligned}
E(\bar{\xi}) &= \frac{1}{\kappa}\int \mathrm{d}^3x\, T^{0\nu}\bar{\xi}_\nu \\
&= \frac{1}{\kappa}\oint \mathrm{d}S_i\sqrt{\bar{g}}\left[\bar{D}_\beta K^{0i\nu\beta} - K^{0j\nu i}\bar{D}_j\right]\bar{\xi}_\nu .
\end{aligned} \tag{8.64}
$$

如果 $\Lambda = 0$，度规分解的时候取 Minkowski 度规作为背景度规，并且 $\bar{\xi}_\nu$ 是类时 Killing 矢量 $\bar{\xi}_\nu = (1,0,0,0)$，能量表达式 (8.64) 就回到 ADM 能量式 (8.45)。

如果引力作用量中含有高阶曲率项 (例如在本书第 10 章中将考虑的扩展引力模型)，仍然可以用上面的过程定义能量。我们同样需要将度规进行类似于式 (8.51) 的分解，然后将真空运动方程展开式中 $h_{\mu\nu}$ 线性阶的结果定义为引力场的有效能动量张量。当然，$T^{\mu\nu}$ 的具体表达式将会不同于式 (8.59)。但是守恒流和能量依然可以用式 (8.55) 和式 (8.58) 来定义，只是针对不同的模型具体的计算结果会不同。

8.4 引力场的准局域能量

前文中介绍的几种能量的定义都需要选取一个位于时空渐近区域的超曲面进行积分，这样得到的能量是时空的**整体能量**。在实际物理问题中，整体能量有时会难以计算或者理解，例如，当考虑 Bondi 能量时，积分曲面在类光无穷将来，这相当于要求观测者处于无穷将来，对描写有限时间点的物理问题来说有概念性的问题。另一个例子是渐近 de Sitter 时空，由于不存在类空无限远，AD 能量只能选在共形无限远处的超曲面上来定义。但是由于 AD 能量要求 $h_{\mu\nu}$ 在渐近区域趋于零的速度足够快，有时这个条件得不到满足，因此 AD 能量依然会存在定义上的困难。

除了定义和理解整体能量可能遇到的困难和问题以外，还有其他的物理动机来考虑引力场的并非整体的能量。例如我们可能会关心有限的封闭曲面所包含的时空区域内引力场所具有的能量。这种能量被称为准局域能量。

准局域能量通常被用来描写引力场中的孤立体或者球对称引力场的能量。在实际应用中，准局域能量有的多种不同的定义，而且并没有任何物理及数学的条件来保证它们之间的一致性。

最简单的准局域能量是有限的封闭超曲面上的 Komar 积分：

$$
E_{\mathrm{K}} = \frac{1}{\kappa}\int_{\partial\Sigma} \mathrm{d}^2x\sqrt{\sigma}\, n_\mu r_\nu \nabla^\mu k^\nu ,
$$

式中，$\partial\Sigma$ 选为有限远处的封闭类空超曲面。如果时空是球对称的，可以将 $\partial\Sigma$ 选为 S_t^r，即 t 和 r 都是有限常数的封闭球面。

另一个著名的准局域能量的定义是 Brown-York 能量，其定义是将 ADM 能量中无穷远处的积分曲面改为有限远处的封闭曲面：

$$H_{\rm BY} = -\frac{1}{\kappa}\int_{S_t^r} {\rm d}^2\theta\sqrt{\sigma}(k-k_0).$$

与通过 ADM 分解构造出来的引力场正则哈密顿量式 (8.40) 相比，Brown-York 能量的定义中相当于选取了 $N=1, N_a=0$。与 ADM 能量中将这些条件当作渐近条件不同，在 Brown-York 能量的定义中这个选择其实是限定了坐标系的选择方法，因此是“规范相关”的。为了避免这种规范相关性，一些作者还引入了其他的定义，例如 Kijowski 引入了如下的准局域能量：

$$\begin{aligned} &H_{\rm Kij} = \frac{1}{2\kappa}\int_{S_t^r} {\rm d}^2\theta\sqrt{\sigma}\,\frac{k_0^2-(k^2-L^2)}{k_0},\\ &L \equiv \sigma_{AB}\pi^{AB}, \end{aligned}$$

其中，π^{AB} 是共轭动量 π^{ab} 在超曲面 S_t^r 上的投影。其他的规范无关的定义包括 Kijowski-Liu-Yau 能量

$$H_{\rm KLY} = \frac{1}{\kappa}\int_{S_t^r} {\rm d}^2\theta\sqrt{\sigma}\left(k_0-\sqrt{k^2-L^2}\right),$$

Epp 能量

$$H_{\rm KLY} = \frac{1}{\kappa}\int_{S_t^r} {\rm d}^2\theta\sqrt{\sigma}\left(\sqrt{k_0^2-L_0^2}-\sqrt{k^2-L^2}\right),$$

等。Kijowski 能量与 Kijowski-Liu-Yau 能量是使用了不同的边界条件得到的与 Brown-York 能量类似的结果，而 Epp 能量则主要考虑了步进不变性的要求。

前面讨论的能量定义基本上都要求时空中存在类时 Killing 矢量场。Misner 和 Sharp 考虑了一种未必存在 Killing 矢量场的动力学时空中的能量定义问题。假定时空度规的形式为

$${\rm d}s^2 = g_{AB}{\rm d}x^A{\rm d}x^B + \mathscr{R}^2({\rm d}\theta^2+\sin^2\theta{\rm d}\phi^2),$$

其中，g_{AB} 是一个动态的两维赝黎曼时空的度规，其分量以及 $\mathscr{R}$ 都仅仅是 x^A 的光滑函数。利用协变导数的无挠条件可以证明，Kodama矢量场

$$K^\mu = \epsilon^{\mu\nu}\nabla_\nu\mathscr{R}$$

满足协变散度为零的条件:

$$\nabla_\mu K^\mu = 0,$$

式中,

$$\epsilon_{\mu\nu} = n^\rho s^\sigma \epsilon_{\mu\nu\rho\sigma},$$

$\epsilon_{\mu\nu\rho\sigma}$ 是时空上的体积形式, n^ρ 和 s^σ 是 (θ, ϕ) 所张成的两维球面的两个彼此正交的单位法矢量场。$\epsilon_{\mu\nu}$ 其实就是是两维度规 g_{AB} 所定义的几何上的体积形式。容易看出, K^μ 与 $\mathscr{R}$ 等于常数的球面正交:

$$K^\mu \nabla_\mu \mathscr{R} = 0.$$

利用爱因斯坦方程以及 K^μ 协变散度为零的条件, 可以证明下面定义的 J^μ 是一个协变守恒流:

$$J^\mu = G^{\mu\nu} K_\nu, \quad \nabla_\mu J^\mu = 0,$$

其中, $G^{\mu\nu}$ 是爱因斯坦张量。由于上述协变守恒性质, 可以在一个余 1 维的类空区域上对 J^μ 进行积分来获得守恒荷:

$$E_{\rm MS} = \int_{D^3} \epsilon_{\mu\nu\rho\sigma} J^\sigma.$$

由于度规本身的形式, D^3 的最佳选择就是保持 $\mathscr{R}$ 为常数的球形区域。这样定义的准局域能量称为 Misner-Sharp 能量。

除此之外, 还有许多不同的准局域能量的定义方法, 例如 Hawking 能量、Hayward 能量、Geroch 能量等, 有兴趣的读者可以参考 Szabados 的综述文章①, 本书就不再一一介绍了。

8.5 引力场的正则量子化及其困难

前文中介绍的引力场的正则哈密顿表述提供了通往正则量子化的基本途径。物理上, 对于引力场量子化的需求来源于宇宙学。按标准宇宙学模型 (参考下一章), 早期宇宙的尺度可能非常接近 Planck 尺度, 这时引力场的量子效应应该显现出来。但是, 对引力场进行量子化的各种尝试无一例外都存在一定的困难, 例如当我们将渐近平坦时空中的引力场看成是在 Minkowski 背景下的微扰模式时, 通过所谓的微扰量子化会发现单圈不可重整的问题; 如果通过作用量直接作路径积分量子化, 又会遇到积分测度无法定义以及欧式化的作用量非正定导致的收敛性问题; 如果

①Szabados L B. Quasi-Local Energy-Momentum and Angular Momentum in General Relativity. Living Rev. Relativity, 2009, 12: 4。

通过正则哈密顿表述进行正则量子化，则会遇到状态空间无法定义以及时间问题。目前引力场量子化比较流行的两个方案是超弦理论和圈量子引力，但是两种方案都还没有发展到能够作出有意义的物理预言的阶段。关于引力场量子化的各种尝试及其困难的详细讨论请参考有关的专门书籍，例如刘辽、黄超光的《弯曲时空量子场论与量子宇宙学》。在本节中，我们将只简单地讨论引力场的正则量子化及其困难。

利用我们在 8.2 节中已经获得的正则哈密顿表述，理论上我们可以直接对引力场进行正则量子化，即将场变量 $h_{ab}(t,y)$ 及其共轭动量密度 $\pi^{ab}(t,y)$ 直接更换为算符，

$$
\begin{aligned}
h_{ab}(t,y) &\to \hat{h}_{ab}(t,y), \\
\pi^{ab}(t,y) &\to \hat{\pi}^{ab}(t,y).
\end{aligned}
$$

如果选用“位形空间表象”，则有

$$
\begin{aligned}
\hat{h}_{ab}(t,y) &= h_{ab}(t,y), \\
\hat{\pi}^{ab}(t,y) &= -\mathrm{i}\hbar\frac{\delta}{\delta h_{ab}(t,y)}.
\end{aligned}
$$

由于引力场的正则哈密顿量是纯约束组成的，不存在哈密顿运动方程，因此也不存在对运动方程量子化的问题。但是量子化后的理论必须保持原有的哈密顿约束和动量约束。由于量子化后 $\mathcal{H}$ 和 $\mathcal{H}^a$ 都成为算符，一个直观的想法是将约束方程 (8.50) 直接更换为算符方程

$$
\hat{\mathcal{H}} = 0, \quad \hat{\mathcal{H}}^a = 0.
$$

但是，这样做的结果对量子化的理论是过强的限制，将会导致理论中所有的算符只有零本征值。同样的问题也曾经出现在电动力学中：我们不能将 Lorentz 规范条件 $\partial_\mu A^\mu = 0$ 直接变成算符方程，而是必须采用 Gupta-Bleuler 方法变成作用在物理态上的方程 $\partial_\mu \hat{A}^\mu|\mathrm{phys}\rangle = 0$。因此，假定引力场量子化后对应的物理态为 $|\varPsi\rangle$，则量子化后的哈密顿约束和动量约束应表达为

$$
\hat{\mathcal{H}}|\varPsi\rangle = 0, \tag{8.65}
$$

$$
\hat{\mathcal{H}}^a|\varPsi\rangle = 0. \tag{8.66}
$$

方程 (8.65) 称为 Wheeler-de Witt 方程，它经常被拿来与量子力学中的 Schrödinger 方程

$$
i\hbar\frac{\partial}{\partial t}|\varPsi(t)\rangle = H|\varPsi(t)\rangle
$$

比较，以说明在量子引力中存在所谓的时间问题。

正则量子引力的真正问题在于物理态空间 $\{|\Psi\rangle\}$ 的定义存在问题。从式 (8.49) 可知，量子化后 $\hat{\mathcal{H}}$ 是一个二阶泛函偏微分算符，

$$\hat{\mathcal{H}} = -\hbar^2 G^{abcd}\frac{\delta}{\delta h_{ab}}\frac{\delta}{\delta h_{cd}} - \frac{1}{2\kappa}\sqrt{h}\,(\mathcal{R} - 2\Lambda)\,. \tag{8.67}$$

因此 Wheeler-de Witt 方程是一个二阶泛函偏微分方程。与普通的偏微分方程不同，泛函偏微分方程中的自变量 h_{ab} 有无穷多种取值。这相当于说 Wheeler-de Witt 方程类似于无穷维空间中的二阶偏微分方程组，对其求解有基本的困难。

通常将 h_{ab} 取值的位形空间称为超空间。为了解决 Wheeler-de Witt 方程的求解困难，一种常用的手段是利用特定的度规假定对超空间的维度进行限制。这样得到的结果称为**微小超空间模型** (minisuperspace model)。例如在正则量子宇宙学中，一般取时空度规为类似于 Robertson-Walker 度规的形式

$$\mathrm{d}s^2 = -N^2(t)\mathrm{d}t^2 + a^2(t)\mathrm{d}\sigma_0^2,$$

其中，$\mathrm{d}\sigma_0^2$ 代表 3 维欧几里得空间上的线元。这样就将超空间约化为 1 维“坐标” a 所取值的空间。如果引力场还有额外的物质源，则这些额外的场变量也有可能构成微小超空间中的维度。在最简单的实际模型中，引力场的源是一个标量场，这时 Wheeler-de Witt 方程就约化为一个二阶的双曲微分方程，非常类似于 Klein-Gordon 方程。因此，在微小超空间模型下，给定了恰当的边界条件后，Wheeler-de Witt 方程是可以求解的。这样得出的解被叫做宇宙波函数①。

①关于微小超空间量子宇宙学中的宇宙波函数的详细讨论，感兴趣的读者可以参考刘辽、黄超光编著的《弯曲时空量子场论与量子宇宙学》。

第 9 章　宇宙学简介

9.1　宇宙学原理

我们的宇宙究竟是什么? 它从何而来，又走向何处? 这是个高度挑战性的问题。自人类有史以来，关于时空和宇宙的本性的探索一直是人类探索自然和挑战自身认识极 限的经典问题。

宇宙这个名词起源于战国时期尸子的著作:“上下四方曰宇，古往今来曰宙”。用今天的语言来讲，宇宙就是所有的空间、时间和物质的总和。由于观测手段的局限性，历史上不同时期的人们对宇宙的认识十分不同。在古代，东西方的人们不约而同的根据恒星在天空中相对位置基本不动这一“观测事实”认定，宇宙 (实际上是夜空中的“恒星天”) 是静态的，除了有限的几颗星 (太阳、月亮、行星) 绕地球运转之外。持这种观点的典型宇宙模型有中国的浑天仪模型和欧洲托勒密的地心体系等。这些模型在相当好的程度上符合了当时人们的认识能力和观测手段。在这一时期只有极少数具有超强洞察力的人 (例如生于公元前 3 世纪的古希腊的 Aristarchus) 认为宇宙的中心是太阳而非地球。这种观点由于受到观测的限制而不能为当时的多数人认同。随着观测手段的进步，在 16 世纪欧洲出现了哥白尼的日心地动说，地球在这个学说中丧失了宇宙中心的位置而让位于太阳。日心说由于更好的符合了当时的观测而逐渐被人们接受。然而，即使在日心说中，人类所居住的太阳系在宇宙中仍处于特殊的地位。发生这种情况的原因一方面是由于人类在进行观测时所受的天然限制 (对于进行宇宙观测的人类来讲，其处境实在并不比坐在井中的青蛙更好)，另一方面也是由于受到宗教和神学的影响。在日心说中，遥远天空中的“恒星天”在宇宙体系中的地位仍和托勒密学说中一样，是一个固定的，不会随时间变化的天球。

在这里有必要讨论一下固定天球背后隐藏的含义。在某种意义上 (尽管不是必然和唯一合理的解释)，固定天球的存在暗示宇宙有可能在时间上是永恒 (即一直存在) 的，而在空间上则可能是有限的。到了 17 世纪，牛顿的万有引力学说诞生后，人们很快意识到，很难存在空间上有限的静态宇宙，因为万有引力总是趋向于使物体相互靠近。为了弥补这一缺陷，人们趋于认同宇宙在空间上是无限的和各向同性的，这样宇宙中任一客体受到来自各方向的万有引力之和可以抵消，从而宇宙仍可保持为静态的。这一观点的痕迹一直保留到上世纪初爱因斯坦利用广义相对论来描述宇宙的时候。在爱因斯坦的两条假设中对宇宙的基本形态概括为

(1) **宇宙学原理**: *宇宙中的物质分布在大尺度上是均匀和各向同性的*;

(2) 宇宙是静态的。

在爱因斯坦提出上述假定的时候，人们还不能从观测中了解超越银河系的空间尺度结构，因此上述假定 (1) 实际上是为了理论简洁而大胆引入的一个与当时的观测相矛盾的假设。与此相反，假设 (2) 是从牛顿时代就延续下来的与当时观测一致的合理假定。出人意料的是，当人们具备了观测超越星系团型尺度 ($\gg 10^6$ 光年) 的能力后，发现宇宙的确在大尺度上是高度均匀和各向同性的。而静态宇宙的假设却完全与现代的观测不能相容。

静态宇宙假定要求宇宙中的物质的空间分布是理想地均匀、各向同性的。然而实际上物质不可能是理想地均匀分布的。物质分布对理想均匀分布的微小偏离 (例如物质空间分布的局域扰动) 将产生雪崩效应，从而使得作用在某一客体上的万有引力的合力不仅可以非零，而且可以是无限大! 在就对静态宇宙模型提出了严重的挑战。这个挑战的内容被称为Seelinger *佯谬*。

影响宇宙学基本假定的另一个困惑来自Obers *佯谬*: 如果宇宙是均匀、各向同性而且无限的，那么夜空各处的光源也应是均匀分布的，因此整个天空应该是均匀地发亮。那么何以人们看到的夜空是那样的绚烂，何以白天和黑夜如此的不同?

根据现代的观测事实，我们已经十分清楚宇宙并非是静态的，因此 Seelinger 佯谬已不再是问题。至于 Obers 佯谬，其解释是宇宙在空间上可能是有限的或者至少可观测得到的宇宙在今天是有限的。无论如何，从上述不厌其烦的叙述我们可以总结出这样的认识: 人们对宇宙的形态及宿命的认识是随着观测能力的变化而变化的。每个时期的人们均可以根据他们所处的年代的最先进的观测手段建立“符合观测”的宇宙体系论，然而这并不保证他们的宇宙体系能正确描述我们的宇宙。同样，基于今天全部观测结果而建立的现代宇宙学也可能并不完全正确地描述我们的宇宙。人类的科学正是在不断的否定以往的过程中得以完善，从而一步步接近客观事实。

9.2 膨胀的宇宙: 测距方法与 FRW 模型

9.2.1 宇观尺度的测量

为了进行宇宙学观测，需要精确进行大尺度空间距离测量的有效手段。在天文学观测中，最早使用的测距手段是*视差法*。这种方法的原理 是这样的: 对天空中任一发光的星体，总可以在地球绕日轨道 (近似为圆形) 上找到一 条直径，使之与日、星连线垂直。这样，就可以通过测量地球处在该直径两端时观测到 的星光角度的差异来确定该星体与地球的距离。如图 9.1，当张角 $\alpha = 1''$ 时, 将该星体与地球

的距离定义为 1 个*秒差距*，记为 1pc。它与我们熟知的天文距离单位*光年*的关系为

$$1\text{pc} \simeq 3.3\text{ly}.$$

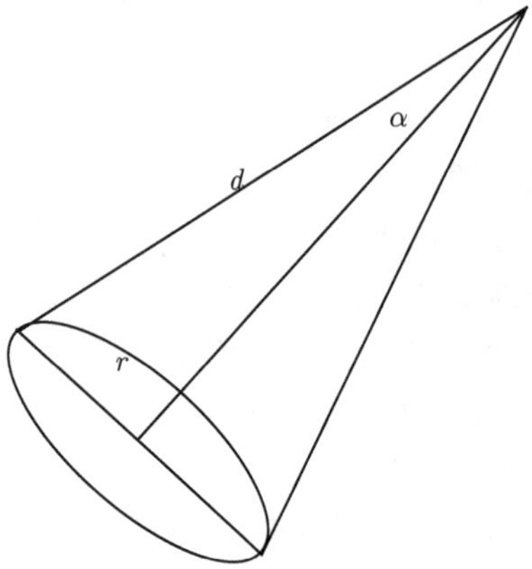

图 9.1 视差法示意图

由于 α 角总是很小，可以近似地认为星地距离 d 与 α 角的乘积为地球公转轨道半径 r_0，即 $r_0 = d \cdot \alpha$。所以，

$$d = \frac{r_0}{\alpha}.$$

当 α 减小一半时，星体与地球的距离就增加一倍。对于距离地球不是太远的恒星而言，这是一种非常精确的测距方法。利用这种方法，人类第一次认识到，原来天空中的星星与我们的距离是有限的。例如除太阳外离我们最近的恒星 —— 半人马座的 α 星 (比邻星)—— 与地球的距离仅有 1.3pc。

然而，由于地球轨道半径大小有限，利用上述几何方法能够分辨的距离也很有限。这种方法所能测出的最远距离约为 10^2pc。对于宇宙学问题而言，这个测距范围显然不够充分。要测量比 10^2pc 更远的距离。就必须找到其他测距方法。一种实用的方法是利用恒星的光度与视亮度来测量距离。一个辐射源的*光度* L *指的是它在单位时间内辐射出来的总能量*。如果将远处天体 (恒星或者星系) 抽象为点光源，那么，在地球上它的视亮度 (单位面积上接收到的能流)B 与光度 L 之间有如下关系：

$$B = \frac{L}{4\pi d^2}.$$

B 可以用普通的光学手段测量，因此确定 d 的关键在于确定 L。根据一些 (例如，用视差法) 已知距离的恒星的视亮度，人们可以确定其光度。但是，对距离未知的恒星，如何确定其光度呢? 这就需要对已知距离的恒星的光度数据进行统计分析，

找出其中的规律。研究发现，大部分恒星的光度与其表面温度 (由光谱确定) 之间有确定的关系：90% 以上的恒星在温度—光度 2 维面上落在一条不宽的带状区域内，这个带状区域称为主序带，相应的恒 星称为*主序星*。天体物理学认为主序星是以氢聚变为动力的恒星，目前可见的大部分恒星均属此类型。位于主序带右上方的是巨星和超巨星，它们通常是质量较太阳质量更大、并且已经通过聚变燃尽了其中的氢元素而靠氦元素的聚变维持发光的恒星。位于主序带左下方的是白矮星，它们是质量较小、燃尽了氢元素后靠自身引力未能点燃氦聚变的恒星。主序星与非主序星有显著不同的光谱类型。通过观察恒星的光谱可以确定其表面温度，进而从上面所说温度－光度图中找出该恒星的光度。

温度 — 光度图又称 Hertzsprung-Russel 图。银河系中主要天体在 Hertzsprung-Russel 图上的位置如图 9.2 所示①。

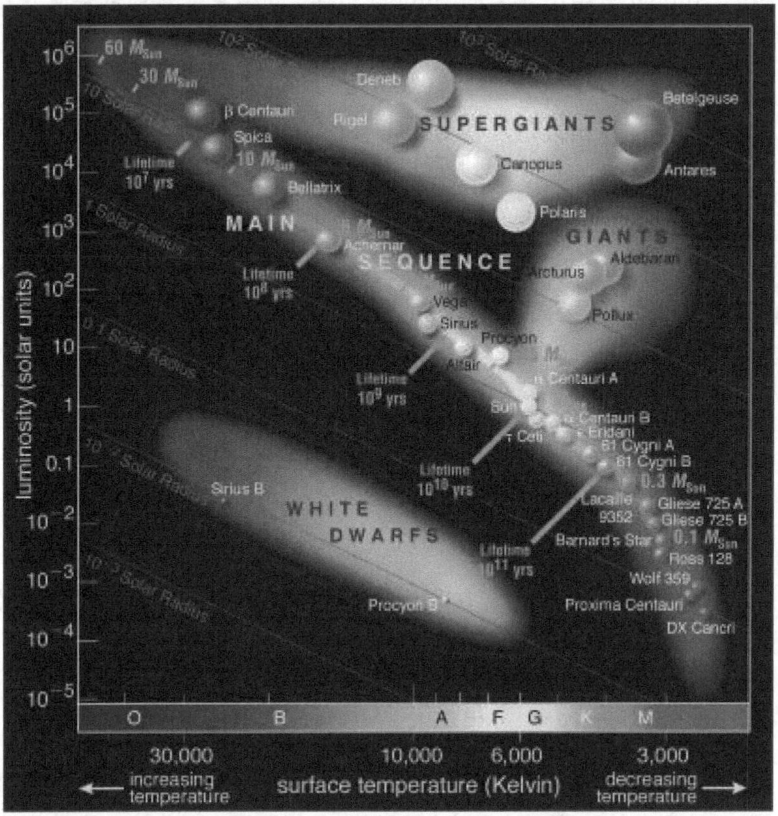

图 9.2 Hertzsprung-Russel 图：沿主对角线的最长星带为主序带

①图片来自维基百科，网址为 http://commons.wikimedia.org/wiki/File: Hertzsprung-Russel_StarData.png。

确定恒星的光度的另一手段是研究周期变星。1908 年，美国天文学家 Henrietta Swan Leavitt 通过对已知距离的造父变星的周期与光度进行统计分析发现，造父变星的周期与光度之间有明确的关联：光度越大的造父变星的光变周期也越长。这种关系被称为*周光关系*。天文学研究发现，造父变星分为两种类型：经典造父变星 (也称第一类造父变星) 和第二类造父变星。这两种造父变星的周光关系是不同的。利用周光关系，可以将容易观测的光变周期转换为对应的光度。

利用光度法可测的最远距离约为 $10\text{Mpc} = 10^7\text{pc}$。

测量距离的另一种手段是观察远处星光谱线的多普勒移动。1929 年，Hubble 发现大量恒星光谱线中都存在不同程度的红移，这种红移不同于恒星自身引力导致的引力红移，因为红移量可以远远超过引力红移的上限。因此，他大胆假定这种光谱红移是由于恒星离我们远去而导致的多普勒红移。在这一假定下，结合已知几种测距手段，Hubble 总结出著名的 Hubble 定律，即**恒星光谱的红移量正比于星体与我们的距离**：

$$z = H_0 d.$$

红移的定义是观测波长与发射波长之差除以发射波长，即

$$z = \frac{\lambda_{\text{obsv}} - \lambda_{\text{emit}}}{\lambda_{\text{emit}}}.$$

如果红移是多普勒效应造成的，那么，当 z 不很大时红移与光源退行速度有如下关系：

$$z = \frac{v}{c}.$$

因此 Hubble 定律又可写为 (取 $c = 1$)

$$v = H_0 d.$$

比例系 H_0 数称为 Hubble 常数，它的数值经过众多的观测实验已经被比较准确地测定。最新的 Planck 实验的观测结果为①

$$H_0 = 67.74 \pm 0.46\,\text{km} \cdot \text{s}^{-1} \cdot \text{Mpc}^{-1}.$$

Hubble 定律第一次从观测的角度确认恒星并非静止不动而是在均匀地离我们远去。由于恒星离去的速度正比于它们与观测者的距离，因此这个定律强烈地暗示整个宇宙不是静态而是均匀地膨胀着。这个定律的发现是现代宇宙学中最重要的

①参见 Ade P A R, et al. Planck Collaboration. 2015. Planck 2015 results. XIII. Cosmological parameters. [arXiv:1502.01589]。下文中的宇宙年龄 t_0 也取自同一文献。

发现之一。由于 Hubble 定律，静态宇宙的图像被彻底打破，动态宇宙研究正式成为宇宙学的主流。

Hubble 常数的倒数具有时间量纲，因此又称为 Hubble 时间，它与宇宙的年龄 t_0 处于同一量级，但是数值上两者并不相等：

$$
\begin{aligned}
H_0^{-1} &= 4.608 \times 10^{17}\mathrm{s} = 14.614 \times 10^9\mathrm{yr}, \\
t_0 &= 13.799 \pm 0.021 \times 10^9\mathrm{yr}.
\end{aligned}
$$

cH_0^{-1} 具有长度量纲，又称为 Hubble 半径，它与观测宇宙的大小也处于同一量级①：

$$
cH_0^{-1} \simeq 4428.7\mathrm{Mpc}.
$$

Hubble 定律并不是一个十分准确的定律。基于相对论引力理论的现代宇宙学模型预言：在红移较大时，Hubble 的线性红移定律将得到非线性的修正项。尽管如此，通过对宇宙中典型天体的“标准烛光”的红移信息进行分析拟合依然是测量宇宙学尺度上的距离的理想方式。目前最具有典型性的标准烛光是 Ia 型超新星。

9.2.2 各向同性的膨胀宇宙——Robertson-Walker 度规

由于 Hubble 的发现，人们开始正视动态宇宙的可能性。在光速 $c = 1$ 的单位制下，符合膨胀条件的各向同性时空度规的最一般形式为

$$
\mathrm{d}s^2 = -\mathrm{d}t^2 + a^2(t)\mathrm{d}\sigma^2, \tag{9.1}
$$

其中，

$$
\mathrm{d}\sigma^2 = h_{ij}\mathrm{d}x^i\mathrm{d}x^j
$$

是 3 维各向同性的空间度规，$a^2(t)$ 是时空膨胀因子，也称尺度因子。依哈勃定律，$a(t)$ 需要满足

$$
\dot{a} > 0.
$$

我们需要对度规式 (9.1) 的坐标系的几何含义稍作解释。考虑等时截面上两个空间坐标均不变的相邻点 A 和 B，在给定的时刻 t，它们之间的固有距离为

$$
L_{\mathrm{prop}} = a(t)\int_A^B \mathrm{d}\sigma.
$$

随着时间的推移，虽然两个给定点空间坐标位置都没有移动，但是它们之间的固有距离却因为 $a(t)$ 的增加而加大了。这种坐标位置不动但固有距离随时间增加的现

①如果宇宙自诞生开始就以匀速膨胀，Hubble 时间和 Hubble 半径就是当前宇宙的年龄和半径。但是宇宙的膨胀并非匀速的，因此 Hubble 时间和 Hubble 半径与实际宇宙的年龄和半径并不相同。

象称为**随动现象**，因此我们所用的空间坐标也称为**随动坐标**。由于度规式 (9.1) 是明显含时的，我们无法像在研究黑洞时空时那样选择静态的观测者来对时空进行描述。宇宙学中最恰当的观测者是**随动观测者**，这种观测者的固有速度与类时的共形 Killing 矢量场平行。不难验证。对度规式 (9.1) 而言，$k = \partial_t$ 满足共形 Killing 方程 (2.88)，因而是类时的共形 Killing 矢量场。

与固有距离相对照的一个概念是**随动距离**

$$L_{\text{comov}} = \int_A^B \mathrm{d}\sigma.$$

随动距离不因宇宙的膨胀而改变。类似地可以定义固有体积

$$V_{\text{prop}} = a^3(t) \int \mathrm{d}^3 x \sqrt{h}$$

和随动体积

$$V_{\text{comov}} = \int \mathrm{d}^3 x \sqrt{h}$$

等概念。

同前文讨论 (A)dS 时空的情形类似，我们可以将各向同性的 3 维空间嵌入一个更高 维的空间中去做成一个超曲面，这样可以比较容易地写出其度规的具体形式。根据所讨 论的 3 维空间的弯曲性质，可以将其归类为球面、双曲面和平直欧氏空间三类。它们在 4 维靶空间中的方程可以统一地写为

$$k(x_1^2 + x_2^2 + x_3^2) + w^2 = 1, \tag{9.2}$$

其中 $k = 1$ 对应球面，$k = 0$ 对应平直欧氏空间，$k = -1$ 对应双曲面。我们并不关心 3 维空间嵌入 4 维时相应曲面的大小，因为这个表征大小的参数已经被我们孤立出来，用度规式 (9.1) 中的尺度因子 $a(t)$ 来表达了。

引入球坐标系

$$x_1 = r \sin\theta \sin\varphi,$$

$$x_2 = r \sin\theta \cos\varphi,$$

$$x_3 = r \cos\theta,$$

则容易从 4 维空间度规

$$\mathrm{d}\sigma^2 = \mathrm{d}x_1^2 + \mathrm{d}x_2^2 + \mathrm{d}x_3^2 + k\mathrm{d}w^2$$

得出 3 维各向同性子空间的度规

$$\mathrm{d}\sigma^2 = h_{ij}\mathrm{d}x^i\mathrm{d}x^j = \frac{\mathrm{d}r^2}{1 - kr^2} + r^2(\mathrm{d}\theta^2 + \sin^2\theta \mathrm{d}\varphi^2). \tag{9.3}$$

将式 (9.3) 代回式 (9.1)，得

$$ds^2 = -dt^2 + a^2(t)\left[\frac{dr^2}{1-kr^2} + r^2(d\theta^2 + \sin^2\theta d\varphi^2)\right]. \tag{9.4}$$

这个度规在第 2 章已经出现过，它就是 Robertson-Walker 度规。参数 $k = 0, \pm 1$ 对应着 Robertson-Walker 时空中等时超曲面上的 Ricci 曲率的符号。利用式 (9.3) 容易求出

$$R_{ij}(h) = 2kh_{ij}. \tag{9.5}$$

因为 $k > 0$ 的黎曼流形总是紧致的，$k = 0$ 的流形是 Ricci 平坦的，而 $k < 0$ 的流形是非紧的，所以通常也把 $k = 1$ 的宇宙称为**封闭的宇宙**，$k = 0$ 的宇宙称为**平坦的宇宙**，$k = 0, -1$ 的宇宙又合称为**开放的宇宙**。

在实际应用中，也经常使用不同的坐标来表达与式 (9.4) 同样的时空。例如，有时也将 Robertson-Walker 度规写为

$$ds^2 = -dt^2 + a^2(t)\Big[d\chi^2 + f^2(\chi)d\Omega_2^2\Big], \tag{9.6}$$

其中，

$$f(\chi) = \begin{cases} \sin\chi \\ \chi \\ \sinh\chi \end{cases} \Leftrightarrow \begin{cases} k = 1 \\ k = 0 \\ k = -1 \end{cases}. \tag{9.7}$$

也有人直接使用各向同性的空间坐标系将式 (9.4) 改写为

$$ds^2 = -dt^2 + a^2(t)\left\{\frac{1}{\left[1 + \frac{k}{4}(x_1^2 + x_2^2 + x_3^2)\right]^2}\left(dx_1^2 + dx_2^2 + dx_3^2\right)\right\}.$$

最后，还可以采用所谓的共形时间坐标 η，使得尺度因子 $a(t)$ 成为一个整体 Weyl 因子：

$$ds^2 = a^2(\eta)\left[-d\eta^2 + \frac{dr^2}{1-kr^2} + r^2(d\theta^2 + \sin^2\theta d\varphi^2)\right], \tag{9.8}$$

式中，共形时间 η 是通过下式定义的：

$$a(\eta)d\eta = dt.$$

9.2.3　膨胀的运动学方程——FRW 宇宙

当我们考虑的特征尺度远大于星系大小时，宇宙中产生引力的源物质可以被理想化为完美流体。流体微元的固有速度 u^μ 只允许有非零的时间分量，否则其空间分量将破坏宇宙学原理所要求的各向同性性质。因此，在 Robertson-Walker 随动坐标系下，u^μ 可以写为

$$u^\mu = (1,0,0,0).$$

完美流体的能动量张量

$$T^{\mu\nu} = (\rho + P)u^\mu u^\nu + P g^{\mu\nu}$$

可以用矩阵表达为：

$$T^\mu{}_\nu = \begin{pmatrix} -\rho & & & \\ & P & & \\ & & P & \\ & & & P \end{pmatrix}, \tag{9.9}$$

采用了混合张量指标的目的是可以突出流体的空间各向同性性质。在 $T^{\mu\nu}$ 的定义中使用的度规是完整的 Robertson-Walker 度规。因此，出现在式 (9.9) 中的能量密度 ρ 是固有密度而不是随动密度。

将 Robertson-Walker 度规式 (9.4) 和完美流体的能动量张量 $T_{\mu\nu}$ 代入 爱因斯坦方程，可以得到两个不同的分量方程：

$$\left(\frac{\dot{a}}{a}\right)^2 + \frac{k}{a^2} - \frac{\Lambda}{3} = \frac{8\pi G\rho}{3}, \tag{9.10}$$

$$\frac{2\ddot{a}}{a} + \left(\frac{\dot{a}}{a}\right)^2 + \frac{k}{a^2} - \Lambda = -8\pi GP. \tag{9.11}$$

在式 (9.11) 中减去式 (9.10), 可得

$$\frac{\ddot{a}}{a} - \frac{\Lambda}{3} = -\frac{4\pi G}{3}(\rho + 3P). \tag{9.12}$$

方程 (9.10) 与方程 (9.12) 称为 Friedmann 方程，它们是 FRW 宇宙学的基本方程。

求解 Friedmann 方程需要输入源物质的运动方程和物态方程。在输入这些额外的信息之前，我们先尝试了解一下不包含源物质的宇宙是什么样子。

我们主要关心的是宇宙学常数 $\Lambda > 0$ 的情形。利用式 (3.61) 引入参数 $\ell^2 = 3/\Lambda$，并以式 (9.6) 作为试探解直接代入 $P = \rho = 0$ 情况下的方程 (9.10) 和方程 (9.12)，结果发现，以下的度规是 Friedmann 方程的真空解：

$$\mathrm{d}s^2 = -\mathrm{d}t^2 + \ell^2 \begin{bmatrix} \cosh^2(t/\ell) \\ \exp(2t/\ell) \\ \sinh^2(t/\ell) \end{bmatrix} \left(\mathrm{d}\chi^2 + \begin{bmatrix} \sin^2\chi \\ \chi^2 \\ \sinh^2\chi \end{bmatrix} \mathrm{d}\Omega_2^2 \right), \quad k = \begin{cases} 1 \\ 0 \\ -1 \end{cases}. \tag{9.13}$$

这几种度规其实都是 de Sitter 时空度规在不同的膨胀坐标系中的写法。在上述坐标系中，de Sitter 时空的度规明显含时，因此不再是静态的。有趣的是，历史上 de Sitter 时空首先是被当作静态宇宙模型的候选者纳入广义相对论引力理论的，然而现代的观测却支持加速膨胀且空间平坦的动态 de Sitter 时空作为真实宇宙的渐近解。比较式 (3.62) 和式 (9.13)，我们可以得到这样的结论：同一个时空在不同的局域坐标系下可以表现得非常不同。比较特别的一点是度规式 (3.62) 明显具有一个类时的 Killing 矢量场，而式 (9.13) 则没有类时 Killing 矢量场。这是因为无论是式 (3.62) 还是式 (9.13) 都不能完全覆盖 de Sitter 时空。**de Sitter 时空不具有整体的类时 Killing 矢量场**，但是允许具有局域的类时 Killing 矢量场。

$\Lambda = 0$ 和 $\Lambda < 0$ 的 Robertson-Walker 度规都不被观测所支持。不过，为了逻辑上的完整性，我们依然给出对应的解。在 $\Lambda = 0$ 的情形下，$k = 0$ 的解为 $a(t) = \text{const.}$。这就是 Minkowski 时空。$k = -1$ 时存在一个开放的宇宙解，度规为

$$\mathrm{d}s^2 = -\mathrm{d}t^2 + t^2\left(\mathrm{d}\chi^2 + \sinh^2\chi \mathrm{d}\Omega_2^2\right).$$

这个 Ricci 平坦的匀速膨胀宇宙，又称为 Milne **宇宙**。它其实是 Minkowski 时空的一部分，只不过所用的坐标是膨胀坐标系。利用坐标变换

$$\tau = t\cosh\chi, \qquad r = t\sinh\chi$$

可以容易地将 Milne 宇宙的度规变换为 Minkowski 度规。$\Lambda = 0, k = 1$ 时 Friedmann 方程不存在实数解。当 $\Lambda < 0$ 时，$k = -1$ 的真空解是一个是周期性的开放宇宙，其度规为

$$\mathrm{d}s^2 = -\mathrm{d}t^2 + \ell^2\sin^2(t/\ell)\left[\frac{\mathrm{d}r^2}{1+r^2} + r^2(\mathrm{d}\theta^2 + \sin^2\theta\mathrm{d}\varphi^2)\right],$$

这其实是 AdS 时空度规的另一种写法，其中 ℓ 是 AdS 半径。$\Lambda < 0$ 且 $k = 0$ 或 $k = 1$ 时实数解都不存在。

9.2.4 物态方程

与求解静态或稳态黑洞解的逻辑一样，在宇宙学问题中，爱因斯坦方程 (Friedmann 方程) 必须配以源物质的运动方程才能求解。对于源物质是完美流体的情况，需要增加的方程包括流体的能动量张量的协变守恒方程以及流体的物态方程。

我们先看完美流体的能动量张量满足的协变守恒方程 $\nabla_\mu T^{\mu\nu}=0$。将这个方程在 Robertson-Walker 度规下展开，可以得到

$$\dot{\rho}=-3(\rho+P)\frac{\dot{a}}{a}. \tag{9.14}$$

这就是 FRW 宇宙中物质的能动量守恒方程。如果对 Friedmann 方程 (9.10) 两边关于时间求一阶导数，然后再利用式 (9.10) 和式 (9.14) 消去结果中的 $\dot{a}$ 和 $\dot{\rho}$，最后将会得到式 (9.11)。因此，Friedmann 方程中真正独立的只有式 (9.10)。

对方程 (9.14) 做另一种解读在物理上是富有启发性的。考虑单位随动体积中物质的膨胀过程。假设在膨胀过程中物质总量没有增加或减少，那么可以合理地推断膨胀是绝热的，即

$$\mathrm{d}E=-P\mathrm{d}V.$$

注意上式中的体积 V 应该是固有体积。将 $E=\rho a^3$、$V=a^3$ 代入上式，稍作整理即可得到式 (9.14)。

若源物质的物态方程为

$$P=\omega\rho, \tag{9.15}$$

其中，ω 为常数①，那么从式 (9.14) 容易求出，

$$\rho\propto a^{-3(1+\omega)}. \tag{9.16}$$

一般认为宇宙中的完美流体可以分成几种不同的物质形态，例如相对论物质(光子和中微子②）形态 $\left(\omega=\dfrac{1}{3},\rho\propto a^{-4}\right)$、非相对论物质形态 $(\omega=0,\rho\propto a^{-3})$以及暗能量形态 $(\omega=-1,\rho=\text{const.})$ 等。不同物质成分的密度随着宇宙的膨胀变化的速度不同。因此，在宇宙演化的不同时期，占据主导地位的物质形态也不一样。

从方程 (9.12) 可知，加速膨胀的宇宙须满足

$$\frac{\Lambda}{3}-\frac{4\pi G}{3}(\rho+3P)>0. \tag{9.17}$$

当 $\Lambda=0$ 时, 宇宙的加速膨胀条件为

$$\rho+3P<0,\qquad 即\qquad \omega<-\frac{1}{3}. \tag{9.18}$$

①具有物态方程 (9.15) 且 ω 为常数的流体称为理想气体。这是比完美流体更为特殊的物质分布。

②与光子不同，中微子被确认为有质量的粒子。不过，由于中微子的质量非常微小 $(m\leqslant 2\text{eV}/c^2)$，而观测宇宙学中中微子的能量又都比较高 $(E\sim 10\text{MeV})$，因此中微子的速度与光速并无显著不同，因此又将它们合称为辐射物质。

然而，当 $\Lambda \neq 0$ 时，宇宙演化到晚期阶段时是否发生加速膨胀将取决于 Λ 的数值，因为随着宇宙的膨胀，ρ 和 P 的绝对值都将单调 减小，直到在式 (9.17) 中 Λ 的贡献成为主要贡献。因此，即使 Λ 仅有一个十分微小的正值，它都将决定宇宙最终会进入加速膨胀的阶段。

9.3 Hubble 参数、红移与密度参数

9.3.1 Hubble 参数与红移

在 FRW 宇宙学的框架下，空间中两个随动坐标保持为常数的点之间的物理距离是随时间变化的，尽管处于这两点的物理实体都没有发生运动。这就是宇宙膨胀的含义。如果将上述两点间的随动距离记为 $\mathscr{R}$，那么它们之间的固有距离则是

$$d(t) = a(t)\mathscr{R}.$$

因此，两点间距离的时间变化率为①

$$v(t) \equiv \dot{d}(t) = \left(\frac{\dot{a}}{a}\right) d(t) = H(t)d(t), \quad H(t) \equiv \frac{\dot{a}}{a}. \tag{9.19}$$

这个方程在形式上与 Hubble 定律一致，但是其中的 $H(t)$ 与时间有关，不再能够被当成常数看待，因此我们称之为 Hubble 参数。

引入 Hubble 参数后，Friedmann 方程也可以用 Hubble 参数来重新表达：

$$H^2 + \frac{k}{a^2} = \frac{8\pi G\rho}{3} + \frac{\Lambda}{3}. \tag{9.20}$$

根据宇宙中不同的物质成分，可以对能量密度 ρ 作进一步精细划分，例如可划分为非相对论物质的能量密度 ρ_M 和相对论物质的能量密度 ρ_R，同时，我们可以将宇宙学常数项也想象成能量密度，即

$$\rho_\Lambda = \frac{\Lambda}{8\pi G}.$$

此外，当 $k \neq 0$ 时，也可以将式 (9.20) 左边的第二项移动到右边，并等效地认为它也是某种能量密度：

$$\rho_k \equiv -\frac{3k}{8\pi G a^2}. \tag{9.21}$$

因此，Friedmann 方程可以重写为

①如果观测者或被观测客体本身相对于随动坐标系运动，那么 $\mathscr{R}$ 也会随时间变化，这将导致 $\dot{d} = \dot{a}\mathscr{R} + a\dot{\mathscr{R}} = H(t)d(t) + v_p$，其中 $v_p = a\dot{\mathscr{R}}$ 称为奇异速率 (pecular velocity)。观测宇宙的各向同性性质只能在大尺度体现，这是因为只有这时奇异速率才可以忽略。在以下讨论中我们总是假定奇异速率为零。

$$H^2 = \frac{8\pi G}{3}\left(\rho_\Lambda + \rho_R + \rho_M + \rho_k\right).$$

我们再次重申：在定性地分析宇宙演化的不同阶段时，记住以下不同物质形态的能量密度的演化行为是非常方便的：

$$\rho_\Lambda = \text{const.}, \quad \rho_R \propto a^{-4}, \quad \rho_M \propto a^{-3}, \quad \rho_k \propto a^{-2}. \tag{9.22}$$

在宇宙学观测中，红移是一个非常重要的物理参数。这是因为大部分的测量都是通过对电磁辐射的观测来实现的。为了观测相比较，经常需要将尺度因子 a 对时间的依赖关系转化为对红移的依赖关系。为此，让我们来考虑星光从远处发出到被我们接收的过程。为了简单，我们假定星光沿径向传播。利用 Robertson-Walker 度规，在星光传播的径向类光测地线上，有

$$\mathrm{d}t^2 = a^2(t)\frac{\mathrm{d}r^2}{1-kr^2}.$$

如果星光是在时刻 t 从径向坐标为 r 的位置被发射，并在当前时刻 t_0 被处于 $r=0$ 处的观测者接收，那么就有

$$\int_t^{t_0} \frac{\mathrm{d}t'}{a(t')} = \int_r^0 \frac{\mathrm{d}r'}{\sqrt{1-kr'^2}}.$$

为了将红移与尺度因子联系起来，可以考虑彼此相差一个周期的光波的传播过程。对于发射点来说，周期 $T=\lambda/c$，而对接收点来说，周期 $T_0=\lambda_0/c$。因此，

$$\int_{t+\lambda/c}^{t_0+\lambda_0/c} \frac{\mathrm{d}t'}{a(t')} = \int_r^0 \frac{\mathrm{d}r'}{\sqrt{1-kr'^2}}.$$

将以上两式相减，有

$$\begin{aligned}
0 &= \int_{t+\lambda/c}^{t_0+\lambda_0/c} \frac{\mathrm{d}t'}{a(t')} - \int_t^{t_0} \frac{\mathrm{d}t'}{a(t')} \\
&= \int_{t_0}^{t_0+\lambda_0/c} \frac{\mathrm{d}t'}{a(t')} - \int_{t_0}^{t+\lambda/c} \frac{\mathrm{d}t'}{a(t')} - \int_t^{t_0} \frac{\mathrm{d}t'}{a(t')} \\
&= \int_{t_0}^{t_0+\lambda_0/c} \frac{\mathrm{d}t'}{a(t')} - \int_t^{t+\lambda/c} \frac{\mathrm{d}t'}{a(t')}.
\end{aligned}$$

注意上式右边的两项分别是发射点和接收点在一个光波周期内的积分。由于光波周期总是很小，因此可以直接将积分换成被积函数与周期的乘积，即

$$\frac{\lambda_0}{a_0 c} = \frac{\lambda}{a(t)c}, \quad (a_0 = a(t_0))$$

或者写为

$$\frac{\lambda_0}{\lambda} = \frac{a_0}{a(t)}.$$

根据红移 z 的定义式

$$z = \frac{\lambda_0 - \lambda}{\lambda} = \frac{\lambda_0}{\lambda} - 1,$$

我们可以将发射时的尺度因子与接收时的尺度因子的比值与红移联系起来：

$$1 + z = \frac{a_0}{a(t)}. \tag{9.23}$$

对于单调膨胀的宇宙，红移 z 与膨胀的时间之间也具有单调的关系，越早的时间对应的红移越大。当前的时刻对应的红移为零，而当尺度因子为零 (宇宙开端) 时，红移为无穷大。对于膨胀的过去历史 ($t < t_0$)，红移总是正数。需要注意的是：由于极早期宇宙中光子不能自由传播，在实际观测中不可能得到红移为无穷大的信号。

9.3.2 密度参数与 Friedmann 方程

为了求解 Friedmann 方程，除了要提供源物质的物态方程之外，还有一个关键的因素是要给出定解条件。求解时间演化方程时定解条件一般为初始条件。但在宇宙学问题中，初始条件是难以弄清楚的，因此一般采用当前的观测数据作为定解条件。习惯上除将当前时刻记为 t_0、当前的尺度因子记为 a_0 外，也将当前的 Hubble 参数以及当前宇宙中物质的能量密度分别记为 H_0 和 ρ_0。

利用当前的 Hubble 参数可以定义所谓的*临界密度*：

$$\rho_c = \frac{3H_0^2}{8\pi G} \simeq 8.42 \times 10^{-27} \text{kg/m}^3.$$

这个密度相当于每立方米有 5 个质子 (如果将宇宙中全部物质和能量都转化为质子的话)。当前宇宙中各种物质成分对物质密度的贡献与临界密度之比定义了所谓的*密度参数*。具体地说，当前宇宙中各种成分的密度参数分别是：

$$\Omega_M \equiv \frac{\rho_{M0}}{\rho_c}, \quad \Omega_R \equiv \frac{\rho_{R0}}{\rho_c}, \quad \Omega_\Lambda \equiv \frac{\rho_\Lambda}{\rho_c} = \frac{\Lambda}{3H_0^2}, \quad \Omega_k \equiv \frac{\rho_{k0}}{\rho_c} = -\frac{k}{a_0^2 H_0^2},$$

其中，$\Omega_M, \Omega_R, \Omega_\Lambda, \Omega_k$ 分别代表当前宇宙中的非相对论物质、相对论物质、宇宙学常数和空间曲率所对应的密度参数。严格地说，Ω_k 并不对应物质的能量密度，所以有时又将前 3 种密度参数的和称为当前宇宙中的总能量密度参数，记为 Ω_0。

利用上述密度参数，可以将当前宇宙的 Friedmann 方程写为

$$\Omega_M + \Omega_R + \Omega_\Lambda = 1 - \Omega_k, \tag{9.24}$$

或者

$$\Omega_0 - 1 = \frac{k}{a_0^2 H_0^2}. \tag{9.25}$$

观测数据表明，$|\Omega_0 - 1| < 0.01$，也就是说，当前宇宙中的非相对论物质、相对论物质以及暗能量合在一起所贡献的总密度与临界密度非常接近，所以，一般认为我们的宇宙对应着 $k = 0$，即所谓平坦的宇宙。另一方面，当前宇宙中相对论物质的能量密度 ($\Omega_R \simeq 9.23640 \times 10^{-5}$) 相比于非相对论物质的密度而言可以忽略。因此，对于红移比较小的演化时期，用 $\Omega_R = \Omega_k = 0$ 的模型来描写是相当准确的，这样的宇宙学模型叫做 ΛCDM **模型**，或者**标准宇宙学模型**。

用 ΛCDM 模型来拟合 Planck 卫星观测数据，所得的最佳拟合密度参数数值为

$$\Omega_M \sim 0.3089 \pm 0.0062, \quad \Omega_\Lambda \sim 0.6911 \pm 0.0062. \tag{9.26}$$

对宇宙中重子或者发光物质的总量进行光度分析的结果表明，重子物质对密度参数 Ω_M 的贡献大约为 $\Omega_{MB} \sim 0.04$。因此，宇宙中的大部分非相对论物质应该是不发光的**暗物质**。目前仅知道暗物质不参与电磁相互作用，但是无论是在理论还是在观测方面对暗物质的本质都还没有明确的定论。

为了用密度参数表达任意时刻的 Friedmann 方程，我们先利用式 (9.16) 将宇宙中的物质能量密度与尺度因子联系起来。在任一时刻，我们有

$$\rho(t) \propto a(t)^{-3(1+\omega)}.$$

将这个方程应用于今天的宇宙，则有

$$\rho_0 \propto a_0^{-3(1+\omega)}.$$

因此，

$$\rho(t) = \rho_0 \left(\frac{a(t)}{a_0}\right)^{-3(1+\omega)}. \tag{9.27}$$

利用这一关系，可以将任意时刻的 Friedmann 方程 (9.20) 重写为

$$H^2(t) = H_0^2 \left[\Omega_\Lambda + \Omega_M \left(\frac{a_0}{a(t)}\right)^3 + \Omega_R \left(\frac{a_0}{a(t)}\right)^4 + \Omega_k \left(\frac{a_0}{a(t)}\right)^2\right]. \tag{9.28}$$

当 $t=t_0$ 时，这个方程将回到式 (9.24)。

利用尺度因子与红移的关系式 (9.23)，还可以将 Friedmann 方程写成 Hubble 参数与红移的关系

$$H^2(z)=H_0^2\left[\Omega_\Lambda+\Omega_M(1+z)^3+\Omega_R(1+z)^4+\Omega_k(1+z)^2\right]. \tag{9.29}$$

在历史上，人们曾经以为宇宙的膨胀会在引力的作用下逐渐减速，因此定义了所谓的**减速因子**q:

$$q=-\left(1+\frac{\dot{H}}{H^2}\right)=-\frac{\ddot{a}a}{\dot{a}^2}. \tag{9.30}$$

减速因子 q 为负值时对应加速膨胀的宇宙。q 的当前值和任意时刻的数值可以用密度参数以及红移分别写为

$$q_0=\frac{1}{2}\Omega_M+\Omega_R-\Omega_\Lambda, \tag{9.31}$$

$$q=\frac{H_0^2}{2H^2(z)}\left[\Omega_M(1+z)^3+2\Omega_R(1+z)^4-2\Omega_\Lambda\right]. \tag{9.32}$$

对于近期的宇宙，Ω_R 可以忽略，所以宇宙作非减速膨胀的条件为 $\Omega_M(1+z)^3\leqslant 2\Omega_\Lambda$，即

$$1+z\leqslant\left(\frac{2\Omega_\Lambda}{\Omega_M}\right)^{1/3}\simeq 1.671.$$

当前的宇宙红移为 $z=0$，上式中的不等号显然得到满足。因此可以断定目前的宇宙在作加速膨胀。此外，上式还说明，宇宙的加速膨胀是近期 ($z\leqslant 0.671$) 才开始的。

在结束本节之前，我们给出在近期 (红移 z 不大) 时，时间与红移的定量关系:

$$\begin{aligned}t&=t_0+\left.\frac{\mathrm{d}t}{\mathrm{d}a}\right|_{a=a_0}(a(t)-a_0)+\frac{1}{2}\left.\frac{\mathrm{d}^2t}{\mathrm{d}a^2}\right|_{a=a_0}(a(t)-a_0)^2+\cdots\\&=t_0-\frac{z}{H_0}-\left(\frac{a_0}{2q_0H_0^2}\right)\frac{z^2}{1+z}+\cdots.\end{aligned}$$

9.4 早期宇宙

为了了解宇宙演化的历史，特别是早期宇宙的历史，我们需要对 Friedmann 方程 (9.28) 积分来求得 $a(t)$ 与 t 的关系。为此，将式 (9.28) 重新写为

$$H^2(t)=\left(\frac{\dot{\hat{a}}}{\hat{a}}\right)^2=H_0^2\left[\Omega_\Lambda+\Omega_M(\hat{a})^{-3}+\Omega_R(\hat{a})^{-4}+\Omega_k(\hat{a})^{-2}\right],$$

其中，$\hat{a}=a(t)/a_0$ 称为**约化尺度因子**，从宇宙开端到现在，其数值由 0 变化到 1。对上式直接积分，可得

$$t=H_0^{-1}\int_0^{a(t)/a_0}\mathrm{d}\hat{a}\ \left[\Omega_\Lambda(\hat{a})^2+\Omega_M(\hat{a})^{-1}+\Omega_R(\hat{a})^{-2}+\Omega_k\right]^{-1/2}. \tag{9.33}$$

上式右方的积分仅在 $\Omega_\Lambda=0$ 时才可以解析地写出。然而，由于观测值 $\Omega_\Lambda\simeq 0.7$，这个唯一能被写出的解析结果并无实际意义。在具体实践中，数值方法可以提供重要的帮助。

图 9.3 中画出了对不同的密度参数取值，$a(t)$ 随 t 变化的数值曲线。由于 Ω_R 的观测值很小且宇宙密度接近临界密度，我们直接令 Ω_R 和 Ω_k 为零。因此图中只考虑了 ΛCDM 模型所对应的演化类型。图中当 Ω_Λ 未标出时，其值取为零。可以看出，宇宙演化的历史和最终宿命对于密度参数组合 $(\Omega_M,\Omega_\Lambda)$ 非常敏感。当 $\Omega_\Lambda=0$ 时，Ω_M 越大，ΛCDM 模型预言的宇宙年龄越短。而且，当 $\Omega_M>1$ 时，宇宙经过一段时间后会停止膨胀并且回缩，最终终结于一个点。宇宙的这种结局称为**大挤压**。幸运的是，目前的观测支持 $(\Omega_M,\Omega_\Lambda)\simeq(0.3,0.7)$ 的 ΛCDM 模型。在这一模型中，宇宙在经历了物质为主的阶段后，会进入暗能量为主的加速膨胀时期，所以大挤压并不会发生。

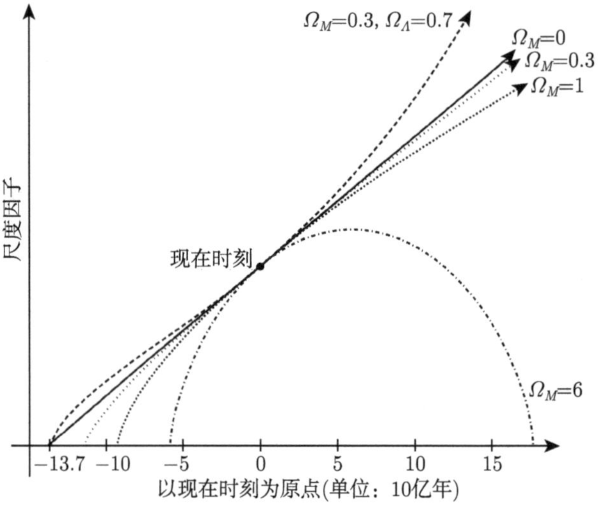

图 9.3　FRW 宇宙学中的尺度因子随时间的变化

为了对宇宙演化各阶段中尺度因子随时间的变化有一个定性认识，我们可以在宇宙演化的特定阶段关闭方程 (9.33) 中的次要因素的密度参数来分析单一因素造成的时间演化。根据方程 (9.33) 的具体形式容易推断，尽管相对论物质的能量密度参数在当前宇宙中可以忽略，但是在早期宇宙中它却占据主导地位，这是因为在式 (9.33) 中，相对论物质对应的项含有 $\hat{a}$ 的最高负幂，当 $\hat{a}$ 很小时，这一项迅速增大。随着 $\hat{a}$ 的增加，非相对论物质的影响逐渐变得明显，直至超越相对论物质而成为主导因素。当 $\hat{a}$ 继续增大时，暗能量密度项的影响终将超过非相对论物质成为宇宙演化的主导因素。由此可见，宇宙的演化从早期到晚期依次将经历以下几个阶段，即：

(1) 相对论物质为主 (也称为辐射为主) 的**早期宇宙**，对应的时间为 $t < 4.7\times10^4$ 年 (以宇宙开端为时间起点)。这一时期物态参数和物质密度分别为

$$\omega = \frac{1}{3}, \qquad \rho \propto a^{-4}; \tag{9.34}$$

在方程 (9.33) 中关闭 $\Omega_M, \Omega_\Lambda, \Omega_k$ 后，直接积分可得

$$a(t) \propto t^{1/2}. \tag{9.35}$$

(2) 非相对论物质为主的**近期宇宙**，对应的时间为 $4.7\times10^4 < t < 9.8\times10^9$ 年，对应的物态参数和密度是

$$\omega = 0, \qquad \rho \propto a^{-3}; \tag{9.36}$$

关闭式 (9.33) 中的参数 $\Omega_R, \Omega_\Lambda, \Omega_k$，积分可得物质为主的宇宙中尺度因子随时间的变化关系

$$a(t) \propto t^{2/3}. \tag{9.37}$$

(3) 暗能量为主的**晚期宇宙**，对应的时间为 $t > 9.8\times10^9$ 年，对应的物态参数和密度是

$$\omega = -1, \qquad \rho = \text{const}. \tag{9.38}$$

关闭式 (9.33) 中的参数 $\Omega_M, \Omega_R, \Omega_k$，可得暗能量为主的宇宙的演化规律

$$\log[a(t)] \propto t. \tag{9.39}$$

最后一种情况对应的是 $a(t)$ 随 t 作指数膨胀，其加速度大于零。这就是最近开始的晚期加速膨胀阶段。关于暗能量这一物质形态的物理本质，目前理论界还没有最终形成定论，但是观测结果倾向于它非常类似于宇宙学常数。

让我们暂时把注意力集中在早期宇宙上。根据以上分析，早期宇宙是以相对论物质为主的阶段。如果这个阶段可以一直倒推至 $t \to 0$ 的时刻，那么，尺度因子 $a(t)$ 会非常小，以至于整个宇宙可以看成一个点。因此，沿着时间正向，宇宙就好像是从 $t = 0$ 时刻的一个点突然生长出来的一样。如果考虑到宇宙中有物质存在，那么早期宇宙应该处于以相对论物质为主的高温高压状态。因此，早期宇宙的演化又被称为*热大爆炸*。

热大爆炸宇宙学认为早期宇宙曾有一个阶段处于高温高压的等离子体状态，这时氢原子电离的速率可以远大于质子和自由电子结合为氢原子的速率。由此带来的一个后果是：如果宇宙中出现一个光子，那么它很快就会由于 Thomson 散射被自由电子吸收，因此，光子的平均自由程极短。换句话说，这时的宇宙并不透明，处于所谓的黑暗时代。随着宇宙的膨胀，总能量密度降低，直至氢原子的电离与重组达成平衡。这个阶段叫做*再结合阶段*。再结合阶段结束时，大量光子逃脱了最后一次 Thomson 散射并从此*脱耦*，宇宙因此而开始变得透明。

宇宙膨胀的过程是一个温度逐渐降低的过程。早在 1948 年，Gamov 就从宇宙有可能起源于热大爆炸这一假定推测今天仍有可能留有大爆炸的痕迹，并且估算出这种以电磁辐射形式留下的痕迹应该只有大约 5K 的温度，折算为波长应该是 $\lambda = hc/k_{\mathrm{B}}T \simeq 0.00287\mathrm{m}$，属于电磁辐射的微波波段。1967 年，Bell 实验室的 Panzias 和 Wilson 发现了宇宙微波背景辐射 (cosmic microwave background，CMB)，其温度只有大约 3K，与 Gamov 的推测在同一量级。这个发现第一次在观测上确认了热大爆炸假说。Panzias 和 Wilson 为此获得了 1978 年的诺贝尔物理奖。

对于相对论物质为主的早期宇宙，相对论辐射场的温度与物质密度之间有如下关系：

$$\rho = \frac{\pi^2}{30} g^* T^4 \quad , \tag{9.40}$$

$$g^* = g_{\mathrm{B}} + \frac{7}{8} g_{\mathrm{F}}, \tag{9.41}$$

其中，g_{B} 和 g_{F} 分别是相对论辐射粒子中的玻色和费米成分 (即光子和中微子) 的自旋自由度数，系数 7/8 来源于玻色分布和费米分布中特定积分之间的比值①。根据粒子物理的标准模型，g^* 也是个随温度变化的参量, 其数值范围在 $10 \sim 100$。考虑到在宇宙学问题中 T 的变化非常剧烈，我们可将式 (9.40) 中的 g^* 近似地看作

①在计算辐射温度与密度之间的关系时，需要用到玻色和费米分布。具体涉及的积分分别是 $\int_0^\infty \frac{x^3}{\mathrm{e}^x - 1}\mathrm{d}x = \frac{\pi^4}{15}$ 和 $\int_0^\infty \frac{x^3}{\mathrm{e}^x + 1}\mathrm{d}x = \frac{7\pi^4}{720}$，后者是前者的 7/8 倍。

常数。将式 (9.40) 与式 (9.34) 结合起来，我们有

$$aT = \text{const.} \tag{9.42}$$

因此，在相对论物质为主的阶段，尺度因子与温度成反比。尺度因子每增大一个量级，温度也就降 低一个量级。由式 (9.42) 易得

$$\frac{\dot{a}}{a} = -\frac{\dot{T}}{T}.$$

将这一结果和式 (9.40) 代入 $k=0, \Lambda=0$ 的 Friedmann 方程 (9.10)，可得

$$\left(\frac{\dot{T}}{T}\right)^2 = \frac{4\pi^3 G}{45} g^* T^4 \quad . \tag{9.43}$$

当 g^* 被近似为常数时，式 (9.43) 的解为

$$T = At^{-1/2}, \qquad A = \left(\frac{45}{16\pi^3 G g^*}\right)^{1/4}. \tag{9.44}$$

利用式 (9.42)，我们还可以将宇宙早期的温度与红移联系起来。由于

$$a(t)T(t) = a_0 T_0, \quad a(t) = \frac{a_0}{1+z},$$

我们有

$$T(t) = (1+z)T_0. \tag{9.45}$$

上式适用于宇宙中的相对论辐射场，因此 T_0 指的应该是微波背景辐射在当前的温度，其观测值为 $T_0 = 2.725\text{K}$。

利用统计物理学的方法可以粗略地估算再结合时期的温度、红移等数据。这是因为在再平衡时期，质子、电子以及氢原子达成了“热化学平衡” (其实是电离平衡)，

$$\mathrm{e} + \mathrm{p} \leftrightarrow \mathrm{H} + \gamma.$$

由于光子数不守恒，其化学势为零。因此化学平衡条件为

$$\mu_{\mathrm{e}} + \mu_{\mathrm{p}} - \mu_{\mathrm{H}} = 0, \quad \text{或者} \quad \exp\left(\frac{\mu_{\mathrm{e}} + \mu_{\mathrm{p}} - \mu_{\mathrm{H}}}{k_{\mathrm{B}} T}\right) = 1. \tag{9.46}$$

我们采用玻尔兹曼统计来估计每种粒子的数密度分布。例如，对电子，有

$$n_{\mathrm{e}}=\left(\frac{2\pi m_{\mathrm{e}}k_{\mathrm{B}}T}{h^{2}}\right)^{3/2}\exp\left(-\frac{m_{\mathrm{e}}c^{2}-\mu_{\mathrm{e}}}{k_{\mathrm{B}}T}\right).$$

将上式以及对质子和氢原子写出的相应表达式代入化学平衡条件式 (9.46)，最后可得

$$\frac{n_{\mathrm{e}}n_{\mathrm{p}}}{n_{\mathrm{H}}}=\left(\frac{2\pi m_{\mathrm{e}}k_{\mathrm{B}}T}{h^{2}}\right)^{3/2}\exp\left(-\frac{E_{I}}{k_{\mathrm{B}}T}\right),\tag{9.47}$$

式中 $n_{\mathrm{p}}, n_{\mathrm{H}}$ 分别是质子和氢原子的数密度，

$$E_{I}=(m_{\mathrm{e}}+m_{\mathrm{p}}-m_{\mathrm{H}})c^{2}\simeq 13.6\mathrm{eV}$$

是氢原子的电离能。由于宇宙总体是电中性的，故有 $n_{\mathrm{e}}=n_{\mathrm{p}}$。这样，式 (9.47) 又可写为

$$\frac{x^{2}}{1-x}=\frac{1}{n_{\mathrm{p}}+n_{\mathrm{H}}}\left(\frac{2\pi m_{\mathrm{e}}k_{\mathrm{B}}T}{h^{2}}\right)^{3/2}\exp\left(-\frac{E_{I}}{k_{\mathrm{B}}T}\right),\tag{9.48}$$

其中，

$$x=\frac{n_{\mathrm{e}}}{n_{\mathrm{p}}+n_{\mathrm{H}}}$$

是电子的电离度。让我们来估算电离度 $x=50\%$ 时的温度和红移。由于

$$T=(1+z)T_{0},\quad (n_{\mathrm{p}}+n_{\mathrm{H}})=(n_{\mathrm{p}}+n_{\mathrm{H}})_{0}(1+z)^{3},$$

以当前的背景辐射温度 $T_0=2.725\mathrm{K}$、当前的重子数密度 $(n_{\mathrm{p}}+n_{\mathrm{H}})_0\simeq 1.6/\mathrm{m}^3$ 代入，最后从方程 (9.48) 可求得 $z\simeq 1500$, $T\simeq 4000\mathrm{K}$。由于早期高密度的等离子体状态是高度简并的，上述用玻尔兹曼统计所作的估算只能作为定性的参考。更为细致的计算给出的估计值是 $z\simeq 1100, T\simeq 3000\mathrm{K}$。

方程 (9.47) 称为 Saha 公式。如果将其中的电子、质子、氢原子更换为早期宇宙演化过程中其他曾经达至平衡的粒子，Saha 公式也可以用来估算早期阶段其他的平衡条件达成时的温度和对应的红移。

必须指出的是，宇宙中不同的物质形态对应的温度－尺度因子关系是不同的。以非相对论气体物质为例。这种物质的压强 P 可以表达为

$$P=nk_{\mathrm{B}}T,$$

在单位随动体积中的能量为 (我们省去了静止能量)

$$E=\frac{3}{2}na^{3}k_{\mathrm{B}}T.$$

假定粒子总数 na^3 保持不变，那么从绝热膨胀条件 $\mathrm{d}E=-P\mathrm{d}V$ 可以求得

$$\frac{3}{2}na^3k_{\mathrm{B}}\mathrm{d}T=-nk_{\mathrm{B}}T\mathrm{d}(a^3),$$

因此可得

$$T\propto a^{-2}.$$

不同的温度一尺度因子关系导致的一个后果是：在宇宙演化的过程中，不同物质形态的温度随宇宙膨胀降低的速度不同，其中，非相对论物质的温度要比相对论物质的温度下降更快，因此宇宙中的相对论物质和非相对论气体在长期演化后不会具有相同的温度。

9.5 标准宇宙学模型的困难

FRW 标准宇宙学模型是第一个比较成功地描述膨胀宇宙的运动学模型，它的一些推论也与至今为止的观测相符。然而，标准宇宙学模型并不是最终的宇宙模型，它 还存在一些概念上和观测上的困难。本节就简单的介绍其中的几个困难。

9.5.1 均匀性困难

当前的观测宇宙在大尺度上是高度均匀的，物质分布的不均匀性主要存在于小尺度 (亚星系团尺度)。由于引力的作用，宇宙中物质的非均性是随时间增加的，可以推断早期宇宙比当前的观测宇宙更为均匀。为什么早期宇宙会处于如此均匀的初始状态？

9.5.2 平坦性疑难

定义 $\Omega=\dfrac{8\pi G\rho}{3H^2}+\dfrac{\Lambda}{3H^2}$ 为任意时刻宇宙中的总密度参数，可以将Friedmann方程 (9.20) 重新写为

$$\Omega-1=\frac{k}{a^2H^2}. \tag{9.49}$$

这一写法与式 (9.25) 形式一致，而且，当 $t=t_0$ 时，上式就是式 (9.25)。

方程 (9.49) 还可以写为

$$\Omega-1=\frac{k}{\dot{a}^2(t)}. \tag{9.50}$$

因此，若假定 $k\neq0$，则有

$$\frac{\Omega-1}{\Omega_0-1}=\frac{\dot{a}_0^2}{\dot{a}^2(t)}. \tag{9.51}$$

我们用相对论辐射物质为主的宇宙模型来估算 $\Omega-1$ 随时间的演化。由于 $\dot{a}(t)\propto t^{-1/2}$，上式成为

$$\frac{\Omega-1}{\Omega_0-1}=\frac{t}{t_0}. \tag{9.52}$$

以 $t=t_{\rm P}\simeq 5.391\times 10^{-44}\,{\rm s}$，$t_0=1.38\times 10^{10}\,{\rm yr}\simeq 4.347\times 10^{17}\,{\rm s}$ 代入上式，有

$$\frac{\Omega-1}{\Omega_0-1}\simeq 10^{-61}. \tag{9.53}$$

这就是说，在宇宙初始时期 (Planck 时间) 参数 $\Omega-1$ 的值只有其当前值 Ω_0-1 的 10^{-61} 倍。根据当前的观测数值上界 $|\Omega_0-1|\simeq 0.01$，可以知道在 Planck 时间

$$|\Omega-1|\simeq|\Omega_0-1|\times 10^{-61}<10^{-63}.$$

要想让早期宇宙的总密度参数满足上述条件，需要对宇宙的初始状态进行非常精细的选择，否则只有令 $k=0$。这个精细调节问题被称为*平坦性疑难*。

9.5.3　视界困难

在 Robertson-Walker 时空中，一个类光粒子从宇宙起始时刻① 到时刻 t 沿径向走过的固有距离为

$$d_H(t)=a(t)\int_0^{r(t)}\frac{{\rm d}r}{\sqrt{1-kr^2}}=a(t)\int_0^t\frac{{\rm d}t'}{a(t')}. \tag{9.54}$$

根据标准宇宙学模型，尺度因子总是时间的幂函数，$a(t)\sim t^m\ (m<1)$，因此

$$H(t)=\frac{\dot{a}}{a}\sim\frac{m}{t}. \tag{9.55}$$

从式 (9.54) 直接积分可以得出

$$d_H(t)\sim\frac{m}{1-m}H^{-1}(t). \tag{9.56}$$

$d_H(t)$ 称为宇宙的*粒子视界*，它是发生在初始时刻的物理事件在时刻 t 所能影响到的时空区域的最大半径。

标准宇宙学模型的视界困难在于，按方程 (9.55) 计算出的宇宙在某个时刻 t 的粒子视界可能远小于依目前观测倒推至同一时刻所得的"观测宇宙半径"。这样就会出现来自宇宙中不同方位的相对论辐射粒子彼此出现在对方的粒子视界之外的情况，从而无法解释今天微波背景辐射的温度均匀性。

①其实是再结合阶段结束的时刻。由于理论上估算的再结合时间大约为大爆炸之后 3.8×10^5 年，与当前的宇宙年龄 1.38×10^{10} 年相比可以忽略，因此可以简单地认为粒子是从宇宙初始时刻发出的。

假设宇宙的随动半径为 ℓ，那么，$L(t)=a(t)\ell$ 和 $L_0=a_0\ell$ 分别是时刻 t 和当前时刻的固有半径。因此，

$$L(t)=\frac{a(t)}{a_0}L_0, \tag{9.57}$$

另一方面，根据式 (9.56)，我们有

$$d_H(t)=\frac{H_0}{H(t)}d_{H0}, \tag{9.58}$$

其中，d_{H0} 为当前时刻的粒子视界。比较式 (9.57) 和式 (9.58) 可得

$$\frac{L(t)}{d_H(t)}=\frac{a(t)H(t)}{a_0H_0}\frac{L_0}{d_{H0}}=\frac{\dot{a}(t)}{\dot{a}(t_0)}\frac{L_0}{d_{H0}}. \tag{9.59}$$

在上式右方，只有 $\dot{a}(t)$ 是依赖于时间 t 的因素。由于 $\dot{a}(t)\sim mt^{m-1}$ 而且 $m<1$，可以知道 $\dot{a}(t)$ 是随时间增加而递减的函数。如果当前的粒子视界与宇宙半径相当，从上式可以推知：在宇宙早期，$L(t)\gg d_H(t)$。如果这个结论是正确的，那么现今 CMB 观测结果的高度均匀性就成为一个谜团，因为彼此距离大于视界尺度的区域是不可能有机会交流信息从而形成热平衡的。

9.6 暴涨宇宙学模型

要解决标准宇宙学模型所面对的各种疑难，我们必须跳出标准宇宙学的范围并引入新的物理机制。目前有几种可供选择的机制，其中包括暴涨模型、可变光速模型以及宇宙弦模型等，其中，暴涨模型因为得到 CMB 观测的支持而更多的被采信。

暴涨模型的基本思想是在宇宙甚早期阶段 ($t=10^{-35}\sim10^{-32}$s) 曾经 有一个指数膨胀的阶段[①] 。在这个阶段处于大爆炸之后、相对论辐射物质为主的早期阶段之前。由于 $a(t)\sim \mathrm{e}^{Ht}$，我们有

$$d_H(t)=a(t)\int_0^t\frac{\mathrm{d}t'}{a(t')}\sim\mathrm{e}^{Ht}\int_0^t\mathrm{e}^{-Ht'}\mathrm{d}r'=\frac{1}{H}\left(\mathrm{e}^{Ht}-1\right)\simeq H^{-1}\mathrm{e}^{Ht}.$$

①历史上最早提出宇宙需要有一个指数暴涨阶段的是 Starobinsky，见 Starobinsky A A. Spectrum Of Relict Gravitational Radiation And The Early State Of The Universe. Soviet J. Exp. Theore. Phys. Lett., 1979, 30: 682。Starobinsky 的思想主要是来自早期宇宙需要对引力进行量子修正，而量子修正一般会给引力带来曲率二阶项的作用量，二阶曲率引力模型的解自然提供了一个指数膨胀阶段。这一设想几乎无人注意。后来，Guth 等人用标量场作为驱动暴涨的暴涨子重建了暴涨宇宙学模型，这才使得暴涨机制广为人知。

可见 $d_H(t)$ 亦以指数形式长大。因此，只要这个指数暴涨阶段足够长，就可以使粒子视界在指数膨胀的过程中超过可观测宇宙的大小，这样视界困难便不复存在。另一方面，由于急剧的指数膨胀，使得暴涨前宇宙的初始形态的任何信息都被冲刷得荡然无存，因而均匀性困难和平坦性疑难所要求的苛刻的初始条件亦得以避免。因此暴涨机制的引入使得标准宇宙模型的几个困难同时获得了解决。

9.6.1 暴涨发生的必要条件

我们并不了解暴涨发生时宇宙中物质的形态，但是可以从粒子视界急剧涨大这一要 求来推测当时的物态方程。首先将粒子视界公式改写为

$$d_H(t) = a(t)\int_0^t \frac{\mathrm{d}t'}{a(t')} = a(t)\int_0^{a(t)} \frac{\mathrm{d}a}{a\dot{a}}. \tag{9.60}$$

忽略了暗能量和空间曲率项后，由 Friedmann 方程可得

$$\dot{a} \propto \sqrt{\rho}a. \tag{9.61}$$

另一方面，物质的守恒方程以及物态方程给出

$$\rho \propto a^{-3(\omega+1)}. \tag{9.62}$$

将式 (9.61)、式 (9.62) 代入式 (9.60)，有

$$d_H(t) = a(t)\int_0^{a(t)} \mathrm{d}a \cdot a^{\frac{3(\omega+1)}{2}-2}. \tag{9.63}$$

暴涨发生时粒子视界的急剧增长可以表达式为 (9.63) 给出的粒子视界在数值上发散。这一条件要求

$$\frac{3(\omega+1)}{2} - 2 < -1,$$

亦即

$$\omega < -\frac{1}{3}. \tag{9.64}$$

暴涨发生的必要条件式 (9.64) 又可理解为宇宙加速膨胀的条件。按标准宇宙学模型, 无论是以非相对论物质为主还是以相对论辐射物质为主的宇宙均在减速膨胀, 因为这两种情形下 $a(t) \sim t^m$ 且 $m = \frac{1}{2}$ 或 $\frac{2}{3}$。因此，$\ddot{a}(t) = m(m-1)t^{m-2} < 0$。然而暴涨 (指数膨胀) 要求宇宙是加速膨胀的：$a(t) \sim \mathrm{e}^{Ht} \Rightarrow \ddot{a}(t) > 0$。由二阶 Friedmann 方程

$$\frac{\ddot{a}}{a}=-\frac{4\pi G}{3}(\rho+3P)>0$$

以及正能条件 $\rho>0$ 容易得到暴涨的必要条件是 $\omega<-\frac{1}{3}$。

9.6.2 暴涨子与慢滚条件

暴涨阶段的引入解决了标准宇宙模型中存在的若干困难，但同时也提出了新的问题: 是 什么样的动力学机制在驱动暴涨? 暴涨是何时开始又在何时结束的? 暴涨发生时宇宙中的物质究竟 处于何种状态?

现在一般认为，在宇宙的开端 (Planck 时间)，物质处于极端致密和高温的无序状态，因此适用有限温度的量子场论来描述。随着温度的降低 (尺度增加)，量子场要经历一次自发对称破缺，系统中自发地演化出非零的序参数。习惯上用标量场的真空期待值来表征序参数，因此，将获得非零期待值的标量场称为*暴涨子*(inflaton)，它们就是暴涨发生和结束的动力学原因。自发对称破缺对应的是一种真空相变，暴涨阶段实际上描述的是真空不稳定的相。相变完成时暴涨也就随之结束了。这就是为什么暴涨只持续极短暂的一段时间的原因。

下面我们来分析暴涨子的动力学。为了与观测一致，我们只需考虑平坦的 FRW 背景，即 $k=0$ 的情况。在各向同性的坐标系下，度规可以写为

$$g_{\mu\nu}=\begin{pmatrix}-1&0&0&0\\0&a^2&0&0\\0&0&a^2&0\\0&0&0&a^2\end{pmatrix}. \tag{9.65}$$

从暴涨子的作用量

$$S=\int \mathrm{d}^4x\sqrt{g}\,\mathcal{L}[\varphi,\nabla_\mu\varphi]=\int \mathrm{d}^4x\sqrt{g}\Big[-\frac{1}{2}g^{\mu\nu}\nabla_\mu\varphi\nabla_\nu\varphi-V(\varphi)\Big] \tag{9.66}$$

可以直接变分得到其运动方程，即

$$\Box\varphi-\frac{\partial V}{\partial\varphi}=0. \tag{9.67}$$

利用度规式 (9.65) 可以将这个方程更具体地写为

$$\frac{\partial^2\varphi}{\partial t^2}+3H\frac{\partial\varphi}{\partial t}-\frac{\nabla^2\varphi}{a^2}+\frac{\partial V}{\partial\varphi}=0, \tag{9.68}$$

其中，∇^2 是 3 维欧几里得空间中的拉普拉斯算符。如果式 (9.66) 就是暴涨阶段宇宙中的源物质，那么，根据宇宙学原理，必须有 $\partial_i\varphi=0$，否则这个梯度的空间依

赖性及其特殊指向就会破坏宇宙的均匀各向同性的性质。因此，暴涨子的运动方程可以简化为

$$\ddot{\varphi}+3H\dot{\varphi}+\frac{\partial V}{\partial \varphi}=0, \tag{9.69}$$

其中，$\ddot{\varphi}$ 和 $\dot{\varphi}$ 分别是 φ 关于坐标时间的二阶和一阶导数。这个方程可以理解为一个具有单位质量、在势场 V 中运动并同时受到线性阻力的质点的运动方程。

标量 φ 场的能动量张量为

$$T_{\mu\nu}=\nabla_\mu\varphi\nabla_\nu\varphi-g_{\mu\nu}\left(\frac{1}{2}g^{\rho\sigma}\nabla_\rho\varphi\nabla_\sigma\varphi+V(\varphi)\right). \tag{9.70}$$

这个能动量张量可以表达成完美流体的形式，即

$$T^0{}_0=-\rho, \qquad T^i{}_j=P\delta^i{}_j.$$

对于各向同性的单标量场，ρ 和 P 的具体取值为：

$$\rho=\frac{1}{2}\dot{\varphi}^2+V(\varphi), \tag{9.71}$$

$$P=\frac{1}{2}\dot{\varphi}^2-V(\varphi). \tag{9.72}$$

因此，

$$\omega=\frac{P}{\rho}=\frac{\frac{1}{2}\dot{\varphi}^2-V(\varphi)}{\frac{1}{2}\dot{\varphi}^2+V(\varphi)}. \tag{9.73}$$

当 $\frac{1}{2}\dot{\varphi}^2\ll V(\varphi)$ 时，暴涨子的能动量张量中起主要贡献的将是势能，其能动量张量与宇宙学常数造成的有效能动量张量类似，对应的物态参数

$$\omega\to -1. \tag{9.74}$$

即使 $\frac{1}{2}\dot{\varphi}^2$ 与 $V(\varphi)$ 相比不可忽略，只要 $\dot{\varphi}^2<V(\varphi)$，依然有 $\omega<-\frac{1}{3}$，因此暴涨依然会发生。

暴涨的发生要求 $\dot{\varphi}^2<V(\varphi)$，即暴涨子的有效动能小于其有效势能的一半。为保证暴涨的速度不至于增加过多破坏暴涨条件，通常会要暴涨子的势能函数比较平坦，即 $\dfrac{\partial V}{\partial \varphi}$ 的绝对值比较小 (如图 9.4)。这样，势场 V 给暴涨子提供的驱动力也

比较小，以至于在暴涨子的运动方程 (9.69) 中，首项相比于第二项可以忽略，

$$\ddot{\varphi} \ll 3H\dot{\varphi}. \tag{9.75}$$

同时，条件

$$\frac{1}{2}\dot{\varphi}^2 \ll V(\varphi) \tag{9.76}$$

也将得以保证。在这样前提之下的暴涨称为慢滚 (slow roll) 暴涨，条件式 (9.75) 和式 (9.76) 称为**慢滚条件**。

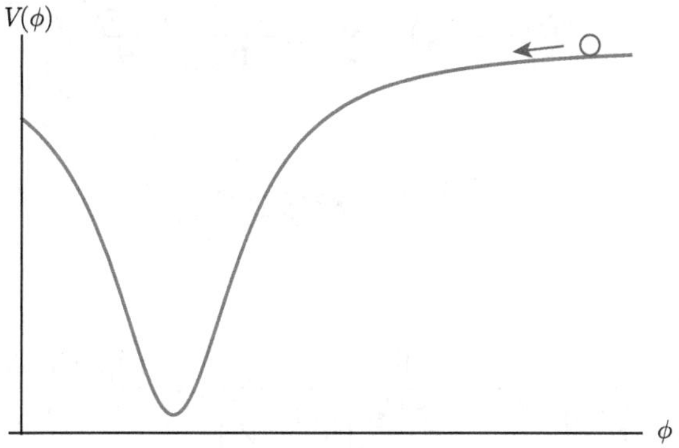

图 9.4 暴涨子的势函数

在慢滚条件下，暴涨子的运动方程 (9.69) 简化为

$$3H\dot{\varphi} = -V'(\varphi). \tag{9.77}$$

这个方程与 Friedmann 方程

$$H^2 = \frac{8\pi G}{3}\rho = \frac{8\pi G}{3}\left(\frac{\dot{\varphi}^2}{2} + V(\varphi)\right) \simeq \frac{8\pi G}{3}V(\varphi) \tag{9.78}$$

联立，即可决定暴涨过程的运动学过程。

下面我们介绍几个刻画慢滚条件的所谓**慢滚参数**。利用方程 (9.77)，可以将条件式 (9.76) 改写为

$$\left(\frac{V'(\varphi)}{H}\right)^2 \ll 18V(\varphi),$$

或者再利用方程 (9.78) 进一步写成

$$M_{\mathrm{P}}^2\left(\frac{V'}{V}\right)^2 \ll 6, \qquad M_{\mathrm{P}}^2 = \frac{1}{8\pi G}. \tag{9.79}$$

引入慢滚参数

$$\varepsilon = \frac{M_{\mathrm{P}}^2}{2}\left(\frac{V'}{V}\right)^2, \tag{9.80}$$

则条件式 (9.79) 又可写为①

$$\varepsilon \ll 1. \tag{9.81}$$

让我们回过头来看式 (9.78)。对该方程关于 t 求导，得

$$2H\dot{H} \simeq \frac{1}{3M_{\mathrm{P}}^2}V'(\varphi)\dot{\varphi} \simeq -\frac{1}{9M_{\mathrm{P}}^2}\frac{V'(\varphi)^2}{H},$$

$$\dot{H} \simeq -\frac{1}{18M_{\mathrm{P}}^2}\frac{V'^2}{H^2}.$$

因此有

$$-\frac{\dot{H}}{H^2} = \frac{1}{18M_{\mathrm{P}}^2}\frac{V'^2}{H^4} = \frac{1}{18M_{\mathrm{P}}^2}\frac{V'^2}{\left(\frac{1}{3M_{\mathrm{P}}^2}V\right)^2} = \frac{M_{\mathrm{P}}^2}{2}\left(\frac{V'}{V}\right)^2 = \varepsilon. \tag{9.82}$$

可见，慢滚参数 ε 与 Hubble 参数 H 之间有紧密的联系。由于

$$\frac{\ddot{a}}{a} = \dot{H} + H^2 > 0, \tag{9.83}$$

因此有

$$\varepsilon = -\frac{\dot{H}}{H^2} < 1. \tag{9.84}$$

这是用慢滚参数 ε 表达的宇宙加速膨胀条件。

现在我们来看另一个慢滚条件 $\ddot{\varphi} \ll 3H\dot{\varphi}$。对方 程 (9.77) 关于 t 求导，有

$$3\dot{H}\dot{\varphi} + 3H\ddot{\varphi} + V''(\varphi)\dot{\varphi} = 0.$$

因此，

$$V'' = -3\dot{H} - 3H\frac{\ddot{\varphi}}{\dot{\varphi}} = -3\dot{H} - 9H^2\frac{\ddot{\varphi}}{3H\dot{\varphi}}. \tag{9.85}$$

①实际上慢滚条件应该写成 $\varepsilon \ll 3$，不过我们这里强调的是数量级，3 与 1 属于同一量级，故要求 $\varepsilon \ll 1$。

由于

$$\varepsilon = -\frac{\dot{H}}{H^2} \ll 1,$$

$$\delta \equiv -\frac{\ddot{\varphi}}{3H\dot{\varphi}} \ll 1, \tag{9.86}$$

故

$$V'' = 3H^2(\varepsilon + 3\delta) = \frac{V}{M_{\rm P}^2}(\varepsilon + 3\delta) \ll \frac{V}{M_{\rm P}^2}. \tag{9.87}$$

定义

$$\eta = M_{\rm P}^2 \frac{V''}{V}, \tag{9.88}$$

有

$$\eta \ll 1. \tag{9.89}$$

式 (9.88) 和式 (9.86) 都可以看作是慢滚参数。

从慢滚条件我们可以知道，暴涨子的势函数 $V(\varphi)$ 的选择远非任意的。由于空间均匀性，暴涨子的动力学简化为仅含时间导数的力学问题，而慢滚条件在这个力学系统中提出的要求是：在暴涨阶段，φ 要从 $V(\varphi)$ 的某个非稳定的平衡点缓慢的地向稳定平衡点滚动，直至达到稳定平衡点。用场论的语言，这个过程就是真空的自发对称破缺或称真空相变。在相变结束后，暴涨子的初始势能 V_0 将释放出来成为辐射能量，在图 9.4 中将表现为暴涨子在势能函数的稳定极值点附近来回震荡。这一能量恰好弥补了由于宇宙加速暴涨而骤然变冷的温度。这一机制叫做暴涨后的**重加热**。

必须指出的是，暴涨过程的具体细节对暴涨子的势函数 $V(\varphi)$ 的选择非常敏感，不同的 $V(\varphi)$ 选择对应不同的暴涨模型。历史上，1984 年 Guth 首先提出 采用 $V(\varphi) \sim \dfrac{\lambda}{4}(\varphi^2 - a^2)^2$ 作为暴涨模型的势函数，其后 Weinberg、Sternhardt 和 Linde 等又分别根据观测要求和有限温度场论的推理提出过各种不同的势函数。目前，理论界已经提出的一定程度地满足慢滚条件的暴涨模型可能多达数百种，其中许多已经被 WMAP、Planck 等卫星的观测数据排除[①]。有趣的是：最早从理论上预言宇宙早期需要暴涨阶段的 Starobinsky 修改引力模型却是目前与 Planck 观测符合

①参考图 9.5(图片引自 Planck Collaboration: “Planck 2015 results. XX. Constraints on inflation”, arXiv: 1502.02114)。图中 Starobinsky 模型处于最贴近横轴的中间位置 (即图中标记为 R^2 inflation 的模型)。该图的横、纵坐标的物理意义请参阅 9.8.7 节。

得最好的模型。Starobinsky模型是一种特殊的含高阶曲率贡献的修改引力模型，其作用量将在式 (10.38) 中给出。

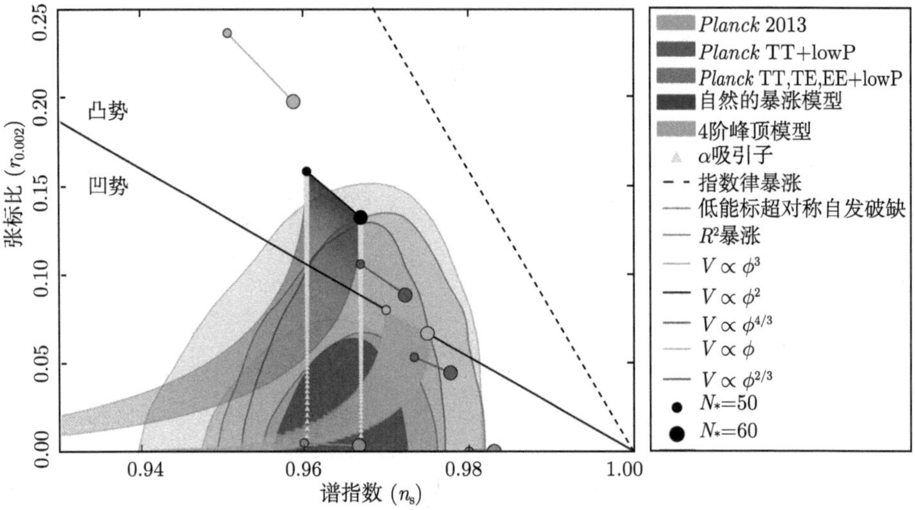

图 9.5　Planck 对暴涨模型的限制

9.6.3　暴涨持续的时间与 e-fold 数

为了衡量暴涨持续的时间，通常定义所谓的 e-fold 数：

$$N(t) \equiv \log \frac{a_f}{a(t)}, \tag{9.90}$$

式中，a_f 是暴涨结束时刻的尺度因子，$a(t)$ 则是暴涨过程中某一时刻 t 的尺度因子。在有些文献中将

$$N_i \equiv N(t_i) = \log \frac{a_f}{a_i}$$

定义为 e-fold 数，它实际上是式 (9.90) 所定义的 e-fold 数的初始值 (也是最大值)。随着暴涨的进行，$N(t)$ 逐渐减小，直到暴涨结束时刻 t_f，$N(t)$ 变为零。

在慢滚暴涨模型中，可以利用暴涨子的势函数来计算 e-fold 数。具体思路是

$$\mathrm{d}N = -\mathrm{d}\log a = -H\mathrm{d}t = -H\frac{\mathrm{d}\varphi}{\dot{\varphi}}.$$

利用式 (9.77) 和式 (9.78) 可以将上式中的 H 和 $\dot{\varphi}$ 分别更换为暴涨子势函数的表达式，最后可得

$$N(\varphi) = \frac{1}{M_{\mathrm{P}}}\int_{\varphi}^{\varphi_f} \frac{V}{V'}\mathrm{d}\varphi.$$

为了判断能解释当前宇宙均匀性所需的暴涨时间长度，需要考察宇宙中某个空间尺度与 e-fold 数之间的联系。为达到这个目的，可以从比较一个随动尺度 (用**随动波长**λ 来表示) 与随动 Hubble 半径 $\lambda_H = (aH)^{-1}$ 开始。前者在时间过程中保持为常数，而后者在暴涨过程中随时间指数衰减，因此，经历充分长的暴涨时间后，不同的随动尺度都有机会变得比随动 Hubble 半径还大，这一现象叫做**穿越视界**。越大的随动尺度会越早穿越视界。对于给定的尺度 λ 而言，它穿越视界的时间 t_* 可以用下式估算：

$$k = a(t_*)H(t_*),$$

式中，$k = 2\pi/\lambda$ 是随动波矢。

图 9.6 描绘了随动 Hubble 半径随时间演化的示意图。图中水平虚线表示某个随动波长 (纵轴采用了对数坐标)，向下倾斜的直线段表示暴涨过程中的随动 Hubble 半径，随时间增长的曲线段表示以辐射为主的早期演化阶段。从图中可以看出，不同的随动尺度穿越视界的时间不同，较大的随动尺度会较早地穿越视界。

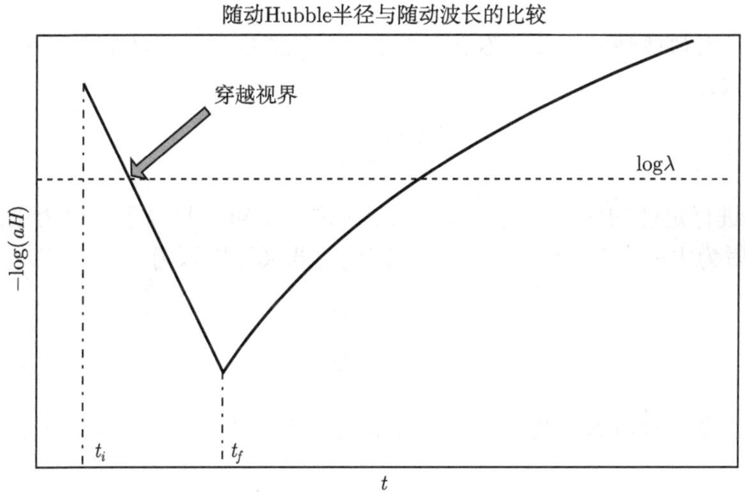

图 9.6 随动 Hubble 半径随时间的演化

解决宇宙均匀性和视界困难的要求为：暴涨结束时的随动粒子视界不小于再结合时期结束时刻的随动宇宙半径。假定暴涨开始、结束的时刻分别为 t_i, t_f，对应的尺度因子为 a_i, a_f，那么，在暴涨阶段，类光粒子走过的距离是

$$d_H(t_i, t_f) = a_f \int_{a_i}^{a_f} \frac{\mathrm{d}a}{a^2 H} = \frac{1}{H_i}\left(\frac{a_f}{a_i} - 1\right) \simeq \frac{1}{H_f}\frac{a_f}{a_i}, \tag{9.91}$$

式中我们已经利用了暴涨阶段为指数膨胀、Hubble 参数为常数以及 $a_f \gg a_i$ 的事实。计及暴涨阶段以后，粒子视界需要重新定义。物理上最恰当的初始时间应选为

暴涨开始的时刻 t_i，而粒子视界应该改为

$$d_H(t_i,t)=d_H(t_i,t_f)+d_H(t_f,t),\tag{9.92}$$

$$d_H(t_f,t)=a(t)\int_{t_f}^{t}\frac{\mathrm{d}t'}{a(t')}.\tag{9.93}$$

在上式中，$d_H(t_f,t)$ 是暴涨结束后类光粒子走过的固有距离。由于暴涨持续的时间非常短暂，$d_H(t_f,t)$ 完全可以用式 (9.56) 中的 $d_H(t)$ 来估算，即

$$d_H(t_f,t)\simeq H^{-1}(t),$$

并且它与再结合结束后类光粒子走过的固有距离差别也不会太大。我们完全可以将时刻 t 外延至当前时刻 t_0。这样，暴涨所需满足的条件可以写为

$$\frac{d_H(t_i,t_f)}{a_f}\geqslant\frac{1}{a_0H_0},$$

即暴涨结束时的随动粒子视界不小于当前时刻观测宇宙的随动半径。利用式 (9.91) 可以将上式改写为

$$\frac{a_f}{a_i}\geqslant\frac{a_fH_f}{a_0H_0}.$$

为了进行定性的估算，我们假定在暴涨之后宇宙一直处于辐射为主的演化阶段。对辐射为主的宇宙，有 $aH\propto a^{-1}$，因此上式又可以写为

$$\frac{a_f}{a_i}\geqslant\frac{a_0}{a_f}.$$

这就是说，**暴涨阶段尺度因子增长的倍数要不小于暴涨结束后至今宇宙尺度因子增长的倍数。**

对于辐射为主的演化时期，我们有

$$\frac{a_0}{a_f}=\frac{T_f}{T_0},$$

式中，T_f 和 T_0 分别是暴涨结束时和当前时刻相对论物质的温度。根据 CMB 观测等数据推断，暴涨结束时相对论物质的温度大约为 $T_f\simeq10^{16}\mathrm{GeV}$，当前宇宙中的相对论物质的温度约为 $T_0\simeq10^{-4}\mathrm{eV}$，因此有

$$\frac{a_0}{a_f}\simeq10^{29},$$

亦即

$$N_i = \log \frac{a_f}{a_i} \geqslant \log \frac{a_0}{a_f} \simeq 67.$$

上式给出了暴涨开始时 e-fold 数的下限。

应该说明的是：在以上估算中所作的近似，包括用辐射为主的宇宙来描写暴涨结束后的演化过程，都会对最后的结果带来一定的影响。不过，考虑到物质为主以及暗能量为主时期宇宙的尺度因子增大幅度大约只有 6 至 7 个 e-fold，以上估算还算是相对准确的。

9.7　微波背景辐射简介

9.7.1　温度与频谱

为了进一步了解宇宙演化的历史以及从观测数据来推断宇宙演化细节的基本思路和技术方法，有必要对微波背景辐射 (CMB) 的观测数据及其分析方法作一些了解。

CMB 对于观测宇宙学的重要意义不仅在于它证实了宇宙初期发生过热大爆炸，而且在于从 CMB 中遗存的细节可以推断出对早期宇宙的更精细的描述。假定观测到的 CMB 温度的角分布为 $T(\theta,\varphi)$。平均温度可以利用 $T(\theta,\varphi)$ 的角向积分来定义：

$$\langle T\rangle = \frac{1}{4\pi}\int T(\theta,\varphi)\sin\theta\,\mathrm{d}\theta\mathrm{d}\varphi.$$

观测表明，CMB 的温度在天空中各个方向具有高度的均匀性，其辐射频谱非常接近于温度为

$$T_0 = \langle T\rangle = 2.725\mathrm{K}$$

的黑体谱。图 9.7 描绘了第一代 CMB 观测卫星 COBE 给出的 CMB 频谱①。图中的实线是用黑体辐射谱拟合的曲线。这个频谱曲线是人类有史以来测得的最理想的黑体频谱。

从当前测得的黑体谱可以推测 CMB 在刚刚被发射出来时的频谱。这是因为辐射场的温度、频率分别满足红移关系

$$T_0 = \frac{T}{1+z},\quad \omega_0 = \frac{\omega}{1+z}.$$

①图片来自维基百科，网址：https://en.wikipedia.org/wiki/Cosmic_Background_Explorer#/media/File:Cmbr.svg。

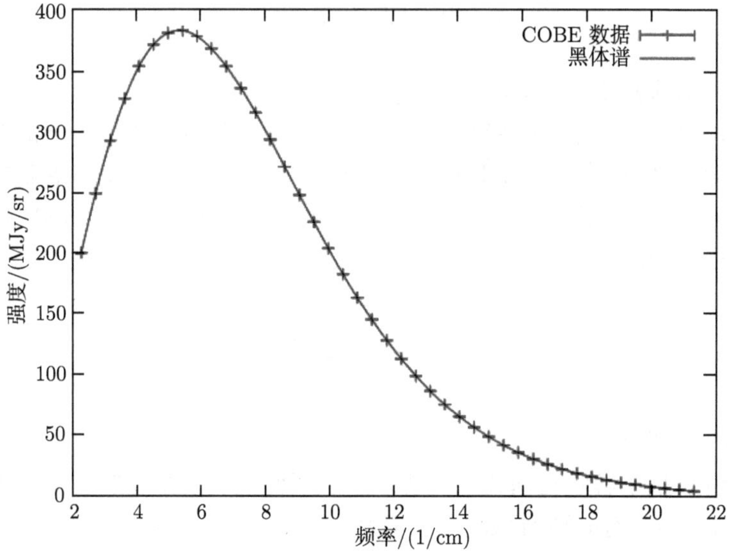

图 9.7　COBE 卫星观测到的 CMB 频谱

从当前的黑体谱

$$\rho_0(\omega_0)=\frac{\hbar}{\pi^2c^3}\frac{\omega_0^3\mathrm{d}\omega_0}{\mathrm{e}^{\hbar\omega_0/k_\mathrm{B}T_0}-1}$$

可得

$$\rho_0(\omega_0)=(1+z)^{-4}\frac{\hbar}{\pi^2c^3}\frac{\omega^3\mathrm{d}\omega}{\mathrm{e}^{\hbar\omega/k_\mathrm{B}T}-1}.$$

另一方面，将式 (9.27) 应用于辐射场，有

$$\rho=\rho_0\left(\frac{a(t)}{a_0}\right)^{-4}=\rho_0(1+z)^4.$$

因此，

$$\rho(\omega)=\frac{\hbar}{\pi^2c^3}\frac{\omega^3\mathrm{d}\omega}{\mathrm{e}^{\hbar\omega/k_\mathrm{B}T}-1}.$$

显然，这依然是黑体谱。

更为精密的观测还表明，CMB 的温度并非理想地均匀一致，实际温度分布与平均温度稍有差异。图 9.8 给出了 Planck 卫星 2015 年公布的 CMB 温度涨落观测

图像 (图片出自 arXiv: 1502.01582)① 。其中，由于星系辐射造成的前景以及太阳系相对于 CMB 背景运动造成的偶极效应都已经移除。

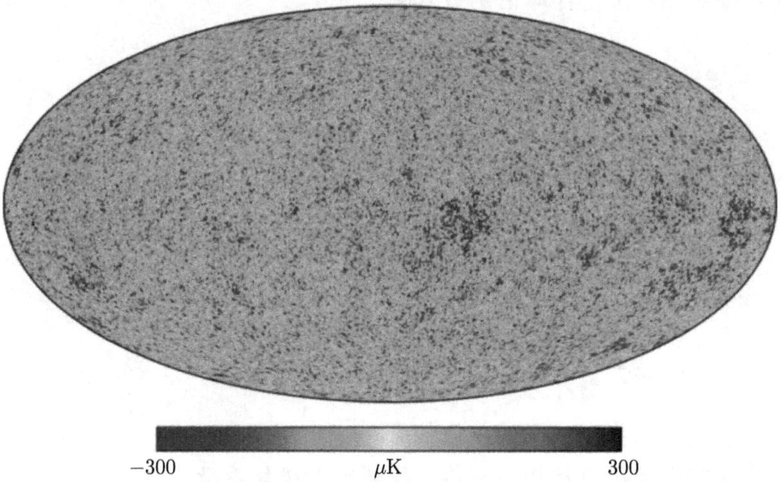

图 9.8 Planck 2015 实验观测到的 CMB 温度涨落

定义温度的相对涨落为

$$\frac{\delta T}{T}=\frac{T(\theta,\varphi)-\langle T\rangle}{\langle T\rangle}.$$

那么，相对方均根涨落则是

$$\left\langle\left(\frac{\delta T}{T}\right)^2\right\rangle^{1/2}=\left[\frac{1}{4\pi}\int\left(\frac{T(\theta,\varphi)-\langle T\rangle}{\langle T\rangle}\right)^2\sin\theta\,\mathrm{d}\theta\mathrm{d}\varphi\right]^{1/2}\simeq 1.1\times 10^{-5},$$

式中最后的数值结果为观测数值。一般认为，CMB 温度分布的这种微小的不均匀性是宇宙早期时空度规的微小扰动 (即所谓的*原初扰动*)造成的后果。因此，研究 CMB 的温度涨落及其角关联，可以揭示早期宇宙中的原初扰动的性质和幅度。

①这是 CMB 在整个天球上温度分布的 Mollweide 投影，投影方程为

$$x=\frac{2\sqrt{2}}{\pi}\varphi\cos\omega,$$
$$y=\sqrt{2}\sin\omega,$$

其中，ω 是一个辅助角变量，它与实际的纬度 θ、经度 φ 之间的关系是

$$2\omega+\sin(2\omega)=\pi\sin\theta.$$

9.7.2　温度涨落的角关联与功率谱

为了描述 CMB 温度涨落并从中获取物理信息，需要引入温度涨落的关联函数。首先需要对相对涨落作球谐函数分解：

$$\frac{\delta T}{T}=\sum_{l=0}^{\infty}\sum_{m=-l}^{l}a_{lm}Y_l^m(\theta,\varphi),\tag{9.94}$$

其中的球谐函数满足熟知的关系

$$\int Y_{l'}^{*m'}(\theta,\varphi)Y_l^m(\theta,\varphi)\sin\theta\,\mathrm{d}\theta\mathrm{d}\varphi=\delta_{ll'}\delta_{mm'},\tag{9.95}$$

$$\sum_{m=-l}^{l}Y_l^{*m}(\hat{\boldsymbol{n}}_1)Y_l^m(\hat{\boldsymbol{n}}_2)=\frac{2l+1}{4\pi}P_l(\cos\theta_{12}),\tag{9.96}$$

其中，$\hat{\boldsymbol{n}}_1,\hat{\boldsymbol{n}}_2$ 是两个指向不同的单位矢量，$\hat{\boldsymbol{n}}_1\cdot\hat{\boldsymbol{n}}_2=\cos\theta_{12}$，$P_l(\cos\theta_{12})$ 是勒让德函数。利用这些性质可以从相对涨落中反解出**多极矩系数**a_{lm}：

$$a_{lm}=\int Y_l^{*m}(\theta,\varphi)\frac{\delta T}{T}\sin\theta\,\mathrm{d}\theta\mathrm{d}\varphi.\tag{9.97}$$

CMB 温度涨落的角关联函数定义为

$$C(\theta)=\left\langle\frac{\delta T}{T}(\hat{\boldsymbol{n}}_1)\frac{\delta T}{T}(\hat{\boldsymbol{n}}_2)\right\rangle_{\hat{\boldsymbol{n}}_1\cdot\hat{\boldsymbol{n}}_2=\cos\theta}.\tag{9.98}$$

式中的平均值需要对所有满足 $\hat{\boldsymbol{n}}_1\cdot\hat{\boldsymbol{n}}_2=\cos\theta$ 的 $\hat{\boldsymbol{n}}_1$ 和 $\hat{\boldsymbol{n}}_2$ 来求。暴涨宇宙学预言温度的涨落满足高斯分布，这意味着温度涨落的关联函数仅与 θ 有关。这样就有

$$\langle a_{l'm'}^{*}a_{lm}\rangle=C_l\delta_{ll'}\delta_{mm'},\tag{9.99}$$

$$C(\theta)=\frac{1}{4\pi}\sum_{l=0}^{\infty}(2l+1)C_lP_l(\cos\theta).\tag{9.100}$$

注意上式中的零极距项对应着温度的总平均平方涨落，偶极矩项对应着太阳系相对于 CMB 背景的运动——即相对于随动坐标系的运动造成的影响。

方程 (9.94) 类似于处理平面波时的傅里叶变换，其中的系数 a_{lm} 对应着振幅。因此，从式 (9.99) 可以得知，对给定的多极矩数 (用 l 刻画)，**功率谱**

$$C_l=\frac{1}{2l+1}\sum_{m=-l}^{l}\langle|a_{lm}|^2\rangle,\tag{9.101}$$

换言之，功率谱是各种不同的极化模式贡献的平均值。图 9.9 给出了 Planck 卫星实验 2015 年公布的 CMB 温度涨落的功率谱[①]。图中，纵轴变量是

$$\mathcal{D}_l^{TT} = \frac{1}{2\pi} l(l+1)C_l, \tag{9.102}$$

实线是 ΛCDM 模型给出的最佳拟合线，观测点的误差限宽度为 1σ(一个标准方差)。当 l 比较小时，功率谱的误差范围比较宽，这是数据统计方法本身决定的。我们知道，对于 N 个随机采样进行统计平均时，相对方均根偏差的数量级是 $1/\sqrt{N}$。具体到功率谱 C_l，每个给定的 l 下只有 $2l+1$ 个可采样的点，这样方均根偏差就是 $1/\sqrt{2l+1}$。显然，l 越小，平均值的不确定程度越大。

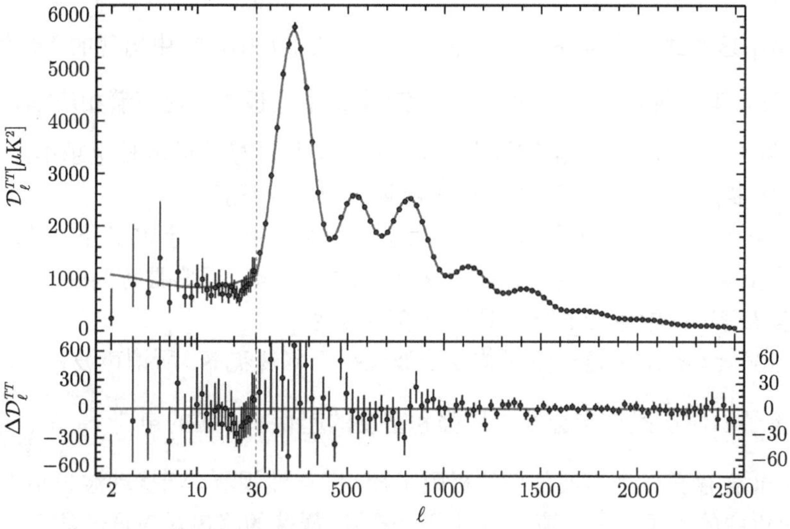

图 9.9 Planck 2015 实验观测到的 CMB 温度涨落关联的多极矩谱

CMB 功率谱中纵轴使用 $\mathcal{D}_l^{TT}$ 而不用 C_l 的原因可以这样理解：将式 (9.100) 中的 θ 取作零，有

$$\left\langle \left(\frac{\delta T}{T}\right)^2 \right\rangle^{1/2} = C(0) = \frac{1}{4\pi}\sum_{l=0}^{\infty}(2l+1)C_l$$

$$\simeq \frac{1}{2\pi}\int l(l+1)C_l\,\mathrm{d}(\log l)$$

$$= \int \mathcal{D}_l^{TT}\,\mathrm{d}(\log l).$$

①图片引自 Planck Collaboration, “Planck 2015 results. XIII. Cosmological parameters”, arXiv: 1502.01589。

因此，$\mathcal{D}_l^{TT}$ 是在对数极矩轴的单位长度下的功率谱密度。

CMB 温度涨落的多极矩功率谱显然给出了远比黑体频谱更丰富的信息。其中，各个峰值所在的位置都具有良好的物理解释。首先我们来解释多极矩谱中的极矩数 l 的含义。由于式 (9.100) 中 l 极矩对 $C(\theta)$ 的贡献正比于 $P_l(\cos\theta)$，我们先观察几个最低级的勒让德函数：

$$\begin{aligned}
&P_0(x)=1, && P_1(x)=x,\\
&P_2(x)=\frac{1}{2}(-1+3x^2), && P_3(x)=\frac{1}{2}(-3x+5x^3),\\
&P_4(x)=\frac{1}{8}(3-30x^2+35x^4), && P_5(x)=\frac{1}{2}(15x-70x^3+63x^5).
\end{aligned}$$

在功率谱中这些式子中的 x 均应换为 $\cos\theta$。因此，$P_l(\cos\theta)$ 中出现的“最高频”成分为 $\cos^l\theta$，其周期为 $\dfrac{2\pi}{l}$。可见，多极矩功率谱中的极矩数对应着相应模式的角分辨率：l 越大，能够分辨的角度越小，与之相应的扰动模式的波长也越小。

CMB 多极矩谱基本上可以按极矩数划分为 3 个区间。

(1) $l<10^2$：这一阶段的扰动波长大于再结合结束时的宇宙半径，因此扰动的形状基本上被固定下来。这一段曲线大致呈水平走向，通常被称为*Sachs-Wolfe 高原*，它意味着宇宙中原初的扰动具有标度不变性。

(2) $10^2<l<10^3$：这一阶段扰动的波长小于*声波视界*。所谓声波视界，指的是宇宙中重子物质在扰动中会发生压强和密度的起伏，对应的声速 $c_s=\sqrt{\dfrac{\partial P}{\partial\rho}}$是有限的，因此会存在一个声波传播的极限半径，即声波视界。当扰动波长小于声波视界时，宇宙中的光子－重子流体可以发生震荡，震荡的峰值对应重子数密度的峰值或谷值 (原因是功率谱与振幅 a_{lm} 的平方成正比，故无法分辨密度相对于平均密度的增加和减小)。所以，可以用功率谱中的峰值来推测重子数密度。

(3) $l>10^3$：这一阶段扰动波长小于光子的平均自由程，因此整体上被散射、吸收，在功率谱上呈指数衰减行为。

9.7.3　极化

CMB 是电磁辐射，其电场分量的极化也会携带有用的物理信息。由于电磁波的电场分量总是垂直于波的传播方向，我们可以将沿方向 $\hat{\boldsymbol{n}}$ 传播的电磁波的电场分量分解为

$$\boldsymbol{E}=E^a\boldsymbol{e}_a,$$

其中，$a=1,2$，且

$$\boldsymbol{e}_a\cdot\boldsymbol{e}_b=\delta_{ab},\quad \boldsymbol{e}_1\cdot\hat{\boldsymbol{n}}=\boldsymbol{e}_2\cdot\hat{\boldsymbol{n}}=0.$$

对于 CMB 观测而言，来自天空各方向上的辐射最好用以观测点为球心的球面坐标 θ, φ 来表达，这样，$\hat{\boldsymbol{n}} = \hat{\boldsymbol{r}}$，而 $\boldsymbol{e}_a$ 可以取为 $\boldsymbol{e}_\theta$ 和 $\boldsymbol{e}_\varphi/|\boldsymbol{e}_\varphi|$。

引入极化张量

$$P_{ab} = \frac{1}{I}\left(\langle E_a E_b\rangle - \frac{1}{2}\langle E_c E^c\rangle g_{ab}\right),$$

其中，$I = \langle E_c E^c\rangle$ 是总辐射强度，$g_{ab} = \boldsymbol{e}_a \cdot \boldsymbol{e}_b = \delta_{ab}$ 是所选的球面上的度规，而 $\langle , \rangle$ 表示在远大于辐射场周期的时间线度上取平均值。显然，P_{ab} 是 2×2 的对称无迹实矩阵，只有两个独立的分量。一般选取如下的标量来代替极化张量：

$$E(\hat{\boldsymbol{n}}) = \nabla^b\nabla^a P_{ab}(\hat{\boldsymbol{n}}), \quad B(\hat{\boldsymbol{n}}) = \epsilon_{cb}\nabla^c\nabla^a P_a{}^b(\hat{\boldsymbol{n}}), \tag{9.103}$$

式中，ϵ_{cb} 是单位球面上的体积形式，∇_a 是单位球面上的协变导数。上述变量分别称为 E 模式和 B 模式，前者对应极化张量的散度模式，后者对应旋度模式。

利用 E 模式和 B 模式，可以定义 CMB 温度涨落的极化关联函数，例如

$$C^{ET}(\theta) = \left\langle E(\hat{\boldsymbol{n}}_1)\frac{\delta T}{T}(\hat{\boldsymbol{n}}_2)\right\rangle_{\hat{\boldsymbol{n}}_1\cdot\hat{\boldsymbol{n}}_2=\cos\theta}, \quad C^{BT}(\theta) = \left\langle B(\hat{\boldsymbol{n}}_1)\frac{\delta T}{T}(\hat{\boldsymbol{n}}_2)\right\rangle_{\hat{\boldsymbol{n}}_1\cdot\hat{\boldsymbol{n}}_2=\cos\theta},$$

$$C^{EE}(\theta) = \langle E(\hat{\boldsymbol{n}}_1)E(\hat{\boldsymbol{n}}_2)\rangle_{\hat{\boldsymbol{n}}_1\cdot\hat{\boldsymbol{n}}_2=\cos\theta}, \quad C^{BB}(\theta) = \langle B(\hat{\boldsymbol{n}}_1)B(\hat{\boldsymbol{n}}_2)\rangle_{\hat{\boldsymbol{n}}_1\cdot\hat{\boldsymbol{n}}_2=\cos\theta},$$

$$C^{EB}(\theta) = \langle E(\hat{\boldsymbol{n}}_1)B(\hat{\boldsymbol{n}}_2)\rangle_{\hat{\boldsymbol{n}}_1\cdot\hat{\boldsymbol{n}}_2=\cos\theta}.$$

与这些关联函数相对照，我们在式 (9.98) 中定义的纯温度关联函数应该叫做 TT 关联，这就是在式 (9.102) 中将纯温度关联的功率谱记为 $\mathcal{D}_l^{TT}$ 的原因。

仿照式 (9.97)，我们可以对 E 模式和 B 模式做球谐函数分解：

$$a_{E,lm} = \int Y_l^{*m} E(\theta,\varphi)\sin\theta\,\mathrm{d}\theta\mathrm{d}\varphi,$$

$$a_{B,lm} = \int Y_l^{*m} B(\theta,\varphi)\sin\theta\,\mathrm{d}\theta\mathrm{d}\varphi,$$

式中，$E(\theta,\varphi)$ 表示 $E(\hat{\boldsymbol{n}})$，其中，$\hat{\boldsymbol{n}}$ 是指向 (θ,φ) 方向的单位矢量。重复上一小节的步骤，可以引进 CMB 的极化多极矩功率谱

$$C_l^{ET} = \langle a_{E,lm}^* a_{lm}\rangle = \frac{1}{2l+1}\sum_{m=-l}^{l}\langle a_{E,lm}^* a_{lm}\rangle,$$

$$C_l^{BT} = \langle a_{B,lm}^* a_{lm}\rangle = \frac{1}{2l+1}\sum_{m=-l}^{l}\langle a_{B,lm}^* a_{lm}\rangle,$$

$$C_l^{EE} = \langle a_{E,lm}^* a_{E,lm} \rangle = \frac{1}{2l+1} \sum_{m=-l}^{l} \langle a_{E,lm}^* a_{E,lm} \rangle,$$

$$C_l^{BB} = \langle a_{B,lm}^* a_{B,lm} \rangle = \frac{1}{2l+1} \sum_{m=-l}^{l} \langle a_{B,lm}^* a_{B,lm} \rangle,$$

$$C_l^{EB} = \langle a_{E,lm}^* a_{B,lm} \rangle = \frac{1}{2l+1} \sum_{m=-l}^{l} \langle a_{E,lm}^* a_{B,lm} \rangle.$$

图 9.10 给出的是 Planck 2015 年公布的 CMB ET 和 EE 功率谱①。通过这些功率谱可以更加准确地确定宇宙学中的一些主要物理参数。

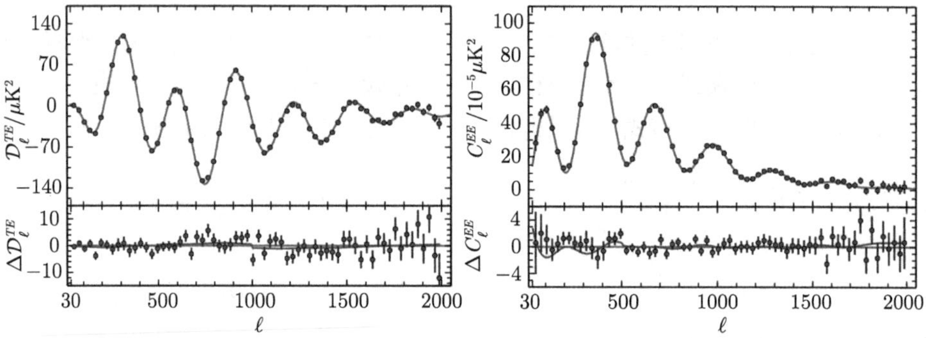

图 9.10　Planck 2015 实验观测到的 CMB ET 及 EE 极化多极矩谱

与纯粹的温度关联不同，CMB 的极化关联会受到星际尘埃中自旋粒子对辐射光子进行散射的影响。因此，观测到的极化功率谱不仅仅来源于原初扰动。通过恰当的技术方法去除尘埃散射的影响后，剩余的功率谱才对应着原初扰动的影响。一个非常重要的理论结果是：*原初扰动中的标量成分不会产生 B 模式，只有张量扰动才会贡献 B 模式*。因此，一旦在 CMB 极化功率谱中观测到无法用尘埃散射解释的 B 模式极化功率谱，则意味着发现了宇宙之初原初扰动对应的引力波。截至目前，CMB 的观测到的 B 模式功率谱都可以用尘埃散射进行解释，还没有发现原初引力波产生的 B 模式功率谱。

9.8　原初扰动

为了解释 CMB 观测数据中的微小起伏，需要考虑宇宙中的原初扰动。宇宙学中的原初扰动有两个来源，即时空度规的扰动和源物质的扰动。下面我们分别予以

①图片引自 Planck Collaboration, "Planck 2015 results. XIII. Cosmological parameters", arXiv:1502.01589。

讨论。

9.8.1 度规扰动

为了方便，我们采用共形时间η 来描写作为扰动背景的空间平坦的 Robertson-Walker 度规：

$$\mathrm{d}s^2 = g^{(0)}_{\mu\nu}\mathrm{d}x^\mu \mathrm{d}x^\nu = a^2(\eta)\big[-\mathrm{d}\eta^2 + \mathrm{d}x^2 + \mathrm{d}y^2 + \mathrm{d}z^2\big].$$

这个背景时空其实就是空间平坦的 de Sitter 时空，对应的采用坐标时间的度规为

$$\mathrm{d}s^2 = -\mathrm{d}t^2 + a^2(t)[\mathrm{d}x^2 + \mathrm{d}y^2 + \mathrm{d}z^2], \quad a(t) = \exp(Ht).$$

因此，我们有

$$a(\eta) = -(H\eta)^{-1}, \quad \eta = -\frac{1}{H}\exp(-Ht). \tag{9.104}$$

注意：对于越早的时间 t，共形时间 η 的绝对值越大。

由于度规是对称张量，对背景度规的扰动 $\delta g_{\mu\nu}$ 需要用 10 个参数来刻画。扰动后度规的一般形式为

$$\mathrm{d}s^2 = a^2(\eta)\big[-(1+2A)\mathrm{d}\eta^2 + 2B_i \mathrm{d}x^i \mathrm{d}\eta + (\delta_{ij} + h_{ij})\mathrm{d}x^i \mathrm{d}x^j\big], \tag{9.105}$$

式中，B_i 和 h_{ij} 分别是 3 维欧几里得空间中的矢量和张量，其指标可用 δ_{ij} 及其逆 δ^{ij} 来升降。B_i 和 h_{ij} 还可以进一步按3维空间转动群的不可约表示进行分解，其中 B_i 可以分解为纵向和横向分量，其中纵向分量是无旋模式，可以表达为一个标量的梯度，而横向分量的散度为零：

$$B_i = \partial_i B + \bar{B}_i, \quad \partial_i \bar{B}^i = 0. \tag{9.106}$$

类似地，h_{ij} 可以进一步分解为

$$h_{ij} = 2C\delta_{ij} + 2\partial_i\partial_j E + 2\partial_{(i}E_{j)} + \bar{E}_{ij}, \tag{9.107}$$

其中 $\bar{E}_{ij}$ 是横向无迹的张量模式：

$$\delta_{ij}\bar{E}^{ij} = 0, \quad \partial_i \bar{E}^{ij} = 0,$$

E_i 是横向矢量模式，C 和 E 是两个标量模式。经上述分解后，整个度规扰动含有 4 个标量模式 (A、B、C、E)、两个横向的矢量模式 ($\bar{B}_i, E_i$，共 4 个独立分量) 和一个横向无迹的张量模式 ($\bar{E}_{ij}$，含两个独立分量)。后文中我们将会看到，由于规范自由度的存在，以上这些扰动分量并非都是物理的，需要利用一定的规范条件来消除多余的自由度。

9.8.2　物质扰动

宇宙学中的物质形态通常有两种表达方法，一是将物质抽象为流体，二是以标量场的形式来描写宇宙中的物质。在暴涨宇宙学中，物质主要是以标量场的形态出现。单标量场的作用量和能动量张量分别由式 (9.66) 和式 (9.70) 给出，即

$$S=\int \mathrm{d}^4x\sqrt{g}\left[-\frac{1}{2}g^{\mu\nu}\nabla_\mu\varphi\nabla_\nu\varphi-V(\varphi)\right],$$

$$T_{\mu\nu}=\nabla_\mu\varphi\nabla_\nu\varphi-g_{\mu\nu}\left(\frac{1}{2}g^{\rho\sigma}\nabla_\rho\varphi\nabla_\sigma\varphi+V(\varphi)\right).$$

标量场的扰动指的是在各向同性的背景场 $\varphi=\varphi(\eta)$ 的基础上额外产生的微小涨落，

$$\varphi\to\varphi+\delta\varphi,$$

其中，$\delta\varphi=\delta\varphi(\eta,\boldsymbol{x})$ 可能同时依赖于时间和空间坐标。$\delta\varphi$ 与上一小节中谈到的 A、B、C、E 一起，构成了单标量场暴涨宇宙学中原初扰动的 5 个标量模式。我们即将看到，当考虑了规范自由度和爱因斯坦方程中的约束条件后，最终将只有一个标量扰动模式是物理的。

为了分析标量物质扰动给爱因斯坦方程带来的影响，需要将标量场能动量张量在扰动影响下的增量计算出来。为此，最好将能动量张量写成 (1,1) 型张量的形式 $T^\mu{}_\nu$：

$$T^\mu{}_\nu=\nabla^\mu\varphi\nabla_\nu\varphi-\delta^\mu{}_\nu\left(\frac{1}{2}g^{\rho\sigma}\nabla_\rho\varphi\nabla_\sigma\varphi+V(\varphi)\right).$$

将 $\varphi\to\varphi+\delta\varphi$，$g^{\rho\sigma}\to g^{\rho\sigma}-\delta g^{\rho\sigma}$ 代入上式，准确至扰动的线性级，可得

$$\begin{aligned}\tilde{T}^\mu{}_\nu=&\nabla^\mu\varphi\nabla_\nu\varphi+\nabla^\mu\varphi\nabla_\nu\delta\varphi+\nabla^\mu\delta\varphi\nabla_\nu\varphi\\&-\delta^\mu{}_\nu\left[\frac{1}{2}g^{\rho\sigma}\left(\nabla_\rho\varphi\nabla_\sigma\varphi+\nabla_\rho\varphi\nabla_\sigma\delta\varphi+\nabla_\rho\delta\varphi\nabla_\sigma\varphi\right)\right.\\&\left.-\frac{1}{2}\delta g^{\rho\sigma}\nabla_\rho\varphi\nabla_\sigma\varphi+V(\varphi)+\frac{\partial V}{\partial\varphi}\delta\varphi\right].\end{aligned}$$

因此，能动量张量的扰动增量为

$$\begin{aligned}\delta T^\mu{}_\nu=&\nabla^\mu\varphi\nabla_\nu\delta\varphi+\nabla^\mu\delta\varphi\nabla_\nu\varphi\\&-\delta^\mu{}_\nu\left[\frac{1}{2}g^{\rho\sigma}\left(\nabla_\rho\varphi\nabla_\sigma\delta\varphi+\nabla_\rho\delta\varphi\nabla_\sigma\varphi\right)-\frac{1}{2}\delta g^{\rho\sigma}\nabla_\rho\varphi\nabla_\sigma\varphi+\frac{\partial V}{\partial\varphi}\delta\varphi\right].\end{aligned}\tag{9.108}$$

9.8.3 规范问题

从物理本质上讲，扰动后的时空 $\mathcal{M}$ 与未扰动的时空 $\mathcal{M}_0$ 是两个不同的时空。为了研究扰动模式的物理后果，需要比较这两个不同时空中的对象。为此，需要建立从 $\mathcal{M}_0$ 到 $\mathcal{M}$ 的映射将两个时空中的点建立一一对应。然而，这种对应关系的选择并不唯一。选择不同的对应关系 $\mathcal{D}$ 和 $\tilde{\mathcal{D}}$，效果上相当于将扰动后时空 $\mathcal{M}$ 中的同一点 p 对应于未扰动时 $\mathcal{M}_0$ 空中的不同点 $\mathcal{D}^{-1}(p)$ 和 $\tilde{\mathcal{D}}^{-1}(p)$。因此，在选定了 $\mathcal{M}$ 上的参考系后，可将这种不唯一性等效地看成 $\mathcal{M}_0$ 到自身上的一个微分同胚变换。这样，某个物理量 Q 的扰动在不同的对应关系下会获得不同的结果：

$$
\begin{aligned}
\delta Q(p) &= Q(p) - Q_0(\mathcal{D}^{-1}(p)),\\
\delta \tilde{Q}(p) &= Q(p) - Q_0(\tilde{\mathcal{D}}^{-1}(p)).
\end{aligned}
$$

必须指出的是上述不同结果仅仅是由于人为地选择了两种不同的对应关系所致，并没有物理实质的差别。因此，可以将 $\delta\tilde{Q}(p)$ 和 $\delta Q(p)$ 的差别理解为规范自由度。下面我们就来具体地分析度规扰动和物质扰动中的规范自由度。

假定 $\mathcal{D}^{-1}(p)$ 和 $\tilde{\mathcal{D}}^{-1}(p)$ 的坐标相差一个无穷小矢量场 $\xi^\mu(x)$：

$$
x^\mu \to \tilde{x}^\mu = x^\mu + \xi^\mu(x), \tag{9.109}
$$

其中，$\xi^\mu = (\xi^0, \bar{\xi}^i + \partial^i\xi)$，$\xi^0$ 和 ξ 是两个标量，$\bar{\xi}^i$ 表示一个横向矢量。为了比较度规扰动 $\delta g_{\mu\nu}$ 和 $\delta\tilde{g}_{\mu\nu}$，需要将 $\tilde{g}_{\mu\nu}$ 从坐标为 $\tilde{x}^\mu$ 的点 $\tilde{\mathcal{D}}^{-1}(p)$ 拖回到坐标为 x^μ 的点 $\mathcal{D}^{-1}(p)$ 处。在数学上，这相当于沿着 $-\xi^\mu$ 方向对度规作一个李导数，因此有 (请参考式 (2.82))

$$
\delta\tilde{g}_{\mu\nu} = \delta g_{\mu\nu} - \nabla_\mu\xi_\nu - \nabla_\nu\xi_\mu.
$$

对于由式 (9.105) 给出的度规形式，可以具体写出各扰动分量的变换行为：

$$
\begin{aligned}
\tilde{A} &= A - \xi^{0\prime} - \frac{a'}{a}\xi^0,\\
\tilde{B}_i &= B_i + \partial_i\xi^0 - \xi_i',\\
\tilde{h}_{ij} &= h_{ij} - \left(\partial_i\xi^j + \partial_j\xi^i\right) - 2\frac{a'}{a}\xi^0\delta_{ij},
\end{aligned}
$$

式中 $'$ 表示关于共形时间求导。如果进一步用式 (9.106) 和式 (9.107) 中的不可约分量表达，这些变换可以写为

$$
\begin{aligned}
\tilde{B} &= B + \xi^0 - \xi',\\
\tilde{C} &= C - \frac{a'}{a}\xi^0,
\end{aligned}
$$

$$\tilde{E} = E - \xi,$$
$$\tilde{\bar{B}}^i = \bar{B}^i - \bar{\xi}^{i\prime},$$
$$\tilde{E}^i = E^i - \bar{\xi}^i.$$

注意, 横向不可约张量 $\bar{E}_{ij}$ 不会因为微分同胚变换而改变，因为 ξ^μ 中不含有任何张量模式。

除度规扰动外，标量场的扰动也会受到 $\mathcal{M}_0$ 与 $\mathcal{M}$ 之间对应关系的不同选择的影响。在上述两个相差无穷小微分同胚变换的对应关系下，标量场的扰动 $\delta\varphi$ 和 $\delta\tilde{\varphi}$ 可以分别表示为

$$\delta\varphi(x^\mu) = \hat{\varphi}(\hat{x}^\mu) - \varphi(x^\mu),$$
$$\delta\tilde{\varphi}(x^\mu) = \hat{\varphi}(\hat{x}^\mu) - \varphi(x^\mu + \xi^\mu),$$

式中，φ 表示未扰动的标量场背景，$\hat{\varphi}$ 表示扰动后的标量场。因此，标量场扰动具有如下的变换行为：

$$\delta\tilde{\varphi} = \delta\varphi - \varphi'\xi^0,$$

式中我们略去了时空坐标并且利用了背景标量场不依赖于空间坐标的事实。

规范自由度的存在使得度规及标量场扰动的绝对数值失去了直接的物理意义。为了分析原初扰动的物理后果，需要去除规范自由度。在实践中有两种工作方案可供选择: 第一种方案是选择一个确定的规范作进一步分析，第二种方案是采用规范无关的变量进行分析。在下一小节中，我们将讨论规范固定的方法并给出在一个固定的规范下度规扰动和标量物质扰动所对应的线性演化方程。

9.8.4 规范固定与扰动方程

从 9.8.3 节给出的度规扰动各分量的规范变换行为容易看出，如果选择规范固定的方案来分析原初扰动，那么，在完全固定了规范之后，可以去除两个标量模式和一个横向矢量模式。另一方面，从第 8 章中的分析我们已经了解到，引力场方程中存在非演化的约束方程。具体地说，爱因斯坦方程的 (00) 分量相当于哈密顿约束，(0i) 分量相当于动量约束。我们可以进一步将动量约束分解为一个纵向标量模式和一个横向矢量模式。解出这些约束后又会进一步从扰动模式中去掉两个标量模式和一个横向矢量模式。最后，原有的 5 个标量模式将仅余 1 个，两个横向矢量模式完全被消除，而唯一的横向无迹张量模式不受规范选择影响而继续保留。由此可见，*在单标量场暴涨宇宙学中，物理的原初扰动仅有一个标量模式和一个横向无迹张量模式*。下面我们将在只考虑标量模式的前提下演示具体的规范选择和扰动方程。

采用固定规范的工作方案时，可供选择的规范固定条件有无穷多种，最常用的是纵向规范(又称共形牛顿规范)$B = E = 0$。在这一规范下，仅计及标量扰动模式时度规可以写为

$$\mathrm{d}s^2 = a^2(\eta)\big[-(1+2A_L)\mathrm{d}\eta^2 + (1+2C_L)\mathrm{d}\boldsymbol{x}^2\big], \tag{9.110}$$

式中 A_L 和 C_L 是规范固定后仅余的两个标量扰动模式。当然也可以不固定规范而选择规范无关变量来进行分析。用度规扰动的标量模式可以构造出来的规范无关变量为

$$\varPhi = A + \frac{1}{a}\big[(B-E')a\big]', \quad \varPsi = -C - \frac{a'}{a}(B-E').$$

容易看出，在纵向规范下，

$$\varPhi = A_L, \qquad \varPsi = -C_L.$$

因此，采用哪种工作方案其实并无区别。

在纵向规范下，爱因斯坦张量的线性扰动的各分量可以写为

$$(\delta G^0{}_0)|_L = 2a^{-2}\big[3\mathcal{H}^2 A_L - 3\mathcal{H}C_L' + \nabla^2 C_L\big], \tag{9.111}$$

$$(\delta G^0{}_i)|_L = 2a^{-2}\partial_i\big[C_L' - \mathcal{H}A_L\big], \tag{9.112}$$

$$\begin{aligned}(\delta G^i{}_j)|_L = {}& a^{-2}\partial^i\partial_j(-C_L - A_L) + a^{-2}\big[-2C_L'' + \nabla^2(A_L + C_L)\\ &+ 2\mathcal{H}\big(A_L' - 2C_L'\big) + 4\mathcal{H}'A_L + 2\mathcal{H}^2 A_L\big]\delta^i{}_j,\end{aligned} \tag{9.113}$$

式中，$\nabla^2 = \delta^{ij}\partial_i\partial_j$，$\mathcal{H} = \dfrac{a'}{a}$。

为了写出纵向规范下的扰动引力场方程，我们还需要将标量场的能动量张量扰动增量的各分量在纵向规范下明确写出。以度规式 (9.110) 代入式 (9.108)，可以求得

$$(\delta T^0{}_0)|_L = a^{-2}\left[A_L\varphi'^2 - \varphi'(\delta\varphi)_L' - a^2\frac{\partial V}{\partial\varphi}\delta\varphi_L\right] = -\delta\rho_L, \tag{9.114}$$

$$(\delta T^0{}_i)|_L = -a^{-2}\varphi'\partial_i\delta\varphi_L \equiv \partial_i q_L, \tag{9.115}$$

$$(\delta T^i{}_j)|_L = a^{-2}\delta^i{}_j\left[\varphi'(\delta\varphi)_L' + A_L\varphi'^2 - a^2\frac{\partial V}{\partial\varphi}\delta\varphi_L\right] = \delta^i{}_j\delta P_L. \tag{9.116}$$

注意：

(1) 标量物质扰动后不会在能动量张量中产生空间非对角项 (各向异性的应力)。如果源物质不是各向同性的标量场而是一般的流体，扰动后则有可能会产生非对角应力项。

(2) 能动量张量扰动的 $(0i)$ 分量，即 $\delta T^0{}_i$ 可定义为 3 维欧几里得空间中的一个矢量 q_i。在一般情况下，我们可以将其分解为横向和纵向分量：

$$q_i = \partial_i q + \bar{q}_i, \qquad \partial_i \bar{q}^i = 0.$$

但是当源物质为标量场时，q_i 的横向分量自动为零，因此有 $\delta T^0{}_i = \partial_i q$。

(3) 由于标量场扰动的规范变换行为，能动量张量的扰动中出现的 $\delta\rho, q, \delta P$ 等都会随着规范选择的不同而取不同的值。

将式 (9.111)~ 式 (9.113) 和式 (9.114)~ 式 (9.116) 代入线性化的爱因斯坦方程

$$\delta G^\mu{}_\nu = 8\pi G \delta T^\mu{}_\nu,$$

就可以得到度规扰动的标量模式所满足的方程。下面我们将就这组方程的各个分量进行陈述。

首先看时空扰动方程的 (00) 分量。这就是所谓的能量约束条件：

$$3\mathcal{H}^2 A_L - 3\mathcal{H}C_L' + \nabla^2 C_L = -4\pi G a^2 \delta\rho_L. \tag{9.117}$$

其次是时空扰动方程的 $(0i)$ 分量。这是动量约束条件：

$$C_L' - \mathcal{H}A_L = 4\pi G a^2 q_L. \tag{9.118}$$

最后，我们可以将时空扰动方程的 (ij) 分量分解为它的迹和无迹部分，其中，方程的迹为

$$C_L'' - \frac{1}{3}\nabla^2(A_L + C_L) - \mathcal{H}(A_L' - 2C_L') - 2\mathcal{H}'A_L - \mathcal{H}^2 A_L = -4\pi G a^2 \delta P_L,$$

而无迹的部分则为

$$\left(\partial^i\partial_j - \frac{1}{3}\nabla^2\delta^i{}_j\right)(A_L + C_L) = 0.$$

这个最终的方程表明，在考虑了扰动方程后，纵向规范下度规扰动的两个剩余标量模式也不是互相独立的，我们完全可以选取 $\varPhi = A_L = -C_L$ 作为度规扰动中唯一的剩余标量模式。用这个剩余标量模式还可以将式 (9.117) 和式 (9.118) 进一步表达为

$$\nabla^2\varPhi = 4\pi G a^2(\delta\rho_L - 3\mathcal{H}q_L).$$

这个方程非常类似于确定牛顿近似下引力势的泊松方程，但是两者采用的规范是完全不同的。

除了时空扰动的方程外，我们还需要描述物质扰动的方程。为了得到准确至线性级的标量物质扰动方程，我们需要将宇宙学的作用量关于度规和标量场的扰动展开至二阶，即

$$\begin{aligned}&S[g_{\mu\nu}+\delta g_{\mu\nu},\varphi+\delta\varphi]\\=&S_0[g_{\mu\nu},\varphi]+S_1[g_{\mu\nu},\delta g_{\mu\nu},\varphi,\delta\varphi]+S_2[g_{\mu\nu},\delta g_{\mu\nu},\varphi,\delta\varphi],\end{aligned}\tag{9.119}$$

其中，$S_0[g_{\mu\nu},\varphi]$ 表示未扰动的作用量，$S_1[g_{\mu\nu},\delta g_{\mu\nu},\varphi,\delta\varphi]$ 中仅含有 $\delta g_{\mu\nu}$ 和 $\delta\varphi$ 的线性阶，在考虑了背景度规和背景标量场的运动方程后这一项自动为零，而 $S_2[g_{\mu\nu},\delta g_{\mu\nu},\varphi,\delta\varphi]$ 中则包含了度规和标量扰动的二阶项，如果在度规扰动中只考虑标量模式，对 S_2 中度规扰动的标量模式变分所得的运动方程即前面我们已经描述的度规扰动的方程。如果对其中的标量扰动进行变分，即可得到标量物质的扰动方程。

具体计算得到 S_2 表达式的过程相当繁琐，而且，由于标量场扰动本身的规范相关性，用 $\delta\varphi$ 来表达最后的结果并不恰当。幸运的是，在代入背景度规以及标量场的运动方程后，S_2 可以用一个规范无关的标量参量

$$v=a\left(\delta\varphi-\frac{\varphi'}{\mathcal{H}}C\right)\tag{9.120}$$

整理成相当简单的形式。这个规范无关的标量参量称为Mukhanov-Sasaki 变量① 。Mukhanov-Sasaki 变量与另一个物理上十分重要的规范无关参量 —— 随动超曲面上的曲率扰动

$$\mathcal{R}=C-\frac{\mathcal{H}}{\varphi'}\delta\varphi\tag{9.121}$$

有密切联系：

$$v=-z\mathcal{R},$$

其中，

$$z=a\frac{\varphi'}{\mathcal{H}}.\tag{9.122}$$

整理后的作用量二阶部分可以写为

$$S_2[v]=-\frac{1}{2}\int\mathrm{d}\eta\mathrm{d}^3x\left[(v')^2-\nabla v\cdot\nabla v+\frac{z''}{z}v^2\right],\tag{9.123}$$

①参见 Mukhanov V F. JETP Lett., 1985, 41, 493 以及 Sasaki M. Prog. Theor. Phys., 1986, 76, 1036.

值得指出的是，式 (9.123) 与 Minkowski 时空中具有有效质量

$$m_{\text{eff}}^2 = -\frac{z''}{z} \tag{9.124}$$

的标量场的作用量完全相同。唯一需要注意的是现在用来表达有效质量的变量 z 是依赖于时间的。由于 v 是规范不变的，同时其作用量中的动能部分具有标准的正则形式，因此可以将它当作前文提到的单标量场暴涨宇宙学中唯一物理的标量扰动模式。对式 (9.123) 关于 v 作变分，结果自然是质量平方为式 (9.124) 的 Klein-Gordon 方程

$$v'' - \nabla^2 v - \frac{z''}{z} v = 0. \tag{9.125}$$

9.8.5　标量扰动的量子涨落

上一小节的分析表明，在不考虑张量扰动的情况下，单标量场暴涨宇宙学中仅有的规范无关的扰动模式是由 Mukhanov-Sasaki 变量 v 所代表的一个标量模式。由于早期宇宙的能标极高，这个标量模式实际上不能当做一个经典场论自由度，而是要当作一个量子场来看待。我们将量子化的标量场 $\hat{v}$ 进行傅里叶分解，

$$\hat{v}(\eta, \boldsymbol{x}) = \frac{1}{(2\pi)^{3/2}} \int \mathrm{d}^3 k \left\{ \hat{a}_{\boldsymbol{k}} v_k(\eta) \mathrm{e}^{\mathrm{i}\boldsymbol{k}\cdot\boldsymbol{x}} + \hat{a}_{\boldsymbol{k}}^\dagger v_k^*(\eta) \mathrm{e}^{-\mathrm{i}\boldsymbol{k}\cdot\boldsymbol{x}} \right\},$$

其中，$\hat{a}_{\boldsymbol{k}}$ 和 $\hat{a}_{\boldsymbol{k}}^\dagger$ 满足标准的 Heisenberg 对易关系：

$$\left[\hat{a}_{\boldsymbol{k}}, \hat{a}_{\boldsymbol{k}'}\right] = \left[\hat{a}_{\boldsymbol{k}}^\dagger, \hat{a}_{\boldsymbol{k}'}^\dagger\right] = 0, \quad \left[\hat{a}_{\boldsymbol{k}}, \hat{a}_{\boldsymbol{k}'}^\dagger\right] = \delta(\boldsymbol{k} - \boldsymbol{k}'),$$

而 $v_k(\eta)$ 则需要满足傅里叶变换后的经典场方程 (9.125):

$$v_k'' + \left(k^2 - \frac{z''}{z}\right) v_k = 0. \tag{9.126}$$

在慢滚条件下，φ' 和 $\mathcal{H}$ 的变化比尺度因子 $a(\eta)$ 慢得多，因此有

$$\frac{z''}{z} \simeq \frac{a''}{a}.$$

值得一提的是：一个在纯 de Sitter 时空背景下的标量场的运动方程刚好就是将式 (9.125) 中的 $\dfrac{z''}{z}$ 更换为 $\dfrac{a''}{a}$ 所得的结果。因此，我们可以认为慢滚条件下的标量扰动方程与 de Sitter 时空中的自由标量场方程近似一致。

对于空间平坦的 de Sitter 时空背景，从式 (9.104) 可得：

$$\frac{a''}{a} = \frac{2}{\eta^2}.$$

这时 $v_k(\eta)$ 可以明显解出，

$$v_k(\eta)=\alpha e^{-ik\eta}\left(1-\frac{i}{k\eta}\right)+\beta e^{ik\eta}\left(1+\frac{i}{k\eta}\right),$$

其中 α, β 是两个常数，它们之间并不独立，而是要满足一个由场 $\hat{v}(\eta,\boldsymbol{x})$ 及其正则共轭动量

$$\hat{\pi}(\eta,\boldsymbol{x})=\frac{\delta S_2}{\delta v'(\eta,\boldsymbol{x})}$$

所满足的正则等时对易关系

$$\left[\hat{v}(\eta,\boldsymbol{x}),\hat{v}(\eta,\boldsymbol{x}')\right]=\left[\hat{\pi}(\eta,\boldsymbol{x}),\hat{\pi}(\eta,\boldsymbol{x}')\right]=0,$$
$$\left[\hat{v}(\eta,\boldsymbol{x}),\hat{\eta}(\eta,\boldsymbol{x}')\right]=i\hbar\delta(\boldsymbol{x}-\boldsymbol{x}')$$

所决定的限制条件，即

$$v_k v_k'^{*}-v_k^{*}v_k'=i\hbar. \tag{9.127}$$

这个单一的条件并不足以完全确定 $v_k(\eta)$。要选择具体的解，通常的办法是给出满足特定条件的物理真空态。

一个常用的物理真空态的选择是 Bunch-Davies 真空，对应的函数 v_k 为

$$v_k(\eta)=\sqrt{\frac{\hbar}{2k}}e^{-ik\eta}\left(1-\frac{i}{k\eta}\right).$$

对于早期宇宙，η 的绝对值很大，因此有 $v_k(\eta)\to e^{-ik\eta}$，这时 Bunch-Davies 真空态退化为 Minkowski 时空中的标量场的真空态。这是因为对于足够早期的宇宙，扰动波长相对于随动 Hubble 半径总是很小的，这时标量场的扰动模式不会"感知"到宇宙在大尺度上与 Minkowski 时空的差异，因此上述真空态的选择是合理的。我们将上述真空态记为 $|0\rangle$，即

$$\hat{a}_k|0\rangle=0.$$

通常用下式来定义场 $v(x)=v(\eta,\boldsymbol{x})$ 的功率谱 $\mathcal{P}_v(k)$：

$$\langle 0|v(x)v(x')|0\rangle=\int d^3k\frac{\mathcal{P}_v(k)}{4\pi k^3}e^{i\boldsymbol{k}\cdot(\boldsymbol{x}-\boldsymbol{x}')},\qquad \mathcal{P}_v(k)=\frac{k^3}{2\pi^2}|v_k(\eta)|^2.$$

物理上更感兴趣的是随动曲率扰动式 (9.121) 的功率谱

$$\mathcal{P}_{\mathcal{R}}(k)=\frac{1}{z^2}\mathcal{P}_v(k)=\frac{k^3}{2\pi^2z^2}|v_k(\eta)|^2. \tag{9.128}$$

注意，这样定义的功率谱是时间 η 的函数。随着宇宙的演化，当扰动穿越视界时，有 $k|\eta| \ll 1$，因此，$v_k(\eta)$ 可以近似为

$$v_k(\eta) \simeq -\sqrt{\frac{\hbar}{2k}}\frac{\mathrm{i}}{k\eta} = \mathrm{i}\sqrt{\frac{\hbar}{2k}}\frac{aH}{k},$$

式中我们利用了 $a \simeq -1/(H\eta)$。将上式以及式 (9.122) 代入式 (9.128)，经整理可得

$$\mathcal{P}_{\mathcal{R}}(k) = \frac{\hbar}{4\pi^2}\left(\frac{H^4}{\dot{\varphi}^2}\right)_{k=aH}. \tag{9.129}$$

注意上式中的时间导数是针对宇宙坐标时间而非共形时间。在得到最后表达式时我们利用了关系式

$$\frac{\mathcal{H}^2}{\varphi'^2} = \frac{H^2}{\dot{\varphi}^2}.$$

9.8.6　张量扰动

截至目前为止，我们讨论的主要是原初扰动中的标量模式。但是在 9.8.1 节中我们已经知道，原初扰动中还存在一个规范无关的横向张量模式 $\bar{E}_{ij}$。作用量对扰动模式展开后，张量模式对二阶部分的贡献是：

$$S_2[\bar{E}_{ij}] = -\frac{1}{64\pi G}\int \mathrm{d}\eta \mathrm{d}^3x a^2 \eta^{\mu\nu}\partial_\mu \bar{E}_i{}^j \partial_\nu \bar{E}_j{}^i, \tag{9.130}$$

其中，$\eta^{\mu\nu}$ 是 Minkowski 度规。定义新的变量

$$\bar{\mathcal{E}}_i{}^j = \frac{1}{\sqrt{32\pi G}} a\bar{E}_i{}^j,$$

可以将作用量式 (9.130) 重写为

$$S_2[\bar{\mathcal{E}}_{ij}] = -\frac{1}{2}\int \mathrm{d}\eta \mathrm{d}^3x \partial^\mu \bar{\mathcal{E}}_i{}^j \partial_\mu \bar{\mathcal{E}}_j{}^i.$$

可见，张量扰动的两个分量分别相当于一个无质量的自由标量场。与此对应的解可以写为

$$\bar{\mathcal{E}}_i{}^j = \sum_{\lambda=+,\times}\int \frac{\mathrm{d}^3k}{(2\pi)^{3/2}} v_{k,\lambda}(\eta) e_i^{(\lambda)j}(\boldsymbol{k})\mathrm{e}^{\mathrm{i}\boldsymbol{k}\cdot\boldsymbol{x}}, \tag{9.131}$$

式中，

$$v_{k,\lambda}(\eta) = \sqrt{\frac{\hbar}{2k}}\mathrm{e}^{-\mathrm{i}k\eta},$$

$e_i^{(\lambda)j}(\boldsymbol{k})$ 类似于式 (3.99) 给出的极化张量。张量扰动的每个分量的功率谱为

$$\mathcal{P}_{\bar{\mathcal{E}}}(k,\lambda) = \frac{k^3}{2\pi^2}|v_{k,\lambda}(\eta)|^2 = \hbar\left(\frac{k}{2\pi}\right)^2.$$

当扰动超出视界时，$k = aH$，这时有

$$\mathcal{P}_{\bar{\mathcal{E}}}(k,\lambda) = \hbar\left(\frac{aH}{2\pi}\right)^2.$$

最后，度规扰动张量模式的总功率谱为

$$\mathcal{P}_g = 2\times\frac{32\pi G}{a^2}\mathcal{P}_{\bar{\mathcal{E}}}(k,\lambda) = \frac{2\hbar}{\pi^2}\left(\frac{H}{M_{\mathrm{P}}}\right)^2.$$

9.8.7 张标比与谱指数

通过前文的计算我们已经知道了单标量场暴涨宇宙学中标量扰动和张量扰动的功率谱。这些功率谱都可以用暴涨子的势能重新表达。在慢滚条件下，我们有

$$H^2 = \frac{8\pi G}{3}V(\varphi) = \frac{V}{3M_{\mathrm{P}}^2}, \quad \dot{\varphi} = -\frac{V'(\varphi)}{3H}. \tag{9.132}$$

将这些关系式代入式 (9.129) 可得

$$\mathcal{P}_{\mathcal{R}} = \frac{\hbar}{12\pi^2}\left(\frac{V^3}{M_{\mathrm{P}}^6 V'^2}\right)_{k=aH} = \frac{\hbar}{24\pi^2}\left(\frac{V}{M_{\mathrm{P}}^4\varepsilon}\right)_{k=aH},$$

式中，ε 是由式 (9.80) 给出的慢滚参数。

另一方面，利用式 (9.132) 可将张量扰动的功率谱改写为

$$\mathcal{P}_g = \frac{2\hbar}{3\pi^2}\left(\frac{V}{M_{\mathrm{P}}^4}\right)_{k=aH}.$$

因此有

$$r \equiv \frac{\mathcal{P}_g}{\mathcal{P}_{\mathcal{R}}} = 16\varepsilon. \tag{9.133}$$

比值 r 表达了扰动功率谱中张量模式与标量模式贡献的相对大小，称为**张标比**。对于慢滚暴涨宇宙学，由于 $\varepsilon \ll 1$，因此张标比 r 的数值通常也是很小的。

为了表达扰动功率谱随扰动波长的变化行为，定义所谓的**谱指数**

$$n_S(k) = 1 + \frac{\mathrm{d}\log\mathcal{P}_{\mathcal{R}}(k)}{\mathrm{d}\log k}, \tag{9.134}$$

$$n_T(k) = \frac{\mathrm{d}\log\mathcal{P}_g(k)}{\mathrm{d}\log k}. \tag{9.135}$$

在慢滚条件下，由于

$$\mathrm{d}\log k = \mathrm{d}\log(aH) \simeq \mathrm{d}\log a,$$

我们有：

$$\frac{\mathrm{d}\varphi}{\mathrm{d}\log a} = \frac{\dot{\varphi}}{H} \simeq -M_{\mathrm{P}}^2 \frac{V'}{V},$$

进而有

$$n_S = 1 + \frac{\mathrm{d}\big(3\log V - 2\log V'\big)}{\mathrm{d}\varphi}\frac{\mathrm{d}\varphi}{\mathrm{d}\log a} = 1 - 6\varepsilon + 2\eta,$$

式中 η 和 ε 都是前文定义过的慢滚参数。类似地可以算出

$$n_T = -2\varepsilon.$$

这个结果与式 (9.133) 相比，可得

$$r = -8n_T.$$

如果进一步定义

$$\xi = M_{\mathrm{P}}^4 \frac{V'V'''}{V^2},$$

还可以进一步求出谱指数的跑动

$$\frac{\mathrm{d}n_S}{\mathrm{d}\log k} = -24\varepsilon + 16\varepsilon\eta - 2\xi.$$

注意：n_S、n_T 以及 $\dfrac{\mathrm{d}n_S}{\mathrm{d}\log k}$ 都是由慢滚参数决定的，而后者依暴涨模型的不同而不同。所以，这些谱指数及其跑动可以用来区辨不同的暴涨模型。本书的图 9.5 就是用 n_S 以及张标比 r 分别作为横、纵坐标轴来区分不同的暴涨模型允许的参数范围的。

最后让我们强调一点：无论是什么样的暴涨模型，只要满足慢滚条件，就会有

$$n_S - 1 \ll 1, \quad n_T \ll 1.$$

这些性质表明扰动功率谱具有近似的标度不变性，即功率谱随扰动波长变化非常不显著。这是一切慢滚暴涨模型的共同性质。

第 10 章　扩展的引力理论

到目前为止，我们都是以爱因斯坦的广义相对论作为唯一的引力理论来讨论的。然而，有若干理由驱使理论家们探讨比广义相对论更一般的引力理论。首先，广义相对论中黑洞解的存在及其热力学属性、关于早期宇宙的知识等都意味着引力不可能总是经典的理论，在能标足够高的情况下，引力也需要量子化。但是诸多的理论尝试表明，从广义相对论出发对引力进行量子化将会遇到理论不可重整等严重困难。另一方面，用广义相对论来解释宇宙的演化历程时会遇到缺失的暗物质和暗能量等问题。虽然不排除暗物质与暗能量的确是自然界中不为我们熟悉的另类物质存在形式这种可能性，但是尝试用不同的引力理论来分析宇宙演化的历史也是必不可少的认识手段。

目前，引力理论的扩展主要可以分为两种方案，一是对广义相对论本身的拓展，例如在作用量中引入高阶曲率的贡献、加入额外的自由度等；二是完全放弃广义相对论，重新构造引力理论，例如以挠率替代度规作为描写引力的基本变量。鉴于后一种方案比较激进，本书中将不介绍有关的模型。对于第一种方案，我们将挑选其中有代表性的几个模型作为本章研究的内容。除此之外，由于许多扩展引力模型包括广义相对论本身经常被用在高维时空的描述中，如何将高维引力理论与现实中的 4 维可观测时空建立联系也是必须考虑的理论课题。这一课题我们将留待第 11 章中解决。

10.1　Gauss-Bonnet 引力

在广义相对论引力的诸多扩展模型中，有一类模型受到了特别的关注，这就是含高阶曲率贡献的高曲率引力模型。这类引力模型包括以 Gauss-Bonnet 引力为代表的 Lovelock 引力理论、共形引力理论以及最近几年提出的临界引力理论等。在本节中，我们将以 Gauss-Bonnet 引力为代表介绍这类高曲率引力模型。

10.1.1　作用量和场方程

1962 年，Uniyama 和 de Witt 证明在单圈水平做重整化要求在爱因斯坦－希尔伯特作用量的基础上添加高阶曲率项① 。另一方面，在弦论中计算低能有效作用量时也自然地出现了高阶曲率项。高曲率引力理论中最著名的模型是 Lovelock

---

①参见 Utiyama R, DeWitt B S. J. Math. Phys., 1962, 3: 608。

引力。在 d 维时空中，其作用量可以写为

$$S = \int \mathrm{d}^d x \sqrt{g} \sum_{k=0}^{[d/2]} \alpha_k \mathcal{L}_k, \tag{10.1}$$

其中，$[d/2]$ 表示 $d/2$ 的整数部分，α_k 是耦合常数，$\mathcal{L}_k$ 是 $2k$ 维流形上的 Euler 密度

$$\mathcal{L}_k = \frac{1}{2^k} \delta^{\mu_1\nu_1\cdots\mu_k\nu_k}_{\rho_1\sigma_1\cdots\rho_k\sigma_k} R_{\mu_1\nu_1}{}^{\rho_1\sigma_1} \cdots R_{\mu_k\nu_k}{}^{\rho_k\sigma_k}, \tag{10.2}$$

其中，$\delta^{\mu_1\nu_1\cdots\mu_k\nu_k}_{\rho_1\sigma_1\cdots\rho_k\sigma_k}$ 是推广的全反对称 Kronecker δ 符号，

$$\delta^{\mu_1\mu_2\cdots\mu_n}_{\nu_1\nu_2\cdots\nu_n} = \begin{vmatrix} \delta^{\mu_1}{}_{\nu_1} & \delta^{\mu_1}{}_{\nu_2} & \cdots & \delta^{\mu_1}{}_{\nu_n} \\ \delta^{\mu_2}{}_{\nu_1} & \delta^{\mu_2}{}_{\nu_2} & \cdots & \delta^{\mu_2}{}_{\nu_n} \\ \vdots & \vdots & \cdots & \vdots \\ \delta^{\mu_n}{}_{\nu_1} & \delta^{\mu_n}{}_{\nu_2} & \cdots & \delta^{\mu_n}{}_{\nu_n} \end{vmatrix},$$

$R_{\mu\nu}{}^{\rho\sigma}$ 是黎曼张量。注意，在 d 维时空中，所有 $k > [d/2]$ 的 Euler 密度自然等于零，而 $k = [d/2]$ 的项刚好是一个拓扑项，因此只有 $k < [d/2]$ 的项才对场方程有贡献。在式 (10.1) 中，首项 $\mathcal{L}_0 = 1$，对应的项在拉格朗日密度中相当于一个宇宙学常数项。第二项 $\mathcal{L}_1 = R$，对应于爱因斯坦－希尔伯特项。当 $d = 4$ 时，式 (10.1) 中的求和只有这两项起作用，因此广义相对论刚好就是最一般的 Lovelock 理论。如果我们放松对时空维数的限制，考虑 $d > 4$ 的情形，式 (10.1) 中的高阶项就开始显现出来。如果我们将这个理论截断到第三项，得到的作用量为

$$S = \frac{1}{2\kappa_d} \int \mathrm{d}^d x \sqrt{g} \left[-2\Lambda + R + \alpha \left(R_{\mu\nu\gamma\delta} R^{\mu\nu\gamma\delta} - 4 R_{\mu\nu} R^{\mu\nu} + R^2 \right) \right], \tag{10.3}$$

这就是 Gauss-Bonnet 引力，其中 κ_d 代表 d 维时空中的爱因斯坦引力常数，α 称为 Gauss-Bonnet 系数，具有长度平方的量纲。在弦理论的低能有效近似中，Gauss-Bonnet 项会自然地作为爱因斯坦引力的一个修正项出现。这时 α 与弦长度的平方直接相关。因此，一般认为 α 是一个取正值的小量。

对 Gauss-Bonnet 作用量关于度规变分是一个相当繁琐的过程，但是经过整理后得到的场方程可以写成较为简洁的形式：

$$R_{\mu\nu} - \frac{1}{2} g_{\mu\nu} R + \Lambda g_{\mu\nu} + \alpha H_{\mu\nu} = 0, \tag{10.4}$$

其中，

$$H_{\mu\nu} = 2(R_{\mu\lambda\rho\sigma}R_{\nu}{}^{\lambda\rho\sigma} - 2R_{\mu\rho\nu\sigma}R^{\rho\sigma} - 2R_{\mu\sigma}R_{\nu}{}^{\sigma} + RR_{\mu\nu}) \\ - \frac{1}{2}\left(R_{\mu\nu\gamma\delta}R^{\mu\nu\gamma\delta} - 4R_{\mu\nu}R^{\mu\nu} + R^2\right)g_{\mu\nu} \tag{10.5}$$

来源于 Gauss-Bonnet 密度的变分。

作为爱因斯坦广义相对论的一个典型的高阶曲率扩展，Gauss-Bonnet 引力之所以引人关注，原因之一是它可以从弦论的低能有效作用量中自然地得到，另一个原因是存在精确解，便于从理论上了解其各种性质并与标准的广义相对论进行对照研究。下面我们就用不同的方法来得出 Gauss-Bonnet 引力的两个重要的精确解。

10.1.2 黑洞解

1. *不带电静态球对称黑洞解*

首先考虑 Gauss-Bonnet 引力的静态、球对称真空解。这是一个典型的黑洞解，最早是由 Boulware 和 Deser 发现的，随后蔡荣根将其推广到了视界面具有任意常数曲率的情形① 。Boulware-Deser 和蔡荣根分别都使用了*约化作用量* 方法。这种方法不是去处理从作用量变分得到的场方程，而是利用事先给定的对称性来构造一个只有少数分量未知的度规代入作用量中，得到一个约化的有效作用量，然后再对度规中的未知函数进行变分及求解。这样做的好处是可以将非常复杂的非线性偏微分方程组约化为一对常微分方程，因此大大降低了求解过程的复杂性。不过，要想使得约化作用量方法可靠，在度规假定中需要有足够多的独立的待定函数。对于最大对称的度规，至少需要保留两个独立的未知函数。

下面我们仅考虑静球对称的情况。与获得线元式 (4.1) 的情况类似，d 维静态、球对称时空的线元必然可以写成以下形式：

$$\mathrm{d}s^2 = -e^{2\phi}\mathrm{d}t^2 + e^{2\lambda}\mathrm{d}r^2 + r^2\mathrm{d}\Omega^2, \tag{10.6}$$

其中，ϕ、λ 均仅仅是径向坐标 r 的函数，$\mathrm{d}\Omega^2$ 表示 $(d-2)$ 维单位球面上的线元。将这个线元所对应的度规代入作用量式 (10.3)，结果可以得到如下的*约化作用量*

$$S = \frac{(d-2)A_{d-2}}{2\kappa_d}\int \mathrm{d}t\mathrm{d}r\,\mathrm{e}^{\phi+\lambda}\frac{\mathrm{d}}{\mathrm{d}r}F(\lambda), \tag{10.7}$$

①参见 Boulware D G, Deser S. Phys. Rev. Lett., 1985, 55(24): 2656 以及 Cai R G. Phys. Rev., 2002, D 65: 084014 [arXiv:hep-th/0109133]。

其中，

$$F(\lambda) \equiv r^{d-1}\left[\psi\left(1+\tilde{\alpha}\psi\right)-\frac{\Lambda}{(d-1)(d-2)}\right],$$

$$\psi = r^{-2}\left(1-\mathrm{e}^{-2\lambda}\right), \tag{10.8}$$

$\tilde{\alpha}=(d-3)(d-4)\alpha$，而 A_{d-2} 是 $d-2$ 维单位球的面积。

上述约化作用量对 ϕ 的变分取极值的条件就是 $\dfrac{\mathrm{d}}{\mathrm{d}r}F(\lambda)=0$，因此可以直接积分给出

$$\psi(1+\tilde{\alpha}\psi)-\frac{2\Lambda}{(d-1)(d-2)}=\frac{2\kappa_d M}{(d-2)A_{d-2}r^{d-1}}, \tag{10.9}$$

其中，M 是积分常数，它对应球对称 Gauss-Bonnet 的质量参数。另一方面，式 (10.7) 对 λ 变分取极值的条件为 $\dfrac{\mathrm{d}}{\mathrm{d}r}\mathrm{e}^{\phi+\lambda}=0$，因此可以不失一般性地选择 $\phi+\lambda=0$。最终得到的精确解为

$$\mathrm{e}^{2\phi}=\mathrm{e}^{-2\lambda}=1+\frac{r^2}{2\tilde{\alpha}}\left(1\mp\sqrt{1+\frac{8\kappa_d\tilde{\alpha}M}{(d-2)A_{d-2}r^{d-1}}+\frac{8\tilde{\alpha}\Lambda}{(d-1)(d-2)}}\right). \tag{10.10}$$

我们看到，对相同的物理参数，Gauss-Bonnet 引力具有两支不同的解，其中一支是不稳定的解。

为了分析解的稳定性和渐近行为，我们暂时令 $M=0$。这时，上述精确解退化为

$$\mathrm{e}^{2\phi}=\mathrm{e}^{-2\lambda}=1+\frac{r^2}{2\tilde{\alpha}}\left(1\mp\sqrt{1+\frac{8\tilde{\alpha}\Lambda}{(d-1)(d-2)}}\right).$$

将这个结果代入式 (10.6)，得到的线元将是标准的 de Sitter 或者 AdS 线元，其对应的有效宇宙学常数

$$\Lambda_{\mathrm{eff}}=-\frac{1}{4\alpha}\frac{(d-1)(d-2)}{(d-3)(d-4)}\left(1\mp\sqrt{1+8\alpha\Lambda\frac{(d-3)(d-4)}{(d-1)(d-2)}}\right).$$

当取 $\alpha\to0$ 的极限时，取“$-$”号的一支解所对应的有效宇宙学常数自动恢复为裸宇宙学常数Λ，而取“$+$”号的一支解则没有良好的 $\alpha\to0$ 的极限。因此，后一支解被认为是不稳定的一支解，应该从物理的解集中舍去。对于有限的 $\alpha>0$，裸宇宙学常数 Λ 的值有一个下界，

$$\Lambda\geqslant-\frac{1}{8\alpha}\frac{(d-1)(d-2)}{(d-3)(d-4)}.$$

当 $M \neq 0$ 时，我们可以在 $r \to +\infty, \alpha \to 0$ 的条件下对式 (10.6) 作渐近展开，其最低阶近似结果为

$$\mathrm{e}^{2\phi} = \mathrm{e}^{-2\lambda} \simeq 1 - \frac{2\kappa_d M}{(d-2)A_{d-2}r^{d-3}} - \frac{2\Lambda r^2}{(d-1)(d-2)}.$$

这个结果恰好对应着式 (7.40) 给出的 Tangherlini-AdS 黑洞解，因此 M 作为黑洞质量的含义不言自明。

2. 带电静态球对称黑洞解

接下来让我们讨论爱因斯坦–麦克斯韦–Gauss-Bonnet(EMGB) 引力理论的静态带电黑洞解。这个解依然可以利用约化作用量方法得到，但是我们将采用一种不同的方法来进行求解。这种方法可以称为翘曲分解法① 。

首先我们给出 EMGB 引力理论的作用量：

$$S = \int \mathrm{d}^d x \sqrt{\hat{g}} \left[\frac{1}{2\kappa_d} \left(\hat{R} - 2\hat{\Lambda} + \alpha \mathcal{L}_{\mathrm{GB}} \right) - \frac{1}{4} \hat{F}_{MN} \hat{F}^{MN} \right],$$

其中，

$$\hat{F}_{MN} = \partial_M \hat{A}_N - \partial_N \hat{A}_M$$

$$\mathcal{L}_{\mathrm{GB}} = \hat{R}_{MNPQ}\hat{R}^{MNPQ} - 4\hat{R}_{MN}\hat{R}^{MN} + \hat{R}^2 \tag{10.11}$$

是 Gauss-Bonnet 密度。

对度规变分可以得到场方程

$$\hat{R}_{MN} - \frac{1}{2}\hat{g}_{MN}\hat{R} + \hat{\Lambda}\hat{g}_{MN} + \alpha \hat{H}_{MN} = 8\pi G \hat{T}_{MN}, \tag{10.12}$$

其中，

$$\begin{aligned}
\hat{T}_{MN} &= \hat{F}_{MP}\hat{F}_N{}^P - \frac{1}{4}\hat{g}_{MN}\hat{F}_{PQ}\hat{F}^{PQ}, \\
\hat{H}_{MN} &= 2\left(\hat{R}_{MKPQ}\hat{R}_N{}^{KPQ} - 2\hat{R}_{MPNQ}\hat{R}^{PQ} - 2\hat{R}_{MP}\hat{R}_N{}^P + \hat{R}\hat{R}_{MN} \right) \\
&\quad - \frac{1}{2}\mathcal{L}_{\mathrm{GB}}\hat{g}_{MN}.
\end{aligned} \tag{10.13}$$

①这一方法对 EMGB 引力理论的处理最早见 Cvetic M, Nojiri S, Odintsov S D. Nucl. Phys., 2002, B628: 295-330。

此外电磁场还要满足麦克斯韦方程

$$\hat{\nabla}_M \hat{F}^{MN} = 0.$$

我们要讨论的静态解具有下面的线元形式：

$$\mathrm{d}s^2 = -f(r)\mathrm{d}t^2 + f(r)^{-1}\mathrm{d}r^2 + r^2\mathrm{d}\Omega_{n,k}^2, \tag{10.14}$$

其中，$\mathrm{d}\Omega_{n,k}^2$ 代表 n 维最大对称流形上的线元。这个线元的形式比式 (10.6) 更为特殊。我们之所以敢于采用这样更为特殊的线元假定是因为对静球对称真空解的分析给出的结果具有上述形式。我们预期带电的球对称黑洞解应该也具有类似的度规形式。

显然，线元式 (10.14) 可以被划归式 (2.134) 所定义的翘曲线元的类别。如果用式 (10.14) 与一般的翘曲线元

$$\mathrm{d}s^2 = \hat{g}_{MN}\mathrm{d}X^M\mathrm{d}X^N = g_{\mu\nu}(x)\mathrm{d}x^\mu\mathrm{d}x^\nu + e^{\Phi(x)}h_{ab}(y)\mathrm{d}y^a\mathrm{d}y^b \tag{10.15}$$

进行对照，就会有 $X^M = (x^\mu, y^a)$，其中 $x^\mu = (t, r)$，y^a 是 n 维最大对称流形上的局域坐标，$d = n + 2$，并且

$$(g_{\mu\nu}) = \begin{pmatrix} -f(r) & 0 \\ 0 & f(r)^{-1} \end{pmatrix}, \tag{10.16}$$

$$\Phi = 2\log r. \tag{10.17}$$

另一方面，$h_{ab}(y)$ 作为 n 维最大对称流形的度规，其对应的曲率张量满足条件

$$R_{abcd}(h) = k(h_{ac}h_{bd} - h_{ad}h_{bc}),$$
$$R_{ab}(h) = k(n-1)h_{ab}, \qquad k = 0, \pm 1.$$

直接计算可以得出

$$R_{\mu\nu}(g) = -\frac{1}{2}f''g_{\mu\nu},$$

$$A_{\mu\nu} = -\frac{1}{2}\frac{f'}{r}g_{\mu\nu},$$

$$B = -\frac{f'}{r} - (n-1)\frac{f}{r^2},$$

$$(\nabla^{(g)}\Phi)^2 = \frac{4f}{r^2},$$

其中，$A_{\mu\nu}$ 和 B 的定义分别由式 (2.141) 和式 (2.142) 给出。

根据流形上的坐标分解 $X^M=(x^\mu,y^a)$，我们可以将曲率不变量中的缩并张量指标展开：

$$\hat{R}_{MNPQ}\hat{R}^{MNPQ}=\hat{R}_{\mu\nu\rho\sigma}\hat{R}^{\mu\nu\rho\sigma}+4\hat{R}_{\mu a\nu b}\hat{R}^{\mu a\nu b}+\hat{R}_{abcd}\hat{R}^{abcd}, \tag{10.18}$$

$$\hat{R}_{MN}\hat{R}^{MN}=\hat{R}_{\mu\nu}\hat{R}^{\mu\nu}+\hat{R}_{ab}\hat{R}^{ab}, \tag{10.19}$$

两个等式右边的所有对象均可以用式 (2.135)~ 式 (2.138) 以及式 (2.139)~ 式 (2.140) 直接计算出来。具体的结果是：

$$\begin{aligned}
\hat{R}_{\mu\nu\rho\sigma}&=-\frac{1}{2}f''(g_{\mu\rho}g_{\nu\sigma}-g_{\mu\sigma}g_{\nu\rho}),\\
\hat{R}_{abcd}&=\frac{k-f}{r^2}(\hat{g}_{ac}\hat{g}_{bd}-\hat{g}_{ad}\hat{g}_{bc}),\\
\hat{R}_{\mu a\nu b}&=A_{\mu\nu}\hat{g}_{ab}=-\frac{1}{2}\frac{f'}{r}g_{\mu\nu}\hat{g}_{ab},\\
\hat{R}_{\mu\nu}&=-\frac{1}{2}\left(f''+n\frac{f'}{r}\right)g_{\mu\nu},\\
\hat{R}_{ab}&=\left((n-1)\frac{k-f}{r^2}-\frac{f'}{r}\right)\hat{g}_{ab},\\
\hat{R}&=n(n-1)\frac{k-f}{r^2}-f''-2n\frac{f'}{r},
\end{aligned}$$

式中，$\hat{g}_{ab}=\mathrm{e}^{\Phi}h_{ab}$。曲率不变量式 (10.18) 和式 (10.19) 可以利用上面的结果计算出来：

$$\hat{R}_{MNPQ}\hat{R}^{MNPQ}=2n(n-1)\left(\frac{k-f}{r^2}\right)^2+2n\left(\frac{f'}{r}\right)^2+(f'')^2, \tag{10.20}$$

$$\hat{R}_{MN}\hat{R}^{MN}=n\left((n-1)\frac{k-f}{r^2}-\frac{f'}{r}\right)^2+\frac{1}{2}\left(f''+n\frac{f'}{r}\right)^2, \tag{10.21}$$

所以，Gauss-Bonnet 密度可以写成

$$\begin{aligned}
\mathcal{L}_{\mathrm{GB}}&=\hat{R}_{\mu\nu\rho\sigma}\hat{R}^{\mu\nu\rho\sigma}+4\hat{R}_{\mu a\nu b}\hat{R}^{\mu a\nu b}+\hat{R}_{abcd}\hat{R}^{abcd}-4\left(\hat{R}_{\mu\nu}\hat{R}^{\mu\nu}+\hat{R}_{ab}\hat{R}^{ab}\right)+\hat{R}^2\\
&=2n(n-1)\left[\left(\frac{f'}{r}\right)^2-\left(f''+2(n-2)\frac{f'}{r}\right)\frac{k-f}{r^2}+\frac{(n-2)(n-3)}{2}\left(\frac{k-f}{r^2}\right)^2\right].
\end{aligned} \tag{10.22}$$

接下来我们将场方程 (10.12) 分解为希腊指标部分和拉丁指标部分。引入

$$\hat{X}_{MN}=\hat{H}_{MN}+\frac{1}{2}\mathcal{L}_{\rm GB}\hat{g}_{MN}, \tag{10.23}$$

就有

$$\hat{X}_{\mu\nu}=2\left(2\hat{R}_{\mu a\rho b}\hat{R}_{\nu}{}^{a\rho b}+\hat{R}_{\mu\rho\sigma\lambda}\hat{R}_{\nu}{}^{\rho\sigma\lambda}-2\hat{R}_{\mu\rho\nu\sigma}\hat{R}^{\rho\sigma}-2\hat{R}_{\mu a\nu b}\hat{R}^{ab}-2\hat{R}_{\mu\rho}\hat{R}_{\nu}{}^{\rho}+\hat{R}\hat{R}_{\mu\nu}\right),$$

$$\hat{X}_{ab}=2\left(\hat{R}_{acde}\hat{R}_{b}{}^{cde}+2\hat{R}_{a\mu c\nu}\hat{R}_{b}{}^{\mu c\nu}-2\hat{R}_{acbd}\hat{R}^{cd}-2\hat{R}_{a\mu b\nu}\hat{R}^{\mu\nu}-2\hat{R}_{ac}\hat{R}_{b}{}^{c}+\hat{R}\hat{R}_{ab}\right).$$

利用这些关系式和前面得到的关于曲率张量的结果可以得到

$$\hat{R}_{\mu\nu}-\frac{1}{2}\hat{g}_{\mu\nu}\hat{R}+\hat{\Lambda}\hat{g}_{\mu\nu}=\left(\frac{n}{2}\frac{f'}{r}-\frac{n(n-1)}{2}\frac{k-f}{r^2}+\hat{\Lambda}\right)g_{\mu\nu}, \tag{10.24}$$

$$\hat{R}_{ab}-\frac{1}{2}\hat{g}_{ab}\hat{R}+\hat{\Lambda}\hat{g}_{ab}=\left(\frac{1}{2}f''+(n-1)\frac{f'}{r}-\frac{(n-1)(n-2)}{2}\frac{k-f}{r^2}+\hat{\Lambda}\right)\hat{g}_{ab}, \tag{10.25}$$

$$\hat{X}_{\mu\nu}=n(n-1)\left[\left(\frac{f'}{r}\right)^2-\left(f''+(n-2)\frac{f'}{r}\right)\frac{k-f}{r^2}\right]g_{\mu\nu}, \tag{10.26}$$

$$\hat{X}_{ab}=2(n-1)\left[\left(\frac{f'}{r}\right)^2-\left(f''+3(n-2)\frac{f'}{r}\right)\frac{k-f}{r^2}+(n-2)(n-3)\left(\frac{k-f}{r^2}\right)^2\right]\hat{g}_{ab}. \tag{10.27}$$

除上述明确写出的分量外，所有未列出的、具有混合指标 (μ,a) 的分量均为零。

下面我们处理电磁场部分。对于静态球对称解，电磁场应该仅具有库仑势，即

$$\hat{A}_M=(u(r),0,...,0).$$

因此，通过直接计算可得：

$$\hat{F}_{\mu\nu}=\begin{pmatrix}0 & -u'\\ u' & 0\end{pmatrix}=-\varepsilon_{\mu\nu}u',\qquad \hat{F}_{\mu a}=\hat{F}_{ab}=0.$$

利用前面导出的公式不难将 $\hat{T}_{MN}$ 和 $\hat{\nabla}_M\hat{F}^{MN}$ 的张量指标分解成希腊指标和拉丁指标。最终可以得到

$$\hat{T}_{\mu\nu}=\frac{1}{2}(u')^2g_{\mu\nu}, \tag{10.28}$$

$$\hat{T}_{ab}=-\frac{1}{2}(u')^2\hat{g}_{ab}, \tag{10.29}$$

麦克斯韦方程的唯一非零的分量是

$$u''(r)+\frac{n}{r}u'(r)=0.$$

解这个方程并加上边界条件 $u(\infty)=0$ 可以得到

$$u(r)=\frac{\tilde{Q}}{r^{n-1}}=\frac{\tilde{Q}}{r^{d-3}}, \tag{10.30}$$

将式 (10.30) 代入式 (10.28) 和式 (10.29) 并将结果连同式 (10.24)~ 式 (10.27) 一起代入式 (10.12)，可以得到:

(1) 场方程 (10.12) 的 (ab) 分量

$$\begin{aligned}&\left(\frac{1}{2}f''+(n-1)\frac{f'}{r}-\frac{(n-1)(n-2)}{2}\frac{k-f}{r^2}+\hat{\Lambda}\right)+\alpha(n-1)(n-2)\\&\times\left[-\left(\frac{f'}{r}\right)^2+\left(f''+2(n-3)\frac{f'}{r}\right)\frac{k-f}{r^2}-\frac{1}{2}(n-3)(n-4)\left(\frac{k-f}{r^2}\right)^2\right]\\&+\kappa_d(n-1)^2\frac{\tilde{Q}^2}{r^{2n}}=0,\end{aligned}$$

(2) 场方程 (10.12) 的 $(\mu\nu)$ 分量

$$\begin{aligned}&\left(\frac{n}{2}\frac{f'}{r}-\frac{n(n-1)}{2}\frac{k-f}{r^2}+\hat{\Lambda}\right)\\&+\alpha n(n-1)(n-2)\left[\frac{f'}{r}\frac{k-f}{r^2}-\frac{(n-3)}{2}\left(\frac{k-f}{r^2}\right)^2\right]-\kappa_d(n-1)^2\frac{\tilde{Q}^2}{r^{2n}}=0.\end{aligned}$$

以上两个方程联立时，所能得到的唯一公共解是

$$f(r)=k+\frac{r^2}{2\tilde{\alpha}}\left\{1\mp\sqrt{1+\frac{8\tilde{\alpha}}{(d-1)(d-2)}\left(\hat{\Lambda}+\frac{(d-1)\tilde{C}}{r^{d-1}}-\frac{\kappa_d(d-1)(d-3)\tilde{Q}^2}{r^{2(d-2)}}\right)}\right\}, \tag{10.31}$$

式中我们再次使用了简化记号 $\tilde{\alpha}=(d-3)(d-4)\alpha$。与不带电的情形相似，容易看出上式中取“+”号的一支解不具有良好的 $\alpha\to 0$ 的极限，因此我们只保留取“−”号的一支解。这支解在 $\alpha\to 0$ 时可以展开为

$$f(r)\simeq k-\frac{2\hat{\Lambda}r^2}{(d-1)(d-2)}-\frac{2\tilde{C}}{(d-2)r^{d-3}}+2\kappa_d\left(\frac{d-3}{d-2}\right)\frac{\tilde{Q}^2}{r^{2(d-3)}}+O(\alpha). \tag{10.32}$$

可见，只要恰当地将 $\tilde{C}$ 和 $\tilde{Q}$ 重新标度为 $\tilde{C}=\dfrac{2\kappa_d M}{A_{d-2}}$，$\tilde{Q}=Q\sqrt{\dfrac{1}{2\kappa_d}\dfrac{d-2}{d-3}}$，就可以从上述极限得到 Tangherlini-RN-(A)dS 黑洞解。

式 (10.31) 是目前已知的 EMGB 理论的最一般的静态带电黑洞解。Wiltshire 将 Birkhoff 定理推广到了 EMGB 引力理论的情形，证明对这一理论来说，静球对称解是唯一的① 。因此，黑洞解式 (10.6) 是 EMGB 引力理论唯一的静态球对称黑洞解，而 $k=1$ 情况下式 (10.31) 是唯一的带电球对称黑洞解。截至目前为止，人们尚未发现 EMGB 引力的精确转动解。

10.2 $f(R)$ 引力

含高阶曲率贡献的引力模型的另一类典型代表是 $f(R)$ 引力。与 Gauss-Bonnet 引力不同，$f(R)$ 引力是以 Ricci 标曲率的解析函数 $f(R)$ 作为引力场的拉格朗日密度，因此可以在任意的维度 $n\geqslant 2$ 中定义。研究 $f(R)$ 引力的最初的动机是宇宙学中的暗能量问题，同时它作为推广的爱因斯坦引力理论本身也有一些良好的性质。特别是 $f(R)$ 引力经常被用来分析不同的引力作用量之间的等价性以及尝试使用不同变量来代表引力场等探索性研究。因此，在本节中，我们将主要探讨 $f(R)$ 引力的不同实现方式以及它们之间的等价性。

$f(R)$ 引力的最常见的表现形式有两种，分别称为*度规表述*和 Palatini *表述*。前者与标准的广义相对论一样，以度规作为基本的场变量、联络作为用度规来表述的中间变量；后者则将度规与联络看做彼此无关的独立变量。对于纯粹的广义相对论而言，容易证明这两种表述本质上是一致的。但是对于更复杂的作用量而言，这两种表述可能会给出不同的理论。

10.2.1 度规表述

我们先看 4 维时空中 $f(R)$ 引力的度规表述。包含源物质贡献的总作用量可以写为

$$S_{\text{metric}}=\frac{1}{2\kappa}\int \mathrm{d}^4x\sqrt{g}f(R)+S_M[g_{\mu\nu},\psi], \tag{10.33}$$

其中，ψ 表示物质场。作用量对度规变分得到的场方程为

$$f'(R)R_{\mu\nu}-\frac{1}{2}f(R)g_{\mu\nu}-\left[\nabla_\mu\nabla_\nu-g_{\mu\nu}\Box\right]f'(R)=\kappa T_{\mu\nu}, \tag{10.34}$$

这里 $T_{\mu\nu}$ 是源物质的能动量张量，$f'(R)=\dfrac{\mathrm{d}}{\mathrm{d}R}f(R)$，$\nabla_\mu$ 是与度规相容的协变导

①参见 Wiltshire D L. Phys. Lett., 1986, B169: 36。

数。需要指出的是，作用量式 (10.33) 本身并不能独立地提供一个良好的变分过程，因为得到场方程 (10.34) 的变分过程中需要做分步积分并且甩掉一个表面项。前文中已经提到过，对于标准的爱因斯坦－希尔伯特作用量的变分同样存在甩掉表面项的问题，但是对 $f(R)$ 引力而言，需要提供的边界补偿项更为复杂，一个可能的边界项的形式为

$$S_B = \frac{1}{\kappa}\int \mathrm{d}^3x\sqrt{h}f'(R)K,$$

其中 K 是边界上外曲率的迹。在本书中，除得到正确的场方程外，我们并不会利用到作用量变分所需的边界项，因此我们将不花费额外的精力去介绍这方面的细节。

如果对方程 (10.34) 取迹，可得

$$f'(R)R - 2f(R) + 3\Box f'(R) = \kappa T, \tag{10.35}$$

其中，$T = g^{\mu\nu}T_{\mu\nu}$。方程 (10.35) 是描述 R 和 T 之间联系的微分方程，在广义相对论中对应的方程是一个简单的代数方程 $R = -\kappa T$(如果宇宙学常数为零的话)。这暗示 $f(R)$ 引力理论的场方程与爱因斯坦场方程相比会有更多的解。例如，在 $f(R)$ 引力中，Birkhoff 定理不再成立，因此 Schwarzschild 解不再是唯一的球对称真空解。

考虑最大对称的真空解：如果 R 是常数、$T_{\mu\nu} = 0$，则方程 (10.35) 变成

$$f'(R)R - 2f(R) = 0. \tag{10.36}$$

对任意一个给定的 f，这是一个关于 R 的代数方程。任取方程 (10.36) 的一个常数解 $R = C$，方程 (10.34) 退化为 $R_{\mu\nu} = g_{\mu\nu}C/4$，因此方程存在 de Sitter($C > 0$) 或 AdS($C < 0$) 真空解。注意：这里的 de Sitter 或 AdS 解所对应的宇宙学常数来源于式 (10.36) 的解。如果 $f(R)$ 是 R 的高阶多项式，相应的真空解可能不是唯一的。

另一种可能的真空解是 R 并非常数，但会使得 $f'(R)$ 是调和函数，即 $\Box f'(R) = 0$。这时需将式 (10.36) 看成关于 $f(R)$ 的微分方程。这时可以求得

$$f(R) = \frac{1}{6M^2}R^2, \tag{10.37}$$

其中，M 是一个具有质量量纲的积分常数。在所有的 $f(R)$ 引力模型中，以式 (10.37) 为拉格朗日密度的模型是最为特殊的，因为其中的纯引力部分

$$S_{\mathrm{Grav}} = \frac{1}{2\kappa}\int \mathrm{d}^4x\sqrt{g}\frac{1}{6M^2}R^2 = \frac{1}{12}\left(\frac{M_{\mathrm{P}}}{M}\right)^2\int \mathrm{d}^4x\sqrt{g}\,R^2$$

不含有任何有量纲的参数① 。

物理上更有用的一个 $f(R)$ 引力模型是爱因斯坦引力与上述 R^2 模型的组合，即

$$S=\frac{1}{2\kappa}\int \mathrm{d}^4x\,\sqrt{g}\left[R+\frac{1}{6M^2}R^2\right]. \tag{10.38}$$

这就是 Starobinsky 模型。Starobinsky 模型在解释早期宇宙的暴涨机制时不需要引入暗能量，并且是至今为止与所有的宇宙学观测符合得最好的模型。另一方面，如果考虑 Starobinsky 模型的具有常数标量曲率的真空解，则必有 $R=0$。这显然与不带宇宙学常数的爱因斯坦引力的真空解类似。

10.2.2 Palatini 表述

前面已经提到，Palatini 表述要求对度规和联络进行独立变分，作用量形式上和度规表述相同，但是 Riemann 张量和 Ricci 张量中的联络必须看作独立于度规的变量。为显示区别，我们将由独立联络构成的 Ricci 张量记为 $\mathcal{R}_{\mu\nu}$，那么对应的 Ricci 标量是 $\mathcal{R}=g^{\mu\nu}\mathcal{R}_{\mu\nu}$。作用量现在可以写成

$$S_{\text{Palat}}=\frac{1}{2\kappa}\int \mathrm{d}^4x\sqrt{g}f(\mathcal{R})+S_M[g_{\mu\nu},\psi]. \tag{10.39}$$

注意：物质作用量 S_M 仅依赖于度规和物质场，不依赖于独立联络。这个假定对于从作用量式 (10.39) 出发经变分过程得到爱因斯坦方程至关重要，这是 Palatini 表述的主要特征。

独立联络假定有物理后果。我们知道仿射联络通常定义了矢量场的平行移动和协变导数。而 S_M 中通常应包含物质场的协变导数，除非对于某些特殊的场，比如标量场或电磁场。然而，作为一个完整的引力理论框架，Palatini 表述原则上应该允许各种可能的物质场。这样，从式 (10.39) 的形式可以得到一个重要结论，即**与度规相独立的联络不定义物质场的平行移动和协变导数**，协变导数由 Christoffel 联络 $\{{}^{\lambda}_{\mu\nu}\}$ 定义。

对作用量式 (10.39) 关于度规和联络分别进行变分，并且应用公式

$$\delta\mathcal{R}_{\mu\nu}=\bar{\nabla}_\lambda\delta\Gamma^\lambda_{\mu\nu}-\bar{\nabla}_\nu\delta\Gamma^\lambda_{\mu\lambda}, \tag{10.40}$$

①在自然单位制下，我们有 $M_\text{P}\equiv\sqrt{\dfrac{\hbar c}{8\pi G}}=\sqrt{\dfrac{1}{8\pi G}}=\sqrt{\dfrac{1}{\kappa}}$。

可以得到场方程①

$$f'(\mathcal{R})\mathcal{R}_{\mu\nu} - \frac{1}{2}f(\mathcal{R})g_{\mu\nu} = \kappa T_{\mu\nu}, \tag{10.41}$$

$$\bar{\nabla}_\sigma \left(\sqrt{g}f'(\mathcal{R})g^{\sigma(\mu}\right)\delta_\lambda{}^{\nu)} - \bar{\nabla}_\lambda\left(\sqrt{g}f'(\mathcal{R})g^{\mu\nu}\right) = 0. \tag{10.42}$$

这里 $T_{\mu\nu}$ 是物质场的能动量张量，$\bar{\nabla}_\mu$ 是由独立联络定义的协变导数。对方程 (10.42) 取迹可以得到

$$\bar{\nabla}_\sigma\left(\sqrt{g}f'(\mathcal{R})g^{\sigma\mu}\right) = 0. \tag{10.43}$$

因此，方程 (10.42) 的首项实际上为零，该方程可以写成更简洁的形式

$$\bar{\nabla}_\lambda\left(\sqrt{g}f'(\mathcal{R})g^{\mu\nu}\right) = 0. \tag{10.44}$$

当 $f(\mathcal{R}) = \mathcal{R}$ 时，上式表明协变导数 $\bar{\nabla}_\lambda$ 是与度规相容的。换言之，独立联络 $\Gamma^\lambda_{\mu\nu}$ 将退化为用度规构造的 Christoffel 联络。这样，原本的两组运动方程就只剩下一组，即式 (10.41)。这组方程刚好就是度规表述下的爱因斯坦方程。因此，在 $f(\mathcal{R}) = \mathcal{R}$ 的前提下，度规表述与 Palatini 表述是完全等价的。

下面我们保持 $f(\mathcal{R})$ 的任意性来作进一步的分析。对场方程 (10.41) 取迹，可得

$$f'(\mathcal{R})\mathcal{R} - 2f(\mathcal{R}) = \kappa T. \tag{10.45}$$

对任一给定的 f，这是一个关于 $\mathcal{R}$ 的代数方程。对于所有使 $T = 0$ 的情形，包括真空或者电磁场等保持共形不变的源物质类型，$\mathcal{R}$ 是一个常数并且是下面方程的根：

$$f'(\mathcal{R})\mathcal{R} - 2f(\mathcal{R}) = 0. \tag{10.46}$$

定义一个新的度规

$$h_{\mu\nu} \equiv f'(\mathcal{R})g_{\mu\nu}, \tag{10.47}$$

可以很容易看出

$$h \equiv |\det(h_{\mu\nu})| = \left(f'(\mathcal{R})\right)^4 |\det(g_{\mu\nu})|,$$

①对度规的变分无需做任何分步积分，因此不会出现表面项。另一方面，为得到运动方程 (10.42)，需要对关于独立联络的变分结果作一次分步积分并甩掉一个表面项。这可以通过要求在边界上联络具有固定的边界条件来实现，因此，Palatini 表述下并不需要引入边界作用量。

因此，

$$\sqrt{h}h^{\mu\nu}=\sqrt{g}f'(\mathcal{R})g^{\mu\nu}. \tag{10.48}$$

这样，方程 (10.44) 就变成了协变导数 $\bar{\nabla}_\lambda$ 与度规 $h_{\mu\nu}$ 的相容条件。换句话说，独立联络 $\Gamma^\lambda_{\mu\nu}$ 可以用通过 $h_{\mu\nu}$ 构造的 Christoffel 联络解出：

$$\Gamma^\lambda_{\mu\nu}=\Gamma^\lambda_{\mu\nu}(h)=\frac{1}{2}h^{\lambda\sigma}\left(\partial_\mu h_{\nu\sigma}+\partial_\nu h_{\mu\sigma}-\partial_\sigma h_{\mu\nu}\right). \tag{10.49}$$

将度规 $h_{\mu\nu}$ 的定义式 (10.47) 代入，并利用 Weyl 变换下 Ricci 张量的变换公式 (2.85)，可以得到

$$\begin{aligned}\mathcal{R}_{\mu\nu}=&R_{\mu\nu}(g)+\frac{3}{2}\frac{1}{\left(f'(\mathcal{R})\right)^2}\left(\nabla_\mu f'(\mathcal{R})\right)\left(\nabla_\nu f'(\mathcal{R})\right)\\&-\frac{1}{f'(\mathcal{R})}\left(\nabla_\mu\nabla_\nu+\frac{1}{2}g_{\mu\nu}\Box\right)f'(\mathcal{R}).\end{aligned} \tag{10.50}$$

注意 $\mathcal{R}=g^{\mu\nu}\mathcal{R}_{\mu\nu}$，对上式用 $g^{\mu\nu}$ 去缩并，结果得到

$$\mathcal{R}=R(g)+\frac{3}{2\left(f'(\mathcal{R})\right)^2}\left(\nabla_\mu f'(\mathcal{R})\right)\left(\nabla^\mu f'(\mathcal{R})\right)-\frac{3}{f'(\mathcal{R})}\Box f'(\mathcal{R}). \tag{10.51}$$

将方程 (10.50) 和式 (10.51) 代入场方程 (10.41)，结果为

$$\begin{aligned}G_{\mu\nu}=&\frac{\kappa}{f'}T_{\mu\nu}-\frac{1}{2}g_{\mu\nu}\left(\mathcal{R}-\frac{f}{f'}\right)+\frac{1}{f'}\left(\nabla_\mu\nabla_\nu-g_{\mu\nu}\Box\right)f'\\&-\frac{3}{2f'^2}\left[\left(\nabla_\mu f'\right)\left(\nabla_\nu f'\right)-\frac{1}{2}g_{\mu\nu}\left(\nabla f'\right)^2\right].\end{aligned} \tag{10.52}$$

假设我们知道方程 (10.45) 的根 $\mathcal{R}=\mathcal{R}(T)$，那么上式右方将仅依赖于物质场。因此方程 (10.52) 两边将分别仅依赖于度规和物质场，但是物质场对时空几何所产生的影响与标准的广义相对论有所不同。

当 $T=0$ 时，由方程 (10.46) 可知，$\mathcal{R}$、$f(\mathcal{R})$、$f'(\mathcal{R})$ 都是常数，这时理论退化为标准的含宇宙学常数的爱因斯坦方程。如果 $T=0$ 时 $\mathcal{R}$ 的值为 $\mathcal{R}_0$，那么等效宇宙学常数的数值是

$$\Lambda_{\text{eff}}=\frac{1}{2}\left(\mathcal{R}_0-\frac{f(\mathcal{R}_0)}{f'(\mathcal{R}_0)}\right)=\frac{\mathcal{R}_0}{4}. \tag{10.53}$$

需要注意的是这时的爱因斯坦引力常数也需要重新标度，新的等效爱因斯坦引力常数是

$$\kappa_{\text{eff}} = \frac{\kappa}{f'(\mathcal{R})}.$$

对于 $T \neq 0$ 的情形，方程 (10.52) 右边将包含能动量张量的导数，因为 $f'(\mathcal{R})$ 实际上是 T 的函数，因为这时 $\mathcal{R} = \mathcal{R}(T)$。所以，最一般情况下的 Palatini 表述与广义相对论是有所不同的。

10.3 标量—张量理论及其与 $f(R)$ 引力的等价性

给定两个理论，如果能够通过适当地重新定义场变量使得两个理论的场方程互相变换的话，这两个理论就被称为是*动力学等价*的。动力学等价的理论可以视为同一个理论的不同表现形式。在描述一个动力学系统时，动力学等价的理论给出完全相同的结果。$f(R)$ 引力理论刚好与一类典型的标量－张量引力理论之间具有动力学等价性。下面我们将简单地介绍一下标量－张量理论并分别证明它与度规表述和 Palatini 表述下的 $f(R)$ 引力理论的动力学等价性。

10.3.1 Brans-Dicke 理论

Brans-Dicke 理论是更广泛的一类*标量——张量理论*中的特例。最早研究标量 — 张量理论的人是 Jordan。Jordan 理论的作用量是

$$S_{\text{J}} = \int \mathrm{d}^4x\sqrt{g}\left[\varphi_{\text{J}}^{\gamma}\left(R - \omega_{\text{J}}\frac{1}{\varphi_{\text{J}}^2}g^{\mu\nu}\nabla_{\mu}\varphi_{\text{J}}\nabla_{\nu}\varphi_{\text{J}}\right)\right] + S_{\text{matter}}[g_{\mu\nu}, \varphi_{\text{J}}, \psi],$$

其中，γ 和 ω_{J} 是常数，φ_{J} 称为 Jordan 标量场。Jordan 提出标量－张量理论的动机有两条：一是探讨引力耦合系数随时空点变化的可能性，二是为了方便将 4 维时空中的引力理论嵌入 5 维时空。关于后一点，我们将留待下一章讨论 Kaluza-Klein 约化时再做分析。而前一点可以直接从上述作用量来看出。如果要求上式中的第二项积分无量纲 (因为我们选择了 $\hbar = 1$)，则 φ_{J} 需要具有量纲 $[\text{mass}]^{2/\gamma}$。这样，第一项中的因子 $\varphi_{\text{J}}^{\gamma}$ 就具有量纲 $[\text{mass}]^2$，与 $\dfrac{1}{2\kappa}$ 的量纲一致。事实上在 Jordan理论中 $\varphi_{\text{J}}^{\gamma}$ 就扮演了引力耦合常数 $\dfrac{1}{2\kappa}$ 的角色。注意在上述讨论中 γ 和 ω_{J} 都被视作无量纲的常数，而且 γ 取任何值都不会影响 $\varphi_{\text{J}}^{\gamma}$ 与 $\dfrac{1}{2\kappa}$ 量纲一致这个结论。

如果在 Jordan 理论的基础上进一步假定物质场的作用量中不含有 Jordan 标量场，则得到的理论称为 Brans-Dicke 理论。引入新的 Brans-Dicke 标量场

$$\varphi = \varphi_{\text{J}}^{\gamma},$$

可以将 Brans-Dicke 理论的作用量写为

$$S_{\mathrm{BD}}=\int \mathrm{d}^4x\sqrt{g}\left[\varphi R-\omega\frac{1}{\varphi}g^{\mu\nu}\nabla_\mu\varphi\nabla_\nu\varphi\right]+S_{\mathrm{matter}}[g_{\mu\nu},\psi], \tag{10.54}$$

这里，ω 成为理论中仅有的一个无量纲的常数参数。在上式中不包含标量场 φ 的自相互作用的势能项。Bergmann 和 Wagoner 分别提出①，在 Brans-Dicke 理论基础上，完全可以允许加入标量场 φ 的自相互作用势能项，同时允许参数 ω 成为 φ 的函数，使得作用量一般地写为

$$S=\int \mathrm{d}^4x\sqrt{g}\left[\varphi R-\frac{\omega(\varphi)}{\varphi}g^{\mu\nu}\nabla_\mu\varphi\nabla_\nu\varphi-V(\phi)\right]+S_{\mathrm{matter}}[g_{\mu\nu},\psi], \tag{10.55}$$

这样得到的标量－张量理论现在被广泛地用于宇宙学等不同的领域。

下面我们将暂时局限于 Brans-Dicke 理论进行讨论。在作用量 S_{BD} 中，第二项依然不是标量场动能项的标准形式。我们可以进一步重新定义标量场为

$$\varphi=\frac{1}{2}\xi\phi^2,$$

其中，

$$\epsilon\xi^{-1}=4\omega,\qquad \epsilon=\mathrm{sgn}(\omega).$$

这样做的结果是 Brans - Dicke 理论的作用量被改写为

$$S_{\mathrm{BD}}=\int \mathrm{d}^4x\sqrt{g}\left[\frac{1}{2}\xi\phi^2R-\frac{1}{2}\epsilon g^{\mu\nu}\nabla_\mu\phi\nabla_\nu\phi\right]+S_{\mathrm{matter}}[g_{\mu\nu},\psi]. \tag{10.56}$$

当 $\epsilon=+1$ 时，上式中第二项成为标准的标量场的动能项；当 $\epsilon=-1$ 时，该项与标量场动能项相差一个负号，这样的场称为幽灵场 (phantom)。一般来说，一个物理上定义良好的理论应该满足无幽灵场的条件。不过，对 Brans-Dicke 理论来说，只要参数 ξ 的取值合理，还是在一定范围内可以容纳幽灵场存在的，这一点我们随后将予以说明。注意，上式中的标量场 ϕ 仍然是通过曲率项与引力耦合的。用这样的场变量写出来的标量－张量理论称为Jordan 框架。理论上，可以通过对度规做一个 Weyl 变换将曲率耦合项中的标量场彻底吸收到度规中去，同时通过对标量场进行重新定义使得其动能项依然保持标准形式。这样得到的结果将不再出现标量场和引力的非最小耦合。这样的标量 — 张量理论称为爱因斯坦框架。

①见 Bergmann P G. Int. J. Theor. Phys., 1968, 1: 25 和 Wagoner R. Phys. Rev., 1970, D1: 3209。

从 Jordan 框架下的作用量式 (10.56) 到爱因斯坦框架的变换由以下方程给出①：

$$g_{\mu\nu} \to \tilde{g}_{\mu\nu} = \kappa\xi\phi^2 g_{\mu\nu}, \tag{10.57}$$

$$\phi \to \sigma = \zeta^{-1}\log\left[(\kappa\xi)^{1/2}\phi\right], \quad \zeta^2 = \left(6 + \frac{\epsilon}{\kappa\xi}\right)^{-1}. \tag{10.58}$$

经这样变换后，Brans-Dicke 理论的作用量变为

$$S_{\rm BDE} = \int \mathrm{d}^4x\sqrt{\tilde{g}}\left[\frac{1}{2\kappa}R(\tilde{g}) - \frac{1}{2}\tilde{g}^{\mu\nu}\nabla_\mu\sigma\nabla_\nu\sigma\right] + S_{\rm matter}[e^{-2\zeta\sigma}\tilde{g}_{\mu\nu}, \psi].$$

需要特别注意的是：为了保证式中第二项中标量场 σ 的动能项具有正确的符号，我们已经假定 $\zeta^2 > 0$。如果 $\epsilon = -1$，这将对 Brans-Dicke 参数 ξ 提出一定的限制。另一方面，在爱因斯坦框架下，标量场 σ 将进入物质场的作用量中。这是区别 Brans-Dicke 理论和以标量场为源物质的标准广义相对论理论的一个重要标识。

10.3.2 度规表述下 $f(R)$ 引力与标量-张量理论的等价性

引进一个新的*母作用量*

$$S[g_{\mu\nu}, \psi, \chi] = \frac{1}{2\kappa}\int \mathrm{d}^4x\sqrt{g}\left[f(\chi) + f'(\chi)(R-\chi)\right] + S_M[g_{\mu\nu}, \psi], \tag{10.59}$$

其中，χ 是一个辅助标量场，它没有动力学，仅起到一个拉格朗日乘子的作用。对 χ 变分得到

$$f''(\chi)(R-\chi) = 0. \tag{10.60}$$

当 $f''(\chi) \neq 0$ 时，上式给出 $\chi = R$，因此作用量 $S[g_{\mu\nu}, \psi, \chi]$ 可回到 $f(R)$ 引力的作用量式 (10.33)。另一方面，如果引入一个新的标量场

$$\varphi = \frac{1}{2\kappa}f'(\chi),$$

并令

$$V(\varphi) = \frac{1}{2\kappa}\left[\chi(\varphi)\varphi - f(\chi(\varphi))\right], \tag{10.61}$$

作用量式 (10.59) 可以重新写成

①关于这个变换过程的细节以及对标量－张量理论的详细分析，请参考 Fujii Y, Maeda K, The Scalar-Tensor Theory of Gravitation. Cambridge Univ. Press, 2003。在本书中我们明确写出了爱因斯坦引力常数，因此变换公式与 Fujii 和 Maeda 书中给出的结果稍显不同。

$$S[g_{\mu\nu}, \psi, \varphi] = \int \mathrm{d}^4 x \sqrt{g} \big[\varphi R - V(\varphi)\big] + S_M[g_{\mu\nu}, \psi]. \tag{10.62}$$

这个结果与 $\omega = 0$ 的标量–张量理论作用量式 (10.55) 一致。因此两者的动力学等价性得以证实。

对应于作用量式 (10.62) 的运动方程是

$$G_{\mu\nu} = \frac{\kappa}{\phi} T_{\mu\nu} - \frac{1}{2\phi} g_{\mu\nu} V(\phi) + \frac{1}{\phi}\left(\nabla_\mu \nabla_\nu \phi - g_{\mu\nu} \Box \phi\right), \tag{10.63}$$

$$R = V'(\phi). \tag{10.64}$$

这些方程也可以从方程 (10.34) 出发，利用以上过程中对场变量的重新定义得到。

10.3.3 Palatini 表述下 $f(R)$ 引力与标量–张量理论的等价性

为了证明 Palatini 表述下的 $f(R)$ 引力与标量–张量理论等价，我们引入一个不同的母作用量

$$S[g_{\mu\nu}, \Gamma^\rho_{\mu\nu}, \psi, \chi] = \frac{1}{2\kappa} \int \mathrm{d}^4 x \sqrt{g} \big[f(\chi) + f'(\chi)(\mathcal{R} - \chi)\big] + S_M[g_{\mu\nu}, \psi]. \tag{10.65}$$

与式 (10.59) 相比，这里唯一的变化是将 Ricci 标曲率更换成了 Palatini 表述下的 $\mathcal{R}$。因此，仿照度规表述的情况，通过对 χ 变分，解出 $\chi = \mathcal{R}$ 并代回到式 (10.65) 中，可以得到 Palatini 表述下的 $f(R)$ 引力作用量式 (10.39)。另一方面，引入标量场

$$\varphi = \frac{1}{2\kappa} f'(\chi),$$

并仿照式 (10.61) 引入标量场的势能密度 $V(\varphi)$，结果得到

$$S = \int \mathrm{d}^4 x \sqrt{g} \left[\varphi \mathcal{R} - V(\varphi)\right] + S_M[g_{\mu\nu}, \psi]. \tag{10.66}$$

尽管这个作用量形式上与式 (10.62) 相同，然而它并不是 $\omega = 0$ 的标量–张量理论，因为 $\mathcal{R}$ 并不是由度规 $g_{\mu\nu}$ 构造出来的 Ricci 标量。对作用量式 (10.66) 关于独立联络 $\Gamma^\lambda_{\mu\nu}$ 变分，然后重复式 (10.42)∼ 式 (10.51) 的过程，可以将 $\mathcal{R}$ 更换为用度规 $g_{\mu\nu}$ 构造出来的 Ricci 标量 R：

$$\mathcal{R} = R(g) + \frac{3}{2\varphi^2} \nabla_\mu \varphi \nabla^\mu \varphi - \frac{3}{\varphi} \Box \varphi.$$

将这个结果代回到式 (10.66) 中，结果得到

$$S = \int \mathrm{d}^4x\sqrt{g}\left[\varphi R + \frac{3}{2\varphi}\nabla_\mu\varphi\nabla^\mu\varphi - V(\varphi)\right] + S_M[g_{\mu\nu}, \psi] \tag{10.67}$$

在这个过程中，我们扔掉了一些表面项。上面这个结果刚好是 $\omega = -3/2$ 的标量－张量理论的作用量。

本节中的讨论表明，无论是度规表述下的 $f(R)$ 引力理论还是 Palatini 表述下的 $f(R)$ 引力理论都等价于标量－张量理论的某些特殊情况。但是后者因为含有非最小耦合的标量场，将会导致引力常数随时空点变化，这可能会破坏等效原理。即便是变换到爱因斯坦框架下这一问题依然存在，因为变换后的标量场 σ 出现在普通物质场作用量的动能项中，同样有可能引起等效原理的破坏。为了使标量－张量理论的逻辑基础不被彻底动摇，人们分析了各种不同版本的等效原理。Dicke 本人还为此进行了实验观测。现在一般认为，Brans-Dicke 理论以及更一般的标量－张量理论会破坏强等效原理，但是不破坏弱等效原理。

10.4 (2+1) 维引力理论及其扩展

由于现实可观测的时空是 $(3+1)$ 维的，因此，历史上对于更低维度的引力理论鲜少进行研究。然而，最近二十多年来，出于不同的目的，对 $(1+1)$ 维和 $(2+1)$ 维时空中的引力问题的研究开始密集起来。在各种不同的动机中，最主要的因素是降低时空维数可以改善理论的可重整性。由于 $(1+1)$ 维引力与弦论密不可分，对它的讨论已经超出本书的范围，因此我们仅对 $(2+1)$ 维引力作一简单的讨论。

在 $(2+1)$ 维广义相对论中，如果我们考虑弱场条件下的引力波，结果会发现，辐射规范条件与横波条件结合在一起，刚好约束掉了度规的全部 6 个独立分量，因此 $(2+1)$ 维引力中不存在任何可传播的物理自由度。不过，当存在一个负宇宙学常数 $\Lambda = -\frac{1}{\ell^2}$ 时，Banados，Teitelboim 和 Zanelli 发现①，$(2+1)$ 维纯广义相对论引力存在一个精确的黑洞解 (BTZ 黑洞解)

$$\mathrm{d}s^2 = -\left(-M + \frac{r^2}{\ell^2} + \frac{J^2}{4r^2}\right)\mathrm{d}t^2 + \left(-M + \frac{r^2}{\ell^2} + \frac{J^2}{4r^2}\right)^{-1}\mathrm{d}r^2 + r^2\left(d\phi - \frac{J}{2r^2}\mathrm{d}t\right)^2.$$

这个解虽然不具有牛顿极限，但是它的许多性质与 Kerr 黑洞类似，因此可以当做高维黑洞解的一个简化模型用来定性地探讨黑洞物理的一些问题。在 BTZ 黑洞解之后，Ida 证明了一个重要的结论②，即*在 $(2+1)$ 维时空中，若宇宙学常数非负，则不存在处处光滑的黑洞视界*。因此，BTZ 黑洞没有渐近平坦或者渐近 de Sitter 的对应。

①参见 Banados M, Teitelboim C, Zanelli J. Phys. Rev. Lett., 1992, 69: 1849–1851。

②见 Ida D. Phys. Rev. Lett., 2000, 85: 3758。

为了使 $(2+1)$ 维时空中的引力理论拥有可传播的自由度，一个可能的选择是让引力子拥有质量，从而破坏引力波的规范对称性，这样就可以少引入规范固定条件从而保留更多的物理自由度。在具体实践中，这一想法有不同的实现方案，从而导致不同的 $(2+1)$ 维扩展引力。

10.4.1　拓扑有质量引力

拓扑有质量引力 (topological massive gravity, TMG) 是 Deser、Jackiw 和 Templeton 在 1982 年提出的 $(2+1)$ 维扩展引力模型①，其作用量是在爱因斯坦 — 希尔伯特作用量的基础上加入一个引力陈 -Simons 项得到的：

$$S_{\mathrm{TMG}}=\frac{1}{2\kappa}\left[\int \mathrm{d}^3x\sqrt{g}(R-2\Lambda)+\frac{1}{\mu}S_{\mathrm{CS}}\right], \tag{10.68}$$

$$S_{\mathrm{CS}}=\frac{1}{2}\int \mathrm{d}^3x\sqrt{g}\epsilon^{\lambda\mu\nu}\Gamma^{\rho}_{\lambda\sigma}\left(\partial_\mu\Gamma^{\sigma}_{\rho\nu}+\frac{2}{3}\Gamma^{\sigma}_{\mu\tau}\Gamma^{\tau}_{\nu\rho}\right). \tag{10.69}$$

需要注意的是，由于陈 -Simons 项的出现，作用量 S_{TMG} 在空间反演下不是不变的。作用量对度规变分得到的运动方程是

$$\mathcal{G}_{\mu\nu}+\frac{1}{\mu}C_{\mu\nu}=0,\qquad \mathcal{G}_{\mu\nu}=R_{\mu\nu}-\frac{1}{2}g_{\mu\nu}R+\Lambda g_{\mu\nu}, \tag{10.70}$$

其中，$C_{\mu\nu}$ 是 Cotton 张量的另外一种写法：

$$C_{\mu\nu}\equiv\epsilon_{\mu}{}^{\alpha\beta}\nabla_\alpha\left(R_{\beta\nu}-\frac{1}{4}g_{\beta\nu}R\right). \tag{10.71}$$

容易验证，上述运动方程具有真空解

$$\mathrm{d}s^2=\bar{g}_{\mu\nu}\mathrm{d}x^\mu\mathrm{d}x^\nu=\ell^2(-\cosh^2\rho\mathrm{d}t^2+\sinh^2\rho\mathrm{d}\phi^2+\mathrm{d}\rho^2), \tag{10.72}$$

其中，

$$\ell^{-2}=-\Lambda.$$

这个真空解实际上就是 AdS_3，ℓ 就是 AdS_3 的半径。

下面我们考虑度规在真空解 $\bar{g}_{\mu\nu}$ 附近做微小起伏的情况。令

$$g_{\mu\nu}=\bar{g}_{\mu\nu}+h_{\mu\nu}, \tag{10.73}$$

其中 $h_{\mu\nu}$ 被认为是小量。准确至 $h_{\mu\nu}$ 的线性阶，运动方程可以重新写为

①见 Deser S, Jackiw S, Templeton S. Annals Phys., 1982, 140: 372–411。

$$\mathcal{G}^{(1)}_{\mu\nu} + \frac{1}{\mu}\epsilon_\mu{}^{\alpha\beta}\bar{\nabla}_\alpha \mathcal{G}^{(1)}_{\beta\nu} = 0,$$

其中，

$$\mathcal{G}^{(1)}_{\mu\nu} = \frac{1}{2}(-\bar{\Box} h_{\mu\nu} - \bar{\nabla}_\mu\bar{\nabla}_\nu h + \bar{\nabla}^\sigma\bar{\nabla}_\nu h_{\sigma\mu} + \bar{\nabla}^\sigma\bar{\nabla}_\mu h_{\sigma\nu}) - 2\Lambda h_{\mu\nu}, \tag{10.74}$$

上标 $^{(1)}$ 表示背景上的一阶修正量。

在横波、无迹条件 $\bar{\nabla}_\mu h^{\mu\nu} = h = 0$ 下，式 (10.74) 可简化为

$$\mathcal{G}^{(1)}_{\mu\nu} = \frac{1}{2}(-\bar{\Box} h_{\mu\nu} + 2\Lambda h_{\mu\nu}). \tag{10.75}$$

因此，扰动后的运动方程变为

$$\left(\bar{\Box} + \frac{2}{\ell^2}\right)\left(h_{\mu\nu} + \frac{1}{\mu}\epsilon_\mu{}^{\alpha\beta}\bar{\nabla}_\alpha h_{\beta\nu}\right) = 0.$$

李微、宋伟和 Strominger 进一步分析了以上扰动方程的解①，发现 $h_{\mu\nu}$ 可以由三种不同模式叠加而成：

$$h_{\mu\nu} = h^M_{\mu\nu} + h^L_{\mu\nu} + h^R_{\mu\nu},$$

其中，$h^M_{\mu\nu}$ 是 TMG 特有的有质量模式，其余两者分别称为左、右模式，它们分别满足方程

$$\begin{aligned}(\mathcal{D}^M h^M)_{\mu\nu} &= h^M_{\mu\nu} + \frac{1}{\mu}\epsilon_\mu{}^{\alpha\beta}\bar{\nabla}_\alpha h^M_{\beta\nu} = 0,\\ (\mathcal{D}^L h^L)_{\mu\nu} &= h^L_{\mu\nu} + \ell\epsilon_\mu{}^{\alpha\beta}\bar{\nabla}_\alpha h^L_{\beta\nu} = 0,\\ (\mathcal{D}^R h^R)_{\mu\nu} &= h^R_{\mu\nu} - \ell\epsilon_\mu{}^{\alpha\beta}\bar{\nabla}_\alpha h^R_{\beta\nu} = 0.\end{aligned}$$

式中出现的算符 $(\mathcal{D}^L, \mathcal{D}^R, \mathcal{D}^M)$ 定义为

$$(\mathcal{D}^{L/R})_\mu{}^\beta \equiv \delta_\mu{}^\beta \pm \ell\epsilon_\mu{}^{\alpha\beta}\bar{\nabla}_\alpha, \qquad (\mathcal{D}^M)_\mu{}^\beta \equiv \delta_\mu{}^\beta + \frac{1}{\mu}\epsilon_\mu{}^{\alpha\beta}\bar{\nabla}_\alpha,$$

它们之间可互相对易。进一步对各模式所对应的能量进行计算，结果表明，只有当

$$\mu\ell = 1$$

时，扰动模式的能量才可能是正的。这时系统中将只剩下右模式 $h^R_{\mu\nu}$，因此这时的引力理论也称为手征引力。

①见 Li W, Song W. Andrew Strominger, 2008, JHEP 0804:082. [arXiv:0801.4566]。

10.4.2 新的有质量引力

与拓扑有质量引力不同，新的有质量引力 (new massive gravity, NMG) 是一种保持空间反演对称性的有质量引力理论。这个理论可以被看作 20 世纪 30 年代 Pauli 和 Feirz 提出的线性化有质量引力理论的进一步发展。在时空维度为 $(3+1)$ 维时，Pauli-Feirz 理论存在比较严重的问题，例如存在鬼场模式、对光线弯曲的预言仅有广义相对论所作的预言的三分之一等。但是在 $(2+1)$ 维时空中，这些问题都得以克服，因此是一个行为比较好的理论。

NMG 的作用量为①

$$S_{\mathrm{NMG}}=\int \mathrm{d}^3x\sqrt{g}\Big(-R+\frac{1}{m^2}W\Big),\quad W\equiv R_{\mu\nu}R^{\mu\nu}-\frac{3}{8}R^2. \tag{10.76}$$

这个作用量又可以写为

$$S_{\mathrm{NMG}}=\int \mathrm{d}^3x\sqrt{g}\Big[-R+\frac{1}{m^2}\Big(f^{\mu\nu}G_{\mu\nu}-\frac{1}{2}(f^{\mu\nu}f_{\mu\nu}-f^2)\Big)\Big], \tag{10.77}$$

其中，$f_{\mu\nu}$ 是一个没有运动学项的辅助场，$f=g^{\mu\nu}f_{\mu\nu}$。对 $f^{\mu\nu}$ 变分得到的运动方程为

$$f_{\mu\nu}=S_{\mu\nu},\qquad S_{\mu\nu}=R_{\mu\nu}-\frac{1}{4}g_{\mu\nu}R,$$

式中 $S_{\mu\nu}$ 称为 Schouten 张量② 。将这个结果代回到式 (10.77) 中，即可重新得到式 (10.76)。容易验证，

$$W=G^{\mu\nu}S_{\mu\nu}.$$

注意：作用量式 (10.76) 和式 (10.77) 中的爱因斯坦－希尔伯特项与标准的广义相对论相差一个负号。由于额外的高阶曲率项的引入，这个多余的负号并不会制造任何理论上的麻烦。相反，为了使这个理论在线性扰动的意义下保持幺正，上述“多余的”负号是必需的。事实上，如果对作用量式 (10.76) 所对应的引力场方程进行弱场极限下的线性化分析，可以得到

$$G^{(1)}_{\mu\nu}(h)=\frac{1}{m^2}\Big[\Box G^{(1)}_{\mu\nu}(h)-\frac{1}{4}\big(\partial_\mu\partial_\nu-\eta_{\mu\nu}\Box\big)R^{(1)}(h)\Big]=0,$$

①参见 Bergshoeff E, Hohm O, Townsend P. Phys. Rev. Lett., 2009, 102: 201301 [arXiv: 0901.1766]。

②在 n 维时空中，Schouten 张量的定义为 $S_{\mu\nu}=\frac{1}{n-2}\left(R_{\mu\nu}-\frac{1}{2(n-1)}g_{\mu\nu}R\right)$。它满足如下的恒等式：$R^{\mu\nu\rho\sigma}R_{\mu\nu\rho\sigma}-4R^{\mu\nu}R_{\mu\nu}+R^2=C^{\mu\nu\rho\sigma}C_{\mu\nu\rho\sigma}-4(n-3)G^{\mu\nu}S_{\mu\nu}$。在任意维度，如果在作用量中加入一项 $G^{\mu\nu}S_{\mu\nu}$，同时将爱因斯坦－希尔伯特项之前的符号改成负号，都会导致扰动模式中出现一个有质量的螺度为 ±2 的模式。但是，当 $n\neq3$ 时，还会出现多余的无质量的鬼场模式。

式中已经假定 $g_{\mu\nu} = \eta_{\mu\nu} + h_{\mu\nu}$，而 $G^{(1)}_{\mu\nu}(h)$ 和 $R^{(1)}(h)$ 分别是将爱因斯坦张量和 Ricci 标量展开后准确至 $h_{\mu\nu}$ 的线性阶所得的修正项。用 $\eta^{\mu\nu}$ 去缩并上式，可得 $R^{(1)}(h) = 0$。因此，线性化的扰动方程变为

$$(\Box - m^2)G^{(1)}_{\mu\nu}(h) = 0.$$

这表明 $G^{(1)}_{\mu\nu}(h)$ 是一个满足空间反演对称性并且具有非零质量 m 的螺度为 ± 2 的玻色场。如果在作用量中的爱因斯坦－希尔伯特项前面没有上述多余的负号，则扰动方程不会具有上述形式，而是变成

$$(\Box + m^2)G^{(1)}_{\mu\nu}(h) = 0.$$

这样的模式对应的质量平方为负值，在相对论物理中称为快子模式。在量子理论中，快子模式的出现意味着真空不稳定。因此，一个具有良好物理行为的理论需要消除快子模式。

应该指出的是：如果作用量中的二阶曲率项的相对系数不是前文给定的数值，那么场方程线性扰动的谱中将出现额外的鬼场模式。因此，NMG 理论是唯一的。

如果爱因斯坦－希尔伯特项前面不引入多余的负号，也可以有一个定义良好的*特殊的有质量引力* (SMG)，其作用量是：

$$S_{\mathrm{SMG}} = \int \mathrm{d}^3x \left[R + \frac{1}{8m^2}R^2\right].$$

这个模型与 $(3+1)$ 维的 Starobinsky 模型可以被看为同一类的模型。可以证明，这个模型的线性扰动也含有一个具有非零质量 m 的螺度为 ± 2 的波色模式。这个模型可以看成 3 维时空中的一个特殊的 $f(R)$ 引力模型。

结合 NMG 和 SMG，可以写出一般的保持空间反演对称的 $(2+1)$ 维有质量引力的作用量

$$S = \int \mathrm{d}^3x\sqrt{g}\left[\sigma R + \frac{1}{m^2}\left(aW + \frac{1}{8}bR^2\right)\right],$$

其中，理论的幺正性要求 $\sigma = -1, a = 1, b = 0$ 或者 $\sigma = 1, a = 0, b = 1$。

10.4.3 高自旋引力

除以上介绍的两种主要的 $(2+1)$ 维扩展引力理论之外，还有一种扩展引力理论被广泛研究，这就是高自旋引力。在 $(2+1)$ 维时空中，由于转动群是 $SO(2)$，它并没有一个使得最高权自然地量子化的有限维表示，因此，严格地说，在 $(2+1)$ 维时空中，自旋不具有良好的定义。所谓的高自旋引力，其实质是在引力理论中引入

了高阶全对称张量场。这类场在 $(3+1)$ 及以上维度的时空中对应的自旋或者螺度量子数的绝对值一般大于 2，因此借用高维中的语言，也将 $(2+1)$ 维时空中含有高阶全对称张量场的理论称为高自旋引力。

研究高自旋引力有多方面的理论动机，其中，来自弦论以及 AdS/CFT 对偶方面的动机是主要的推动力，除此之外也有出自构造更一般的场论模型的纯理论动机。在量子场论中，一个广为人知的结论是：一旦在 $n \geqslant 4$ 维时空中引入一个参与相互作用的高自旋 $(s>2)$ 场，那么理论的自洽性就要求所有的高自旋场都要同时出现在理论中。这样，一个相互作用的高自旋场论就必须包含无穷多不同种类的场。这就使得这类场论失去了任何可能的物理价值。然而，在 $(2+1)$ 维时空中，引入有限多个“高自旋”场来定义一个自洽的场论是可行的。高自旋引力就是这类理论的一个典型代表。

为了简单地介绍高自旋引力理论，我们首先需要将含有负宇宙学常数的 $(2+1)$ 维广义相对论改写为一个特别的形式。令 $\Lambda = -\frac{1}{\ell^2}$，可以证明 $(2+1)$ 维广义相对论的作用量可以写为以下形式：

$$S = \frac{1}{2\kappa}\int \mathrm{d}^3x\sqrt{g}\left(R + \frac{2}{\ell^2}\right) = S_{\mathrm{CS}}[A] - S_{\mathrm{CS}}[\tilde{A}], \tag{10.78}$$

其中，

$$S_{\mathrm{CS}}[A] = \frac{k}{4\pi}\int \mathrm{Tr}(A\wedge \mathrm{d}A + \frac{2}{3}A\wedge A\wedge A),$$

$$k = \frac{2\pi\ell}{\kappa} = \frac{\ell}{4G},$$

A 是李代数 $\mathfrak{sl}_2$ 上的规范势，

$$A = \left(\omega^a{}_\mu + \frac{1}{\ell}e^a{}_\mu\right)J_a\mathrm{d}x^\mu, \quad \tilde{A} = \left(\omega^a{}_\mu - \frac{1}{\ell}e^a{}_\mu\right)J_a\mathrm{d}x^\mu,$$

J_a 是 $\mathfrak{sl}_2$ 的生成元。

在 $(2+1)$ 维引力中加入高自旋场的一种简便方法是将上述 $\mathfrak{sl}_2$ 规范势推广到其他更大的李代数上去。因为 $\mathfrak{sl}_2$ 可以嵌入任意高秩的李代数中去，因此，这种推广的理论自然地含有原来的引力场变量。同时，高秩李代数上的规范势中多出来的自由度则代表了高自旋场。以 $\mathfrak{sl}_3$ 为例。将 $\mathfrak{sl}_3$ 的生成元写为 J_a, T_{ab}，其中 $a, b = 1, 2, 3$，所有的 T_{ab} 均为对称无迹矩阵，它们满足的李代数关系为

$$[J_a, J_b] = \varepsilon_{abc}J^c, \quad [J_a, T_{bc}] = \varepsilon^d{}_{a(b}T_{c)d},$$

$$[T_{ab}, T_{cd}] = (\eta_{a(c}\varepsilon_{d)be} + \eta_{b(c}\varepsilon_{d)ae})J^e.$$

将 $\mathfrak{sl}_3$ 上的规范势写为

$$A=\left[\left(\omega^a{}_\mu+\frac{1}{\ell}e^a{}_\mu\right)J_a+\left(\omega^{ab}{}_\mu+\frac{1}{\ell}e^{ab}{}_\mu\right)T_{ab}\right]\mathrm{d}x^\mu,$$

$$\tilde{A}=\left[\left(\omega^a{}_\mu-\frac{1}{\ell}e^a{}_\mu\right)J_a+\left(\omega^{ab}{}_\mu-\frac{1}{\ell}e^{ab}{}_\mu\right)T_{ab}\right]\mathrm{d}x^\mu,$$

那么，作用量式 (10.78) 就给出了含自旋 3 场的高自旋引力理论。

高自旋引力还可以在前述有质量拓扑引力理论的基础上进行构造。这一工作是陈斌及其合作者完成的。他们给出的作用量是：

$$S=\left(1-\frac{1}{\mu\ell}\right)S_{\mathrm{CS}}[A]-\left(1+\frac{1}{\mu\ell}\right)S_{\mathrm{CS}}[\tilde{A}]-\frac{k}{4\pi\mu}\int\mathrm{Tr}\big[\beta\wedge(F-\tilde{F})\big],$$

其中，$A,\tilde{A}$ 是 $\mathfrak{sl}_N$ 上的规范势，β 是一个 1- 形式，它起一个拉格朗日乘子的作用，F、$\tilde{F}$ 分别是与 A、$\tilde{A}$ 对应的规范场强，

$$F=\mathrm{d}A+A\wedge A,\quad \tilde{F}=\mathrm{d}\tilde{A}+\tilde{A}\wedge\tilde{A}.$$

对上述作用量进行弱场极限下的微扰分析将发现其扰动谱中含有螺度绝对值为 2 到 N 的各种无质量玻色模式。具体的分析过程比较繁琐，有兴趣的读者可以参阅有关的原始文献。

第 11 章　额外维与时空紧化

11.1　引　　言

爱因斯坦的引力理论原则上并不限制时空的维数，人们可以对任意的时空维数来表述爱因斯坦引力理论，正如我们已经在第 7 章中做过的那样。然而，迄今为止所有的实验观测均表明，我们的时空是 4 维的。因此，一个关于时空的理论将需要回答这样一个问题：为什么我们的时空是 4 维的，或者看起来是 4 维的？

除了时空的维数这一基本问题之外，当前的物理理论还面临另外一些问题和挑战，例如：

(1) 引力与其他相互作用力的统一的问题。根据粒子物理的标准模型，强、弱、电磁三种基本相互作用在规范理论的框架内可以达致和谐的统一。然而至今为止还没有一种理论成功地将引力也纳入这一统一的框架 (除了超弦理论，但该理论目前还远未成功地完成)；

(2) 等级 (hierarchy) 问题。现今已知的的基本粒子的质量范围拉开得非常大，最重的基本粒子比最轻的粒子的质量要大若干个数量级，而现今仍缺少一个基本的物理解释。另一方面，几种基本相互作用的基本能标之间也存在巨大的数量级差异。自然界为什么会选择如此多的数量级差异来构建不同的物质和相互作用？

(3) 宇宙学常数问题。目前的观测较为支持宇宙学常数是一个微小的正数，但这一表征真空能量的参数何以非零以及它的物理起源仍是一个迷。

到目前为止，上述问题仍未有定论。不过，解决上述问题的诸多方案中有一类方案是所谓的额外维方案，即假定时空中存在额外的维度，而由于某种原因使得这种额外维度对我们来说是不可直接观测的。而额外维的影响则可以通过各种不同的方式来体现为降低相互作用能标或者基本粒子间质量差异、形式上达成引力与其他相互作用统一等等。

根据额外维度的线度，现今存在的关于额外维的理论可分为小额外维 (Planck 尺度) 和大额外维 ($\sim 10^{-2}$mm) 的理论；根据额外维的几何，这些理论可以分为紧额外维和非紧额外维的理论。我们将对这些理论逐一作一简要介绍。

11.2 紧致的小额外维——Kaluza-Klein 理论

关于紧致的小额外维的最早的理论产生于 1921 年 Kaluza 和 1926 年 Klein 的工作。他们考虑了含有一个紧致额外维的 5 维爱因斯坦引力理论通过维数约化降低到 4 维的模型，得到一些非常有趣的结果。他们的工作后来又被 Dewitt、Kerner、Lrantman、Cho 等人进一步发展成含有多个额外维的理论，并且进一步被弦理论家 Scherk、Schwarz 和 Cremmer 等发展到超引力等理论中去。所有这些关于紧致小额外维的引力理论目前均统称为 Kaluza-Klein 理论，简称 KK 理论。

11.2.1 5 维到 4 维的 KK 紧化

为了说明 5 维 Kaluza-Klein 理论的基本思想，我们将首先考虑两个比较简单的例子，即在具有一个紧额外维的 Minkowski 时空中的标量场和电磁场。这个额外维被设计为具有半径 L 的圆周。只要要求所有的场在额外维的方向具有周期性，就可以将额外维等同于一个长度为 $2\pi L$ 的线段，因此不必考虑时空的弯曲性。

先看标量场的情形。我们将 5 维时空的坐标记为 $x^M = (x^\mu, y)$，其中 $\mu = 0,1,2,3$。5 维自由标量场的拉氏量为

$$\mathcal{L} = -\frac{1}{2}\eta^{MN}\partial_M\phi\partial_N\phi. \tag{11.1}$$

由于标量场在额外维具有周期性，即

$$\phi(x,y) = \phi(x, y+2\pi L), \tag{11.2}$$

可以将它在额外维上分解为傅立叶级数

$$\phi(x,y) = \sum\nolimits_{n\in\mathbb{Z}}\phi_n(x)\mathrm{e}^{\mathrm{i}ny/L}, \tag{11.3}$$

$$\phi_n^*(x) = \phi_{-n}(x). \tag{11.4}$$

将式 (11.3) 代入式 (11.1)，有

$$\begin{aligned}\mathcal{L} &= -\frac{1}{2}\left(\eta^{\mu\nu}\partial_\mu\phi\partial_\nu\phi + \partial_y\phi\partial_y\phi\right)\\ &= -\frac{1}{2}\sum_{n,m=-\infty}^{\infty}\left(\eta^{\mu\nu}\partial_\mu\phi_n\partial_\nu\phi_m - \frac{nm}{L^2}\phi_n\phi_m\right)\mathrm{e}^{\mathrm{i}(n+m)y/L}.\end{aligned} \tag{11.5}$$

将式 (11.5) 对空间积分即得该理论的作用量：

$$\begin{aligned}S &= \int \mathrm{d}^4x\int_0^{2\pi L}\mathrm{d}y\,\mathcal{L}\\ &= -\frac{2\pi L}{2}\int\mathrm{d}^4x\sum_{n=-\infty}^{\infty}\left(\eta^{\mu\nu}\partial_\mu\phi_n\partial_\nu\phi_n^* + \frac{n^2}{L^2}\phi_n\phi_n^*\right).\end{aligned} \tag{11.6}$$

重新规定傅立叶模式的归一化系数为

$$\varphi_n(x)=\sqrt{2\pi L}\,\phi_n,$$

则有

$$S=-\frac{1}{2}\int \mathrm{d}^4x\,\eta^{\mu\nu}\partial_\mu\varphi_0\partial_\nu\varphi_0-\sum_{n=1}^{\infty}\int \mathrm{d}^4x\left(\eta^{\mu\nu}\partial_\mu\varphi_n^*\partial_\nu\varphi_n+\frac{n^2}{L^2}\varphi_n^*\varphi_n\right). \tag{11.7}$$

可见，一个 5 维无质量的实标量场约化到 4 物理时空后变成一个无质量 4 维实标量场 φ_0 和无穷多个有质量的复标量场 φ_n 的集合。所有这些有质量的复标量场 φ_n 统称为原来的标量场 ϕ 的 Kaluza-Klein 模式 (KK 模式), 其质量为 $m_n^2=n^2/L^2$。当我们考虑的物理能标 $E\ll L^{-1}$ 时, 所有的 KK 模式均不能激发，因此约化理论中唯一重要的自由度将是无质量的零模 φ_0。

我们再看电磁场的情形。我们将 5 维电磁场的拉氏量写为

$$\mathcal{L}=-\frac{1}{4g_5^2}F_{MN}F^{MN}, \tag{11.8}$$

$$F_{MN}=\partial_M A_N-\partial_N A_M. \tag{11.9}$$

同样我们可将 5 维电磁势 A_M 的坐标分为 4 维非紧致部分 x^μ 和第 5 维紧致部分 y，并将 A_M 按第 5 维作傅立叶展开：

$$A_\mu(x,y)=\sum_{n=-\infty}^{\infty}A_\mu^{(n)}(x)\mathrm{e}^{\mathrm{i}ny/L},\qquad A_5(x,y)=\sum_{n=-\infty}^{\infty}A_5^{(n)}(x)\mathrm{e}^{\mathrm{i}ny/L}. \tag{11.10}$$

将式 (11.10) 代入式 (11.9) 代入，并注意

$$F_{MN}F^{MN}=F_{\mu\nu}F^{\mu\nu}+2(\partial_\mu A_5-\partial_5 A_\mu)^2, \tag{11.11}$$

可得

$$S=\int \mathrm{d}^4x\int_0^{2\pi L}\mathrm{d}y\mathcal{L}=\int \mathrm{d}^4x\mathcal{L}_{(4)}, \tag{11.12}$$

$$\begin{aligned}\mathcal{L}_{(4)}=\int_0^{2\pi L}\mathrm{d}y\mathcal{L}=&-\frac{1}{4g_4^2}F_{\mu\nu}^{(0)}F^{(0)\mu\nu}-\frac{1}{2g_4^2}\sum_{n=1}^{\infty}\left(F_{\mu\nu}^{(n)}F^{*(n)\mu\nu}+\frac{2n^2}{L^2}A_\mu^{(n)}A^{(n)*\mu}\right)\\&-\frac{1}{2g_4^2}\partial_\mu A_5^{(0)}\partial^\mu A_5^{(0)}-\frac{1}{2g_4^2}\sum_{n=1}^{\infty}\left(\partial_\mu A_5^{(n)}\partial^\mu A_5^{(n)*}+\frac{n^2}{L^2}A_5^{(n)}A_5^{(n)*}\right),\end{aligned} \tag{11.13}$$

其中，

$$g_4^2=\frac{g_5^2}{2\pi L}. \tag{11.14}$$

从式 (11.13) 可以看出，在 KK 约化后，原来的 5 维电磁理论在 4 维表现为一个 4 维电磁理论 (KK 零模 $A_\mu^{(0)}$)，一个无质量的标量场$A_5^{(0)}$ 和无穷多个有质量的 KK 模式 $A_M^{(n)}$。和标量情形类似，KK 模式的质量$m_n^2 \propto \dfrac{n^2}{L^2}$。因此，只要我们考虑的物理能标 $E \ll L^{-1}$，这些模式就不被激发。式 (11.14) 表明，在 5 维 KK 电磁理论中出现的有效 4 维电磁理论的耦合常数 g_4 不再是一个基本常数，而是通过第 5 维的紧化半径 L 与 5 维电磁耦合常数发生关联。如果 KK 理论是正确的理论，那么紧化半径 L 应该不随时间发生变化，否则有效的 4 维耦合常数将会随时间发生变化。

前面讨论标量和电磁场的 KK 约化均是在平直的 Minkowski 时空进行的。如果时空是弯曲的赝黎曼流形，我们将遇到引力场的 KK 约化问题。5 维弯曲时空的度规可以用矩阵表达为

$$\hat{g}_{MN} = \begin{pmatrix} \hat{g}_{\mu\nu} & \hat{g}_{y\mu} \\ \hat{g}_{\mu y} & \hat{g}_{yy} \end{pmatrix}, \tag{11.15}$$

其中 $\hat{g}_{\mu\nu}$ 在 4 维物理时空的坐标变换下的行为就好像一个 4 维度规 (引力场)，$\hat{g}_{\mu y}$ 的行为如同一个矢量场，而 $\hat{g}_{yy}$ 不带 4 维时空指标，故行为类似于一个标量场。和前面讨论的两种情形类似，我们可将 $\hat{g}_{MN}$ 的各分量对 y 作傅里叶展开，

$$\hat{g}_{MN} = \sum_{n=-\infty}^{\infty} \hat{g}_{MN}^{(n)}(x)\mathrm{e}^{\mathrm{i}ny/L}, \tag{11.16}$$

并把结果代入 5 维的爱因斯坦－希尔伯特作用量 (这里取 $\Lambda = 0$)

$$S = \frac{1}{2\kappa_5}\int \mathrm{d}^4x \int \mathrm{d}y\sqrt{\hat{g}}\,\hat{R} \tag{11.17}$$

中去，结果即可得到 4 维的有效理论。

由于引力理论的作用量具有高度的复杂性，按上述方法计算 4 维有效理论的作用量是一个非常繁琐和冗长的过程。为简单起见，我们暂时忽略掉式 (11.16) 中的高阶 KK 模式，只考虑零模部分，并将零模部分重新参数化为

$$\hat{g}_{MN}^{(0)}(x) = \mathrm{e}^{\frac{\phi}{\sqrt{3}}} \begin{pmatrix} g_{\mu\nu} + \mathrm{e}^{-\sqrt{3}\phi}A_\mu A_\nu & \mathrm{e}^{-\sqrt{3}\phi}A_\mu \\ \mathrm{e}^{-\sqrt{3}\phi}A_\nu & \mathrm{e}^{-\sqrt{3}\phi} \end{pmatrix}. \tag{11.18}$$

将式 (11.18) 代入式 (11.17)，结果即为有效 4 维作用量的零模部分：

$$S = \frac{2\pi L}{2\kappa_5}\int \mathrm{d}^4x\sqrt{g}\left(R(g) - \frac{1}{2}\nabla_\mu\phi\nabla^\mu\phi - \frac{1}{4}\mathrm{e}^{-\sqrt{3}\phi}F_{\mu\nu}F^{\mu\nu}\right). \tag{11.19}$$

注意在 4 维引力理论中耦合常数为 κ_4。从式 (11.19) 容易读出，所以，

$$\kappa_4 = \frac{\kappa_5}{2\pi L}. \tag{11.20}$$

这样一来，如果将 5 维引力理论耦合常数 κ_5 看作基本常数，KK 约化后的 κ_4 就变成了有效物理常数。根据式 (11.19)，5 维纯引力理论的 KK 约化结果中零模部分不仅包含 4 维引力，同时还包含一个标量场和一个矢量场。而原来的 5 维广义坐标变换约化后将变成 4 维广义坐标变换外加矢量场 A_μ 的规范变换。为看出这一点，我们首先把度规式 (11.18) 写成线元的形式：

$$\mathrm{d}\hat{s}^2 = \mathrm{e}^{\phi/\sqrt{3}} \left[g_{\mu\nu} \mathrm{d}x^\mu \mathrm{d}x^\nu + \mathrm{e}^{-\sqrt{3}\phi} (\mathrm{d}y + A_\mu \mathrm{d}x^\mu)^2 \right]. \tag{11.21}$$

在 5 维广义坐标变换中，由形如 $x^\mu \to x'^\mu(x)$ 的变换构成了 4 维广义坐标变换，而下面的特殊广义坐标变换

$$y \to y - f(x^\mu) \tag{11.22}$$

若保持式 (11.21) 不变，则要求 A_μ 按如下方式变换：

$$A_\mu \to A_\mu + \partial_\mu f(x). \tag{11.23}$$

这正是 4 维时空中矢量场 A_μ 的规范变换。

在以上讨论中我们忽略了约化后出现的有质量的 KK 模式。尽管具体过程变得比标量和矢量场的情形更为复杂，但引力场的 KK 约化在定性意义上和前两种场是类似的。约化后引力理论也会出现有质量的 KK 模式，这些模式对应式 (11.16) 中出现的 $\hat{g}^{(n)}_{MN}$，其中 $n > 0$。在第 n 层的 KK 模式的质量为

$$m_n^2 = \frac{n^2}{L^2}. \tag{11.24}$$

因此在 $E \ll L^{-1}$ 时这些模式将不被激发。更为仔细的分析将表明，对每一个质量非零的 KK 模式，均存在一个可产生矢量场 A_μ 的荷 q_n，

$$q_n \sim \frac{n}{LM_{\mathrm{P}}} = \frac{m_n}{M_{\mathrm{P}}}. \tag{11.25}$$

若 $q_1 \sim 1$(单位电子电荷)，那么由式 (11.25) 可知 $m_1 \sim M_{\mathrm{P}}$。由于在实际观测中带单位电荷的粒子均没有 Planck 质量那么重，因此 KK 理论中将矢量场 A_μ 解释成电磁场的努力是不成功的。然而在弦理论中由于自洽性的要求时空必然出现额外维度，因而 Kaluza-Klein 约化作为解释额外维紧化的一种理论方法还是保留了下来并得到了进一步的发展。

11.2.2 $(n+1)$ 维到 n 维的 KK 紧化

在某些物理模型中，时空的紧化不是一次性完成的，而是分步骤每次紧化一个维度。如果初始时空的维度是 $(n+1)$ 维，那么，紧化一个维度后会得到一个 n 维的理论，具体的步骤与上节所做的 KK 紧化非常类似，唯一不同的是 $(n+1)$ 维度规中因为紧化而出现的 n 维时空中的标量场的耦合强度会随着时空维度而改变。

假定 $(n+1)$ 维时空中的线元在紧化后的 KK 零模可以写为

$$\mathrm{d}\hat{s}^2 = \mathrm{e}^{2\alpha\phi}\mathrm{d}s^2 + \mathrm{e}^{2\beta\phi}(\mathrm{d}y + A_\mu \mathrm{d}x^\mu)^2, \tag{11.26}$$

其中，

$$\mathrm{d}s^2 = g_{\mu\nu}\mathrm{d}x^\mu \mathrm{d}x^\nu$$

是 n 维非紧时空中的线元。与线元式 (11.26) 对应的度规之间的关系为

$$\hat{g}_{\mu\nu} = \mathrm{e}^{2\alpha\phi}g_{\mu\nu} + \mathrm{e}^{2\beta\phi}A_\mu A_\nu, \tag{11.27}$$

$$\hat{g}_{\mu y} = \mathrm{e}^{2\beta\phi}A_\mu, \qquad \hat{g}_{yy} = \mathrm{e}^{2\beta\phi}. \tag{11.28}$$

直接计算给出

$$\sqrt{\hat{g}}\hat{R} = \mathrm{e}^{(\beta+(n-2)\alpha)\phi}\sqrt{g}R + \cdots . \tag{11.29}$$

为了使约化的理论中引力部分的作用量依然取爱因斯坦－希尔伯特作用量的形式，必须要求

$$\beta = -(n-2)\alpha. \tag{11.30}$$

剩余的参数 α 可以通过要求标量场 ϕ 的作用量中的动能项具有标准形式来定出，结果为

$$\alpha^2 = \frac{1}{2(n-1)(n-2)}. \tag{11.31}$$

当参数 α, β 取定上述数值后，$(n+1)$ 维的爱因斯坦－希尔伯特作用量可以约化为

$$\begin{aligned} S &= \frac{1}{2\kappa_{n+1}}\int \mathrm{d}^{n+1}x\sqrt{\hat{g}}\,\hat{R} \\ &= \frac{1}{2\kappa_n}\int \mathrm{d}^n x\sqrt{g}\left(R - \frac{1}{2}g^{\mu\nu}\nabla_\mu\phi\nabla_\nu\phi - \frac{1}{4}\mathrm{e}^{-2(n-1)\alpha\phi}F_{\mu\nu}F^{\mu\nu}\right), \end{aligned} \tag{11.32}$$

其中，

$$\kappa_n = \frac{\kappa_{n+1}}{2\pi L}. \tag{11.33}$$

11.2.3 多个额外维同时紧化

在仅有一个紧额外维的情况下，KK 理论的零模部除含有引力场外，还包含一个具有 $U(1)$ 规范对称性的矢量场 A_μ。如果从更高维的广义相对论出发，同时利用 KK 紧化机制紧化掉若干个额外维，那么在紧化后剩余的零模部分除引力外将包含一个具有非阿贝尔规范对称性的矢量场。下面我们就讨论一下 $(4+D)$ 维到 4 维的 KK 紧化问题。

假定 $(4+D)$ 维时空是由 4 维非紧部分和一个 D 维的紧致子流形 K 构成的。紧致子流形要求拥有足够多对称性，从而相应的 Killing 矢量场所生成的对称变换在紧化后成为内部自由度的规范对称性。我们将时空坐标选为 $x^M=(x^\mu,y^m)$，$\mu=0,\cdots,3$，$m=1,\cdots,D$。时空的度规的零模部分可以表达为

$$\begin{aligned}\mathrm{d}s^2&=\hat{g}_{MN}\mathrm{d}x^M\mathrm{d}x^N\\&=g_{\mu\nu}(x)\mathrm{d}x^\mu\mathrm{d}x^\nu+\tilde{g}_{mn}(y)\left(\mathrm{d}y^m+\kappa B^m{}_\mu\mathrm{d}x^\mu\right)\left(\mathrm{d}y^n+\kappa B^n{}_\nu\mathrm{d}x^\nu\right),\end{aligned}\tag{11.34}$$

其中，κ 是一个常数，$g_{\mu\nu}(x)$ 是 4 维非紧时空上的度规，$\tilde{g}_{mn}(y)$ 是 D 维紧致子流形 K 上的度规，

$$B^n{}_\mu\equiv\xi^n_a(y)A^a_\mu(x),\tag{11.35}$$

$A^a_\mu(x)$ 是 4 维非紧时空中的矢量场，而

$$\xi_a(y)=\xi^m_a(y)\partial_m$$

则是 D 维紧致子流形上的 Killing 矢量场。方程 (11.34) 所表达的不同度规之间的关系也可用下式表达：

$$\hat{g}_{MN}=\begin{pmatrix}g_{\mu\nu}(x)+\kappa^2\tilde{g}_{mn}(y)B^m{}_\mu B^n{}_\nu & \kappa B^m{}_\mu\\ \kappa B^n{}_\nu & \tilde{g}_{mn}(y)\end{pmatrix}.\tag{11.36}$$

在 $(4+D)$ 维时空的广义坐标变换中存在一个子集，它保持 $\tilde{g}_{mn}$ 的形式不变。这个子集中的全部变换构成的群 G 是紧致子流形 K 的保度规变换群，其生成元就是前面所述的 Killing 矢量场 $\xi_a(y)$。李群 G 一般是非阿贝尔李群，其典型元素导致的变换形为

$$y^n\longrightarrow y^n-\xi^n_a(y)\epsilon^a(x).\tag{11.37}$$

G 的李代数由 Killing 矢量场 $\xi_a(y)$ 张成，其对易括号为

$$[\xi_a(y),\xi_b(y)]=f_{ab}{}^c\,\xi_c(y).$$

紧致子流形 K 与 G 的关系为

$$K = G/H, \tag{11.38}$$

其中，H 是 G 的一个最大紧致子群。将式 (11.37) 代入式 (11.34) 并要求 $\tilde{g}_{mn}$ 形式不变，可得矢量 A_μ^a 的变换条件为

$$A_\mu^a \rightharpoonup A_\mu^{a\prime} = A_\mu^a + \kappa^{-1}\partial_\mu \epsilon^a(x) + f_{bc}{}^a \epsilon^b(x) A_\mu^c. \tag{11.39}$$

这正是非阿贝尔规范场的规范变换所采取的形式。

写下 $(4+D)$ 维引力理论的作用量

$$S = \frac{1}{2\kappa_{4+D}} \int \mathrm{d}^4x \mathrm{d}^D y \sqrt{\hat{g}} \Big[R_{(4+D)} - 2\varLambda_{(4+D)} \Big], \tag{11.40}$$

并以度规式 (11.34) 代入，可以得到

$$R_{(4+D)} = R_{(4)} + R_{(G/H)} - \frac{1}{4}\kappa^2 \tilde{g}_{mn}(y) \xi_a^m(y) \xi_b^n(y) F^{a\mu\nu}(x) F_{\mu\nu}^b(x). \tag{11.41}$$

将式 (11.41) 代入式 (11.40) 并利用

$$\int_{G/H} \mathrm{d}^D y \sqrt{\det(\tilde{g}_{mn})}\, \tilde{g}_{mn} \xi_a^m \xi_b^n = \frac{D}{\dim G} \cdot V_{(D)} \delta_{ab} \tag{11.42}$$

最后可得

$$S = \frac{1}{2\kappa_4} \int d^4 x \sqrt{g} \left(R_{(4)} - 2\varLambda_{(4)} - \frac{1}{4}\kappa^2 \frac{D}{\dim G} F^{a\mu\nu} F^a{}_{\mu\nu} \right), \tag{11.43}$$

其中，

$$\kappa_4 = \frac{\kappa_{4+D}}{V_{(D)}}, \tag{11.44}$$

$$\varLambda_{(4)} = \varLambda_{(4+D)} - \frac{1}{2} R_{G/H}, \tag{11.45}$$

$V_{(D)}$ 是紧致子流形 K 的不变体积，$R_{G/H}$ 则是 K 的 Ricci 标曲率。作用量式 (11.43) 称为爱因斯坦–希尔伯特–杨–米尔斯作用量，它描述 4 维时空中引力与非阿贝尔规范理论耦合的一个系统。当然，在得到式 (11.43) 的过程中我们还是仅考虑了 KK 零模的贡献。高阶 KK 模式的贡献一方面数学表述十分复杂，另一方面物理上在低能区域兴趣不大，故我们简单地将它们忽略不做讨论了。

11.2.4 Kaluza-Klein 宇宙学

紧致的额外维在粒子物理的能量标度内并不导致明显的修正，因为所有有质量的 KK 模式质量均在 Planck 质量的量级。然而，在宇宙学中，当时间非常早以致

$$M_{\rm P} \geqslant \frac{1}{t}$$

时，额外维导致的修正将不可忽略。因此有必要考察一下额外维的存在对甚早期宇宙的影响。

我们将包含 D 个额外维的时空的度规写为

$$\mathrm{d}s^2 = -\mathrm{d}t^2 + a^2(t)g_{ij}(x)\mathrm{d}x^i\mathrm{d}x^j + b^2(t)\tilde{g}_{mn}(y)\mathrm{d}y^m\mathrm{d}y^n, \tag{11.46}$$

其中，$a(t)$ 和 $b(t)$ 分别是 3 维非紧空间和 n 维紧致空间的标度因子。和标准宇宙学模型相对应，我们引入 k 和 $\tilde{k}$，

$$R_{ij} = 2kg_{ij}(x), \tag{11.47}$$

$$\tilde{R}_{mn} = 2\tilde{k}\tilde{g}_{mn}(y), \tag{11.48}$$

其中，$k = 0, \pm 1$ 而 $\tilde{k} = 1$，因为额外维是紧致的 (同时我们假定紧致子流形是爱因斯坦流形)。

在整个 $(4 + D)$ 维时空中，引力场方程为 $\left[\hat{R} \equiv R_{(4+D)}\right]$

$$\hat{R}_{MN} - \frac{1}{2}\hat{g}_{MN}\hat{R} + \Lambda\hat{g}_{MN} = \kappa_{4+D}\hat{T}_{MN}, \qquad \kappa_{4+D} = \frac{8\pi G_{4+D}}{c^4}, \tag{11.49}$$

其中，$\hat{T}_{MN}$ 的形式为

$$\hat{T}^0{}_0 = -\rho, \qquad \hat{T}^i{}_j = P\delta^i{}_j, \qquad \hat{T}^m{}_n = \tilde{P}\delta^m{}_n. \tag{11.50}$$

方程 (11.49) 又可写为

$$\hat{R}_{MN} = \kappa\left(\hat{T}_{MN} - \frac{\hat{T}}{D+2}\hat{g}_{MN}\right) + \frac{2\Lambda}{D+2}\hat{g}_{MN}, \tag{11.51}$$

其中，

$$\hat{T} = \hat{T}^M{}_M = -\rho + 3P + D\tilde{P}. \tag{11.52}$$

将式 (11.46)~ 式 (11.48) 代入式 (11.51)，可得如下的独立方程：

$$\frac{3\ddot{a}}{a}+D\frac{\ddot{b}}{b}=\frac{\Lambda}{D+2}-\frac{8\pi G_{4+D}}{D+2}\left[(D+1)\rho+3P+D\tilde{P}\right], \tag{11.53}$$

$$\frac{\ddot{a}}{a}+2\left(\frac{\dot{a}}{a}\right)^2+\frac{2k}{a^2}+D\frac{\dot{a}}{a}\frac{\dot{b}}{b}=\frac{\Lambda}{D+2}+\frac{8\pi G_{4+D}}{D+2}\left[\rho+(D-1)P-D\tilde{P}\right], \tag{11.54}$$

$$\frac{\ddot{b}}{b}+(D-1)\left(\frac{\dot{b}}{b}\right)^2+\frac{2\tilde{k}}{b^2}+3\frac{\dot{a}}{a}\frac{\dot{b}}{b}=\frac{\Lambda}{D+2}+\frac{8\pi G_{4+D}}{D+2}\left[\rho-3P+2\tilde{P}\right]. \tag{11.55}$$

方程 (11.53) 中的二阶导数可利用式 (11.54)、式 (11.55) 消去，得到

$$\left(3\frac{\dot{a}}{a}+D\frac{\dot{b}}{b}\right)^2-3\left(\frac{\dot{a}}{a}\right)^2-D\left(\frac{\dot{b}}{b}\right)^2+\frac{6k}{a^2}+2D\frac{\tilde{k}}{b^2}=\Lambda+16\pi G_{4+D}\cdot\rho. \tag{11.56}$$

在上述方程中，ρ, P 和 $\tilde{P}$ 必须满足能量守恒定律 $\nabla_M T^{MN}=0$，即

$$\dot{\rho}+3\frac{\dot{a}}{a}(\rho+P)+D\frac{\dot{b}}{b}(\rho+\tilde{P})=0. \tag{11.57}$$

对于以辐射为主的早期宇宙，$T^M{}_M=0$，因此有

$$\rho=3P \qquad (\text{若}\tilde{P}=0) \tag{11.58}$$

或者

$$\rho=(D+3)P \qquad (\text{若}\tilde{P}=P). \tag{11.59}$$

与式 (11.58) 和式 (11.59) 相应，可分别求出式 (11.57) 的解。它们是

$$\rho=3P\propto a^{-4}b^{-D} \tag{11.60}$$

或

$$\rho=(D+3)P\propto\left(a^3b^D\right)^{-\frac{D+4}{D+3}}. \tag{11.61}$$

方程 (11.53)~ 方程 (11.56) 以及式 (11.60)~ 式 (11.61) 构成了 KK 宇宙学的完整的方程组。利用这组方程原则上已经可以求出 KK 宇宙学的解。不过，由于这组方程是互相偶合的非线性方程组，具体求解的过程仍然是相当复杂的。我们将不去具体执行这个复杂的求解过程，而只是对 KK 宇宙学的解作一定性的描述。原则上，KK 宇宙学允许 $b(t)$ 在宇宙的甚早期 $(t\sim t_{\rm P})$ 阶段随时间发生变化, 变化的具体趋势与 $k=1$ 的标准 FRW 宇宙学中 $a(t)$ 随时间发生的演化类似，只是 $b(t)$ 随时间膨胀然后又收缩的过程必须在非常短的时间内完成；当宇宙演化到一定时间后，$b(t)$ 随时间的变化必须放缓，直至 b 成为一个 Planck 尺度的常数。与此同时，$a(t)$ 在整个宇宙的演化过程中必须持续随时间膨胀足够长的时间，使得可见的宇宙看起来像今天的样子。

11.2.5　Kaluza-Klein 紧化的动力学机制

在我们已经接触过的 KK 约化理论中，(4+1) 维理论和 (4+D) 维理论之间有一个重要的差别。这个差别在于，对 (4+1) 维 KK 理论，我们只需要一个纯引力理论就可以得出 KK 约化的解，也就是说 KK 紧化是自发地实现的；然而在 (4+D) 维理论中，纯引力不能导出自发紧化的结果，而是必须借助额外的物质场的帮助才能得出紧化的解。这个过程称为 KK 紧化的动力学机制。

假设我们需要将一个 (4+D) 维引力理论紧化为如下形式：

$$\hat{g}_{MN}=\begin{pmatrix}\eta_{\mu\nu} & 0\\ 0 & \tilde{g}_{mn}(y)\end{pmatrix}, \tag{11.62}$$

其中，$\eta_{\mu\nu}$ 表示 4 维 Minkowski 时空的度规。(4+D) 维的爱因斯坦方程为

$$\hat{R}_{MN}-\frac{1}{2}\hat{R}\,\hat{g}_{MN}+\Lambda_{(4+D)}\,\hat{g}_{MN}=\kappa\hat{T}_{MN}. \tag{11.63}$$

紧化后可见的时空部分的爱因斯坦方程为

$$R_{\mu\nu}=0, \tag{11.64}$$

而额外维紧流形的曲率满足式 (11.48)

$$R_{mn}(\tilde{g})=2\tilde{k}\tilde{g}_{mn},\qquad \tilde{k}=1.$$

由于 Lorentz 不变性，能动量张量在可见的 4 维 Minkowski 时空部分的分量必须形如

$$\hat{T}_{\mu\nu}=\frac{C}{\kappa}\eta_{\mu\nu}, \tag{11.65}$$

而它在额外维部分的分量必须形如

$$\hat{T}_{mn}=\frac{\tilde{C}}{\kappa}\tilde{g}_{mn}(y). \tag{11.66}$$

将 $\hat{T}_{\mu\nu}$ 和 $\hat{T}_{mn}$ 的形式代入式 (11.63)，有

$$R_{mn}=\tilde{g}_{mn}(C-\tilde{C}), \tag{11.67}$$

$$\tilde{g}^{mn}R_{mn}=D(C-\tilde{C}), \tag{11.68}$$

以及

$$\Lambda_{(4+D)}=D\tilde{C}-(D-2)C. \tag{11.69}$$

为了紧化能够发生，必须要求式 (11.67) 与式 (11.48) 一致，即

$$C - \tilde{C} = 2\tilde{k} > 0. \tag{11.70}$$

因此，寻求紧化的动力学机制问题被转化成这样一个问题，即在 $(4+D)$ 维引力理论之外我们还需要什么样的源物质场才能使得方程 (11.70) 得以满足。

在研究 11 维超引力理论的过程中，Freund 和 Robin 在 1980 年发现了一个自然的紧化机制。在这一机制中起决定作用的是一个 3 秩反对称张量场 A_{MNP}。它的场强 F_{MNPQ} 定义为

$$F_{MNPQ} \equiv \partial_{[M} A_{NPQ]} = \partial_M A_{NPQ} - \partial_N A_{MPQ} + \partial_P A_{MNQ} - \partial_Q A_{MNP}. \tag{11.71}$$

相应的作用量为

$$S[A] = -\frac{1}{48}\int \mathrm{d}^{4+D}x\sqrt{\hat{g}}\, F_{MNPQ}F^{MNPQ}, \tag{11.72}$$

式中 F^2 项前面的系数是从超引力的超对称性继承下来的 (我们忽略了超引力中的所有的费米场部分)。

从式 (11.72) 变分得到的运动方程为

$$\frac{1}{\sqrt{\hat{g}}}\partial_M\left(\sqrt{\hat{g}}F^{MNPQ}\right) = 0, \tag{11.73}$$

相应的能动量张量为

$$\hat{T}_{MN} = -\frac{1}{6}\left(F_{LPQM}F^{LPQ}{}_N - \frac{1}{8}F_{KLPQ}F^{KLPQ}\hat{g}_{MN}\right). \tag{11.74}$$

方程 (11.73) 的一个特解为

$$F^{\mu\nu\rho\sigma} = \epsilon^{\mu\nu\rho\sigma}F, \qquad \mu,\nu,\rho,\sigma = 0,1,2,3 \tag{11.75}$$

其中，F 是一个与时空坐标无关的常数，$g_{\mu\nu}$ 是 4 维非紧时空的度规，

$$\epsilon^{\mu\nu\rho\sigma} = \frac{1}{\sqrt{|\det(g_{\mu\nu})|}}\varepsilon^{\mu\nu\rho\sigma}$$

是 4 阶 Levi-Civita 张量。

与特解式 (11.75) 相应的能动量张量为

$$\hat{T}_{\mu\nu} = \frac{F^2}{2}g_{\mu\nu}, \tag{11.76}$$

$$\hat{T}_{mn} = -\frac{F^2}{2}g_{mn}. \tag{11.77}$$

与方程 (11.65) 和方程 (11.66) 比较可得

$$C = \frac{\kappa F^2}{2}, \ \tilde{C} = -\frac{\kappa F^2}{2}. \tag{11.78}$$

这一结果满足式 (11.70)，因而紧化可以自发完成。

11.3　紧致的大额外维 ——ADD 膜世界模型概要

从 Kaluza-Klein 理论我们已经知道，时空的表观维数取决于具体的能量标度。在 Planck 能标进行的观察的观察者将会发现 KK 非零模对应的粒子，因而意识到时空具有更多的维数。由于目前的加速器所能实现的能量标度仅为 10TeV 的量级，这就提出了一种潜在可能性，即紧化的时空维数可能并非只有 Planck 尺度那么小，而是仅比目前观测能力的极限稍小。1998 年，Arkami-Hamed， Dimopoulos 和 Dvali 就提出了一个具有这种 "大" 额外维的紧化模型 (如图 11.1 所示)，现称之为 ADD 膜世界模型[①]。

ADD 膜世界模型的基本特征是:

(1) 标准模型的物质要定域在一个在时空中运动的 3 维膜上，而引力则可以传播到额外维；

(2) 引力的基本能量标度与标准模型的紫外能标均在 10TeV 的量级；

(3) 允许多个额外维，但每个额外维均是紧化的。

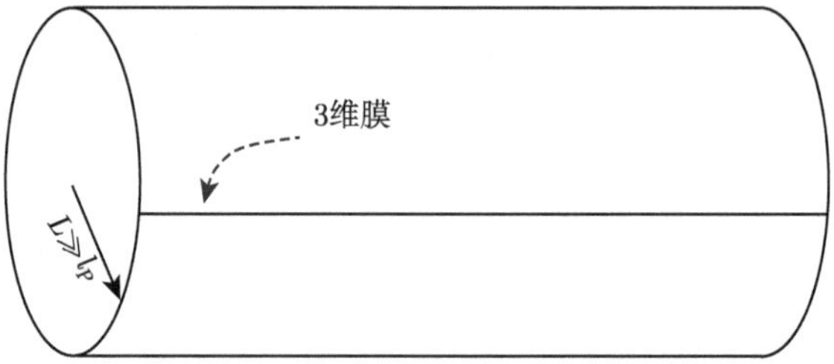

图 11.1　ADD 膜世界示意图

膜是超弦和超引力理论中引进的一种概念。它大体上是指时空中运动着的具有确定维数的一个子流形。一个 3 维膜具有 3 个类空的维度，因此在高维时空中它的运动径迹 (世界体) 就是一个 4 维时空。在实际的场方程中，如果一个度规沿某个空间方向仅仅在一个非常狭小的区域内显著地非零，那么就可以将这个度规

①参见 Arkani-Hamed N, Dimopoulos S, Dvali G. The Hierarchy problem and new dimensions at a millimeter. Phys. Lett., 1998, B429: 263-272; Arkani-Hamed N, Dimopoulos S, Dvali G. Phenomenology, astrophysics and cosmology of theories with submillimeter dimensions and TeV scale quantum gravity. Phys. Rev., 1999, D, 59(8): 086004。

看成一个膜的度规，而我们刚刚所谈的时空方向就是垂直于膜的方向，也称为横方向。

我们将以质量参数 M_* 标记 ADD 理论中的基本引力相互作用强度。那么，具有 n 个额外维的 ADD 模型的作用量可以写为①。

$$S = \frac{M_*^{2+n}}{2}\int \mathrm{d}^4x\int_0^{2\pi L}\mathrm{d}^n y\sqrt{\hat{g}}\,\hat{R} - \int \mathrm{d}^4x\sqrt{g}\,T + \int \mathrm{d}^4x\sqrt{g}\mathcal{L}_{\mathrm{SM}}, \tag{11.79}$$

其中，T 表示 3 维膜的张力，$\mathcal{L}_{\mathrm{SM}}$ 表示标准模型的拉氏量。式中的基本相互作用能标 M_* 选择为

$$M_* \sim 10\mathrm{TeV}, \tag{11.80}$$

3 维膜的度规 $g_{\mu\nu}$ 与整个时空的度规 $\hat{g}_{MN}$ 之间的关系为

$$g_{\mu\nu}(x) = \hat{g}_{\mu\nu}(x,0). \tag{11.81}$$

为了使 3 维膜上的真空能量 (即宇宙学常数) 接近于零，需要选择 T，使得

$$T + \langle V_{\mathrm{SM}}\rangle \sim 0, \tag{11.82}$$

V_{SM} 表示标准模型的势能。

为了讨论方便，我们将假定所有额外维的尺度均相同。这样，利用上节中 KK 紧化的零模部分的讨论可以发现，在 ADD 理论中的 3 维膜上的有效引力理论为

$$\frac{M_*^{2+n}}{2}\int \mathrm{d}^4x\int_0^{2\pi L}\mathrm{d}^n y\sqrt{\hat{g}}\,\hat{R} \rightarrow \frac{M_*^{2+n}\cdot(2\pi L)^n}{2}\int \mathrm{d}^4x\sqrt{g}\,R, \tag{11.83}$$

因此,

$$M_{\mathrm{P}}^2 = M_*^{2+n}\cdot(2\pi L)^n. \tag{11.84}$$

我们可以利用 $M_{\mathrm{P}} \sim 10^{19}\mathrm{GeV}$，$M_* \sim 10\mathrm{TeV}$ 反解出额外维的尺度 L：

$$L \sim \left(\frac{M_{\mathrm{P}}}{M_*}\right)^{2/n}\cdot M_*^{-1} \sim 10^{\frac{30}{n}-17}\mathrm{cm}. \tag{11.85}$$

可见，额外维的个数与额外维的允许尺度之间存在非常密切的关系：

$$n = 1 \longleftrightarrow L \sim 10^{13}\mathrm{cm} \qquad (\text{标准模型已排除})$$

$$n = 2 \longleftrightarrow L \sim 10^{-2}\mathrm{cm}$$

$$n = 3 \longleftrightarrow L \sim 10^{-7}\mathrm{cm} \sim 10\text{Å}$$

$$\vdots$$

①M_* 的地位相当于 $(4+n)$ 维时空中的 Planck 质量。

对所有的 n，额外维的尺度均远大于 Planck 尺度。

由于 ADD 理论借用了 Kaluza-Klein 紧化的技术，因此也存在无穷多有质量的 KK 模式。所以 3 维膜上的引力场要受到 KK 模式的修正。考虑到有质量的 KK 模式不可能是长程传播的，它们对 3 维膜上的引力的修正采用 Yukawa 势的形式应是合理的，即

$$V(r) = -Gm_1m_2\sum_{k=0}^{\infty} |\psi_k(y=0)|^2 \frac{\mathrm{e}^{-m_k r}}{r}, \tag{11.86}$$

$$m_k = \frac{k}{L}, \tag{11.87}$$

式中，$\psi_k(y)$ 表示第 n 个 KK 模式的波函数。

当 $r \gg L$ 时，所有的非零 KK 模式均不激发 (因为这时 $E \ll M_*$)。因而

$$V(r) \sim -G\frac{m_1m_2}{r}, \tag{11.88}$$

这是标准的 $(3+1)$ 维引力理论的弱场近似 (牛顿近似)；当 $r \ll L$ 时，系统的能标使得非零 KK 模式可以得到激发，因此引力相互作用的势能要得到修正，修正后的引力势为

$$V(r) \sim -\frac{1}{M_*^{2+n}}\frac{m_1m_2}{r^{1+n}}. \tag{11.89}$$

可见，在 ADD 理论中引力在远大于额外维尺度和远小于额外维尺度两个不同线度上具有不同的形式。

由于额外维尺度的放松，ADD 理论相应的许多问题与标准的 KK 理论的处理均会有所不同，例如利用 ADD 理论讨论宇宙学问题就不需要 $b(t)$ 在普朗克时间这样短的时间间隔内实现从膨胀到收缩的全过程。不过，由于 ADD 理论利用了 KK 理论的紧化方案，如果我们忘掉所讨论的问题的具体能标，从定性的处理方法上倒是仍能找到它和 KK 理论的许多相似之处。

11.4　非紧的大额外维 ——RS2 模型

1999 年 Randall 和 Sundrum 提出了一种不采用 Kaluza-Klein 机制的含大额外维的引力理论，现称为 Randall-Sundrum 膜世界模型。他们的理论实际包含两个具体的模型，分别称为 RS1 和 RS2。其中，RS1 包含两个 3 维膜，额外维以 Orbifold 的形式紧化在两个 3 维膜之间；RS2 只包含一个 3 维膜，额外维以翘曲的形式从 $-\infty$ 向 $+\infty$ 延展，但具有有限的有效体积。本节我们要讨论的就是 RS2 模型。

RS2 模型的作用量为①

$$S_{RS2}=\frac{M_*^3}{2}\int \mathrm{d}^4x\int_{-\infty}^{+\infty}\mathrm{d}y\sqrt{\hat{g}}\left(\hat{R}-2\Lambda_{(5)}\right)-T\int \mathrm{d}^4x\sqrt{g}+\int \mathrm{d}^4x\mathcal{L}_{\mathrm{SM}}, \qquad (11.90)$$

其中 $\hat{g}_{MN}$ 表示 5 维时空的度规，$g_{\mu\nu}$ 表示 3 维膜上的度规，T 是 3 维膜的张力，$\mathcal{L}_{\mathrm{SM}}$ 是标准模型的作用量。基于稳定性等方面的考虑，Randall 和 Sundrum 选择 5 维 AdS 时空作为背景时空，亦即 $\Lambda_{(5)}<0$ 。

为了使问题简化，我们将不考虑标准模型中的物质的贡献，并令 3 维膜固定在 $y=0$ 处且整个时空的位形在 y 轴上相对于 $y=0$ 点有一个镜像对称 (Z_2 对称)。在这样的前提下，可以假定时空的总度规 (AdS_5 部分) 为

$$\mathrm{d}s_5^2=a^2(y)\,g_{\mu\nu}\mathrm{d}x^\mu\mathrm{d}x^\nu+\mathrm{d}y^2, \qquad (11.91)$$

其中 $g_{\mu\nu}$ 即 3 维膜上的度规。

根据式 (11.90)，在忽略 $\mathcal{L}_{\mathrm{SM}}$ 时爱因斯坦方程为

$$M_*^3\sqrt{\hat{g}}\left(\hat{R}_{MN}-\frac{1}{2}\hat{g}_{MN}\hat{R}+\hat{g}_{MN}\Lambda_{(5)}\right)=-T\sqrt{g}g_{\mu\nu}\delta^\mu{}_M\delta^\mu{}_N\delta(y). \qquad (11.92)$$

将度规假定 (11.91) 代入 (11.92)，可以发现，当

$$T=\frac{3M_*^3}{\sqrt{-3/2\Lambda_{(5)}}} \qquad (11.93)$$

时，存在一个在 3 维膜上具有 Minkowski 形式的解

$$\mathrm{d}s_5^2=\mathrm{e}^{-|y|/L}\eta_{\mu\nu}\mathrm{d}x^\mu\mathrm{d}x^\nu+\mathrm{d}y^2, \qquad (11.94)$$

其中，

$$L\equiv\sqrt{-3/2\Lambda_{(5)}}. \qquad (11.95)$$

条件式 (11.93) 表明，为使解式 (11.94) 存在，3 维膜的张力不能任意选择，而必须与 5 维的宇宙学常数建立联系。这个条件称为张力的**细致调节条件**，它是 RS 模世界理论的一个缺点。

值得注意的是，尽管额外维 y 的坐标值可以从 $-\infty$ 到 ∞ 延续，它的有效体积却是有限的，

$$\int_{-\infty}^{+\infty}\mathrm{d}y\sqrt{\hat{g}}\sim L. \qquad (11.96)$$

①参见 Randall L, Sundrum R. An Alternative to compactification. Phys. Rev. Lett., 1999, 83: 4690。

这种无限延伸却又体积有限的额外维称为翘曲的额外维 (warped extra dimension)。

为使得以上的讨论有实际意义，我们需要确保 RS2 模型的解在小的扰动下是稳定的。为此我们借助 3.5 节中处理弱引力波的技术来假定对式 (11.94) 式加一微扰 $h_{\mu\nu}(x,y)$ 。扰动后的度规为

$$\mathrm{d}s_5^2=\left[\mathrm{e}^{-|y|/L}\eta_{\mu\nu}+h_{\mu\nu}(x,y)\right]\mathrm{d}x^\mu\mathrm{d}x^\nu+\mathrm{d}y^2, \tag{11.97}$$

其中 $h_{\mu\nu}(x,y)$ 又可以分离变量为

$$h_{\mu\nu}(x,y)\equiv u(y)\tilde{h}_{\mu\nu}(x). \tag{11.98}$$

将式 (11.97) 代入爱因斯坦方程 (11.92)，利用式 (11.98) 分离变量，并对 $\tilde{h}_{\mu\nu}(x)$ 施加 Lorentz 规范条件

$$\nabla_\mu\tilde{h}^{\mu\nu}=0 \tag{11.99}$$

和无迹条件

$$\tilde{h}\equiv\eta^{\mu\nu}\tilde{h}_{\mu\nu}=0, \tag{11.100}$$

结果可得

$$\Box\tilde{h}_{\mu\nu}+2\Lambda_{(5)}\tilde{h}_{\mu\nu}+m^2\tilde{h}_{\mu\nu}=0, \tag{11.101}$$

$$\left(-\partial_y^2-m^2\mathrm{e}^{|y|/L}-\frac{2}{L}\delta(y)+\frac{1}{L^2}\right)u(y)=0, \tag{11.102}$$

其中 m^2 为分离变量常数。从式 (11.101) 可见，m^2 的物理意义是弱引力波的传播者 —— 引力子 —— 的质量。这个质量的出现完全是由于额外维的存在造成的。因为额外维的存在造成有质量的多余自由度是自 KK 理论以来所有含额外维的引力理论共有的特征，因此也将式 (11.101) 中 $m\neq0$ 的引力波模式称为 RS2 理论中的 KK 模式。在考虑的时空线度远大于 L 时，这些 KK 模式并不重要，而只有 $m=0$ 的模式才是重要的。对式 (11.102) 中的零模求解，有

$$u(y)=\mathrm{e}^{-|y|/L}\qquad(m=0). \tag{11.103}$$

将式 (11.98) 和式 (11.103) 代回式 (11.97)，最终可得

$$\begin{aligned}\mathrm{d}s_{(5)}^2&=\mathrm{e}^{-|y|/L}(\eta_{\mu\nu}+\tilde{h}_{\mu\nu}(x))\mathrm{d}x^\mu\mathrm{d}x^\nu+dy^2\\&\equiv\mathrm{e}^{-|y|/L}\tilde{g}_{\mu\nu}(x)\mathrm{d}x^\mu\mathrm{d}x^\nu+\mathrm{d}y^2.\end{aligned} \tag{11.104}$$

利用这个零模解，我们有

$$\frac{M_*^3}{2}\int \mathrm{d}^4x\mathrm{d}y\sqrt{\hat{g}}\,\hat{R} \sim \frac{M_*^3\cdot(2L)}{2}\int \mathrm{d}^4x\sqrt{\tilde{g}}R_{(4)}(\tilde{g}), \tag{11.105}$$

所以在 3 维膜上的有效引力理论仍然为我们熟悉的广义相对论，而且

$$M_{\mathrm{P}}^2 = M_*^2\cdot(2L). \tag{11.106}$$

当考虑的时空线度远小于 L 时，非零 KK 模式的贡献将不再能被忽略。为求得方程 (11.102) 的 KK 非零模解，我们引入坐标 z:

$$z = \mathrm{sgn}(y)\cdot 2L(e^{|y|/2L}-1), \tag{11.107}$$

同时将 $u(y)$ 更换为 $\psi(z)$:

$$\psi(z) \equiv u(y)e^{|y|/4L}. \tag{11.108}$$

经过上述变换后，方程 (11.102) 成为

$$\left(-\frac{1}{2}\partial_z^2 + V(z)\right)\psi(z) = m^2\psi(z), \tag{11.109}$$

$$V(z) = \frac{15}{32L^2\left(\frac{|z|}{2L}+1\right)^2} - \frac{3}{4L}\delta(z). \tag{11.110}$$

方程 (11.109) 的形式就像一个定态 Schrödinger 方程，它的两个线性独立的解为

$$\psi_1(z) \sim \sqrt{|z|+2L}Y_2(m(|z|+2L)), \tag{11.111}$$

$$\psi_2(z) \sim \sqrt{|z|+2L}J_2(m(|z|+2L)), \tag{11.112}$$

其中，Y_2 和 J_2 分别是第二类和第一类贝塞尔函数。当自变量 $m(|z|+2L)$ 很小时，我们有

$$Y_2(m(|z|+2L)) \sim -\frac{4}{\pi m^2(|z|+2L)^2} - \frac{1}{\pi}, \tag{11.113}$$

$$J_2(m(|z|+2L)) \sim \frac{m^2(|z|+2L)^2}{8}; \tag{11.114}$$

当 mz 很大时，

$$\sqrt{z}Y_2(mz) \sim \sqrt{\frac{2}{\pi m}}\sin\left(mz-\frac{5}{4}\pi\right), \tag{11.115}$$

$$\sqrt{z}J_2(mz) \sim \sqrt{\frac{2}{\pi m}}\cos\left(mz-\frac{5}{4}\pi\right). \tag{11.116}$$

为了满足在 $y=0$ 处的连续条件，必须取 $\psi_1(z)$ 和 $\psi_2(z)$ 的特殊的线性组合来构造方程 (11.109) 的解。这个组合是

$$\psi_m \sim N_m\sqrt{|z|+2L}\left[Y_2(m(|z|+2L))+\frac{1}{\pi m^2L^2}J_2(m(|z|+2L))\right], \tag{11.117}$$

其中，N_m 是一个归一化常数。

为了了解 KK 非零模的贡献不可忽略时引力势的具体形式，我们需要利用 5 维时空中弱引力势的具体形式。根据 5 维弱引力场的解，我们有

$$V_{(5)}(r)=-G_{(5)}\frac{m_1m_2}{r^2}=-G_{(4)}\cdot(2L)\frac{m_1m_2}{r^2}. \tag{11.118}$$

因为我们现在考虑的是 KK 非零模对牛顿引力带来的修正，上述 5 维势应为非零模的质量作 Yukawa 屏蔽：

$$\begin{aligned}\delta V_{(5)}(r)&=-\int_0^\infty \mathrm{d}m\cdot(2L)\cdot G_{(4)}\cdot(2L)\frac{m_1m_2}{r^2}\mathrm{e}^{-mr}\\&\sim G_{(4)}\cdot(2L)^2\frac{m_1m_2}{r^3}.\end{aligned} \tag{11.119}$$

将这个由非零模的贡献导致的修正与零模贡献的 4 维牛顿势合在一起，即得计及 KK 模式时的总有效引力势：

$$V_{\text{eff}}(r)=-G_{(4)}\frac{m_1m_2}{r}\left(1+\frac{1}{(r/2L)^2}\right). \tag{11.120}$$

可见，当 $r\gg 2L$ 时 V_{eff} 就是 4 维牛顿势，而当 $r<2L$ 时，V_{eff} 将显著地与牛顿势不同。

11.5　额外维在 $S^1/\mathbb{Z}_2$ 上的紧化 ——RS1 模型

和 RS2 模型不同，RS1 模型①中的额外维不是非紧的，而是紧化在 Orbifold $S^1/\mathbb{Z}_2$ 上。所谓 Orbifold $S^1/\mathbb{Z}_2$，其实就是一个封闭的线段 $[-y_0,y_0]$，它可以被认为是一个半径为 y_0/π 的圆将上半圆和下半圆沿纵直方向逐点对映后的结果。在这个垂直映射中存在两个不动点，$y=0$ 和 $y=y_0$，它们称为 Orbifold 不动点。RS1 模型的一个显著特点是其中存在两个 3 维膜，它们在额外维 y 中的位置分别位于上述两个 Orbifold 不动点上。模型的作用量为

$$\begin{aligned}&S=\frac{M_*^3}{2}\int\mathrm{d}^4x\int_{-y_0}^{y_0}\mathrm{d}y\sqrt{\hat{g}}(\hat{R}-2\Lambda_{(5)})+S_{\text{vis}}+S_{\text{hid}},\\&S_{\text{vis}}=\int\mathrm{d}^4x\sqrt{g_{\text{vis}}}(-T_{\text{vis}}+\mathcal{L}_{\text{vis}}),\quad S_{\text{hid}}=\int\mathrm{d}^4x\sqrt{g_{\text{hid}}}(-T_{\text{hid}}+\mathcal{L}_{\text{hid}}),\end{aligned} \tag{11.121}$$

①参见原始文献 Randall L, Sundrum R. Large Mass Hierarchy from a Small Extra Dimension. Phys. Rev. Lett., 1999, 83(17): 3370-3373。

其中，两个 3 维膜中不可见的一个位于 $y=0$ 处，可见的一个位于 $y=y_0$ 处，它们的张力分别是 T_{vis} 和 T_{hid}；$\mathcal{L}_{\text{vis}}$ 和 $\mathcal{L}_{\text{hid}}$ 分别表示两个 3 维膜上的物质场的拉氏密度。两个膜上的度规 g_{vis} 和 g_{hid} 与整个时空的度规 G 之间的关系为

$$
\begin{aligned}
g_{\mu\nu}^{\text{hid}}(x) &= \hat{g}_{\mu\nu}(x, y=0), \\
g_{\mu\nu}^{\text{vis}}(x) &= \hat{g}_{\mu\nu}(x, y=y_0).
\end{aligned} \tag{11.122}
$$

对作用量式 (11.121) 关于度规变分，可得相应的引力场方程 (此处我们将忽略 $\mathcal{L}_{\text{vis}}$ 和 $\mathcal{L}_{\text{hid}}$ 的贡献)，

$$
\begin{aligned}
& M_*^3\sqrt{\hat{g}}\left(\hat{R}_{MN} - \frac{1}{2}\hat{g}_{MN}\hat{R} + \hat{g}_{MN}\Lambda_{(5)}\right) \\
& \quad + T_{\text{hid}}\sqrt{g_{\text{hid}}}\, g_{\mu\nu}^{\text{hid}}\delta^{\mu}{}_{M}\delta^{\nu}{}_{N}\delta(y) + T_{\text{vis}}\sqrt{g_{\text{vis}}} g_{\mu\nu}^{\text{vis}}\delta^{\mu}{}_{M}\delta^{\nu}{}_{N}\delta(y-y_0) \\
& \quad = 0.
\end{aligned} \tag{11.123}
$$

为求得方程 (11.123) 在 Orbifold $[-y_0, y_0]$ 上的解，一个简单的办法是求该方程在实数 y 轴上周期为 $2y_0$ 的解，并同时要求相应的解满足在 $\mathbb{Z}_2$ 变换 $y \leftrightarrow -y$ 下不变的条件。满足这些要求的一个可能的解为

$$
\mathrm{d}s_5^2 = \mathrm{e}^{-[y]/L}\eta_{\mu\nu}\mathrm{d}x^{\mu}\mathrm{d}x^{\nu} + \mathrm{d}y^2, \tag{11.124}
$$

其中，L 是一个常数，而 $[y]$ 表示一个具有 $2y_0$ 周期的模函数，在区间 $y \in (-y_0, y_0)$ 上，它等于 $|y|$，

$$
[y] \equiv |y|, \qquad y \in (-y_0, y_0),
$$

如图 11.2(a) 所示。注意，函数 $[y]$ 对 y 的导数也具有周期性，如图 11.2(b) 所示。

为了使得式 (11.124) 的确成为式 (11.123) 的解，式 (11.123) 中的参数 $T_{\text{vis}}, T_{\text{hid}}$ 和 $\Lambda_{(5)}$ 不能任意选取。经过计算发现，只有当

$$
\begin{aligned}
T_{\text{hid}} &= -T_{\text{vis}} = -3M_*^3/L, \\
\Lambda_{(5)} &= -6/L^2
\end{aligned} \tag{11.125}
$$

时，式 (11.124) 才真正成为式 (11.123) 的解。因此 RS1 模型对 3 维膜的张力同样提出了细致调节条件。

和 RS2 的情形类似，我们需要讨论在 4 维度规发生小的扰动的情况下 RS1 方程解的稳定性。结果发现，当 $\eta_{\mu\nu}$ 在小扰动下变为 $g_{\mu\nu}$ 时，

$$
\begin{aligned}
g_{\mu\nu}^{\text{hid}}(x) &\to g_{\mu\nu}(x), \\
g_{\mu\nu}^{\text{vis}}(x) &\to \mathrm{e}^{-|y_0|/L} g_{\mu\nu}(x)
\end{aligned} \tag{11.126}
$$

仍然满足式 (11.123)。这一结果对讨论可见 3 维膜上物质场的质量参数具有重要影响。假设在可见 3 维膜上存在一标量物质场 φ，其作用量

$$\int \mathrm{d}^4x\sqrt{g^{\mathrm{vis}}}\left[-g_{\mathrm{vis}}^{\mu\nu}\nabla_\mu\varphi^\dagger\nabla_\nu\varphi-\lambda(|\varphi|^2-v_0^2)^2\right] \tag{11.127}$$

包含一个质量参数 v_0。将式 (11.127) 用可见 3 维膜上的有效度规 $g_{\mu\nu}$ 表达，则成为

$$\int \mathrm{d}^4x\sqrt{g}\left[-g^{\mu\nu}\nabla_\mu\tilde{\varphi}^\dagger\nabla_\nu\tilde{\varphi}-\lambda(|\tilde{\varphi}|^2-\mathrm{e}^{-|y_0|/L}v_0^2)^2\right], \tag{11.128}$$

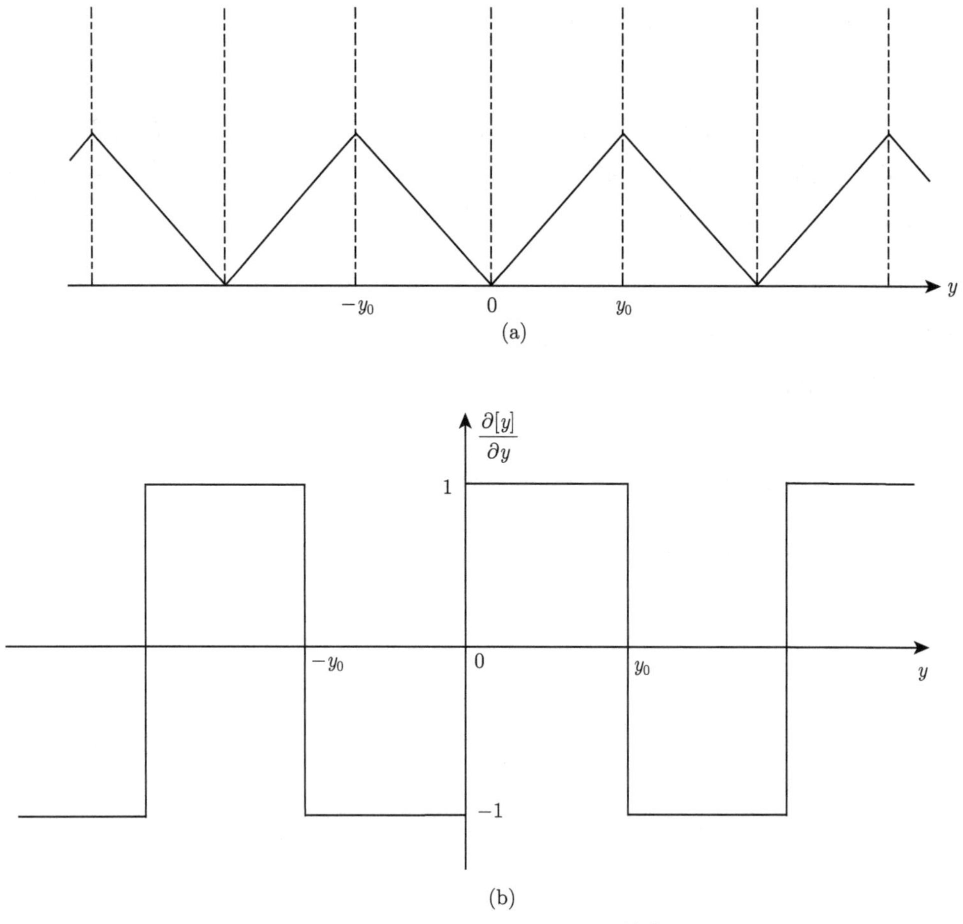

图 11.2　模函数 $[y]$ 及其导数 $\frac{\partial[y]}{\partial y}$

其中，

$$\tilde{\varphi} = \mathrm{e}^{-|y_0|/2L}\varphi. \tag{11.129}$$

因此，3 维膜上的有效质量参数 v 与 RS1 膜世界模型中的基本质量参数 v_0 之间存在如下关系：

$$v \sim v_0\mathrm{e}^{-|y_0|/2L}. \tag{11.130}$$

详细的考察可以得出这样的结论，即形如式 (11.130) 的质量标度关系在 RS1 模型中不仅对标量物质成立，对所有其它类型的物质场也成立。因此我们有如下的一般关系式：

$$m \sim m_0\mathrm{e}^{-|y_0|/2L}. \tag{11.131}$$

这提出了这样一种可能性，即实际的基本质量标度 m_0 在 Planck 质量的量级，但表观上的质量标度 m 却在 TeV 的量级。以

$$m_0 \sim M_{\mathrm{P}} \sim 10^{16}\mathrm{TeV}, \quad m \sim 1\mathrm{TeV} \tag{11.132}$$

代入式 (11.131)，可知实现这样一种可能性所需的比值 $|y_0|/L$ 大约为

$$|y_0|/L \simeq 60. \tag{11.133}$$

因此 RS1 模型提供了这样一种机制，它将质量标度的一个极大的等级问题转化为一个较小的长度标度的等级问题。

在实际物理考虑中，我们更希望基本的基本质量标度就在 TeV 的量级。为此可以引入一个坐标变换

$$x^\mu \to \mathrm{e}^{|y_0|/2L}x^\mu.$$

变换的结果是在可见膜所在之处 $(y = y_0)$ 度规的标度因子被抵消，从而有 $v = v_0, m = m_0$。因为这时唯一的质量标度就是 m, 它应该与粒子物理提出的质量标度一致，故有 $m = m_0 \sim 1\mathrm{TeV}$。

11.6 无穷体积的额外维 ——DGP 膜世界模型

无论是 KK 理论还是 RS 模型，所涉及的额外维度都具有有限的体积。2000 年，Dvali，Gabadadze 和 Porrati 提出了一种具有无限体积的膜世界模型[①]。这种

①参见 Dvali G, Gabadadze G, Porrati M. 4D gravity on a brane in 5D Minkowski space. Phys. Lett., 2000 B, 485 (1-3): 208-214。

理论的一个好处是可以避免有限体积额外维理论所必然涉及的额外维体积的稳定性问题，同时它也为宇宙学和超对称的破缺机制提出了新的可能性。

DGP 理论假定标准模型的物质仅存在于 3 维膜上，而引力可以任意向高维传播；它还认为标准模型的紫外质量标度 $M_{\rm SM}$ 就是各种相互作用实现大统一的能量标度 $M_{\rm GUT}$，而且这个标度远大于高维世界中的基本引力相互作用能标 M_*: $M_{\rm SM}\sim M_{\rm GUT}\gg M_*$。注意这个假定与此前我们提到过的所有额外维理论均是不同的 (对 KK 理论，$M_*\sim M_{\rm P}$；对 ADD 理论和 RS 理论，$M_*\sim M_{\rm SM}\simeq(1\sim10)$TeV)。

对仅有一个额外维的情形，DGP 理论的作用量为

$$
\begin{aligned}
S_{\rm DGP}=&\frac{M_*^3}{2}\int {\rm d}^4x\int_{-\infty}^{\infty}{\rm d}y\sqrt{\hat g}\hat R(\hat g)+\frac{M_{\rm P}^2}{2}\int {\rm d}^4x\sqrt{g}\,R(g)\\
&+\int {\rm d}^4x\sqrt{g}(-T+\mathcal{L}_{\rm SM}(\Psi,M_{\rm SM})),
\end{aligned}
\tag{11.134}
$$

其中 3 维膜上的度规 $g_{\mu\nu}$ 由 5 维时空度规 $\hat g_{MN}$ 诱导得出:

$$
g_{\mu\nu}(x)\equiv\hat g_{\mu\nu}(x,y=0).
$$

为保证 3 维膜上的有效宇宙学常数与实际观测相符，要求 3 维膜的张力 T 与标准模型物质场的势 $V_{\rm SM}$ 之间有如下关系:

$$
T+\langle V_{\rm SM}\rangle\sim 0. \tag{11.135}
$$

引入常数 r_c

$$
r_c=M_{\rm P}^2/M_*^3, \tag{11.136}
$$

则从式 (11.134) 可以看出，当 $r_c\to\infty$ 时，3 维膜上的引力起主要作用；当 $r_c\to0$ 时，5 维引力起主要作用。因此 r_c 成为区分 4 维与 5 维引力的一个特征长度。当我们考察的长度范围 $r\ll r_c$ 时，引力表现为有效的 4 维广义相对论；当我们考察的长度范围 $r\gg r_c$ 时，引力表现为 5 维广义相对论。引力的这种行为与此前我们讨论过的其他额外维理论是十分不同的，因为其他关于额外维的理论总是在紫外端 (高能、短程部分) 表现出额外维的效应，而 DGP 理论却是在红外端 (低能、长程部分) 表现出额外维的效应。为了使 DGP 理论与观察一致，我们要求 r_c 与目前可见的宇宙的 Hubble 半径 H_0^{-1} 相当，即

$$
r_c\sim H_0^{-1}\simeq10^{28}{\rm cm}. \tag{11.137}
$$

利用 $1{\rm cm}\sim10^{13}{\rm GeV}^{-1}$，$M_{\rm P}\sim10^{19}$GeV 可以从式 (11.136) 推知，合理的 M_* 数量级应为

$$
M_*\sim10^{-1}{\rm GeV}\approx100{\rm MeV}, \tag{11.138}
$$

对应的长度标度为

$$M_*^{-1} \sim 10^{-12}\text{cm}.$$

当存在多个额外维时, 式 (11.136) 应改为

$$r_c \sim \left(M_{\rm P}^2/M_*^{2+n}\right)^{1/n} = \left(\frac{M_{\rm P}}{M_*}\right)^{2/n} \cdot M_*^{-1}. \tag{11.139}$$

相应地由 $r_c \simeq 10^{28}\text{cm} \simeq 10^{41}\text{GeV}^{-1}$ 可得

$$M_* \sim 10^{\frac{38-41n}{n+2}}\text{GeV}. \tag{11.140}$$

对于 $n=2$ 和 $n=3$, 相应的能标分别为

$$\begin{aligned} M_* &\sim 10^{-11}\text{GeV} = 10^{-2}\text{eV} \qquad (n=2), \\ &\sim 10^{-17}\text{GeV} = 10^{-8}\text{eV} \qquad (n=3). \end{aligned} \tag{11.141}$$

换算为长度标度，分别为

$$\begin{aligned} M_*^{-1} &\sim 10^{11}\text{GeV}^{-1} = 10^{-2}\text{cm} \qquad (n=2), \\ &\sim 10^{17}\text{GeV}^{-1} = 10^{4}\text{cm} \qquad (n=3). \end{aligned}$$

M_*^{-1} 也是一个长度标度，它表征高维量子引力的特征长度标度。因此在 DGP 模型中实际存在两个长度标度，相应的引力相互作用的行为将如图 11.3 所示。以上讨论表明，DGP 模型中高维量子引力的特征能标也可以远低于 Planck 能标，而且随着额外维个数的增加，高维量子引力的特征能标将以式 (11.140) 的方式极快地下降。

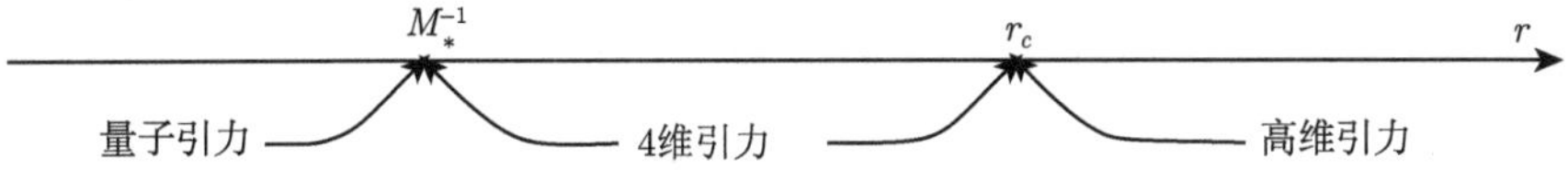

图 11.3 DGP 理论中的质量标度

11.7 含额外维的引力理论小结

截至目前为止，本章中介绍的含有额外维的引力理论无一获得过实验观测的证实，其中大部分甚至已经被包括 LHC 等高能对撞机实验证伪。然而，并不能因此而全面否定这些理论模型的积极意义。相对论引力理论本身是关于时空的理论，这类理论理应回答时空的可见维数为什么是 4 维这个问题。然而，广义相对论并未触及这样的基本问题，而是将时空维数作为理论本身的一个输入数据。以 KK 理论

为代表的含额外维的理论模型则提出了时空可见维度是动力学演化的结果而不是一成不变的固定数值的想法。既然我们现在已经能够接受整个宇宙都在经历动力学演化这样的观念，进一步认为时空维数也是这种演化的结果是十分自然而朴素的想法。尽管我们可能尚未获得确定时空维数的正确的理论，但是探索和尝试各种可以使时空维数成为动力学量的理论模型无疑是沿着正确方向走出的第一步。在这一方面，超弦理论继承并发展了 KK 紧化机制，形成了一套十分吸引人的关于时空和物质的统一的动力学理论。而本章所介绍的其他含额外维理论模型或多或少地都受到了超弦理论的影响和启发。可以预期，在相当长的一段时间内，对各种含额外维的引力模型的探索仍然将是引力理论的一个重要研究方向。

参 考 文 献

[1] Weinberg S. Gravitation and Cosmology: Principles and Applications of the General Theory of Relativity. John Wiley & Sons lnc, 1972
[2] Foster J, Nightingle J D. A Short Course in General Relativity. Springer Verlag, 1995
[3] Wald R. General Relativity. Chicago University Press, 1984
[4] Carroll S M. Spacetime and Geometry: an Introduction to General Relativity. Addison Wesly, 2004
[5] 俞允强. 广义相对论引论. 北大出版社, 1997
[6] 爱因斯坦 A. 相对论的意义. 科学出版社
[7] Dubrovin B A, Fomenko A T, Novikov S P. Modern Geometry I. Springer-Verlag, 1984
[8] Stephani H. General Ralativity : an Introduction to the Theory of Gravitational Feild. Cambridge Univ. Press, 1982
[9] Cheng T P. Relativity, Gravitation and Cosmology: A Basic Introduction. Oxford Univ. Press, 2005
[10] Landau L D, Lifshitz E M. The Classical Theory of Fields, Forth Revised Edition. Pergamon Press, 1975, 1987
[11] 狄拉克 P. 广义相对论. 朱培豫, 译. 科学出版社，1979
[12] Townsend P K. Black Holes. arXiv: gr-qc/9707012
[13] Bailin D, Love A. Kaluza-Klein theories. Rep. Prog. Phys., 1987, 50: 1087-1170
[14] Brandenberger R H. Quantun field theory methods and inflationary universe models. Rev. Mod. Phys., 1985, 57: 1-60
[15] Langlois D. Lectures on inflation and cosmological perturbations. arXiv: 1001.5259
[16] Langlois D. Inflation, quantum fluctuations and cosmological perturbations. arXiv: hep-th/0405053

附录 A　Levi-Civita 符号与 Levi-Civita 张量

Levi-Civita 符号与 Levi-Civita 张量在物理文献中均被大量使用。为了显示区别，本书中用 $\varepsilon_{a_1a_2\cdots a_n}$ 来标记 Levi-Civita 符号，而用 $\epsilon_{a_1a_2\cdots a_n}$ 来标记 Levi-Civita 张量。

Levi-Civita 符号和 Levi-Civita 张量都带有 n 个指标，每个指标的取值范围都是 n 个连续的整数。这 n 个连续整数有不同的取法：有时取从 0 到 $n-1$，有时取从 1 到 n，具体是哪种情形，从上下文应该容易判定。在本附录中，我们分别将这两种指标集合记作 $\mathcal{I}_0=\{0,1,\cdots,n-1\}$ 和 $\mathcal{I}_1=\{1,2,\cdots,n\}$。

A.1　Levi-Civita 符号

Levi-Civita 符号 $\varepsilon_{a_1a_2\cdots a_n}$ 的定义是

$$\varepsilon_{a_1a_2\cdots a_n}=\prod_{1\leqslant i<j\leqslant n}\mathrm{sgn}(a_j-a_i), \tag{A.1}$$

式中，$\mathrm{sgn}(a)$ 是符号函数，当其自变量为正数时取值 $+1$，自变量为负数时取值 -1，自变量为零时取值 0。(A.1) 并不是最常用的定义 Levi-Civita 符号的方式，但是它却是最适合在指标集不固定的情况下准确地给 Levi-Civita 符号的每一个分量赋值的方式。Levi-Civita 符号对其任意一对指标的对换都是反对称的，当指标中有重复数值时对应的分量为零。

根据式 (A.1)，当指标集为 $\mathcal{I}_0$ 时，我们有

$$\varepsilon_{01\cdots n-1}=1.$$

当指标集为 $\mathcal{I}_1$ 时，有

$$\varepsilon_{12\cdots n}=1.$$

Levi-Civita 符号经常被当做 n 维 Minkowski 时空 (指标集 $\mathcal{I}_0$) 或者 n 维欧几里得空间 (指标集 $\mathcal{I}_1$) 中的全反对称张量看待。确切地说，Levi-Civita 符号定义了上述时空或空间中的体积形式。在正交参考系下，Levi-Civita 符号在上述时空或空间中的正交变换下保持不变，但是会在单一的坐标反演下改变符号，因此它实际上是上述时空或空间中的赝张量。

如果涉及的指标集是 $\mathcal{I}_1$，通常意味着 Levi-Civita 符号生存于 n 维欧几里得空间，这个空间的度规就是 Kronecker 符号 δ_{ij}，用矩阵形式表达即单位矩阵。在这种情况下，没有必要区别 Levi-Civita 符号的上下指标，因此我们约定

$$\varepsilon^{i_1 i_2 \cdots i_n} = \varepsilon_{i_1 i_2 \cdots i_n}, \quad i_k \in \mathcal{I}_1, k = 1, \cdots, n.$$

如果涉及的指标集是 $\mathcal{I}_0$，则暗示 Levi-Civita 符号生存于 n 维 Minkowski 时空，所以要用 Minkowski 度规来升降其指标：

$$\varepsilon^{\mu_1 \mu_2 \cdots \mu_n} = \eta^{\mu_1 \nu_1} \cdots \eta^{\mu_n \nu_n} \varepsilon_{\nu_1 \nu_2 \cdots \nu_n}, \quad \mu_k \in \mathcal{I}_0, k = 1, \cdots, n.$$

由于 $\eta_{\mu\nu} = \mathrm{diag}(-1, 1, \cdots, 1)$，我们有

$$\varepsilon^{01 \cdots n-1} = -1.$$

作为 Levi-Civita 符号的一个经常性的应用，让我们给出一个 $n \times n$ 方阵的行列式与 Levi-Civita 符号的联系。设 $A^i{}_j$ 是 $n \times n$ 方阵的矩阵元。那么，矩阵 A 的行列式满足以下关系：

$$\det(A) \varepsilon_{j_1 j_2 \cdots j_n} = \varepsilon_{i_1 i_2 \cdots i_n} A^{i_1}{}_{j_1} A^{i_2}{}_{j_2} \cdots A^{i_n}{}_{j_n}.$$

这个关系式与矩阵指标取值于哪个指标集无关。

A.2 Levi-Civita 张量

Levi-Civita 张量是 Levi-Civita 符号在一般的 (赝) 黎曼流形上的推广。如果流形 M 上给定了度规 $g_{\mu\nu}$，那么，Levi-Civita 张量的各个分量就定义为

$$\epsilon_{\mu_1 \mu_2 \cdots \mu_n} = \sqrt{g} \varepsilon_{\mu_1 \mu_2 \cdots \mu_n}.$$

这个对象实际上就是 2.10.2 中定义的 (赝) 黎曼流形上的体积形式。在流形上的广义坐标变换下，$\epsilon_{\mu_1 \mu_2 \cdots \mu_n}$ 保持不变。

Levi-Civita 张量的逆变形式为

$$\epsilon^{\mu_1 \mu_2 \cdots \mu_n} = g^{\mu_1 \nu_1} g^{\mu_2 \nu_2} \cdots g^{\mu_n \nu_n} \epsilon_{\nu_1 \nu_2 \cdots \nu_n} = \frac{1}{\sqrt{g}} \varepsilon^{\mu_1 \mu_2 \cdots \mu_n}.$$

附录 B　高维 AdS 时空及其坐标选择

鉴于 AdS 时空在现代引力理论及弦论中具有十分重要的应用，我们借这个附录来介绍一下高维 AdS 时空及其坐标系的选择。在这个附录中，我们使用 $c=1$ 的单位制。

B.1　作为超曲面的 AdS_{n+1}

与 $(3+1)$ 维 AdS 时空 AdS_{3+1} 类似，$n+1$ 维 AdS 时空 (记为 AdS_{n+1}) 也可以看成 $(n+2)$ 维伪 Minkowski 时空

$$\mathrm{d}s^2=-\mathrm{d}T^2-\mathrm{d}w^2+\sum_{i=1}^{n}\mathrm{d}x_i^2 \tag{B.1}$$

中的一个超曲面

$$\sum_{i=1}^{n}x_i^2-T^2-w^2=-\ell^2. \tag{B.2}$$

引入坐标 $(t,r,\Psi,\theta_1,\cdots,\theta_{n-2})$，

$$\begin{aligned}
x_1&=r\cos\Psi,\\
x_2&=r\sin\Psi\cos\theta_1,\\
x_3&=r\sin\Psi\sin\theta_1\cos\theta_2,\\
x_4&=r\sin\Psi\sin\theta_1\sin\theta_2\cos\theta_3,\\
&\ \ \vdots\\
x_{n-1}&=r\sin\Psi\sin\theta_1\sin\theta_2\sin\theta_3\cdots\cos\theta_{n-2},\\
x_n&=r\sin\Psi\sin\theta_1\sin\theta_2\sin\theta_3\cdots\sin\theta_{n-2},\\
T&=\sqrt{\ell^2+r^2}\cos\frac{t}{\ell},\\
w&=\sqrt{\ell^2+r^2}\sin\frac{t}{\ell},
\end{aligned}$$

其中，

$$\begin{aligned}
&0 < r < \infty,\\
&0 < \Psi < \pi,\\
&0 < \theta_i < \pi, \qquad (i = 1, \cdots, n-3),\\
&0 < \theta_{n-2} < 2\pi,
\end{aligned}$$

可以将式 (B.1) 变为

$$\mathrm{d}s^2_{\mathrm{AdS}_{n+1}} = -\left(1+\frac{r^2}{\ell^2}\right)\mathrm{d}t^2 + \left(1+\frac{r^2}{\ell^2}\right)^{-1}\mathrm{d}r^2 + r^2[\mathrm{d}\Psi^2 + \sin\Psi^2 \mathrm{d}\Omega^2_{n-2}], \quad \text{(B.3)}$$

这就是 AdS_{n+1} 的度规的一种写法，其中 $\mathrm{d}\Omega^2_{n-2}$ 表示一个 $(n-2)$ 维单位球的度规。容易看出，式 (B.3) 是式 (3.70) 向高维时空的简单推广。

B.2 AdS_{n+1} 的其他坐标选择

在式 (B.3) 中采用的坐标系与式 (3.70) 中的坐标系一样，至少存在两个缺陷：一是从嵌入图像上看，时间坐标 t 具有周期性问题，二是 AdS 时空的视界在这样的坐标系中不可见。这些问题在实际应用中会造成很多不便，因此有必要探讨其他的适合描述 AdS 时空的坐标系。常用的描述 AdS 时空的坐标系有以下几种。

BTZ 坐标系

我们先来看一种不存在时间周期性问题的坐标选择：BTZ 坐标系。这种坐标系中坐标选择为 $(\eta, \rho, \psi, \theta_1, \cdots, \theta_{n-2})$，

$$\begin{aligned}
x_1 &= \sqrt{\rho^2-\ell^2}\cosh\frac{\eta}{\ell},\\
x_2 &= \rho\sinh\psi\cos\theta_1,\\
x_3 &= \rho\sinh\psi\sin\theta_1\cos\theta_2,\\
&\ \ \vdots\\
x_{n-1} &= \rho\sinh\psi\sin\theta_1\sin\theta_2\cdots\cos\theta_{n-2},\\
x_n &= \rho\sinh\psi\sin\theta_1\sin\theta_2\cdots\sin\theta_{n-2},\\
w &= \rho\cosh\psi,\\
T &= \sqrt{\rho^2-\ell^2}\sinh\frac{\eta}{\ell},
\end{aligned}$$

其中，

$$
\begin{aligned}
&-\infty < \eta < \infty, \\
&0 < \psi < \infty, \\
&0 < \theta_i < \pi, \qquad (i = 1, \cdots, n-3) \\
&0 < \theta_{n-2} < 2\pi, \\
&\ell < \rho < \infty.
\end{aligned}
$$

将这些坐标表达式代入式 (B.1) 中去，可得

$$
\mathrm{d}s^2_{\mathrm{AdS}_{n+1}} = -\left(\frac{\rho^2}{\ell^2} - 1\right)\mathrm{d}\eta^2 + \left(\frac{\rho^2}{\ell^2} - 1\right)^{-1}\mathrm{d}\rho^2 + \rho^2\left[\mathrm{d}\psi^2 + \sinh^2\psi \mathrm{d}\Omega^2_{n-2}\right]. \quad \text{(B.4)}
$$

虽然从曲面方程 (B.2) 的参数化过程来看，坐标 ρ 的取值范围需要受到限制 $\ell < \rho < \infty$，但是从最终的度规 (B.4) 来看，ρ 的取值完全可以延拓到 $0 \leqslant \rho < \infty$。当 $\rho > \ell$ 时，度规 (B.4) 是静态的。$\rho = \ell$ 是时空中的因果边界，称为 AdS 视界，而 ℓ 相应地称为 AdS 半径。最后还应该注意到，在上述坐标系下，类时坐标 η 完全没有周期性的问题。

Poincaré 坐标系

这种坐标系下选择的坐标系为 $(t, z, r, \theta_1, \cdots, \theta_{n-2})$，它们将 $(n+2)$ 维伪 Minkowski 时空的坐标 $(T, w, x_1, \cdots, x_n)$ 参数化为

$$
\begin{aligned}
T &= \frac{t}{z}, \\
w &= \frac{1}{2z}\left[1 + (r^2 + \ell^2 z^2 - t^2)\right], \\
x_1 &= \frac{1}{2z}\left[1 - (r^2 + \ell^2 z^2 - t^2)\right], \\
x_2 &= \frac{r}{z}\cos\theta_1, \\
x_3 &= \frac{r}{z}\sin\theta_1\cos\theta_2, \\
&\ \vdots \\
x_{n-1} &= \frac{r}{z}\sin\theta_1\sin\theta_2\cdots\cos\theta_{n-2}, \\
x_n &= \frac{r}{z}\sin\theta_1\sin\theta_2\cdots\sin\theta_{n-2},
\end{aligned}
$$

其中，

$$\begin{aligned}&-\infty<t<\infty,\\&0<z<\infty,\\&0<r<\infty,\\&0<\theta_i<\pi,\qquad (i=1,2,\cdots,n-3),\\&0<\theta_{n-2}<2\pi.\end{aligned}$$

用这组坐标系表达的 AdS_{n+1} 度规为

$$\mathrm{d}s^2_{\mathrm{AdS}_{n+1}}=\frac{1}{z^2}\left[-\mathrm{d}t^2+\mathrm{d}z^2+\mathrm{d}r^2+r^2\mathrm{d}\Omega^2_{n-2}\right]. \tag{B.5}$$

注意上式中除了一个 Weyl 因子$\dfrac{1}{z^2}$外，度规其余的部分实际上就是 $(n+1)$ 维的 Minkowski 度规。因此， Poincaré 坐标系告诉我们 AdS 时空是 Weyl 平坦的。在 Poincaré 坐标系中，$z=0$ 对应 AdS 时空的无限远，而 $z=\infty$ 则是 AdS 时空的视界。

有时在描写 AdS_{n+1} 度规时，空间部分采用类似于直角坐标系的坐标。这时可以将式 (B.5) 改写为

$$\mathrm{d}s^2_{\mathrm{AdS}_{n+1}}=\frac{1}{z^2}\left[-\mathrm{d}t^2+\mathrm{d}z^2+\sum_{i=1}^{n-1}\mathrm{d}x_i^2\right]. \tag{B.6}$$

这个坐标系在研究 AdS 时空的全息对偶时非常方便。

整体坐标系

另一种能体现 AdS_{n+1} 的 Weyl 平坦性的坐标系称为整体坐标系，其坐标 $(\tau,\nu,\phi,\theta_1,\ldots,\theta_{n-2})$ 定义为

$$\begin{aligned}T&=\ell\sec\nu\cos\tau,\\w&=\ell\sec\nu\sin\tau,\\x_1&=\ell\tan\nu\cos\phi\\x_2&=\ell\tan\nu\sin\phi\cos\theta_1\\&\ \ \vdots\\x_n&=\ell\tan\nu\sin\phi\sin\theta_1\cdots\sin\theta_n,\end{aligned}$$

其中，

$$
\begin{aligned}
&0<\nu<\frac{\pi}{2},\\
&0<\tau<2\pi,\\
&0<\phi,\theta_i<\pi, \qquad (i=1,\cdots,n-3)\\
&0<\theta_{n-2}<2\pi.
\end{aligned}
$$

用这组坐标表达的 AdS_{n+1} 时空度规为

$$
\mathrm{d}s^2_{\mathrm{AdS}_{n+1}}=\ell^2\sec^2\nu(-\mathrm{d}t^2+\mathrm{d}\nu^2+\sin^2\nu\mathrm{d}\Omega^2_{n-1}). \tag{B.7}
$$

当$\nu=\dfrac{\pi}{2}$ 时，这个度规前面的 Weyl 因子发散，表明 $\nu=\dfrac{\pi}{2}$ 是 AdS_{n+1} 在无限远处的边界。

广义球坐标系

这组坐标采用的变换是

$$
\begin{aligned}
&T=\ell\cosh\mu,\\
&w=\ell\sinh\mu\sin\theta\sinh\eta,\\
&x_1=\ell\sinh\mu\sin\theta\cosh\eta,\\
&x_2=\ell\sinh\mu\cos\theta\cos\theta_1,\\
&x_3=\ell\sinh\mu\cos\theta\sin\theta_1\cos\theta_2,\\
&\qquad\cdots\cdots\\
&x_n=\ell\sinh\mu\cos\theta\sin\theta_1\cdots\sin\theta_{n-2},
\end{aligned}
$$

其中，

$$
\begin{aligned}
&0\leqslant\theta_i<\pi, \qquad (i=1,\cdots,n-3)\\
&0\leqslant\theta_{n-2}<2\pi,\\
&0<\mu<\infty,\\
&0\leqslant\theta<\pi,
\end{aligned}
$$

相应地，AdS_{n+1} 度规为

$$
\mathrm{d}s^2_{\mathrm{AdS}_{n+1}}=\ell^2\left\{-\sinh^2\mu\sin^2\theta\mathrm{d}\eta^2+\mathrm{d}\mu^2+\sinh^2\mu[\mathrm{d}\theta^2+\cos^2\theta\mathrm{d}\Omega^2_{n-2}]\right\}. \tag{B.8}
$$

注意，在 $\theta=0$ 处度规的 $\eta\eta$ 分量为零。因此 $\theta=0$ 是这个度规的一个视界。

至此我们已经讨论了 AdS_{n+1} 时空的 5 种不同的坐标系。在实际应用中所使用的坐标系远不止这几种。具体利用哪种坐标系一般要视研究的问题而定。

另外要说明的是，尽管本节对坐标系的讨论是以 AdS 时空为样本，但实际上对每种情形都可以有 de Sitter 时空的相应选择。对 de Sitter 情形的坐标选择的详细讨论留给读者做练习。

B.3 AdS 时空的边界

在本书第 3 章中讨论 dS 和 AdS 时空时，除宇宙学常数的符号外基本上是将它们放在同等的地位讨论的。然而，事实上，dS 和 AdS 时空在某些方面的性质是极端不同的，其中最为显著的区别之一是 AdS 时空总存在余 1 维的类时边界 (可以在无穷远)，而 dS 时空则不具备这一性质。

让我们回过头来考察 AdS 时空在各种坐标系下的度规表达式。在最初的坐标表达式 (B.3) 中容易看出取 r 为常数的子空间度规形如

$$\mathrm{d}s^2 = -\mathrm{d}\tilde{t}^2 + \mathrm{d}\Psi^2 + \sin^2\Psi\mathrm{d}\Omega_{n-2}^2, \tag{B.9}$$

其中 $\tilde{t}$ 是重新标度了的时间坐标。在这一坐标下，AdS 时空的边界在 $r=\infty$ 处，其空间部分是一个 $n-1$ 维的球面 S^{n-1}，度规即由式 (B.9) 给出。

如果采用 BTZ 坐标系，则 AdS 时空的边界处在 $\rho=\infty$ 处，边界的度规为

$$\mathrm{d}s_B^2 = -\mathrm{d}\tilde{\eta}^2 + \mathrm{d}\psi^2 + \sinh^2\psi\mathrm{d}\Omega_{n-2}^2,$$

其中时间 $\tilde{\eta}$ 等于常数的类空截面为双曲面。

在 Poincaré 坐标系下，AdS 时空的边界处在 $z=0$ 处，边界的度规是一个标准的平直度规：

$$\mathrm{d}s_B^2 = -\mathrm{d}t^2 + \mathrm{d}r^2 + r^2\mathrm{d}\Omega_{n-2}^2 \ .$$

在各种坐标系选择中，式 (B.7) 给出的整体坐标系下 AdS 时空的边界也许最为简单。这个边界处在 $\nu=\pi/2$ 处，边界的度规为

$$\mathrm{d}s_B^2 = -\mathrm{d}t^2 + \mathrm{d}\Omega_{n-1}^2,$$

其空间部分为一个 $(n-1)$ 维球面。

在广义球坐标系下，AdS 时空的边界在 $\mu=\infty$ 处。该边界上的度规是

$$\mathrm{d}s_B^2 = -\sin^2\theta\mathrm{d}\eta^2 + \mathrm{d}\theta^2 + \cos^2\theta\mathrm{d}\Omega_{n-2}^2.$$

这个度规的空间部分也对应一个 $(n-1)$ 维球面。

在超弦理论的研究中，AdS 时空的边界具有特殊重要的意义。这种特殊性是由 Juan Maldacena 在其博士论文工作中首先猜测到，尔后被众多研究者的后续工作所支持，一般称之为 AdS/CFT 对偶。AdS/CFT 对偶的内容是：AdS_{n+1} 背景上的超引力理论与其边界上的量子超共形 Yang-Mills 理论是等价的。这一猜想的重要意义在于，如果它是正确的，则只需知道 AdS 时空中“体”内的超引力理论或边界上的超共形 Yang-Mills 理论中一者的信息即可得知另一者的相关信息；另一方面，由于边界上的量子规范场论是在少一个空间维度的情形下进行研究的，两种理论的等价性意味着高维时空中的物理信息可以完全被记录在低 1 维的时空中的物理过程中。Maldacena 的 AdS/CFT 对偶猜想的各种证据为更早由 t'Hooft 和 Susskind 分别提出的所谓*全息原理*提供了第一批实例。目前，相对论引力理论中的各种全息对偶已经成为现代引力理论的一个活跃的研究领域。

附录 C　坐标变换中的一个微妙问题

考虑一个 $(1+1)$ 维的 Minkowski 时空。在正交坐标系下，线元可以写为

$$\mathrm{d}s^2 = -c^2\mathrm{d}t^2 + \mathrm{d}x^2.$$

定义光锥坐标

$$u = ct - x, \quad v = ct + x, \tag{C.1}$$

可以将线元重新写为

$$\mathrm{d}s^2 = -\mathrm{d}u\mathrm{d}v.$$

从式 (C.1) 可以反解出 (t, x):

$$t = \frac{1}{2c}(u+v), \quad x = \frac{1}{2}(v-u).$$

因此，光锥坐标矢量场 ∂_u, ∂_v 可以在原坐标系中写为

$$\partial_u = \frac{1}{2c}(\partial_t - c\,\partial_x), \tag{C.2}$$

$$\partial_v = \frac{1}{2c}(\partial_t + c\,\partial_x). \tag{C.3}$$

不难验证，在以上两种线元表达式下，∂_u 和 ∂_v 都是类光的，而在第一个线元下，∂_x 是类空的。

如果我们仅作部分坐标变换，即

$$\begin{aligned} ct &\to v = ct + x, \\ x &\to x, \end{aligned} \tag{C.4}$$

那么，$(1+1)$ 维 Minkowski 时空的线元可以改写为

$$\mathrm{d}s^2 = -\mathrm{d}v^2 + 2\mathrm{d}v\mathrm{d}x.$$

如果在这一坐标系下考虑坐标矢量场 ∂_v 和 ∂_x，则可以发现前者是类时的，后者是类光的。

问题是: 我们明明知道矢量场 (或者曲线) 的类时、类光、类空属性是与坐标选择无关的。为何在上述例子中矢量场 ∂_v 经坐标变换从类光变成了类时，而 ∂_x 从类空变成了类光的呢?

为了回答上述问题，我们需要重新回顾坐标曲线的定义。设 x^μ 是在流形 M 上的一个局域坐标系中在坐标。那么，坐标曲线 $x^\mu = x^\mu(\lambda)$ 指的是所有使 $x^\nu = x_0^\nu = \text{const.}(\nu \neq \mu)$ 的点的集合。特别地，x^μ 所对应的坐标轴就是使 $x^\nu = 0$ 的点的集合。

按上述定义，在坐标变换式 (C.4) 后，新的坐标轴分别为对应 $v = 0$ 的 x 轴和对应 $x = 0$ 的 v 轴。其中，新坐标系下的 x 轴对应旧坐标系中的曲线 $x = -ct$，而新的 v 轴对应旧坐标系中的曲线 $x = 0$。换言之，**虽然新旧坐标系中的坐标 x 相同，但是它们所对应的坐标曲线族是不同的。同样，新坐标系中对应 x 等于常数的坐标曲线族与旧坐标系中的类光曲线族也是不同的。**

考察新坐标系中坐标曲线的切矢量场，可以发现，新坐标系中坐标曲线 $x'^\mu(v) = (v, 0)$ 的切矢量场 ∂_v 对应着旧坐标系中的矢量场 $c^{-1}\partial_t$，因而它是类时的；而新坐标系下的另一条坐标曲线 $x'^\mu(x) = (0, x)$ 的切矢量场 ∂_x 对应着旧坐标系下的矢量场 $-\partial_u$，因而它是类光的。在定义以上两族坐标曲线时，我们分别用对应的坐标 v 和 x 作为自然的曲线参数。上述分析的核心是：只要明确坐标曲线指的是哪条曲线，就会发现其类时、类光、类空属性是不随坐标系选择而变化的。事实上，由于流形上的曲线本身是与坐标选择无关的 (请参考 2.3.1 节中对曲线的定义)，其类时、类光、类空属性与坐标无关是一个显然的事实。而我们遇到上述微妙问题的原**因在于新旧坐标系使用了相同的变量名指称不同的坐标曲线族。**

类似的情况也会发生在弯曲时空中，例如在 3.8.2 节中将 pp 波的度规从 Brinkmann 坐标系变换到 Rosen 坐标系的变换以及 5.1.3 节中将 Schwarzschild 黑洞的度规从原来的静球对称坐标系变换到 EF 坐标系的坐标变换。在 pp 波的情况下，虽然坐标变换式 (3.137)~ 式 (3.139) 并未改变坐标 u，但是它却从变换前的类时坐标成为变换后的类光坐标，而原本类光的坐标 v 却需要变成式 (3.138) 给出的 V 才能对应新的类光坐标。在 Schwarzschild 黑洞的情况下，原本类光的坐标 v(或 u) 在入行 (出行)EF 坐标系下表现为类时的，而原本类空的坐标 r 在入行和出行 EF 坐标系下却均表现为类光的。

为了避免出现上述微妙问题，最好的方法是在坐标变换时尽量采用不同的字符来表征新坐标系下的坐标，即使在坐标变换中某些坐标的数值保持不变的情况下也是一样。例如，坐标变换式 (C.4) 最好写成

$$ct \to v = ct + x,$$

$$x \to \tilde{x} = x,$$

并且在新坐标系中工作时只采用符号 $\tilde{x}$ 而不再使用 x。然而在现存文献 (包括本书在内) 中，在作坐标变换时如果只涉及一部分坐标分量的改变时，通常并不会用新变量名取代数值不变但意义不同的旧坐标，因而才会出现本附录所描述的问题。

附录 D 一些物理常量

D.1 基本物理常量 (国际单位制)

真空中的光速：$c = 299792458\,\mathrm{m \cdot s^{-1}}$

真空的磁导率：$\mu_0 = 4\pi \times 10^{-7}\mathrm{N/A^2} = 4\pi \times 10^{-7}\mathrm{N \cdot s^2 \cdot C^{-2}}$

真空的介电常量：$\varepsilon_0 = 8.85418781762039 \times 10^{-12}\mathrm{C^2 \cdot m^{-2} \cdot N^{-1}} = 8.85418781762039 \times 10^{-12}\mathrm{F \cdot m^{-1}}$

Planck 常量：$h = 6.62609527 \times 10^{-34}\,\mathrm{J \cdot s} = 6.62609527 \times 10^{-34}\,\mathrm{kg \cdot m^2 \cdot s^{-1}}$

牛顿万有引力常数：$G = 6.67384 \times 10^{-11}\mathrm{m^3 \cdot kg^{-1} \cdot s^{-2}} = 6.67384 \times 10^{-11}\mathrm{N \cdot m^2 \cdot kg^{-2}}$

玻尔兹曼常量：$k_\mathrm{B} = 1.3806488 \times 10^{-23}\,\mathrm{J \cdot K^{-1}}$

电子电荷：$e = -1.602176565 \times 10^{-19}\mathrm{C}$

电子质量：$m_e = 9.10938215 \times 10^{-31}\mathrm{kg}$

质子质量：$m_p = 1.672621777 \times 10^{-27}\mathrm{kg}$

D.2 一些常用的参考物理量

太阳的质量：$M_\odot = (1.98855 \pm 0.00025) \times 10^{30}\,\mathrm{kg}$

太阳的半径：$R_\odot = 696342 \pm 65\,\mathrm{km}$

地球的质量：$M_\oplus = 5.97219 \times 10^{24}\,\mathrm{kg} \simeq 3.0 \times 10^{-6} M_\odot$

天文单位 (地球的平均公转轨道半径)①：$1\mathrm{AU} = 149597870700\mathrm{m}$

光年：$1\,\mathrm{ly} = 9460730472580800\,\mathrm{m}$

秒差距：$1\,\mathrm{pc} \simeq 206264.81\,\mathrm{AU} \simeq 3.0856776 \times 10^{16}\,\mathrm{m} \simeq 3.2615638\,\mathrm{ly}$

电子伏特：$1\mathrm{eV} = 1.602176565 \times 10^{-19}\mathrm{J}$，$1\mathrm{GeV} = 10^9\mathrm{eV}$，$1\mathrm{TeV} = 10^{12}\mathrm{eV}$

约化 Planck 质量：$M_\mathrm{P} = \sqrt{\dfrac{\hbar c}{8\pi G}} \simeq 2.435 \times 10^{18}\mathrm{GeV}/c^2 = 4.341 \times 10^{-9}\mathrm{kg}$

Planck 长度：$\ell_\mathrm{P} = \sqrt{\dfrac{\hbar G}{c^3}} = 1.616199 \times 10^{-35}\mathrm{m}$

Planck 时间：$t_\mathrm{P} = \sqrt{\dfrac{\hbar G}{c^5}} \simeq 5.39106 \times 10^{-44}\,\mathrm{s}$

Hubble 参数：$H_0 = 67.80 \pm 0.77\mathrm{km \cdot s^{-1} \cdot Mpc^{-1}}$

电子的康普顿波长：$\lambda = \dfrac{m_\mathrm{e} c}{h} = 2.4263102389 \times 10^{-12}\mathrm{m}$

---

①天文单位和光年在国际单位制下的数值是经国际天文学联合会 (International Astronomical Union) 在 1984 年定义的准确数值。

索　　引

其他